최신 유압공학

김문경 | 나기대 | 서이수 | 유영태 | 홍예선 | 현동수

북스힐

머리말

현대 산업기계의 설비는 높은 생산성과 효율을 요구하고 있는 자동화에 필수적인 유체동력 시스템(fluid power system)의 고도화된 응용 기술이 촉진되고 있다.

유압공학이란 이와 같은 유압을 이용한 기기에 대하여 학문적으로 체계화한 공학으로서, Oil Hydraulics 또는 Oil Hydraulic power and Control을 뜻한다. 유압 기기로 구성된 유압장치는 작동유를 매체로 하여 동력을 전달하여 작동체를 작동하여 일(work)을 하는 장치이며, 여러 가지 각종기계 및 장치를 자동화하고 인력을 절감하기 위해 널리 사용하고 있다. 이러한 자동화 유압장치가 편리하게 응용되는 것은 주로 다음과 같은 이유가 있다.

작동유체는 전기와 마찬가지로 연속적인 유동체이므로 그 제어가 용이하다. 이러한 작동유체를 제어함으로서 작동체의 연동(동작)을 자유로이 조작할 수 있다. 유압장치는 소형으로 큰 힘을 얻을 수 있고 동력에 응답성도 좋으며 주로 고압화에 의한 것으로 현재 200~300 kg_f/cm^2 정도의 고압이 사용되고 있다. 또한 제어성에 있어서는 전기식 제어가 좋은 점도 있으므로 유압과 전기의 장점을 살린 전기 유압식 장치도 사용하고 있다.

또한 유압 장치에 의한 자동화로 각종기계 및 장치의 가동효율이 높아지고 작업능률이 증진하여 생산원가를 절감할 수 있다. 따라서 유압장치는 현재 건설기계, 산업기계, 공작기계, 제철설비, 농업기계, 선박, 항공기, 합성수성형기계, 자동차 등 산업의 여러 분야에 널리 쓰이고 있다. 따라서 유압장치가 널리 응용되고 있다.

본서는 공과대학교나 전문대학에서 유압교육의 교재로서 적합한 내용을 위해 유압에 필요한 기초지식과 유압기기의 시스템의 기본적인 원리에 대해서 알기 쉽게 이론과 기기의 구조 및 시스템 응용설계에 도움이 되도록 중점적으로 해설하는 데에 그 목적을 두어 유압공학 교재는 물론 실무에 종사하는 근무자에게 참고서가 될 수 있도록 엮었으므로 이 책을 접하는 모든 분에게 나소나마 도움이 되었으면 한다. 덧붙여 본서 출간에 협조를 아끼지 않은 북스힐 출판사 여러분에게 심심한 사의를 표하는 바이다.

저자 씀

차 례

1장 유압공학의 기초

1·1 서 론

1·1·1 유압기술의 발달과정

현대산업사회에서 중요한 역할을 담당하는 유체동력 전달장치는 3세기 전 프랑스과학자 파스칼이 1653년에 파스칼의 법칙(pascal's law)에 의하여 개발한 후 산업화되기 시작하였다.

1650년 이전에는 물을 동력전달의 매체로 사용하였는데 기원전 2세기 경에 알렉산드리아에 사는 한 이발사의 아들 스테시버스(Ctesibus)가 최초로 물을 양수하기 위한 2기통용적형(positive displacement)펌프를 발명하였다.

1795년에 브라마(Bramah)씨가 유체의 압력에너지를 기계적 일로 바꾼 수압기를 만들었고 1845년에 암스트롱(W. Armstrong)은 수압크레인(hydraulic crane)과 축압기(accumulator) 등을 만들어서 그 실용성을 세상에 발표하였다.

1850년경 영국에서 산업혁명이 일어날 무렵에 영국에서 유체동력회사가 생겼다. 이 회사에서는 7000마력 상당의 펌프시설을 갖추고 유압동력기를 각 사용자에게 공급해 주었다.

1900년대에 와서는 전기가 동력화됨으로써 유체동력의 이용이 쇠퇴하였다. 전력은 상당한 거리의 동력전달에 있어서 유체동력보다 장거리 동력전달이 우수하지만 단일체 내의 동력전달에 있어서는 유체동력이 출력대 중량의 비가 전력보다 우수하다.

유체동력(유압동력)이 전기동력보다 여러 가지 이점이 있기 때문에 1900년 후반기에 유압동력의 응용이 증가되기 시작하여 평삭기, 터릿(Turret) 선반 등의 각종 공작기계에 사용되었다.

산업기계 이외 유압동력은 병기산업에도 많이 이용되고 있다. 세계1차대전 중에는 항공기의 Landing Gear 장치, 유압구동장치, 전차의 Gun Control System에 이용되었다.

세계2차대전기간에 유체동력장치(fluid power system)가 공학적으로 발달과정에 기점이 되었다. 따라서 전후의 로켓 및 인공중량의 과학병기로 고도 성장하면서 현대의 일반산업용 유압기술의 기반을 이루게 되었다. 그러므로 유체동력장치의 기술개발은 공작기계를 비롯하여 산업기계에 이르기까지 응용도가 점차 높아지면서 안정성, 경제성, 보급성이 부여되었다. 현재의 공・유압기술이 확립되면서 유체동력은 완전히 산업화가 되었다.

우리나라에서는 1960년대 중화공업의 육성책에 따라 선진국의 기술과 기계 도입이 활발하게 추진되었다. 따라서 공작 및 산업기계의 국산화는 물론 기계자동화에 크게 기여하였으므로 그 가치가 인식되었다. 유・공압은 설비자동화와 설계간소화에 앞으로 크게 발전할 것으로 기대되는 분야이다.

1·1·2 유압공학의 정의

기계나 설비가 합리화와 자동화 됨에 따라 기계기술에 전자기술을 가세한 메카트로닉스 산업계는 눈부시게 발전해왔다.

최근에는 생산합리화를 위한 자동조작・원격조작을 비롯하여 제어계통의 작동기에서 고 정밀도의 운동과 큰 힘을 얻는 데 유압기기의 성능이 높이 평가되어 그 응용분야가 급속히 확대 보급되었다.

유압기기란 윤활성과 점도를 갖는 작동유체(보통 광물유)를 써서 유압펌프로 압력에너지를 그 작동유에 공급하고, 이것을 배관, 각종 제어밸브 및 그 부속장치를 거쳐 유압모터, 유압실린더 등으로 유압동력이 공급되어 이 동력을 적절하게 제어하여 유압동력에 의하여 일을 하게 하는 일련의 기기요소 및 그 결합체를 말한다.

높은 생산성과 높은 효율을 요구하고 있는 현대 생산기계의 설비에 있어서 현대화에 따른 자동화는 유압기술의 고도화를 촉진하고 있다. 아울러 선박, 항공기, 자동차, 공작기계, 토목기계 등 넓은 산업분야에 걸쳐 유압기기가 사용되기에 이르렀고, 그 이용범위는 점점 확대되어 가고 있다.

유압기기는 주로 유동유체인 기름의 압력에너지를 취급하기 때문에 일반적으로 유체의 흐름은 유체의 관성력과 점성력의 비인 레이놀즈(Reynolds)수가 대체로 낮은 범위로 한정되는 경우가 많다.

유압기기를 조합한 기구는 회로를 형성하고, 그 회로내의 흐름은 시간과 함께 변화하는 비정상 흐름인 경우가 많으므로, 관로나 여러 가지 기기내의 유동은 비정상흐름으로 간주한다.

유압기기의 고압, 고속, 고성능화의 극한을 추구하고 있는 이 기술분야는, 유체공학의 한 분야로, 유체역학에서 언급하는 힘과 운동량을 제어하여 동력을 전달하는 것이다. 그러나 재료학, 재료역학, 기구학 등의 기본공학의 도움을 받아야 하므로 이 응용분야에 있어서의 광범위한 지식과 조화가 이루어지는 것이 가장 중요한 문제가 된다고 본다.

특히 유압회로는 일반적으로 매우 복잡하고, 더구나 그 동적특성에 문제가 제기되므로 이러한 시스템을 해석하자면 기계역학과 제어공학의 학문적 수단에 의존하지 않으면 안 된다.

1·1·3 유압기기의 특징

동력을 전달하는 데 유압을 이용한 기기와 장치는 많은 종류의 기계에 응용되어 생산성을 향상시키며 설비를 자동화시키는 데 이용되고 있다. 예를 들면 지게차의 상하운동장치, 자동차의 유압브레이크, 동력조향장치, 항공기의 이착륙장치, 선박의 조타장치, NC 공작기계 등의 이송장치, 원자로, 화학공장의 원격제어장치 등에 이용되고 있다.

유압장치를 기계나 장치에 많이 이용하게 된 점은 다음과 같이 장점이 있어 산업기술의 발전에 크게 기여하여 왔다.

① 작동체의 운동은 직선운동과 회전운동 및 반복운동이 쉽고, 소형으로도 큰 힘을 낼 수 있다.
② 기계에 의하지 않고 작동체의 힘과 속도를 무단계로 변화시킬 수 있다.
③ 작동체의 연속운동이나 단속운동을 일정 또는 가변으로 할 수 있다.
④ 작동체의 운동방향, 힘, 속도의 원격제어가 가능하다.
⑤ 작동체의 직선, 회전, 반복 운동의 속도제어, 위치제어 등 운동의 변환을 간단히 할 수 있다.
⑥ 연속, 간헐 및 동기운동이 가능하다.
⑦ 여러 속도에서 일정 마력의 출력이 가능하고 출력토크의 제어가 용이하다.
⑧ 작동체의 수동 또는 자동 조작이 용이하다.
⑨ 과부하에 대한 방지대책을 간단하게 조합할 수 있다.
⑩ 에너지 축적이 가능하다.
⑪ 대량의 에너지 전달이 다른 방식에 비하여 용이하다.
⑫ 전기적신호와 함께 제어할 수 있다.
⑬ 작동체의 작동시 충격이나 진동의 흡수가 비교적 용이하다.

다른 유체동력에 비하여 유압동력의 특성은 다음과 같다.

① 윤활성, 방청성이 좋으므로 소형화와 보수가 용이하다.

② 고압의 동력에 비하여 장치를 소형화할 수 있다.
③ 공기압에 비하여 조작이 안전하고, 응답이 빠르다.

그렇지만 유압기기에는 이들의 장점과 함께 다음과 같은 단점도 있다.

① 장시간 운전시에 작동유의 온도변화에 따른 영향을 받으므로 작동유의 점도가 변화하여, 작동체의 정밀위치나, 속도, 출력효율이 변화하기도 한다.
② 전기회로에 비하여 유압회로를 구성하는 작업은 쉽지 않다.
③ 관내 흐름의 최고속도가 제한되어 있으므로 작동체의 작동속도에 제한이 있다.
④ 장치의 연결부에서 기름이 누설하기가 쉽다.
⑤ 기름 속에 공기나 먼지가 혼입되어 있으면 고장을 일으키기 쉽다.
⑥ 유압배관작업이 전기배선에 비하면 다소 복잡하다.
⑦ 소음과 진동이 발생하기 쉽다.

이상과 같은 유압기기의 장점과 단점은 장치의 설계 및 제작시 세심한 주의를 함으로써 해결될 수 있으며, 또 용도에 따라서는 다른 기계적인 기구나 전기장치 등을 조합하여 사용하면 더 좋은 시스템으로 발전시킬 수 있으므로 유압기기는 매우 편리한 것이다.

1·1·4 유압동력장치의 특징

일반적으로 유체동력장치(fluid power system)라 함은 기름과 같은 액체를 이용한 유압동력장치(hydraulic power system)와 공기와 같은 기체를 이용한 공압동력장치(pneumatic power system)를 말한다. 따라서 유압을 이용한 유압동력장치는 각종 기계에 응용되어 생산의 합리화, 각종 설비의 근대화에 많이 응용되고 있다.

유압동력의 특징은 전기식이나 기계식 동력과 비교하면 많은 장점이 있어 산업계에 기술적 혁신을 얻게 된 것이다. 동력전달 성능면에서 볼 때 유압식 동력장치는 전기식동력장치와 기계식동력장치의 중간위치에 해당된다. 유압식과 전기식 및 기계식의 성능을 비교하면 동력전달면에서는 유압식과 전기식에 비하여 기계식이 효율이 높다. 동력전달거리면에서는 기계식은 제한거리에서만 동력전달이 가능하지만 유압식은 공간적 연결이 가능하고 전기식은 먼 곳까지 동력전달이 가능한 이점이 있다. 또한 동력제어성면에서는 기계식보다 전기식이나 유압식의 제어성이 우수하다. 따라서 기술산업에 산업기계의 근대화, 자동화에 따른 유압장치의 활용도가 급속도로 확대되고 있는 것은 다음과 같은 장점이 있기 때문이다.

실제 일을 하는 작동체(actuator)의 직선운동과 회전운동 및 반복운동이 용이하고 소형의 장치로 큰 힘을 낼 수 있다. 즉 힘에 대한 중량비가 크다. 작동체의 속도 및 운동 방향을 무단변속으로 자유롭게 조작할 수 있으며, 원격조작으로도 작동시킬 수 있다. 또한 과부하에 대한 안전장치를 간단하게 조합할 수 있으며, 왕복운동 및 회전운동의 속도와 위치, 방향도 쉽게 제어할 수 있다. 운동을 연속적 또는 동기로 할 수 있고 여러 가지 동작을 수동, 반자동, 자동으로 조작할 수 있다. 대량의 에너지전달이 다른 방식에 비하여 쉽고 전기적 신호로 제어할 수 있어 프로그램제어가 용이하며 윤활성, 방유성이 좋고 보수가 용이하며 공압장치에 비하여 응답성이 우수하다. 기름의 인화점(170°C~220°C)이므로 고온도에서 작동이 가능하다.

반면에 연속작업으로 인한 유온상승에 따라 기름의 점도가 변하여 작동체의 속도 및 출력효율 등의 변화가 발생하고 장치의 연결부의 기름누설, 공기의 혼입으로 인한 압축성의 증대로 장치의 작동이 불량해지고, 기름의 유속 제한에 따른 작동체의 운동속도 제한 등의 문제점이 있다. 또한 전기 장치에 비하여 유압장치 배관작업이 쉽지 않다.

하지만 유압장치는 기기를 설계하고 제작하여 사용할 때 문제점을 보완하면 용도에 따라 기계적인 기구나 전기적 제어 등을 병용함으로써 우수한 장치로 개량할 수 있기 때문에 적절하고 편리하게 사용된다.

1·1·5 유압응용기계

응용기계공업과 산업분야의 근대화 및 자동화에 따라 유압을 이용한 유압동력장치가 많이 이용되고 있다. 산업사회에서 일반적으로 다음과 같이 응용되고 있다.

- 공작기계분야에는 선반, 드릴링머신, 밀링머신, 프레스, 연마머신 등의 대량생산을 위한 공작기계의 피드기구(feed mechanism)에 응용되어 공정의 자동화를 위하여 전기회로나 기계적 방법과 조합하여 사용된다.
- 자동차 분야에는 완충기(shock absorber), 유압 제동기(hydraulic brake), 동력 핸들장치(power steering) 등에 유압장치가 사용된다.
- 항공기분야에는 항공기 이착륙시에 조종익의 자동조종장치와 이착륙시 차륜각의 장입장치 전륜의 스테어링장치(steearing system) 등에 유압장치가 사용된다.
- 건설기계분야에는 만능굴착기(power shovel), 불도저(bulldozer), 쇼벨로더(shovel loader), 포크크레인(fork crane) 등을 댐(dam), 터널(tunnel)의 공사 등에서 운반기계와 함께 사용된다.
- 하역운반기계분야에는 건설기계와 같이 주행기구를 가지는 차량으로 포크리프트(folk lift), 덤프트럭(damp truck), 이동식크레인(mobile crane) 등의 운송에 사용된다.
- 선반분야에는 유압이용이 다방면으로 적용되고 있다. 화물운송 작업을 기계화·자동화하고 있으며 어망을 감아올리는 네트롤러(net roller), 조타장치(steering system), 윈치

(winch) 등에 사용된다.

- 병기분야에는 미사일발사대, 미사일 유압조종장치 전차의포 조종장치 등에 사용된다.
- 기타분야에는 유압잭(hydraulic jack), 로보트구동장치 만능재료 시험기, 플라스틱사출기, 공정제어시스템 등이 사용되고 있다.

1·1·6 유압시스템의 구성요소

유압장치(hydraulic system)는 기계에너지에서 작동유(hydraulic oil)에 압력에너지를 부여하여 유체에너지로 변환한 다음 이 에너지를 작동기(actuator)에 가하므로 기계에너지로 변환하여 기계적인 일(work)을 하게 하는 장치를 말한다.

유압장치의 구성은 작동유에 압력에너지로 변환시키는 펌프 시스템(pump system)과 압력에너지를 적절하게 제어하는 제어밸브(control valve)와 압력에너지를 기계에너지로 변환하여 기계적 일(work)을 하는 작동체(actuator)로 구성되어 있다. 이밖에 유압장치요소들을 연결하여 작동유가 유동하는 파이프(pipe)와 튜브(tube), 작동유(hydraulic oil) 등이 구성요소이다.

펌프 시스템은 작동유를 저장하는 기름탱크(oil tank)와 펌프를 보호하기 위한 여과기(oil strainer) 및 펌프를 구동시키는 전동기(electric motor)로 구성되어 있는데 이 시스템을 동력원이 되는 파워유닛(power unit : 동력장치)이라 하고 유압동력장치의 요소이다. 또한 수송되는 압유를 제어하는 각종 밸브유와 이 밸브를 유동하는 압유를 기계적 운동으로 변환하는 작동체로 압송된다. 따라서 작동체는 일(work)을 하게 된다. 이 작동체로는 직선왕복운동을 하는 유압실린더(hydraulic cylinder)와 회전운동으로 일을 하는 유압모터(hydraulic motor) 및 반복운동으로 일을 하는 요동모터(oscillating rotary motor)가 보통 많이 사용된다.

유압동력장치(hydraulic power system)를 구성하는 요소는 다음과 같다.

(1) 유압동력원

유압동력원(hydraulic power unit)은 펌프(pump), 기름탱크(oil tank), 여과기(oil strainer), 전동기(electric Motor) 등이 일체로 된 것을 말한다.

(2) 유압제어밸브

유압제어밸브(hydraulic control valve)에는 압력제어밸브(pressure control valve), 유량제어밸브(flow control valve), 방향제어밸브(directional control valve) 등이 있다.

(3) 유압작동체

유압작동체(hydraulic actuator)는 유압실린더(hydraulic cylinder), 유압모터(hydraulic motor) 및 유압요동모터(hydraulic oscillating rotary motor) 등으로 구분한다.

(4) 배 관

배관(piping)은 동관, 강관, 고무호스, 알루미늄관, 이음쇠(tee elbow) 등이 있다.

(5) 부속품

부속품(accessories)에는 압력게이지, 축압기(accumulator), 열교환기(heat exchanger), 필터(filter) 등이 있다.

유압시스템의 구성요소(components of hydraulic system)인 동력원과 각종밸브류 및 작동체로 구성되는 동력전달시스템을 그림 1·1에 표시하면 아래와 같다.

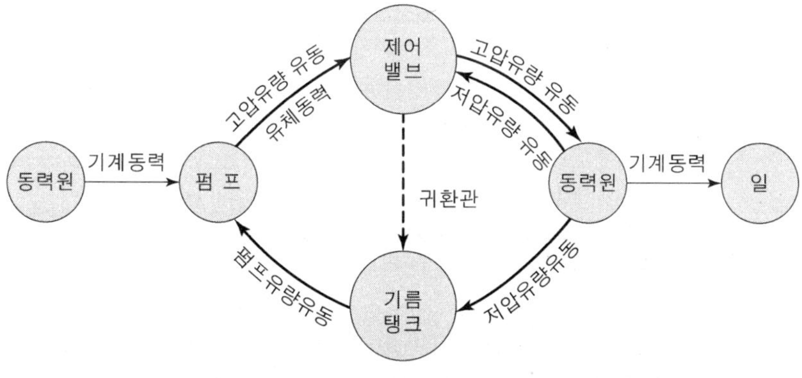

그림 1·1 유체동력장치의 구조

그림 1·1은 동력원인 전동기나 내연기관 등에 동력을 받아 기름펌프(oil pump)가 작동하여 고압유를 송출한 것을 유압제어밸브(hydraulic control valve)에 의하여 유압작동체(hydraulic actuator)에 고압유를 공급하여 일(work)을 하게 한다. 이 일을 한 고압유는 유압작동에서 저압유가 되어 유압제어밸브에 의하여 귀환관(oil drain)을 통하여 기름탱크(oil tank)로 유입되어 연속적으로 작업을 할 수 있게 된다. 따라서 유압펌프, 유압밸브, 유압작동체, 기름탱크 등이 유압장치의 기본적인 주요소가 된다.

유압기기를 대별하여 유압펌프와 작동체 및 밸브의 종류는 표 1·1에 표시되어 있다.

표 1·1 유압기기의 종류

유압기기	유압펌프 (oil hydraulic pump)	• 기어펌프(gear pump) : 외접기어펌프(extemal gear), 내접기어펌프(internal gear) • 베인펌프(vane pump) : 정용량형 베인펌프(constant-volume type vane pump), 가변용량형 베인펌프(variable volume type vane pump) • 로터리플런저펌프(rotary plunger pump) · 엑시얼플런저펌프(axial plunger pump) : 경사축식엑시얼 플런저펌프, 경사판식엑얼플런저펌프, 회전경사판식 엑시얼플런저펌프 · 레이디얼실린더펌프(radial cylinder pump) : 회전실린더식 플런저펌프, 고정실린더식플런저펌프 • 크랭크형플런저펌프(crank type plunger pump) • 나사펌프(screw pump)
	유압액추에이터 (oil hydraulic actuator)	• 유압실린더(oil hydraulic cylinder) : 플런저형실린더(plunger type cylinder), 램실린더형(ram cylider type), 다단실린더형(multistage cylinder type) • 유압모터(hydraulic motor) : 기어모터(gear motor), 베인모터(vane motor), 로터리플런저모터(rotary plunger motor). • 요동모터(rocker motor) : 베인형(vane type), 피스톤형(piston type)
	유압제어밸브 (oil hydraulic contol valve)	• 압력제어밸브(pressure control valve) : 릴리프밸브(relief valve), 감압밸브(reducing valve), 시퀀스밸브(sequence valve), 카운터 밸런스밸브(counter balance valve), 무부하밸브(unloading valve), 압력스위치(pressure switch) • 유량제어밸브(flow control valve) : 유량조정밸브(flow regulating valve), 조리개(restrictor), 분류기(shunts) • 방향제어밸브(direction contrd valve) : 방향변환밸브(direction change valve), 디셀러레이션밸브(deceleration valve), 역지밸브(oil check valve)
	유압부속기기	• 축압기(accumulator) : 플런저식, 스프링식, 공압식, 중량식, 어큐뮬레이터 • 유여과기(oil fitter) : 탱크용, 관로용, 통기용필터 • 유압부스터(oil hydraulic booster) : 단동식, 연속식부스터 • 유냉각기(oil cooler), 기름탱크(oil tank), 공기청정기(air breather), 배관부속품(pipe fitting)

1·1·7 자동제어와 유압

(1) 자동제어

우리들의 주변을 살펴보면 자동판매기, 자동공작기계, 전자계산기 등 사람의 손을 대신하여 여러 가지 일이나 운동을 하고 있는 기계나 장치가 있다. 이들은 인간을 대신하여 기계적 일을 하는 외에 계산이나 기억을 하는가 하면, 기계나 장치를 조절하는 등 인간이 가진 지능을 기계화한 셈인데, 이것을 자동제어(automatic control)라 한다. 즉 제어(control)란 상대에게 필요한 조작 또는 지령을 주어서 소요의 목적에 적합한 상태를 만들어 내는 것으로, 이것을 자동적으로 수행하는 것이 자동제어이다.

자동제어는 제어의 대상(controlled system), 제어장치(control mechanism), 조작기구(operation mechanism) 등으로 구성되고, 제어장치는 다시 검출부, 조절부, 조작부로 성립되어 있다. 그래서 자동제어는 신호의 흐름, 구성부분의 조합에 따라 시퀀스제어(sequential control)와 피드백제어(feedback control)로 대별된다.

① 시퀀스제어

시퀀스제어(sequential control)란 여러 가지 동작이 미리 정해진 순서에 따라 제어되면서 차례차례로 진행되어 가는 방식으로, 그림 1·2에 나타낸 바와 같이 제어장치로부터의 조작 또는 지령이 한 방향으로 전달해 가는 것을 말한다. 이런 까닭으로 열린 루프제어라고도 불린다. 자동자판기가 자동기계 등은 그 보기이다.

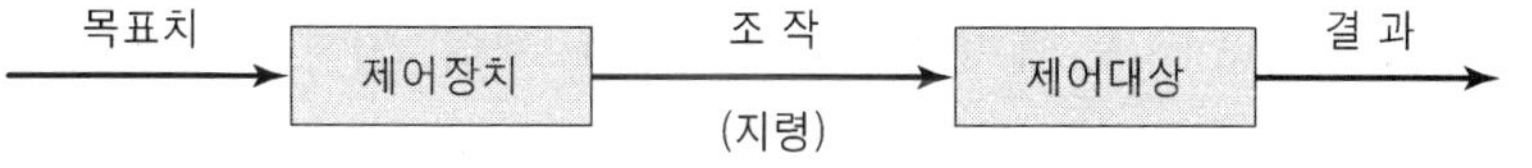

그림 1·2 시퀀스제어(열린 루프제어)

② 피드백제어

피드백제어(feedback control)는 그림 1·3에 나타낸 바와 같이, 제어장치에서 제어대상에 주어진 조작이나 지령에 따라 생긴 제어대상의 결과를 제어장치의 검출부에 보내어(이것을 피드백이라 한다) 목표치와 비교하고, 차가 있으면 그것에 따라 조절부에서 조절한 후 목표치와 일치되도록 정정동작을 자동적으로 하게 하는 방식으로, 외부에서 제어대상의 상태를 흔들어 놓으려는 외적작용(이것을 외란이라 한다)이 미쳤을 때나, 제어중에 제어대상의 특성이 변하였을 때에 그 영향이 곧 피드백되어 제어장치에서 정정동작이 이루어진다.

피드백제어는 닫힌 루프제어라고도 하는데, 일반적으로 자동제어라 할 때에는 이 피드백제어를 말하는 것이다.

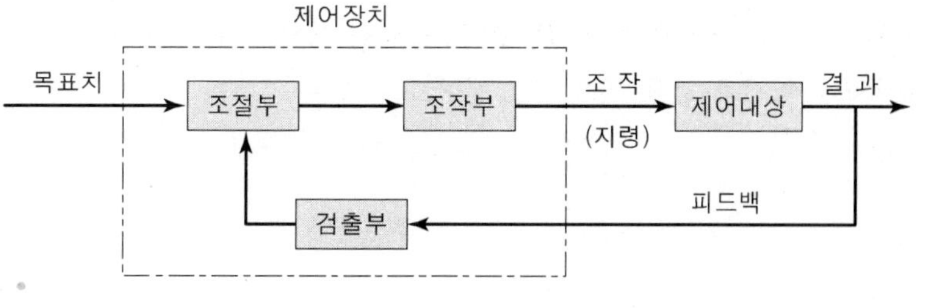

그림 1·3 피드백제어(닫힌 루프제어)

(2) 유압에 의한 자동제어

유압은 출력에 비하여 중량, 용적이 적고, 고속응답성이 우수하며, 흐름의 방향, 유량, 압력의 제어가 용이하고, 위치, 속력, 가속도, 하중 등의 유연한 제어가 가능하기 때문에 자동제어장치에 유압을 사용하는 분야가 확대되고 있다.

간단한 것은 유압기기를 조합하면 되는데, 이것에 전기장치를 이용한 전기-유압방식이 가장 많이 사용되고 있다. 이들은 거의가 시퀀스제어이다.

이런 가운데에서도 근년에 이르러 피드백제어에 유압을 이용하는 방식이 연구・개발되었다. 전기-유압서보기구, 수치제어공작기계, 전자계산기와 조합한 공업용 로봇(robot) 등은 그 대표적인 보기이다. 또, 자동제어는 그 응용면에서 서보기구, 프로세스제어, 자동조정으로 구분된다.

① 서보기구

서보기구(servo structure)는 제어량이 물체의 위치, 방위, 자세 등 기계적 위치이고, 목표값으로서 위치의 변화에 추종하도록 구성된 제어계이다. 서보기구는 항공기, 선박 등의 자동조종, 공작기계의 프로필링(profiling)장치 등 응용범위가 매우 넓다. 제어요소로서 유압기기를 사용할 경우가 많다.

② 프로세스제어

프로세스제어(process control)는 제어량이 온도, 압력, 유량 등 공업프로세스의 상태량인 제어계로서 화학공학을 비롯하여 석유, 제철, 식품 등의 공업에서 이용되고, 가장 오토메이션이 진보되어 있다. 프로세스제어에서는 공기압식과 전기식이 많고, 전송기, 조절기 등의 표준품을 써서 제어장치를 구성한다. 유압식도 조절부, 조작부로서 사용되고 특히 철강, 가스공업, 보일러 등에 많이 사용된다.

③ 자동조정

자동조정(automatic regulation)은 원동기의 속도조정이라든가 전기관계에서 사용되는 용어로, 자동제어의 역사로서는 가장 오래되었다. 주어진 목표치가 거의 변화하지 않으며, 외란에 대하여 제어치가 일정한 값을 가지도록 제어하는 것을 말한다.

1·1·8 유압기기의 국제규격과 표준규격

유압기구는 기계산업분야에 광범위하게 적용되는 중요한 요소기기이기 때문에 유압기기의 모든 국가에서 공용되는 국제규격에 따른 표준규격의 필요성은 절대적인 것이며 따라서 우리나라에서도 공업표준화의 규격이 제정된 것이다.

미국의 Hydraulic component의 설계 및 제작자들이 기계에 적용하는 기계제작자와 기계의 최종수요자 등이 조직된 "JIC(Joint Industry Conference)에서 제정된 표준규격은 현재 미국은 물론 일본이나 영국 및 유럽 대부분의 국가에서 널리 이용되고 있다.

최초의 JIC 규격은 1948년에 발표되었고 그후 계속하여 1950년, 1953년 및 1959년에 개정하여 완성되었다. 미국은 JIC의 규격을 약간 수정하여 Hydraulic Symbol에 대하여서는 ASA (American Standards Association)규격으로 채택하여 유압회로(hydraulic circuit)의 기호와 유체동력 회로용 표준기호에 관한 ASA Y 32, 10과 ASA Y 14,10의 규격이 1958년에 발표되었다. 일본에서는 일본기계학회의 유압용어, 유압기호 분과위원회에서 ISO(internation organization for standardization)의 규격을 채택하여 1967년 12월 JIS BO125-1967, 유압, 공기압, 규격표시기호로 공포하였다. 일본은 현재 유압기기 전반에 걸쳐 규격이 제정되어 실시되고 있다.

국제표준화기구 ISO 규격은 1967년 5월에 분포하였다. 우리나라에서도 KS(Korean Industry Standards)로 합리적인 생산을 위해 규격이 확대보급하여 통제된 품질관리와 제품규격, 시험방법 등에 대한 표준규격의 제정이 요구되었다. 우리나라 공업진흥청 표준국에서는 1975년 10월 7일 KS B0119로 유압에 관한 용어의 표준화를 분포하였으며 한국공업규격 KS B 0054로 유압공기압 도면기호를 1973년에 제정하였다. 따라서 KS B 6340로 유압 베인펌프, KS B 6340으로 유압용 필터, KS B 6343으로 유압용압력 보상붙이 유량조정밸브, KS B 6344로 유압용 블래더형 어큐뮬레이터, KS B 6345로 유압용 베인모터, KS B 6346으로 서브플레이트붙이 4포트 솔레노이드밸브 등에 관한 규격이 1975년 말에 제정 공포되었다. 유압기기에 대한 KS규격은 전품목의 일부분만이 제정되어 있고 계속 규격화를 추구하고 있다.

유압에 관한 각국의 주요한 규격제정기관 및 발행소를 표 1·2에 표시하였다.

표 1·2 주요한 규격제정기관

규격명칭		제정기관 또는 발행소	비 고
일 본	JIS	① 일본규격협회 ③ 동경도적반 4-1-24	①은 공업기술원표준부 ISO멤버 (일본)
일 본	JOHS	② 일본유압공업회 ③ 동경도항구지공원 21호지 1-5	①은 ②와 같음 JOHS는 일본유압공업회 규격의 약칭
국제기구	ISO	① International Organization for Standardization ③ I rue de Varembc, Geneva, Switzerland	국제표준화기구 ISO/R : ISO Recomendation ISO/DR : Draft ISO Recomendation
미국(민용규격)	ASA	① American Standard Association ③ 10 East 40 th St, New York, N. Y.	ISO멤버(미국) ASA자체는 규격을 제정하지 않고 이미 만들어진 규격을 인가함으로써 미국규격이라는 이름이 붙여진다.
미국(민용규격)	JIC	① Joint Industry Conference ③ Backham Building, Detroit, Mich.	미국단체규격 자동차업자가 재료, 부품, 설비의 표준화, 단순화를 행하기 위해 설립되었다.
미국(민용규격)	AMS	① Aerospace Material Specifications ② Society of Automotive Engineers, Inc. ③ 485 Lexington Ave, New York, N. Y. 10017.	
미국(민용규격)	NEPA	② National Fluid Power Association ③ Thiensville, Wisconsin	미국단체규격
미국(군용규격)	MIL	① Armed Forces Supply Support Center ③ Washington 25. D. C.	Military Specification의 약자
미국(군용규격)	AN	② National Standard Association ③ 1315 Fourteenth St., N. W. Washington, D.C.	Air Force-Navy Aeronautical Standard의 약자 순차 MIL 및 FS로 교체된다.
미국(군용규격)	AND	② AN와 동일	Air Force-Navy Aeronautical Design Standards의 약자
미국(군용규격)	MS	② AN와 동일	Military Standards의 약자 Drawing Sheet Form
영국	BS	① British Standards Institution ③ British Standards House, 2 Park Street, London W. 1.	ISO멤버(영국) British Standards의 약자
서독	DIN	① Deutscher Normenauss(DNA) ③ Uhlandstrasse 175, Berlin W 15	ISO멤버(독일) Deutsche Industrie Normen의 약자
프랑스	NF	① Association Francaise de Normalisation ③ 19 Rue du 4, Septembre, Paris Ze	ISO멤버(불란서) Norm Francaise의 약자

주 ①은 제정기관, ②는 발행소, ③은 주소, KS 규격은 부록에 제시되었음.

1·1·9 유압동력장치 설계시 고려할 사항

동력전달장치는 전기식, 기계식, 유체동력장치로 구분할 수 있고 주어진 설계조건에 따라 동력 전달방식을 선택하게 된다.

동력전달방식 중에 유체동력장치인 유압동력장치(hydraulic power system)로 설계가 선정되면 첫 번째로 사용압력을 결정하여야 한다. 두 번째로 사용유량 및 가변용량형인가 고정용량형인가를 고려해야 한다. 세 번째로 유압동력원도 직접펌프식인가 축압식인가를 결정하여야 한다.

압력의 범위를 결정하는 데 다음 JIC규정에 의하면 다음과 같다.

저압 : 0~13.8 [kg_f/cm^2](0~200 [psi])

중압 : 13.8~34.5 [kg_f/cm^2](200~500 [psi])

중고압 : 34.5~82.8 [kg_f/cm^2](500~1200 [psi])

고압 : 82.8~207 [kg_f/cm^2](1200~3000 [psi])

최고압 : 207 [kg_f/cm^2] 이상(3000 [psi] 이상)

유압회로를 설계할 때 다음 기본사항 고려해야 한다.

- 유압에 의해 작동할 때 하중상태, 마찰계수, 중량, 관성 또는 운동부분의 속도 및 가속도를 고려해야 한다. 기계의 작동 순서나 유압동력의 배분, 유압작동기의 크기 및 펌프의 사용압력, 송출량, 회전수 등의 하중특성도 충분히 고려해야 한다.
- 유압부품은 가능한 표준화된 제품을 사용하여 보수나 부품교환 등을 편리하게 하고 품질 및 성능이 우수하도록 선정해야 한다.

1·2 유압동력

1·2·1 유압동력의 변환

그림 1·4는 두 개의 실린더와 한 조각의 튜브로 연결되어 한쪽은 압축, 다른 한쪽은 팽창되도록 연결되어 있다. 이것은 유체동력이 한 곳에서 다른 곳으로 이동하여 압축된 유체에 의해 어떻게 변형되는지를 보여준다. 만약 두 개 실린더의 크기가 같은 보링이면, 입력 실린더의 힘과 속도는 출력 실린더의 힘과 속도와 일치한다. 물론 그것들은 몇 개의 마찰저항이 있다. 그러나 간단한 조건들을 입력으로 집어넣고 출력을 뽑아낸다.

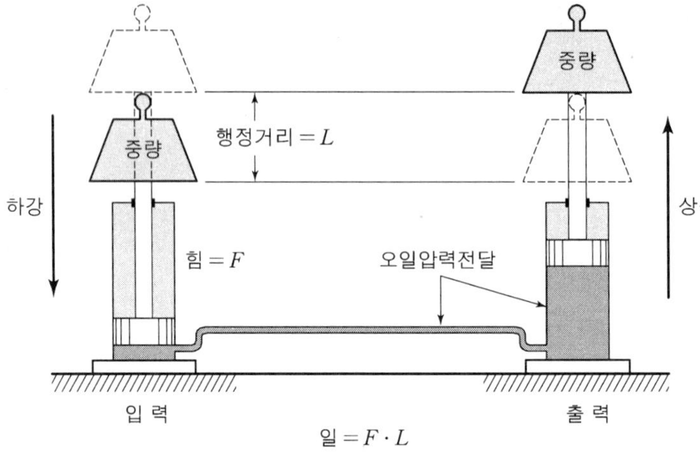

그림 1·4 힘의 전달

이것은 에너지 보존의 법칙이 적용된 것이다. 간단히 말해서 생성되거나 소멸되는 것이 아니다. 이 손실은 대개 5~10%보다 적게 손실된다. 일반적으로 유체동력을 변화시키는 시간 동안 그 시스템의 한 실린더에서 다른 실린더의 어디든지 동일한 압력을 요구한다. 그것은 두 실린더가 동일하고, 실린더 사이에 연결된 배관이 있다는 것이다. 어디서든 시스템의 압력이 같다는 것은 파스칼 법칙의 논증의 실제이다. 만약에 배관이 매우 길면 압력은 흐름 마찰로 손실되어서 한 실린더에서 다른 실린더까지 유체가 흐를 때 약간의 압력은 저하된다.

1·2·2 유압시스템의 압력과 힘과 일

그림 1·5에 표시한 바와 같은 가장 간단한 단동왕복펌프에 의한 유압척을 예로 들어 파스칼의

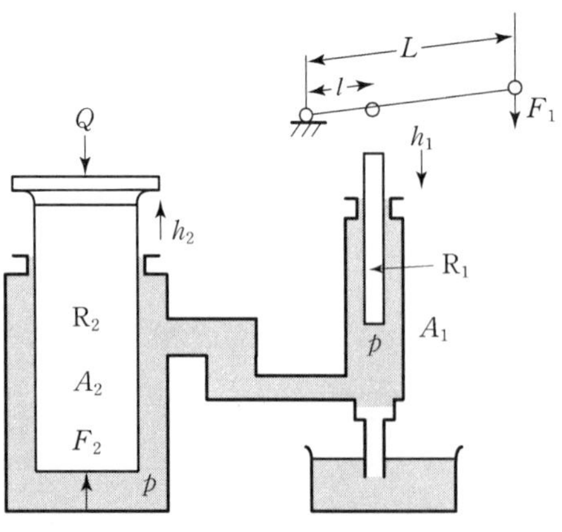

그림 1·5 유압재크

원리의 응용으로 힘 F와 압력 p 및 움직인 거리 h와의 관계를 고려해 보자.

지금 유체를 이상유체로 할 때 펌프의 플런저 R_1에 힘 $(L/l) \cdot F_1$이 작용하여 무게 Q와 평형을 이룰 때 실린더 속에 압력 p가 발생한다. 이때의 압력 p는 다음과 같다.

$$p = L \cdot F_1 / l \cdot A_1$$

단, s_1은 펌프의 플런저의 단면적이고, L, l은 힘의 작용거리이다.

이 압력이 파스칼의 정리에 의해 유압척의 플런저 R_2의 크기 같은 압력 p가 작용한다. 따라서 플런저는 위로 F_2인 힘이 작용한다. 이때 플런저 Q인 무게가 작용한다고 하면, Q와 F_2는 평형을 이루기 때문에 그 크기가 같아야 한다(단, Q에는 플런저의 자중도 포함된 것으로 한다).

$$F_2 = pA_2 = F_1 \frac{L}{l} \frac{A_2}{A_1} = Q \tag{1·2}$$

$$F_1 = Q \frac{l}{L} \frac{A_1}{A_2} \tag{1·3}$$

이때 플런저 R_1이 거리 h_1만큼 작용한다고 하면, 플런저 R_2는 h_2만큼 위로 작용하게 된다.

$$h_2 = \frac{A_1}{A_2} h_1 \tag{1.4}$$

따라서 F_2인 힘에 의하여 한 일 W는 다음 식으로 나타낼 수 있다.

$$W = F_2 \cdot h_2 = F_1 . \frac{L}{l} \cdot \frac{A_2}{A_1} \cdot \frac{A_1}{A_2} h_1 = F_1 \frac{L}{l} h_1 \tag{1.5}$$

또 $L = l$인 경우에는 다음과 같은 식으로 된다.

$$W = F_2 \cdot h_2 = F_1 \cdot h_1 \tag{1.6}$$

실제로는 이상유체의 조건이 만족되지 않을 뿐만 아니라, 플런저의 운동에도 마찰손실을 동반하기 때문에 유효한 일 W_e 는 W 보다도 작게 된다. 따라서 유압척의 효율 η 는 1 보다 작게 되고, 다음과 같이 나타낼 수 있다.

$$\eta = W_e / W \tag{1.7}$$

예제 1

무게 453.6 [kg] (4448 [N])를 38cm의 거리를 이동했을 때 그 시스템에서의 일은?

풀이 이 시스템에 작용하는 일

$$W=453.6[\text{kgf}]\cdot 38.0[\text{cm}]=17,236[\text{kgf}\cdot\text{cm}]=172.36[\text{kgf}\cdot\text{m}]$$

SI 단위로 풀면 다음과 같다.

$$W=(4448[\text{N}])\cdot(0.381[\text{m}])=1,690[\text{N}-\text{m}]$$

예제 2

그림 1.5에서 $l=50[\text{cm}]$, $L=150[\text{cm}]$, 단면적 $A_1=10[\text{cm}^2]$, $A_2=100[\text{cm}^2]$ 일 때 $F_1=100[\text{N}]$의 힘으로 플런저 R_1을 $h_1=30[\text{cm}]$만큼 변위되면 평형을 이루는 무게는 얼마인가? 이때 플런저 R_2의 변위 h_2는 얼마인가?

풀이 플런저 R_2가 유체에 의하여 전달받는 힘 F_2는 곧 무게 Q를 나타내므로 식 (1·2)에 의하여

$$Q=F_2=F_1\frac{L}{l}\cdot\frac{A_2}{A_1}=100\times\frac{150}{50}\times\frac{100}{10}=3000[\text{N}]=3000[\text{N}]$$

또 식 (1·4)에 의하여

$$h_2=\frac{A_1}{A_2}h_1=\frac{10}{100}\times 30=3[\text{cm}]$$

1·2·3 힘의 증가

입력 플런저는 펌프로 불리고, 다른 면적을 가지고 있는 출력 플런저는 선형 작동기로 불린다. 만약에 펌프 플런저가 작동 플런저보다 작으면, 이후 그 힘은 출력에서 크게 나타난다. 물론 이 힘의 증가는 자유롭지 않고, 그 힘의 증가일 때만 나타나며, 출력 플런저 로드의 이동한 거리보다 작은 거리이다. 시스템 입력과 그 일은 입출력의 힘과 이동거리 사이의 평행과 같다. 이 말을 간단히 하면, 입력일과 출력일은 같다. 그림 1·5는 어떻게 펌프 실린더에서 그 램까지 유체 이동이 증가하는지 보여준다. 다음은 평형 방정식이다.

$$F_1\times h_1=F_2\times h_2 \tag{1·8}$$

방정식에서 변수 중 세 개의 값을 알면, 네 번째 것은 간단히 결정할 수 있다. 실용적인 예로, 그들 사이에 비를 알고 있거나 네 개의 성질 중 세 개가 그 시스템의 구성 요구에 의해 주어졌을 경우 다음을 보자.

예제 3

그림 1 · 6에서 펌프 플런저에 45.3[kg](4,448[N])힘을 가할 때 우측 램이 30.48[cm]

(0.3048 [m]) 거리를 907.8 [kg](8,896 [N])로 들어 올려진다면 펌프 플런저는 얼마나 이동되었는가?

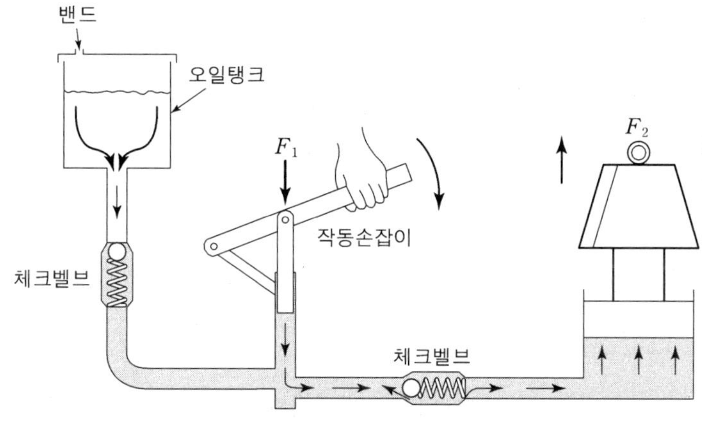

그림 1·6 한 방향 유압 시스템

풀이 그림 1·6에 있는 유압잭 시스템을 보아라. 이것은 작업자가 핸들을 조작하면 그 무게를 들어 올리게 되는 것이다. 핸들이 들어 올려질 때 저장소에 있는 유체는 대기 압력이 작용하는 펌프실로 들어간다. 핸들이 내려질 때 체크 밸브에 의해 오른쪽은 열리고 높은 압력의 유체가 램으로 들어간다. 스토크가 위에 있을 때 체크 밸브는 오른쪽이 열리고 왼쪽이 닫힘을 볼 수 있다. L_1에 대하여 방정식을 간단히 정리하면 다음과 같다.

$$L_1 = L_2 \times \frac{F_2}{F_1} = 30.48[\text{cm}]\frac{907.8[\text{kg}]}{45.36[\text{kg}]} = 61[\text{cm}] = 0.6[\text{m}]$$

SI 단위계는

$$L_1 = 0.3048[\text{m}]\frac{8,896[\text{N}]}{4,448[\text{N}]} - 0.6[\text{m}]$$

예를 들면, 어떤 간단한 단위의 펌프의 그 스토크를 고정하고 여러분은 그 무게를 240스토크로 들어올리려고 한다. 램으로 나타낼 수 있는 큰 힘에 대하여 작은 값으로 나타난다. 흥미로운 것은 펌프와 그 램 사이가 평행하고, 압력 평형상태가 시작된다는 점이다.

그 시스템 안에서 압력은 모든 곳에서 동일하다. 이것이 파스칼의 원리이고 고정된 유체의 펌프와 램의 실린더실 두 곳에 다 적용된다. 압력(pressure)은 다음과 같다.

$$P = \frac{F_1}{A_1} = \frac{F_2}{A_2}$$

예제 4

그림 1·6의 시스템에서 펌프 플런저의 지름이 6.35 [mm]이고, 램의 지름이 25.4 [mm]

일 때 펌프 플런저에 68.085[kg](667.2[N])의 힘이 아래로 작용하면 얼마의 무게를 들어 올릴 수 있는가?

풀이 F_2에 대해 풀면

$$F_2 = F_1 \frac{A_2}{A_1} = 68.085[\text{kg}] \frac{5.03[\text{cm}^2]}{0.316[\text{cm}^2]} = 1,083.758[\text{kgf}]$$

단지 1톤 이상이다.

SI 단위는

$$F_2 = 667.2[\text{N}] \frac{506[\text{mm}^2]}{31.7[\text{mm}^2]} = 10,659[\text{N}]$$

약 10.7[kN]이다.

참고 이것은 무거운 물체를 들어올리거나 이동시키려는 사람이 커다란 힘을 작용시키기 위하여 작은 힘의 합으로 이루어진 수압을 자연스럽게 선택하는 이유를 비교적 쉽게 보여준다. 아주 커다란 수압 잭을 예로 들면, 이는 100톤의 용량을 가지고 있으나 경량 합금 구조로 인하여 보통 작업자가 한 장소에서 다른 장소로 옮길 수 있는 정도이다.

이러한 유압잭들은 혁신적인 펌프를 갖고 있는데 이는 부하가 가벼울 때 커다란 펌프 플런저를 선택할 수 있고 부하가 점점 무거워질 때 작은 펌프를 사용할 수 있기 때문이다. 아주 작은 플런저를 사용하기 때문에 펌프 플런저의 움직임이 느리고 이로 인하여 작업자들은 작업시간의 상당 시간을 절약할 수 있다.

1·2·4 일과 동력

일과 동력은 서로 다르다. 여기서 일(work)은 어떤 장소에서 다른 장소로 움직인 것을 의미하고 동력(power)은 시간이란 요소가 도입된 것을 뜻한다. 이는 물체를 한 장소에서 다른 장소로 옮긴 어떤 거리 사이의 힘에 대한 움직임만으로는 충분치가 않다. 반드시 소요 시간이 포함되어야 한다. 따라서 동력을 정리할 경우 동력의 기본요소를 정리하여야 이해하기가 쉽다. 먼저 힘(force)은 질량(mass)에 가속도를 곱함으로써 구할 수 있고, 유체분야에서는 압력(pressure)에 단면적을 곱함으로써 구할 수 있다.

따라서 다음 식으로 표시된다.

$$F = m \cdot a[\text{kg}], \quad F = P \cdot A[\text{kg}] \tag{1·9}$$

여기서 F : 힘 [kg], a : 가속도 [m/sec^2]

m : 질량[kg], p : 압력 [kgf/cm^2]

A : 단면적 [m^2]

또한 어떤 물체가 일정한 위치로 옮겨졌을 때 이것을 일이라 표현할 수 있다. 일을 하기 위해 힘이 필요하게 된다. 따라서 일은 힘에 거리의 변위를 곱하면 구할 수 있다. 수식으로 표시하면 다음과 같다.

$$W=F\cdot L\,[\mathrm{kgf\cdot m}],\quad W=P\cdot A\cdot L\,[\mathrm{kgf\cdot m}]$$

또는

$$W=P\cdot V(\text{배제체적}) \tag{1·10}$$

여기서 W : 일 [kgf · m]

F : 힘 [kgf]

L : 길이(m : 변위거리)

P : 압력 [$\mathrm{kgf/cm^2}$]

V : 체적 [$\mathrm{m^3}$]

따라서 동력은 단위 시간당 행하여진 일을 공률 혹은 동력으로 표시하며 여기에서 유압펌프가 유압유에 대하여 유효하게 전달하는 동력을 펌프의 유동력(oil power) 또는 펌프동력(출력)(pump out put, fluid power)이라 한다. 동력식은 다음과 같다.

$$L_p=\frac{W}{t},\quad L_p=p\cdot\frac{V}{t},\quad L_p=P\cdot Q$$

여기서 L_p : 유동력[kW, hp]

W : [kg · m]

t : 시간 [sec]

p : 압력 [$\mathrm{kg/cm^2}$]

V : 체적 [$\mathrm{m^3}$]

Q : 체적유량 [$\mathrm{m^3/sec}$]

따라서 동력식은

$$L_p=\frac{10^4(P_d-P_s)\cdot Q}{102}\,[\mathrm{kW}],\quad L_p=\frac{10^4(P_d-P_s)\cdot Q}{75}\,[\mathrm{PS}] \tag{1·11}$$

여기서 P_s : 유압펌프의 흡입압력 [$\mathrm{kgf/cm^2}$]

P_d : 유압펌프의 송출압력 [$\mathrm{kgf/cm^2}$]

Q : 송출량 [$\mathrm{m^3/sec}$]

동력(공률)의 단위는 [kgf · m/ sec]이나 기계공학에서는 통상 PS(hose power)와 kW

(kilowatt)가 많이 쓰인다. 또한 일반적으로 P_s(흡입압력)는 P_d(송출압력)에 비하여 매우 작으므로 $P_d - P_s \fallingdotseq P_d$가 된다. 따라서 식은 다음과 같이 쓰인다.

$$L_p = \frac{10^4 P_d Q}{102} \text{[kW]}, \quad L_p = \frac{10^4 P_d Q}{75} \text{[PS]}$$

만일 P_d, Q가 각각 [kgf/cm^2], [l/min]인 경우는

$$L_p = \frac{P_d Q}{612} \text{[kW]}, \quad L_p = \frac{P_d Q}{450} \text{[PS]} \tag{1·12}$$

단위가 SI일 경우 P_d, Q가 각각 [N/m^2], [m^3/sec]일 때는

$$L_p = \frac{P_d Q}{10^3} \text{[kW]}, \quad L_p = \frac{P_d Q}{735} \text{[PS]}$$

이다. 그림 1·7은 일의 예로 $W=68\text{[kgf]} \times 10\text{[m]} = 680\text{[kgf · m]}$이므로 말의 일은 680 [kg·m]이다.

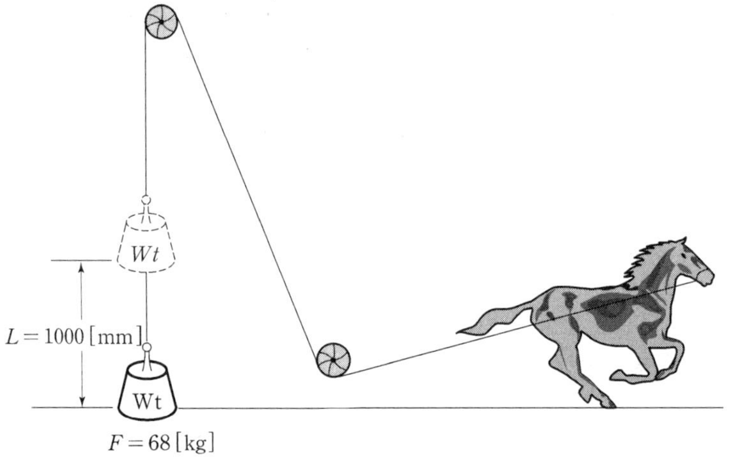

그림 1·7 마력

예제 5

그림 1·7에서 말이 풀리에 의해 무게 363[kgf]을 20[sec] 동안 6[m]만큼 들어 올린다면 출력은 몇 마력인가?

풀이 말이 시간당 하는 일

$$PS = \frac{363\text{[kg]}6\text{[m]}}{20\text{[sec]}76\text{[kgf · m/sec]}} = 1.43\text{[PS]}$$

이것은 매우 강한 말이다. 그 방정식 안에 모든 단위가 없어진다. 이것은 중요하다. 왜냐하면 해답의 어떤 단위가 잘못 적용되면 풀 수 없기 때문이다.

예제 b

유압펌프와 연결된 3[ps] 전기모터가 있다(그림 1·8). 만일 이 모터가 2000와트로 출력이 된다면 그것이 하는 일은 얼마이며 펌프가 작동하는지 확인하여라. 단, 그 모터는 100% 효율로 작동한다고 생각하고, 그 모터에 대한 SI계 마력을 사용하면 1[PS]=746[watts]이다.

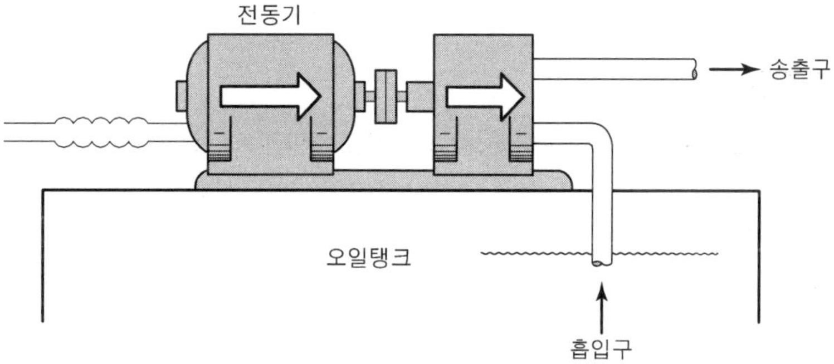

그림 1·8 모터가 연결된 개략도

풀이

$$PS = \frac{2000[\text{Watts}]}{746[\text{Watts}]} = 2.68[PS]$$

100%의 효율을 가지고 있어도 그 모터는 일을 하지 않았다. 그 펌프의 전 용량일 때 전동기는 과부하로 과열 현상이 일어난다. (원인은 3[ps]이하기 때문이다.)

1·3 단위와 차원

1·3·1 단 위

단위(unit)는 물리학에서 취급되는 양, 즉 체적, 온도, 시간, 속도, 힘 등의 크기를 나타내는 데 명확한 정의를 하고 있다. 이러한 양을 일반적으로 물리량(physical quantity)이라 한다.

자연현상에서의 여러 물리적 법칙에 따른 물리량을 수학적인 방법으로, 즉 수치로 나타내기 위하여 비교의 기준으로 사용하는 같은 종류의 양, 즉 물질량을 잴 때 기준이 되는 양을 단위라 한다.

다른 종류의 물리량과는 관계없이 독립적으로 단위가 주어지는 물리량을 기본량이라 하고 기본량의 단위를 기본단위라 한다. 이공계에서는 길이(L : Length), 질량(M : Mass), 시간(T : Time)의 기본량의 단위를 기본으로 하여 다른 양의 단위로 유도한 유도단위를 사용한다. 또한 기본단위계에서 질량 대신 힘을 기본량으로 하여 일정량에 미치는 중량을 기본단위의 하나로 하는 단위계가 사용되어 왔다. 현재 우리는 분야에 따라 절대단위계와 중력단위계(工學單位系)를 사용하고 있으며, 공학에서는 중력단위계를 사용하고 있다. 세계각국에서는 국제단위계(SI 단위계 : Systeme International Unite's)를 사용하고 있다.

단위계를 크게 나누면 절대단위계(absolute unit system)와 중력단위계(공학단위계 : technical unit system)로 나눌 수 있다.

(1) 절대단위계

절대단위계에는 CGS 절대단위계와 공학절대단위계가 있다.

① CGS단위계

기본단위로

- 길이의 단위 : cm 〔centimeter〕
- 시간의 단위 : sec 〔second〕
- 질량의 단위 : g 〔gram〕

를 사용하는 단위계를 CGS 단위계라 한다. 이 단위계에서는 힘의 단위는 dyne을 사용한다. 즉,

$$1[\mathrm{dyne}] = 1[\mathrm{g}] \times 1[\mathrm{cm/sec^2}] = 1[\mathrm{g \cdot cm/sec^2}]$$

② 공학절대단위

기본단위로

- 길이의 단위 : m 〔meter〕
- 시간의 단위 : sec 〔second〕
- 질량의 단위 : kg 〔kilogram〕

을 사용하는 단위계를 공학절대 단위계라 한다. 이 단위계에서는 힘의 단위로 N(Newton)을 사용한다. 즉,

$$1[\mathrm{N}] = 1[\mathrm{kg}] \times 1[\mathrm{m/sec^2}] = 1[\mathrm{kg \cdot m/sec^2}]$$

국제단위계(system Internationald unite's)는 이 단위계를 기준으로 한 것이다.

(2) 중력단위계

공학단위계로 널리 사용해온 단위계로서 MKS 단위계라고도 한다. 이 단위계에서 기본단위는 길이 m(meter), 시간 sec(second), 힘 kg_f(kilogram force)를 사용한다.

이 단위계는 1[kg_m]의 질량에 작용하는 중력 1[kg_f]를 힘의 단위로 정하였으므로, 힘 F[kg_f]와 질량 M[kg_m] 사이에는 다음 관계가 성립한다.

$$F[kg_f] = \frac{M[kg_m]}{g_c[kg_m \cdot m/sec^2 kg_f]} \times g[m/sec^2] = \frac{M}{g_c} g\ [kg_f]$$

여기서 g는 중력가속도이고, g_c는 중력환산계수이며 이는 Newton을 [kg_f]로 환산하는 계수이다.

MKS 단위계에서

$$g_c = 9.8\ [kg_m \cdot m/sec^2 \cdot kg_f] = 9.8[N/kg_f]$$

의 값을 갖는다. 그러므로,

$$1[kg_f] = 9.8[N]$$

이 된다.

(3) 국제단위계

단위계는 미터제(metric system)와 영국단위제(britisg unit system)로 크게 구분되며 이들은 다시 절대단위계(absolute unit system)와 공학단위계(technical unit system)로 구분된다. 이와 같이 같은 양을 측정하는 데 통일되지 않은 여러 종류의 단위제를 함께 사용하므로 많은 불편이 따르고 있다. 이러한 단위제도의 혼란을 없애기 위하여 최근에 채택된 단위제도가 바로 SI 단위(systeme internationald unite's)이다. 이 제도는 국제도량형총회에서 채택되어 대부분의 나라가 이 제도로 차츰 단위제도를 통일시키고 있다. SI 제도는 영국을 비롯한 미국, 일본 등 많은 나라에서 쓰이고 있다. 한국의 공업규격도 SI 단위제도를 채택하고 있다.

SI 단위는 절대단위계로서 프랑스어 système internationald unitès의 두 문자를 따서 약칭을 SI라 한다. 이 단위계는 7개의 기본단위와 2개의 보조단위가 있다.

SI 단위제도의 기본단위와 보조단위는 표 1·3, 표 1·4와 같다.

표 1·3 SI 단위제도의 기본원리

양	단위명칭	기 호
길이	미터(meter)	m
질량	킬로그램(kilogram)	kg
시간	초(second)	s, sec
전류	암페어(ampere)	A
(열력학온도)	켈빈(kelvin)	K
물질량	몰(mol)	mol
광도	칸델라(candela)	cd

표 1·4 SI 단위제도의 보조단위

양	단위명칭	기 호
평면각(각도)	라디언	rad
입체작	스테라디언	Sr

표 1·5 SI 단위제도의 기본원리

양	미터중력단위	SI 단위
길이	m, cm	m, cm
질량	kg · sec^2/m^4	kg
시간	s, sec	s, sec
힘	kg	N (Newton)
온도	°C, °K	K
압력	kg/m^2, kg/cm^2	P_a, N/m^2, bar($1bar = 10N/m^2$)
에너지	kg · m. kcal	J, kJ
중력	ps, kcal/s	W, kW

모든 물리적량은 위의 기본단위와 또한 기본단위를 이용해서 얻어진 유도단위로 측정이 가능하다. 그리고 편이를 위해서 몇 개의 유도단위는 특별한 명칭과 기호가 부여되어 있다. 표 1·5는 미터 중력단위와 SI 단위와의 비교를 한 것이다.

국제적인 추세로 보아서는 장차 단위가 모두 국제단위인 SI 단위로 통일될 것이지만 아직도 우리나라에서는 대부분의 공장과 학교에서 미터중력단위를 그대로 사용하고 있음을 감안하여 이

책에서는 공학절대단위계(SI 단위계)와 미터중력단위계(MKS 단위계)를 혼용하기로 하겠다.

압력의 단위는 미터중력단위계에서 $[kg_f/cm^2]$, SI 단위계에서는 Pa(Pascals)를 사용한다. $1[Pa]$는 $1[N/m^2]$을 의미한다. 그러므로 이들 두 압력단위 사이에는 다음과 같은 관계가 성립한다.

$$1[kg_f/m^2] = 9.8 \times 10^4[Pa] = 9.8[kPa]$$

1·3·2 차 원

차원(dimension)은 모든 물리적 양으로 표시할 수 있다. 일반적으로 많이 사용되는 차원은 길이(length), 질량(mass), 시간(second), 힘(force) 등과 같이 일정한 물리량을 표시하는 값(기호)을 말한다. 그리고 이러한 차원들은 일정한 단위(unit)로 측정된다.

차원과 단위의 개념은 혼동해서는 안 된다. 예를 들어 한 개의 물리량은 한 개의 차원으로 여러 개의 단위로 표시할 수 있다. 가령 길이를 나타내는 차원은 L(Length) 하나뿐이지만, 이 길이의 차원 L은 여러 가지 단위, 즉 cm, ft, in 또는 mile 등을 표시할 수 있다. 따라서 같은 차원을 나타내는 임의의 여러 단위들은 서로 환산이 가능하게 된다. 예를 들면

$$1[in] = 2.54[cm] \qquad 1[mile] = 1609.3[m]$$

$$1[ft] = 30.48[cm] \qquad 1[hr] = 3600[sec]$$

이와 같이 차원을 나타내는 단위들은 서로 환산이 가능하다. 즉, 차원에 있어서는 한 차원을 다른 차원으로 결코 환산할 수 없다. 따라서 '자연현상에 있어서 물리적 양은 서로 같은 차원을 나타내는 양만을 비교할 수 있다.' 이 말은 서로 다른 차원의 양은 가감할 수 없으며 또한 물리적 관계로 표시하는 방정식의 양변은 같은 차원을 가져야 한다는 뜻이다.

절대단위계의 차원으로 길이의 차원 L(Length), 시간의 차원 T(Time), 질량의 차원 M(Mass)이 사용되며, 중력단위계의 차원으로는 길이의 차원 L(Length), 시간의 차원 T(Time), 힘의 차원 F(Force) 등이 사용되고 있다.

1·4 유체의 성질

1·4·1 유체의 일반적인 성질

일반적으로 물질의 상태는 고체, 액체, 기체로 분류된다. 액체와 기체는 적은 전단력에도 변형을 일으키고 그 결과로 유동하기 쉬워지는데 이와 같은 물질을 유체라고 부른다.

유체는 그 분자 사이의 간격이 고체의 그것보다 크며 기체는 액체의 분자 사이의 간격보다 크다. 액체의 분자운동은 고체보다 활발하다. 액체는 그것이 들어있는 용기의 크기에는 관계없이 일정한 체적을 가지며 호수의 표면과 같이 자유표면이 있으나 기체는 공간에 충만하고 체적은 일정하지 않다. 기체는 압력을 가하면 쉽게 압축이 되나 압력을 제거하면 곧 팽창을 한다.

액체는 기체에 비해서 압력을 가해도 압축하기 어렵고 또 압력을 제거해도 분자간의 응집력 때문에 거의 팽창하지 않는다.

유체는 쉽게 압축할 수 있는 것으로 생각하는 경우가 많다. 실제로 유체는 어느 범위까지 압축할 수 있다. 그러나 기체는 압축성 유체로 취급하고 압력과 밀도의 변화가 극히 적은 경우도 압축성이라고 가정한다. 기름 및 물과 같은 액체는 많은 경우에 비압축성이라고 생각한다. 액체 및 기체는 원자 및 분자로 구성되어 있는 연속적 물질이라고 생각한다. 유체의 성질 및 현상은 분자운동에 밀접한 관계가 있다. 유체는 응력을 받아도 정지평형상태에 있을 때에는 접선력 또는 전단력의 작용을 받지 않는 물질이며, 아무리 작은 접선력에도 계속적으로 저항할 수 없는 물질이다.

1·4·2 유체의 물리적 성질

유체의 비질량(specific mass) 또는 밀도(density)는 단위체적이 갖는 유체의 질량으로 정의된다. CGS 단위계로 [gram/cm^3], 공학단위로 [$kg_f\,sec^2/m^4$], SI 단위로 [kg_m/m^3]이 된다.

즉, 공학단위에서는

$$\rho=\frac{\gamma}{g}\ [kg_f\ sec^2/m^4] \tag{1·13}$$

SI 단위에서는

$$\rho=\frac{1}{V_s}=\frac{M}{V}\,[kg_m\,/m^3]$$

여기서 M은 유체의 질량 [kg_m]이고 V는 유체의 체적 [m^3]이다. 표준기압 4°C의 순수한 물의 ρ는 102 [$kg_f\,sec^2/m^4$]이다. SI에서의 물의 ρ는 1,000 [kg_m/m^3]이다.

유체의 비중량(specific weight) γ는 단위체적이 갖는 무게, 즉 힘으로 정의된다. 단위는 [$dyne/cm^3$], [kg_f/m^3]로 표시된다. 물체의 질량(mass) M은 뉴턴의 운동 제2법칙으로부터 물체의 무게(weight) W와 다음 관계가 있다.

$$\gamma = \frac{W}{V}\ [kg_f/m^3] \tag{1·14}$$

이며 질량과 중량 사이에

$$W = \frac{Mg}{g_c}\ [kg_f] \tag{1·15}$$

의 관계가 성립하므로 비중량과 밀도는

$$\gamma = \rho\frac{g}{g_c}\ [kg_f/m^3] \tag{1·16}$$

의 관계를 갖는다.

g는 9.8 [s/sec^2] 중력가속도이며 g_c는 단위변환상수이며 단위는 9.80665 [$kg_m/kg\,sec^2$]이다. 또한 비중량 γ의 단위는 [kg_f/m^3]이다. 보통 청수의 비중량은 1,000 [kg_f/m^3] 또는 62.4 [lb/ft^3]으로 쓰이며 해수는 1,025 [kg_f/m^3] 또는 64.4 [lb/ft^3]이다.

유체의 비체적(specific volume) V_s는 단위중량이 갖는 체적으로 정의된다. 그러므로 비체적과 비중량은 역수관계이다.

비체적의 중력단위는 [m^3/kg_f]이다.

$$V_s = \frac{1}{\gamma}\ [m^3/kg_f] \tag{1·17}$$

SI 단위로 비질량 ρ가

$$\rho = \frac{1}{V_s} = \frac{M}{V}\ [kg_m/m^3] \tag{1·18}$$

따라서 비체적과 비질량은 역수관계이므로

$$V_s = \frac{1}{\rho}\ [m^3/kg_m]$$

가 된다. 비체적의 단위는 [m^3/kg_m]이다. 즉, 단위질량이 갖는 체적으로 정의된다. 비체적은 통상 기체의 경우 쓰이고 있다. 물질의 비중(specific gravity) S는 어떤 물질의 비중량(또는 밀도)과 표준물질의 비중량(또는 밀도)과의 비를 말한다. 즉 같은 체적을 갖는 물(H_2O)의 질량 또는 무게의 비로 정의된다.

고체 또는 액체에 있어서 비중은 1 [atm]=101.325 [kpa], 4 [°C]=277.15 [°K]의 순수한 물을 표준값으로 하여 비교한다. 이때 물의 비중량과 밀도를 각각 γ_w 및 ρ_w이라 하고 어떤 유체의 비중량과 밀도를 각각 γ 및 ρ라 하면 이 유체의 비중 S는 다음과 같이 정의된다.

$$S = \frac{\gamma}{\gamma_w} = \frac{\rho}{\rho_w} \tag{1·19}$$

어떤 물질의 비중을 계산할 때 물질의 무게 또는 질량은 온도에 따라 변환되므로 정밀한 계산이 요구될 때 비중은 온도의 함수로 표시되어야 한다. 어떤 액체의 비중을 알고 있으면 그 액체의 비중을 쉽게 구할 수 있다. 즉,

$$\gamma = S \times 1000 \ [\mathrm{kg_f/m^3}]. \tag{1·20}$$

표 1·6은 석유계 작동유의 비중을 표시한 것이다.

표 1·6 석유계 작동유의 비중

압력 \ 온도[°C]	10	40	70	100
대 기 압	0.87	0.85	0.84	0.82
350 [$\mathrm{kg_f/cm^2}$]	0.89	0.87	0.85	0.84
700 [$\mathrm{kg_f/cm^2}$]	0.90	0.89	0.87	0.86

표 1·7에 각종 작동유의 비중을 표시하였다.

석유제품의 비중을 나타내는 방법으로는 비중 15/4 [°C] 또는 비중 t/t [°C] 및 비중 t/t [°C]를 사용한다.

표 1·7 각종 작동유의 비중

종 류	비 중
석유계	0.87
유중수형	0.9
물-글라이코올	1.1
인산에스텔	1.1
염화탄화수소+인산에스텔	1.3

비중 15/4[°C]란 시료의 질량과 15[°C] 때의 시료와 체적이 같은 4[°C]의 순수 질량과의 비를 말한다. 비중 t/t[°C]란 t[°C]에 있어서 시료의 대기중 중량과 같은 온도에 있어서 같은 체적인 순수의 대기중 중량과의 비를 말한다. 비중 t/t[°C]란 시료의 질량과 t[°C]의 시료와 체적이 같은 순수의 질량과의 비를 말하고 다음과 같은 관계가 있다.

$$A = B + \frac{\rho_\gamma}{\rho_w} \tag{1·21}$$

여기서 A는 비중 t/t[°C], B는 비중 t/t[°C], ρ_γ는 중량측정시의 온도에 대한 건조공기의 밀도, ρ_w는 에 있어서의 순수의 밀도이다.

또 비중을 표시하는 방법으로 API(American Petrolium Institude)를 사용할 때가 있는데 이것은

$$\text{API 도} = \frac{141.5}{\text{비중 } 60/60[°\text{F}]} - 131.5 \tag{1·22}$$

으로 주어진다.

1·4·3 유체의 점도

유체의 점성(viscosity)은 유체가 유동할 때 흐름의 방향에 대하여 저항을 주어서 전단응력을 유발하는 성질을 말한다. 즉, 유체가 서로 접하는 층을 이루어 흐를 때, 이층의 경계면에 따라 층의 운동에 대하여 저항하는 유체의 마찰력이 생긴다. 이와 같은 유체의 성질을 점성(viscoty)이라 한다.

이때 전단응력을 τ, 층의 속도구배를 du/dy, 점도계수를 μ라 하면 다음과 같은 식으로 표시된다.

$$\mu = \tau \frac{du}{dy} \tag{1·23}$$

윗식에서 τ는 전단응력, u는 유체의 속도, y는 벽면으로부터의 수직거리, du/dy는 유체의 속도구배, μ는 점성계수(점도)이다. 전단응력 τ는 인접하는 층의 속도구배 du/dy에 비례한다. 위의 방정식을 뉴턴(Newton)의 점성법칙이라 한다.

이 방정식을 만족시키는 유체를 뉴턴 유체라 하고, 만족시키지 못하는 유체를 비뉴턴 유체라고 한다. 또한 유체의 흐름에 있어서 마찰이 없는 유체를 비점성유체 혹은 이상유체라고 한다. 액체의 점성계수 값은 액체온도의 증가와 더불어 감소하지만 기체의 점성계수의 값은 기체 온도 증가와 더불어 증가한다.

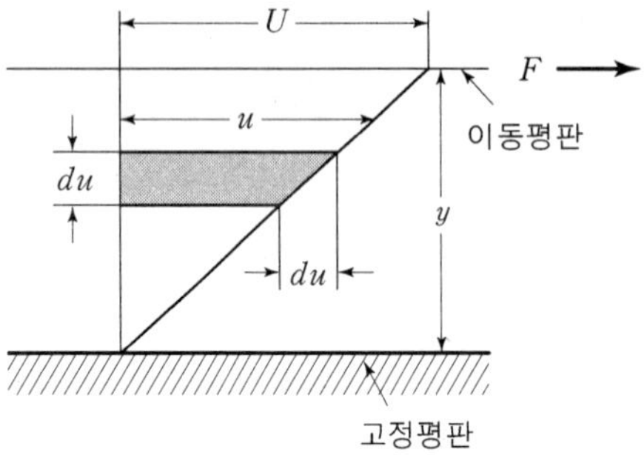

그림 1·9 두 평판 사이의 흐름

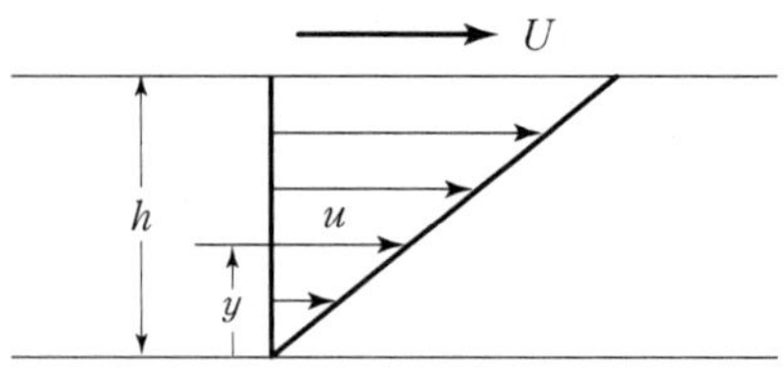

그림 1·10 평행한 2면간의 유체속도분포

그림 1·10과 같이 h만큼 떨어진 평행하는 이면 사이에 유체가 있어서 그 한 면이 다른 면과 평행으로 속도 U로 움직일 때, 정지 평면에서 y의 거리에 있는 점의 유체 u는 그림에서와 같이 직선이 되고 다음 식으로 나타낸다.

$$u = U\frac{y}{h} \tag{1·24}$$

유체의 단위면적에 대한 마찰력 τ는 점성계수(점도, viscosity)를 μ로 하면 $\tau=\mu\frac{du}{dy}$로 나타내므로 그림 1·9의 경우 τ는 다음 식이 된다.

$$\tau = \mu\frac{u}{y} = \mu\frac{U}{h}$$

μ의 절대단위(CGS 단위)는 [dyne · sec/cm^2]이고 이 값은 [gr/cm · sec]를 포아즈(poise, p)라 하며 그것의 1/100을 센티포아즈(centi-poise, cp)라 한다. [cp]로부터의 환산식은 다음과 같다. [cp]$=1.02\times10^{-4}$[kg$_f$ sec/m^2]이다.

μ의 중력단위는 [kg$_f$ sec/m^2]이고 절대단위와는 다음 관계가 있다.

$$1[\text{kg}_f\text{sec/m}^2]=98[\text{poise}]$$

점도 μ의 공학(중력) 단위는

$$\mu=\frac{\tau}{du/dy}=\frac{[\text{kg}_f/\text{m}^2]}{[\text{m/sec/m}]}=[\text{kg}_f\cdot\text{sec/m}^2] \text{ 또는 } [\text{kg}_f\text{sec/cm}^2] \tag{1·25}$$

점도 μ의 SI 단위는

$$\begin{aligned}\mu &= \frac{\tau}{du/dy}=\frac{[\text{N/m}^2]}{[\text{m/sec/m}]}=[\text{N}\cdot\text{sec/m}^2]=[\text{pa}\cdot\text{sec}]\\ &=\frac{[\text{kg}\cdot\text{m/sec}^2(\text{sec})]}{[\text{m}^2]}=[\text{kg}_m/\text{m sec}][\text{kg/m}\cdot\text{sec}]\end{aligned} \tag{1·26}$$

SI 단위로 τ는 $[\mathrm{N/m^2=Pa}]$이다.

$$\mu=\frac{\tau}{du/dy}=\frac{\mathrm{ML^{-1}T^{-2}}}{\mathrm{LT^{-1}/L}}=[\mathrm{ML^{-1}\ T^{-1}}]$$

(1) 동점성 계수

온도와 압력이 변화함에 따라 기름의 점도와 밀도는 변한다. 점도계수 μ를 밀도 ρ로 나눈 값을 동점성계수(coefficient of kinematic viscosity) 또는 동점도 ν라 한다.

동점성계수 ν는 다음 식으로 표시한다.

$$\nu=\frac{\mu}{\rho}\ [\mathrm{m^2/sec}] \tag{1·27}$$

동점성계수 ν의 절대단위(CGS 단위)는 $[\mathrm{cm^2/sec}]$이고 이것을 스토크스(stokes, st)라 하며 그것의 1/100을 센티스토크스(centi-stokes, cst)라 한다.

동점성의 절대단위는

$$\nu=\frac{\mu}{\rho}=\frac{[\mathrm{gr/cm\cdot sec}]}{[\mathrm{gr/cm^2}]}=[\mathrm{cm^2/sec}]$$

$$[\mathrm{st}]=1\,[\mathrm{cm^2/sec}]=10^{-4}\,[\mathrm{m^2/sec}]$$

동점도의 공학(중력) 단위는

$$\nu\text{의 단위}=\frac{[\mathrm{kg_f\,sec/m^2}]}{[\mathrm{kg_f\,sec^2/m^4}]}=[\mathrm{m^2/sec}]$$

동점도의 SI 단위는

$$\nu\text{의 단위}\ \frac{[\mathrm{pa\cdot sec}]}{[\mathrm{kg/m^3}]}=\frac{[\mathrm{N\cdot sec/m^2}]}{[\mathrm{kg/m^3}]}$$

$$=\frac{[\mathrm{kg\cdot m/sec^2\cdot sec/m^2}]}{[\mathrm{kg/m^3}]}=[\mathrm{m^2/sec}]$$

동점도의 차원은 $[\mathrm{L^2\ T^{-1}}]$이다.

(2) 점도계수의 측정

점도계수를 측정하는 방법으로는 유체 속에서 어떤 물체를 회전시켜 그 물체에 걸리는 토크의 크기에 의해서 측정하는 방법이 있고, 액체 속에 작은 강구를 낙하시켜서 그것의 낙하속도에 의해서 측정하는 방법, 또는 작은 세관으로 액체를 통과시켜서 일정량의 액체가 통과하는데 요하는 시간으로 측정하는 방법 등이 있다.

위의 여러 가지 방법은 모두 액체의 흐름이 층류인 상태에서 측정하도록 되어 있으므로 층류에 대한 이론적인 해석이 적용된다. 특히 유체의 점성은 온도에 민감하므로 측정하는 동안에 등온상태를 유지하도록 특별히 조심해야 한다. 그리고 측정온도는 필히 기록해야 한다.

점도측정법 중에서 토크의 크기에 의해서 측정하는 방법은 뉴턴의 점도법칙을 이용하면 점도를 구할 수 있다. 즉, 뉴턴의 점성법칙 $\tau=\mu\dfrac{du}{dy}$ 에서 점성계수를 결정하는 방법이다.

① 뉴턴의 점성법칙을 이용

그림 1·11의 동심원통점도계에서 회전속도가 N[rpm]이고, 회전하는 외부원통의 반경을 r_2라고 하면, 외부원통표면의 유체속도는 $2\pi r_2 N/60$이다.

ⓐ 저면유체의 회전능률을 무시하였을 때 그림 1·11과 같이 내외부 원통의 간격이 b, 내부원통의 높이가 h인 경우

$$\frac{du}{dy}=\frac{2\pi r_2 N}{60b}$$

가 되며, 내부원통의 회전능률 T_c는 원통을 매달고 있는 줄로 계측한다. 전단응력 τ는

$$\tau=\frac{T_c}{2\pi {r_1}^2 h}$$

이를 뉴턴의 점성법칙에 대입하여 정리하면,

$$\mu=\frac{15T_c b}{\pi^2 {r_1}^2\, r_2 hN} \tag{1·28}$$

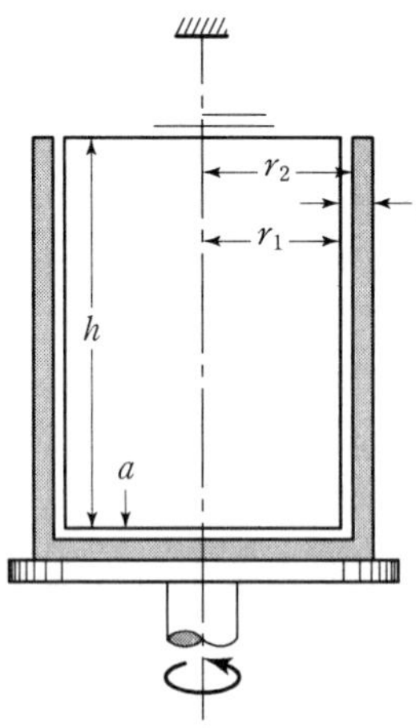

그림 1·11 회전식 점도계

ⓑ 저면유체가 주는 회전능률은 그림 1·12를 참조하면 저면과 내부원통의 간격이 a일 때

$$dT = r\tau dA = r\mu \frac{r\omega}{a} r\,dr\,d\theta$$

여기서 속도변화는 거리 a에서 $r\omega$이다. 원판의 면적에 대하여 적분하고 $\omega = 2\pi N/60$으로 대치하면,

$$T_a = \frac{\mu}{a}\frac{\pi}{30}N\int_0^{r_1}\int_0^{2\pi} r^3 dr\,d\theta = \frac{\mu\pi^2 N r_1^{\ 4}}{60a} \tag{1·29}$$

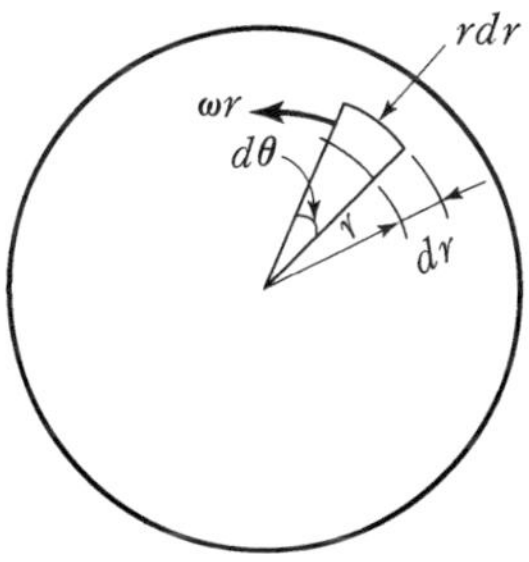

그림 1·12 저면유체의 회전능률

ⓒ 종합적인 경우 그림 1·11과 같은 점도계에 있어서 내부원통의 저면간격 a가 비교적 커서 점성능률에 주는 영향이 적을 때에는 무시할 수 있으나, a가 작을 때에는 이를 포함하여야 한다. 원판과 원통에 의한 회전능률은 비틀림줄의 회전능률 T와 같아야 하며 ⓐ, ⓑ항의 결과를 종합하여

$$T = \frac{\mu\pi^2 r_1^{\ 4}}{60a} + \frac{\mu\pi^2 r_1^{\ 2} hN}{15b} = \frac{\mu\pi^2 r_1^{\ 2} hN}{15}\left(\frac{r_1^{\ 2}}{4a} + \frac{r_2 h}{b}\right) \tag{1·30}$$

이 식에서 μ를 제외한 양들은 알고 있으므로 점도계수를 칭량할 수 있다. 다만, 이 식은 표면 사이의 흐름을 층류로 하여 유도하였음을 유의해야 한다. 위에 설명된 원리의 점도계(viscometer)는 구조를 구분하면, 바깥원통이 일정한 속도로 회전하는 것을 Mac-Michael형이라 하고(그림 1·11), 안쪽 원통이 낙하기구에 의하여 회전되고, 일정한 회전수를 얻는 데 소요되는 시간으로 점성을 측정하는 그림 1·13과 같은 것을 stormer 점도계라고 한다.

예제 7

토크가 3.5[kg_fm]이고, 안지름 20[cm]인 실린더에서 바깥지름 19.8[cm], 폭 15[cm]인

회전자의 회전속도가 1500[rpm]으로 나타났다. 이 실린더내의 오일의 점도의 크기는 얼마인가 ? 단, 회전자의 양단의 영향은 무시한다.

풀이 회전력은 기름을 매개로 하여 실린더에 전달되고, 이로써 힘의 평형을 유지하고 있다. 지금 회전자의 폭을 b, 토크를 T라 하면, 반지름 r에 있어서

$$\tau = \frac{T}{2\pi b r^2} = \frac{3.5}{2\pi \times 0.15 r^2} = \mu \frac{du}{dy} = -\mu \frac{du}{dr}$$

$$\therefore \frac{du}{dr} = -\frac{3.72}{u r^2}$$

이것을 풀면

$$u = \frac{37.2}{ur} + C$$

실린더는 정지하고 있으므로, 그 내면 $r = 0.1$[mm]에서 $u = 0$이다. 따라서

$$C = 0 - \frac{3.72}{u}$$

이것을 윗 식에 대입하면

$$u = \frac{1}{\mu}\left(\frac{37.2}{r} - 37.2\right)$$

로터의 표면의 원주속도는

$$u = 2\pi \times 0.099 \times \frac{1500}{60} = 15.54\,[\mathrm{m/s}]$$

따라서

$$\mu = \frac{1}{15.54}\left(\frac{37.2}{0.099} - 37.2\right) = 0.025\,[\mathrm{kg_f \cdot s/m^2}]$$

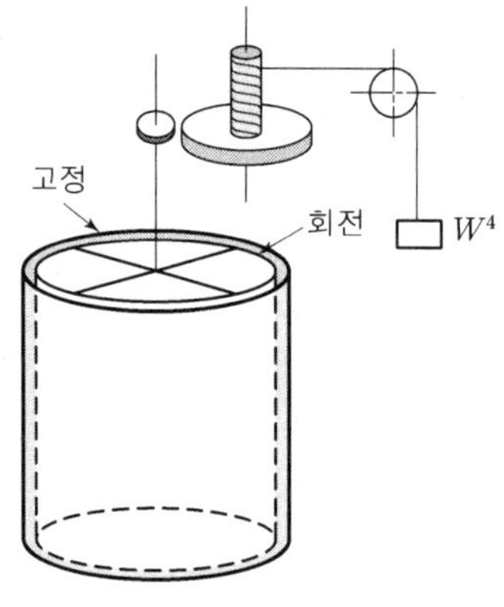

그림 1·13 Stormer 점도계

② Hagen-poiseuille 방정식의 이용

적절한 실험장치를 만들어 Hagen-poiseuille 방정식 중 μ를 제외한 나머지 양들을 측정하는 것도 기본방법의 하나이다.

이를 공업점도계라고 부르며 그림 1·14는 이 방법을 이용한 세이볼트(Saybolt) 점도계의 약도이다. 이 장치는 표준수두조건이 주어지고, 작은 관을 지나는 액체의 체적을 일정한 시간 사이에서 측정하면 유량을 계산할 수 있고, 비중량을 결정하면 Δp는 산출된다. 따라서 측정장치에서 길이와 직경을 알면,

$$\mu = \frac{\Delta p \pi d^4}{128Ql} \tag{1·31}$$

로 μ를 알 수 있다. 그러나 관 속의 압력측정과 직경의 어렵고 이를 균일하게 하는 것은 곤란하기 때문에 실제의 짧은 모세관을 통하여 일정한 체적 60 [cm^3](Vol)가 흐르는 데 소요되는 시간을 측정하여 이를 액체의 동점성계수의 척도로 사용하며, 이를 세이볼트(Saybolt) 읽음이라고 한다.

즉, $\Delta p = \rho g h$, $Q = (\text{vol})/t$로 대치하면 Hagen-poiseuille 방정식은

$$\frac{\mu}{\rho t} = \frac{g h \pi d^4}{128 l (\text{vol})} = C_1 \tag{1·32}$$

실제로 측정하는 경우 수두 h는 변하여도 모든 액체에 대하여 동일한 조건이 이루어지므로 등식의 우항은 하나의 상수로 취급될 수 있을 것이다. 따라서 동점성계수를 관련시키면

$$\nu = C_1 t$$

즉, 동점성계수는 시간 t에 정비례한다. 흐름은 관벽에서의 점성항력 때문에 벽에서 속도가 느리고 중심부에서 속도가 빠르게 되므로, 이를 C_1/t로 보정하면 다음과 같다.

$$\nu = C_1 t + \frac{C_2}{t} \tag{1·33}$$

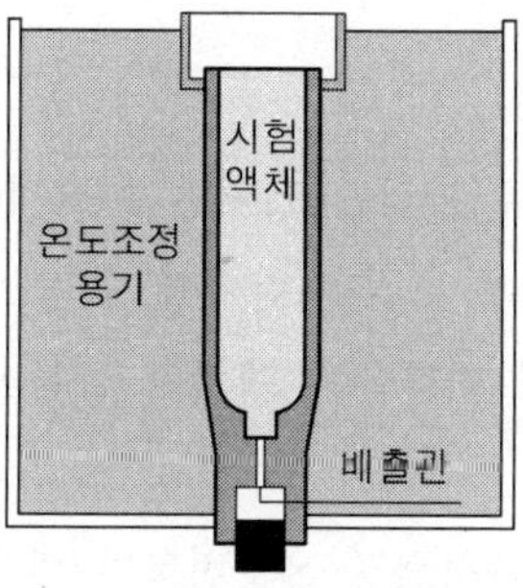

그림 1·14 세이볼트 점도계

점성계수와 세이볼트초 사이의 근사관계는 이러한 계수들이

$$\nu = 0.0022\,t - \frac{1.8}{t} \tag{1·34}$$

로 표시되고, ν는 스토크스(stokes), t는 초의 단위를 갖는다.

③ 스토크스(Stokes)의 법칙을 이용

층류조건에서의 스토크스(Stokes)의 법칙은 무한한 넓이의 유체 속을 일정한 속도 V로 운동하는 직경 d인 구의 항력 D가

$$D = 3\pi\mu Vd \tag{1·35}$$

로 주어진다. 구가 일정한 속도를 얻은 후 항력은 구의 무게 $W = \pi d^3 \gamma_s/6$, 그 부력 $\pi d^3 \gamma_e/6$ 등의 힘들과 평형상태가 되고,

$$D - W + F_B = 3\pi\mu Vd - \frac{\pi d^3 \gamma_s}{6} + \frac{\pi d^3 \gamma_e}{6} = 0 \tag{1·36}$$

이를 점성계수에 관하여 정리하면, 다음과 같다.

$$\mu = \frac{d^2(\gamma_s - \gamma_e)}{18V} \tag{1·37}$$

그러므로 구의 직경, 비중량 및 속도 측정으로부터 점성계수를 결정할 수 있다. 그러나 실제의 경우 무한한 넓이를 취할 수 없어 유체를 둘러싼 벽의 효과가 영향을 주게 되므로, 수정을 가하여야 한다. 이 벽의 영향은 구직경에 대한 관경의 비로 실험적으로 얻어지며, 속도에 대하여 수정한다.

$$\frac{V}{V_t} = 1 + \left(\frac{9}{4}\frac{d}{d_t}\right) + \left(\frac{9}{4}\frac{d}{d_t}\right)^2 \tag{1·38}$$

단, V_t는 관중에서의 낙하속도, V는 무한 넓이에서의 속도이고, d_t는 관경이다.

(3) 윤활유의 점도

어떤 관점에서 볼 때, 이상적인 기름이란 어떠한 온도에서도 같은 점성계수를 가지는 것이다. 그러나 실제의 기름은 이와 같은 조건을 만족할 수 없으며, 온도의 증가에 따라서 점성계수는 변화한다. 이러한 점성계수의 변화율은 액체의 종류에 따라서 달라지며, 윤활유의 물리적 조건에 좌우된다.

윤활유를 사용하는 기계들은 일반적으로 온도변화가 많은데, 그것은 점성계수의 변화가 크다는 것을 의미한다. 한 예로 자동차의 크랭크실 안의 윤활유는 추운날 시동할 때의 온도(약

-10.8°C, 0°F)에서 자유로이 활동할 수 있어야 하는 동시에 운전할 때의 온도(약 140°C, 300°F)에서도 안전하게 윤활할 수 있는 점성을 가져야 한다. 따라서 최근에는 점성과 온도의 관계에 큰 관심을 가지고 있으며, 압력, 비중과의 관계들도 알아둘 필요가 있다.

액체의 점도는 절대점성계수와 동점성계수로 표시되나 계측하기에 편리하고 실용목적을 달성할 수 있는 공업점도계를 써서 측정하는 공업점도 단위로도 표시된다. 이에는 세이볼트(Saybolt) 점도계, 레이우드(Redwood) 점도계, 앵글러(Engleer) 점도계 등이 있으며, 어느 것이나 일정한 체적의 기름을 유출시키는데 소요되는 시간을 척도로 삼고 있다.

① 점도와 온도의 관계

윤활유는 점도변화가 될 수 있는 한 적은 것이 바람직함은 더 말할 필요도 없으며 점도와 온도에 관한 많은 연구가 여러 가지 관계식을 보여주고 있다. 지금 t[°C]에서의 기름의 점도를 λ_t, 0[°C]에서의 기름의 점도를 λ_0라고 하면, Silotte의 식은 다음과 같다.

$$\lambda_t = \frac{C}{(a+t)\,n} \tag{1·39}$$

단, a, C, n은 상수이다. 또, Ectert의 식은 a, l을 상수라고 할 때,

$$\log\lambda = a\log t + l \tag{1·40}$$

이고, Walther의 식은 a, b가 상수일 때

$$a\log(273+t) + \log\cdot\log(\lambda+0.8) = b \tag{1·41}$$

이다.

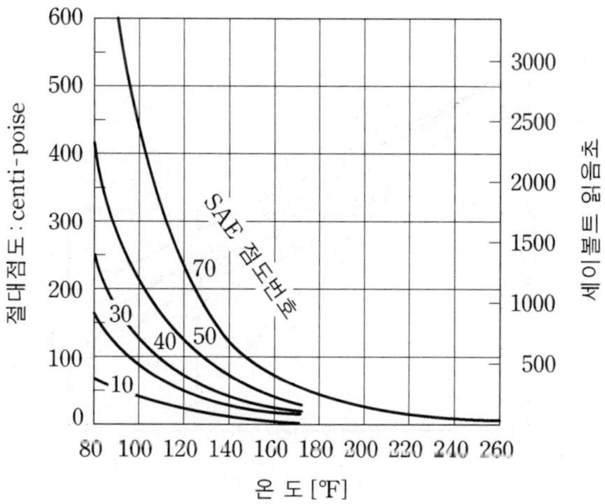

그림 1·15 윤활유의 점도와 온도와의 관계

미국의 A.S.T.M(American Society for Testing Material)에서는 Slotte의 식을 개정하여 Walther의 식과 흡사한 다음 식을 채택하고 있다.

$$\log \cdot \log(\lambda+0.8) = m\log\ (t+273) + K \qquad (1\cdot 42)$$

단, m, K는 상수이다. 식의 λ는 기름의 동점도(centi stokes)이고 기름의 동점도의 이중대수와 온도의 대수는 대략 직선적인 관계를 가지며, 이 관계는 도표에서 그 값을 얻을 수 있다.

그림 1·15는 윤활유의 점도와 온도에 관한 관계를 표시한 곡선이며, 이와 같이 표시하면 곡선이 되므로 불편하고, 앞에서 설명된 바와 같이 대수에 의한 눈금을 이용하면 직선으로 표시되어 편리하며, 이와 같은 도표를 A, S, T, M, 점도-온도 도표라고 한다.

그림 1·15의 도표에서는 점도를 동점도로 표시한 이외에 세이볼트 점도를 넣고 있으며, 이러한 도표에서는 한 윤활유에 대해서 두 개의 온도를 알고 있으면 다른 모든 온도에 있어서의 점도를 쉽게 알 수 있어 편리하다.

지금 어떤 윤활유의 점도특성을 A, S, T, M, 점도-온도 도표 상에서 구하면, 얻어진 직선은 수평에 대해서 어떤 경사를 갖게 될 것이며, 이 직선의 경사가 적을수록, 즉 직선이 수평에 가까울수록 점도특성이 우수함을 나타내며, 온도에 대한 점도변화가 적다. 따라서, 이 직선과 수평이 이루는 각의 탄젠트를 얻어 점도특성을 표시할 수 있으며, 이 값을 점도경사도(viscosity slope) 또는 A, S, T, M, 경사라고 부른다.

A, S, T, M, 점도-온도 도표와 거의 같은 Ubbelohde 도표에서도 윤활유의 점도특성은 직선으로 표시되며, 같은 계통의 윤활유에 있어서는 이들의 직선이 그림 1·16에 표시한 바와 같이 한 점에 모이게 된다.

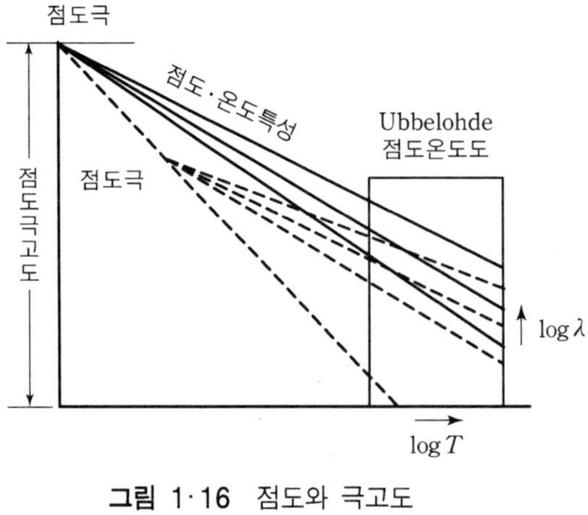

그림 1·16 점도와 극고도

이 점을 점도극(viscosity pole)이라 하고, 기준선으로부터 점도극까지의 높이를 점도극고도(viscosity pole height)라고 부르며, 이 점도극고도가 적은 것일수록 점성특성이 좋은 윤활유이다. 윤활유의 점도가 온도에 따라서 변화하는 정도를 수치적으로 표시하는 방법은 Dean과 Davis에 의해서 제안된 점도지수(viscosity index : V.I)가 많이 이용된다.

A, S, T, M, 점도-온도 도표에서 펜실바니아계의 윤활유의 점도경사도가 항상 최소이고, 갈프고오스트계의 윤활유가 항상 최대인 사실에서 Dean과 Davis는 전자를 H계열(점도지수=100), 후자를 L계열(점도지수=0)의 윤활유로 하고, 이 두 계열의 윤활유를 표준으로 하여 시료유의 점도지수를 구하는 연구를 하였다. 즉, 100°F 및 200°F에 있어서 기름의 점도를 각각 S100, S210이라고 하면, 양계열의 윤활유에 대해서,

$$\text{H계열유 } S_{100} = 0.408{S_{210}}^2 + 12.568S_{210} - 475.4 \qquad (1\cdot43)$$

$$\text{L계열유 } S_{100} = 0.216{S_{210}}^2 + 12.07S_{210} - 721.2 \qquad (1\cdot44)$$

의 관계가 성립한다.

지금 점도지수를 알고 싶은 시료유의 210°F에서의 점도를 측정하고, 이와 같은 점도를 가지는 H계열 및 L계열유의 100°F에서의 점도를 위의 식으로 구한다. 이렇게 해서 점도지수(V.I)는 다음 식으로 계산할 수 있다.

$$\text{V.I.} = \frac{L - V}{L - H} \times 100 \qquad (1\cdot45)$$

단, L : 210°F에서의 시료유와 같은 점도를 가지는 L계열유의 100°F에 있어서의 점도
H : 210°F에서의 시료유와 같은 점도를 가지는 H계열유의 100°F에 있어서의 점도
V : 시료유의 100°F에 있어서의 점도

이 식은 Dean-Davis의 점도지수를 구하는 식이지만 이 식으로부터 구한 점도지수를 A, S, T, M의 V.I라고 한다.

이 점도지수는 많이 쓰이고 있으므로 L 및 H의 값을 표로 하여 쓰는 것이 보통이며, 세이볼트 점도로 표시하는 것과 표 1·8과 같이 동점도를 쓴 점도지수 계산표가 있다.

표 1·8 점도지수계산표 (동점도 centi stokes)

동점도 Centi Stokes 210°F	H	L	L-H	동점도 Centi Stokes 210°F	H	L	L-H
4.0	20.5	26.8	6.3	17.5	203.9	433.3	229.4
4.5	25.5	33.7	8.7	18.0	212.7	455.7	243.0
5.0	30.0	42.5	12.5	18.5	221.6	478.6	257.0
5.5	35.3	52.4	17.1	19.0	230.7	502.0	271.3
6.0	40.6	62.4	21.8	19.5	239.9	526.3	286.4
6.5	46.0	72.5	26.5	20.0	249.3	551.1	301.8
7.0	51.8	83.9	32.1	20.4	256.9	571.0	314.3
7.5	57.7	96.5	38.8	21.0	268.3	601.7	333.4
8.0	63.7	108.8	45.1	21.4	276.0	622.5	346.5
8.5	70.0	121.9	51.9	22.0	287.9	654.9	367.0
9.0	76.3	135.2	58.8	22.4	296.2	677.7	381.5
9.5	82.7	148.7	66.0	23.0	3.8.3	711.2	402.9
10.0	89.2	162.5	73.3	23.4	316.3	733.5	417.2
10.5	95.8	177.1	81.2	24.0	328.6	768.0	439.4
11.0	102.5	191.8	89.3	24.4	336.7	790.9	454.2
11.5	109.5	207.3	97.8	25.0	349.3	826.5	477.2
12.0	116.5	223.1	106.6	25.4	358.0	851.5	493.5
12.5	123.8	239.7	115.9	26.0	371.2	889.6	518.4
13.0	131.2	256.7	125.5	26.4	379.6	913.9	534.3
13.5	138.7	274.4	135.6	27.0	393.0	953.1	560.1
14.0	146.4	292.4	146.0	27.4	4.2.0	979.6	577.6
14.5	154.1	310.7	156.6	28.0	415.0	1018	6.3
15.0	161.9	329.5	167.6	28.4	424	1045	621
15.5	170.0	348.9	178.9	29.0	438	1087	649
16.0	178.2	369.1	190.9	29.4	447	1113	666
16.5	186.6	389.9	203.3	30.0	461	1156	695
17.0	195.1	411.2	216.1				

예제 8

210 [°F] 및 100 [°F]에서의 점도가 12 [cs]와 130 [cs]인 윤활유의 점도지수를 구하여라.

풀이 표 1·8로부터 H, L 및 L−H의 값을 구하여 식 (1·45)에 대입하면,

$$V.I. \fallingdotseq \frac{223-130}{106} \times 100 \fallingdotseq 88$$

앞에서 논한 바와 같이 Dean-Davis의 점도지수는 0～100간을 주대칭으로 하고 있으나, 최근에는 V.I.가 140을 넘는 기름도 나와 불합리하게 되었다. 그러므로 Hardiman 및 Nissan 등은 210°F(98.89°C)와 100°F(37.38°C)에서의 동점도 λ_{210}, λ_{100} centi-stokes를 측정하고, 다음 식에 의하여 점도지수를 구하는 것을 제안했다. 즉,

$$\text{V.I.} = 60 - \text{Anti log}\frac{\log\lambda_{100} - 0.4336}{\log\lambda_{210}} \tag{1·46}$$

이 식으로 구한 점도지수를 Hardiman-Nissan의 점도지수라고 하며, Dean-Davis의 것에 비하여 합리적이라고 말하고 있다.

가장 널리 사용되고 있는 Dean-Davis의 점도지수는, V.I > 100 또는 V.I < 0에서 불합리할 뿐만 아니라, 210 [°F]에서의 점도가 40 saybolt초 읽음 이하의 낮은 점도가 되면 사용할 수 없다. 이에 대하여 Fisher 및 fenske 양씨는 Dean-Davis의 경우와 같은 사고방식에 의해서 파라핀계 윤활유와 나프텐계 윤활유를 표준으로 하여 다음과 같은 식에 의해서 점도지수를 구하는 것을 제안하였다. 즉,

$$\text{KVI} = \frac{L_{100}' - V}{L_{100}' - H_{100}} \times 100 \tag{1·47}$$

단, L100′ : 210 [°F]에서 시료유와 동일한 점도를 가지는 나프텐 계유(점도지수=0)의 100 [°F]에 있어서의 동점도

H100′ : 210 [°F]에서 시료유와 동일한 점도를 가지는 파라핀 계유(점도지수=100)의 100 [°F]에 있어서의 동점도

V : 시료유의 100 [°F]에서의 동점도

이 식은 Dean-Davis의 식과 같으며, 상당히 넓은 점도범위에 대해서 적용할 수 있다. 또 이 식에서 구한 점도지수는 Dean-Davis의 점도지수와 잘 일치하지만 특히 동점성계수 KVI라고 할 때가 있다. KVI를 구하는 데는 표 1·9의 동점성 지수계산표를 이용하면 좋다.

표 1·9 점도지수계산표 (동점도 cs)

동점도 Centi Stokes 210°F	H	L	L-H	동점도 Centi Stokes 210°F	H	L	L-H
4.0	21.8	20.1	7.3	15	163	320	157
4.5	26.2	36.1	9.9	16	179	360	180
5.0	30.8	43.8	13.0	17	197	401	205
5.5	35.7	52.1	16.4	18	214	445	231
6.0	40.8	61.1	20.3	19	232	490	258
6.5	46.1	70.6	24.5	20	251	538	287
7.0	51.6	80.8	29.2	21	270	587	317
7.5	57.3	91.6	34.3	22	290	639	349
8.0	63.2	102.9	39.7	23	306	692	382
8.5	69.2	114.8	45.6	24	330	747	417
9.0	75.5	123.4	51.9	25	351	804	453
9.5	81.9	140.4	58.5	26	372	863	491
10.0	88.5	154.1	65.6	27	394	923	530
11	102	183	81	28	416	986	570
12	116	214	98	29	438	1050	612
13	131	248	116	30	461	1116	655
14	147	283	136				

(4) 점도와 압력의 관계

베어링의 하중이 증가함에 따라 윤활유의 점도와 압력의 관계가 주목된다. 압력에 의한 점도변화는 온도에 의한 점도변화보다 훨씬 작으므로 액체윤활의 상태에서는 윤활유 막은 큰 압력의 영향을 받아서 점도가 상당히 증가한다.

압력에 의한 점도의 증가는 마찰저항의 증가를 가져오지만, 한편으로 극압하에서 유막의 내하중성이 증가하고 있는 점은 주목할 만한 일이다.

Everett는 윤활유의 압력과 점도의 관계에 대한 실험식을 구하였으며, 이는

$$\ln \frac{\lambda_p}{\lambda_0} = kp \text{ 또는 } \lambda_p = \lambda_0 e^{kp} \tag{1·48}$$

단, λ_p : 압력 p에서의 점도

λ_0 : 상압하에서의 점도

k : 기름의 종류에 따라서 결정되는 상수

이 식의 상수 k는 점도의 압력계수라고도 말하며, 그 값은 기름의 종류에 따라서 달라지나 온도의 변화에 따라서 변화하고, 그 개략치를 표 1·10에 표시하였으며 이 관계를 그림 1·17에 도표하였다.

일반적으로 광물성유의 점도는 지방유에 비해서 압력의 영향을 받기 쉬우며, 점도수가 낮은 윤활유가 압력의 영향을 받기 쉽다.

표 1·10 점도의 압력계수 k의 값

윤활유의 종류	100°F(27.78°C)	130°F(54.44°C)	210°F(98.89°C)
동부 캘리포니아유	6.4×10^{-5}	5.4×10^{-5}	3.6×10^{-5}
중부 미드콘티넨트유	7.1×10^{-5}	6.0×10^{-5}	4.4×10^{-5}
서부 펜실바니아유	9.1×10^{-5}	8.4×10^{-5}	4.4×10^{-5}

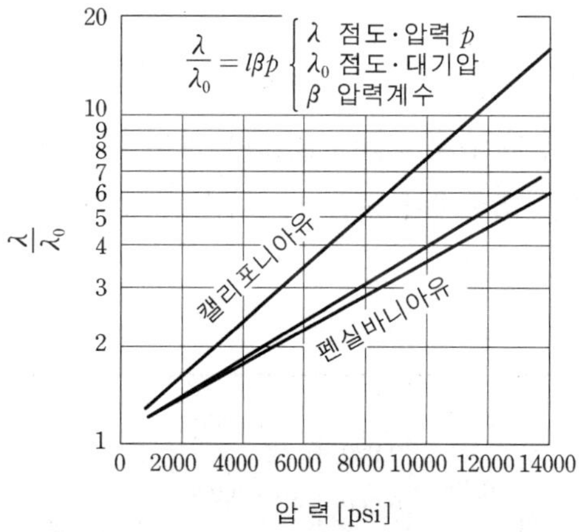

그림 1·17 점성과 압력의 관계

(5) 점도와 비중의 관계

윤활유의 점도가 같은 경우라도 기름의 종류에 따라서 비중은 반드시 동일하지 않다. 예를 들어 같은 점도의 파라핀계, 나프텐계 및 방향족계 윤활유의 비중을 비교하여 보면, 피라핀계는 항상 최소이고, 방향족계는 항상 최대이다. 따라서 윤활유의 비중과 점도를 알면 그 조성을 대략 추정할 수 있나.

Hill 및 Coast는 윤활유의 점도와 비중에 대해서 다음과 같은 관계가 있음을 표시하였다.

$$G = a + b\log(S + C) \tag{1·49}$$

단, G는 비중(60°F)이고, S는 세이볼트초 읽음(100°F)의 점도이며, a, b, c는 기름의 종류에 따라서 결정되는 상수이다. 이 상수에서 실제로 기름의 종류에 따라 변화하는 것은 a이고, b, c는 거의 변화가 없으므로 상수 a를 점도비중항수(V.G.C.)라고도 한다. V.G.C는 식 (1·49)에다 b, c의 값을 대입해서 얻으며, 이는 다음과 같다.

$$\text{V.G.C.}(=a) = \frac{10G - 1.0752\log(S-38)}{10 - \log(S-38)} \qquad (1\cdot50)$$

윤활유의 점도-비중항수(V.G.C.)는 원유의 종류와 정제법을 추정하는 데 유효하며, 계산으로 구하는 대신 그림 1·18의 도표를 사용하면 편리하다.

파라핀계유의 V.G.C.는 약 0.8이고, 나프텐계유의 V.G.C.는 약 0.9이며, 양성분의 함유율에 비례해서 그 값이 변화하므로 양성분의 비율추정에도 참고가 된다. 또 V.G.C.와 점성계수 사이에도 그림 1·19와 같은 일정한 관계가 있으며, 파라핀계유에서는 점도지수가 크고 점도비중항수는 적다.

윤활유의 비중은 일반적으로 15°C 또는 60°F의 온도에서 측정하여, 4°C의 증류수 또는 60°F의 증류수와 비교하여, $d\dfrac{15°C}{4°C}$나 $d\dfrac{60°F}{60°F}$로 표시한다.

미국에서는 API(American Petroleum Institute) 비중 또는 API 보메도로 표시되며, API 비중 이외에 연료유의 비중을 비중계에 의하여 보메도로 표시하는 방법이 있다.

이들의 계산은 다음과 같이 된다.

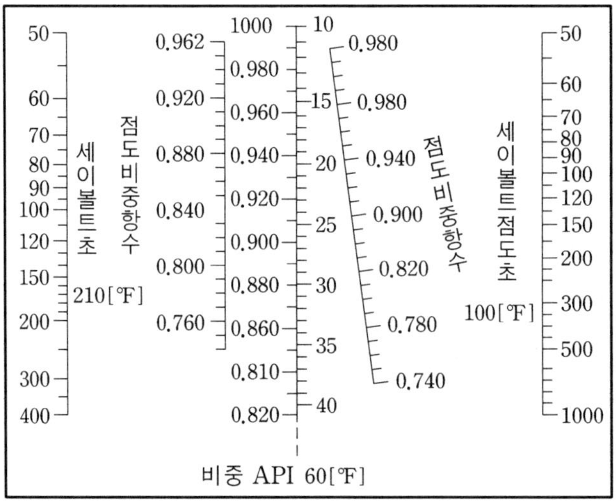

그림 1·18 점도 비중 항수계산도표

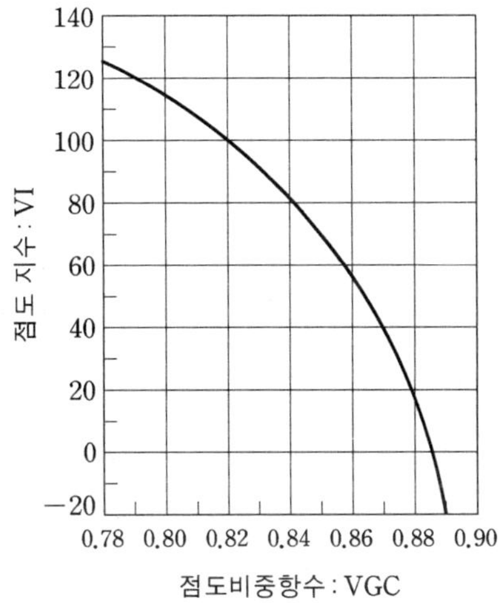

그림 1·19 점도지수와 점도 비중 항수의 관계

$$\left.\begin{aligned} d\frac{15\,[°\mathrm{C}]}{4\,[°\mathrm{C}]} &= d\frac{60\,[°\mathrm{F}]}{60\,[°\mathrm{F}]} \times 0.9993 \\ d\frac{60\,[°\mathrm{F}]}{60\,[°\mathrm{F}]} &= \frac{141.5}{\mathrm{API}\text{ 도} \times 131.5} \\ \text{보메도} &= \frac{140}{d(60/60\,[°\mathrm{F}])} - 130 \end{aligned}\right\} \qquad (1\cdot51)$$

(6) 혼합유의 점도

윤활유를 선정하는 데는 용도에 적합한 점도를 갖는 것이 필요하므로, 이를 위해 윤활유 제조에서 점도가 다른 기름들을 혼합하는 일이 많다. 두 종의 윤활유를 혼합해서 얻는 혼합점도는 점도의 산술평균으로 얻을 수 없으며, 다음 식에 의해서 얻어진다.

$$\log\lambda = V_1 \log\lambda_1 + V_2 \log\lambda_2 \qquad (1\cdot52)$$

단, λ : 혼합유의 점도

λ_1 : A유의 점도

λ_2 : B유의 점도

V_1 : A유의 용적비율

V_2 : B유의 용적비율

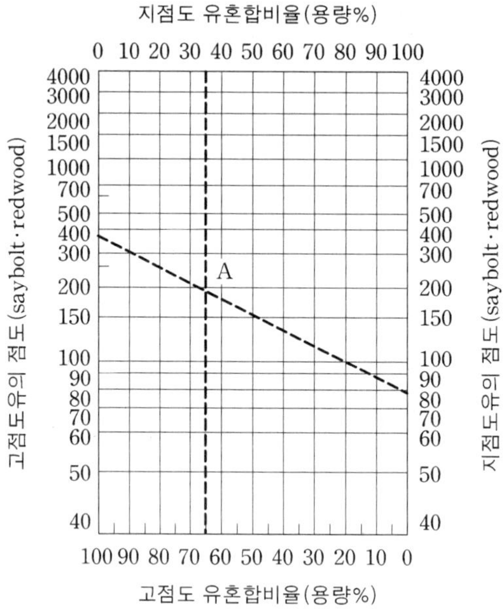

그림 1·20 혼합유의 산출도표

혼합유의 점도는 위의 식에서 구할 수 있으나, 실제에는 그림 1·20과 같은 혼합유의 산출도표를 사용한다. 예를 들어, 어떤 일정한 온도에서 레이우드초 350 및 80의 점도를 가지는 두 종의 윤활유로부터 동일온도에서 200초의 점도인 윤활유를 얻으려면 그림에 표시한 바와 같이 중질유의 점도 350과 경질유의 점도 80을 연결하고, 점도 200의 모선과 교차되는 A점을 구한다. 다음에 A점을 지나는 수직선을 그으면 중질유와 경질유의 혼합비율은 각각 67%, 33%가 된다. 그러나 이 도표는 동일계통의 윤활유혼합에 대해서 사용되고, 이종윤활유의 혼합에 대해서는 원칙적으로 사용할 수 없으며, 다른 도표가 주어진다.

1·4·4 압축율과 체적탄성계수

그림 1·21에 도시한 바와 같이 압력 p_0인 상태에서 체적 V_0인 작동유에 대하여 압력이 Δp만큼 상승하였을 때 작동유의 체적이 ΔV만큼 감소한 경우, 다음 식으로 표시되는 β를 압축률(compressibilty)이라 한다. 석유계의 작동유에서는 $\beta=(6\sim7)\times10^{-5}$ [cm^2/kg_f]이고 따라서 Δp가 150 [kg_f/cm^2]에서 작동유의 체적이 대략 1[%] 감소하게 된다.

압축률 β의 역수 E를 체적탄성계수(bulk modulus of elasticity)라 한다.

$$E=\frac{1}{\beta}=-V_0\frac{\Delta p}{\Delta V} \qquad (1\cdot53)$$

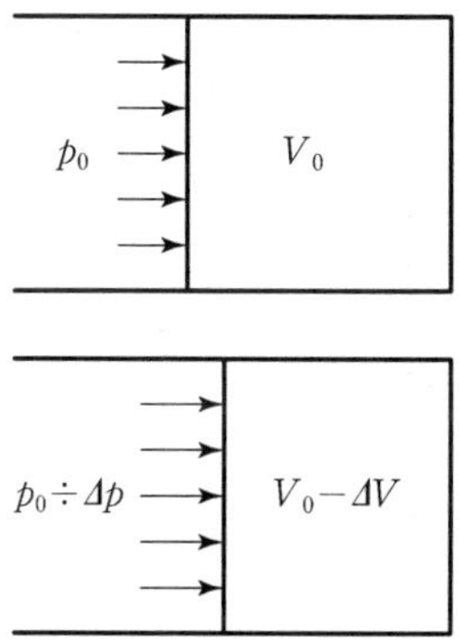

그림 1·21 압축유의 정의

E의 값은 표 1·11에 나타낸 정도인데 온도가 높아지면 E는 적어지고, 압력이 커지면 크게 된다. 또, 압력변화가 급격한 경우(단열변화)가 압력변화가 느린 경우(등온변화)보다 크게 된다. 또 기름 속에 기포가 혼입하면 E의 값은 조금 작아진다.

표 1·11 작동유의 체적탄성계수(20 [°C], 대기압)

기름의 종류	E [kg_f/cm^2]
석유계	1.9×10^4
물 · 글라이코올형	3.15×10^4
W/O형	1.95×10^4
인산에스텔형	2.65×10^4

(1) 액체의 탄성

모든 유체는 압력을 가하면 압축이 된다. 이때 압축에 의해서 저장된 탄성에너지는 이상적인 과정에서는 가해진 압력을 제거하면 원래의 상태로 팽창되어 되돌아오게 된다. 이러한 성질을 갖는 유체를 탄성유체라고 한다. 이와 같은 탄성유체의 성질은 고체재료에서 탄성계수를 정의하는 것과 같이 유체에서는 탄성계수(modulus of elasticity)를 정의함으로써 결정된다. 그러나 유체는 고체재료와는 달리 일정한 형태를 가지고 있지 않기 때문에 탄성계수는 유체의 체적 변화로 정의할 수밖에 없다.

그림 1·22(a)에서 보는 바와 같이 아무리 큰 힘을 가해도 변형을 일으키지 않는 상제도 된 튼튼한 용기 속에 어떤 탄성유체를 채웠을 때 이 유체의 처음 체적이 V_1이고 플런저에 힘 F를 가하면 체적이 V_1에서 V로 수축된다. 여기서 용기에 가해진 압력 dp와 체적의 축소율

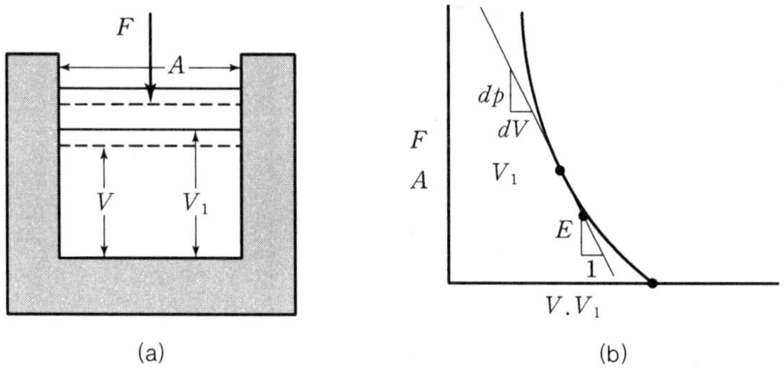

그림 1·22 체적탄성계수의 정의

dV/V_1과의 관계는 그림 1·22(b)와 같은 곡선이 되며 이 곡선상의 임의의 점에서의 기울기를 그 유체의 체적탄성계수(bulk modulus)라고 정의한다. 즉,

$$E = -\frac{dp}{\frac{dV}{V_1}} \tag{1·54}$$

방정식 (1·54)에서 dV/V_1은 차원이 없으므로 체적탄성계수 E는 압력 p의 단위가 된다. 대기압 20 [°C]의 물의 체적탄성계수 E의 값은 약 2×10^4 [kgf/cm^2](=2×10^8 [kgf/m^2])나 된다.

특히 유체가 기체인 경우에는 가해지는 압력 p와 체적 v_s와의 관계는 기체의 상태방정식으로부터 얻어진다. 기체가 등온상태로 압축 또는 팽창될 때에는 보일(Boyle)의 법칙을 써서,

$$pv_s = C \quad \text{또는} \quad \frac{p}{\gamma} = C \tag{1·55}$$

그리고 기체가 가역단열과정인 등엔트로피(isentropic) 과정을 밟고 있을 때에는 다음과 같은 관계가 성립된다. 즉,

$$pv_s^{\,k} = C \text{ 또는 } \frac{p}{\gamma^k} = C \tag{1·56}$$

여기서 k는 기체의 정압비열 C_p와 정적비열 C_v와의 비이며 공기의 k값은 약 1.4이다.

따라서 기체에 대한 체적탄성계수 E는 그 기체가 어떠한 과정을 밟고 있느냐에 따라 달라지게 된다. 즉, 기체가 등온과정 또는 등엔트로피 과정을 밟고 있으면 방정식 (1·55) 또는 (1·56)으로부터 체적의 변화율을 각각 구한 다음에 체적탄성계수의 일반식 (1·55)에 대입시킴으로써 구할 수 있다.

표 1·12 물의 체적탄성계수

온도 °C	압력범위 [kg/cm²]	체적탄성계수 [kg/cm²]
0	1 ~ 25	1.91×10^4
10	1 ~ 25	2.0×10^4
20	1 ~ 25	2.04×10^4
0	25 ~ 50	1.99×10^4
10	25 ~ 50	2.03×10^4
20	25 ~ 50	2.1×10^4
0	100 ~ 200	2.03×10^4
10	100 ~ 200	2.17×10^4
20	100 ~ 200	2.27×10^4
50	100 ~ 200	2.36×10^4
100	100 ~ 200	2.14×10^4
0	500 ~ 1000	2.4×10^4
0	1000 ~ 1500	2.79×10^4
0	1500 ~ 2000	3.09×10^4
0	2000 ~ 2500	3.43×10^4
0	2500 ~ 3000	3.84×10^4

기체에 있어서 체적의 상대적 증가는 기체밀도의 상대적 감소와 같으므로 방정식 (1·54)은 다음과 같이 변형시킬 수 있다.

$$E = \frac{dp}{\dfrac{d\gamma}{\gamma}} \tag{1·57}$$

대기중에서 음파의 전파는 아주 미소한 공기의 압력차의 전달에 의한 것으로, 이때 음파에 의한 공기의 교란은 대단히 적고 또한 빨라서 이러한 공기의 교란작용으로 인한 열전달은 없는 것으로, 즉 단열로 가정한다. 따라서 대기에서의 음파의 전달과정은 등엔트로피 과정으로 가정한다. 이때 공기중의 음파의 전파속도를 C로 표시하면 다음과 같이 유도된다.

예제 9

어떤 액체가 0.01 [m³]의 체적을 갖는 강체의 실린더 속에서 69 [kg/cm²]의 압력을 받고 있다. 그런데 압력이 138 [kgf/cm²]로 증가되었을 때 액체의 체적이 0.0099 [m³]으로 감소되었다. 이 액체의 체적탄성계수는 얼마인가?

풀이 방정식 (1·54)에 주어진 값을 대입하면

$$E = \frac{dp}{\frac{dV}{V_1}} = \frac{138-69}{\frac{(0.0099-0.01)}{0.01}} = 6.9\times10^3\ [\text{kgf/cm}^2]$$

(또는 $= 6.9\times10^7\,[\text{kgf/m}^2]$)

예제 10

공기중에서의 음파의 전파속도 C를 기체상수, 대기의 밀도, 비열비 k의 함수로 표시하여라. 그리고 대기의 온도가 $20\,[°\text{C}]$이고 압력이 $1\,[\text{kg}_f/\text{cm}^2]$일 때의 음속을 계산하여라.

풀이 대기중에서의 음파의 전파과정은 등엔트로피 과정으로 간주된다. 따라서 방정식 (1·56)을 써서

$$\frac{p}{\gamma^k} = C$$

윗식을 미분하고 상수 C 대신에 $p/\gamma k$를 대입시키면,

$$dp = \frac{p}{\gamma^k}\,k\gamma^{k-1} \quad d\gamma = \frac{pk}{\gamma}\,d\gamma$$

따라서

$$\frac{dp}{\frac{d\gamma}{\gamma}} = kp$$

전파 과정이 등엔트로피이므로

$$E = kp$$

따라서 방정식 (1·43)로부터

$$C = \sqrt{\frac{E}{\rho}} = \sqrt{\frac{kp}{\rho}}$$

그런데 완전기체의 상태방정식으로부터

$$P = \gamma R\,T$$

따라서,

$$C = \sqrt{kgRT}$$

여기서 $1\,[\text{kg/cm}^2]$, $20\,[°\text{C}]$에서의 음속은

$$C = \sqrt{1.4\times9.8\times29.27\times(273+20)} = 343\ [\text{m/s}]$$

1·4·5 증기압

모든 액체는 항상 기화하려는 성질을 가지고 있다. 즉, 액체의 상태로부터 기체의 상태로 상변화를 일으킨다. 어떤 밀폐된 용기 속에서 이와 같은 액체의 증발현상이 일어났을 때 증기의 상태로 기화된 분자들의 운동에 의해서 생기는 압력, 즉 분자를 그 액체의 증기압(vappr-pressure)이라고 한다. 그런데 이러한 분자운동은 온도에 따라 증가되므로 증기압은 온도의 함수가 되며 온도의 증가에 따라서 증기압도 상승하게 된다.

어떤 액체가 끓는다는 것은 액체가 끓는 온도에서의 증기압이 그 액체의 표면에 작용되는 압력과 같아져서 액체의 표면에서뿐만 아니라 액체내부로부터도 직접 증발되고 있는 현상이다. 따라서 어떤 액체의 끓는 온도는 액체 표면에 작용되고 있는 압력에 직접 관계된다. 한 예로, 높은 산에서 밥을 지었을 때 밥이 설익는 것은 높은 산에서는 기압이 낮아져서 물의 끓는 온도가 낮아졌기 때문이다. 이와 같은 액체의 증기압은 유체기계의 설계에 있어서 중요한 요소가 된다. 가령 유체가 흐르고 있는 어느 유체기계의 내부에서 압력이 그 온도에 있어서의 증기압보다 낮아지는 지점이 생긴다면 그 점에서 유체가 끓고 그 결과 발생되는 증기가 유체의 통로를 차단하게 되어 유체의 흐름을 억제할 뿐만 아니라 나중에는 기계의 내면을 손상시키는 결과를 초래하게 된다.

(1) 액체의 포화증기압

액체에는 분자운동 때문에 액체분자가 그의 표면에서 튀어나오는 성질, 즉 증발하는 성질이 있다. 예를 들면 액체를 밀폐된 진공그릇에 조금 넣으면 전부 증발하여 그릇 내에 채워지고 어떤 압력을 표시한다. 이 압력을 그때의 증기압 또는 증기 장력이라고 하며, 다시 이것을 액체에 주입하면 증발은 멎고 평형상태가 된다. 이때의 증기압을 포화증기압이라고 한다.

분자운동은 온도상승과 같이 활발하게 되므로 포화증기압도 온도의 상승에 따라 높아진다. 어떤 액체의 절대압력이 그 액체의 온도에 상당하는 포화증기압보다 낮아지면 비등한다. 예를 들면 펌프 속의 압력이 펌프내를 흐르는 액체의 온도에 상당하는 포화증기압보다 낮은 장소에 있다면 이곳에서 증기가 발생하므로 펌프작용이 이루어지지 않는다. 이것을 방지하려면 펌프의 설치위치를 낮게 해야 한다.

유체의 증기압은 온도에 의존해서 온도와 같이 증가한다. 액체상부의 압력과 액체의 증기압이 같을 때 비등이 일어난다. 예를 들면 압력만 충분히 감소하면 물의 비등은 실내온도에서도 일어날 수 있다.

표 1·13은 물의 포화증기압 p_v를 표시한다.

표 1·13 물의 포화증기압 p_v

온도[°C]	포화증기압[kg/cm^2]	온도[°C]	포화증기압[kg/cm^2]
0°	0.00623	30°	0.0432
5°	0.00829	40°	0.0752
10°	0.0125	50°	0.1257
15°	0.0174	60°	0.2031
20°	0.0238	80°	0.4829
25°	0.0303	100°	1.0332

1·4·6 표면장력 및 모세관현상

유체의 물리적 성질 가운데 중요한 것 중 하나는 유체의 표면장력(surface tension)과 모세관현상(capillarity)이다. 유체는 그의 내부에서 분자 상호간에 임의 방향으로 서로 잡아당기는 인력이 작용한다. 그러나 유체 내부에서 일어나는 분자 상호간의 인력은 크기가 같고 방향이 반대이므로 그의 벡터합은 0이 되어 서로 상쇄되고 만다. 그러나 유체의 표면에 있는 분자들은 표면에 수직하방향으로 작용되는 응집력(cohesive force)을 받게 된다. 따라서 액체의 표면에 있는 액체 분자는 내부의 분자에 비해서 더 많은 에너지를 갖게 되며 장력을 주는 표면막을 형성하게 된다. 이 표면막의 성질을 표면장력이라 한다.

액체의 표면장력은 σ(sigma)로 표시하고 액체표면의 단위길이 당의 장력, 즉 힘으로 정의된다. 따라서 [kg_f/m](또는 [dyne/cm^2])의 단위를 갖게 된다.

공중에서 떨어지는 빗방울이나 비누풍선의 모양이 둥글게 되는 것은 표면장력 때문이다. 그리고 이 물방울이나 비누풍선의 내부압력은 외부압력보다 표면장력 때문에 항상 크게 된다. 이때 초과되는 내부압력은 액체의 표면장력 σ를 알게 되면 쉽게 계산된다.

액체 속에 세워진 모세관 속의 액체표면은 외부의 액체표면보다 올라가거나 또는 떨어지는 것을 볼 수 있다. 이러한 현상을 모세관현상이라고 한다. 이 모세관현상은 액체의 표면장력에 기인한 것으로 고체면에 대한 액체의 응집력이나 부착력(abhesive force)의 상대적인 값에 따라서 모세관에서의 액체의 높이가 결정된다. 즉, 부착력이 응집력보다 커지면 모세관의 액체는 용기의 액체표면보다 올라가고 반대로 액체의 응집력이 부착력보다 크면 모세관의 액체표면은 액체표면보다 낮아진다.

모세관에서 액체의 표면이 올라가거나 또는 떨어지게 되는 높이는 표 1·14와 표 1·15에서와 같은 표면장력 σ와 액체와 고체벽면 사이의 접촉각 β를 알면 쉽게 계산할 수 있다.

표 1·14 액체자체의 증기와 접촉하는 액체의 표면장력

액 체 명	온도[°C]	표면장력[kg/m]
초산	10	29.1×10^{-4}
	20	28.1
	50	25.1
아세톤	0	26.5
	20	24.0
	40	21.4
암모니아	11	23.6
	34	18.4
	20	41.8
이산화탄소	20	1.172
	11	9.21
에틸알코올	10	23.8
	20	22.9
	30	22.1
메틸알코올	50	20.3
메틸에틸	10	16.52
	40	21.2
나프탈렌	127	19.1

표 1·15 공기와 접촉되어 있는 물의 표면장력

온도[°C]	표면장력[kg/m]
0	29.1×10^{-4}
10	74.8
20	73.4
30	71.6
40	70.2
50	68.5
60	66.7
70	64.9
80	63.2
100	59.3

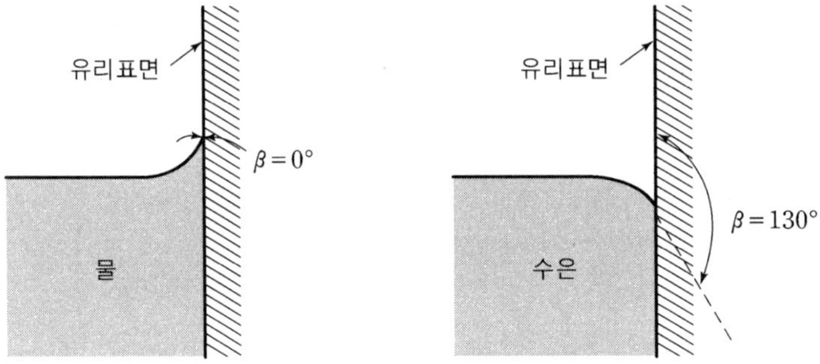

그림 1·23 물과 수은의 접촉각

구경이 비교적 작은 관은 사용할 때 생기는 여러 문제에서는 이러한 모세관의 특성이 중요한 역할을 하게 된다. 표면장력은 액체의 온도에 따라 영향을 받으며 따라서 σ는 온도의 함수가 된다. 물과 수은의 접촉각을 그림 1·23에 표시하였다.

1·4·7 유체의 유동

(1) 연속방정식

유압장치에서 펌프로부터 발생된 압유는 배관을 통해 작동기(actuator)로 보내진다. 이와 같이 유체가 유동을 하고 있을 때, 임의의 점에서 시간에 따라 변화가 없는 흐름을 정상류(steady-state flow)라 하고 시간에 따라 변화가 있는 흐름을 비정상류(unsteady-state flow)라 한다.

유압공학에서는 특별한 경우(과도적현상 혹은 서지압 발생)를 제외하면, 일반적으로 작동유는 압축성이 없고 정상흐름이고 층류(laminar flow)인 것으로 가정한다.

그림 1·24와 같은 관로의 흐름에 있어서 비중량이 일정(비압축성)하다고 보면 다음과 같은 식이 성립된다.

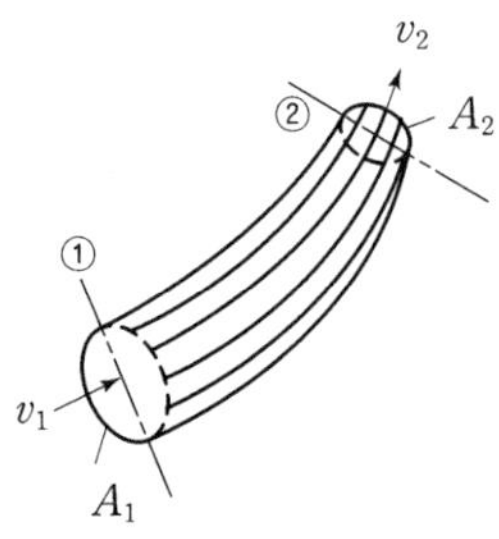

그림 1·24 정상흐름

$$Q = \gamma_1 A_1 V_1 = \gamma_2 A_2 V_2 \tag{1·58}$$

여기서 $\gamma_1 = \gamma_2$이므로(γ_1 및 γ_2 : 단면 1, 2에서의 유체의 비중량)

$$Q' = A_1 V_1 = A_2 V_2 \tag{1·59}$$

이고, 이때 A_1 및 A_2는 단면적[m^2], V_1 및 V_2는 평균유속[m/ sec]이다.

식 (1·58)과 (1·59)를 연속방정식(continuity equation)이라 한다. 이 식으로부터 단면적이 작은 곳에서는 유속이 빨라지고 단면적이 큰 곳에서는 유속이 느리다는 것을 알 수 있다.

그림 1·24에서 관 직경을 각각 D_1 및 D_2라 하면 식 (1·58)은 다음과 같이 표현된다.

$$\frac{V_1}{V_2} = \frac{A_2}{A_1} = \left(\frac{D_2}{D_1}\right)^2 \tag{1·60}$$

식 (1·60)에서 관로의 직경의 비가 두 배가 되면 유속의 비는 4배가 됨을 알 수 있다.

식 (1·61)과 식 (1·59)는 유압 회로를 설계할 때 회로를 흐르는 최대 유량을 기준으로 하여 관의 내경을 구할 때 사용된다.

$$Q = AV = \frac{\pi D^2 V}{4}$$
$$D = \left(\frac{4Q}{\pi V}\right)^{1/2} \tag{1·61}$$

유압장치에 있어서 관내경을 결정할 때 압력손실, 경제적인 면 등을 고려하여 최대 유속을 아래 기준에 따라 결정하고 있다.

사용장소	최대유속[m/ sec]
펌프흡입측	0.6~1.7
펌프토출측	3~4
제 어 밸 브	6
릴리프밸브	15

(2) 베르누이의 정의(Bernulli's Principle)

정상 흐름의 유체가 관로를 흐르고 있을 때 유체가 갖고 있는 에너지는 다음 세 가지가 있다.

- 운동에너지, 속도에너지(kienetic energy or velocity energy) : $V^2/2g$
- 위치에너지(potential energy) : Z
- 압력에너지(pressure energy) : P/r

유체의 점성이 없고 비압축성인 이상유체라고 할 때 마찰 등으로 인한 에너지 손실이 없다고 하면 에너지 보존법칙에 따라 다음 관계식이 성립된다.

$$\frac{V^2}{2g} + \frac{P}{\gamma} + Z = H(\text{일정}) \tag{1·62}$$

여기서 V : 유속[m/s]

g : 중력가속도[m/s^2]

γ : 유체의 비중량[kg$_f$/m^3]

P : 압력[kg$_f$/m^2]

Z : 위치[m]

식 (1·62)를 베르누이 정리라 한다. 1738년경 스위스의 다니엘 베르누이(Daniel Bernulli)가 발표하였다. 식 (1·62)에서 각항은 유체가 지니고 있는 속도에너지($V^2/2g$), 압력에너지(P/γ) 및 위치에너지(Z)를 길이의 단위[m]로 표시한 것이며, 유체 1[kg$_f$]당의 에너지([kg$_f$ · m/kg$_f$=m])를 말한다. 유체역학에서 이것을 각각 속도수두(velocity head), 압력수두(pressure head) 및 위치수두(potential head)라 하고 그 총합을 전수두(total head)라 한다. 이 전수두는 어느 단면에서나 일정하다. 식 (1·62)는 에너지 보존의 법칙을 유체유동에 응용한 것이며, 처음에 가정한 바와 같이 이상유체가 정상흐름일 때 극히 작은 유선관내에서 성립되는 것이 원칙이지만 실제의 유체에 대하여 큰 강관내에서도 널리 응용되며 이와 같은 때에 정밀한 결과를 얻기 위해서는 점성 등에 의한 에너지 손실에 대하여 수정을 가해야 한다. 이 경우에 유체마찰로 인한 손실수두를 hl[m]라 하면 식 (1·63)은 다음과 같이 수정된다.

$$\frac{V^2}{2g} + \frac{P}{\gamma} + Z + hl = H(\text{일정}) \tag{1·63}$$

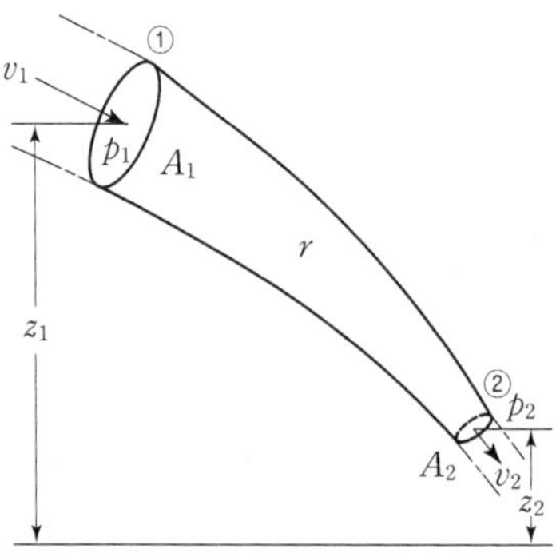

그림 1·25 관내의 유체 흐름

베르누이 정리를 응용한 실례는 벤투리미터(Venturi Meter)와 피토관(Pitot Tube)을 열거할 수 있다.

그림 1·25에서 단면 ①②의 높이를 각각 Z_1, Z_2, 단면적을 A_1, A_2, 속도를 V_1, V_2, 압력을 P_1, P_2, 중력가속도를 g, 유체의 비중량을 γ라 하면 베르누이 정리에 따라 다음 식이 성립한다.

$$\frac{{V_1}^2}{2g} + \frac{P_1}{\gamma} + Z_1 = \frac{{V_2}^2}{2g} + \frac{P_2}{\gamma} + Z_2 = H \tag{1·64}$$

식 (1·64)에서 수평한 관로일 때 $Z_1 = Z_2$이므로 이 경우 식 (1·64)는

$$\frac{{V_1}^2}{2g} + \frac{P_1}{\gamma} = \frac{{V_2}^2}{2g} + \frac{P_2}{\gamma} \tag{1·65}$$

가 된다.

유압회로에 있어서 위치수두 Z는 일정하다고 보기 때문에 식 (1·65)와 같이 속도에너지와 압력에너지만 고려되고 이것은 서로 변환하는 것을 알 수 있다.

스프링으로 작동되는 릴리프 밸브(relief valve)에 발생하기 쉬운 채터링(chattering)현상도 베르누이 정리로 설명된다. 그림 1·26은 한 릴리프 밸브의 단면도를 표시한 것이다. A부의 회로압력이 밸브의 설정압력에 가까워지면 포핏트(poppet)가 조금 열리면 B부의 밸브 접촉면 사이에 작은 틈새가 생긴다. 이 접촉면 틈새에서 A부의 고압유가 고속으로 빠져나간다. 이때 A부의 고압유가 갖고 있는 압력에너지의 대부분이 B부에서 속도에너지로 변환되고 A부의 압력은 급강하한다. 압력이 내려가면 스프링의 힘 때문에 포핏트는 다시 빠른 속도로 접촉면에 부딪친다. 그렇게 되면 회로압력은 다시 상승하고 포핏트는 다시 열리게 된다. 이러한 작동이 빠르게 반복되므로 그때 높은 소리가 연속적으로 발생한다. 이런 현상을 채터링(chattering)이라 한다.

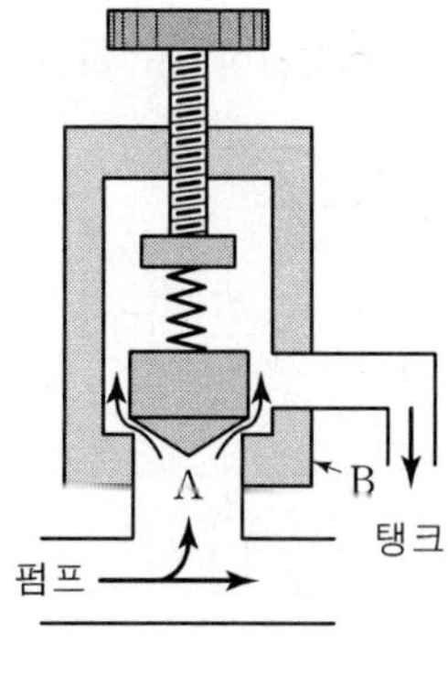

그림 1·26 릴리프 밸브

예제 11

유동상태가 정상류이며 이때 유체는 비압축성의 유동일 때 에너지방정식을 유도하라.

풀이 미터법 동력단위계에서 사용하던 중량을 SI에서는 질량으로 사용한다. 따라서 SI 단위에서는 비중량 대신 밀도를 써야 한다. 그러므로 식 (1·13)은 $\gamma = \rho g$의 관계에서

$$\frac{1}{\rho g}\frac{dp}{ds} + \frac{v}{g}\frac{dv}{ds} + \frac{dz}{ds} = 0$$

이것을 적분하면

$$\frac{p}{\rho g} + \frac{v^2}{2g} + z = \text{const.}[\text{m}]$$

여기서 각 양의 단위는 p: [Pa = N/m^2], ρ: [kg/m^3], g: [m/s^2], v: [m/s], z: [m]이다.

예제 12

그림과 같은 유압펌프의 입구의 압력은 $p_1 = -0.2\,[\text{kg}_f/\text{cm}^2]$, 직경 $d_1 = 50\,[\text{mm}]$일 때, 케이싱(casing) 내부에 있어서 $d_2 = 25\,[\text{mm}]$로 교축되는 경우 ②의 위치에서의 압력은 얼마인가 ? 단, 비중량 $\gamma = 880\,[\text{kg}_f/\text{m}^3]$인 기름이 유량 300[$l$/ min]로 흐를 때, 압축류손실은 무시한다.

풀이 베르누이(Bernoulli)의 정리를 적용

$$\frac{3p_1}{\gamma} + \frac{\nu_1^2}{2g} + z_1 = \frac{p_2}{\gamma} + \frac{\nu_2^2}{2g} + z_2$$

연속의 원리에 의하여

$$Q = \frac{\pi}{4}d_1^2\,\nu_1^2 = \frac{\pi}{4}d_2^2\,\nu_2^2$$

관로는 수평이므로 $z_1 = z_2$을 대입하여 정리하면

$$p_2 = p_1 + \frac{\gamma\,\nu_1^2}{2g}\left\{1-\left(\frac{d_1}{d_2}\right)^4\right\}$$

$$= p_1 + \frac{\nu}{2g}\left(\frac{4Q}{\pi d_1^2}\right)^2\left\{1-\left(\frac{d_1}{d_2}\right)^4\right\}$$

$$= p_1 + \varDelta p$$

$$\varDelta p = \frac{\gamma}{2g}\left(\frac{4Q}{\pi d_1^2}\right)^2\left\{1-\left(\frac{d_1}{d_2}\right)^4\right\}$$

$$= \frac{880}{2\times 9.8}\left(\frac{4\times 0.3}{3.14\times 0.05^2\times 60}\right)^2\left\{1-\left(\frac{50}{25}\right)^4\right\}$$

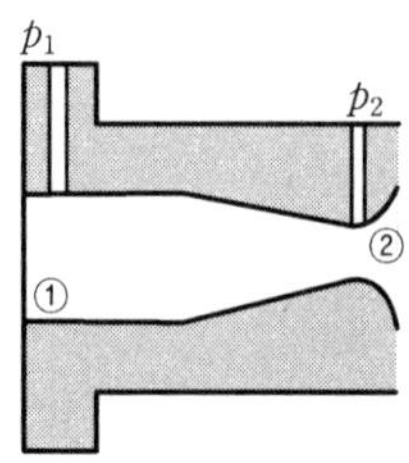

그림 1·27

$$= -1775[kg_f/m^2] = -0.18[kg_f/cm^2]$$

$$\therefore p_2 = p_1 + \Delta p = 0.2 - 0.18[kg_f/m^2 \cdot g] = -0.38[kg_f/cm^2]$$

(3) 층류와 난류유동

베르누이 정리는 유체의 점성을 무시하고 정상흐름으로 가정한 이상 유체에 적용되는 법칙이다. 그러나 실제 유체는 점성이 있으므로 마찰저항으로 인하여 흐름의 영향을 받는다.

일반적으로 유체의 흐름은 층류(laminar flow)와 난류(turbulent flow)로 구별한다.

층류는 유체 중 개개의 입자가 흐름방향과 평행으로만 작용하는 상태의 흐름을 말한다. 이러한 흐름을 갖는 유체는 동점성계수가 크고 유속이 비교적 작고 유체가 세관이나 좁은 틈 사이를 흐를 때 형성된다. 유압공학에서의 유동상태는 작동유의 동점성계수가 크고 좁은 틈 사이의 흐름을 취급하는 경우가 많으므로 층류로 간주하는 경우가 많다.

난류는 유체의 입자가 불규칙하게 소용돌이를 일으키면서 흐르는 상태를 말한다. 이러한 유체의 흐름은 동점성계수가 작고 유속이 크며 굵은 관내의 흐름에서 주로 형성된다.

그림 1·28은 관 속의 흐름 상태를 표시한 것이다.

그림 1·28에서 이상유체의 정상유는 관내에서 유속의 분포가 일정함을 볼 수 있고 층류의 경우는 유속의 기울기가 관 중심부에서 가장 크고 벽면에서 가장 작다. 층류에서는 중심부의 평균유속의 2배가 되나 난류에서는 약 1.2배 정도이다.

1883년에 영국인 레이놀즈(Osborne Reynolds) 교수가 층류와 난류를 구별하는 레이놀즈수(Re)를 발표하였다. 레이놀즈수(Re)는 유체의 유속 V[m/s]와 관의 직경 D[m]와 유체의 동점성 계수 $\nu[m^2/s]$ 사이에 다음과 같은 무차원수로 표시된다.

$$Re = \frac{V \cdot D}{\nu} \tag{1·66}$$

여기서 $\nu = \mu/\rho$이므로 유체의 점도 μ와 밀도 ρ로 표시하면

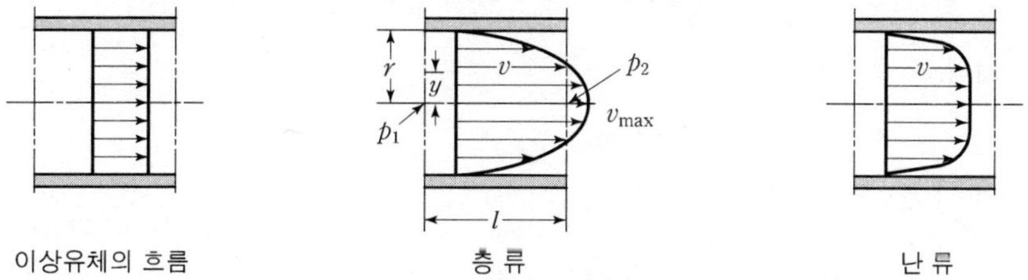

그림 1·28 관내의 유체의 흐름 상태

$$Re = \frac{V \cdot D \cdot \rho}{\mu} \tag{1·67}$$

여기서 ρ : 유체의 밀도 [kg/m^2]

μ : 유체의 점도 [kg/m · s]

관내를 흐르는 유량 Q[m^3/s]를 알고 있을 경우

$$Re = \frac{4Q}{\pi D \nu} \tag{1·68}$$

Re의 값이 2000 이하에서는 유체의 종류에 관계없이 층류가 되고 4000 이상일 때는 항상 난류가 된다. Re가 2000~4000 사이는 흐름이 불안정하다.

층류에서 난류로 변화하는 유속을 임계유속이라 하고 그때의 Re를 임계 레이놀즈수(Critical Reynolds Number)라 한다. 곧은 원관의 경우 임계 레이놀즈 수는 대개 2320으로 본다.

유체의 유동이 임계 레이놀즈수를 넘어서 난류로 변하면, 압력 손실이 증가하므로 원관내의 유속은 너무 빠르지 않게 가능하면 층류상태로 흐르도록 설계해야 한다. 주로 Re=1000 정도가 되도록 유속을 택하고 관의 직경을 정하는 것이 좋다.

예제 13

강관내경 21.6[mm]을 써서 비중이 0.9이고, 점도 60[P]의 작동유를 2.4[m^3/hr]의 유속으로 흐르게 할 때 관내의 유체 흐름은 층류인가 난류인가?

풀이 관의 내경 D=0.0216 m

단 면 적 $A = \frac{\pi}{4} D^2 = 3.66 \times 10^{-4}$ [m^2]

평균속도 $V = \frac{Q}{A} = \frac{2.4}{3.66 \times 3600} = 1.82$ [m/ sec]

동 점 도 $\nu = \frac{\mu}{\rho} = \frac{\mu}{s \cdot \rho_w} = \frac{0.6}{0.9 \times 1} = 0.67 \times 10^{-4}$ [cm^2/sec]

여기서 s : 비중

ρ_W : 물의 밀도 [gr/cm^3]

식 (1·65)으로부터

$$Re = \frac{VD}{\nu} = \frac{1.82 \times 0.0216}{0.67 \times 10^{-4}} = 586$$

따라서 유체의 흐름은 층류($Re < 2000$)이다.

1·4·8 압력손실

(1) 관로의 마찰손실

그림 1·29와 같이 관직경이 일정하고 수평한 관로에 유체가 흐를 때 위치 ①과 ②의 압력은 베르누이 정리가 적용되는 이상유체에서는 동일하지만 점성이 있는 유체가 흐를 때는 일정하지 않다. 점성 및 유체의 흐름 상태에 따라 유체내부와 관벽에 마찰이 생겨 에너지 일부는 열에너지로 변하고 압력은 하강하게 된다. 이것을 마찰에 의한 압력손실이라 한다. 이 압력손실은 압력과 관계가 없고 속도나 유체가 직접 닿는 면적과 관계된다.

이 손실을 고려하면 베르누이 정리는 수평한 관로에 대해서 다음과 같이 된다.

$$\frac{V_1^{\ 2}}{2g} + \frac{P_1}{\gamma} = \frac{V_2^{\ 2}}{2g} + \frac{P_2}{\gamma} + h \tag{1·69}$$

관로의 직경이 동일하므로 유속은 같다($V_1 = V_2$).

식 (1·69)를 다시 정리하면

$$h = \frac{P_1 - P_2}{\gamma}, \qquad \varDelta P = P_1 - P_2 = \gamma h \tag{1·70}$$

여기서 h를 손실수두(Loss Head)라 하고 압력손실 $\varDelta P$는 다음 두 가지 식으로부터 구할 수 있다.

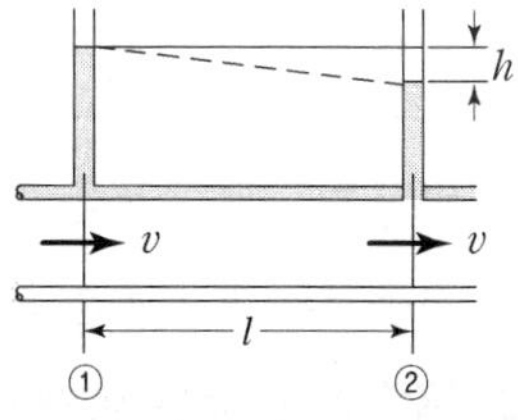

그림 1·29 관로의 마찰손실

① Hagen-Poiseuille 식

이 식은 층류에서만 적용되는 이론식인데 실험치와 잘 일치한다.

$$\varDelta P = \frac{32\mu\, VL}{D^2} \tag{1·71}$$

여기서 $\varDelta P$: 압력손실 $[\mathrm{kg_f/m^2}]$

V : 관내 평균유속 [m/ sec]

D : 관의 내경 [m]

L : 관의 길이 [m]

μ : 유체의 점도 $[kg_f \cdot sec/m^2]$

유속 V 대신 유량 $Q[m^3/sec]$를 쓰면

$$\Delta P = \frac{128\mu QL}{\pi D^4} \tag{1·72}$$

식 (1·71)를 보면 압력손실 ΔP는 유속 V와 점도 μ에 비례해서 증가함을 알 수 있다.

② Weisbach-Darcy식

$$\Delta P = \lambda \cdot \frac{\gamma V^2}{2g} \cdot \frac{L}{D} \tag{1·73}$$

여기서 λ : 마찰계수

γ : 유체의 비중량 $[kg_f/m^3]$

g : 중력 가속도 $[m/sec^2]$

V : 관내 평균유도 $[m/sec]$

L : 관의 길이 $[m]$

D : 관의 내경 $[m]$

마찰계수 λ는 층류 상태에선 레이놀즈수에 비례하고 난류상태에선 관벽의 조도(Roughness)에 의하여 영향을 받는다.

식 (1·73)에서 $\lambda = 64/Re$(층류의 경우)를 대입하면 Hagen-Poiseuille 식을 얻게 된다. Darcy식에서 층류와 난류 때의 마찰계수 λ의 값은 아래와 같다.

$$\lambda = \frac{64}{Re} \text{ (층류일 때)} \tag{1·74}$$

$$\lambda = \frac{0.3164}{(Re)^{1/4}} \text{ (난류일 때 } Re < 8 \times 10^4\text{) : Blasius식} \tag{1·75}$$

$$\lambda = 0.0032 + \frac{0.221}{Re^{0.237}} \text{ (난류일 때 } 10^5 < Re < 10^8\text{) : Nikurades식} \tag{1·76}$$

식 (1·70)을 손실수두 $h[m]$로 표시하면

$$h = \frac{\Delta P}{\gamma} = \lambda \frac{L}{D} \cdot \frac{V^2}{2g} \tag{1·77}$$

실제 유압 시스템에서는 대부분이 층류상태의 흐름이고 이렇게 되도록 설계하는 것이 바람직하다.

예제 14

관내경 27.6[mm]이고 비중 0.87이며 점도 50[P]의 기름을 5[m³/hr]의 유량으로 80[m] 떨어진 장소까지 보낸다. 이때의 압력손실을 구하여라.

풀이 먼저 레이놀즈수(Re)를 계산하여 관유의 흐름상태를 알아본다.

평균유속 $V = \dfrac{5/3600\,[\mathrm{m^3/sec}]}{\dfrac{\pi}{4}\cdot(0.0276)^2\,[\mathrm{m^2}]} = 2.32\ [\mathrm{m/sec}]$

동 점 도 $\nu = \dfrac{\mu}{\rho} = \dfrac{\mu}{s\cdot\rho_w} = \dfrac{0.5\,[\mathrm{g_r/cm\cdot sec}]}{0.87\cdot 1\,[\mathrm{g_r/cm^2}]} = 0.575\,[\mathrm{cm^2/sec}]$

$= 0.575\times10^{-4}\,[\mathrm{m^2/sec}]$

따라서 $Re = \dfrac{DV}{\nu} = \dfrac{0.0276\times2.32\,[\mathrm{m^2/sec}]}{0.575\times10^{-4}\,[\mathrm{m^2/sec}]} = 1120$

$Re = 1120 < 2000$이므로 흐름의 상태는 층류이다. 식 (1·71)에서부터

$$\Delta P = 32\frac{\mu VL}{D^2} = \frac{32\times0.51\times10^{-2}\times2.32\times80\left(\dfrac{\mathrm{kg_f\cdot sec}}{\mathrm{m^2}}\cdot\dfrac{\mathrm{m}}{\mathrm{sec}}\cdot\mathrm{m}\right)}{(0.0276)^2\ [\mathrm{m^2}]}$$

$$= 4.0\times10^4\ [\mathrm{kg_f/m^2}] = 4.0\,[\mathrm{kg_f/cm^2}]$$

다른 계산 방법으로 $\lambda=64/Re=64/1120=0.057$를 식 (1·73)에 대입하여 구하여도 압력손실 $\Delta P=4.0\,[\mathrm{kg_f/cm^2}]$이 된다.

예제 15

펌프의 송출압력은 $p = 35\,[\mathrm{kg_f/cm^2}]$, 유량 $Q = 80[l/\mathrm{min}]$이고, 유압유의 비중량은 $r = 800\,[\mathrm{kg_f/m^3}]$, 동점도의 $\nu = 0.4\,[\mathrm{cm^2/s}]$일 때 필터(filter), 흡입관로, 펌프, 송출관, 제어밸브, 액튜에이터(actuator), 귀환관로의 유압배관계에 있어서, 그 관로저항은 직경 $d = 25\,[\mathrm{mm}]$ 관의 길이가 35[m]의 관마찰손실에 해당하는 것과 유효하게 액튜에이터에 작용하는 기름의 압력을 구하여라.

풀이 관의 유속 $v = \dfrac{Q}{A} = \dfrac{80\times10^3\times4}{60\times\pi\times2.5^2} = 271.8\,[\mathrm{cm/s}]$

레이놀즈수 $R_e = \dfrac{d\cdot\nu}{\nu} = \dfrac{2.5\times271.8}{0.4} = 1698$

$R_e = 1698 < 2000$이므로 흐름은 층류이다. 따라서 식 (1·74)에 의하여 관마찰계수 λ는

$$\lambda = \frac{64}{R_e} = \frac{64}{1698} = 0.038 = \frac{64}{1698} = 0.038$$

관로에 있어서의 압력손실은 식 (1·73)에 의하여

$$\Delta p = \lambda \cdot \frac{l}{d} \cdot \frac{\gamma v^2}{2g} = 0.038 \times \frac{3500}{2.5} \times \frac{0.8 \times 10^{-3} \times 271.8^2}{2 \times 980}$$
$$= 1.6\,[\mathrm{kg_f/cm^2}]$$

따라서 액튜에이터에 작용하는 유효압력 p_e는

$$p_e = p - \Delta p = 35 - 1.6 = 33.4\,[\mathrm{kg_f/cm^2}]$$

(2) 부차적인 압력손실

유압장치는 유압기기와 배관으로 구성되어 있기 때문에 기기의 압력손실과 배관을 연결하는 이음쇠(Fitting 혹은 Joint)에 의한 압력손실이 있다. 이것들이 관로의 단면적과 흐름의 방향을 변화시킴으로써 압력손실이 마찰손실보다 더 크게 사용된다.

이러한 손실은 관내의 유속을 V로 할 때 베르누이식에서 속도 에너지에 비례하는 다음 식으로 표시된다.

$$\Delta P = K \cdot \frac{\gamma V^2}{2g} \tag{1·78}$$

여기서 K : 손실계수

γ : 유체의 비중량 $[\mathrm{kg_f/m^3}]$

V : 관내 평균유속 $[\mathrm{m/sec}]$

g : 중력가속도 $[\mathrm{m/sec^2}]$

① 곡선의 손실계수 K

그림 1·30은 곡관반경과 손실계수와의 관계를 나타낸 것이다.

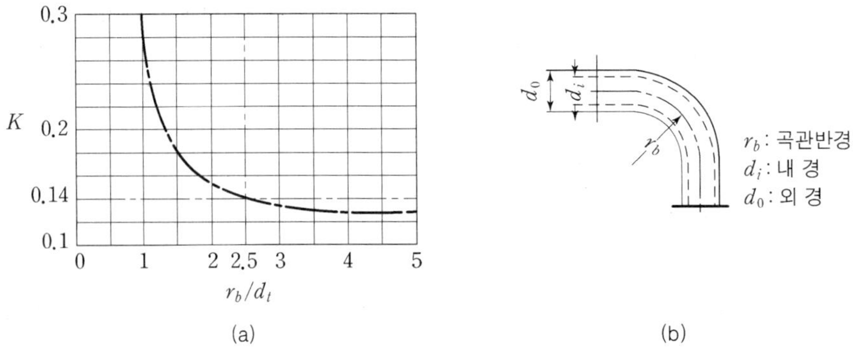

그림 1·30 곡관반경과 손실계수와 관계

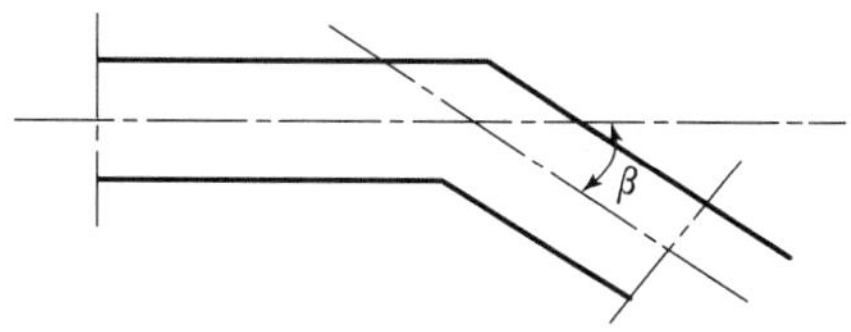

$\beta°$	10°	20°	30°	40°	50°	60°	70°	80°	90°
K	0.04	0.10	0.17	0.27	0.40	0.55	0.70	0.90	1.12

그림 1·31 날카로운 방향변환을 하는 배관

그림 1·31은 날카로운 방향변환을 하는 관의 경우인데 이때 압력손실은 대단히 높다. 이 경우 방향변환의 각도와 손실계수의 예를 표시하였다.

② 관로의 단면적 변화에 의한 손실계수

그림 1·32는 관로의 입구의 형상과 분기관의 모양에 따른 손실계수의 값을 표시한 것이다.

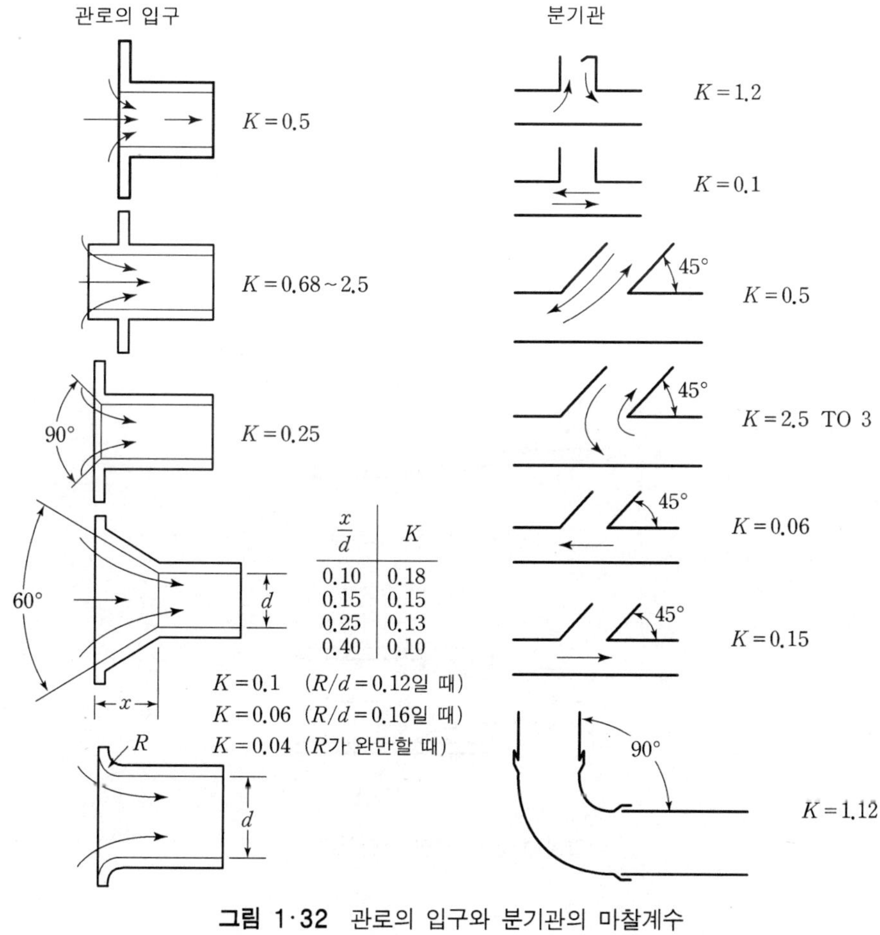

그림 1·32 관로의 입구와 분기관의 마찰계수

이러한 형상은 탱크에서 관으로 기름이 흘러 들어갈 때의 경우인데 입구가 직각에 가까운 것은 K의 값이 크고 입구가 미끄러운 것은 K의 값이 작다. 즉 입구가 미끄러운 모양일수록 압력손실이 적다. 분기관의 모양과 유체흐름의 방향에 따라 K의 값이 다르다.

③ 돌연확관의 손실계수

그림 1·33은 관로가 서서히 확대되는 관이고 그림 1·34는 관로가 급하게 확대되는 관을 표시한 그림이다. 이러한 경우의 손실계수 K는 다음과 같이 식 (1·79)에 계산된다. 카르노(Carnot)의 손실계산식

$$K = \phi(\theta)\left\{\left(1 - \frac{A_1}{A_2}\right)^2\right\}^2 \tag{1·79}$$

여기서 A_1 : 소경관의 단면적 [m^2]

A_2 : 대경관의 단면적 [m^2]

$\phi(\theta)$: 확관각에 따른 계수

확관각 θ=6°~8°인 경우 $\phi \doteqdot 0.14$이고 θ의 증가에 따라 θ=60°~70°인 경우 $\phi \doteqdot 1.1$, θ=180°인 경우 ϕ=1이 된다. $A_1/A_2 \doteqdot 0$로 되면 $\phi \doteqdot 1$이기 때문에 K=1이 된다. 이때의 압력손실은 $\Delta P = \gamma V_1^2/2g$이므로 처음에 유체가 갖고 있던 운동에너지는 전부 잃어버리는 경우가 된다. 유체가 배관에서 급히 탱크로 돌아오는 경우는 이 예에 가깝다.

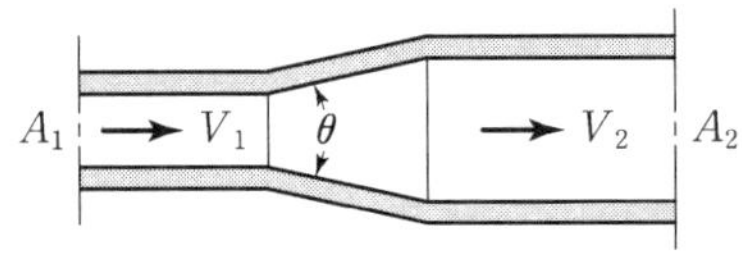

그림 1·33 완만한 후단확관

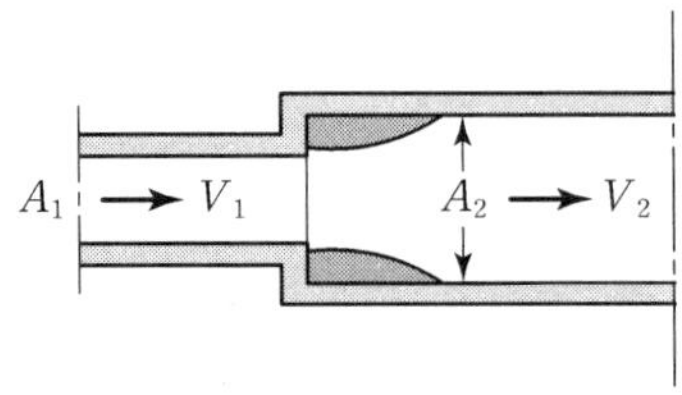

그림 1·34 급한 후단확관

④ 돌연축소관의 손실계수

그림 1·35는 서서히 관의 후반부가 좁아지는 축소관을 나타내고 그림 1·36은 급히 좁아지는 급축소관을 나타낸 것이다. 이러한 경우의 손실계수 K는 다음과 같이 식 (1·80)에 계산된다.

Weisbach의 손실계산식

$$K=\left(\frac{A_2}{A_1}-1\right)^2 \tag{1·80}$$

여기서 A_1 : 대경관의 단면적 [m^2]

A_2 : 소경관의 단면적 [m^2]

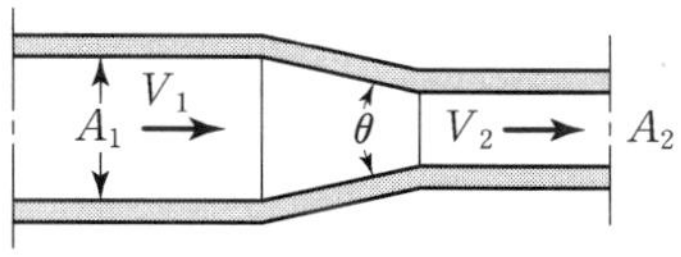

그림 1·35 완만한 후단축소관

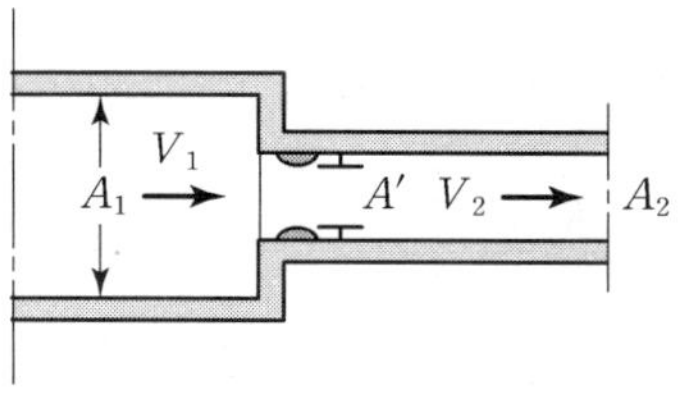

그림 1·36 급축소관

그림 1·35에서 완만히 좁아지는 후단축소관에서는 $\theta=30°$까지는 압력손실이 무시될 정도로 적다. 그림 1·36과 같은 후단축소관에서는 흐름의 관성에 의하여 관 협소부의 입구 뒷쪽에 유동의 가장 좁은 부분에서 축류를 발생한다. 그림에서 축류의 면적을 A′로 하고 있다. 이 경우에는 축류의 영향을 받아서 확대관의 경우와 같은 압력손실이 발생한다. 실험적으로 구한 후단축소관의 손실계수는 다음과 같다.

A_2/A_1	0.1	0.3	0.5	0.7	0.9	1
K	0.41	0.34	0.24	0.14	0.036	0

(3) 밸브의 압력손실

관중에 연결된 밸브나 오리피스(Orifice) 등의 장애물에 의한 압력손실 ΔP는 관로의 압력손실과 같은 식으로 표시된다.

$$\Delta P = K\frac{\rho V^2}{2} = K\frac{\gamma V^2}{2g} \tag{1·81}$$

밸브나 오리피스에서는 압력손실 ΔP와 유량 Q와의 관계를 아래와 같이 표시한다.

$$Q = CA\sqrt{2\frac{\Delta P}{\rho}} \tag{1·82}$$

여기서 C : 유량계수

A : 오리피스 개구면적[$\mathrm{m^2}$]

ρ : [$\mathrm{kg/m^2}$]

식 (1·82)에서 ΔP항으로 정리하면

$$\Delta P = \frac{1}{C^2}\quad\frac{\gamma V^2}{2g} \tag{1·83}$$

식 (1·81)과 식 (1·83)을 비교해 보면 두 식에서

$$C = \frac{1}{\sqrt{K}} \quad \text{혹은} \quad K = \frac{1}{C^2} \tag{1·84}$$

따라서 각종 밸브의 유량계수 C를 알면 손실계수 K를 구할 수 있다. 유량계수 C의 값은 밸브마다 다르다. 대개 C의 값은 0.6 정도(0.5～1)이다.

(4) 등가관장

등가관장(equivalent length)은 관로 중에 각종 밸브, 곡관, 확대관, 연결부 기타의 배관부품이 있는 경우 그들 압력손실 ΔP가 어떤 길이 Le와 동일한 관경의 직관마찰계수와 같을 때 Le를 그것의 등가관장이라 한다.

$$\Delta P = K\frac{\gamma V^2}{2g} = \lambda\frac{Le}{D}\quad\frac{\gamma V^2}{2g} \tag{1·85}$$

(부차적 압력손실) (관의 마찰손실)

식 (1·85)는 기타 부품이나 관의 형상에 의한 압력손실을 관의 마찰손실과 대등하다고 본 것이다.

이 식에서부터 등가관장 Le값은 다음과 같다.

$$Le = \frac{KD}{\lambda} \tag{1·86}$$

여기서 K : 압력손실계수

λ : 마찰손실계수($\lambda=64/Re$)

D : 관의 직경 [m]

어떤 부품의 손실계수 K와 직경 D를 알면 등가관장 Le를 계산할 수 있다. 마찰계수 λ는 레이놀즈수 Re로부터 층류인 경우 $\lambda=64/Re$이므로 λ를 쉽게 계산할 수 있다.

등가관장 Le를 계산하는 것이 각 부품마다 압력손실을 계산하여 전체 유압회로의 압력손실을 구하는 것보다 편리한 이점이 있다. 등가관장이 알면 $\Delta P=\lambda \frac{Le}{D} \gamma \frac{V^2}{2g}$ 식만으로 전체유압회로의 전압손실을 쉽게 계산할 수 있다.

그림 1·37과 같은 유압장치가 있다. 펌프의 흡입측은 강관내경 27.6 [mm]이고 송출측 및 귀환유는 강관내경 21.6 [mm]을 사용하였고 펌프의 송출량은 24[l/min]이다. 사용하는 작동유의 비중은 0.9이고 동점성계수는 64 [cSt]이다. 이 유압회로의 전압력손실을 구해보자. 단 각 부품의 손실계수 K값은 표 1·16과 같다.

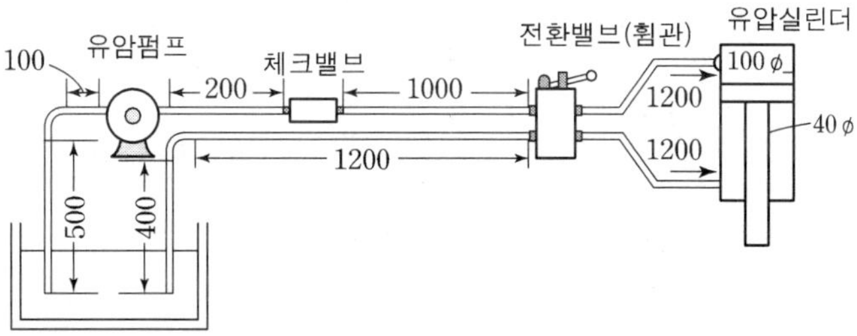

그림 1·37 유압회로의 예

표 1·16 K의 값

부품	K
엘 보 우	0.7
체크밸브	16.5
전환밸브	16.5
입구손실	0.5
출구손실	1.0

① **펌프흡입측의 $\varDelta P$ 계산**

$$Q = \frac{24\times10^{-3}[\mathrm{m}^3]}{60[\mathrm{sec}]} = 4\times10^{-4}[\mathrm{m}^3/\mathrm{sec}]$$

$$\nu = 64\ [\mathrm{cSt}] = 64\times10^{-2}[\mathrm{cm}^2/\mathrm{sec}] = 64\times10^{-6}[\mathrm{m}^2/\mathrm{sec}]$$

$$\gamma = s\cdot\gamma_w = 0.9\times1000\ [\mathrm{kg_f/m^3}] = 900\ [\mathrm{kg_f/m^3}]$$

$$D_1 = 27.6\ [\mathrm{mm}] = 27.6\times10^{-3}\ [\mathrm{m}]$$

$$V_1 = \frac{Q}{A_1} = \frac{Q}{\frac{\pi}{4}{D_1}^2} = \frac{4\times10^{-4}[\mathrm{m}^3/\mathrm{sec}]}{0.785\times(27.10^{-3})^2[\mathrm{m}^2]} = 0.67\ [\mathrm{m/sec}]$$

레이놀즈수 : $Re_1 = \dfrac{D_1V_1}{\nu} = \dfrac{27.6\times10^{-3}\times0.67[\mathrm{m}^2/\mathrm{sec}]}{64\times10^{-6}[\mathrm{m}^2/\mathrm{sec}]} = 289$

마찰계수 : $\lambda_1 = \dfrac{64}{Re_1} = \dfrac{64}{289} = 0.222$

관의 길이 : $l_1 = 0.5 + 0.1 = 0.6[\mathrm{m}]$

입구의 등가관장 : $Le = \dfrac{KD_1}{\lambda_1} = \dfrac{0.5\times27.6\times10^{-3}}{0.22} = 0.062\ [\mathrm{m}]$

엘보우의 등가관장 : $Le = \dfrac{KD_1}{\lambda_1} = \dfrac{0.7\times27.6\times10^{-3}}{0.22} = 0.082\ [\mathrm{m}]$

관의 전장 : $L_1 = 0.6 + 0.062 + 0.087 = 0.75\ [\mathrm{m}]$

따라서 압력손실은

$$\varDelta P_1 = \lambda_1\frac{L_1}{D_1}\frac{\gamma{V_1}^2}{2g} = 0.22\times\frac{0.75}{27.6\times10^{-3}}\times\frac{900\times0.67^2}{2\times9.8}$$

$$= 125\ [\mathrm{kg_f/m^2}] = 0.0125\ [\mathrm{kg_f/cm^2}]$$

② **압력관(펌프 흡입구에서부터 유압실린더 입구까지)의 $\varDelta P$ 계산**

$$D_2 = 21\cdot6\ [\mathrm{mm}] = 21\cdot6\times10^{-3}\ [\mathrm{m}]$$

$$V_2 = \frac{Q}{\frac{\pi}{4}{D_2}^2} = \frac{4\times10^{-4}}{0.785\times(0.0216)^2} = 1.09\ [\mathrm{m/sec}]$$

$$Re_2 = \frac{D_2 V_2}{\nu} = \frac{0.0216 \times 1.09}{64 \times 10^{-4}} = 368$$

$$\lambda_2 = \frac{64}{Re_2} = \frac{64}{386} = 0.174$$

관의 길이 : $l_2 = 0.2 + 1 \cdot 0 + 1 \cdot 2 = 2.4\,[\mathrm{m}]$

체크 밸브의 등가관장 : $Le = \frac{KD_2}{\lambda_2} = \frac{16.5 \times 0.0216}{0.174} = 2.05\ [\mathrm{m}]$

전환밸브의 등가관장 : $Le = \frac{KD_2}{\lambda_2} = \frac{16.5 \times 0.0216}{0.174} = 2.05\ [\mathrm{m}]$

관의 전장 : $L_2 = 2.4 + 2.05 + 2.05 = 6.5\,[\mathrm{m}]$

따라서 압력손실은

$$\varDelta P_2 = \lambda_2 \frac{L_2}{D_2} \frac{\gamma V_2{}^2}{2g} = 0.174 \times \frac{6.5}{0.0216} \times \frac{900 \times 0.09^2}{2 \times 9.8}$$

$$= 2900\ [\mathrm{kg_f/m^2}] = 0.29\ [\mathrm{kg_f/cm^2}]$$

여기서 전환밸브와 유압실린더 사이의 휨관의 압력손실은 무시하였다.

③ 귀환관의 $\varDelta P$ 계산(유압실린더 출구에서 탱크까지)

작동유가 탱크로 되돌아갈 경우에 유량은 펌프의 송출유량과는 다르다. 실린더의 플런저에 의하여 발생되는 유량이므로 플런저의 단면적에 따라 다르다.

$$\begin{cases} Q = A_1 V \ \rightarrow \ V = \dfrac{Q}{A_1} \\ Q_3 = (A_1 - A_2) \quad V = \dfrac{Q}{A_1}(A_1 - A_2) \end{cases}$$

$$Q_3 = Q \cdot \frac{A_1 - A_2}{A_1} = 4 \times 10^{-4} \cdot \frac{0.785(0.1^2 - 0.04^2)}{0.785 \times 0.1^2}$$

$$= 3.36 \times 10^{-4}\,[\mathrm{m^3/sec}]$$

$$D_3 = 21.6\,[\mathrm{mm}] = 21.6 \times 10^{-3}\ [\mathrm{m}]$$

$$V_3 = \frac{Q_3}{A_3} = \frac{3.36 \times 10^{-4}}{0.785 \times 0.0216^2} = 0.92\,[\mathrm{m/sec}]$$

$$Re_3 = \frac{D_3 V_3}{\nu} = \frac{0.0216 \times 0.92}{0.64 \times 10^{-4}} = 310$$

$$\lambda_3 = \frac{64}{Re_3} = \frac{64}{310} = 0.206$$

관의 길이 : $l_3 = 1 \cdot 2 + 1 \cdot 2 + 0.4 = 2.8\,[\mathrm{m}]$

전환밸브의 등가관장 : $Le = \frac{KD_3}{\lambda_3} = \frac{16.5 \times 0.0216}{0.206} = 1.73\ [\mathrm{m}]$

엘보우의 등가관장 : $Le = \frac{0.7 \times 0.0216}{0.206} = 0.073\,[\mathrm{m}]$

출구의 등가관장 : $Le = \frac{1 \times 0.0216}{0.206} = 0.105\,[\mathrm{m}]$

관의 전장 : $L_3 = 2.8 + 1.73 + 0.073 + 0.105 = 4.71\ [\mathrm{m}]$

따라서 압력손실은

$$\Delta P_3 = \lambda_3 \frac{L_3}{D_3} \frac{\gamma V_3{}^2}{2g} = 0.206 \times \frac{4.71}{0.0216} \times \frac{900 \times 0.92}{2 \times 9.8}$$

$$= 1670\ [\mathrm{kg_f/m^2}] = 0.167\ [\mathrm{kg_f/cm^2}]$$

유압회로전체의 압력손실은

$$\Delta P = \Delta P_1 + \Delta P_2 + \Delta P_3 = 0.0125 + 0.29 + 0.167 = 0.417\,[\mathrm{kg_f/cm^2}]$$

펌프에서 발생한 압력은 가능한 압력손실은 적은 것이 좋으나 이것 때문에 관의 내경을 크게 하면 설비비용이 증가한다. 대개 전압력손실이 사용압력의 20% 이하가 되도록 설비하는 것이 바람직하다. 20% 이상이 되면 재설계가 요구된다.

1·4·9 서지압력

긴 관로 속에 유압유가 흐르고 있을 때 관로말단에 있는 밸브를 갑자기 닫으면 운동하고 있는 물체를 갑자기 정지시킬 때와 같은 심한 충돌을 받게 된다. 이때 이 충격은 급격한 압력상승을 일으킨다. 이것을 유격(oil hammer) 혹은 서지현상이라 하고 상승한 압력을 서지압력(surge pressure)이라 한다.

이것은 유체의 운동에너지가 탄성에너지로 변환된 것이다. 발생된 급격한 압력상승은 압력파를 형성하여 흐르는 반대방향으로 전파된다. 이와 같은 현상은 기름에만 한하지 않고 유동하고 있는 유체를 갑자기 막으면 이와 같은 현상이 발생하며 이를 수격작용(water hammering)이라 한다.

그림 1·38은 수격현상을 잘 설명해 주고 있다. 그림과 같이 수로에서 수평한 길이 l의 관을 통해서 물이 V_0인 속도로 흘러나오고 있다. B점의 압력을 P로 하면 $h = P/\gamma$이다. 출구의

그림 1·38 수격현상

밸브를 갑자기 닫으면 그 순간에 밸브 근처의 물은 정지하고 압축되어서 압력이 상승한다. 이 현상은 처음 B에 생기고 차차 A에 전달되며 물은 반대로 수조에 흐르려 하나 관성 때문에 지나치고, 그렇게 되면 B의 압력이 너무 낮아져 물은 다시 A에서 B로 흐르게 된다. 이러한 것이 몇 번이고 되풀이되는 동안에 B의 압력은 h_0에 가까워져 정상이 된다. 밸브를 갑자기 열었을 때는 반대로 압력 에너지가 속도 에너지로 변하기 때문에 일시적으로 큰 압력저하가 생긴다. 유압유의 경우는 그 점성이 물보다 크기 때문에 압력파의 감쇠가 빠르다.

$$\frac{\gamma V^2}{2g} = \frac{(\varDelta P)^2}{2K} \tag{1·87}$$

$$\varDelta P = \left(\frac{rK}{g}\right)^{1/2} \cdot V \tag{1·88}$$

여기서 V : 유체의 평균속도 [m/ sec]

$\varDelta P$: 충격에 의한 압력상승 [kg_f/m^2]

K : 체적탄성계수 [kg_f/m^2]

γ : 비중량 [kg_f/m^3]

g : 중력가속도 [m/ sec^2]

유압유의 단위 체적당 운동에너지는 흐름이 막힘으로써 기름이 압축되는 탄성에너지로 변환된다.

(1) 압력파가 전달하는 속도

완전한 강체 또는 비압축성 유체에서는 그 한 끝에 충격력을 가하면 순간적으로 다른 끝에 전달된다. 그러나 탄성체나 압축성 유체에서는 유체 입자의 변형이나 관성 때문에 그 전달이 늦어진다.

압축성 유체에서 압력파의 전파속도는 다음과 같이 구한다.

$$a=\sqrt{\frac{dP}{d\rho}}=\sqrt{\frac{K}{\rho}}=\sqrt{\frac{gK}{\gamma}} \tag{1·89}$$

여기서 a : 압력파의 속도 [m/ sec]

K : 유체의 체적탄성 계수 [kg_f/m^2]

ρ : 유체의 밀도 [$kg_f \cdot s^2/m^4$]

P : 유체의 압력 [kg_f/m^2]

γ : 유체의 비중량 [kg_f/m^3]

g : 중력가속도 [m/sec^2]

실제 관내로 압력파가 전달될 때 압력변화에 의한 관의 변형을 고려하면 압력파의 전파속도는 다음과 같다.

$$a=\frac{1}{\left[\left(\frac{1}{K}+\frac{D}{E\delta}\right)\right]^{1/2}}=\frac{(gK)^{1/2}}{\left[\gamma\left(1+\frac{KD}{E}\right)\right]^{1/2}}=\frac{\sqrt{\frac{K}{\rho}}}{\sqrt{1+\frac{K}{E}\frac{D}{\delta}}} \tag{1·90}$$

여기서 D : 관의 내경 [m]

δ : 관의 두께 [m]

E : 관의 Young Modulus [kg_f/m^2]

예제 16

단열변화의 경우 기체의 체적탄성계수 $K=kP$(k : 비열비=1.4)이다. 공기의 표준상태(760 [mmHg] 15 [°C])에서의 압력파가 전달되는 속도를 구하여라.

풀이 760 [mmHg]에서 압력 $P=1.033\times10^4$ [kg_f/m^2], 공기의 비중량 $\gamma=1.225$ [kg_f/m^3] 이므로 식 (1·89)로부터

$$a=\left(\frac{gK}{\gamma}\right)^{1/2}=\left(\frac{g\cdot k\cdot P}{\gamma}\right)^{1/2}=\left(\frac{9.81\times1.4\times1.033\times10^4}{1.225}\right)^{1/2}=340\ [\mathrm{m/\ sec}]$$

예제 17

비중이 0.85인 작동유의 체적탄성계수 $K=1.5\times10^8$ [kg_f/m^2]일 때, 외경 18 [mm] 강관(두께 2.5 [mm])의 작동유에 전달되는 압력파의 속도를 구하여라. 단, 관의 Young Modulus $E=2.1\times10^{10}$ [kg_f/m^2]이다.

풀이 $\gamma = S \cdot \gamma_w = 0.85 \times 1000\ [\mathrm{kg_f/m^3}] = 850\,[\mathrm{kg_f/m^3}]$

$$\frac{KD}{E\delta} = \frac{1.5\times10^8\times0.013}{2.1\times10^{10}\times0.0025} = 0.037$$

식 (1·89)으로부터

$$a = \left[\frac{9.81\times1.5\times10^8}{850(1+0.037)}\right]^{1/2} = 1290\ \mathrm{m/sec}$$

(2) 밸브를 갑자기 닫을 때에 생기는 압력상승

밸브를 닫는 데 필요한 시간 T_s가 만일 압력파가 관로를 왕복하는 데 필요한 시간 t_r보다 작을 때 후퇴파는 돌아오지 않으므로 전진파만을 고려해서 압력상승을 식 (1·88)에서 구할 수 있다.

$$\Delta P = \left(\frac{\gamma K}{g}\right)^{1/2} V = \left(\frac{gK}{\gamma}\right)^{1/2} \cdot \left(\frac{\gamma}{g}\right) \cdot V \tag{1·91}$$

여기서 압력파의 전파속도 $a = \left(\frac{gK}{\gamma}\right)^{1/2}$이므로

$$\Delta P = \frac{a\gamma V}{g} \tag{1·92}$$

이다. 다음에 후퇴파에 따른 압력하강은 $-\Delta P$가 된다. 또 전진파와 후퇴파가 공존하는 위치에서는 그 합이 된다. 따라서 압력파는 상승했다가 하강하면서 진동하다가 유체의 점성과 관내의 마찰 등으로 차차 감쇄된다. 압력상승은 유속에 비례하므로 실제 유압 설계에 있어서는 서지압과 마찰손실을 적게 하기 위해서 유속을 제한하고 있다.

예제 18

그림 1·39와 같은 유압장치에서 펌프송출압이 40 [$\mathrm{kg_f/m^2}$]이다. 회로에 있는 방향전환 밸브를 급속히 동작시킬 때 A, B에 발생하는 서지압을 구하여라. 단 관내의 유속을 1.8 [m/sec]로 하고 압력파의 속도는 1290 [m/sec]로 한다. 작동유의 비중은 0.85이다.

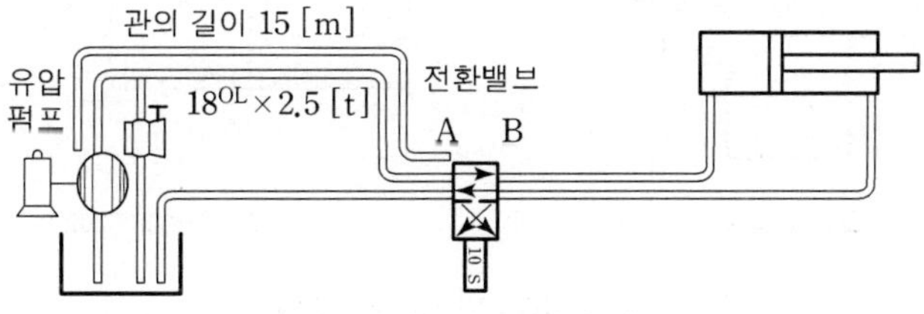

그림 1·39 유압장치도

풀이 압력상승은 식 (1·92)에서

$$\Delta P = \frac{\alpha \gamma V}{g} = \frac{1290 \times 850 \times 1.8}{9.81} = 20.2 \times 10^4 [\mathrm{kg_f/m^2}] = 20.2 [\mathrm{kg_f/cm^2}]$$

이 장치에서 압력파가 밸브에서 펌프까지 한 번 왕복하는 시간 t_r는

$$t_r = \frac{2l}{a} = \frac{2 \times 15 [\mathrm{m}]}{1290 [\mathrm{m/sec}]} = 0.023 [\mathrm{sec}]$$

이다. 만일 밸브의 전환시간이 이보다 길면 ΔP만큼의 압력상승은 생기지 않는다. 또 A측에서 상승이 있으면 B측에는 약간의 압력강하가 생기고 그 차이만큼 밸브가 힘을 받게 된다. 그러기 때문에 가능한 서지압을 줄이는 방향으로 설계를 해야 한다.

1·4·10 교 축

유압장치에서는 압력이나 유량을 조정할 때 밸브를 사용하게 되는데 밸브는 흐름의 단면적을 바꾸어서 그 목적을 달성시킨다. 이같이 유로의 단면적을 변화시키는 기구를 교축(throttle)이라 한다. 교축에는 오리피스(orifice)와 쵸크(choke)의 두 가지 종류가 있다.

(1) 오리피스

비교적 얇은 판에 구멍을 낸 그림 1·40과 같은 형상을 오리피스(orifice)라 한다. 그림 1·40(a)를 고정오리피스라 하고 그림 1·40(b)와 같이 단면적을 변화시킬 수 있는 것을 가변오리피스라 한다. 이 오리피스를 통하여 흐르는 유체는 점도의 영향을 받지 않으므로 유량과 압력과의 관계는 베르누이식으로부터 다음과 같이 구한다.

$$Q = CAV \qquad (1·93)$$

$$V = (2gh)^{1/2}$$

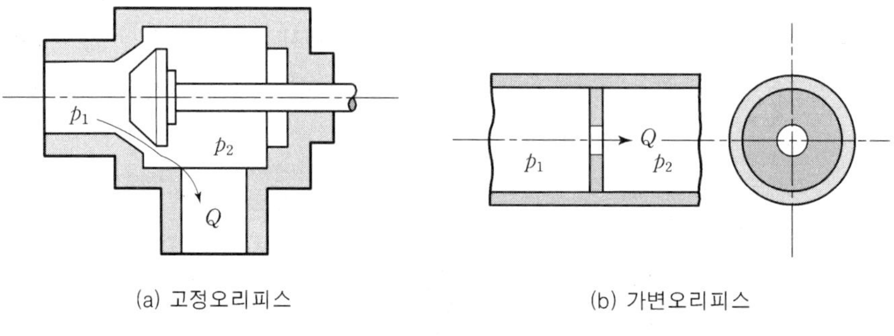

그림 1·40 오리피스 단면도

$$h = \frac{(P_1 - P_2)}{\gamma}$$

$$\therefore\ Q = CA\sqrt{\frac{2g(p_1 - p_2)}{\gamma}} \tag{1·94}$$

여기서 Q : 오리피스를 흐르는 유량 [m^3/sec]

C : 오리피스의 유량계수 (0.50~1.0)

A : 오리피스의 단면적 [m^2]

g : 중력가속도 [m/sec^2]

P : 압력 [kg_f/m^2]

γ : 유체의 비중량 [kg_f/m^3]

여기서 오리피스 유량계수는 실제유량과 이론유량이 다르므로 이것을 보정해 주는 수치인데 오리피스의 내경, 길이, 입구형상, 관내면의 조도 등에 따라 다르므로 주로 실제적으로 구한다.

일반적으로 C의 값은 0.5~1.0 범위가 된다. 그림 1·41은 각종 오리피스 형상에 따른 유량

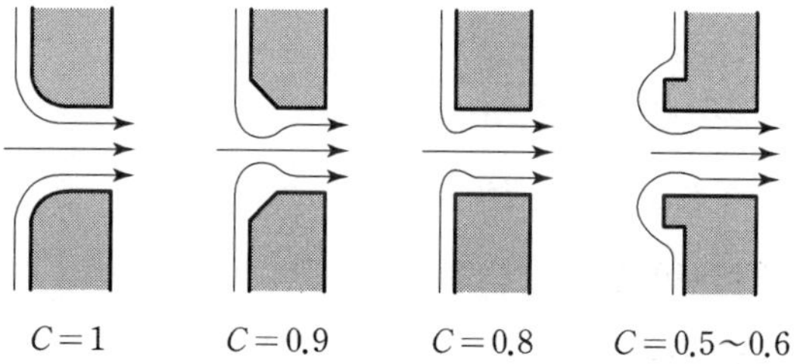

그림 1·41 오리피스의 유량계수

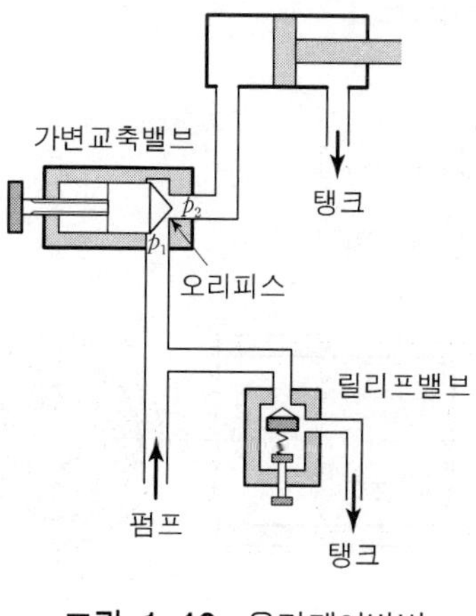

그림 1·42 유량제어방법

계수 C의 값을 표시한 것이다.

그림 1·42는 오리피스의 단면적을 조정하여 유량을 조정하는 가변교축밸브를 사용한 유압장치의 한 예이다. 이 장치의 유압실린더는 가변교축밸브에 따라 유량이 조정되고 조정된 유량에 따라 실린더의 속도가 조정된다. 실린더의 속도를 조정하는 방법으로 가변교축밸브를 사용하여 유량을 제어하는 방법이다. 여기서 만일 실린더의 부하가 변동하여 압력 P_2가 일정하지 않으면 $P_1 \sim P_2$의 압력차가 생기고 따라서 유량이 달라진다. 이렇게 되면 실린더의 속도가 일정하지 못하게 된다. 이러한 경우 실린더속도를 일정하게 하기 위해선 오리피스 앞뒤의 압력차를 일정하게 유지시켜 주는 압력보상형교축밸브를 사용해야 한다. 또 한편 온도변화에 따라서 작동유의 비중량이 변하면 유량이 변하므로 실린더의 속도를 정확하게 유지시키기 위해서는 온도보상까지 해주는 교축밸브를 사용해야 한다.

(2) 쵸 크

오리피스의 통로가 단면치수에 비해 비교적 긴 교축을 쵸크(choke)라 한다. 이 쵸크를 통해 흐르는 유체의 압력강하는 유체의 점도에 따라 크게 영향을 받는다. 그림 1·43은 쵸크의 단면을 표시한 것이다.

$$Q = \frac{A^2 g (p_1 - p_2)}{8 \pi \nu \gamma l} \tag{1·95}$$

여기서 Q : 쵸크를 흐르는 유량 [m^3/sec]

A : 쵸크의 단면적 [m^2]

g : 중력가속도 [m/sec^2]

ν : 동점성계수 [m^2/sec]

γ : 작동유의 비중량 [kg_f/m^3]

l : 쵸크의 길이 [m]

p_1 : 쵸크 입구의 압력 [kg_f/m^2]

p_2 : 쵸크 출구의 압력 [kg_f/m^2]

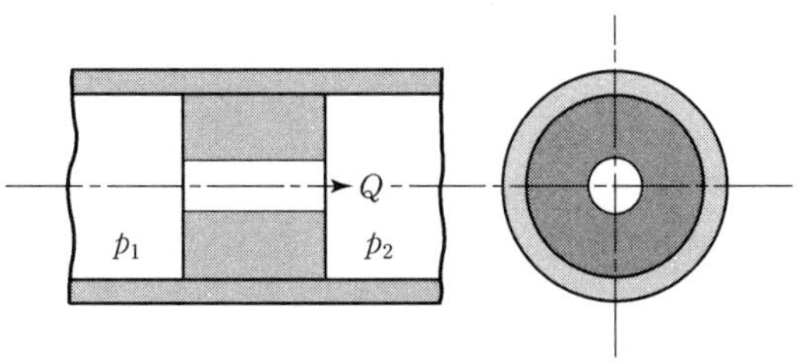

그림 1·43 쵸크 단면

1·4·11 공동현상

일반적으로 작동유의 압력이 그 온도에 있어서의 포화증기압 이하가 되면 기름은 증발하여 기포를 발생하게 되는데 이 기포를 공동(cavity)이라 하고 이 공동은 압력이 높은 부분으로 운반되어 거기서 소멸된다. 이때 큰 압력 강하와 에너지 손실을 발생한다. 이 현상을 공동현상(cavitation)이라 한다.

기름의 경우 표 1·17과 같이 증기압이 대단히 낮음에도 불구하고 그곳보다도 상당히 높은 압력에 기포가 발생하는 경우도 있다. 이것은 기름중에 용해한 공기가 분리되기 때문이다.

표 1·17 작동유의 증기압

종 류	온도 〔°C〕	증기압 〔mmHg〕	비 고
수	20 50 93	17.54 93.0 213.0	—
90터빈유	20 50 93	13.5×10^{-3} 0.1×10^{-3} 2.0×10^{-3}	석유계
140터빈유	20 50 93	2.9×10^{-3} 0.08×10^{-3} 0.76×10^{-3}	석유계
유니비스 J43 공항작동유(MILH 5606)	71.0 135	2.3×10^{-3} 30×10^{-3}	석유계
인산에스텔	93	0.1×10^{-3}	합성유
터보오일 15	110 177	0.22×10^{-3} 0.3×10^{-3}	합성유, 제스텔
오로나이트 8515 (MILH 8446)	149 232	0.045×10^{-3} 3.5×10^{-3}	합성유, 규산염 에스텔, 제스텔

기름중에 용해하는 공기의 양은 상온, 대기압에 있어서 물의 경우에는 약 2%(체적비)이지만 광물유에서는 6~12%, 실린더 유에서는 15~25% 증가하므로 기름의 압력이 저하할 경우에도 과포화가 된 공기가 분리석출되어 기포가 된다. 유압회로내의 흐름에 있어서 유속이 큰

곳에서는 압력이 저하되어 기포가 발생하고 공동현상이 일어날 가능성이 많다.

기름에서의 공기분리압 P_g(절대압)는 기름의 종류, 온도, 공기용해량에 따라 다르지만 그림 1·44와 그림 1·45는 한 작동유에 대하여 각각 유온과 공기용해량이 공기분리압에 미치는 영향을 조사한 결과이다. 그림에서 유온이 높을수록, 그리고 공기용해량이 많을수록 공기분리압이 높아지는 경향이 있다.

이 공동현상은 유동중 국부압력저하에 의하여 발생하므로 압력이 다시 상승하면 공소가 소멸한다. 이와 같은 현상은 유체 기계의 진동을 일으키며 또한 공동현상의 발생부위에 부식을 일으킨다.

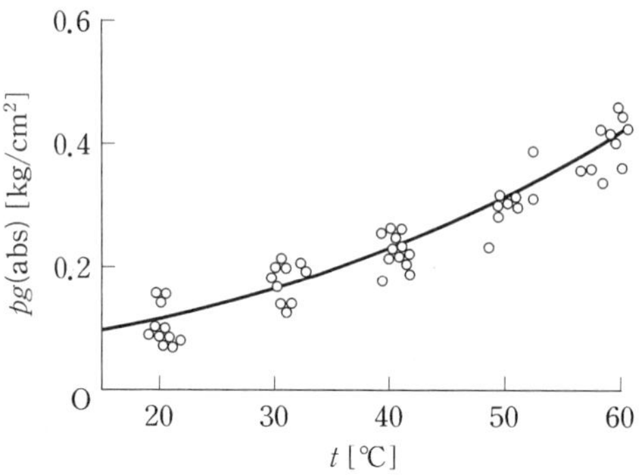

그림 1·44 온도와 공기분리압

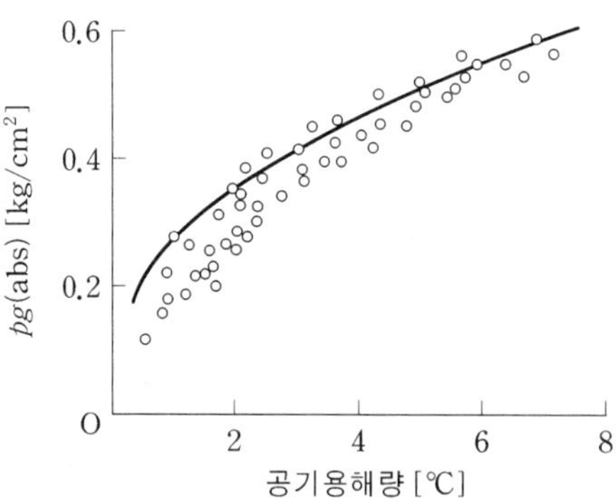

그림 1·45 공기용해량과 공기분리압

연습문제

1. 절대단위계와 중력(공학)단위계를 예를 들어 설명하여라.

2. 국제단위계를 중력단위계와 비교하여 논하여라.

3. 차원(dimension)과 단위(unit)를 비교 설명하여라.

4. 유체표면에서 10 [m]인 지점의 압력이 20 [kg_f/m^2]이다. 유체의 비중량과 비중은 얼마인가?

5. 체적 1000 [cm^3]의 물체가 5 [kg_f/m^2]의 압력을 받아서 체적이 990 [cm^3]로 줄어들었다면 체적 탄성계수는 얼마인가?

6. 점성계수 102.9 [kg · sec/m^2], 동점성계수 1010 [m^2/sec]의 유체의 비중은 얼마인가?

7. 점성계수를 절대단위로 표시한 1 [gr/cm · sec](1 poise)를 공학단위로 구하여라.

8. 관직경이 다른 수평관으로 0.035 [m^3/sec]의 유량을 송수하는 데 내경 10 [cm]의 단면에서의 압력을 구하여라. 대기중으로 유출하는 유출구의 내경은 30 [cm]이다.

9. 내경 25 [mm]인 관로를 동점도 0.5 [St]인 작동유가 흐르고 있을 때 층류와 난류의 임계속도를 구하여라.

10. 어떤 유압장치의 관 직경이 20 [mm]이고 이 관을 흐르는 작동유의 유속이 5 [m/sec], 동점도가 0.3 [cSt]이고 비중은 0.9이다. 이 장치의 관로전장은 20 [m]이다. 이 장치의 압력손실을 구하여라.

11. 펌프의 송출압력이 210 [kg_f/cm^2]이고 유량이 80 [l/min], 비중량이 800 [kg_f/m^3]인 작동유가 제어밸브를 거쳐서 유압작동기(actuator)에 전달되어 일을 하는 유압장치가 있다. 이 장치의 등가관장은 구경 25 [mm] 관의 상당 길이로 구한 값이 35 [m]이다. 유압작동기에 작용되는 유효압력을 계산하여라. 작동유의 동점도는 0.4 [St]이다.

12. 작동유로 사용되는 작동유는 37.8℃에서 세이볼트 점도가 150~300초이다. 이것은 몇 cSt인가?

13. 세이볼트 점도가 30~350SSV(Saybolt Viscosity)라 할 때, 이 범위를 cSt로 환산하면 얼마인가?

2장 유압작동유

2·1 작동유에 필요한 성질

유압장치에 사용되는 작동유(hydraulic oil)는 동력전달의 매체로서 없어서는 안 될 중요한 요소이다. 작동유는 펌프(pump)나 액추에이터(actuator) 마찰 미끄럼운동부에 대한 윤활제 및 냉각용 혹은 밀봉작용 등의 역할을 하고 있으며, 주로 압력에너지의 형태로 에너지 전달에 그 바탕을 두고 있다. 이와 같이 유체에너지로 충분한 동력을 전달할 수 있는 작동유는 유압장치에 있어서 합리적인 성질을 가지고 있어야 한다. 따라서 작동유는 먼저 충분한 윤활성(lubricity)을 가져야 하고 필요한 점도(viscosity)를 유지하여야 하며 유압기기의 재료에 대하여 부식성이 없어야 한다. 작동유로는 석유계 작동유가 가장 널리 사용된다. 이 작동유는 최대작동온도가 100°C 이하인 범위에서 일반적으로 사용하고 있다. 작동유의 열안정성(thermal stability)과 산화안정성(oxidation stability)이 작동유의 수명과 관계된다. 또한 작동유의 온도가 상승하면 유압장치 내에서 동력손실을 갖게 된다.

작동유는 비열과 열전달률이 커야 열안정성이 좋으며 체적탄성계수가 큰 것, 증기압이 낮은 것, 항생포성이 큰 것, 내화성이 큰 것, 공기의 흡수도가 작은 것 등이 요구된다. 유압장치에 있어서 우수한 성질의 작동유를 얻기 위해서는 물리적 성질인 비중, 점도, 압축성, 인화점, 잔류탄소, 색, 유동점, 열안정성, 산화안정성, 항유화성, 방식성 등을 검토하여야 한다.

물리적 성질이 좋은 것만으로는 양질의 작동유라고 볼 수는 없으며, 물리적 성질 이외에 실용적 성질이 포함되어야 한다. 그러므로 작동유의 선택에는 충분한 검토와 주의가 필요하다.

• 작동유의 구비조건

① 베어링과 시일면에 사용되는 재료에 대하여 윤활성이 좋을 것
② 넓은 온도변화에 걸쳐 점도변화가 작을 것
③ 유압장치용으로 쓰이는 재료[금속, 페인트, 플라스틱, 엘라스토머(elastomer)]에 대하여 불활성일 것
④ 점도 값이 현재 유압장치의 끼워맞춤이나 틈과 적합하게 되어 있을 것
⑤ 수명이 길 것, 열, 물, 산화 및 전단에 대해 안정성이 클 것
⑥ 유체 및 증기의 상태에서 독성이 적을 것
⑦ 체적탄성계수가 클 것
⑧ 거품(기포)이 이는 경향이 적어야 할 것
⑨ 비중이 낮을 것
⑩ 값이 싸고 이용도가 높을 것
⑪ 내열성이 클 것
⑫ 공기의 흡수도가 적을 것
⑬ 열전달률이 높을 것
⑭ 증기압이 낮고, 비점이 높을 것
⑮ 열팽창계수가 작을 것
⑯ 양호한 절연성을 가질 것
⑰ 흡습성이 없고, 물과의 상호 용해성이 매우 작을 것
⑱ 적어도 10[%]의 희석에 대해서까지 현재의 작동유와 적합성이 있을 것
⑲ 비열이 클 것
⑳ 냄새가 없을 것
㉑ 압력의 변화 및 전단에 의한 점도변화가 작을 것
㉒ 투명도가 높고 독특한 색을 가질 것

2·2 작동유의 종류

작동유로 사용되고 있는 종류를 분류하면 다음과 같다.

- 작동유
  - 석유계작동유(turbine oil, 유압전용유)
  - 난연성작동유
    - 함수형 작동유
      - 유화액
        - 수중유형유화액(O/W) (oil-in-water emulsion)
        - 유중수형유화액(W/O) (water-in-oil emuls)
      - 물-글라이코올액 (water-glycol hydraulic oil)
    - 합성형 작동유
      - 연산에스텔(phosphate ester)
      - 염산탄화수소(chlorinated hydrocarbon)
      - 인산에스텔+염산탄화수소

2·2·1 석유계 작동유

석유계 작동유(mineral oil)는 앞 절에서 기술한 성질을 거의 모두 만족시킬 수 있으며 입수하기도 쉽기 때문에 일반산업용으로 널리 사용되고 있다. 석유계 작동유는 원유에서 정제한 윤활유의 일종인데, 일반적으로 파라핀계 원유를 증유·분리하여 정제한 것으로 산화방지나 방청 등의 첨가제를 가한 것이다. 이것은 내화성, 고온에 있어서의 내열화성, 불휘발성에 문제가 있기 때문에 사용온도가 100°C 이상으로 되는 용도 또는 발화를 피해야 하는 용도에 있어서는 사용을 금해야 한다. 수력터빈 및 증기터빈의 윤활에 쓰이는 터빈유(turbine oil)의 성질이 작동유에 요구되는 성질과 거의 같다는 것으로부터 석유계 작동유로서 일반적으로 터빈유에 상당한 광유가 사용된다.

표 2·1은 터빈유에 첨가제(additives)를 가한 첨가터빈유의 성질을 나타낸다. 첨가제는 기유(석유류분)가 처음부터 가지고 있는 성능으로는 불충분한 경우에 그 개량을 위하여 사용된다.

표 2·1 첨가 터빈유

성질 \ 종류		1호	2호	3호	4호
인 화 점 [°C]		180 이상	185 이상	190 이상	195 이상
동 점 도	37.8 [°C]	38.0 이하	68.0 이하	90.0 이하	100.0 이하
	50 [°C]	17.5~22.5	32.5~37.5	42.5~47.5	47.5~52.5
	98.9 [°C]	4.6 이상	7.0 이상	8.0 이상	8.5 이상

유동점[°C]	−7.5 이하	−5 이하	−5 이하	−5 이하
전산가[mgKOH/g]	0.2 이하	0.2 이하	0.2 이하	0.2 이하
방청성능(1) (24h)	합격	합격	합격	합격
산화안정도(2) [mgKOH/g] (10h 후의 전산가)	1.0 이하	1.0 이하	1.0 이하	1.0 이하

2·2·2 난연성 작동유

석유계 작동유에 비하여 난연성(종래 내연성으로 표현)이 우수한 작동유를 총칭하여 난연성 작동유라 한다. 이것은 석유계 작동유가 비교적 연소하기 쉽고 또 허용사용온도범위가 좁기 때문에, 안정성을 극히 중요시하는 용도라든가, 항공기용 유압계와 같이 사용온도변위가 넓은 용도에 대하여 개발된 작동유이다. 난연성 작동유에는 윤활성이 떨어지는 것, 유압기기용의 재료, 도료 또는 다른 종류의 작동유와의 적합성에 문제가 있는 것, 여과에 특별한 고려를 필요로 하는 것 등이 있기 때문에, 사용할 때에는 신중을 기하여야 할 필요가 있다. 난연성 작동유는 가격면에서도 문제점이 있으나, 최근 이에 대한 요구는 증가하고 있으며, 미국에서는 그 사용도가 석유계 작동유의 4~5[%]에 이르고 있는 상태이다.

함수형 작동유(water-base hydraulic oil)의 난연성은 액중의 물에 의존하고 있기 때문에, 물의 함유비율을 점검하는 일이 중요하다. 수중유형 유화유(O/W)는 수용성의 기름을 물에 수[%] 현수시킨 유화액으로, 윤활성이 나쁘고 점도가 낮은 것이 문제이다. 따라서 플런저펌프(plunger pump) 이외에는 그다지 사용되지 않고 있다. 유중수형 작동유(W/O)는 석유계 작동유에 유화제를 사용해 미립자 상태로 만든 물을 40[%] 전후 혼입하여 유상(emulsion)으로 만든 작동유이다.

이 작동유의 점도는 조성이나 제법에 따라 다르며 54~215[cst](37.78°C에서)의 범위에 있고, 물의 비율이 증가할수록 점도도 커진다. 사용온도는 35~50 [°C]가 바람직하며, 방청과 소포성이 좋고, 윤활성도 양호하나, 화학적 안전성이 좋지 않은 것이 큰 결점이다. O/W를 사용하는 유압계에서는 마그네슘, 코르크 등의 사용을 피하여야 한다.

물-글라이코올계 작동유는 폴리글라이코올, 에틸렌글라이코올, 물 및 첨가제의 혼합액으로서 약 40[%]의 수분을 함유하고 있는 글라이코올 수용액이 그 주성분이다. 증점제, 윤활제, 방청제 등을 첨가제로 넣어서 작동유의 특성을 부여한다.

표 2·2 각종 작동유의 특질 (수치는 1을 최량으로 하고 5를 사용불능으로 하는 5점법)

명 칭 \ 기름의 종류	풀·글라이코올	유수중 유화액	수중유 유화액	염화탄화수소	인 산 에스텔	인산에스텔+염화탄화수소 *VI제 투입	인산에스텔+염화탄화수소 VI제 없음	석유계
저온유동성	1~2	3	4	4	3	1~2	3~4	1~2
점도안정성	1	2	1	1	1	4	1	1~3
펌프 마모 방지성 / 벤 인	2	2	5	1~2	1~2	2	1~2	1
펌프 마모 방지성 / 플린저 / 경사판식	2	2	3	1~2	1~2	1~2	1~2	1
펌프 마모 방지성 / 플린저 / 경사축식	4	3	5	1~2	1~2	2	1~2	1
펌프 마모 방지성 / 기 어 / 내·외접형	4	2	5	1~2	1~2	2	1~2	1
펌프 마모 방지성 / 기 어 / 지로우터형	4	1	3	1~2	1~2	1~2	1~2	1
펌프 마모 방지성	1	1	1	1~2	1~2	1	1~2	1
산화안정성	2	2	2	1~2	1~2	2~3	1~2	1
항분리성	1	2	3	1	1	1	1	1
방창, 방식성 (액체)	2	2	2	1~2	1~2	1~2	1~2	1~2
방청성(증기)	3	2	4	4	4	4	4	4
내 화 성	2	2	1	1	1	2	1	5
가격(고급석유를 100으로 함)	225~300	100	20	450	510	535	510	100

* 점도지수 향상제

이 작동유의 이점은 항착화성이 우수하고 유동점이 −40[°C]로 낮으며, 점도지수가 높아서 수분혼입에 의한 영향이 적은 것이다. 사용온도범위는 −20~60[°C](최고상용온도는 보통 50[°C]로, 60[°C] 이상의 온도에서는 사용하지 않는 것이 좋다. 이 작동유를 사용할 때 피해야 할 재료는 아연, 카드뮴, 마그네슘이 있고, 보통의 도료도 사용해서는 안 된다.

표 2·3 작동유의 특성 비교

항 목 \ 기름의 종류	석유계 작동유	유중수형유화 작 동 유	물·글라이코올계 작 동 유	인산에스텔계 합성작동유
비중 (15°C)	0.85~0.90	0.92	1.10	1.15
점도[cst](38°C)	40~70	76~97	43	43
점도지수 [VI]	95~100	130~150	140~165	32
유동점 [°C]	−20 이하	−8~25	30~52	−20
수분 [wt °C]	—	40	35~45	—

인화점 [°C]	200 이상	없음	없음	600
산화 및 열안정성	70°C 이하	66°C 이하	66°C 이하	70°C 이하에서는 석유계 보다 양호
내마모성	양 호	양호한 편	양호한 편	양호한 편
부식성	양 호			
소포성	양 호	양호	양호	양호
대누설	보 통	조금 엄중	조금 엄중	엄중
작동유의 보급	보 통	다른 규격의 것과 혼합하지 말 것		
부화	보 통	① 거의 40μ의 필터로 다른 유화액에 나쁜 영향이 없는 것을 쓸 것 ② 일반적으로 용해성이 강하므로 도두나 패칭재에는 충분히 주의할 것		
대캐비테이션	보 통	수분이 있어서 캐비테이션을 발생하기 쉬우므로 흡입구의 진공도는 127[mmHg] 정도가 좋다.		양 호
가격지수 (석유계를 100으로 함)	100	150	400	500

합성형 작동유(synthetic hydraulic oil)의 내연성은 기체의 화학적 성질에 달려 있어서 물에 의하여 내연성을 높이고 있는 함수형 작동유와는 본질적으로 다르다. 첨가제를 함유하지 않은 합성형 작동유는 점도지수가 낮고, 저점도의 기체로 만들어지지 않은 이상 저온에서의 사용에는 적합하지 않으며 실용상 석유계 작동유보다 낮은 온도에 있어서는 사용할 수가 없다. 점도는 점도지수향상제를 첨가하지 않으면 안정하고, 전단에 의하여 저하하는 일은 없다. 윤활성은 난연성 작동유 중에서 가장 좋다. 사용해서는 안 되는 재료로는 일반적인 고무와 도료가 있다.

표 2·2에 각종 작동유의 성질을 비교 표시한다. 표 2·3은 작동유의 일반상을 비교한 것이다.

2·3 첨가제의 종류와 작용

작용유로서 물리적, 화학적 등의 제반성질을 향상시키기 위하여 첨가제를 가하여 양질의 작동유를 유지하도록 한다.

2·3·1 점도지수향상제

작동유가 넓은 범위에서 사용되기 위해서는 그 점도지수가 커야한다. 기름의 방향족성분을 제거함으로써 점도지수가 향상되는데 이것은 본질적으로 기름의 성질을 변화시키는 것이 아니며, 원유에 따라 경제적인 한도가 있다. 이런 이유로 어떤 종류의 고분자중합체로 된 점도지수향상제를 사용한다. 특히 큰 전단을 받으면 점도지수가 점도지수향상제를 첨가하기 이전의 값으로 떨어질 경우가 있으므로 주의하여야 한다.

2·3·2 산화방지제

산화방지제는 작동유 속에서 산의 생성을 억제함과 동시에 금속의 표면에 방식피막을 형성하여 산화물이 직접 금속에 접촉하는 것을 방지하고, 또 금속이 작동유의 산화촉진촉매로 작용하는 것을 방지한다. 작동유가 산화하면 점도가 증가하고 부식성의 산화생성물을 만든다. 더 진행하면 불용성의 슬러지(sludge)를 석출, 또는 와니스로 된다. 이것을 방지하기 위한 첨가제로는 이온화합물, 인산화합물, 아민 및 페놀화합물 등이 있다.

2·3·3 방청제

방청첨가제는 작동유에 혼입된 수분에 의하여 금속표면에 녹이 생기는 것을 방지하기 위하여 사용된다. 방청체는 금속표면에 단단하게 흡착하고, 조밀하게 퍼져서 수분이 투과하여 금속표면에 접촉하는 것을 방지한다. 방청제로는 금속면에 대하여 흡착성이 강한 유기산에스텔, 지방산염, 유기인화합물 등이 쓰인다.

2·3·4 유성향상제

유성향상제는 금속의 고체마찰을 방지하고, 늘어붙음(seizure)를 방지하여 윤활성의 향상을 도모하는 것이다. 이에는 물리적으로 작용하는 것과 화학적으로 작용하는 것의 두 가지 종류가 있는데 전자는 경계마찰면에 극성분자가 배열하여 강인한 흡착막을 만들고 금속끼리의 마찰을 방지하여 마찰계수를 저하시키는 것으로, 에스텔류의 극성화합물이 많이 사용된다. 후자는 금속과 화학적으로 반응하여 화합물의 피막을 만들고, 금속의 직접접촉을 막는 융착받지제이다. 인, 이오우, 염소 등의 유기화합물이 많이 사용된다.

유성제는 온도상승에 따라 흡착유막이 융해 또는 분해하여 기능을 상실하는 것이 문제점이다. 사용조건이 까다롭고 유성제로 불충분한 경우에는 극압제를 가한다.

2·3·5 소포제

소포제는 작동유가 유동중에 거품을 일으킬 때 이것을 빨리 유면에 부상시켜서 거품을 없애는 작용을 하는 것으로, 공기와 유압유의 경계막의 평형을 불안정하게 하여 거품을 없애는 역할을 한다. 실리콘유 또는 실리콘의 유기화합물 등에 소포제의 특성이 있다.

2·4 작동유의 선정과 보수

2·4·1 각종 작동유의 특성

작동유의 사용가능한 점도와 온도의 범위는 그 유압장치가 안전하게 작동하고, 또 기능을 완전하게 수행할 수 있어야 할 것이 첫째 조건이다. 주로 기기, 관로, 그밖의 부분의 유동저항에 대하여 고점도한계 또 좁은 틈새에서의 누설, 기기내부의 회전부분 등의 미끄럼운전부분의 미끄럼운동부분의 유성에 대하여 저점도한계가 각각 결정된다. 또 작동유는 전술한 바와 같이, 그 성질상 온도변화에 대한 점도변화의 비율이 큰데, 한 종류의 기름에 대해서는 점도한계가 온도한계에 따라 표시된다. 그림 2·1은 38[°C]에서 대체로 같은 점도를 갖는 네 가지 작동유의 점도－온도특성을 나타낸다. 이 경사가 완만한 것(VI치가 큰 것)일수록 사용 온도의 범위가 넓다는 것을 뜻한다.

다음에 펌프의 흡입쪽에 있어서 저온도에 의하여 이상하게 저압으로 되면, 때로는 캐비테이션을 일으켜 계속적인 운전이 불가능하게 될 때가 있다. 이와 같은 경우에 발생하는 기포는 이론적으로 작동유에 포함되어 있는 기체가 분리하여 나오거나, 또는 그 액체의 최대증기압에 도달

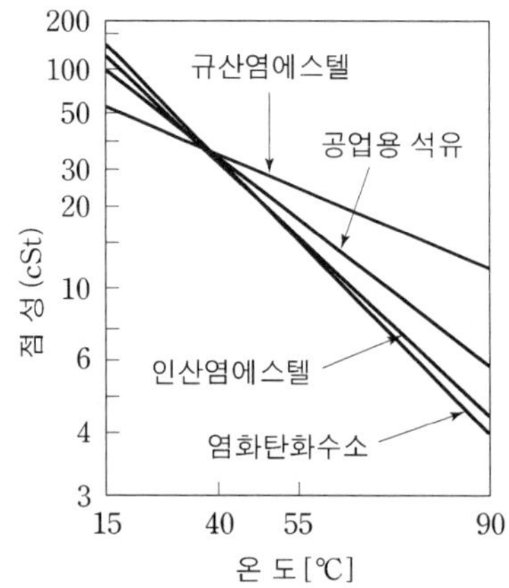

그림 2·1 작동유의 특성

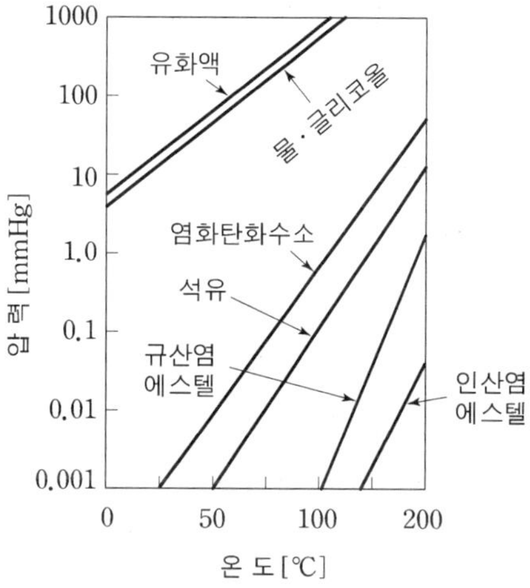

그림 2·2 작동유의 최대증기압

하여 그 액체의 증기가 나오게 되는 경우 중 어느 한쪽의 현상에 지나지 않는다. 그림 2·2는 각종 유압유의 최대증기압과 온도의 관계를 나타내고 있다. 그림 2·3은 공기용해도(0 [°C], 대기압에서의 공기의 체적/액체의 체적)와 압력과의 관계를 나타내는 한 예이다.

일반적으로, 그림 2·3과 같이 석유계 작동유나 합성유 등의 최대증기압은 매우 작으므로 용해공기, 혼입공기(aeration)가 액체로부터 분리하는 현상이 먼저 일어난다. 그러나 물·글리코올계나 유화액과 같이 수분이 포함되어 있을 경우에는 그 수분이 먼저 증발하는 경우도

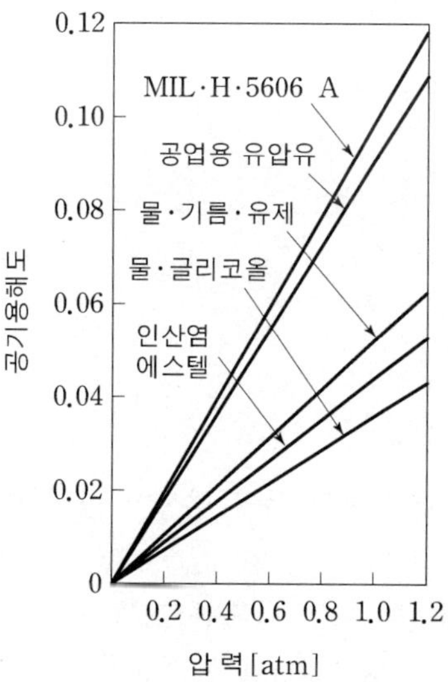

그림 2·3 공기용해도

생각할 수 있다. 어느 것이나 액체로서의 작동유의 재성질을 충분히 고려한 연후에 최적유를 선정하여야 할 필요가 있다.

● 작동유의 선정시 고려해야 할 사항

① 비압축성 액체로 운전온도의 범위에서 유압회로 속을 용이하게 유동할 수 있을 것
② 각 운동부분의 마찰을 저감하게 하기 위하여 윤활성이 우수할 것
③ 장기간 사용하더라도 물리적·화학적 변화가 적을 것
④ 유압장치에 녹이나 부식의 발생을 방지할 수 있을 것
⑤ 외부에서 침입한 불순물을 빨리 침전 분리할 수 있을 것

이상과 같은 조건을 만족하기 위해서는 점도지수가 높고, 산화안정성, 항유화성, 방식성, 소포성이 우수하여야 한다.

2·4·2 유압기기에서의 적정점도

작동유의 점도는 기계적 효율, 마찰손실, 발열량, 마모, 유막의 두께, 유속 등 장치에 직접적인 영향을 미치므로 작동유의 성질 중 가장 중요하다. 작동유의 점도가 운전성능에 미치는 영향을 생각하면 다음과 같다.

(1) 점도가 너무 높을 경우

① 장치의 관내저항에 의한 압력 증대
② 동력손실의 증대
③ 내부 마찰의 증대와 온도상승
④ 작동의 비활성

(2) 점도가 너무 낮은 경우

① 마찰부분의 마모증대
② 정밀한 조정과 제어곤란
③ 내부누설 및 외부누설의 증대
④ 펌프 효율 저하에 따르는 온도상승 등의 현상이 발생한다.

유압기기 중에서 작동유에 대하여 가장 가혹한 조건을 요구하는 것이 펌프이다. 따라서 특히 다른 기기에 지장이 없는 한 그 적정점도를 가지고 일단 그 선정규준으로 삼는 것이 보통이다. 펌프작용에 따른 여러 가지 조건에서 작동유에 대한 적정점도를 결정할 때는 먼저 그 최저

와 최고의 한계점도를 검토하여야 할 필요가 있다. 전자에 대해서는 기어펌프(gear pump)인 경우 기어와 기어의 물림부, 베인펌프에 있어서는 베인과 캠링(cam ring)의 접동부, 그 밖에 베어링이나 슬리브(sleeve) 등에 있어서 마모를 방지할 수 있는 점도, 또 펌프내부 및 각종 제어밸브를 포함하여 보통의 정밀가공정도에 있어서 과다한 내부누설이 생기지 않을 정도의 점도로서 그 최저한계를 생각하여야 한다.

앞에서도 설명한 바와 같이, 후자에 대해서는 작동유의 높은 점도로 인하여 펌프의 흡입쪽에 생기는 국부저압의 발생, 캐비테이션, 소음, 진동이라는 일련의 현상 및 밸브류, 관로 그 밖의 것에 생기는 유동저항의 과대화에 의한 총합효율의 저하 등을 고려하는 것이 그 한계치를 결정하는 규준이 된다. 경험적 자료로서 일반적으로 표시되고 있는 일례를 표 2·4에 나타낸다. 실제로는 펌프, 밸브 등의 설계, 구조, 기능에서 최적유온범위 및 그때의 점도가 제작자에 의하여 표시될 경우가 많으므로, 이것을 충분히 고려한 후에 최종적으로 최적시판작동유를 선정하여야 한다. 그림 2·4는 석유계 유압유의 점도특성을 나타낸 것이다.

표 2·4 펌프의 적정점도

펌프의 종류 / 점 도	베인펌프	기어펌프		회전형 플런저펌프		나사펌프
		플레인베어링	롤러베어링	슬라이딩밸브	시트밸브	
최저점도 [cSt]	20	25	15	15	12	25
적정점도 [cSt]	25	30	25	30	20	75
최대점도 [cSt]	1000	1500	1500	600	300	1500
흡입능력 [mmHg]	300	450	450	125	25	450

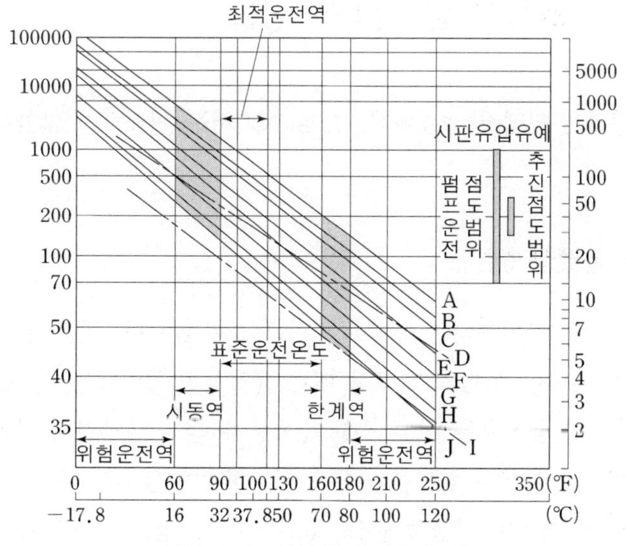

그림 2·4 석유계 유압유의 예

2·4·3 작동유의 변질과 보수

석유계 작동유의 내구성 및 그 사용한계의 판정에 대해서는 정량적인 방법이 없는 실정이지만, 유성의 저하로 인한 기기의 마모 급증과 산가 증가도가 일단 실적적으로 대응한다는 것이 확인되어 있다. 그 밖에 산화물, 작동유의 용해도는 중축합물의 생성에 의한 점도의 증가, 작동유에 용해되지 않는 중축합물의 생성, 슬러지의 석출에 의한 락카로서 기기에 부착하는 것을 비롯하여 수지상의 것 등의 산화생성물을 검정함으로써 작동유의 교환시기를 규제하는 것이 적당하다고 생각된다.

그 일례로 표 2·5의 기준을 표시한다. 그러나 일반적으로 이들은 필터의 적정한 사용, 유냉각기의 장착에 의한 적정온도유지 등의 관리를 완전하게 함으로써 그 내구성은 크게 개선된다.

표 2·5 작동유교환의 기준(예)

검정항목	신유에 대한 변화치
점 도	± 8 %
산 가	0.4 %
슬 러 지	0.1 %
협 잡 물	0.04 %
수 분	0.4 %

2·5 작동유의 물리적 및 화학적 성질

유체의 물리적 성질은 앞에서 설명하였으므로 여기서는 언급하지 않았던 작동유의 성질을 정리하기로 한다.

2·5·1 비중과 열팽창계수

비중은 작동유의 성질 그 자체로는 특별한 의미를 갖지 않으나, 다른 조건이 같을 때에는 비중이 클수록 열용량이 크고, 화학적인 구성 또는 균일성을 알아내는 데 도움을 준다. 석유계 작동유의 비중은 점도가 높을수록 크고 또한 정제도가 높고 파라핀계 성분이 많을수록 낮은 것이 보통이다. 일반적으로 같은 점도의 기름에서는 비중이 클수록 나프텐계에 속하고 작을수록 파라핀계에 속하며 석유계 작동유에서는 0.86~0.89 정도로 온도가 10°C 상승하면 약

0.0065가 내려간다. 온도에 대한 열팽창계수는 약 0.00065이므로 사용조건에 따라 고려할 필요가 있다.

펌프의 흡입양정이나 레이놀드수의 계산이 필요하고 다른 종류의 기름이 혼입될 경우에는 비중의 변화가 심하게 일어난다.

2·5·2 작동유의 점도

유압장치에 있어서 작동유의 점도는 기계효율, 내부누설, 외부누설, 캐비테이션 현상, 마모 동력손실, 체적효율 등 주된 성능에 크게 영향을 미치므로 그 사용조건에 적합한 점도의 선정은 적정한 운전을 하게 하는 데 극히 중요한 사항이다. 유압기기에 대한 점도의 선정기준이나 점도의 온도에 의한 변화, 윤활성 관계에 대하여는 앞에서 설명하였다. 점도는 이 밖에 기름누설에 반비례하고, 고점도일수록 관로에서의 압력손실이나 발열은 크며, 기기의 효율은 떨어진다. 또 동기에 점도가 지나치게 높은 기름을 사용하면 펌프의 흡입저항이 지나치게 커서 흡입불량에 의한 캐비테이션(cavitation)이 생기고, 그로 인해 소음과 진동이 발생하여 펌프 날개가 손상되는 경우도 있다. 점도가 지나치게 낮으면 윤활성 부족에 의한 마모나 융착의 위험성이 증가하고 또 펌프의 틈새로부터 내부누설이 증가하여 펌프체적효율이 떨어진다. 그밖에 점도가 적당하지 못하면 유압밸브의 응답특성이 나빠지거나 액추에이터(actuator)의 작동불량을 발생하게 하는 경우도 있다. 점도가 지나치게 클 때는 내부마찰이 증가하고 유압이 상승하여 유동저항과 압력손실이 증가한다. 또한 유압작동이 활발하지 못하게 되며 동력손실이 증가하므로 기계효율이 떨어진다. 점도가 작을 때는 내부누설 및 외부누설이 증대하고 펌프의 체적효율이 떨어지며 각 운동부분의 마모가 심해지고 유압회로에 필요한 압력발생이 곤란하기 때문에 정확한 작동이 어려워진다. 점도의 단위에는 많은 표시법이 있으나 KS에서는 동점도 센티스토크스(centistokes ; cSt)이고 세이볼트, 레이우드, 앵귤러 및 절대점도 센티포아즈(centipoise ; cp) 등이 사용되고 있으며 상호 환산할 수 있다.

2·5·3 인화점과 연소점

가연성의 정도를 나타내는 값이다. 작동유를 점차적으로 가열하면 일부는 증발하여 공기와 혼합한다. 이 혼합물은 불꽃이 접근하면 순간적으로 인화하였다가 꺼진다. 이때를 기름의 인화점(flash point)이라 한다. 인화점에서 계속 가열하면 기름의 온도가 높아지므로 계속하여 한층더 증기가 발생하고 이것에 불꽃을 당기면 계속해서 연소한다. 이때의 기름의 온도를 연소점 및 발화점(firing point)이라 한다. 연소점은 인화점보다 20∼40[°C] 만큼 높고, 인화점은 석유계 작동유인 경우 180~240[°C]의 범위에 있는 것이 많다. 즉 석유계 작동유의 인화점은 그리프랜드 개방시험(COC)에서 200°C 이상이나, 저온용 작동유에서는 160°C 정도이며 인화점이 낮은 것일지라도 적열된 금속이나 불꽃 가까이에서 사용치 않도록 주의하면 인화의 위험은 거의 없다. 인화점이 낮은 것을 120°C 이상의 고온에서 장시간 사용하면 20%에 달하는 증발감소가 생기는 경우가 있다.

2·5·4 유동점

작동유는 온도가 높아지면 점도가 감소되고, 이와 반대로 유온이 낮아지면 점도가 증가하며 어떤 일정한 온도가 되면 유동성이 없어지게 된다. 즉 온도가 계속 낮아지면 작동유는 유동하기가 힘들게 된다. 이때, 이 점의 최저온도를 유동점(pour point)라 하고 유동성이 완전히 없어지는 점을 응고점(solidifing point)이라 한다.

유동점은 원유의 종류, 정제법, 첨가제 유뮤에 따라 상당한 차이가 있다. 유동점은 일반적으로 응고점보다 25°C 높은 온도가 되고 파라핀계 작동유는 나프텐계유보다 응고점이 높다. 일반적으로 나프텐계 작동유는 파라핀계 작동유에 비해 낮은 유동점을 갖는다. 유동점은 동계운전시 고려해야 할 문제이다. 유동점은 거의 작동유의 유동성을 상실하는 온도를 나타내는 것으로 그것의 10~30°C 높은 온도가 작동유의 사용한계 온도가 된다.

2·5·5 잔류탄소

유압장치를 오랜시간 운전하면 작동유는 고온상태가 되며 유압회로의 각부에 타아르상의 물질이 생성되어 부착하는 수가 있다. 이것은 결국 작동유가 열화함에 따라 생성되는 탄소질의 물질이다. 작동유를 도가니에 넣고 가열하여 증발시키거나 연소시켰을 때의 남은 탄소분을 중량[%]로 나타낸다. 작동유에 포함되는 탄소분물질의 함유량을 잔류탄소(remaining carbon)라 한다. 잔류탄소분 0.1% 이하인 것이 보통이나 첨가체, 때로는 알카리 토금속을 포함한 청정분산제나 다타오린산아연 내마모제를 포함하고 0.5% 이상의 잔류탄소를 나타내는 것도 있다. 이와 같이 첨가제에 따라 양이 다르므로 그리 중요한 의미는 갖지는 않으나, 작동유의 불순물 흡입조사를 하는 데 도움이 되고 열화를 예측하는 데 척도가 된다.

2·5·6 산화안정성

사용중인 작동유가 공기중의 산소와 반응하여 물리적 화학적으로 변질하는 것에 저항하는 성질을 산화안정성이라 하며 이는 작동유의 성분에 따라 다르고 운전온도, 운전압력, 외부로부터 침입하는 이물질 등에 따라 영향을 받는다. 점도지수가 80 이하와 같이 정제도가 낮은 작동유를 제외하면 광유계의 작동유 등에서는 95°C에서 1000시간 정도이면 변화가 생긴다. 그러나 KS의 산화시험은 상압에서 하게 되어 있고 마찰부분이나 높은 속도의 조건 등에는 포함되어 있지 않으므로 실용시의 안정성을 시험의 결과만으로 판정할 수 없다. 작동유의 노화는 8~10°C의 온도가 높아지면 약 2배 촉진되므로 사용유온이 70°C 이하에서는 작동유 자체의 노화가 거의 문제되지 않으나 100°C 이상에서 사용이 많은 파워스티어링이나 토크 컨버터용 작동유에서는 기름 자체의 안정성에 주의할 필요가 있다. 작동유 중의 산을 중화하는 데 필요한 알칼리 양을 측정하여 산도를 나타내며, 1g[질량그램]의 작동유 속에 존재하는 산을 중화시키는 가성칼륨의 mg수로 산가를 표시한다. 산가는 유중에 생성된 부식성과 비부식성의 양쪽 유기산의 함유를 나타낸 것이므로 그 절대치만으로 정제도나 산화도를 판정할 수는 없다. 따라서 작동유의 사용에 의한 산화의 진행과정이 중요한 것이 된다. 그 산화기구는 복잡하며, 탄화수소에서 과산화물로 되고 이것이 케톤에서 산 또는 알코올류로 진행된다. 작동유의 노화가 진행되면 색의 변화, 점도의 증가, 래커나 유의 생성부착, 강산성 성분의 생성에 의한 부식, 기포의 증가 등의 문제가 일어난다. 기름이나 래커가 밸브류의 작동불량을 일으키므로 이와 같은 용도에는 특히, 고도산화안정성이 좋고 청정분산제를 포함한 엔진유나 작동변속기유, 자동변속기유 등을 사용함으로써 작동유의 변화에 의한 것을 미연에 방지할 수 있다.

때때로 작동의 산화노화에 의한 문제가 생기고 더욱이 기름이 교환간격이 짧아서 곤란할 때에는 위의 기름을 사용하거나 또는 합성 윤활유의 사용에 대하여 기름 생산업체와 장치제작생산업체와 상담하는 것이 좋다. 다만, 합성유는 일반적인 작동유에 비하여 가격이 3~20배 정도 비싸서 구입하기에 어려운 점이 있다.

2·5·7 색 상

작동유의 색상(colour)은 측정도나 표시법에는 여러 가지 종류가 있으나 작동유에 대하여는 ASTM(American Society for Testing Materials) 또는 유니언 비색계를 사용하고 있다. 기름의 노화나 먼지 마모분, 수분, 공기의 혼입은 색이나 혼탁의 변화로서 나타내는 것이 많으므로 숙련되면 색과 외관의 변화만으로 기름의 변화나 오염정도를 비교적 정확하게 판정할 수 있다. 표준색의 번호로 부르며 1~8까지 수치 중 숫자가 많은 쪽이 농후한 색상이다. 이것도 신유와 사용중인 것과의 색상번호의 변화가 문제되는 것으로 이 번호가 기름의 양부를 직접 나타내는 것은 아니다. 기름의 온도와 산소에 의한 노화는 적색으로 변화시키나, 온도가 90°C 이상일 때 혼탁이 생기지 않는 것이 보통이다. 다색으로 일정하게 현탁하게 보일 때에는 기름의 일부 혹은 전부가 120~150°C의 고온에서 100시간 이상 쓰여진 것으로 생각하여도 좋다.

적색으로 얼룩이 있는 혼탁의 경우는 녹이나, 흙, 먼지 때문인 경우가 많다. 일정하게 보이는 것은 수십 mm 이하의 마모분 혹은 먼지의 혼입에 의한 것으로 180ml의 투명한 병에 기름을 넣고 반대측에 놓은 글자를 읽을 수 있는 정도면 문제가 되지 않는다.

백색으로 흐려지는 것은 공기포의 발생 혹은 수분의 혼입에 의한 경우가 많고 그리스 혼입으로 다색의 유탁상태가 된다. 공기가 유입되었을 때에는 1시간 정도 정치하여 두면 밑바닥에서부터 투명하게 되고 수분일 때에는 윗쪽으로부터 투명하게 된다. 그리스의 혼입으로 흐려진 것은 알기 어려우나 수분 혼입을 간단히 그리고 빨리 알기에는 150°C 정도 이상으로 가열시킨 금속판 위에 기름 몇 방울을 떨어뜨리면 "치직"하는 소리를 내며 튀어서 쉽게 판정할 수 있다.

기름의 노화나 오염은 위에서 설명한 각 원인이 2개 이상 종합하여 생기는 경우가 많으므로 갈색이 진하게 되어 흐려지는 것은 보통이나 어느 경향에 가장 강한지를 확인하면 그 원인이 기름 차체의 노화나 마모인지 이물 혹은 수분의 혼입인지를 알 수가 없고 적어도 보다 세밀한 분석이 있어야 계속 사용 가능한지 여부를 판단할 수 있다. 기름자체의 노화일 경우에는 악취가 있다. 또, 일광 아래에서 보아 금속분이 반짝반짝할 때는 이상마모의 염려가 있다. 또 색이나 외관의 판정을 할 때는 100ml의 비이커 혹은 180ml의 투명유리병에 기름을 넣어 신유와 비교하여 보는 것이 좋다.

2·5·8 소포성

유압장치에서는 1분간의 혼합유량에 대하여 탱크의 용량을 10배 이상으로 하는 것이 보통이지만 차량용 유압장치에서는 설치장소나 무게의 제한이 있어서 탱크용량이 3배 혹은 그 이하인 예가 있다. 유압작동유가 탱크로부터 혼입되어 펌프, 밸브, 액추에이터를 통하여 되돌아 갈 때 회로내의 공기가 혼입하는 곳이 없다면 기름의 포입에 따른 문제는 생기지 않으나 작동유에는 보통 용적비율로 5~10%의 공기가 용해되어 있다. 용해량은 압력증가에 따라 증가한다. 이러한 작동유를 고속 교반시켜 압력을 저하시키면 용해공기가 분리되어 물거품이 일어난다. 이 물거품은 작동유의 손실을 초래하게 되며, 심지어는 펌프의 작동을 불가능하게 한다.

작동유 중에 공기가 혼입되면 물의 경우와 마찬가지로 윤활작용저하, 산화의 촉진을 야기시킨다. 또, 압축성이 증대되어 유압기기의 작동이 불규칙해지고 펌프에서 공동현상 발생의 원인이 된다. 그러므로 작동유는 소포제(antifoam properties)가 좋아야 하고 만일 기포(물거품)가 발생하더라도 유조내에서 속히 소멸시켜야 한다. 작동유의 소포제로서 실리콘유 또는 실리콘 유기화합물이 사용된다. 또한 유조내에 들어간 공기는 지름 1 [mm] 이하로 되면 떠올라서 소멸되는 데 시간이 걸리고 심하면 자탁상태로 된다. 이것은 에어레이션(aeration)이라고 하는 것으로 이와 같은 상태가 일어나지 않도록 해야 한다. 일반적으로 기름의 포입이라고 하는 것은 유면 위에 떠있는 거품을 말하며 기름의 소포성이 나쁘면 탱크의 브리더로부터 제거되는 경우가 있다.

석유제품의 KS에는 포립성과 소포성의 시험방법이 규정되어 있으나 이것은 지름 6.5 [cm], 길이 약 70 [cm]의 유리실린더에 200 [ml]의 기름을 넣어 세공이 있는 발포석을 통하여 공기를 흡입시키고 5분 후에 거품의 양과 흡입을 중단한 뒤 10분 후에 포의 양을 측정하는 것으로 실용시의 순환유압계통에서 발생하는 포립이니 에어레이션과는 조건이 크게 다르다. 이 시험에서 공기흡입 정지 후 5분 이상 포가 없어지지 않는 기름은 좋지 못한 것으로 있으나, 흡입중의 포립이 거의 없는 기름일지라도 사용조건에 따라서는 포립이나 에어레이션이 발생된다.

2·5·9 방청방식성

유압장치내의 부식은 작동유의 산화에 의하여 생성된 유기물, 외부로부터 투입한 수분, 기타 이물질에 의하여 일어난다. 녹은 기름에 함유되어 있는 공기의 작용으로 금속표면이 산화하기 때문에 일어난다.

생성된 녹이 작동유 속으로 흡입되면 정밀하게 가공된 펌프나 밸브 등의 활동부를 손상시켜 성능을 저하시킨다. 그러므로 작동유는 녹의 생성을 막고 금속의 부식을 방지하는 성질이 요구되며 첨가제를 넣어서 금속표면에 막을 생성시켜 공기나 수분 등의 접촉을 막아 방청, 방식작용을 돕는다.

첨가제를 포함하지 않은 정제기유는 방청성도 거의 없다. 방청성은 여러 가지의 첨가제에 의하여 개량할 수 없고 첨가터빈유나 내마모 작동유 혹은 자동변속기유 등은 기름 속에 수분이 들어 있어서 그 속에 동이 침전되어 있는 상태일지라도 거의 녹이 생기는 경우가 없다. 일반윤활유는 첨가제의 종류에 따라 같은 상태에서 거의 방청성이 없는 것도 있다. 또 탱크배관의 상부에 공간이 있을 경우와 같은 때에는 정지 중에 표면에 물방울이 응결하여 녹이 생기는 경우가 있다. 방청제로는 금속면에 대해 흡착성이 강한 유기산에스텔, 지방산염, 유기인 화합물 등이 쓰인다.

이와 같은 경우는 도장에 의하여 방청하거나 기화성 방청제 기름을 사용하면 된다. 그러나 이와 같은 윤활유는 아직 그다지 보급이 안 되고 있다.

2·5·10 내마모성 내융착성

배출압력 70 [kg_f/cm^2] 정도까지의 베인펌프나 기어펌프 등에서는 펌프의 마찰미끄럼운동부는 표면의 조도보다 두꺼운 윤활유막의 유체윤활(완전유막윤활) 상태가 유지되어 마찰면 사이에 금속접촉이 있을 때 그 정도가 대단히 작아서 정상마찰로 볼 수 있고 약간의 마모가 생기는 경우가 많다.

유압실린더나 유압모터 등의 액추에이터 회전축의 베어링류에 대해서도 거의 같다. 그러나 140 [kg_f/cm^2]를 넘는 베인펌프나 플런저펌프의 경우는 마찰 윤활이 크게 되고 유막의 두께가 감소하여 금속접촉면의 마찰로 의해 돌기부분에 융착이 생길 위험이 증가한다. 일부분 접촉이나 하중의 변동이 큰 경우에는 마찰면에 흠집이 있는 경우 융착현상이 생기는 경우도 있다.

작동유의 점도가 적정치 이하이거나 유온이 지나치게 높아졌을 때도 이와 같은 융착이 발생하기 쉬운 상태가 된다. 이와 같은 상태로 되었을 때에 기름에 유성향상제나 극압첨가제 등의 화합물을 첨가하면 이들의 물질이 금속(주로 동)의 표면에 흡착막을 만들거나 혹은 1/1000 ~ 1/100 [mm] 정도의 표면돌기부에서 서로 마찰할 때에 금속과 화학반응하여 유화철이나 염화철 또는 인산철이나 인화철 그밖의 반응피막을 생성하고 이들의 작용에 의하여 금속 사이의 금속만의 접촉과 융착을 방지하여 마모를 감소시키고 내융착성도 현저하게 향상된다. 또 마찰계수가 감소되는 경우도 있다.

마모나 융착을 방지하기 위하여 설계면에서 접촉면압이 지나치게 높아지지 않도록 하는 것이 선결문제이며 금속재료나 표면의 열처리 그밖의 표면처리에 의하여 내마모, 내유착성이 좋은 마찰면으로 해야 한다. 기름의 순환을 좋게 하여 윤활과 냉각의 효과가 유지되도록 하는 것도 중요하다. 조립시의 부분접촉을 방지하고 충격하중이 걸리지 않는 조작을 하여야 한다. 그러나 어떤 원인에 의하여 완전유막윤활이 파괴되는 것은 실제의 기계에서는 피할 수 없는 것이다. 따라서 심하게 사용할 경우에는 내마모제나 극압첨가제를 포함한 윤활유를 써서 손상의 위험을 감소시키고 마모를 적게 하여 기계의 수명을 연장시키는 것이 유리할 때가 많다. 이와 같은 성질을 평가하기 위하여 실험실에서 마모시험기나 윤활성능시험기, 극압성능시험기 등이 많이 쓰이고 있다.

2·5·11 표면장력

윤활이론은 종래의 유체역학적 연구로서 여러 가지로 해석할 수 있으나, 경계윤활의 범위에서는 유체역학적으로 설명할 수 없고, 오일리니스(oiliness)로 해석하게 되었다. 특히 유화(emulsion)와 기포(foaming)는 이 오일리니스의 표면현상에 속하는 것이다.

유체의 각 분자는 상호의 흡인력으로 균형을 잡고 있다. 그러나 액체의 표면상에서는 인접한 분자가 없으므로 액체표면은 항상 안쪽으로 잡아당겨지고 있다. 따라서 액체는 항상 표면적을 작게 하는 성질을 가지고 있으므로 액적으로 되는데, 액체의 이와 같은 장력을 표면장력이라 하고, 표 2·6에서 보는 바와 같이 대체로 dyne/cm 두 가지 단위로 그 크기를 표시한다.

표 2·6 윤활유, 순탄화수소의 표면장력

품 명	분 자 량	온도 [°C]	밀 도(4[°C])	점 도(cSt)	표면장력(dyne/cm)
윤활유 A	369	25	0.9288	—	32.26
윤활유 A	369	100	0.8830	6.13	26.26
윤활유 A	369	200	0.8192	—	19.46
윤활유 B	451	25	0.8679	—	31.04
윤활유 B	451	100	0.8214	6.54	25.07
윤활유 B	451	200	0.7594	—	18.31
윤활유 C	609	25	0.8779	—	31.60
윤활유 C	609	100	0.8314	14.2	25.61
윤활유 C	609	200	0.7693	—	19.08
n-C 26	366	25	0.768	—	26.1
	366	100	—	—	24.1
	366	150	—	—	20.0
n-C 32	450	75	0.778	—	27.0
	450	100	—	—	25.2
	450	150	—	—	21.6
n-C 60	842	75	—	—	26.5
	842	100	0.755	—	23.1
	842	150	—	—	22.0

윤활유는 각종 화합물의 혼합물로, 새 그릇에 옮길 때 자유 에너지가 작은 것은 표면으로 이동하기 때문에 시간이 걸리므로 그림 2·5에서 보는 것처럼 시간에 따라 표면장력은 바뀌어 결국은 균형을 이루게 된다. 따라서 윤활유의 표면장력을 정확히 측정하려면, 그릇에 옮기고 나서

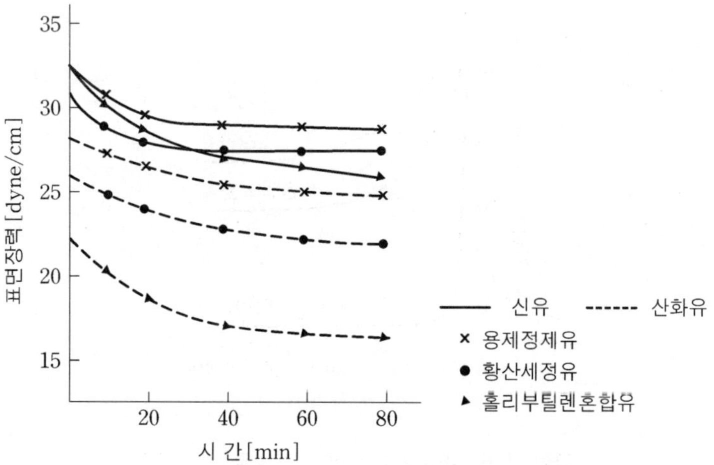

그림 2·5 표면장력의 시간변화

평형에 도달한 후에 측정해야 한다. 이상과 같이 표면층에 자유 에너지가 작은 성분이 모이는 것을 흡착이라 하는데 이것은 모든 계면에 일어나는 현상이다.

물과 같이 표면장력이 큰 액면에 불용성의 액적을 떨어뜨리면, 액의 종류에 따라 액면 전체에 번져 엷은 막상으로 되는 경우와 일부만이 번져 유적이 그대로 남는 경우가 있다. 액체가 다른 액면상에 번져 넓어지려면, 액체의 분자상호의 흡인력보다도 위 액체와 아래 액체의 분자흡인력이 커야 한다. 이와 같은 조건하에서는 만일 아래의 액면이 매우 넓으면 액체는 그 면에 단분자막으로 되어 번져 넓어진다. 이와 같은 두 액체의 접촉면의 장력을 계면장력(interfacial tension)이라 한다. 표면장력의 경우 액면과 접촉하는 것은 공기 또는 증기이므로 그들의 흡인력은 매우 작으며, 불순물에 의한 표면장력의 저하도 작다. 그러나 계면장력의 경우에는 상당히 큰 액면의 흡인력이 서로 작용하므로 표면에 나타나는 불순물에 의한 계면장력의 저하는 매우 심하다.

그림 2·6에서 보는 것처럼 계면장력이 최저로 되는 불순물들의 첨가농도는 계면에 생기는 첨가물들의 단분자층의 전체기름 중 첨가체농도의 평형에 의해 변화한다. 이와 같이 액체의 계면장력을 변화시키는 것을 표면활성제라 한다. 일반적으로 표면활성제는 용제와 결합하여 매우 큰 분자량을 가진 복잡한 화합물인데, 이와 같이 복잡한 화합물을 미셀(micelle)이라 한다.

미셀의 존재는 광확산법[P · Debye ; J · Phys, coll, chem 531(1949)]으로 측정할 수 있다. 비눗물에 기름이 녹도록 미셀을 확산한 용액에는 액체단체에 불용성의 것을 녹이는 성질이 있다.

미셀의 처음으로 계면에 생기는 표면활용성제의 첨가농도는 계면장력이 최저로 되었을 경우

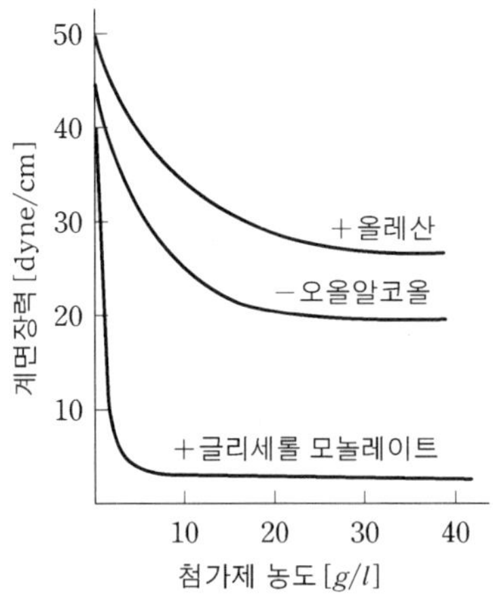

그림 2·6 비이온활성제 첨가물과 계면장력

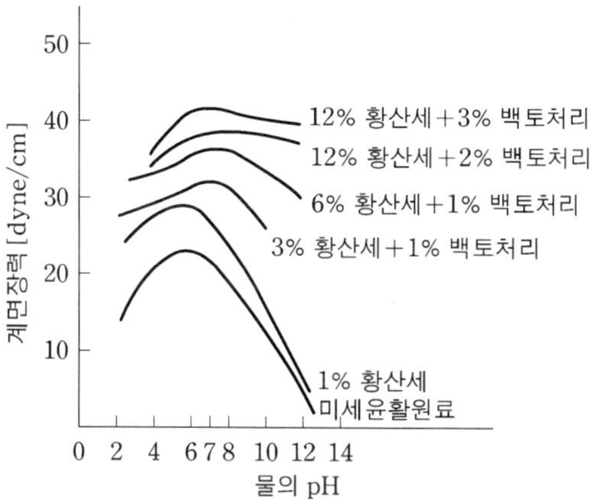

그림 2·7 물의 pH와 계면장력

인데, 이것을 한계미셀농도라 한다. 첨가제가 한계미셀농도를 넘은 후에는 단분자층에 계면이 생긴다. 이와 같이 계면장력은 약간의 혼합물에 의하여 변화하므로 그림 2·7에서 보는 것처럼 계면장력의 변화를 측정하여 제유압유의 관리를 행하는 수가 있다.

유적이 수면에 번져 넓어지려면 항상 기름의 표면장력과 기름과 물의 계면장력의 합이 물의 표면장력보다 작아야 한다. 물 속에 칼슘이온이 있고, 기름 속에 장쇄포화지방산을 포함하는 경우에는 계면에 곧 확고한 막이 생겨서 확산이 중지된다. 이와 같이 물 속에 금속이온이 있는 경우에는 기름 수면의 확산은 바뀌게 된다.

표면현상의 실례는 다음과 같다.

- 유화(emulsion)에 대하여 설명을 하면, 어느 종류의 극성화합물은 물과 기름의 계면장력을 극소로 하는데, 이와 같은 화합물을 가하여 물과 기름의 계면장력을 2dyne/cm 이하로 해서 계면을 흐트러지게 하면, 기름과 물은 유화하여 에멀션을 만든다. 유적의 지름이 작아짐에 따라 일정량의 기름의 표면적은 증대하므로, 전체에 확산한 표면활성제는 거의 계면에 흡착해 버리게 되는 것이다. 이와 같이 해서 된 안정된 에멀션 유적의 지름은 대체로 2~6 정도이고, 표면활성제로서 과잉상태로 있어야 한다.
- 기포에 대하여 설명하면, 기포는 공기입자가 얇은 막에 둘러싸여 있는 일종의 에멀션으로, 기포의 수명은 바로 없어지는 것도 있고, 오랫동안 없어지지 않는 것도 있다. 기포의 문제를 중요하게 다루게 된 것은 최근의 일이며, 첨가제가 사용된 엔진유, 기어유에서는 발포(foaming)에 의하여 부피가 증가하므로 충분히 윤활부에 흘러 들어가지 못하기도 하여 여러 가지 고장이 많이 일어난다.

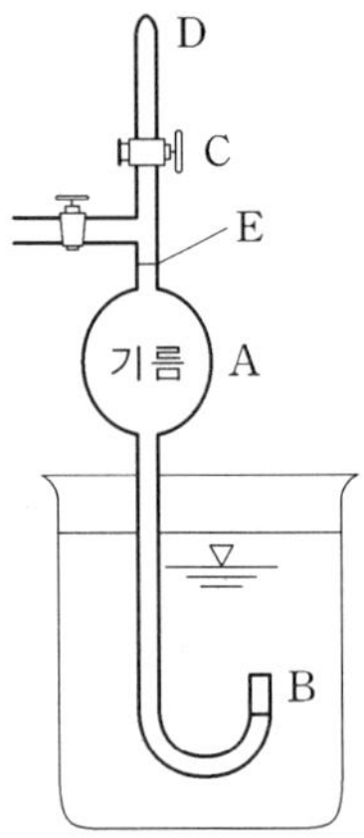

그림 2·8 계면장력 측정장치(Well and Southcombe)

표면장력의 측정방법인 Lord Rayleigh는 모세관에서 적하하는 적립의 질량은 그 액의 표면장력에 비례한다는 생각으로, 여러 가지 기름 속에 모세관 끝을 담그고, 모세관에서 일정적수의 수은을 적하시킨 후 수은을 사염화탄소로서 제조하여 수은의 중량을 칭량하여 계면장력을 측정한다. 이 고전적인 방법은 Well 및 South combe에 의하여 그림 2·8에서 보는 바와 같이 측정장치에서 측정하였다. 시료유는 구 A의 E선까지 가득히 넣고 마개C를 열면 기름은 B에서 물 속에 적하하게 되므로 이 적수를 읽어 계산한다.

이 방법에 의하여 광유(0.905)에 대한 지방산 및 유지류의 계면활성에 대한 영향을 본 결과 기름의 적수와 비계면장력과의 관계는 표 2·7에서 보는 바와 같다.

표 2·7 유리지방산 함유광 및 지수의 적지류의 적립수와 비계면장력과의 관계

광유 및 유지	유리지방산함유율(%)	적 립 수	비계면장력
광 유	0	101	100
광유와 시판지방산의 혼합유	1.9	125	80
감교유	2.2	125	80
영종유	2.5	132	76
야자유	4.1	148	68
중성야자유	0.1	110	92
중성영종유	0.15	108	93

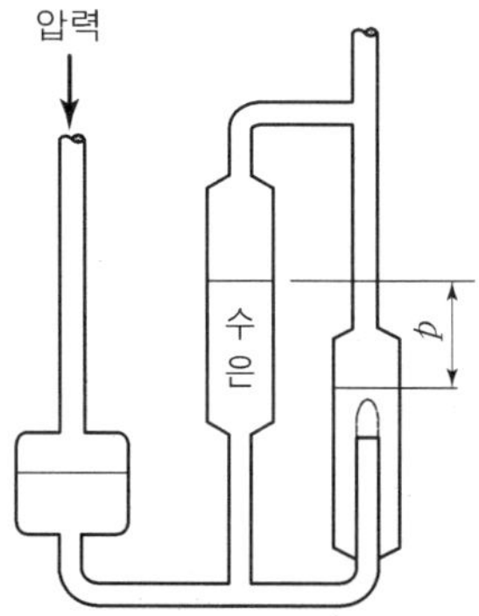

그림 2·9 계면장력 측정장치(Wilson and Barnard)

그림 2·9는 Wilson 및 Barnard가 고안한 계면장력 측정장치로 수은을 기름 속에서 압출시키는 데 필요한 압력, 즉 수은주의 착(p)을 측정하고, 수은의 밀도(ρ), 모세관의 반지름(r)의 값에 의해 계면장력(σ)을 계산하였다.

2·5·12 전단안전성

작동유나 엔진오일, ATF 등에는 온도에 의한 점도의 변화를 적게 하기 위하여 고분자화합물인 점도지수향상제를 가하는 것이 있다. 점도지수 105 이상의 오일에는 대체로 이와 같은 첨가제가 포함되어 있고, 멀티그레이트 엔진오일이나 ATF가 그 대표적인 것이다.

고분자 첨가제는 펌프의 좁은 틈새나 밸브의 세공을 통할 때에 전단을 받아 절단되어서 보다 저분자로 된다. 이로 인하여 심한 경우는 30%나 점도가 떨어지는 경우가 있고, 보통 15% 정도의 저하는 피할 수 없다. 실험적으로 평가하는 방법은 펌프로부터 세공으로 오일을 계속 반복하여 흐르게 하는 기계적 전단 안정성 실험방법과 초음파 전단 안정시험 방법이 있다.

2·5·13 클러치 마찰특성

토크 컨버터와 보조변속치차, 유압제어기구가 모두 조립된 유체자동변속기는 습식 다석 클러치나 밴드로 조립되어 있고, 동력전달계의 설계와 클러치의 재질, 클러치 체결압력이나 타이밍 및 오일의 마찰특성이 적합하지 않으면, 클러치 체결시에 마찰진동을 일으키게 하거나 결합 중에 미끄럼이 생기고, 토크 용량부족으로 클러치면을 태우기도 한다. 이 특성은 오일의 종류나 상표에 따라 다소 다르고, 뿐만 아니라 실제변속기에 의한 시험을 하지 않으면 판성할 수 없다. 따라서 자동변속기에는 메이커의 지정유를 사용하지 않으면 고장이 쉽게 날 수 있다.

2·5·14 항유화성과 수분리성

차에 설치되어 있는 유압장치에서는 비교적 오일 중에 수분이 혼입될 기회가 없다. 일반적인 작동유나 내마모작동유는 물이 혼입되어도 유화상태로 혼탁해지는 일은 적고, 수층으로 되어서 탱크 밑바닥에 침강하는 일이 많으나, 엔진오일이나 AFT에는 청정분산제로써 계면활성제가 포함되어 있고 또 수분이 미세한 입자로 되어 유화하는 경향이 강하다. 품질이 좋은 작동유는 방청성이 상당히 좋으므로 탱크 저면에 기름이 잠겨있는 부분에서는 별다른 문제가 없다. 엔진오일에 2% 정도까지의 수분이 들어가도 특히 윤활유성이 저하되는 경우는 없으나, 물의 증기압이 높아지면 캐비테이션, 에어로션이 발생하기 쉬우므로 수분혼입이 있는 용도에는 분산제가 들어있는 기름은 사용하지 않는 것이 좋다.

규격에는 40ml의 물과 오일을 강제혼합한 후 일정시간 방치하여 수분리 상황을 조사하는 방법이 규정되어 있다.

30분 정도에서 분리되는 오일이면 실용상 큰 문제가 없으며, 때때로 탱크의 드레인콕을 통하여 배수하는 등 보전상에 주의가 필요하다. 기름에 수분이 혼입되어 혼탁상태가 되어, 그것이 공기가 아니라는 것이 확인되면 1% 이상 포함되어 있는 것으로 판정하여도 좋다.

2·5·15 불용해분과 먼지의 측정

작동유를 사용하고 있으면 외부로부터 먼지가 들어오거나, 혹은 공작조립시의 주물사, 쇳가루, 패킹재의 부스러기 등의 남게 되거나, 마멸분의 부유, 또는 오염자체가 열화하여 불용성의 카아본상의 물질(유사 또는 슬러지라 함)이 생기게 된다.

10[ml] 이상의 고형물이 오일보다 비중이 무거운 분자는 오일을 용제로 10배 정도로 희석시켜 원심분리기에서 분리침강시킬 수 있다.

용제로 벤젠 등을 사용하면 이것을 벤젠 불용해분으로서 정량할 수 있다. 용제로서 펩탄, 펜탄, 헥산 등을 사용하면 혼입물과 슬러지의 양쪽을 포함하여 정량할 수 있다. 투명한 병에 오일을 넣고 가급적 온도변화가 적은 장소에 5일에서 20일 정도 이상 방치하면 고형물의 대부분은 침강하여 윗부분은 투명한 기름으로 되는 경우가 많다.

이때 혼합물의 양은 정확히 알 수 없으나, 침강물이 병의 밑바닥에 얇은 층으로 될 때에는 마멸분과 모래, 먼지 등이 대부분이고, 응고된 상태의 3~4[mm] 이상되는 두께가 생겼을 때는 그리스, 수분, 오일자체의 열화 생성물이 많은 것으로 추정할 수 있다.

유압기기의 트러블의 60% 이상은 먼지로 인한 것이라 할 수 있으므로 오일의 열화, 오염의 판정법으로서 불용해분의 측정은 매우 중요한 항목이다. 그림 2·10는 일반적으로 쓰이는 원심

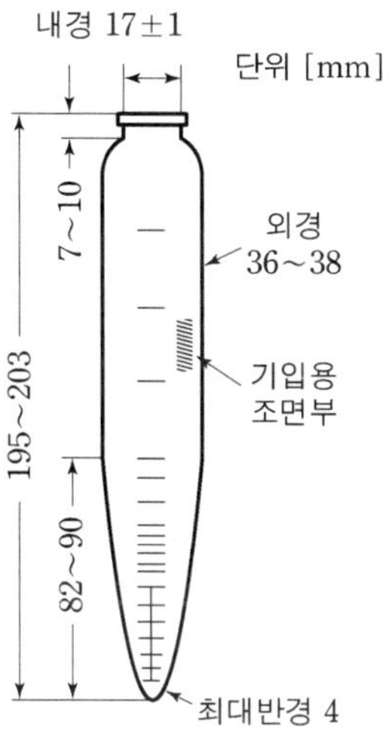

그림 2·10 원심분리용 목성시험관

분리관을 나타낸 것이다. 불용해분은 건조 후의 중량백분율로 표시되고 있으나 필요에 따라서는 함유물의 내용을 분석하여 마멸분이 많은지 또는 모래나 먼지가 많은지를 알 수 있다. 유압기기는 전반적으로 고압고속화에 의하여 고성능화하는 경향이 있고, 그에 따라 정밀화가 진행되고 있다. 그러나 그 반면 펌프나 밸브 등의 주요한 기소는 먼지의 영향에 민감하게 되고 펌프의 마멸에 의한 수명의 단축, 밸브의 고착에 의한 작동불량 등의 고장이 생기기 쉽다.

건설차량의 유압장치에서는 아직 일반화되지 않고 있으나, 항공기용이나 수치제어 공작기 등에서는 작동유 중의 먼지의 크기와 수의 분포에 대해서까지 규제가 있고, 밀리보 필터법, 실팅인덱스법(0.8[ml])의 필터의 먼지에 의한 막힘 정도를 오일의 유속측정에 의하여 비교한다. 화학적으로 입자의 경과 수를 계측하는 방법 등이 있다. 유압장치에 대한 먼지의 영향은 장치의 종류에 따라 다소 다르므로 전반적으로 어느 정도의 먼지가 유해하고 어느 정도 이하이면 지장이 없다고는 할 수 없으나 중량비 0.01%(=100[ppm]) 이하일 것이 바람직하다.

입자의 크기와 수로 표시하면 NAS(National Aeospace Standards : 미국항공우주관계규격)의 오염도 등급에 있어서 8, 9급 정도가 바람직하다.

표 2·8 NAS의 오염도 등급(작동유 100ml 중의 입자수)

NAS급 \ 입자의 수	5~15[m]	15~25[m]	25~50[m]	50~100[m]	100[m] 이상
00	125	22	4	1	0
0	250	44	8	2	0
1	500	89	16	3	1
2	1,000	178	32	6	1
3	2,000	356	63	11	2
4	4,000	712	126	22	4
5	8,000	1,425	253	45	8
6	16,000	2,850	506	90	16
7	32,000	5,700	1,012	180	32
8	64,000	11,400	2,025	360	64
9	128,000	22,800	4,050	720	128
10	256,000	45,600	8,100	1,440	256
11	512,000	91,200	16,200	2,880	512
12	1,024,000	182,400	32,400	5,760	1,024

2·6 다른 재료와의 적합성

유압장치에는 금속재료 외에 패킹, 오일시일, 아레터(alette), 호스 도료 등이 사용된다. 아레터 이외, 즉 보조적인 재료이기는 하나, 이들의 재질과 오일이 상호 적합하지 못하면, 팽윤되거나, 용해 또는 경화되거나, 유리 등으로 인하여 본래의 기능을 잃고, 오일석출 등이 생겨서 장치로서 사용에 견디지 못하게 된다.

보통의 유압장치에 쓰이는 내유고무는 NBR(니트릴 부타디엔공중합물고무, 니트릴고무라고도 한다)이 많으나, 그의 배합조성에 따라, 작동유에 대한 팽윤도는 비교적 크게 달라진다. 예를 들면 점도지수가 50 이하로 어닐링점이 70[°C] 정도의 터빈유나 머시인유에 적합한 고무에, 점도지수 90 이상, 어닐링점이 110[°C] 이상 작동유를 사용하면, 수축경화하여 기름이 누설되는 경우가 있고, 반대의 경우에는 과도의 팽윤연화로 인하여 O링이나 오일시일이 변형되거나 기름이 누설되는 원인이 된다.

난연성작동유(인산에스텔)나 합성윤활유는 더욱 NBR을 침해하므로 이와 같은 경우는 시일이나 O링을 전부 EPR(반자성물질)이나 불소고무로 교환하지 않으면 안 된다.

고무재료와 오일은 상호 적합한 것을 선택할 수 있으므로 유압장치 메이커에서 고려되는 경우가 많으나, 극한용 작동유로서 유동점이 −30[°C] 이하인 것 중에는 어닐링점이 낮고, 고무를 팽윤시키기 쉬운 것이 있음에 주의할 필요가 있다. 또 유압장치 중에는 70[°C] 이상이 상용유온인 것도 있고 120[°C] 이상이 되는 것도 드물지 않는 파워 스티어링이나 토크 컨버터도 있다. 이와 같은 용도에는 NBR은 장기사용이 곤란하므로 아크릴에스텔고무, 실리콘고무, 불소고무 등이 쓰여진다. 이레이터 플러그에서 오일이 직접 스며 나오는 것은 물론, 간접적으로라도 누설유가 부착하는 경우가 있으므로 작동유와는 적합성이 좋은 것이 필요하나, 반복변형을 받게 되므로 수명은 그다지 길지 못하다.

고무호스에도 내유고무(NBR기타)가 쓰여지고 있으나 치수의 변화에 대하여 그다지 민감하지 못하므로 큰 문제는 없다.

오일의 주입이나 배출 등에서 일시적으로 외부에서 호스를 사용할 때에는 수도용 고무관은 적용하지 못하며, 비닐관이나 폴리에틸렌 파이프가 좋다. 시일, 패킹, 호스 등의 내유고무를 세정용제로 세척하면 짧은 시간일지라도 팽윤하는 경우가 많으므로 작동유 자체를 사용하여 세척하여야 한다.

플랜지의 패킹이나 시일링 컴파운드 본드류에는 종류가 많으나, 설명서를 읽어서 내유성이 좋은지를 확인해야 하고 또 본드류를 적은 양으로 사용하지 않으면 여분으로 남아있는 본드가 오일 중에 부유하여 필터를 막히게 하거나, 밸브고착의 원인이 되므로 충분히 주의하지 않으면 안 된다.

도료도 최초에 도장한 것이 있는 것은 내유성이 있으나, 벗겨진 것을 다시 고쳐 칠할 때에는 에폭시계 등의 내유도료를 선택할 필요가 있다. 난연성 작동유에 대하여는 실질적으로 장기간 사용될 수 있는 도료는 없으므로 산화피막, 인산아연처리 등의 방청처리가 필요하다. 광유계로부터 난연성 오일로 변환하는 데는 패킹, 시일, 도료의 여러 가지 문제가 많으므로 잘 생각해서 해야 한다.

2·7 에어레이션(공기혼입)

유압회로 내에 여러 가지 원인으로 공기가 미세한 기포로 되어 혼입 상태를 에어레이션(aeration)이라고 하며 이것은 유압장치의 기능을 해치는 커나란 요인이나. 물 속에 용해하는 공기는 체적면으로 볼 때 보통 2[%] 정도인데, 작동유 중에는 약 7~10[%]나 되어 놀랄 정도로 많다. 더구나 이것은 대기압 상태의 값으로 헨리(Henry)의 법칙에 따르면 액체 속에서의 기체의 용해도는 그 절대압에 비례하게 되는 셈이다. 그러므로 기름탱크내의 기름에 혼입한 기포가 펌프에 혼입되어 송출쪽의 고압관로로 밀려난 상태에서는 일종의 캐비테이션(cavition, 공동현상)과 흡사한 현상을 생겨서 압유 중에 용해한다고 생각할 수가 있다.

압유가 제어밸브에 의하여 압력이 떨어지거나 액추에이터(actuator, 작동기)에 의하여 일을 한 다음 저압으로 된다든지 하면, 이들 공기는 재차 과포화 상태로 되어 드디어 기포가 분리되고, 기름의 유동속도가 느린 장소나 포켓장소나 포켓상의 부분에서 정체하여 그 작동기능을 크게 해친다. 시퀀스(sequence) 회로에서는 타이밍(timing)을 못쓰게 만들고, 서보(servo) 계통에서는 불안정하게 되며, 공기를 단열압축할 때 발열 문제 등의 유압유의 열화를 앞당기기도 하며, 기기자체에 대해서도 여러 가지의 손상을 초래하는 원인이 된다.

그러나 기름 속에 공기가 혼입함으로써 기름의 압축율이 상당히 떨어지는 등의 가정계산에 의한 문헌도 있으나, 일반적으로 고압하에 있어서도 기포의 용해가 없고, 기포는 독립적으로 또한 등온 또는 단열적으로 압축된다는 것에 의하여 계산되므로, 가압 후 상당한 시간이 경과하는 것과 같은 유압회로의 고압배관 내에 있어서는 압유가 불포화로 되는 정도의 함유공기량으로 생각할 수 있으므로 직접 영향을 받는 경우는 거의 없다.

그러나 실험적으로 구한 압축파의 전파속도에서 계산하여 상당량의 기포의 함유를 견적하여야 한다는 자료도 있다.

공기혼입의 방지에 대하여 생각하여야 할 점을 들면 다음과 같은 항으로 분류할 수 있다.

2·7·1 기름 탱크

기름 탱크 내 펌프의 흡입구 위치는 기름의 유입에 의하여 표면에 생기는 자유소용돌이 흐름에 따라 공기면은 평균유면보다 상당히 저하하는 경우가 있기 때문에 주의하지 않으면 안 된다. 이런 까닭으로 흡입구는 탱크저면에 가라앉은 슬러지를 빨아올리지 않을 정도로, 될 수 있는 대로 깊은 곳에 있도록 한다(유면이 최저로 내려간 경우에 있어서도 유면의 깊이는 15 [cm] 정도로 필요하다). 한편 격판이나 분리판 등에 의하여 소용돌이 흐름이 생기지 않도록 하는 것도 생각하여야 한다. 탱크로 되돌아오는 기름의 방유구도 언제나 유면하에 오도록 하여 분류 때문에 공기가 혼입하는 것을 방지하는 외에 그 어떤 원인에 의하여 혼입된 기포를 될 수 있는 대로 직접 흡입구로 흘러 들어가지 못하게 하여야 할 것이다. 또 할 수 있다면 그림 2·11과 같이 약 60～100[mesh] 정도의 철망 등에 의하여 기포를 분리할 필요도 있다.

2·7·2 회로 속의 압력강하부분

회로 속에 있는 작동유는 불포화로 되어 있어도 그 압력강하에 의하여 과포화가 되면 급격히 미세한 기포로 되어 공기가 분리하는 수도 있기 때문에 충분히 주의를 하여야 한다. 펌프 흡입쪽에 있어서의 캐비테이션은 그 하나로서, 이것은 수정 NPSH의 값을 구함과 아울러 공기분리압의 값을 그 기름에 대하여 구하고, 흡입쪽에 있어서의 최저압을 정하여 그 압력을 조정하지 않으면 안 된다.

물론 흡입배관의 결합은 완전하게 하여 공기의 유입이 없도록, 또한 그 관로내에 불필요한 제어밸브를 넣는다든지, 국부적인 압력저하를 초래할 쵸크 따위는 될 수 있는 대로 피하여야 한다. 이와 동시에 귀환관로와 같은 저압배관에서의 밸브나 쵸크도 주의하여야 할 것이며, 부득이 방향변환밸브 등을 저압배관내에 사용할 때에는 일단 대형으로 쓰도록 세심한 주의를 기울여야 한다.

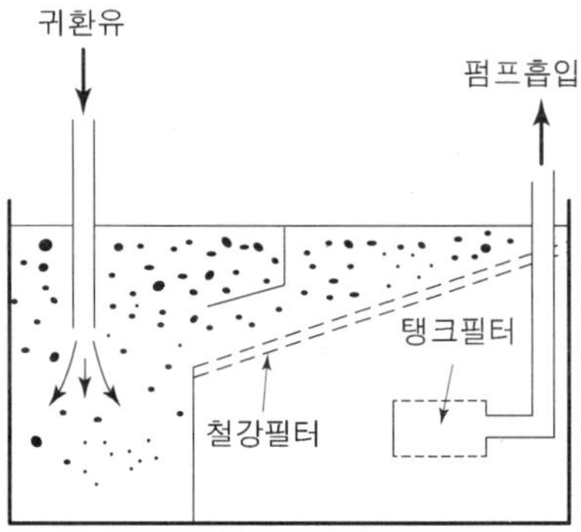

그림 2·11 기름탱크

2·7·3 패킹 가스킷에서의 공기누입

일반적으로 압력배관 중에는 패킹(packing)이나 가스킷(gasket)이 많고 이들은 기름의 누설에 대한 고려가 충분히 되어 있다. 그러나 서지압력과 같이 회로내의 압유가 진동적으로 압력변동을 일으킬 때에는 보통 매우 단시간에 고압으로 되는 반면 또 저압으로도 된다고 볼 수 있다. 따라서 이 저압으로 되었을 때에 용해되어 있는 공기가 분리되는 것은 그리 문제가 되지 않는데 그러나 그 압력이 대기압 이하로 되는 경우에는 단시간이라 할지라도 공기의 순간적인 누입을 무시할 수 없을 때가 있다. 그 사이클은 순간적인 흡입, 공기누입, 압축, 공기용해를 반복하고, 사이클수가 커지면 회로전체의 용해공기량은 천천히 증대하여 회로내의 기름이 대기압에 가까운 점에서는 과포화로 되어 기포가 발생하게 된다. 점성계수의 면에서 기름과 비교가 안 될 정도로 작은 값의 공기는 패킹, 가스킷에서의 누설이 문제가 되지 않을 때에도 공기의 누입에 대해서 장애가 될 가능성이 크기 때문에 압력배관이라 할지라도 주의를 해야 한다.

2·7·4 공기와 기름의 접촉

기름 탱크 내에서의 공기와 기름의 접촉은 보통 대기압에서 이루어지므로 크게 문제로 삼지 않아도 된다. 그러나 이상적인 것으로서는 될 수 있는 대로 공기혼입을 막는다는 뜻에서, 펌프의 수정 NPSH가 허락하는 범위 안에서 저압으로 하여 회로 속에 유입한 공기를 빼내는 것이 바람직하다. 필요상 가압탱크로 할 경우에는 저압블레이드(bladder)형 축압기(accumulator)로 공기혼입방지 가압탱크로 하는 것이 좋다. 유압기기의 기름이 머무르는 곳에 공기드레인을 하여 그 발취구를 설치하든가 그 부위의 형상을 충분히 주의하여 계획하지 않으면, 공기를 완전히 빼낼 수 없으므로 세심하게 신경을 써야 한다.

2·7·5 플래싱(Flashing)

유압회로 내의 이물질을 제거하는 것과 작동유 교환시 오래된 오일과 슬러지를 용해하여 오염물의 전량을 회로 밖으로 배출시켜서 회로를 깨끗하게 하는 것을 플래싱이라고 한다.

기계를 처음 조립 후 운전할 때 유압회로 속의 이물질을 제거하기 위하여 행하는 작업이다. 이는 사용중인 유압유를 교체할 필요가 있을 때에도 이용되며 플래싱유는 보통의 오일보다 경질의 것이 좋으며 유압유와 같은 성질의 오일이어야 한다. 이때 산화제를 용해하는 용제를 첨가하는 것이 효율적이며, 석유계 유압유인 경우 플래싱의 요령은 다음과 같다.

① 오염된 오일을 배출시킨다.
② 탱크나 청소할 수 있는 곳은 청소한다.
③ 플래싱유를 펌프가 공회전하지 않을 정도로(전 유량의 1/3 정도) 보충한다.
④ 펌프의 공회전을 피하기 위하여 펌프에 오일을 채운다.
⑤ 펌프를 무부하로 3시간 정도 운전한다. 이때 가설필터에 이물질이 없어질 때까지 3~4회 반복하여 운전한다.
⑥ 오염된 플래싱유를 제거시킨다.
⑦ 사용되는 유압유와 동일한 오일을 ③항에 준하여 주입한다.
⑧ 플래싱유와 같은 방법으로 운전한 뒤 이 오염된 유압유도 완전히 제거한다.
⑨ 사용할 유압유를 보급하고 ⑤항을 반복작업한 뒤 필터를 교체하고 회로를 사용상태로 복

귀하여 작업을 완료한다.

플래싱할 때 주의할 사항은 항상 필터를 점검하여 필요하면 교환하여 주는 것이 좋으며 운전시간은 길수록 좋다. 플래싱유는 작동유와 거의 같은 점도의 오일을 사용하는 것이 바람직하다. 그러나 슬러지 용해의 경우에는 조금 낮은 점도의 플래싱유를 사용하여 유온을 60~80°C로 높여서 용해력을 증대시키고 점도변화에 의한 유속증가를 이용하여 이물질의 제거를 쉽게 한다. 오일탱크는 플래싱 전용 히터를 사용하여 오일을 가열하고 회로출구의 끝에 필터를 설치한 후 플래싱유를 순환시켜 배관내의 오염물질을 제거하는 것이 좋다.

연습문제

1. 작동유가 구비하여야 할 조건을 말하여라.

2. 작동유의 첨가제를 열거하고 간단히 설명하여라.

3. 점도지수에 관하여 설명하여라.

4. 작동유의 종류를 들고 간단히 설명하여라.

5. 압력이 0으로부터 20 [kg/cm^2]까지 증가하였을 때 작동유의 체적은 0.15% 감소하였다. 압축률을 구하여라.

6. 작동유의 점도가 37.8°C에서 32cSt, 98.9°C에서 5.1cSt이었다. 20°C 및 60°C에서는 각각 몇 cSt인가?

7. 에어레이션과 캐비테이션의 차이점을 설명하여라.

8. 작동유는 공기와 물의 혼입으로 어떠한 영향을 받는가?

9. 에어레이션이 생기는 원인을 들고, 그 대책을 논하여라.

10. 작동유의 노화 원인에 대하여 말하여라.

11. 작동유를 선정할 때, 일반적으로 고려하여야 할 요건을 들어라.

12. 작동유에 있어서 플래싱(flashing)에 대해서 설명하라.

3장 기름 흐름의 특성

3·1 교축(Restriction)

교축은 유로의 단면적을 작게 하여 기름의 흐름에 저항을 주어 통과유량을 조절하는 밸브로 밸브내에 각종 교축부분을 만들어 놓고 있다. 교축부의 면적이 변하지 않는 것을 교정교축, 단면적이 변하는 것을 가변교축이라고 부른다.

3·1·1 쵸크(choke)형 교축(모세관교축)

오리피스에 짧은 관을 붙인 것을 쵸크라 하고 노즐은 이것의 일종이다. 그림 3·1과 같이 쵸크형 교축에서 지름을 d, 길이를 l이라고 한다. 일반적으로 원관유입부에서의 조주거리 l_e는 다음 식으로 된다.

$$l_e = 0.065\, Re \cdot d \tag{3·1}$$

윗식에서 $R_e = vd/\nu$ (레이놀즈수) v = 평균 유속이다. l이 l_e에 비하여 상당히 길 때에는 원관내 층류에 대한 다음의 Hagen Poiseuille의 식이 적용된다.

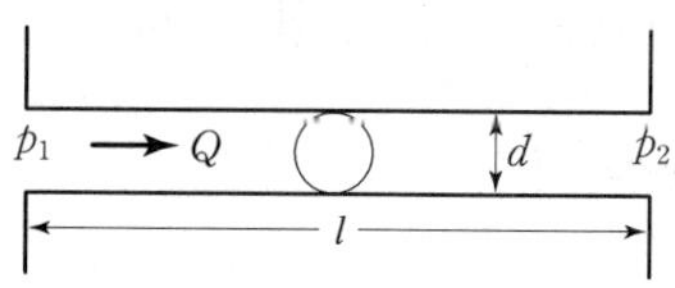

그림 3·1 쵸크형 교축

$$Q = \frac{\pi d^4}{128\mu l} \Delta p \tag{3·2}$$

식에서 유량과 압력차 $Q = \frac{\pi}{4} d^2 v$, $\Delta p = p_1 - p_2$

3·1·2 오리피스(orifice)형 교축

그림 3·2와 같은 오리피스형 교축(지름 d)의 유량은 다음 식과 같다.

$$Q = C \frac{\pi d^2}{4} \sqrt{\frac{2}{\rho} \Delta p} \tag{3·3}$$

여기서 C는 유량계수이며, 다음의 실험식이 있다.

$$\left.\begin{array}{ll} C = 0.964 R_e^{-0.05} & (R_e = 800 \sim 5,000) \\ C = 0.63 & (R_e > 5,000) \end{array}\right\} \tag{3·4}$$

여기서 $R_e = \frac{d\sqrt{2\Delta p/\rho}}{\nu}$ 이다.

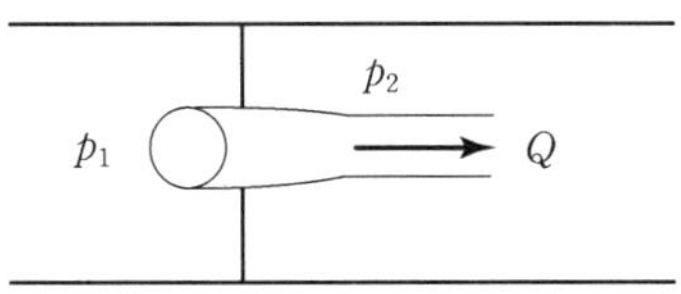

그림 3·2 오리피스형 교축

3·1·3 원통형 교축

그림 3·3과 같은 원통형 교축에서 길이 l이 지름 d에 비해서 비교적 크며, $l > 0.4 l_e$일 때에는 식 (3·2)를 기준으로 하여 다음과 같이 보정한다.

$$Q = \frac{1}{C_m} \frac{\pi d^4}{128\mu l} \Delta p \tag{3·5}$$

여기서 C_m은 보정계수이며, 다음과 같은 실험식이다.

$$C_m = 1 + 0.036 R_e \frac{d}{l} \tag{3·6}$$

여기서 $R_e = vd/\nu$이다.

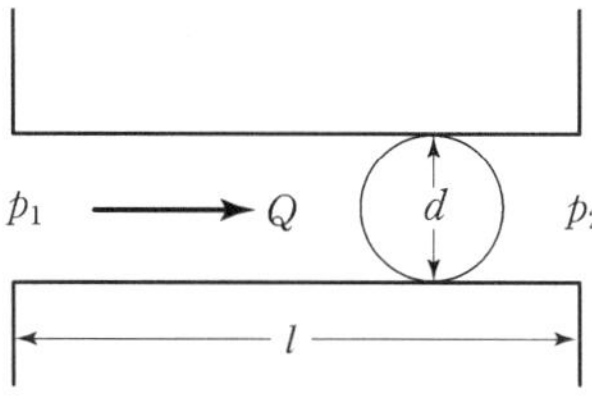

그림 3·3 원통형 교축

그러나, $l < 0.4 l_e$일 때의 원통형 교축의 특성은 쵸크형 교축보다도 오히려 오리피스형 교축에 가깝고 유량은 식 (3·3)으로 나타내며, 그 유량 계수 C는 다음 식과 같다.

$$C = \frac{1}{R_e\left(\frac{d}{l}\right)} \tag{3·7}$$

예제 1

입구와 출구의 압력차가 $0.1[\mathrm{kg_f/cm^2}]$이고, 이때 직경 4[mm], 길이가 10[m]인 관속에서 20℃의 물이 흐를 때 유량은 얼마인가 ?

풀이 식 (3·2)에 의하면

$$Q = \frac{\pi \gamma_2 (p_1 - p_2)}{8\mu l}$$

문제에서 $r_2 = 0.2\,[\mathrm{cm}]$, $p_1 - p_2 = 0.1\,[\mathrm{kg_f/cm^2}]$, $l = 1000\,[\mathrm{cm}]$

점성계수는 $\mu = \rho\nu = \frac{\gamma\nu}{g} = \frac{0.001 \times 0.01}{980} = 1.02 \times 10^{-8}\,[\mathrm{kg_f \cdot s/cm^2}]$이다.

이 값을 위의 식에 대입하면

$$Q = \frac{\pi \times 0.2 \times 0.1}{8 \times 1.02 \times 10^{-8} \times 1000} = 6.15\,[\mathrm{cm^3/s}]$$

3·1·4 교축에서 기름의 온도상승

교축을 통해서 고압의 기름을 분출할 때 기름의 압력 에너지의 손실 Δp는 마찰에 의한 열손실이 되어서 온도상승 $\Delta\theta$를 가져온다.

$$\Delta\theta = \frac{\Delta p}{JC\gamma} \tag{3·8}$$

여기서 J=열의 일당량(mechanical equivalent of heat)=427 [$kg_f \cdot m/kcal$], C=기름의 비열($kcal/kg_f{}^\circ C$), γ=기름의 비중량(kg_f/m^3)이다.

C=0.45 [$kcal/kg^\circ C$], γ=900 [kg_f/m^3] 경우에도 일반실험식에 적용하면

$$\Delta\theta[^\circ C] = 0.06\Delta p\ [kgf/cm^2] \tag{3·9}$$

가 되므로, Δp=100 [kg_f/cm^2]일 때 $\Delta\theta$=6 [°C]가 된다. 릴리프밸브(relief valve)를 기름이 통과할 때에는 이와 같은 상태가 되므로 상당한 온도상승이 발생한다.

3·2 평행한 두 면 사이의 흐름

그림 3·4의 평형미소간격 h에서 간극(틈새) 내의 유체 미소부분에 작용하는 힘의 평형관계로부터 다음 식이 성립한다. 단, τ는 유체의 단위 면적에 작용하는 마찰력이다.

$$p\,dy + (\tau + d\tau)dx = (p + dp)\,dy + \tau dx$$

$$\therefore\ \frac{d\tau}{dy} = \frac{dp}{dx} \tag{3·10}$$

그런데, $\tau = \mu du/dy$이므로 윗식은 다음과 같이 된다.

$$\frac{d^2u}{dy^2} = \frac{1}{\mu}\ \frac{dp}{dx} \tag{3·11}$$

윗식을 y에 대입해서 2회 적분하고 y=0, h일 때의 u=0이라고 하면 다음의 속도 분포식이 얻어진다.

$$u = \frac{\Delta p}{2\mu l}(h - y)\,y \tag{3·12}$$

단, $\dfrac{\Delta p}{l} = \dfrac{p_1 - p_2}{l} = \dfrac{dp}{dx}$

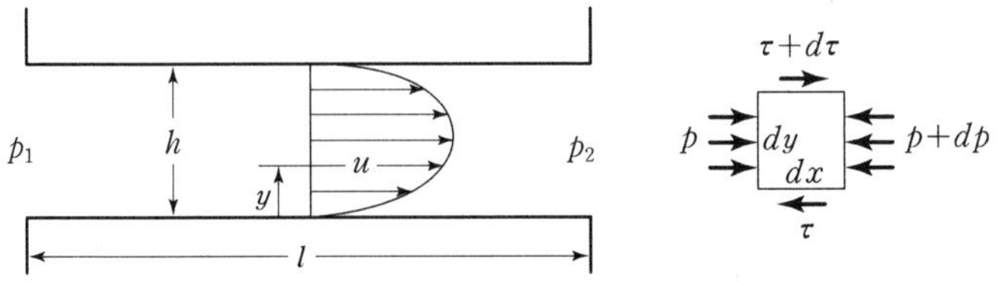

그림 3·4 평행 간극의 흐름

따라서, 간극(틈새)의 폭을 b라고 하면, 유량 ΔQ는 다음과 같다.

$$\Delta Q = b\int_0^h u\,dy = \frac{bh^3}{12\mu l}\Delta p \qquad (3\cdot 13)$$

3·2·1 동심환상의 간극 흐름

그림 3·5와 같은 환상간격일 때는 식 (3·13)에서 $b=\pi d$를 대입하여 다음 식이 된다.

$$\Delta Q = \frac{\pi dh^3}{12\mu l}\Delta p \quad \text{또는} \quad \Delta Q = \left(\frac{\Delta p h^3}{12\mu l} + \frac{U_o h}{2}\right)\pi d \qquad (3\cdot 14)$$

여기서 $h \ll d$인 경우 플런저펌프의 플런저와 실린더 사이의 지름 간극은 8~15 [μm] 정도이고, 스풀밸브의 스풀과 슬리브 사이의 지름 간극은 5~30 [μm]이다.

한 예로, $d=2$ [cm], $h=4$ [cm], $\Delta p=100$ [kg_f/cm^2], $\mu=0.4\times10^6$ [$kg\cdot s^2/cm^2$]일 때를 생각하면 $\Delta Q=0.033$ [cm^3/s]이다.

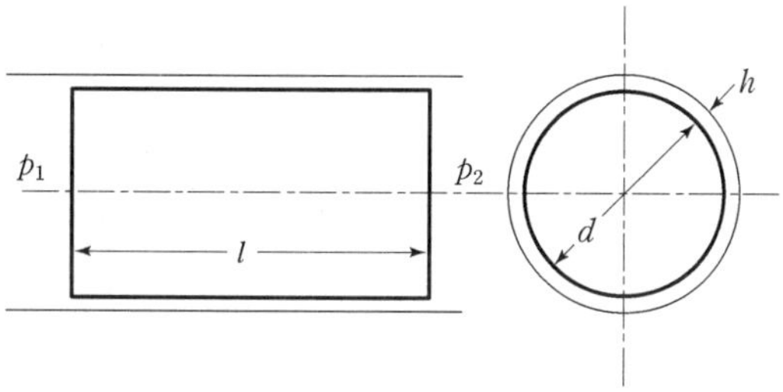

그림 3·5 환상 간극

3·2·2 편심환상의 간극 흐름

그림 3·6과 같은 편심원상간격일 때에는 임의의 각 θ인 점의 간극을 y라고 하면 미소

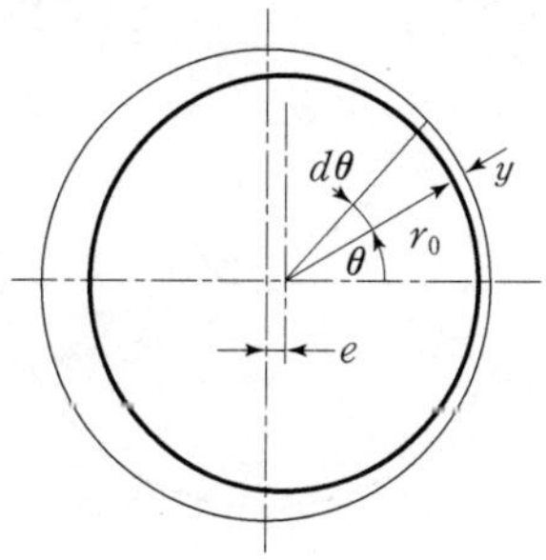

그림 3·6 편심환상의 간극

원주 길이 $r_0 d\theta$, 부분의 누설량은 식 (3·13)에 있어서 $b = r_0\, d\theta$, $h=y$로 놓으면 다음 식이 성립된다.

$$dQ = \frac{\Delta p}{12\mu l}\, y^3\, r_0\, d\theta \tag{3·15}$$

그런데 편심량을 e, 편심되지 않았을 때의 반지름 간극을 h라고 하면

$$y \fallingdotseq h - e\cos\theta$$

이므로, 이것을 식 (3·15)에 대입하여 적분하면 누설유량은

$$\Delta Q = \int_{\theta=0}^{2\pi} dQ \fallingdotseq \frac{\pi d h^3}{12\mu l}\, \Delta p\,(1+1.5\varepsilon^2) \tag{3·16}$$

이 된다. 윗식에서 $\varepsilon = e/h$, $d=2r_0$이다. 따라서, 식 (3·14), 식 (3·16)에 의하면 최대로 편심되어 $\varepsilon=1$로 되었을 때의 누설량은 $\varepsilon=0$일 때의 2.5배가 된다.

3·3 평행한 원판 사이의 흐름

그림 3·7과 같은 평행 원판 사이의 미소간격 h의 흐름에 대해서는 식 (3·11)과 같이 다음의 운동방정식이 성립한다.

$$\frac{d^2\mu}{dy^2} = \frac{1}{\mu}\frac{dp}{dr} \tag{3·17}$$

윗식을 y에 대입해서 적분하고 $y=0$, h일 때 $u=0$라고 하면 속도 분포는 다음 식으로 된다.

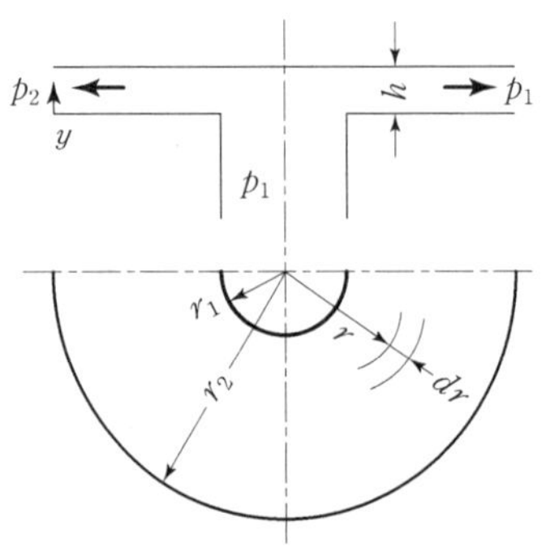

그림 3·7 평형 원판 사이의 간극의 흐름

$$u = \frac{1}{2\mu}\frac{dp}{dr}(h-y)y \tag{3·18}$$

따라서 유량은 다음과 같다.

$$\varDelta Q = \int_0^h 2\pi r\,u\,dy = -\frac{\pi h^3}{6\mu}\frac{dp}{dr}r \tag{3·19}$$

$$\therefore\ \varDelta Q\frac{dr}{r} = -\frac{\pi h^3}{6\mu}dp \tag{3·20}$$

윗식을 $r=r_1(p=p_1)$에서 $r=r_2(p=p_2)$까지 적분하면

$$\varDelta Q = \frac{\pi h^3}{6\mu\log\left(\dfrac{r_2}{r_1}\right)}\varDelta p \tag{3·21}$$

이 된다. 또, 식 (3·20)을 $r=r_1(p=p_1)$에서 $r=r_2(p=p_2)$까지 적분하고 식 (3·21)의 $\varDelta Q$를 대입하면 간극의 압력분포의 식이 다음과 같이 얻어진다.

$$\frac{p_1-p}{\varDelta p} = \frac{\log\left(\dfrac{r}{r_1}\right)}{\log\left(\dfrac{r_2}{r_1}\right)} \tag{3·22}$$

3·4 Silting

충분히 여과된 작동유에서는 0.5 [μm] 정도까지의 미소간격에 대하여 식 (3·14), 식 (3·21)이 성립한다. 그림 3·8은 평행원판 사이의 간극에 대하여 작동유에서 장쇄지방산과 같은 극성첨가제를 첨가한 경우이고, 시간의 경과와 더불어 유량이 감소하고 있다.

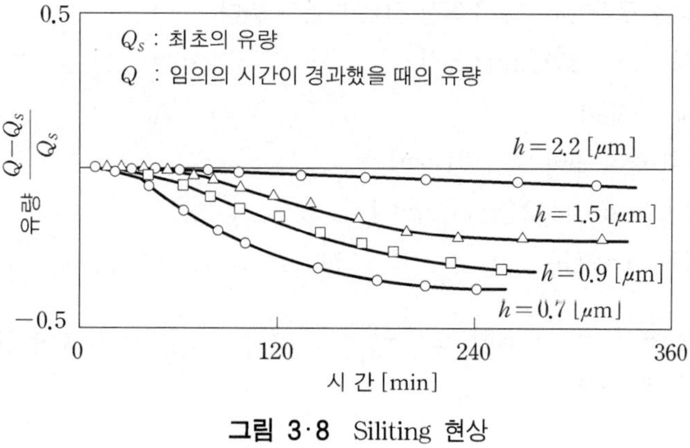

그림 3·8 Siliting 현상

이와 같은 현상은 고분자 첨가제가 충분히 용해되지 않아서 콜로이드 상태의 혼탁한 액으로 되어 있을 때나 기름 속에 침점토(sludge)가 혼입되어 있을 때에도 일어나는 수가 있다. 이와 같이 미소 간극의 유량이 시간의 경과와 더불어 적어지는 현상을 Silting이라 한다.

예제 2

케이싱 속을 로터(rotor)가 속도 $U_0 = 5\,[\mathrm{m/s}]$로 이동할 때, 다음과 같은 조건에 대하여 좁은 틈새의 유량을 구하여라. 단 이때 주어진 값은 다음과 같다.

좁은 틈 $h = 8/100\,[\mathrm{mm}]$

좁은 틈의 폭 $b = 50\,[\mathrm{mm}]$

로터의 폭 $l = 20\,[\mathrm{mm}]$

압력차 (U_0 와 반대방향으로) $\Delta p = 70\,[\mathrm{kg_f/cm^2}]$

기름의 점도 $\mu = 0.085\,[\mathrm{kg_f \cdot s/m^2}]$

풀이 틈새의 유량 Q 는 식 (3.14)에서 틈의 폭 b를 고려하면

$$Q = \frac{-\Delta pb}{12\mu l} h^3 + \frac{U_0 bh}{2}$$

$$= -\frac{70\times5\times(8\times10^{-3})^3}{12\times0.085\times10^{-4}\times2} + \frac{5\times10^2\times5\times8\times10^{-3}}{2}$$

$$= -0.88 + 10 = 9.12[\mathrm{cm^3/s}] = 0.547[l/\mathrm{min}]$$

따라서 유량은 미끄럼로터의 운동방향으로 $0.547[l/\mathrm{min}]$의 유량을 가지고 들어오는 것이 된다.

예제 3

직경 60[mm]인 실린더 속에 있는 스풀(spool)이 아래와 같은 조건으로 놓여 있을 때의 누설유량을 구하여라. 단 주어진 값은 다음과 같다.

압력차 $\Delta p = 350\,[\mathrm{kg_f/cm^2}]$

틈 $h = 15[\mu]$

스풀의 틈의 길이 $l = 20\,[\mathrm{mm}]$

점성계수 $\mu = 0.12\,[\mathrm{kg_f \cdot s/m^2}]$

편심량 $e = 5[\mu]$

풀이 식 (3·16)에서 $R = 3\,[\mathrm{cm}]$, $\varepsilon = \dfrac{e}{\delta_0} = \dfrac{e}{R-r} = \dfrac{5}{15}$ 및 각 값을 $[\mathrm{kg_f \cdot cm^2}]$, [s]로 환산하여 대입하면

$$Q = \frac{\pi \cdot \Delta p \cdot R \cdot h^3}{6\mu l}(1+1.5e^2)$$

$$= \frac{\pi \times 350 \times 3 \times (15 \times 10^{-4})^2}{6 \times 0.12 \times 10^{-4} \times 2}\left(1+1.5 \times \left(\frac{5}{15}\right)^2\right)$$

$$= 0.077 \times 1.167 = 0.09\,[\mathrm{cm^3/s}]$$

3·5 유체고착현상

유압회로에서 고압상태가 되면 저압에서는 별로 문제가 되지 않았던 여러 가지 곤란한 현상이 발생한다. 스풀의 유체고착현상, 즉 하이드로울릭 록킹(hydraulic locking, 유체력에 의한 고착현상)도 그 하나로 이미 그 원인 및 방지법에 대한 정성적인 연구가 진행되고 있으나 실제로는 경험적 방법에 의존하고 있는 실정이다.

유체 고착현상이 일어나는 원인으로는 스풀과 실린더 사이의 틈내에 기름의 압력분포가 여러 가지 원인에 의하여 원주방향으로 불평형력이 생기고 이로 인하여 스풀의 축과 직각방향으로 불평형력이 발생하여 스풀이 실린더 벽에 압착되는 현상이다.

유체고착현상(hydraulic lock development)은 그림 3·9와 같은 쐐기 모양의 간극에서 고압(p_1)측의 간극 h_1이 저압(p_2)측의 간극 h_2보다 작을 때를 생각한다. 임의의 점 x에서의 미소 길이 dx에 주목하면, 그 양단의 압력차는 dp로서 간극이 h이므로 식 (3·13)과 똑같이 해서 다음 식이 성립한다.

$$\Delta Q = -\frac{bh^3}{12\mu}\frac{dp}{dx} \tag{3·23}$$

$$\therefore \frac{dp}{dx} = -\frac{12\mu}{bh^3}\Delta Q \tag{3·24}$$

그런데, 그림 3·9에 의하여 $h = h_1 + x\tan\alpha$이므로, 이것을 식 (3·24)에 대입하여 $x=0$에서 $x=l$까지 적분하면 유량은 다음 식으로 주어진다.

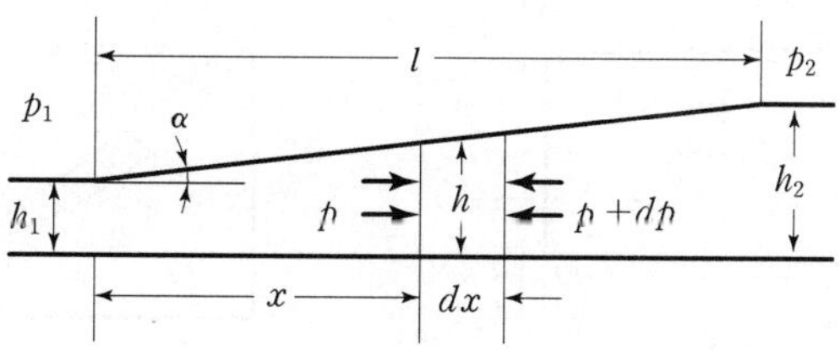

그림 3·9 쐐기 모양의 간극($h_1 < h_2$)

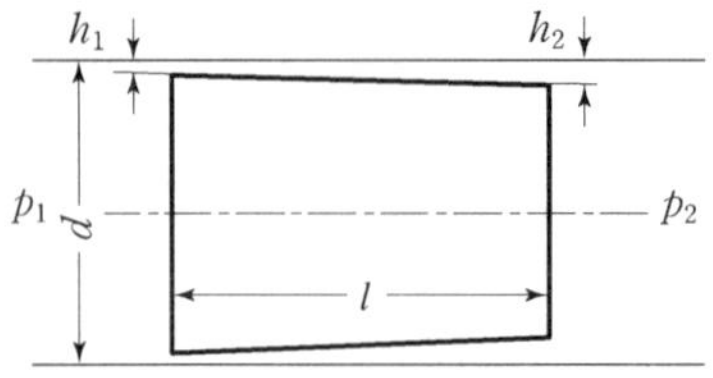

그림 3·10 테이퍼 모양의 환상 간극

$$\varDelta Q = \frac{b}{6\mu l} \; \frac{(h_1 h_2)^2}{h_1 + h_2} \varDelta p \tag{3·25}$$

또, 식 (3·24)를 $x=0$에서 $x=l$까지 적분하고, 식 (3·25)의 $\varDelta Q$를 대입하면 다음과 같은 압력분포식이 얻어진다.

$$p = p_1 - \frac{1 - \left(\dfrac{h_1}{h}\right)^2}{1 - \left(\dfrac{h_1}{h_2}\right)^2} \varDelta p \tag{3·26}$$

그림 3·10과 같은 테이퍼 붙임모양 환상간격일 때, 유량은 식 (3·25)에서 $b=\pi d$를 대입하면 다음 식과 같다.

$$\varDelta Q = \frac{\pi d}{6\mu l} \; \frac{(h_1 \cdot h_2)^2}{h_1 + h_2} \varDelta p \tag{3·27}$$

그림 3·10에서의 스풀(플런저)이 그림 3·11과 같이 e만큼 편심되었을 때 식 (3·26)에 의하면, 편심에 의해서 간극이 작아진 측의 간극 내 압력은 그 반대측의 간극 내 압력보다도 낮아지게 됨으로써(그림 3·11 참조) 이 압력차에 의해서 스풀은 더욱더 편심되어 슬리브 내벽에 부착하게 된다. 여기서, $e=h_1$이므로 스풀의 일단이 슬리브 내벽에 접촉되었을 때의 스풀 표면의 압력 분포를 적분하면 스풀에 작용하는 횡추력 F는 다음 식으로 된다.

$$F = \frac{\pi d l}{4} \varDelta p \left\{ (\varepsilon + 1) \sqrt{\frac{\varepsilon - 1}{\varepsilon + 3}} + 1 - \varepsilon \right\} \tag{3·28}$$

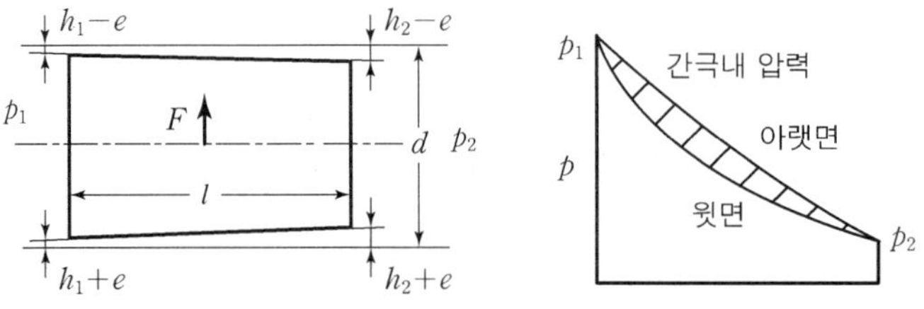

그림 3·11 테이퍼 모양 환상 간극(스풀이 편심되었을 때)

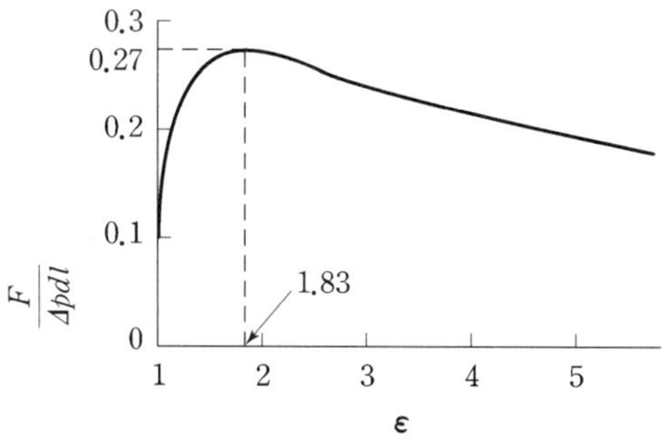

그림 3·12 스풀에 작용하는 횡추력

윗식에서 $\varepsilon = h_2 / h_1$ 이고, ε과 $F/\Delta pdl$의 관계는 그림 3·12와 같이 되고, F는 $\varepsilon \fallingdotseq 1.83$ 일 때에 최대값 F_{max}으로 된다.

$$F_{max} \fallingdotseq 0.27\, dl\Delta p \tag{3·29}$$

예를 들면, $d=1$ [cm], $l=2$ [cm], $\Delta p = 100$ [kg_f/cm^2]일 때 $F_{max} \fallingdotseq 54$ [kg_f]이다. 만일, 스풀과 슬리브 사이의 유막이 없어져서 금속 접촉의 상태가 되어 그 마찰 계수가 0.2라고 가정하면, 스풀을 움직이는 데 필요한 힘은 54 [kg_f] $\times 0.2 = 10.8$ [kg_f] 이상이 된다.

이와 같이 스풀 표면에 작용하는 압력의 불평형에 의해서 스풀이 슬리브 내벽에 압착되어서 움직이지 않게 되는 현상을 유체고착(hydraulic lock)이라고 한다. 이와 같은 현상은 간극이 평행할 때에도 기름 속에 혼입되어 있는 슬러지에 의해서 일어나는 수가 있다. 유체고착에 의한 고착력은 그림 3·13과 같이 압력차 Δp와 함께 커지게 된다. 그러나 그림 3·14의 경우, 압

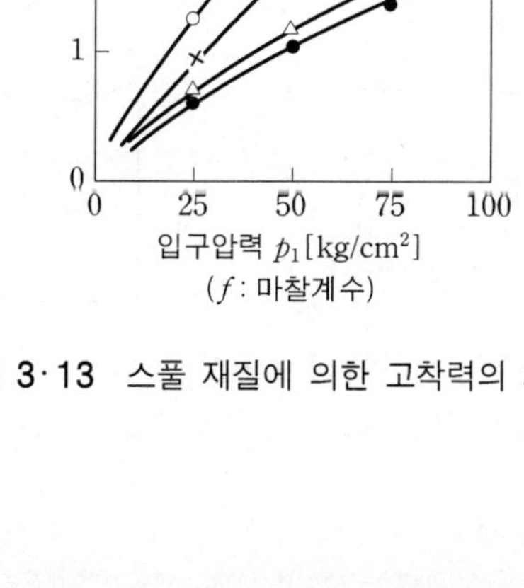

그림 3·13 스풀 재질에 의한 고착력의 차이

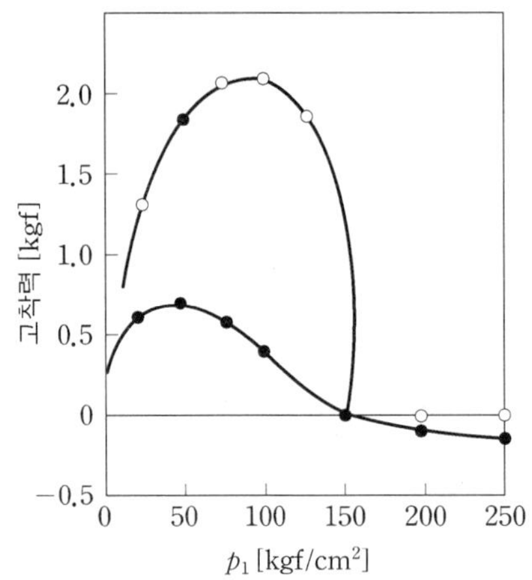

그림 3·14 입구 압력과 고착력

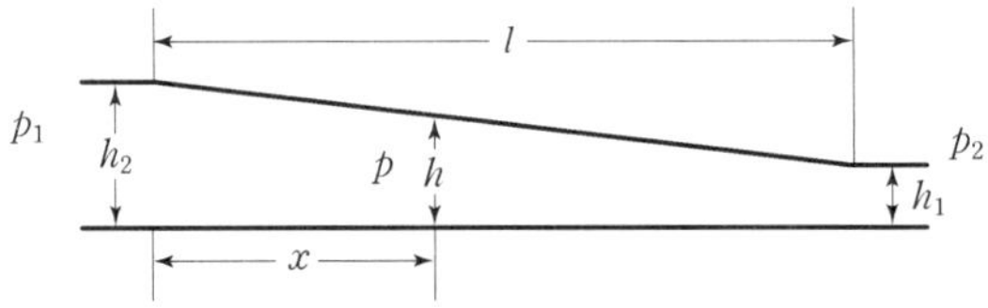

그림 3·15 쐐기의 모양 간극

력차가 100 [kg_f/cm^2]을 넘어서면 다시 고착력이 작아지고 있다. 이것은 p_1의 상승에 의해서 슬리브가 팽창되어 h_1이 커지고, h_1과 h_2의 차가 작아지기 때문이다.

그림 3·15와 같이 고압(p_1)측의 간극 h_1이 저압(p_2) 측의 간극 h_2보다 클 때에 유량은 식 (3·25)와 같아지는데, 압력분포는 다음 식으로 된다.

$$p = p_1 - \frac{\left(\dfrac{h_1}{h}\right)^2 - 1}{\left(\dfrac{h_1}{h_2}\right)^2 - 1} \Delta p \tag{3·30}$$

따라서, 그림 3·16과 같이 테이퍼 붙임 스풀이 편심되었을 때 편심된 방향의 간극 내의

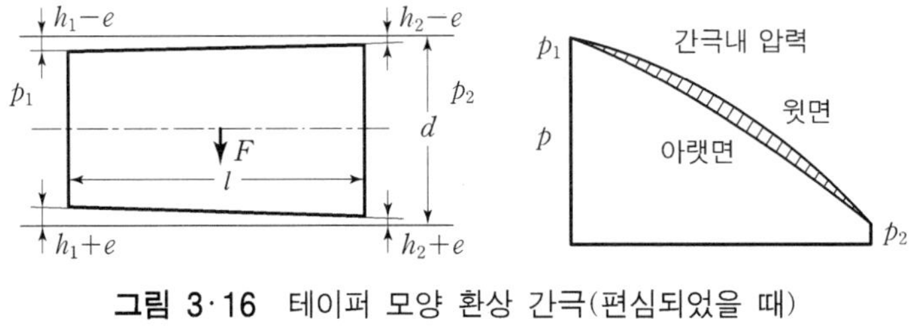

그림 3·16 테이퍼 모양 환상 간극(편심되었을 때)

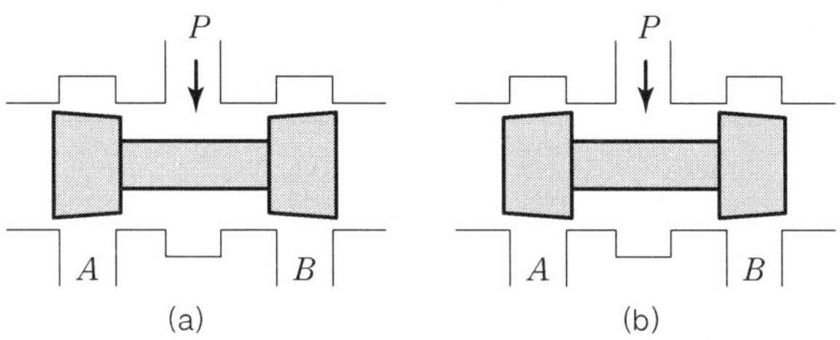

그림 3·17 스풀 밸브

압력이 그 반대측의 간극 내의 압력보다도 높아지기 때문에 횡추력은 스풀을 중심으로 되돌리려는 방향으로 작용하여 유체고착은 발생하지 않는다.

실제로 스풀밸브인 경우, 그림 3·17(a)와 같이, 고압측의 간극을 크게 하면 유체고착은 일어나지 않지만, 같은 그림 3·17(b)와 같이 반대인 경우에는 유체 고착이 일어나기 쉽다. 또 스풀 표면에 링(ring) 모양의 홈이 만상간극(편심되었을 때)되는 수가 있는데, 이것은 그 홈 속의 기름의 압력이 일정한 상태가 되도록 하여 스풀 주위의 압력의 불평형을 없애고 유체 고착을 방지하는 효과가 있다.

3·6 스퀴즈 효과

그림 3·18에서 반지름 r_0 인 원판이 속도 V 로 아래의 평판에 접근할 때, 양면 사이에 기름이 있다고 하면, 임의의 반지름 r 인 점의 원통상면적 $2\pi rh$ 를 통하는 유량은 식 (3·19)와 같으며,

$$\varDelta Q = \frac{-\pi h^3}{6\mu} r \frac{dp}{dr} \tag{3·31}$$

이다. 또, 그림 3·18에서 원판 표면의 반지름 r 인 원의 면적 πr^2 의 부분이 속도 V 로 평판에

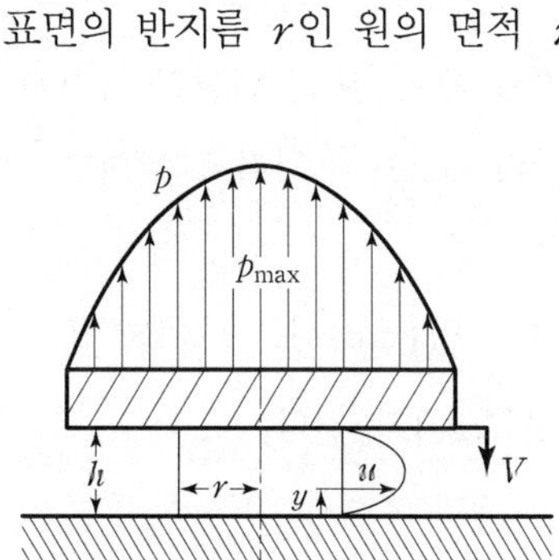

그림 3·18 스퀴즈 작용

접근하기 위해서 배제되어지는 유량은

$$Q = \pi r^2 V \tag{3·32}$$

로 된다. 연속의 원리에 의해서 식 (3·31)과 식 (3·32)의 Q을 같다고 하면 다음 식이 얻어진다.

$$\frac{dp}{dr} = -\frac{6\mu V}{h^3} r \tag{3·33}$$

윗식을 적분하면

$$p = -\frac{6\mu V}{h^3} \frac{r^2}{2} + C \tag{3·34}$$

가 되는데, $r = r_0$일 때 $p = 0$ 라고 하면 적분 상수 C는

$$C = \frac{3\mu V}{h^3} r_0^{\ 2}$$

이 되므로, 식 (3·34)는 다음 식으로 된다.

$$p = \frac{3\mu V}{h^3} (r_0^{\ 2} - r^2) \tag{3·35}$$

윗식에서 $r=0$인 점의 최대 압력 $p_{\max}$은 다음 식으로 주어진다.

$$p_{\max} = \frac{3\mu V}{h^3} r_0^{\ 2} \tag{3·36}$$

식 (3·35), 식 (3·36)에 의하면, 2개의 면이 접근하여 h가 아주 작아지면 2면 사이의 유막의 압력이 대단히 상승하게 됨을 알 수 있다. 이 압력 분포에 의해서 양면의 접촉을 방해하려고 하는 힘 F는 다음과 같다.

$$F = \int_0^{r_0} 2\pi r\, p\, dr = \frac{3\pi\mu V}{2h^3} r_0^{\ 4} \tag{3·37}$$

윗식에 의하면, h가 꽤 작아졌을 때의 F는 대단히 커지게 되며, 양면의 직접 접촉은 방지된다. 이와 같은 작용을 스퀴즈(squeeze) 효과라고 말하며, 유압펌프 · 유압모터 내부에서도 이와 같은 현상이 자주 일어난다.

하나의 예로, $r_0 = 1$ [cm], $V = 10$ [cm/s], $h = 2 \times 10^{-3}$ [cm], $\mu = 0.4 \times 10^{-6}$ [kg · s/cm^2]일 때를 생각하면 $F = 2356$ [kg$_f$]가 된다.

3·7 정압 베어링(Hydraulic Static Bearing)

유압 펌프·모터 내의 접동면 사이의 간극을 적당한 값으로 유지하기 위하여 때때로 정압 베어링(hydrostatic bearing)이 이용된다. 그림 3·19와 같은 원형 패드 베어링(pad bearing)의 경우, 공급 압력을 p_s, 패드의 오목한 내부의 압력을 p_0라고 하면, 패드 간극 h를 통과하는 유량은 식 (3·21)에서 다음 식이 된다.

$$\varDelta Q = k h^3 p_0 \tag{3·38}$$

단,

$$k = \frac{\pi}{6\mu \log\left(\dfrac{r_2}{r_1}\right)} \tag{3·39}$$

패드의 간극 h를 적정값으로 제어하기 위하여 공급 유로의 도중에 교축 기구를 설치할 필요가 있다. 쵸크형과 함께 오리피스형 교축의 유량 특성은 각각 다음 식으로 표시된다.

쵸크형 교축(반지름 r_0, 길이 l)

$$\varDelta Q = R_c(p_s - p_0) \tag{3·40}$$

단,

$$R_c = \frac{\pi {r_0}^4}{8\mu l C_m} \quad (C_m \text{ : poiseuille 식의 수정 계수})$$

오리피스형 교축(반지름 r_0)

$$\varDelta Q = R_0 \sqrt{p_s - p_0} \tag{3·41}$$

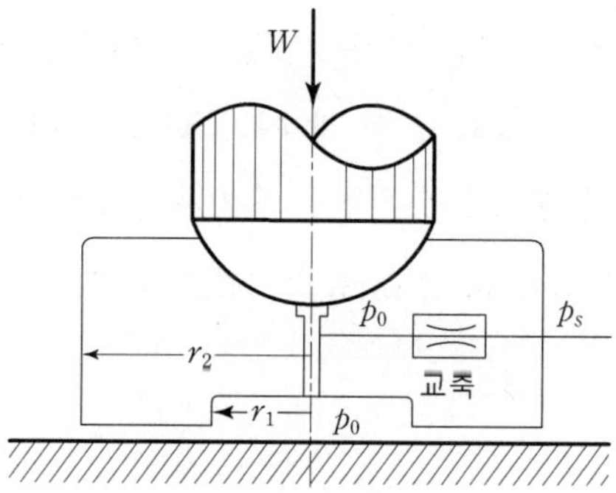

그림 3·19 정압 베어링

단,

$$R_0 = C\pi r_0^{\ 2}\sqrt{\frac{2}{\rho}} \quad (\ C : \text{유량계수})$$

이하에서는 쵸크형 교축의 경우에 대하여 생각하며, 식 (3·38), 식 (3·40)에서 다음 식을 얻을 수 있다.

$$\frac{p_0}{p_s} = \frac{1}{1+\dfrac{kh^3}{R_c}} \tag{3·42}$$

따라서, 패드(pad)에 작용하는 추력 F는

$$F = \pi r_1^{\ 2} p_0 + \int_{r_1}^{r_2} 2\pi r\, p\, dr \tag{3·43}$$

가 되는데, 간극 h에서의 압력 p에 대한 식 (3·22)를 윗식에 대입하여 적분하면 다음과 같이 된다.

$$F = A_e\, p_0 \tag{3·44}$$

단,

$$A_e = \frac{\pi(r_2^{\ 2} - r_1^{\ 2})}{2\log\left(\dfrac{r_2}{r_1}\right)} \tag{3·45}$$

이고, A_e는 유효 베어링 면적이라고 한다.

식 (3·42), 식 (3·44)으로부터 다음 식을 얻을 수 있다.

$$\frac{F}{F_0} = \frac{1}{1+\dfrac{kh^3}{R_c}} \tag{3·46}$$

윗식에서 F_0는 h=0일 때의 F의 값으로, $F_0 = A_e p_s$이다. 식 (3·46)의 우변은 식 (3·42)의 우변과 같고, 그림 3·20은 h와 F의 관계를 나타낸 것이다. 베어링의 부하 하중을 W라고 하면, W가 F와 일치된 상태에서 평형을 유지하여 간극은 h_0로가 된다. 그리고 다음 식에 의해서 정의되는 λ를 부하율(load factor)이라고 한다.

$$\lambda = \frac{W}{F_0} \tag{3·47}$$

베어링의 강성(stiffness) η는 식 (3·46)로부터

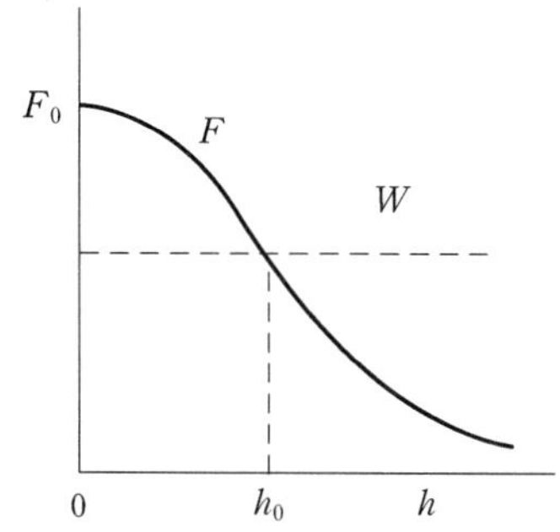

그림 3·20 정압 베어링의 부하용량

$$\eta = \frac{\partial F}{\partial h} = 3\frac{kF_0}{R_c}\frac{h^2}{\left(1+\frac{kh^3}{R_c}\right)^2} \tag{3·48}$$

이 되는데, η를 최대로 하는 교축 조건은 식 (3·48)로부터

$$R_c = k h^3 \tag{3·49}$$

이 된다. 이와 같은 상태로 사용했을 경우, $\lambda = 1/2$이 되는데, 이때의 교축 조건을 최적교축비라고 한다.

베어링의 하중이 커져서 $W > F_0$로 되었을 경우에는 W 가운데서 F_0만큼이 유체 압력에 의해서 지지되고, 나머지의 $W - F_0$가 접촉하면 돌기부의 소성변형에 의해서 지지된 경계 윤활 상태가 된다. 그때에

$$\beta = \frac{F_0}{W} \tag{3·50}$$

로 나타내는 β를 평형계수(balancing factor)라고 한다.

경계 윤활의 경우, 금속면에 의해서 지지되는 하중은 $W - F_0$이므로 금속면 사이의 마찰 계수를 f라고 하면,

$$\text{마찰력} = f(W - F_0) = f(1-\beta)W \tag{3·51}$$

이 되므로, 부하 W에 대한 겉보기 마찰 계수를 f_e라고 하면

$$\text{마찰력} = f_e W \tag{3·52}$$

로 할 수가 있다. 식 (3·51), 식 (3·52)로부터

$$f_e = (1-\beta) f \tag{3·53}$$

가 되고, 겉보기 마찰 계수 f_e는 금속의 마찰 계수 f에 비해서 상당히 작아진다.

3·8 공동현상(Cavitation)

가끔 유압 기기의 작동유에서 기포가 발생하는 수가 있다. 이것은 작동유의 증발보다도 오히려 기름 속에 용해되어 있는 공기의 분리에 기인하는 수가 많다. 따라서 이것을 공기혼입(aeration)이라고 말하는데, 일반적으로 넓은 의미로 해석하여 공동현상(cavitation)이라 말하고 있다.

3·8·1 교축에서의 공동현상

밸브 기타의 교축부를 작동유가 통과할 때에 자주 캐비테이션이 발생한다. 그림 3·21과 같이 교축 전후의 압력을 p_1, p_2라 하고, 교축으로부터의 분류 속도를 v라고 하면 캐비테이션 계수 k는 다음 식으로 정의된다.

$$k = \frac{p_2 - p_g}{\dfrac{\rho v^2}{2}} \tag{3·54}$$

윗식에서의 p_g는 공기 분리압이지만, p_g 대신에 기름의 포화 증기압을 사용하는 수도 있다. 얇은 칼날형 오리피스 상태의 교축에서는

$$p_1 - p_2 \fallingdotseq \frac{\rho v^2}{2}$$

이므로, 식 (3·54)는 다음 식과 같이 변형된다.

$$k \fallingdotseq \frac{p_2 - p_g}{p_1 - p_2} \tag{3·55}$$

윗식에서 $p_2 \gg p_g$일 때에는

$$k \fallingdotseq \frac{\dfrac{p_2}{p_1}}{1 - \dfrac{p_2}{p_1}} \tag{3·56}$$

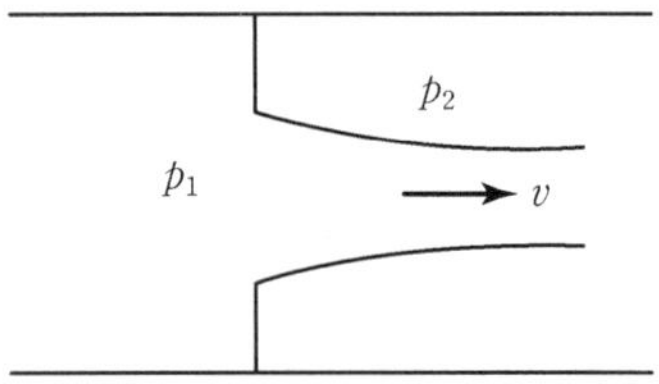

그림 3·21 오리피스

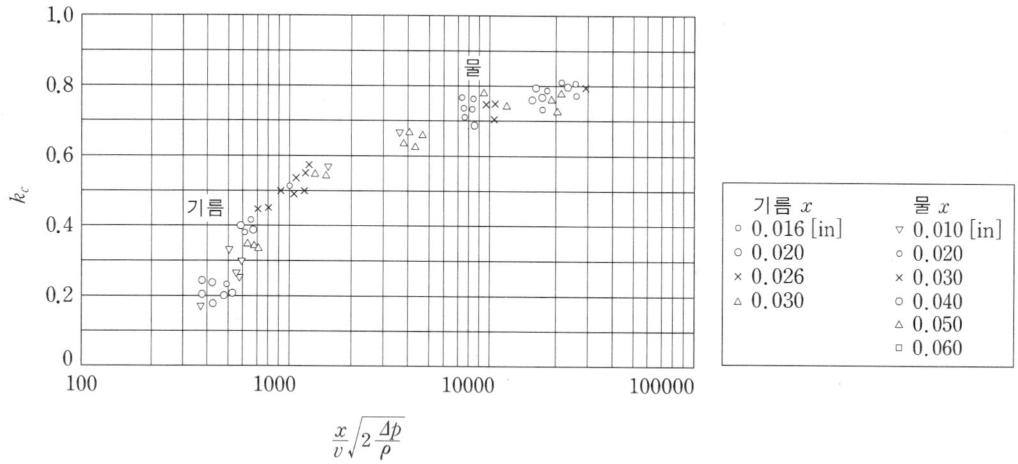

그림 3·22 스풀밸브에서의 캐비테이션 발생 한계

이 되므로 k 대신에

$$K = \frac{p_2}{p_1} \tag{3·57}$$

을 캐비테이션 발생 한계를 나타내는 파라미터로 하여도 좋다.

그림 3·22는 스풀밸브의 이차원 모델에 대해서 캐비테이션 발생 한계의 k값, k_c를 측정한 예이다. 그림에서 x는 밸브 열림, Δp는 밸브 전후의 압력차이다.

그림 3·23과 같은 원통형 교축에서는 압력차 Δp가 커지게 되어서 교축 입구의 축류부에서의 유속이 커지게 되고, 압력이 떨어져서 공기 분리압이 되면 그 부분에서 캐비테이션이 발생한다. 그리고 그림 3·24와 같이, 캐비테이션이 발생하면 그 이상 압력차 Δp가 커져도 유량은 증가하지 않는다.

교축 입구를 둥글게 만들어 축류가 발생하지 않도록 했을 때에는 압력차 Δp가 커지게 되면

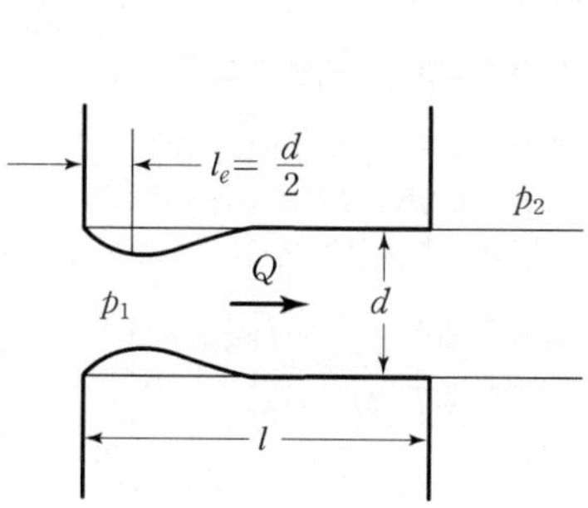

그림 3·23 원통형 교축

출구 압력 p_2가 대기압보다 상당히 높아져도 그림 3·25와 같이 교축 출구로부터 하류 부분에 캐비테이션이 발생한다. 이와 같은 상태에서는 그림 3·26와 같이, 캐비테이션 발생 이후에도 Δp의 증가에 의해서 유량이 증가한다. 다음 그림 3·24, 그림 3·26와 같이 캐비테이션 발생에 의해서 소음이 급격히 증가하는 특성을 나타내고 있다.

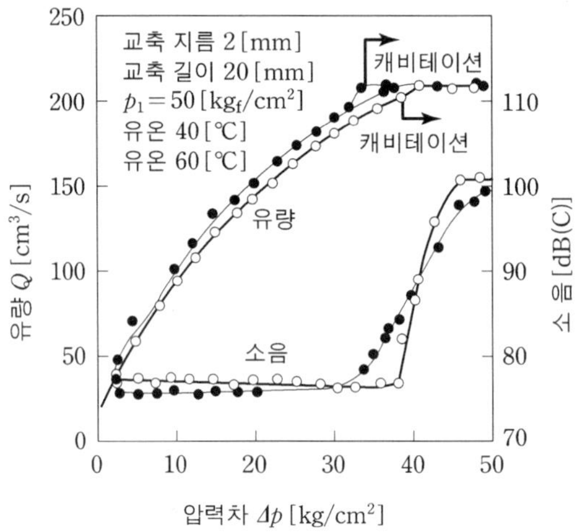

그림 3·24 입구가 둥글지 않은 원통형 교축의 압력 · 유량 특성

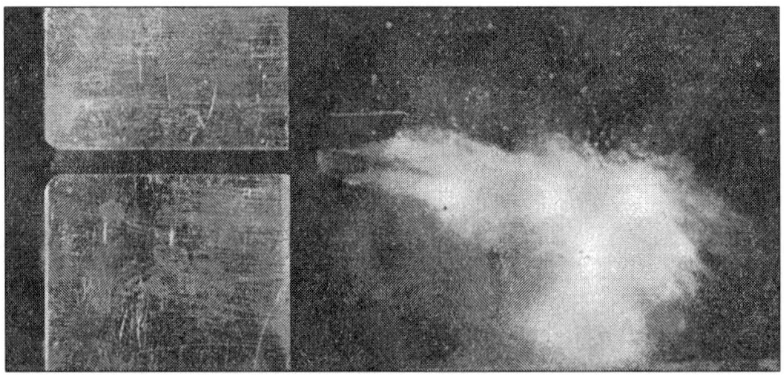

입구부가 둥근 2차원 조리개

조리개의 폭 ω = 1.48 [mm]
조리개의 길이 l = 15.0 [mm]
화면과 수직방향의 안길이 5.06 [mm]

상류측 압력 p_1 = 50 [kg_f/cm^2]
하류측 압력 p_2 = 3 [kg_f/cm^2]
유온 40°C

그림 3·25 고압분류에 의한 캐비테이션

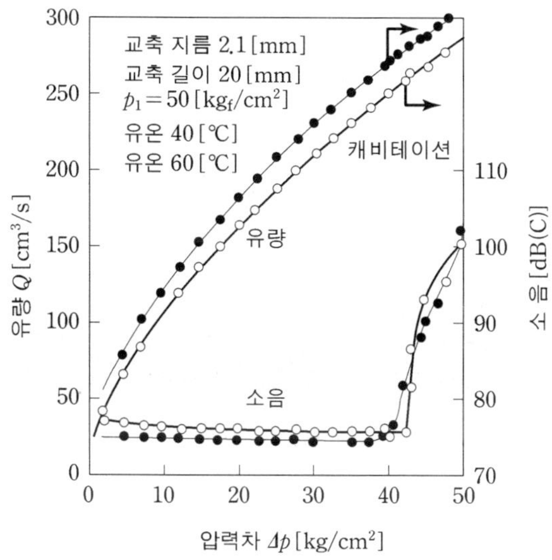

그림 3·26 입구가 둥근 원통형 교축의 압력 · 유량특성

3·8·2 유압펌프에서의 공동현상

유압펌프의 회전 속도가 커졌을 때, 펌프 내부의 최저 압력이 떨어져서 캐비테이션이 발생하면 그 이상 회전 속도가 커져서 배출유량이 증가하지 않는다. 그림 3·27은 액셜플런저펌프에 대해서 흡입 압력 p_s를 낮게 할 때, 캐비테이션의 발생에 의해서 용적효율 η_v가 저하되고, 소음이 증가하는 상태를 나타낸 것이다.

교축으로 발생된 캐비테이션을 따라 분류가 금속 표면에 충돌하는 경우, 또는 펌프 흡입구에서 발생한 기포가 배출구에서 파괴될 때의 충격 압력에 의해서 금속의 침식(erosion)이 발생하는 수가 있다. 그림 3·28은 캐비테이션의 발생에 의한 펌프 날개의 손상을 나타내고 있다. 유압펌프의 흡입부에서의 압력 저하량은 로터의 원주속도 u의 함수이다.

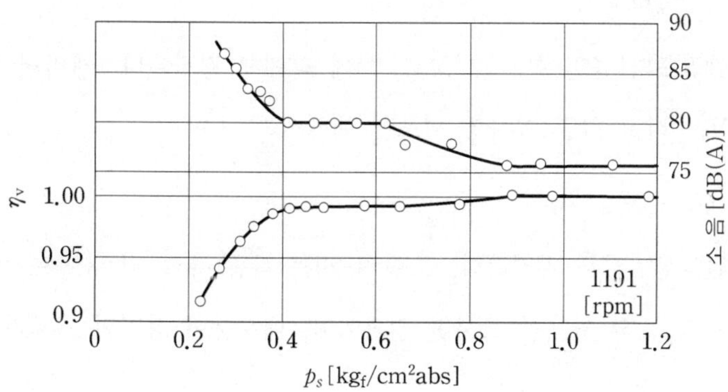

그림 3·27 플런저펌프의 흡입 압력과 용적 효율 소음의 관계

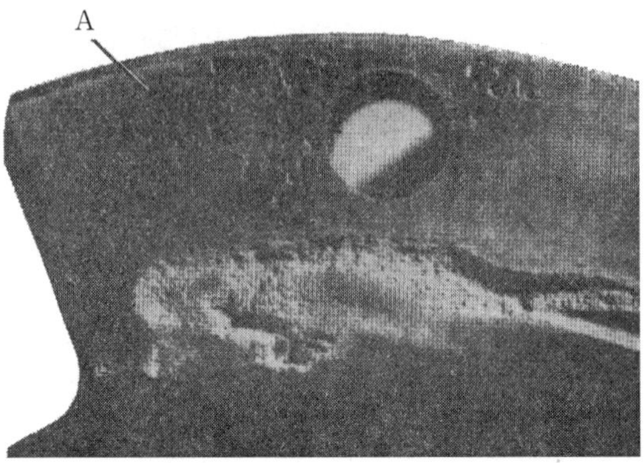

그림 3·28 캐비테이션에 의한 금속의 침식(베인펌프의 측판)

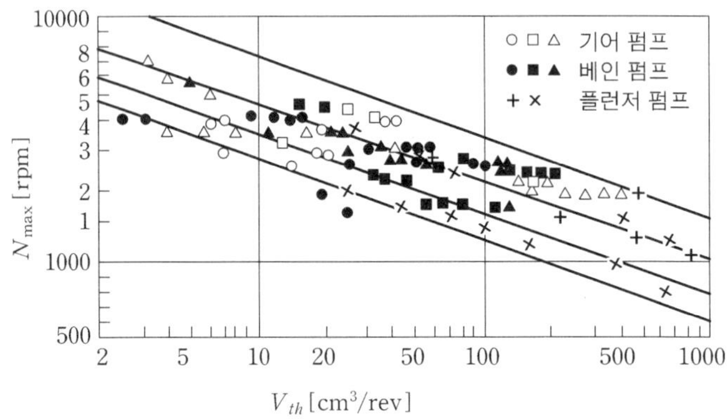

그림 3·29 압축용적과 회전속도의 한계

로터 반지름을 R, 매분 회전수를 N라고 하면 $u \propto NR$이고, 펌프의 배제 용적을 V_{th}라고 하면 상사인 펌프에서는 $R \propto V_{th}{}^{1/3}$이므로

$$u \propto NV_{th}{}^{1/3}$$

이다. 따라서 유압펌프의 흡입 한계는 $NV_{th}{}^{1/3}$에 의해서 결정된다. 캐비테이션 발생 한계의 최대 회전수를 N_{max}라고 하면 상사형 펌프에 대해서는

$$C_p = N_{max}\,V_{th}{}^{1/3} \tag{3·58}$$

에 의해서 정의되는 C_p 값은 일정하다. 그림 3·29는 각종 유압 펌프(반드시 상사형은 아님)에 대해서 V_{th}와 N_{max}의 관계를 조사한 결과이며, 대부분이 상기의 관계가 성립함을 알 수 있다.

3·8·3 스풀밸브-유압 액추에이터 공동현상

그림 3·30과 같이 스풀밸브에 의해서 유압 액추에이터의 운동을 제어할 때 스풀의 움직임에 대응하는 부하의 응답은 부하의 관성 때문에 위상이 늦어진다. 예를 들면, 부하가 걸리고 있을 때에 밸브포트를 닫아도 부하는 그 관성 때문에 일시적으로 그 운동을 계속하게 되므로 유압 실린더의 플런저 배면은 진공이 되고 캐비테이션이 발생하는 수가 있다.

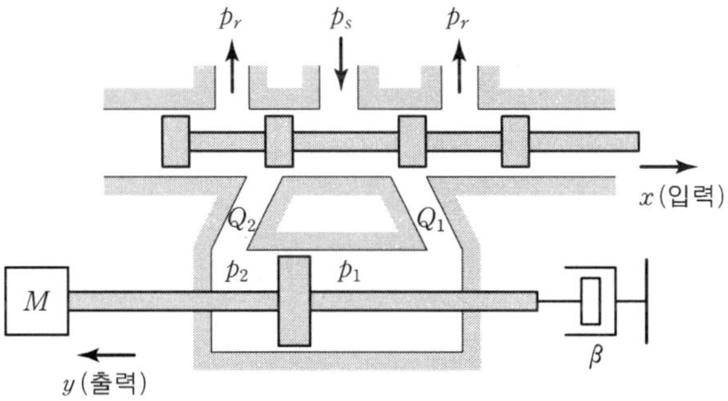

그림 3·30 스풀밸브

연습문제

1. 지름 1 [mm], 길이 5 [cm]의 원통형 교축에서 동점성 계수 0.5 [cm^2/s], 비중량 0.9 [kg_f/cm^3]인 기름이 매초 10 [cm^3]로 흐를 때의 압력손실을 계산하여라.

2. 바깥지름 30 [mm], 안지름 15 [mm]인 2개의 평행 원판 사이의 간극이 20 [μm]이고 내주에서의 압력이 100 [kg_f/cm^2], 외주에서는 대기압이다. 점성 계수 0.4×10^{-6} [kg · s/cm^2]인 기름의 방사상태로 밖으로 흐를 때의 유량을 계산하여라.

3. 지름 10 [mm]의 슬리브(sleeve) 내에 길이 20 [mm]의 스풀이 있고, 스풀과 슬리브 반지름 간극은 스풀 양쪽 끝에서 10 [μm]와 20 [μm]이다. 스풀 양쪽 끝에서의 압력차가 100 [kg_f/cm^2]일 때, 유착제 고착에 의해서 스풀을 슬리브 내면으로 밀어내는 힘은 얼마인가?

4. 반지름 1cm의 원판이 속도 10 [cm/s]로 다른 평면에 접근할 때의 스퀴즈(squeeze) 효과에서 $\mu=0.4\times10^{-6}$ [kg_f · s/cm^2], $h=20$ [μm]일 때에 원판 중심에 발생하는 최대 압력 p_{max}를 계산하여라.

5. 원형 정압 베어링($r_1=5$ [mm])에서 그 간극 h를 30 [μm]로 유지하기 위해서는 모세관 교축(길이 15 [mm])의 지름을 얼마로 하면 좋은가? 단, 부하율 λ를 0.5로 하고 교축의 수정 계수 C_m를 1로 하여라.

6. 하중 20 [kg_f]를 지지하는 원형 정압 베어링($r_1=5$ [mm], $r_2=15$ [mm])에서 부하율을 0.5라 할 때 공급 압력을 얼마로 하면 좋은가?

7. 상사형의 유압펌프에서, 배제용적이 8배가 되었을 때 캐비테이션을 방지하기 위해서는 그 회전수를 얼마나 낮게 할 필요가 있는가?

4장 유압펌프

4·1 정의와 분류

유압펌프(oil hydraulic pump)는 전동기와 내연기관 등의 원동기로부터 기계적 에너지를 유압에너지(유체 에너지)로 변환시키는 기기로, 기름탱크 내의 작동유를 밀폐된 케이싱(casing) 내에서 로터(rotor)를 회전시키거나 실린더(cylinder) 속에 플런저를 왕복운동시켜서 유압계통에 에너지를 가해주는, 기기를 말한다. 즉 기계적 에너지를 유체에너지로 바꿔주는 것이다. 따라서 유압모터(oil hydraaulic motor)는 반대로 유압 에너지를 기계적 에너지로 변환시키는 작용을 하는 기기이다.

유압펌프는 용적형펌프(positive displacement pump)와 터보형펌프(turbo pump or nopositive displacement pump)로 분류한다.

터보형펌프는 유폐되지 않은 상태에서 에너지의 전환이 일어나는 펌프로 원심펌프, 사류펌프, 축류펌프, 분사형펌프 등이 있다. 용적형펌프는 유폐된 상태에서 에너지의 전환이 일어나는 펌프로 기어펌프(gear pump), 베인펌프(vane pump), 나사펌프(screw pump), 피스톤 혹은 플런지펌프(piston or plunger pump) 등이 대표적이다. 표 4·1에 펌프를 대략 분류하여 놓았다.

터보형펌프는 저압대용량의 펌프이므로 유압계통에서는 이용하지 않는다. 유압계통에는 용적형펌프가 주로 이용된다. 유압펌프는 기어펌프와 같이 송출량이 고정된 고정형펌프(fixed

표 4·1 펌프의 분류

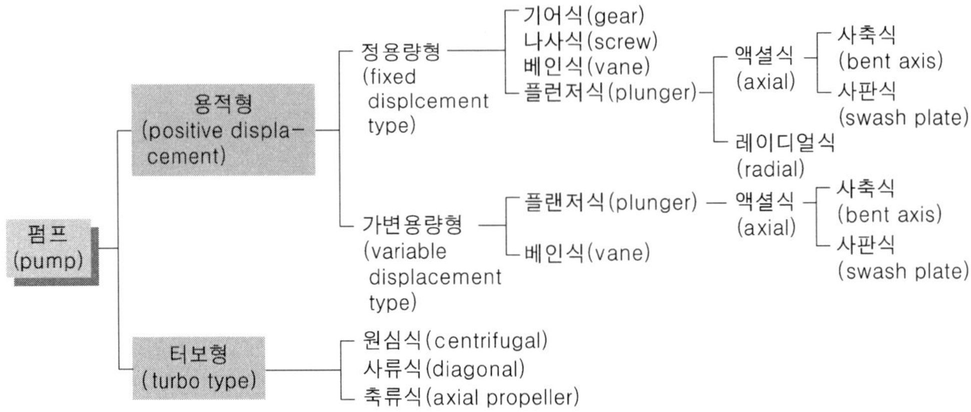

(fixed delivery positive displacement pump)와 송출량을 변화시킬 수 있는 가변용적형펌프(variable delivery positive displacement pump)가 있다. 액셜로터리 플런저펌프(axial rotary plunger pump)는 회전축과 플런저의 왕복운동 방향과의 각도로 조정하여 송출량을 변환시키는 펌프가 있다. 전자를 사축식 가변용량형 액셜 플런저펌프(variable displacement bent axial plunger pump), 후자를 사판식 가변용량형 액셜 플런저펌프(variable displacement swash plate axial plunger pump)라 말한다. 플런저형 레이디얼 펌프와 베인펌프는 회전자(rotor)와 실린더 혹은 베인의 캠 링(cam ring)과의 편심량을 조정하여 송출량을 변화시킨다. 전자를 가변용적형 레이디얼 플런저펌프(variable displacement radial pump), 후자를 가변용량형 베인펌프(variable displacement vane pump)라 말한다. 또, 유압펌프는 평형식과 불평형식으로도 분류할 수 있다.

현재 각종 유압펌프와 모터는 표 4·2에 표시한 범위에서 제작시판되고 있으나 유압장치의 고압, 대용량화의 요구에 따라 신기종의 개발이 진행되고 있다.

표 4·2 유압펌프, 모터의 재원

펌프, 모터의 종류		압력[kg/cm^2]	송출량 [l/min]	회전속도 [rpm]
플런저펌프 및 모터	액셜식	70～350	2～1500	600～6000
	레이디얼식	50～250	2～800	600～1800
기어펌프, 모터		35～175	5～400	1200～5000
베이펌프, 모터		35～210	2.5～950	1000～2000
가변용량형 베인펌프, 모터		17.5～70	5～110	1000～2000

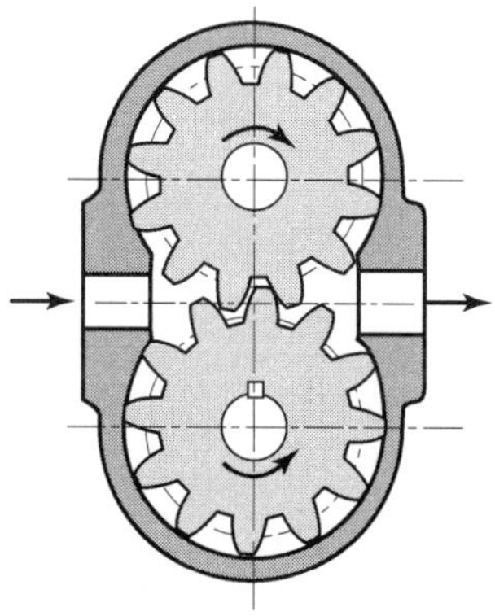

그림 4·1 기어펌프

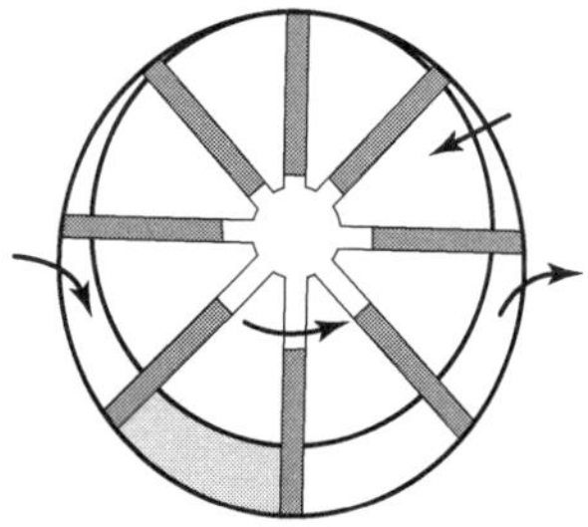

그림 4·2 베인펌프

기어펌프는 그림 4·1과 같이 케이스(case) 내에서 서로 맞물려 있는 기어의 회전에 의해서 이 홈내에 들어있던 기름을 이송한다. 베인펌프는 그림 4·2와 같이 케이스내의 로터(rotor)의 회전에 따라서 2매의 베인 사이에 들어있던 기름을 이송한다.

액셜 플런저펌프는 그림 4·3과 같이, 축방향으로 배치되어 있는 몇 개의 플런저 왕복운동에 의해서 기름을 이송한다. 또 레이디얼 플런저펌프는 그림 4·4와 같이, 반지름 방향으로 배치되어 있는 몇 개의 플런저 왕복운동에 의해서 펌프 작용을 한다.

이외에도 2~3개의 나사의 간격을 이용해서 기름을 이송하는 나사펌프(screw pump)와 크랭크형 또는 캠형(crank type or cam type)의 왕복펌프(reciprocating pump)가 있다.

각종 유압펌프의 배제용적, 최대압력, 최대회전수, 최대효율의 범위는 대개 표 4·3과 같다.

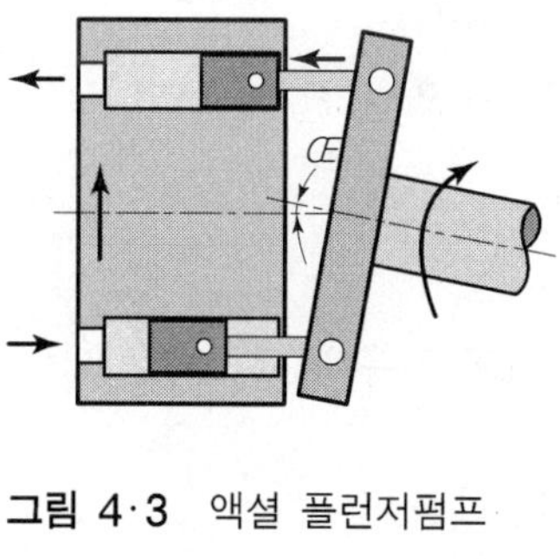

그림 4·3 액셜 플런저펌프

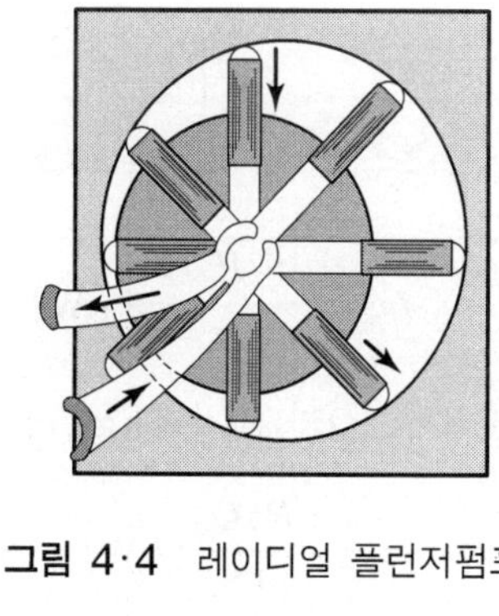

그림 4·4 레이디얼 플런저펌프

표 4·3 유압펌프의 성능

명 칭	분 류	압출용적[cc/rev]	최대압력[kg_f/cm^2]	최대회전속도[rpm]
기 어 펌 프	외 접 형	1~500	10~250	대형 소형 900~4000
	내 접 형	1~500	5~300	1200~4000
베 인 펌 프	평 형 형	1~350	35~400	1200~3000
	비 평 형 형	10~230	35~140	1200~1800
액셜 플런저펌프	경 사 판 식	10~100	210~400	750~3600
	경 사 축 식	4~500	210~400	750~3600
	회전경사판식	5~300	140~560	1000~5000
레이디얼 플런저펌프	회전실린더형	6~500	140~250	1000~1800
	고정실린더형	10~200	140~250	100~1800

4·2 유압펌프의 특성

4·2·1 동 력

유압펌프가 유압에 대하여 유효하게 전달하는 동력을 펌프의 유동력(oil power) 또는 펌프동력(pump power)이라 한다. 지금 유압펌프가 흡입압력 P_s [Kg_f/cm^2], 송출압력 P_d[Kg_f/cm^2], 이때의 송출량(배제유량)이 Q[m^3/s]로 운전되고 있다고 하면, 유압유에 유효하게 전달되는 동력, 즉 유압동력 L_p는 다음과 같이 된다.

$$L_p = \frac{10^4(P_d - P_s)Q}{102}\ [\mathrm{kW}] = \frac{10^4(P_d - P_s)Q}{75}\ [\mathrm{PS}] \qquad (4\cdot1)$$

일반적으로 P_s는 P_d에 비하여 매우 작으므로 $P_d - P_s \fallingdotseq P_d$라 하면

$$L_p = \frac{10^4 P_d Q}{102}\ [\mathrm{kW}] = \frac{10^4 P_d Q}{75}\ [\mathrm{PS}] \qquad (4\cdot2)$$

이 된다. 만일 P_d, Q가 각각 [kg_f/cm^2], [l/min]인 경우에는

$$L_p = \frac{P_d Q}{612}\ [\mathrm{kW}] = \frac{P_d Q}{450}\ [\mathrm{PS}] \qquad (4\cdot3)$$

이 되고, 단위가 SI일 경우에는 P_d는 [Pa], Q는 [m^3/s]를 써야 하므로

$$L_p = \frac{P_d Q}{10^3}\ [\mathrm{kW}] \qquad (4\cdot4)$$

로 된다.

펌프를 회전시키는 데에 필요한 토크(torque)를 $T_s : N \cdot m$, 회전수를 N : rpm이라고 하면 펌프입력인 축마력(제동마력) L_s는

$$L_s = \frac{(2\pi N/60)(T_s)}{1000} = \frac{T_s \cdot N}{9549} \text{[kW]}$$

$$= \frac{(2\pi N/60)(T_s/9.8)}{75} = \frac{T_s \cdot N}{7019} \text{[PS]} \tag{4·5}$$

$(T_s : N \cdot m,\ N\text{: rpm})$

만일 T_s : $kg_f \cdot m$, N : rpm으로 주어졌다면

$$L_s = \frac{(2\pi N/60)(T_s)}{102} = \frac{T_s \cdot N}{974} \text{[kW]}$$

$$= \frac{(2\pi N/60)(T_s)}{75} = \frac{T_s \cdot N}{716} \text{[PS]} \tag{4·6}$$

예제 1

최고압력 250 [kg_f/cm^2], 송출용적 420 [cc/rev]인 외접형 기어 펌프의 유동력은 얼마인가? 단, 회전수는 3000 [rpm]이다.

풀이 P_d=250 [kg_f/cm^2], $Q=\frac{420}{1000}$ [cc/rev]×3000[rpm]=1260 [l/min]이므로 식 (4·3)에 의하여 펌프의 유압력 L_p는

$$L_p = \frac{250 \times 1260}{612} = 514.7 \text{[kW]}$$

$$L_p = \frac{250 \times 1260}{450} = 700 \text{[PS]}$$

4·2·2 효 율

(1) 용적효율

유압펌프의 1회전당 배제용적을 V_{th}, 매초회전수를 n이라고 하면, 단위 시간의 이론송출량 Q_{th}는

$$Q_{th} = V_{th}\, n \tag{4·7}$$

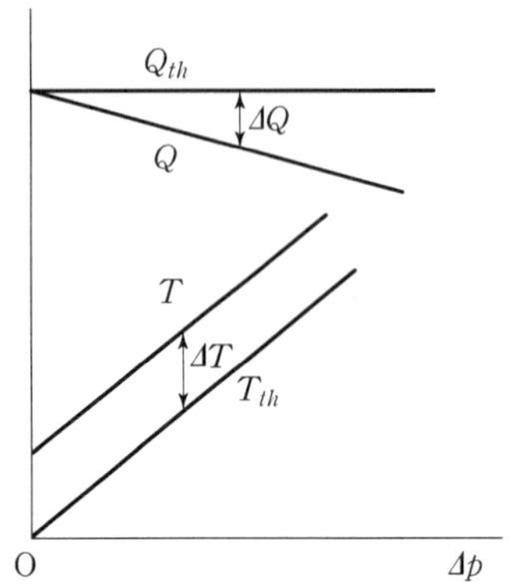

그림 4·5 유압펌프의 특징

이다. 그러나 접동부 간극(틈새)의 누설 ΔQ가 있기 때문에 실제의 송출량 Q는

$$Q = Q_{th} - \Delta Q \tag{4·8}$$

이다(그림 4·5 참조). 따라서 용적효율(volumetric efficiency) η_v는

$$\eta_v = Q/Q_{th} = 1 - \Delta Q/Q_{th} \tag{4·9}$$

이다. 그런데 간극부분의 누설량은, 예를 들면 식 (3·13)에서와 같이 간격 h, 압력차 ΔP, 기름의 점도 μ일 때,

$$\Delta Q \propto h^3 \frac{\Delta P}{\mu}$$

이다. 지금 상사인 펌프에 대해서 $h \propto V_{th}{}^{1/3}$이라고 하면(일반적으로는 $h \propto V_{th}{}^{\alpha}$, $\alpha < 1/3$), ΔQ는 다음 식으로 표시된다.

$$\Delta Q = C_s V_{th} \frac{\Delta P}{\mu} \tag{4·10}$$

윗식에서의 C_s는 무차원의 누설계수이다. 식 (4·7), 식 (4·10)를 식 (4·9)에 대입하면

$$\eta_v = 1 - C_s \frac{\Delta P}{\mu n} \tag{4·11}$$

이다. 따라서 용적효율 η_v는 그림 4·6과 같이 무차원량 $\Delta P/\mu n$의 함수로 표시된다.

표 4·4는 각종 유압펌프의 최대효율과 흡입성능을 표시한 것이다.

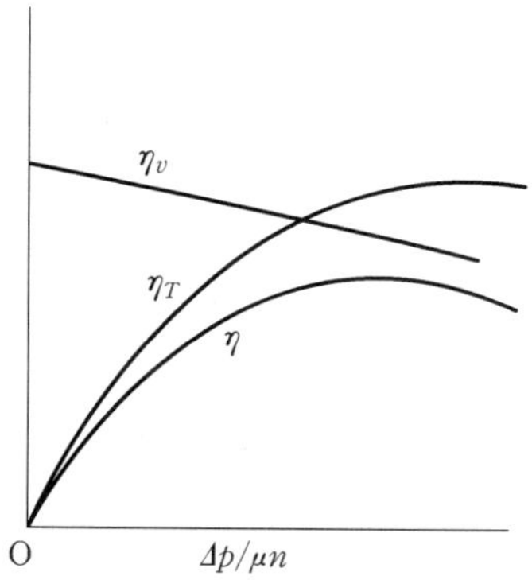

그림 4·6 유압펌프의 효율곡선

표 4·4 유압펌프의 최대효율

명 칭	분 류	최대효율 [%]	슬러지(sludge)에 대한 예민성	흡입성능
기어 펌프	외접형	70～85	슬러지의 영향을 받지 않으므로 작업 환경이 나쁜 장소에서도 사용할 수가 있다. 이(齒)의 마모와 함께 효율이 저하된다.	허용 흡입 진공도가 높다(1800 [rpm]에서 －20～－40 [cmHg] 까지 허용된다).
	내접형	65～90		
베인 펌프	평형형	70～90	비교적 예민해서 깨끗한 기름을 사용할 필요가 있다. 베인이 마모하여도 효율 저하가 적다.	큰 흡입 진공도가 허용되지 않는다(1800 [rpm]에서 －10～－20 [cmHg]).
	비평형형	60～70		
액셜 플런저 펌프	경사축식	88～95	슬러지에 대하여 가장 예민, 특히 밸브판이 손상을 받아서 효율이 저하한다.	허용 흡입 진공도가 작다(1800 [rpm]에서 －3～0 [cmHg])
	경사판식	85～92	슬러지에 대해서 사축식보다도 예민하여 밸브판, 슈(shoe)의 손상에 의해서 효율이 저하하기 쉽다.	경사축식보다 허용 흡입 진공도가 작다.
	회전 경사판식	85～90	슬러지의 영향을 받기 쉽다.	경사축식과 같은 정도
레이디얼 플런저 펌프	회전 실린더형	85～90	액셜 플런저펌프와 거의 같은 상태. 단, 분배축은 밸브판보다는 손상을 받지 않는다.	경사축식 액셜 플런저펌프와 같은 정도
	고정 실린더형	80～92		

(2) 토크효율(toque efficiency)

유압펌프의 이론토크를 T_{th}라고 하면 펌프축을 1회전시킬 때의 입력 일량은 $T_{th} \times 2\pi$이며, 그 결과로 V_{th}인 용적의 기름에 ΔP만큼의 압력 에너지가 주어지므로 기름에 주어지는 에너지는 $\Delta P V_{th}$이다. 손실을 생각하지 않을 때 $2\pi T_{th}$와 $\Delta P V_{th}$의 양자는 서로 같아야 하므로 다음 식을 얻게 된다.

$$T_{th} = \Delta P \frac{V_{th}}{2\pi} \tag{4·12}$$

그러나 유압펌프 내부의 마찰손실 토크 ΔT 때문에 실제의 축토크 T는 다음과 같다(그림 4·5 참조).

$$T = T_{th} + \Delta T \tag{4·13}$$

따라서, 토크효율(torque efficiency) η_T는 다음과 같다.

$$\eta_T = \frac{T_{th}}{T} = \frac{1}{1 + \Delta T / T_{th}} \tag{4·14}$$

그런데, 접동부의 점성마찰력은 μn에 비례하고, 롤러베어링(roller bearing) 등의 고체마찰력은 압력(α 마찰부의 하중)에 비례하므로, ΔT는 일반적으로 다음 식으로 표시된다.

$$\Delta T = \frac{V_{th}}{2\pi} (C_d \mu n + C_f \Delta P) \tag{4·15}$$

윗식에서의 C_d, C_f는 무차원의 마찰계수이다.

식 (4·12), 식 (4·15)을 식 (4·14)에 대입하면

$$\eta_T = \frac{1}{1 + C_f + C_d \mu n / \Delta P} \tag{4·16}$$

로 되며, 토크의 효율도 무차원량 $\Delta P / \mu n$의 함수가 된다(그림 4·6 참조).

(3) 전효율(total efficiency)

유압 펌프의 축입력으로서의 이론동력은 $2\pi n T_{th}$이며, 기름에 주어지는 이론동력은 $\Delta P Q_{th}$이다. 이 둘은 서로 같은 이론동력 L_{th}이다.

$$L_{th} = 2\pi n T_{th} = \Delta P Q_{th} \tag{4·17}$$

실제로 축을 회전시키는 데 필요한 동력, 즉 축동력 L은

$$L = 2\pi n T \tag{4·18}$$

이다. 또 실제로 기름에 주어지는 동력, 즉 유체동력 L_o는 다음 식으로 주어진다.

$$L_o = \Delta PQ \tag{4·19}$$

따라서, 유압펌프의 효율(pump efficiency) 또는 전효율(total efficiency) η는

$$\eta = L_o / L \tag{4·20}$$

이다. 윗식은 식 (4·17), 식 (4·19)에 의해서 다음과 같이 변형된다.

$$\eta = \frac{L_o}{L_{th}} \frac{L_{th}}{L} = \frac{\Delta PQ}{\Delta PQ_{th}} \frac{2\pi n T_{th}}{2\pi n T} = \frac{Q}{Q_{th}} \frac{T_{th}}{T} = \eta_v \eta_T \tag{4·21}$$

식 (4·11), 식 (4·16)를 윗식에 대입하면

$$\eta = \frac{1 - C_s \Delta P / \mu n}{1 + C_f + C_d \mu n / \Delta P} \tag{4·22}$$

로 되며, 그림 4·6과 같이 η도 무차원량 $\Delta P / \mu n$의 함수로 표시된다. 식 (4·20)에서, η를 최대로 하는 $\Delta P / \mu$을 구하면

$$\left(\frac{\Delta P}{\mu n} \right)_m = \frac{1}{C_s} \left(1 + \sqrt{1 + \frac{1 + C_f}{C_s C_d}} \right) \tag{4·23}$$

이 된다. 그러나 일반적으로 $C_s C_d \ll 1$이므로 윗식은 근사적으로 다음과 같이 된다.

$$\left(\frac{\Delta P}{\mu n} \right)_m \fallingdotseq \sqrt{\frac{C_d}{C_s (1 + C_f)}} \tag{4·24}$$

유압펌프에서 접동부의 간격이 작을 때에는 C_s가 작고, C_d가 커지게 되므로, 윗식에 의해서 간극이 작아질수록 η를 최고로 하는 $\Delta P / \mu n$의 값은 커지게 된다. 반대로 말하면 $\Delta P / \mu n$가 커짐에 따라 간극을 작게 설계할 필요가 있음을 알 수 있다.

총 효율의 최대값 $\eta_{\max}$은 식 (4·24)를 식 (4·22)에 대입하여 얻을 수 있다.

$$\eta_{\max} = \frac{1}{1 + C_f + 2\sqrt{C_s C_d (1 + C_f)}} \tag{4·25}$$

윗식은 그림 4·7과 같이 된다. 손실계수 C_s, C_d, C_f의 값은 유압펌프의 종류, 구조에 따라서

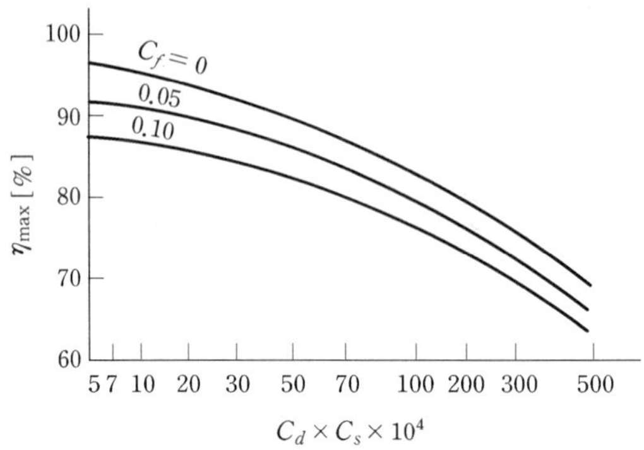

그림 4·7 유압 펌프의 총효율의 최대값

표 4·5 각종 펌프의 C_s, C_d, C_f의 값

종 류	C_s	C_d	C_f
기어펌프(고정측판형)	$(3.2\times6.4)\times10^{-9}$	$(1.25\sim6.3)\times10^5$	0.01~0.12
기어펌프(가동측판형)		$(1.9\sim3.8)\times10^5$	0.03~0.06
베인펌프	$(4.8\times6.9)\times10^{-9}$	$(2.5\sim10)\times10^5$	0.02~0.3
액셜 플런저펌프	$(3.2\times3.2)\times10^{-9}$	$(1.25\sim12.5)\times10^5$	0.01

다르지만, 표 4·5는 각종 펌프에서의 C_s, C_d, C_f 값의 실측값이다.

J. Thoma는 액셜 플런저펌프(axial piston pump)에서의 표준값으로 $C_s=0.8\times10^{-8}$, $C_d=0.2\times10^6$, $C_f=0.01$을 주고 있으며, 그림 4·8은 이 값을 사용했을 때의 효율곡선이다.

그림 4·9는 모양이 거의 상이하며 송출용적이 다른 두 개의 기어펌프에 대해서 그 용적효율

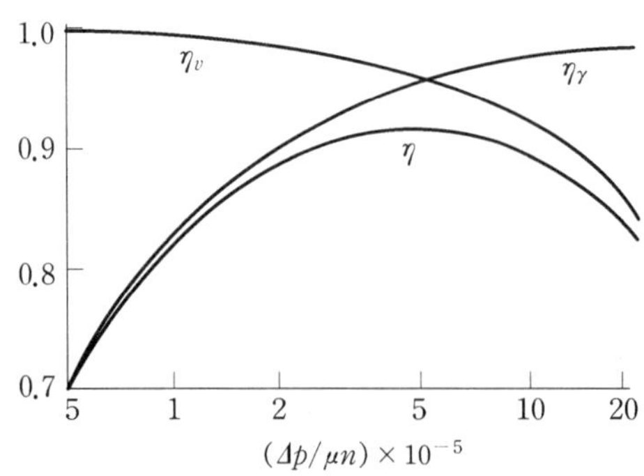

그림 4·8 유압펌프의 표준적 효율곡선

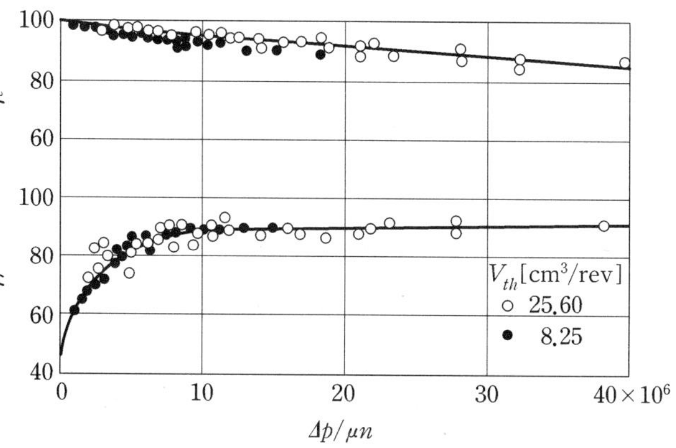

그림 4·9 기어펌프의 용적 효율과 토크 효율

η_v와 토크효율 η_T를 무차원량 $\Delta P/\mu n$의 함수로 만들어서 정리한 결과이다.

4·2·3 기름의 압축성이 효율에 미치는 영향

기름의 압축성 때문에 유압펌프로부터 송출되는 고유압의 체적은 흡입되었을 때의 체적보다도 감소한다. 예를 들면, 플런저펌프의 플런저단면적을 A, 플런저 행정을 L이라고 하면 흡입행정 중에 플런저가 이 기름을 압축하여 고압으로 만들어 송출시키게 되므로, 실제로 송출되는 기름의 체적은 AL 보다도 적어진다.

즉, 기름의 압축률 β, 송출압력 P_2와 흡입압력 P_1과의 차를 ΔP라고 하면, 흡입행정 중에 흡입된 체적 AL이 압력상승에 의해서 압축된 양은 $\beta \Delta PAL$이 되므로, 실제로 송출되는 체적은 $AL(1-\beta\Delta P)$가 된다. 단, 플런저가 상사점에 있을 때의 실린더 내 용적은 AL에 비해서 충분히 작다고 할 수 있다.

그림 4·10과 같이 유압펌프의 체적유량 Q가 압력 P에 의해서 변화하는 경우, 기름에 주어지는 동력, 즉 유체동력 L_0는

$$L_0 = \int_{p_1}^{p_2} Q\,dP \tag{4·26}$$

이다. 흡입되었을 때 및 송출되었을 때의 체적유량을 Q_1, Q_2로 하고, 압력상승에 따른 기름의 체적감소가 직선적이라고 하면 윗식은

$$L_0 = \Delta P\,Q_1\left(1-\frac{\beta\Delta P}{2}\right) \tag{4·27}$$

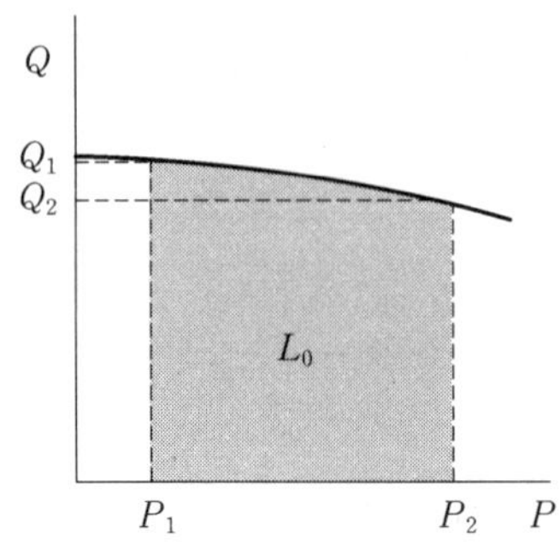

그림 4·10 압력에 의한 체적 유량의 변화

이 된다. 따라서 축동력을 L 이라고 하면 펌프의 η'는

$$\eta' = \frac{L_0}{L} = \eta\left(1 - \frac{\beta \Delta P}{2}\right) \tag{4·28}$$

이 된다. 윗식에서 η는 기름의 압축성을 고려하지 않을 때의 총효율($\Delta PQ_1 / L$)이다. 한 예로서, $\beta = 6.5 \times 10^{-5}$ [cm^2 /kg_f], $\Delta P = 300$ [kg_f/cm^2]인 때를 생각한다면 $\eta' = 0.99\eta$ 가 되고, η와 η' 사이에는 1%의 차가 생긴다. 플런저의 상사점에 있을 때의 실린더 내 용적이 커질 때에는 η와 η'의 차는 상당히 커지게 된다.

4·2·4 총효율의 열역학적 측정

유압펌프의 축동력을 L, 유체동력을 L_0 라고 하면 총효율 η는

$$\eta = \frac{L_0}{L} = \frac{\Delta PQ}{T\omega} \tag{4·29}$$

로 표시되므로, 일반적으로 그림 4·11과 같이, 축토크 T, 각속도 ω, 압력차 ΔP 및 유량 Q를 측정함으로서 총효율 η를 구할 수 있다. 그런데 최근 유압펌프의 전후에서의 기름의 온도변화를 측정함으로써 총효율을 구하는 방법이 채용되고 있다.

작동유가 유압펌프를 통과할 때의 마찰과 함께 누설에 의한 손실은 열에너지가 되어서 기름의 온도를 상승시키고, 또 압력상승에 따른 단열압축에 의해서도 다시 기름의 온도가 상승한다.

펌프의 입구와 출구에서의 엔탈피(enthalpy)를 i_1, i_2로 하고 펌프를 통과하는 질량유량을 m이라고 하면, 다음의 에너지 등식이 성립한다.

$$T\omega = m(i_2 - i_1) \tag{4·30}$$

펌프입구에서의 기름의 밀도를 ρ_1 체적유량을 Q_1이라고 하면 윗식의 $m = \rho_1 Q_1$이다.

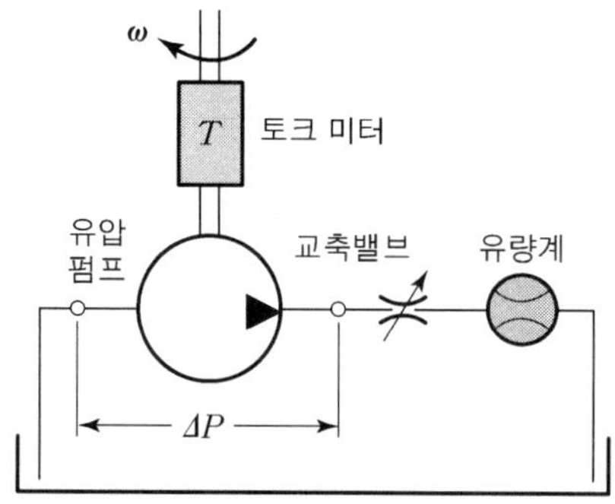

그림 4·11 총효율 측정 장치

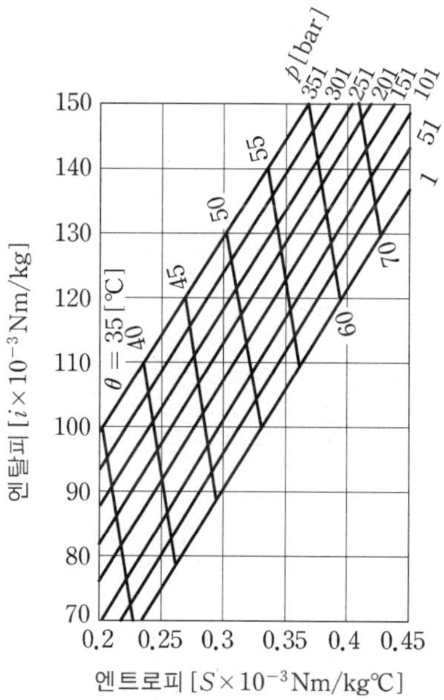

그림 4·12 작동유의 $i-S$ 선도 (Mobil oil DTE-Medium)

작동유의 압축성을 고려했을 때의 유체동력은 식 (4·27)에 의해서

$$L_0 = \varDelta P Q_1 x \left(\text{단, } x = 1 - \frac{\beta \varDelta P}{2} \right) \tag{4·31}$$

이 되므로 총효율 η는

$$\eta = \frac{\varDelta P Q_1 x}{m(i_2 - i_1)} = \frac{\varDelta P x}{\rho_1 (i_2 - i_1)} \tag{4·32}$$

이 된다. 따라서 그림 4·12와 같이 작동유의 엔탈피(enthalpy) i와 엔트로피(entropy) S의

선도를 미리 작성해 두면, 펌프 입구와 출구에서의 기름의 압력과 온도를 측정함으로써 i_1, i_2를 알게 되고, 식 (4·32)에 의해서 총효율을 구할 수 있다.

실제로는 작동유의 $i-S$ 선도로부터 그림 4·13과 같이 압력차 $\varDelta P$와 온도상승 $\varDelta\theta$의 선도 위에 등효율선을 그려놓고, $\varDelta P$와 $\varDelta\theta$의 측정값으로부터 직접 총효율을 구하고 있다.

그림 4·14와 같이 펌프 입구와 교축(restriction) 밸브 뒤의 기름의 온도차를 $\varDelta\theta_0$ 그 사이에서의 기름의 평균비열을 C_p라고 하면, 펌프의 전후의 기름의 온도상승 $\varDelta\theta$ 이외에, 작동유에 주어진 유체동력 L_0도 교축밸브에서 열에너지로 되므로 다음의 에너지식이 성립한다.

$$T\omega = m\,C_p\,\varDelta\theta_0 \tag{4·33}$$

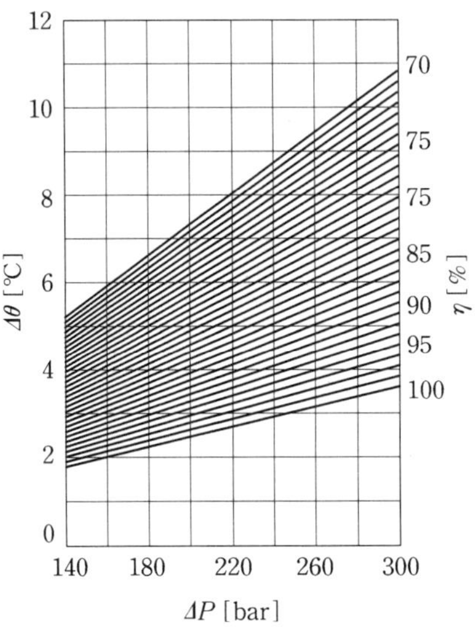

그림 4·13 압력차와 온도상승의 측정에 의한 총효율의 결정
(Mobil oil DTE-Medium, $\theta_1 = 50$ [°C])

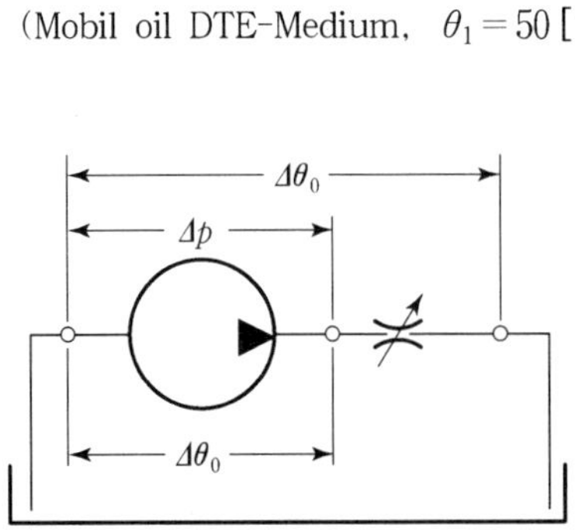

그림 4·14 총효율의 열역학적 측정

따라서 총효율은 다음 식으로도 표현된다.

$$\eta = \frac{\Delta Px}{\rho_1 C_p \Delta \theta_0} \tag{4·34}$$

이와 같은 열역학적 방법에 의한 총효율의 측정에 있어서는 기름온도의 정확한 측정이 필요한데 기름의 온도와 압력의 측정에 의해서만 총효율이 구해지는 점이 편리하고, 특히 운전 중에 유압펌프의 총효율을 감시함으로써 펌프의 손상을 미리 알 수 있는 점이 좋다.

4·3 유압펌프의 소음

유압펌프의 모터는 동작중에 공기전파소음, 유체전파소음 및 구조전파소음 등의 세 가지 형태로 공기전파소음(Air borne noise)을 의미한다.

4·3·1 소음의 특성과 발생원인

유압펌프, 모터의 소음은 정상적인 운전상태에서는 그림 4·15의 소음 스펙트럼의 측정에 표시하는 것처럼 3kHz 정도까지의 주파수역에서는 회전자의 회전주파수 N 과 피스톤, 베인, 기어 등 펌프 기구를 행하는 고체벽의 수 Z의 상승적 ZN 및 그 정수배 주파수의 성분의 특성을 지니고 있다. 이것은 ZN 를 기본 주파수로 하는 가진력의 일을 주로 흡입행정에서 송출행정으로 이행점에서의 급격한 압력변화에 따르는 것이면 이는 유체적 원인에 의한 힘이다. 이 밖에 유체적 원인에 의한 소음으로는 캐비테이션의 붕괴, 유로내의 흐트러짐이나 와류에 기인하는

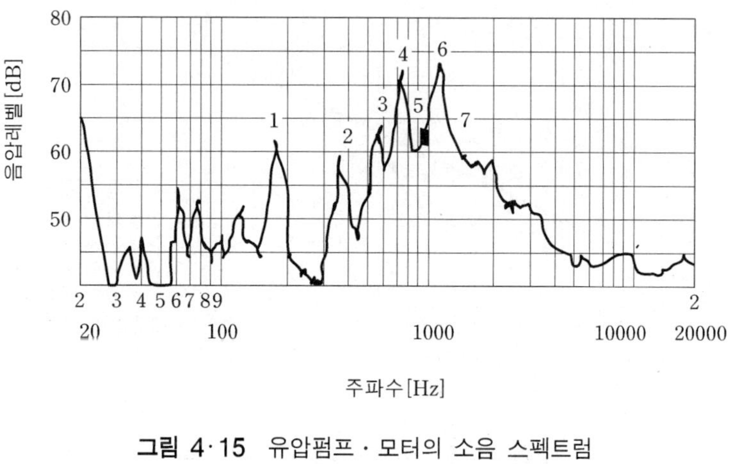

그림 4·15 유압펌프·모터의 소음 스펙트럼

고주파의 소음이 발생하는 것도 있다. 또 회전체의 불균형, 베어링, 설치 및 배관지지의 불량, 기어펌프 맞물림 부분의 치음 등 기계적 원인에 따른 소음이 발생하는 수도 있다.

유압펌프의 소음감소는 최근 공해와 함께 노동환경면에서 중요한 과제가 되어 있고, 여러 가지의 연구에 의해서 상당히 저소음화가 실현되고 있다. 소음의 크기는 유압펌프의 종류, 크기, 회전속도 등에 따라서 다르지만, 최근의 저소음 펌프의 소음 N는 다음 식으로 나타낸다.

$$N = 50 + 14 \log L_{0\ 10} \qquad (4\cdot35)$$

윗식에서 N : 펌프로부터 1 [m] 거리에서의 소음 dB (A)

L_0 : 유체동력 [kW]

그림 4·16은 윗식과 각종 펌프의 소음을 비교한 예이다.

앞 식에 의하면 $L_0 = 10$ [kW]일 때, $N = 64$ [dB](A)이고 그 이후는 L_0가 두 배가 되면, 소음은 약 4.2 [dB](A)만큼 크게 된다. 식 (4.35)에 있어서 $L_0 \propto n V_{th} \Delta P$이지만 상세한 실험에 따르면 V_{th} 또는 ΔP가 소음 3 [dB](A)만큼 증가된다. n이 두 배가 되면 소음은 약 6 [dB](A) 증가한다는 보고도 있다. 따라서 동일한 동력일 때, $V_{th} \Delta P$ 보다도 회전속도 n을 내리는 것이 소음감소에는 가장 효과적이다.

유압펌프의 소음의 원인으로는 펌프 내부에서의 기름의 급격한 압력변화, 또는 출구에서의 압력맥동(fluid borne noise)이 펌프나 관로 등을 진동(solid borne noise)시키고, 그것에 의해 주위의 공기가 진동(air borne noise)하여 소음으로 되는 것이 많다.

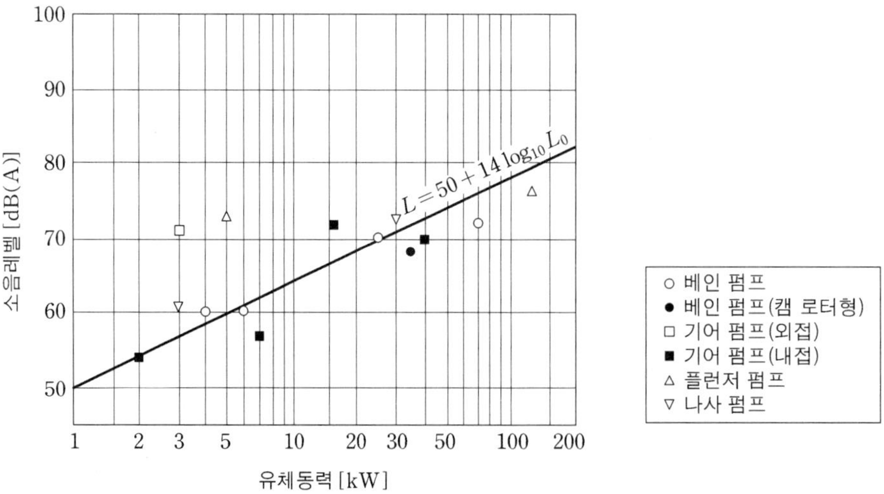

그림 4·16 최근의 유압 펌프의 소음

4·3·2 소음에너지 전달기구와 저감대책

① 펌프 내부에서 기름의 급격한 압력변화를 피한다.

② 송출량의 파동에 따른 송출압력의 파동을 흡수하기 위해서 펌프출구에 유압머플러 (muffler) 등을 설치한다.

③ 펌프 등의 진동이 마운팅(mounting)으로부터 부착 장치 등에 전해지지 않도록 방진고무를 사용한다.

④ 펌프의 진동이 관로에 의해서 전해지지 않도록 송출관로의 일부에 고무 호스(hose)를 사용한다.

⑤ 펌프장치(pump unit)를 차폐시킨다. 차폐에는 고밀도재료를 사용하고 그 내면에 흡음재를 장치하는 것이 좋다.

⑥ 펌프 밸브 등으로 캐비테이션이 일어나지 않도록 한다.

4·3·1 유압펌프의 공동현상

유압기기에서의 공동현상은 작동유속에 보통 5~6%(체적)의 공기가 용해되어 있거나, 혹은 미세한 기포핵으로 되어 혼입되어 있기 때문에, 국부적으로 압력강하가 일어나면 이들 공기가 공동핵으로 작용되어 석출, 유리되고 점차 큰 기포로 성장하기 때문에 발생한다.

그러므로 유압기기의 공동현상 발생은 작동유의 포화증기압력 $H_\nu(P_\nu)$보다 공동핵이 작동유 속에서 발생, 분리가 시작하는 압력(절대), 즉 작동유의 겉보기 압력 H_{gs}를 작동유의 어느 온도, 어느 상태에서의 공기 분리압력이라고 한다.

H_{gs}의 값을 각종 작동유에 대해서 온도, 압력, 공기 용해도, 혹은 공기 혼입량 등의 함수로 먼저 구해놓고 그 값을 보통의 NPSH(net positive suction head) 계산식에 액의 포화증기압력 대신 사용해서 유압기기의 공동현상을 논할 것 같으면, 종래에 사용유의 상태에 따라 여러 가지 성능이 얻어졌던 불합리성을 시정할 수가 있다. 실제로는 유압장치의 사용유는 단순 순환 사용되므로 작동유 중에는 여러 가지 원인으로 미세한 기포가 압입되어진다. 이것은 점도가 높은 작동유일수록 기포가 유력을 받아 기름탱크 상부로 떠올라서 분리가 되는 시간이 상당히 오래 걸리므로 더욱 심하다. 뿐만 아니라 시간이 걸리므로 해서 공기가 기름의 접촉면적이 넓어지는 결과가 되어 기름 속에 공기의 용해가 많이 진행되게 된다. 이로 인하여 작동유는 매우 가혹한 조건하에서 운전된다.

기름 탱크 내에서 기포가 상승, 분리되는 데 필요한 시간은 점도가 클수록, 기포의 지름이 작을수록 길어진다. 지금 기름탱크가 비교적 얕고, 기포의 상승에 따르는 압력의 변화가 적어

가스의 체적변화를 무시할 수 있다고 가정하면 극히 미세한 기포의 상승속도 V는 스토크스의 정리로부터 다음 식으로 주어진다(레이놀즈수가 0.5보다 작을 때).

$$V = \frac{gd^2}{18\nu} \tag{4·36}$$

여기서 d : 기포의 지름

ν : 작동유의 동점성 계수

g : 중력가속도

또, 작동유 중에 용해하는 가스는 헨리의 법칙(일정온도하에서 액체 속에 흡수되는 가스의 체적비율은 가스의 압력에 비례한다)에 따른다. 지금 1기압하에서 가스 흡입율(체적비율)을 α_0라고 하면 가스의 절대압력 P하에서의 혼입율 α는 다음 식으로 표시된다.

$$\alpha = \alpha_0 P \tag{4·37}$$

이것 이외에 액의 온도에 따라서도 흡수율은 변하나 30~60〔°C〕 범위에서는 보통 1~2% 정도의 변화이다.

사용유의 공기분리압력 H_{gs}를 보통 물펌프의 NPSH(정미흡입수두 : net positive suction head)를 계산할 때의 포화증기압에 대응하는 것이라고 생각하면 유압펌프의 공동현상발생 한계상태에서는 다음 관계가 성립한다.

$$H_{gs} = H_a - H_s - \frac{V_c^2}{2g} - \zeta\frac{W^2}{2g} - \Sigma_f \frac{V_s^2}{2g} \tag{4·38}$$

여기서 H_a : 대기압의 수두

H_s : 실흡입수두

V_c : 펌프케이싱 내에서의 작동유의 절대속도

W: 회전자에 대한 작동유의 상대속도

ζ : 압력손실계수

f : 흡입관측의 각 유로에 있어서의 마찰손실계수

V_s : 흡입관로의 유속

위의 식을 고쳐쓰면

$$\frac{V_c^2}{2g} + \zeta\frac{W^2}{2g} = H_a - H_s - H_{gs} - \Sigma f \frac{V_s^2}{2g} \tag{4·39}$$

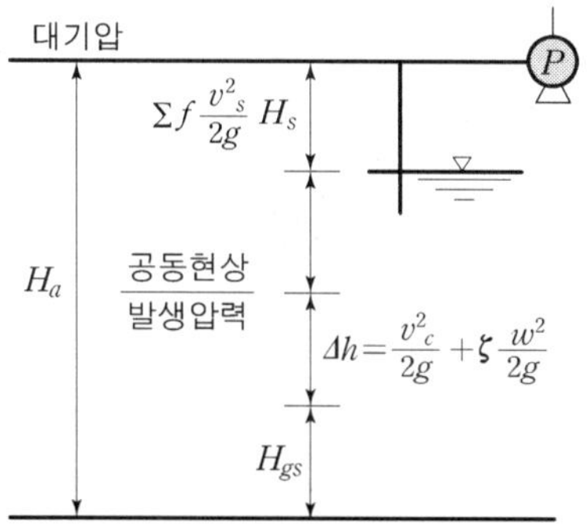

그림 4·17

$$\Delta h = \frac{V_c^{\ 2}}{2g} + \zeta \frac{W^2}{2g} \tag{4·40}$$

와 같이 된다. Δh는 펌프의 구조에 따라 정해지는 값으로 공동현상에 대한 펌프의 특성 값을 나타낸다. Δh는 값이 적을 수록 공동현상 발생압력이 낮아져 펌프의 사용 범위가 넓어진다는 점에서 유의해야 한다.

식 (4·39)를 보면 수력펌프의 NPSH에 대한 식에서 포화증기압력 H_V 대신 공기분리압력 H_{gs}를 사용했다는 것을 알 수 있다. 그러므로 식 (4·40)으로 주어지는 Δh도 일종의 NPSH로 정의하고 이것을 사용하여 유압펌프의 공동현상을 다루는 것이 타당할 것으로 생각된다. 이러한 이유로 식 (4·40)으로 정의되는 Δh를 수정 NPSH라 부르기로 한다. 수력 펌프에 대한 NPSH에서는 포화증기압력이 액체의 물리상수로 그 온도에 대하여 일시적으로 확정된다는데 비해 수정 NPSH는 공기분리압력 H_{gs}가 사용유의 온도에 대한 점도뿐만 아니라 그때의 공기 및 다른 가스의 용해점도, 미세한 공기입자의 혼입상태에 영향을 받는다는 문제점이 있다.

그러므로 H_{gs}의 측정법, 측정정도에 관한 연구는 물론 각종 작동유에 대한 H_{gc}의 정밀한 측량 결과를 정리하여 자료로 비치할 필요가 있다.

실험에 의하면 H_V와 H_{gc}는 보통 2~3[m] A_q로부터 수 mA_q의 차가 있음을 알았다. 그러므로 종래와 같이 포화증기압을 기준으로 한 NPSH를 가지고 유압용 각종 기계의 공동현상 특성을 표시한다는 것은 무의미한 일이고 수정 NPSH를 가지고 공동현상 특성을 다루는 것이 타당한 일이라 생각된다.

수형 기어펌프를 사용하여 공동현상 특성을 실험한 때를 소개한다. 실험에 사용한 펌프는 회전속도 1500[rpm]에서 송출량 20[l/min] 송출압력 1960[Kpa](20[kg_f/cm^2]), 지름 1/2[inch]의 펌프이다. 그림 4·18은 공기를 작동유에 혼입시켜, 그 공기혼입률 α를 여러

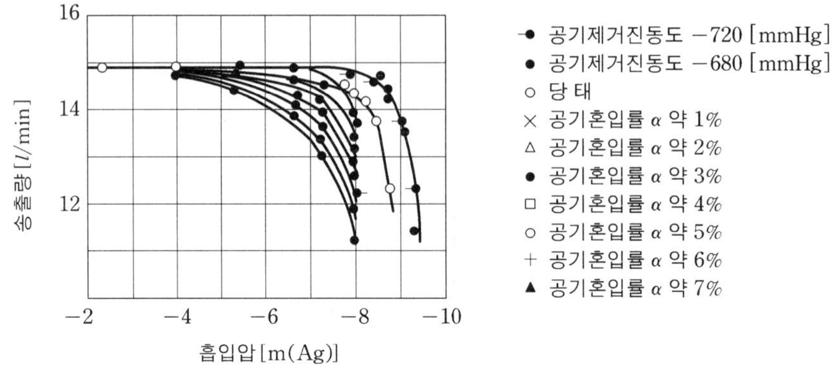

그림 4·18 공기흡입률에 대한 공동현상 특성

가지로 변화시키면서 송출량의 변화를 측정한 결과를 나타내어 놓은 것이다. 그림 4·18에서 공기제거 진공도 680 [mmHg], 720 [mmHg]의 뜻은 작동유 탱크를 일시 밀폐한 다음 진공도 −680 [mmHg]와 −720 [mmHg]하에서 충분히 공기를 분리한 후에 진공상태를 제거한 직후 실험한 결과를 나타낸다. 그림 4·18에서 명백히 알 수 있는 바와 같이 α의 값이 작을수록 낮은 흡입압력까지 공동현상이 발생하지 않는다는 것이 판명되었다. 그림 4·19는 사용유의 여러 가지 공기흡입률 α에 대한 공기분리압력 H_{gc}를 측정한 결과를 표시하여 놓은 것이다.

그림 4·19로부터 α와 H_{gc}는 어떤 함수 관계가 있음을 알 수 있다. 같은 그림 4·19에 공동현상 발생 한계압력 H_{cV}를 실선으로 표시하여 놓았다. 그림에서 알 수 있는 바와 같이 $H_a - H_{gs}$와 $H_a - H_{cV}$는 거의 같은 경향을 나타내고 있다. 이것으로 미루어 보더라도 공기분리압력 H_{gs}가 공동현상 발생에 밀접한 관계를 갖는다는 것이 명백해진다. 실험에서 사용유에 혼입되어 있는 공기흡입률, 공기분리압력이 정확히 판정이 되면 기기의 공동현상 특성으로부터 얻어지는 Δh, H_{cV}와 H_{gs} 사이에는 당연히 $H_{CV} = \Delta h + H_{gs}$의 관계가 성립된다.

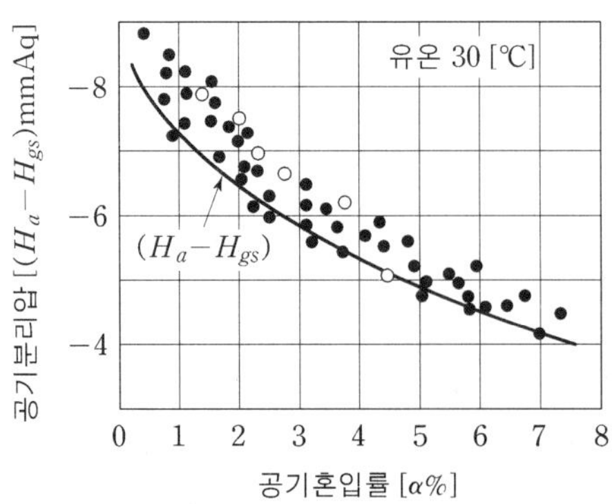

그림 4·19 시료유의 α에 대한 공기분리

예제 1

기어 펌프운전에서 공동현상이 발생할 때 흡입과로계의 손실수두는 $\sum f(\nu_s^2/2g)=$ 3mAq 이고, 펌프의 설치높이는(실흡입양정) 수주로 $H_s=0.5$mAq이었다. 사용한 기름의 공기분리압을 측정한 결과 $H_{gs}=5.8$mAq이고, 이때 펌프를 기름탱크의 유면으로부터 1m높이에 설치하고 같은 기름으로 운전한다면 흡입관로계의 손실수두는 몇 mAq까지 허용할 수 있을까? 단 대기압은 10mAq이고 기름의 비중은 0.85이다.

풀이 이 펌프의 NPSH는

$$\Delta h = H_a - H_s - H_{gs} - \sum f(\nu_s^2/2g)$$
$$= 10 - 0.5 - 5.8 - 3 = 0.7\text{mAq}$$

실흡입양정 1m를 수주 (mAq)로 고치면

$$H_s = (1\,\text{m})\frac{0.85}{1} = 0.85\text{mAq}$$

그러므로 허용할 최대 흡입관로계의 손실수두는

$$\sum f(\nu_s^2/2g) = H_a - H_s - H_{gs} - \Delta h$$
$$= 10 - 0.85 - 5.8 - 0.7 = 2.65\text{mAq}$$

4·4 기어펌프

4·4·1 기어펌프 일반

기어펌프(gear pump)는 고정용 기어펌프의 대표적인 것이다. 펌프 내의 용적을 조절할 수 없는 펌프를 고정용적형 펌프 내의 용적과 동력전달기구를 조절할 수 있는 펌프를 가변용적형 펌프라 한다. 그러나 구동속도를 조정하여 송출량을 변화시키는 펌프 내의 용적을 조정하여 송출량을 변화시키는 방법보다는 바람직하지 못하다.

기어펌프는 Serviere(프)에 의하여 1598년 경에 원리가 고안되었으나 오랜 시간 동안, 다른 특수 펌프와 마찬가지로, 이용되지 못하고 있다가 근래에 와서 유압원용으로 급속히 발달하였다. 송출압력 35~175 [kg_f/cm^2], 용량 5~300 [l/min] 정도의 기어펌프가 현재 제작 시판되고 있다. 기어펌프는 구조가 간단하고 신뢰도가 높으며, 운전, 보수가 용이하고, 비교적 염가이므로 널리 보급되어 있다. 기어펌프(모터) 외접기어펌프는 사용하는 기어형에 따라 스퍼어(spuer), 헬리컬(helical) 및 헬링보온(herringbone) 기어펌프로 분류할 수 있다. 그림 4·

20에 외접형 기어펌프(external gear pump)의 한 단면을 예시하여 놓았다. 기어펌프는 1조의 기어와 이것을 내장하는 기어케이스, 2개의 축수, 기어측판 등이 주요 부품이고 부품수가 다른 펌프에 비해서 적은 것이 특징이다. 기어펌프는 출입구에 밸브가 필요하지 않으므로 사용유의 점도가 높더라도 자동밸브를 갖는 왕복펌프와는 달리 고속운전이 가능하고, 기어의 정도, 기어형을 적절히 선정하면 공동현상이나 이상 소음과 같은 장해 없이 70~80% 정도의 펌프효율을 용이하게 얻을 수 있다.

4.4.2 기어펌프의 종류와 구조

기어펌프의 종류는 많으나 각종 분류법에 의해서 다음과 같이 분류할 수 있다.

(1) 물림법에 의한 분류

① 외접형(그림 4·20)

② 내접형(그림 4·21)

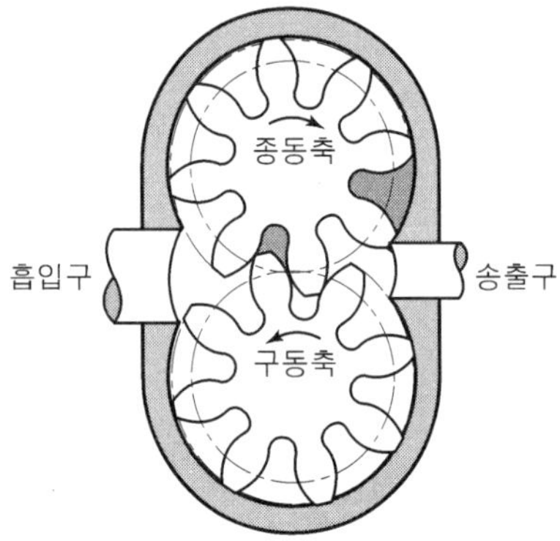

그림 4·20 외접형 기어펌프

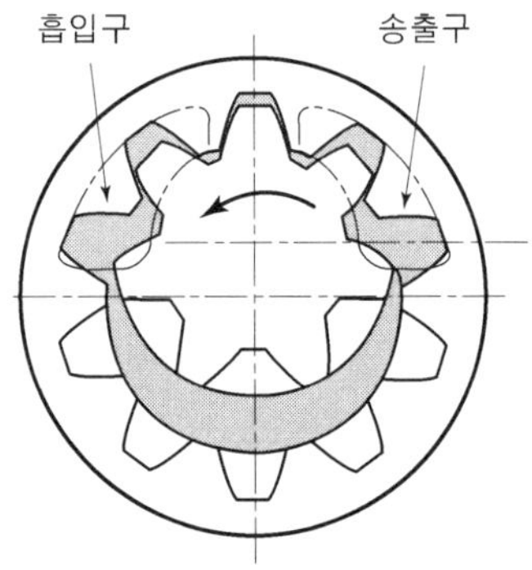

그림 4·21 내접형 기어펌프

(2) 치형에 의한 분류

① 인벌루트(involute) 치형

② 특수 치형 〔트로코이드(trochoid)〕 펌프

(3) 치근에 의한 분류

① 평기어(spur gear)

② 경사식기어(helical gear)

③ 산형식기어(double helical gear)

(4) 기어수에 의한 분류

① 2기어펌프(two gear pump)(그림 4·20)

② 3기어펌프(triple gear pump)(그림 4·23)

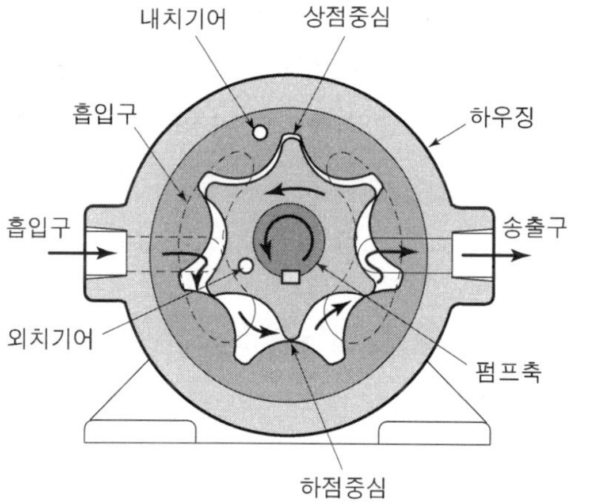

그림 4·22 특수치형 기어펌프

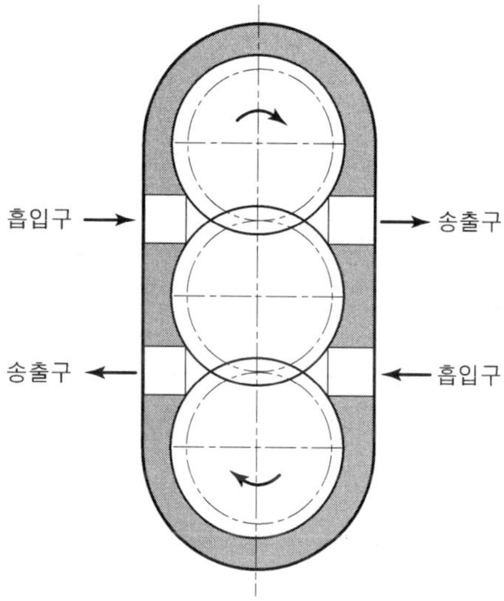

그림 4·23 3기어 펌프

(5) 측판구조에 의한 분류

① 고정 측판형(그림 4·24)

② 가동 측판형(측판 배면에 작용하는 기름의 압력에 의해서 측판이 기어측면에 눌어붙게하는 구조 그림 4·25)

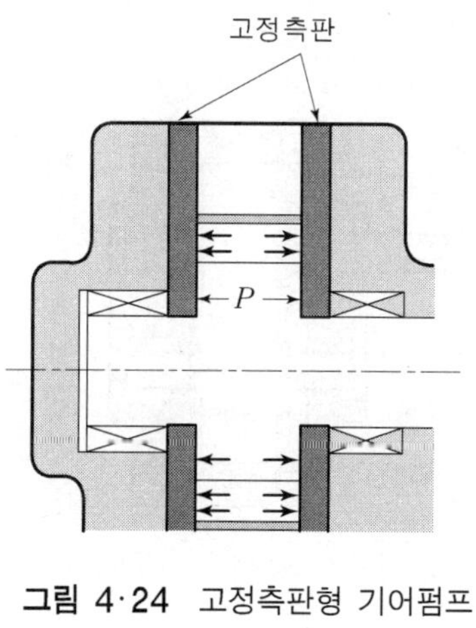

그림 4·24 고정측판형 기어펌프

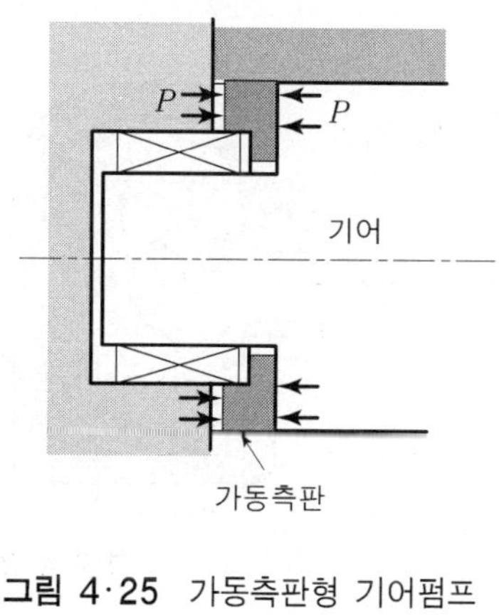

그림 4·25 가동측판형 기어펌프

4·4·3 외접 기어펌프

그림 4·26에 대표적인 외접 기어 펌프를 예시한다. 이것은 기어 펌프 중에서 가장 널리 쓰이는 것으로서 두 기어가 회전하면 이가 물렸다가 떨어지는 부분의 공간에 기름이 흡수되고, 이골(齒溝)에 유압유가 채워져 송출구로 운반된다. 기어의 치형 가운데 가장 일반적인 것은 인벌류트치형으로, 이것은 고정도의 치형가공이 용이하기 때문에 다른 치형의 것에 비하여 고압작동이 가능하고 효율도 높다. 그렇지만 2점에서 접촉하면서 회전하기 때문에, 그림 4·26에서 보는 바와 같이 맞물림 부분의 극간으로 기름이 폐입되어 흡입 쪽으로 되돌려지는, 즉 폐입현상이 생기고 회전 중에 이 부분의 용적이 변화하여 유압유는 압축이나 팽창을 받아 진동이나 소음을 발생시키는 원인이 되기 쉽다. 그래서 보통 기어 측면에 접하는 측판(side plate)에 릴리프 홈(relief groove)을 만들어 이것을 방지하고 있다.

인벌류트치형 이외의 치형으로서는 사인 커브, 트로코이드 등의 특수치형이 있는데 이들은 폐입현상이 일어나지 않도록 점접촉의 치형으로 고안되어 있다. 또 이 1점 점접촉치형은 종동기어를 연속적으로 원활하게 구동하기 위하여 헬리컬치형으로 만들어져 있다. 또 치형의 정확한 절삭가공이 곤란하기 때문에 보통 수 10 [kg_f/cm^2] 이하의 저압용이 많고, 인벌류트치형만큼 사용되지 않고 있다.

고압용 기어펌프의 보기로서 측판가동형 기어 펌프를 그림 4·25에 나타낸다. 이 펌프는 본체, 커버, 기어, 베어링, 구동축, 측판 등으로 구성된다. 본체의 중앙에는 두 개의 접속한 평행한 원형구멍이 있고, 각 구멍의 중심에는 베어링, 기어 측판 등이 끼어 있어서 동심도가 높으므로 고속회전에 적합하다. 기어펌프 내의 유압유가 고압이 되면 기어 측면의 틈에서 누설이 증대하여 성능을 저하시키는데, 이것을 방지하기 위하여 기어의 왼쪽에는 고정측판을, 오른쪽에는 가동형의 측판을 끼운다. 고정측판에는 그 배면에 송출압력을 유도하여 고압시의 측면틈을

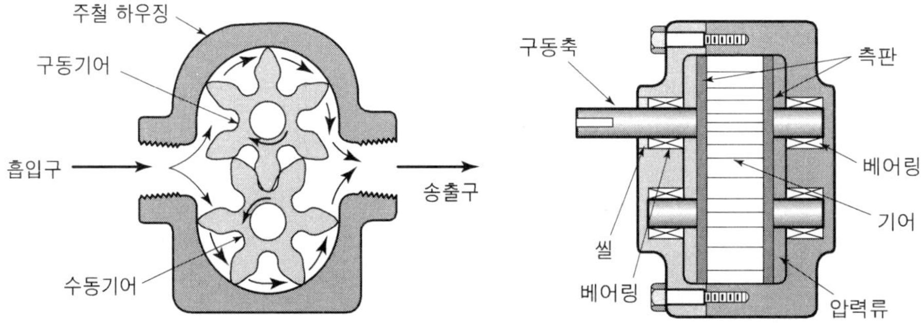

그림 4·26 외접형 기어펌프의 구조

감소시키는 방법, 즉 압력평형형(pressure balance type)과 베어링 부슈와 일체로 된 측판의 배면에 송출압력을 유도하는 방법, 즉 압력부하형(pressure loaded type)이 있다. 따라서 기어의 양 측면과 좌우의 측판과의 틈은 유막을 형성하는 만큼의 최소틈으로 되고, 이 틈은 거의 일정하게 된다. 측판이 마모하더라도 틈은 유압에 의하여 자동적으로 조정이 되므로 효율은 저하하지 않는다.

종래 기어펌프는 70 [kg_f/cm^2] 이하인 저압의 용도가 많았으나 측판가동형 구조로 함으로써 최고압력은 140~210 [kg_f/cm^2]로 상승하고 효율도 85% 전후의 고성능의 것이 제작되기에 이르렀다. 이 종류의 것은 알루미늄합금제 케이싱을 사용한 것이 많고, 경량이고 정밀주조가 가능하며 가공공정도 적고 도장도 필요 없으며, 값이 싸다. 또 열전도성이 좋으므로 이끝(齒先)과의 접촉에 의한 달라붙음(seizure)의 염려도 적은 등 많은 특장을 가지고 있다.

기어펌프는 구동기어가 수동기어를 구동시켜가면서 서로 맞물고 회전할 때 펌핑 작용이 일어난다. 그림 4·26에 펌핑작용의 원리를 표시하여 놓았다. 압력비평형식에서 기어가 서로 맞물며 돌아갈 때 두 기어의 이(치)가 접촉하는 부분은 선접촉이므로 입구측(저압력)과 출구측(고압력)을 차단시킨다. 기어의 이가 입구측에서 서로 떼어질 때 흡입실 A의 용적이 한 개의 이가 점유한 용적만큼 증대되기 때문에 약간의 진공상태로 되어 작동유를 빨아올린다. 빨아올린 작동유는 기어치곡과 케이싱 외주 사이에 끼어 송출실에서 B로 압송된다. 송출실에서 이가 서로 맞물 때 배재되는 용적만큼 감소되어 유압유는 송출실로부터 송출구로 압출된다.

대부분의 기어펌프는 불평형식으로 설계되어 있다. 불평형식 기어펌프의 내부압력분포를 그림 4·27에 표시하여 놓았다. 불평형식 기어펌프는 기어나 축수에 불평형력이 작용되어 운전압력, 속도에 제한을 받는다. 그러므로 고압기어펌프는 그림 4·28과 같이 기어의 상대측 압력을 평형시킬 목적으로 기어(그림 4·28(a))나 케이싱(그림 4·28(b))에 평형홈을 뚫어 압력을 평형시켜서 축수하중을 경감시키고 있다.

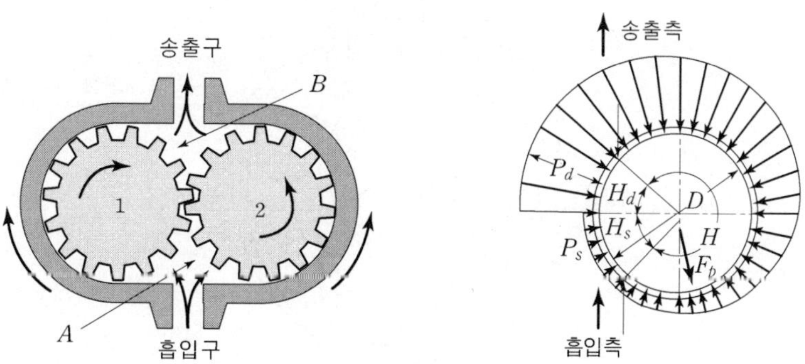

그림 4·27 압력 불평형식 기어펌프의 압력분호

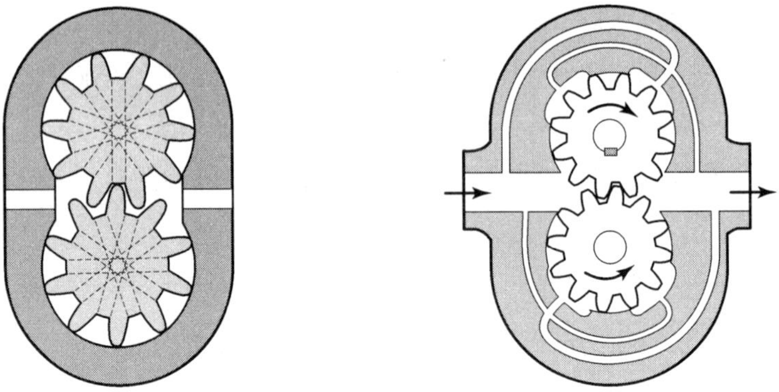

(a)　　(b)

그림 4·28 압력 평형 기어펌프

4·4·4 내접형 기어펌프

내접 기어펌프(internal gear pump)도 외접 기어펌프와 비슷하게 운전된다. 내접 기어펌프는 그림 4·29와 같이 펌프 중심을 회전 중심으로 회전하는 바깥기어, 펌프중심으로부터 편심되어 바깥기어와 접해서 회전하는 안기어와 초생달 모양의 스페이서(crescent shaped spacer)로 구성되어 있다. 안기어가 구동기어가 되어 바깥기어를 회전시키면 내외기어의 기어치곡과 스페이서 양쪽면 사이에 유폐된 작동유는 기어의 회전과 더불어 흡입실로부터 송출실로 압송된다.

그림 4·29에서 흡입구와 송출구가 케이싱 외주에 직접 뚫려 있는 것같이 그렸지만, 실제 외접 기어펌프의 입출구는 두 기어가 맞무는 내부점과 스페이서 끝단 사이에 걸쳐 초생달을 반으로 잘라 놓은 모양으로 길쭉하게 펌프측판(end plate)에 뚫려 있다. 안기어가 바깥기어에 내접하면서 바깥기어를 구동하면 내접점에서 송출실(고압실)과 흡입실(저압실)은 차단되고 흡입

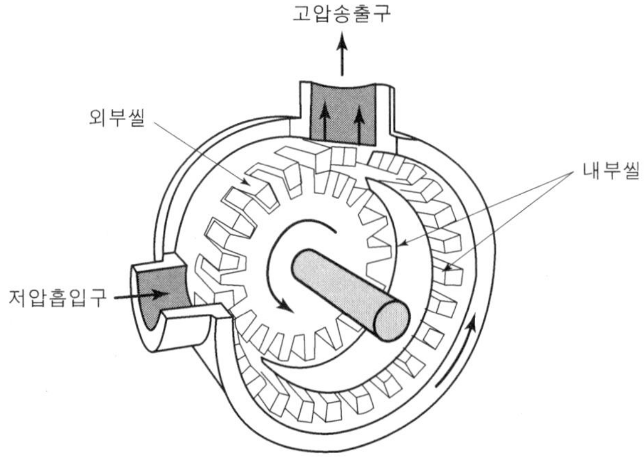

그림 4·29 내접형 기어펌프의 운전

실에서 내외기어가 서로 떨어지면서 곡부용적은 점차 커진다. 이로 인하여 흡입실의 압력은 진공이 되어 작동유를 흡입한다. 흡입된 작동유는 스페이서의 양쪽면과 내외기어의 곡부 사이에 끼어 송출실로 이송된다. 송출실에서는 기어가 회전함에 따라 내외기어의 이가 서로 맞물게 되어 곡부용적이 점차 작아져 작동유가 송출구로 압송된다. 내접 기어펌프는 치형이 마모되면 외접 기어펌프에 비하여 급속한 효율저하가 일어난다.

또 그림 4·30은 트로코이드(trochoid)치형을 사용한 트로코이드 펌프로서, 외치기어는 내치기어보다 이 수가 1개 적고, 항상 1점접촉을 하면서 회전하므로 초승달 모양 스페이서가 필요치 않다.

내접형은 외접형에 비하여 흐름의 맥동이 아주 작고, 또 내외의 양 기어의 상대속도도 작으므로 이의 마모도 적어서 고속회전에 적합하다. 일반적으로 작동압력은 20 [kg_f/cm^2] 정도의 것이 많은데 트로코이드형에서는 70 [kg_f/cm^2]에 이르고 있고, 다시 최근에는 최고 압력 300 [kg_f/cm^2]인 것도 개발이 되었다.

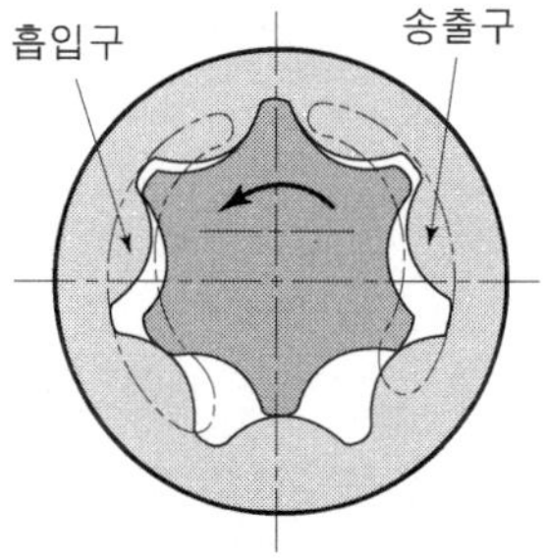

그림 4·30 트로코이드 기어펌프

4·4·5 송출 용적

가장 많이 사용되고 있는 인벌류트(involute) 치형의 기어펌프의 경우 입력축의 1회전 당 압출용적은 다음 식으로 주어진다.

$$V_{th} = \frac{\pi b}{2}\left(\frac{D_2{}^2 + i\,D_2{}^2}{2} - \frac{2i}{1+i}A^2 - \frac{1+i}{6}\,t_n{}^2 - \frac{1+i}{6}\,b^2\tan\beta_g\right)^2 \quad (4\cdot 41)$$

여기서 b : 치폭
D_2 : 구동기어의 외경
D_2' : 종동기어의 외경
i : Z/Z' (내접일 때는 지수가 같지 않다)
Z : 구동기어의 치수
Z' : 종동기어의 치수
A : 기어중심거리
t_n : 축 직각단면치형의 법선피치(pitch)

β_g : 기초원통 위의 경사각(헬리컬각)

두 개의 기어가 서로 같을 때에는 $D_2=D_2'$, $i=1$ 이 되므로 식 (4·41)은 다음과 같이 된다.

$$V_{th}=\frac{\pi b}{2}\left(D_2{}^2-A^2-\frac{1}{3}t_n{}^2-\frac{1}{3}b^2\tan^2\beta_g\right) \tag{4·42}$$

또, 표준 평기어일 때, 모듈(module)을 m, 공구압력각을 α_n라고 하면

$$D_2=m(Z+2),\quad D_2'=m(Z'+2)$$
$$A=mZ,\ t_n=\pi m\cos\alpha_n,\ \beta_g=0 \tag{4·43}$$
$$=m(Z+Z')$$

이므로 식 (4·42)는 다음과 같이 된다.

$$V_{th}=2\pi bm^2\left\{Z+\frac{1+i}{2}\left(1-\frac{\pi^2}{12}\cos^2\alpha_n\right)\right\} \tag{4·44}$$

윗식에서 ( )내의 제 2 항은 제 1 항 Z에 비해서 상당히 작으므로 외접($i>0$) 내접($i<0$) 일 때의 V_{th}의 차는 많지 않다. 또 식 (4·44)에서 ( )내의 제 2 항을 무시하면, 외접과 내접에 관계없이 다음의 근사식이 얻어진다.

$$V_{th}\fallingdotseq 2\pi b\,m^2 Z \tag{4·45}$$

순간송출량은 축이 1회전하는 사이에 Z회만큼 포물선상의 맥동을 반복한다. 기어가 피치점에서 맞물려 있을 때부터의 회전각을 θ라고 하면, 순간 송출량 Q는 그림 4·31과 같이 된다.

$\theta=0$일 때 Q_t는 최대, $\theta=\pm\pi/Z$일 때에 Q_t가 최소가 되고, 그 맥동율 ε은 다음 식이 된다.

$$\varepsilon=\frac{Q_{t\max}-Q_{t\min}}{Q_{t\mathrm{mean}}}=\frac{\pi b(1+i)\,t_n{}^2}{4V_{th}} \tag{4·46}$$

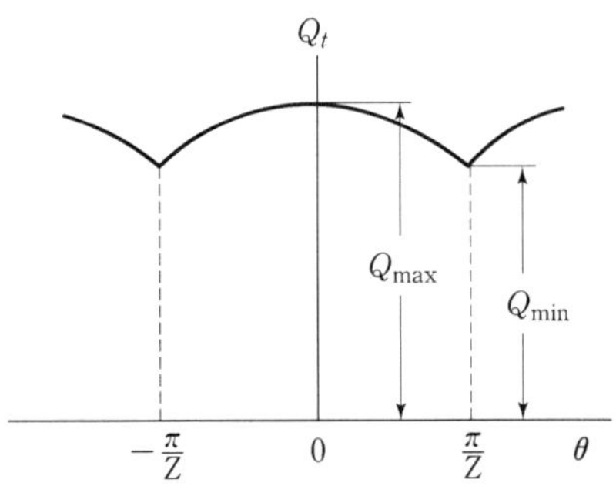

그림 4·31 순간 토출량의 맥동

표준기어의 경우 식 (4·43), 식 (4·42)를 윗식에 대입하여

$$\varepsilon = \frac{\pi^2 (1+i) \cos^2 \alpha_n}{8\left\{Z + \frac{1+i}{2}\left(1 - \frac{\pi^2}{2} \cos^2 \alpha_n\right)\right\}} \tag{4·47}$$

이 된다. 윗식의 분모 { } 내의 제 2 항을 제 1 항과 비교해서 생략하면 다음의 근사식을 얻을 수 있다.

$$\varepsilon \fallingdotseq \frac{\pi^2 (1+i) \cos^2 \alpha_n}{8Z} \tag{4·48}$$

윗식에 의하면 Z가 적어짐에 따라 ε가 커지게 되는데 내접일 때($i<0$)는 ε가 상당히 작아짐을 알 수 있다. 그림 4·32는 Z와 ε의 관계를 계산한 예이다. 이 잇수가 적어짐에 따라 송출량의 맥동률은 커지는데 소형의 기어펌프에서 될 수 있는 대로 큰 송출용적을 얻기 위해서 상당히 적은 이 치수가 채용되고 외접기어펌프에서는 $Z=9\sim14$가 많다.

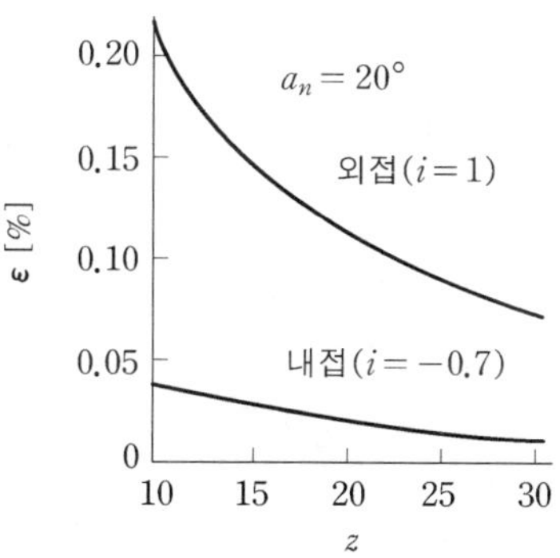

그림 4·32 토출량의 맥동률

4·4·6 폐입과 그 대책

인벌루트(involute) 기어에서는 일반적으로 물림율이 1이상이 되므로 그림 4·33과 같이 두 점에서 맞물려 있는 기간이 있다. 이 두 개의 맞물린 점에 의해서 폐입된 부분(사선부)의 용적은 기어의 회전에 따라서 변화하게 된다.

폐입기간 전반에서의 폐입 압축량은 평기어에서는

$$\Delta v_1 = \pi b t n^2 \frac{1+i}{Z} \left(\varepsilon_{v_1} - \frac{1}{2}\right)^2 \tag{4·49}$$

이 된다. 윗식에서 ε_{v1}은 가까이 갈 때 물림률이다.

$$\Delta v_2 = \pi b t_n{}^2 \frac{1+i}{2} \left(\varepsilon_{v_2} - \frac{1}{2}\right)^2 \tag{4·50}$$

이다. 윗식에서의 ε_{v2}는 떨어질 때 물림률이다. 식 (4·49), 식 (4·50)에 있어서의 치수비 i는 내접형에서는 부(−)이므로 내접기어펌프의 Δv_1, Δv_2는 외접일 때에 비해서 상당히 작다. 외접에서 두 개의 기어가 서로 같을 때는

$$\Delta v_1 = \Delta v_2 = \frac{\pi b t_n{}^2}{2Z} (\varepsilon_v - 1)^2 \tag{4·51}$$

이 된다. 윗식의 ε_v는 맞물림률이다.

폐입부에 들어있는 기름은 압축성이 대단히 작으므로, 폐입압축일 때에는 폐입부에 고압이 발생한다. 이 홈내 압력은 흡입압력 P_s로부터 송출압력 P_d까지 상승하고, 물림 부분에서 그림과 같이 피크(pick) 압력이 발생한다. 이 순간에 축동력과 함께 베어링 하중도 증가하는데, 이와 같은 현상은 간헐적으로 일어나는 것으로 펌프의 진동, 소음의 원인이 된다.

또한 폐입팽창일 때에는 폐입부에 진공이 발생하고 기포가 생긴다. 이와 같은 폐입에 따른 폐해를 피하기 위하여 그림 4·34와 같이, 측판내면에 릴리프홈(relief groove)를 만들고, 폐입압축기간은 Δv_1을 송출측에서 도피시켜서 압력상승을 피하고, 폐입팽창기간은 Δv_2를 흡입

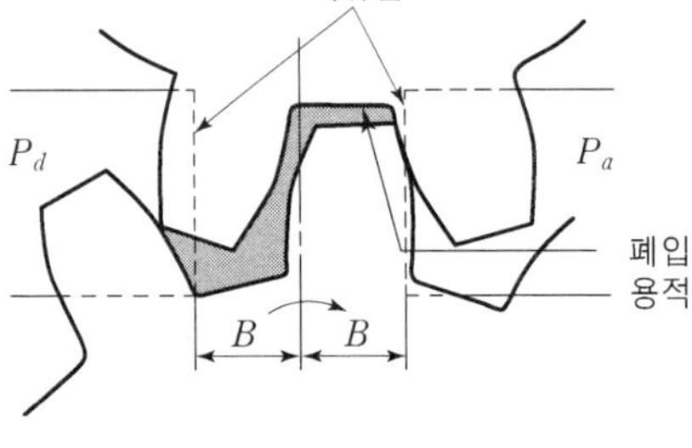

그림 4·33 폐입의 상태

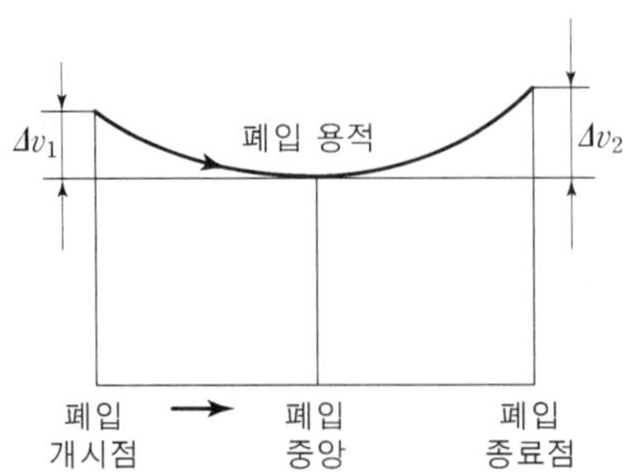

그림 4·34 폐입 용적의 변화

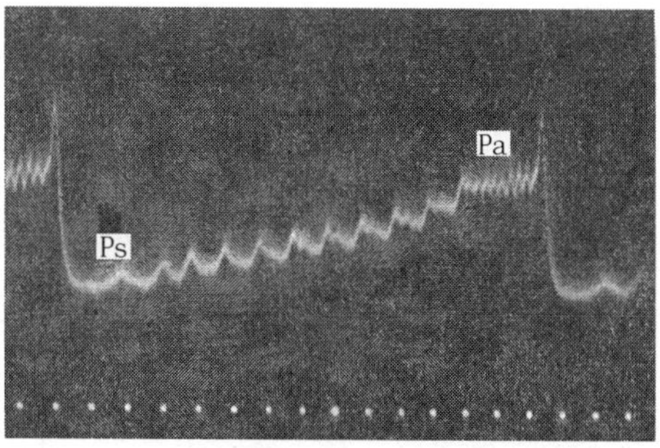

그림 4·35 차홈내 압력의 변화

측에서 폐입부로 보급하여 진공발생을 피하고 있다. 평기어일 때 드레인 홈 위치는 그림 4·33에서와 같다.

$$B = 0.5\, t_n \cos \alpha \qquad (4·52)$$

로 하면 된다. 윗식의 α는 물림압력각이다.

그림 3·35는 치홈내의 기름의 압력이 기어의 1회전 중에 변화하는 상태를 표시한 일례이다.

4·4·7 베어링 하중(bearing load)

베어링 하중(bearing load)은 기어주의의 압력에 의한 힘과 함께 물림부에 작용하는 힘에 의해서 기어축은 큰 축하중을 받는다.

축하중 F는 근사적으로, 다음 식으로 주어진다.

$$F \fallingdotseq 0.8\, \Delta P D_2\, b \qquad (4·53)$$

하나의 예로서, $D_2 = 5$ [cm], $b = 3$ [cm], $\Delta P = 140$ [kg_f/cm^2]인 때를 생각하면, $F \fallingdotseq 1680$ [kg_f]가 되고, 베어링에 상당히 큰 하중이 걸림을 알 수 있다. 따라서 기어펌프의 수명은 일반적으로 베어링 수명에 의해서 정해진다고 생각된다.

V_{tn}와 ΔP가 주어졌을 때 b/D_2가 커지는 정도로 베어링 하중이 커지게 되지만 총효율은 약간 높아진다. 따라서 베어링 하중의 허용범위에서 b/D_2를 크게 하는 수가 많다.

4·4·8 특징과 용도

기어펌프는 소형, 경량이며 값싼 점이 장점이고, 또 가혹한 운전 상태(분진에 의한 기름의 오염, 유온의 상승, 과부하)에 대해서도 견딜 수 있으므로, 특히 건설 기계, 산업 차량, 농업 기계 등에서의 유압 구동에 적합하다. 유온의 한계는 공작 기계에 사용될 경우는 65 [°C] 정도까지이나 건설 기계 등에서는 80 [°C], 단시간이면 100 [°C] 정도까지 사용된다. 적당한 기름의 점도는 30~80 [cSt] 이다.

압력은 20~210 [kg_f/cm^2]의 범위에 사용되고, 회전수는 600~3,000 [rpm]의 범위가 많으나, 소형 펌프에서는 700 [rpm] 정도까지 사용되고 있는 예가 있다. 이와 같은 고속 회전에 있어서는 흡입구에서의 캐비테이션에 특히 유의할 필요가 있다. 펌프 전효율도 최근 점차 향상하여, 대체로 75~90% 사이이다. 기어 케이스나 커버에 알루미늄 합금이 사용되기도 하여 그 중량도 더욱 감소하였고, 배제 용적[cm^3/rev]에 대한 중량[kg_f]도 0.2~0.6 [kg_f/cm^3rev] 정도로 되었으며, 마력당 중량으로 해서 0.5 [kg_f/HP]의 것이 만들어져 있다.

용도로는 위의 것 이외에 광산 기계, 공작 기계, 선박의 유압 구동용에도 사용되고 있으며, 또 자동 제어 기구의 유압원, 윤활유 펌프, 오일 수송용, 중유 분사용, 화학 공장에서의 특수한 고점도액 압송, 고압 송수용, 방계용 등 그 용도는 넓다.

4·5 베인펌프

4·5·1 베인펌프의 일반

Pamelli(이)가 로터리 펌프로 착상한 아이디어를 Harry F. Vickers(1925년)가 압력평형식 베인펌프(vane pump)로 발전시켰다. 이것이 공업적으로 가치를 인정받게 되어 그후 많은 연구자에 의하여 연구 개발되어 왔다. 현재 일반산업용으로서 송출압력 1단 70 [kg/cm^2], 2단 140 [kg_f/cm^2] 용량 4 [l/min]~280 [l/min]의 베인펌프가 보통 제작시판되고 있다. 최근에 와서는 고속고압용으로서 1단 105 [kg_f/cm^2]의 펌프가 출현되고 있다.

베인펌프는 고정용량과 가변용량형, 그리고 압력평형과 불평형식으로 분류되어진다. 현재 제작되고 있는 베인펌프는 다음 세 가지 형식이 있다.

① 고정용량 압력평형식(fixed displacement, unbalanced type)
② 고정용량 압력불평형식(fixed displacement, balanced type)
③ 가변용량 압력불평형식(variable displacement, unbalanced type)

베인펌프를 구성하는 기본요소는 흡입구, 송출구, 구동회전자(driven rotor), 활동베인(sliding vane), 캠링(cam ring), 케이싱(casing)이다. 베인은 회전자에 파놓은 홈 안에서 활동하면서 캠링의 형상에 따라 베인과 캠링과 회전자에 둘러싸인 공간용적을 변화시킨다. 공간용적이 증가하는 동안 흡입구에서 흡입되어 유압유는 저압흡입실로 들어간다. 베인이 전환점(베인이

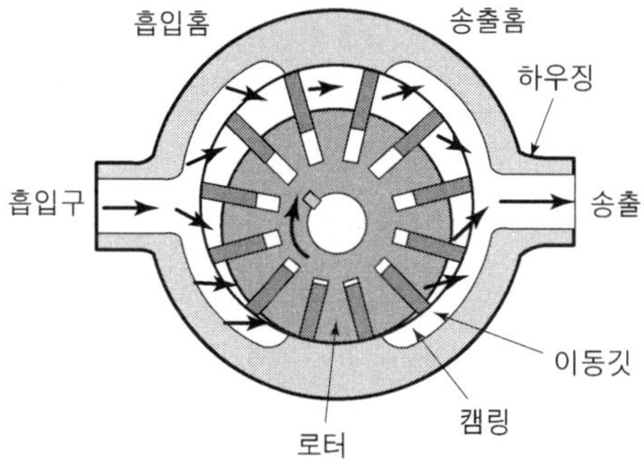

그림 4·36 고정용량 압력불평형식 베인펌프

가장 많이 돌출한 점)을 지나면 공간용적은 감소되면서 공간에 점유되었던 작동유는 고압송출실로 이송되면서 송출실로부터 배출되어진다.

고정용량 불평형식 베인펌프는 펌프의 한쪽에서만 펌핑 작용을 하므로 송출압력이 비례하는 정압력의 불평형분의 하중이 주축수에 작용한다. 이 힘은 회전축과 축수 사이에서 지지되어야 하므로 회전축과 축수는 이 힘을 이겨낼 수 있는 충분한 강도가 요구된다.

펌프베인은 회전자에 파놓은 홈 안에서 캠링의 윤곽면을 따라 활동한다. 베인의 선단은, 원심력과 용수철 힘 또는 베인 타단에 송출압력을 도입시켜, 캠링의 윤곽면과 밀착하게끔 설계되어 있다. 펌프를 시동할 때 초기에는 원심력에 의해서만 베인과 캠링이 접촉되어지므로(용수철 힘을 이용하는 펌프 제외) 펌프가 자기 성능을 발휘하는 데에는 최소의 어떤 회전속도가 요구된다. 용수철 힘을 이용하여 베인을 밀접시키는 펌프는 저속펌프에 한한다.

고정용량 압력평형식 베인펌프는 각개의 흡입구와 각 개의 송출구가 각각 회전자에 대하여 서로 대칭되는 위치에 배치되어 있다. 캠링은 타원형으로 만들어져 있다. 압력평형식 베인펌프는 그림 4·37과 같은 구조로 되어 있기 때문에 회전자에 대하여 대칭되는 점의 압력은 크기가

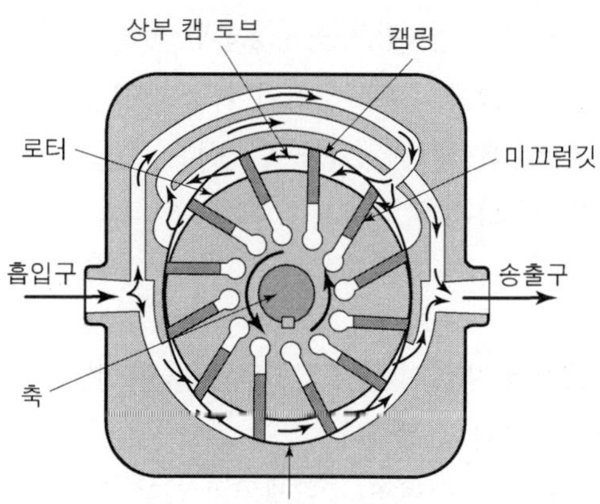

그림 4·37 고정용량 압력평형식 베인펌프

같고 방향이 반대로 분포되어 완전한 유압평형이 이루어진다.

그러므로 축수하중은 불평형식에 비하여 현저하게 경감되고, 다만 축수는 외부 구동하중만 고려해서 설계하면 된다.

가변용량형 베인펌프는 자동적으로 압력불평형식 펌프가 된다. 이 펌프는 부하의 변동에 따라 수동 또는 자동으로 회전자의 회전중심 혹은 캠링을 이동시켜 편심량을 변화시킴으로 해서 송출량을 변화시킬 수 있는 형식의 펌프이다. 그림 4·38은 이 펌프의 구조를 표시한 것이다.

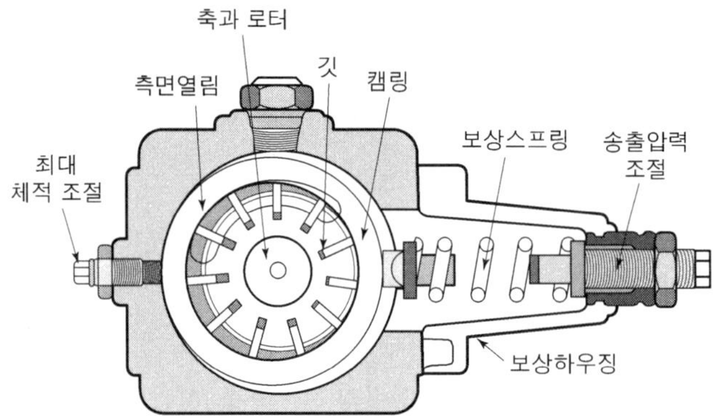

그림 4·38 가변용량형 베인펌프

이 펌프는 원형캠링을 이동시켜 편심량을 조절하는 형식이다. 캠링은 압력보상기구인 압력설정스프링의 힘에 의하여 최대 송출량 조정나사의 끝에 닿도록 되어 있다.

만일 회로압력이 상승해서 송출실압력이 높아지면 캠링은 스프링 힘과 평형을 이룰 때까지 중심 쪽으로 이동하여 송출량을 감소시킨다. 회로압력이 스프링의 설정압력에 도달하면 편심량이 0이 되어 송출량도 0이 된다. 그러므로 최고설정압력에서 유량이 그리 요구되지 않을 경우 혹은 일정 토크가 요구되는 경우 이 펌프를 사용하면 여분의 기름을 릴리프할 필요가 없고, 무부하밸브(unloading valve) 없이 무부하운전이 가능하여 유효 일량을 경감시킬 수 있으므로 동력손실의 감소와 유온상승을 저감을 가할 수 있다.

따라서 베인펌프의 장·단점은 다음과 같다.

● 베인펌프의 장점

① 베인펌프는 다른 펌프에 비하여 송출압력의 맥동이 적다.

② 펌프의 구동동력에 비하여 소형이다.

③ 베인의 선단이 마모되어도 압력저하가 생기지 않는다.

④ 비교적 고장이 적고 보수가 용이하다.

- **베인펌프의 단점**

① 베인, 회전자, 캠링이 서로 접촉활동하므로 공작정도가 높아야 하고, 양질의 재료를 선정할 필요가 있다.

② 기름의 점도, 청정도 등에서 섬세한 주의를 요한다.

③ 부품수가 많다.

4·5·2 종류와 구조

베인펌프는 그 구조에 의해서 각각 다음과 같이 분류한다.

(1) 로터(rotor) 주의의 압력평형에 의한 분류

① 비평형형(unbalanced vane pump)

② 평형형(balanced vane pump)

(2) 압출용적의 가변기구의 유무에 의한 분류

① 정용량형(fixed delivery vane pump)

② 가변용량형(variable delivery vane pump)

(3) 측판구조에 의한 분류

① 고정측판형(fixed vane pump)

② 가동측판형(movable vane pump)

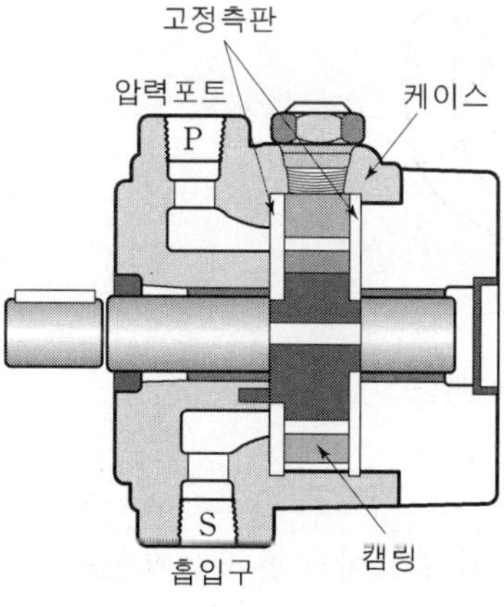

그림 4·39 고정측판형 베인펌프

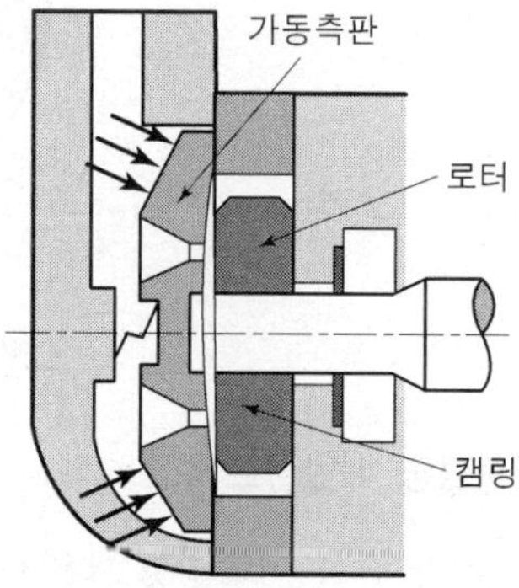

그림 4·40 가동측판형 베인펌프

4·5·3 송출용적

(1) 평형형

그림 4·41과 같은 평형형 베인펌프에서는, 2매의 베인 사이의 최대용적 A와 최소용적 B의 차가 송출되는 것으로서 베인수를 Z라고 하면 1회전당 압축용적은

$$V_{th} = 2Z(\text{용적 } A - \text{용적 } B) \tag{4·54}$$

이 된다. 그런데 캠링(cam ring)의 A부분은 반지름 R_2의 원호이고, B부분은 반지름 R_1의 원호이므로 로터(rotor) 반지름을 R_0, 로터의 폭을 b라고 하면 용적 A, B는

$$\begin{aligned} \text{용적 } A &= b\left\{\frac{1}{2}(R_2{}^2 - R_0{}^2)\frac{2\pi}{Z} - (R_2 - R_0)\,t\,\sec\alpha\right\} \\ \text{용적 } B &= b\left\{\frac{1}{2}(R_1{}^2 - R_0{}^2)\frac{2\pi}{Z} - (R_1 - R_0)\,t\,\sec\alpha\right\} \end{aligned} \tag{4·55}$$

와 같다. 윗식에서 t=베인두께, α=베인과 반지름과의 각도이다. 식 (4·55)를 식 (4·54)에 대입하면

$$V_{th} = 2\pi b\left\{R_2{}^2 - R_1{}^2 - \frac{\pi}{Z}(R_2 - R_1)\,t\,\sec\alpha\right\} \tag{4·56}$$

이 된다. 따라서 평형 베인펌프의 이론송출유량 Q_{th}는

$$Q_{th} = 2\pi bn\left\{R_2{}^2 - R_1{}^2 - \frac{\pi}{z}(R_2 - R_1)t\sec\alpha\right\} \tag{4·57}$$

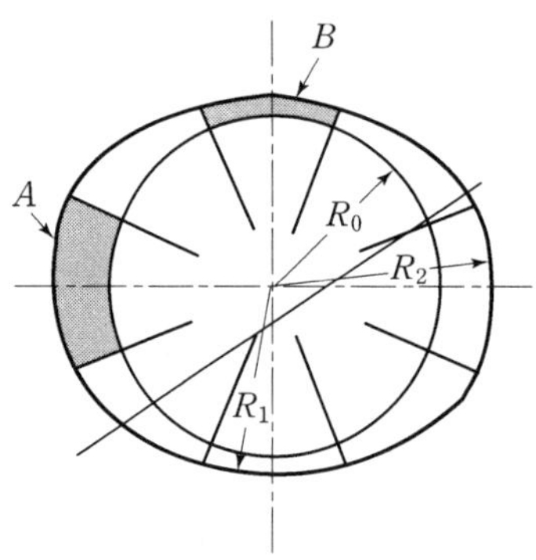

그림 4·41 평형형 베인펌프

(2) 비평형형 베인펌프

그림 4·42와 같은 비평형형 베인펌프에서는 그림의 베인 사이의 용적 A와 B의 차가 송출되는 것이므로 배제용적은 다음 식과 같다.

$$V_{th} = Z(\text{용적 } A - \text{용적 } B) \tag{4·58}$$

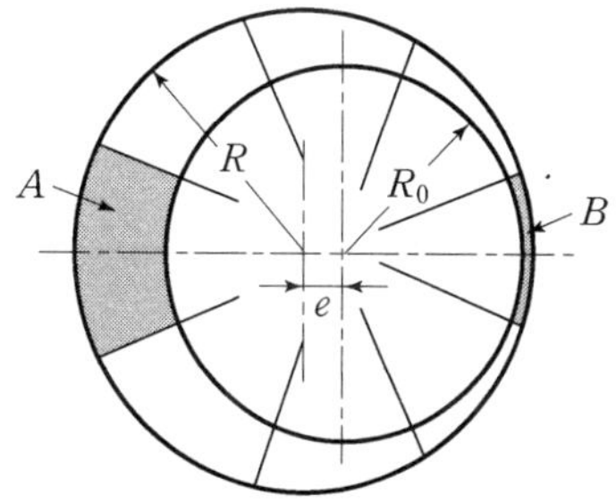

그림 4·42 비평형형 베인펌프

그런데 캠링(cam ring)내 반지름을 R, 로터의 반지름을 R_0, 편심량을 e라고 하면

$$
\begin{aligned}
\text{용적}\quad A &\fallingdotseq b\left[\frac{1}{2}\{(R+e)^2-R_0{}^2\}\frac{2\pi}{Z}-(R+e-R_0)\,t\right] \\
\text{용적}\quad B &\fallingdotseq b\left[\frac{1}{2}\{(R-e)^2-R_0{}^2\}\frac{2\pi}{Z}-(R-e-R_0)\,t\right]
\end{aligned}
\tag{4·59}
$$

이 되므로 식 (4·59)를 식 (4·58)에 대입하면

$$V_{th} \fallingdotseq 2be(2\pi R - Zt) \tag{4·60}$$

이 된다. 따라서 로터의 회전수가 n일 때의 이론 송출량은 $Q_{th} = V_{th} \cdot n$이므로

$$Q_{th}=2ben(2\pi R-zt) \tag{4·61}$$

이 된다.

4·5·4 캠 곡선

평형형 베인펌프의 캠 링(cam ring) 형상은 그림 4·43과 같이 두 개의 베인 사이의 중심각 ($\theta = 2\pi/Z$)만큼의 대원호(반지름 R_2)·소원호(반지름 R_1)와 그것을 원활하게 연결하는 캠곡선(cam curve)에 의해서 성립되고 있다. 이 캠 곡선에 대해서는 반지름 r이 각 θ의 1차식(아르키메데스의 나선)이면 이론 토출량의 맥동은 없으나, 대원호와 소원호와의 접속부분에서의 베인의 운동에 상당히 무리가 있다. 이 캠 곡선이 2차식일 때, 일반적으로

$$r = a\theta^2 + b\theta + c \tag{4·62}$$

가 되므로, 베인의 반지름 방향 속도 v는

$$v = \frac{dr}{dt} = \omega\frac{dr}{d\theta} = \omega(2a\theta + b) \tag{4·63}$$

이 되고, 가속도 α는 다음 식이 된다.

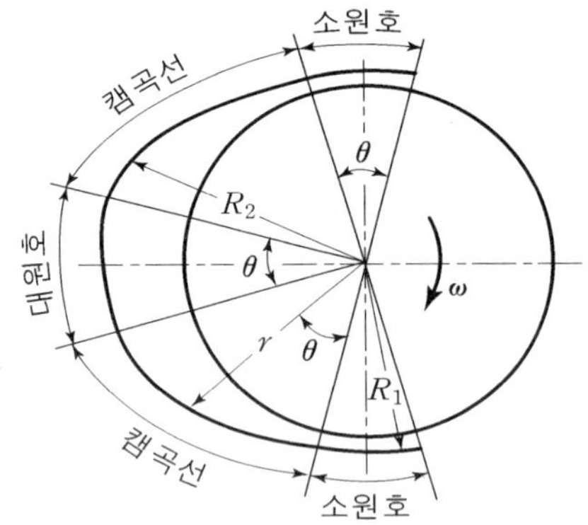

그림 4·43 캠 링 형상

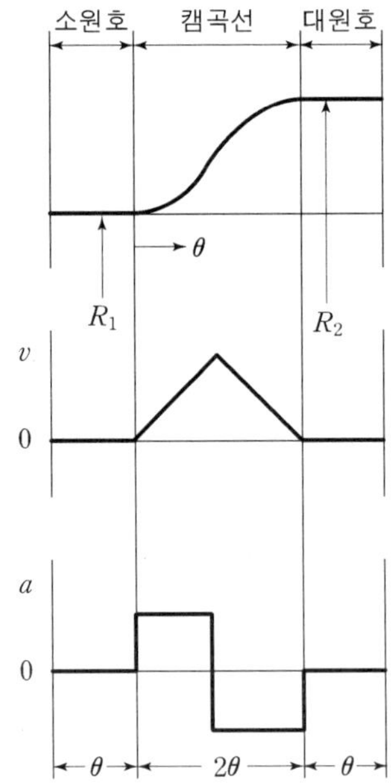

그림 4·44 캠 곡선과 베인의 속도, 가속도

$$a = \frac{dv}{dt} = 2\,a\omega^2 \qquad (4\cdot64)$$

이러한 상태는 그림 4·44와 같이 되고, 원호와 캠 곡선의 접속부분, 즉 $\theta=0,\ \theta,\ 2\theta$인 점에서 가속도가 급격히 변화하고 베인의 관성력이 순간적으로 변하게 되므로 좋지 않다.

따라서 원호와 캠 곡선의 접속 부분에 완화곡선을 사용하는 데 캠 곡선으로서 3차 이상의 고차식 또는 삼각함수식 등이 사용되고 있다. 더구나 두 개의 베인 사이의 중심각 $\theta(=2\pi/Z)$에 대해서 실제로 대원호의 중심각은 1.1θ 정도로 하고 있다.

그림 4·45에서 베인실이 대원호부로부터 캠곡선으로 이동하고 송출포트(port)와 접속되려고

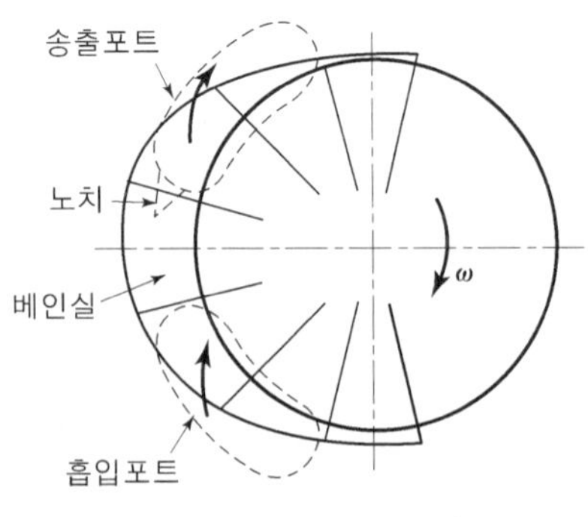

그림 4·45 베인펌프의 토출 포트부의 노치(notch)

할 때 베인실 내의 압력은 아직 흡입압력의 상태에 있으므로 토출측의 고압유의 역류 등에 의해서 서지압(surge pressure)이 발생하고, 진동, 소음의 원인이 된다. 그것을 피하기 위해서는 베인실 압력의 과도한 급상승을 피할 필요가 있다. 일반적으로 많이 사용되고 있는 것은 그림 4·45와 같이 송출포트의 개구부의 앞부분에 작은 노치(notch)를 만들어 송출측의 고압유가 노치를 통해서 베인실로 천천히 유입하여 베인실의 압력상승을 낮추는 방법이다. 노치의 길이, 단면적을 변환시킴으로서 압력상승곡선을 자유로 조정할 수 있다.

4·5·5 베인의 평형

베인은 일반적으로 그 내측의 단면에 작용하는 송출압력 P_d에 의해서 캠링내면으로 밀어내고 있다. 베인이 송출포트 부분에 있을 때는 베인 선단의 단면도 P_d가 되므로 베인에 작용하는 반지름 방향의 힘은 정적으로는 평형을 이룬다. 그러나, 베인의 흡입포트 부분에 있을 때에는 베인선단의 압력은 흡입압력 P_s가 되므로 베인을 캠링 내면으로 밀어내는 정적인 힘은

$$F = (P_d - P_s)\,bt \tag{4·65}$$

가 되고, 고압인 경우에는 베인과 캠링 사이의 접촉압력이 과대해진다. 그 결과로 마찰력이 커지고 마모가 촉진된다. 따라서, 고압 베인펌프에서는 이 접촉압력을 경감하기 위하여 여러 가지 방법이 연구되고 있다. 그림 4·46은 베인의 압상력은 스프링만에 의하여 주는 스프링 로디드 베인(spring loaded vane)이다.

그림 4·47은 그 하나의 예이며, 베인의 내측단면에는 항상 베인선단과 같은 압력 P_d(또는 P_s)가 작용하고 있다. 그러나, 베인의 스텝부분 t_s에는 항상 송출압력 P_d가 작용하고 있으므로 베인을 외측으로 밀어내는 정적인 힘은 $(P_d - P)bt_s$이고, 베인이 흡입포트 부분에 있을 때에는

$$F = (P_d - P_s)\,bt_s \tag{4·66}$$

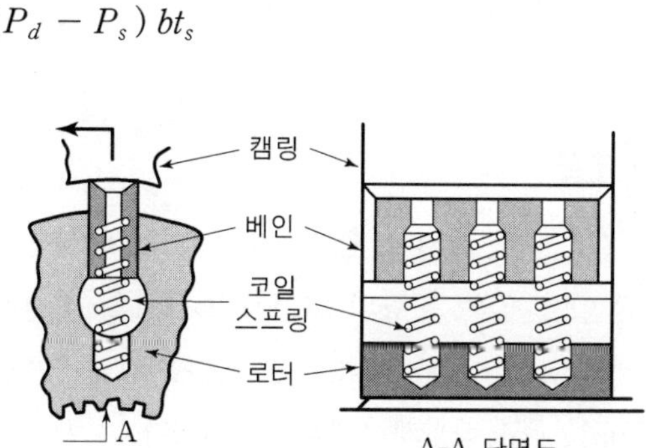

그림 4·46 스프링 로디드 베인

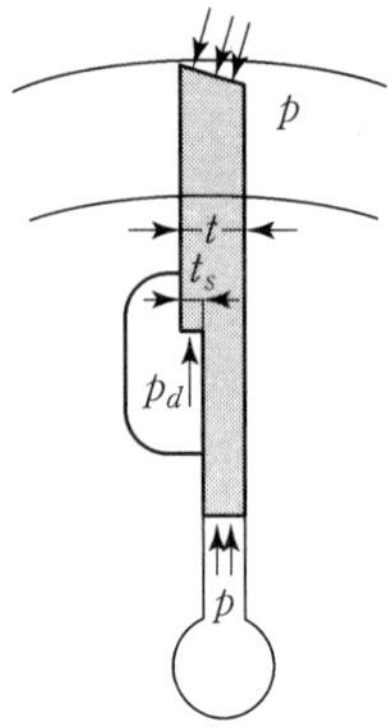

그림 4·47　스텝베인식

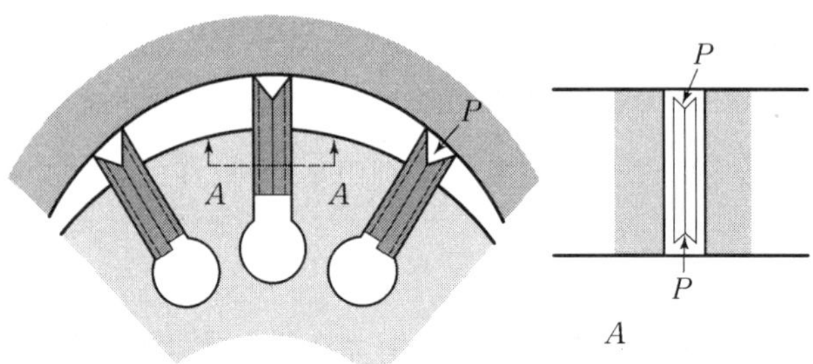

그림 4·48　듀얼 베인식(dual vane type)

이 된다. 따라서 t_s를 적당히 작게 함으로써 F의 크기를 제한할 수 있다. 이와 같은 방법을 스텝 베인식(step vane type)이라고 한다.

또 그림 4·48은 듀얼 베인식(dual vane type)이며 2매의 얇은 베인에 의해서 구성되고 베인의 반지름 방향의 압력평형이 이루어지고 있다.

실제로 베인에 작용하는 것과 같은 정적인 힘의 평형 이외에도, 베인의 반지름 방향의 관성력도 고려할 필요가 있다. 고속회전시에는 이 관성력 때문에 베인이 캠링 내면으로부터 순간적으로 떨어지는 수도 있다.

(1) 베인펌프의 회전자의 조합

베인펌프는 사용 목적에 따라 회전자의 결합방식을 달리해서 사용한다. 송출압력을 증가시킬 목적으로 직렬 결합한 단펌프, 임의 용량의 회전자의 유로를 병렬결합해서 1개의 전동기로 구동하는 2압베인펌프(double vane pump), 1개의 펌프본체에 2압펌프와 릴리프밸브(relief valve), 무부하밸브(unloading valve), 체크밸브(checkvalve) 등을 조합내장하여 특수한 목적에 적합하게끔 설계된 복합베인펌프(combination vane pump)가 있다.

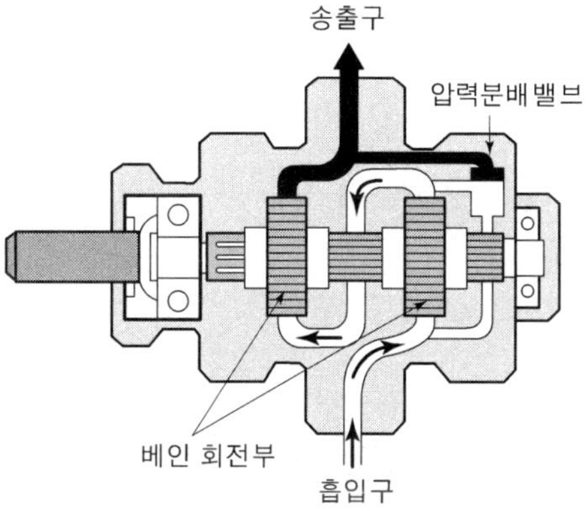

그림 4·49 2단 베인펌프의 구조

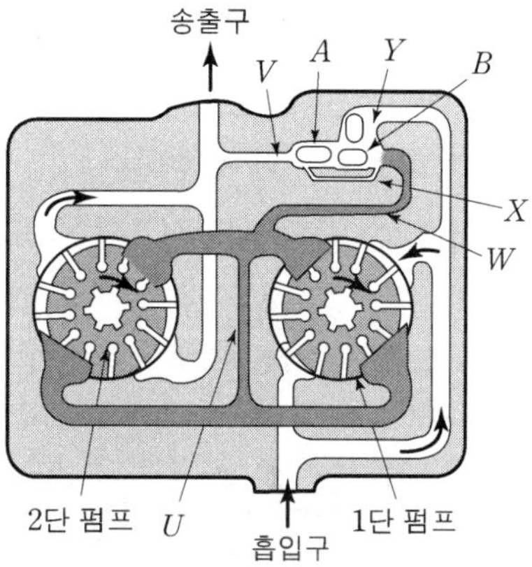

그림 4·50 2단 베인펌프의 작동

그림 4·49에 2단 베인펌프의 구조를 표시하여 놓았다. 1개의 펌프 본체 속에 2조의 펌프카트리지(pump cartridge)가 직렬로 조립되어 동일축으로 양펌프를 구동한다. 제1단펌프의 송출구와 제2단 펌프의 흡입구는 본체 내에서 연결되어 있다.

이 펌프의 특징은 분배밸브(dividing valve)라고 하는 독특한 밸브기구를 갖는다는 것이다. 그림 4·50에 이 펌프의 작동을 설명하여 놓았다.

분배밸브는 A, B 두 개의 플런저 밸브가 있고, A는 고압측 플런저 밸브, B는 저압측 플런저 밸브이다. A의 수압면적은 B의 수압면적의 1/2로 설계되어 있다. 그러므로 플런저 밸브는 제1단 펌프의 송출압력을 제2단 펌프의 송출압력의 1/2로 자동조절한다. 만일 제1단 펌프의 송출량이 제2단 펌프가 흡입할 수 있는 양보다 많아지면 유로 W의 압력이 상승하여 플런저 밸브 B의 우단에 작용하게 된다.

이로 인하여 플런저 밸브는 왼쪽으로 이동하여 유로 Y를 열어 여분의 기름을 제1단 펌프의 흡입구에 귀환시킨다. 그리하여 유로 W의 압력을 유로 V의 1/2로 지정한다. 반대로 제1단 펌프의 송출량이 적은 경우에는 유로 W의 압력이 하강하여 플런저 밸브는 우로 이동한다. 이때 제2단 펌프로부터 송출되는 기름의 일부가 유로 V, X, W를 통하여 제1단 펌프의 송출측(제2단 펌프의 흡입측)으로 귀환되어 W의 압력은 유로 V의 압력이 1/2로 유지된다.

이와 같은 플런저 밸브의 작동에 의하여 송출압력의 부하를 2개의 펌프에서 균등하게 받아 고압을 발생할 수가 있다.

그림 4·51은 2압 베인펌프의 구조를 나타낸 것이다. 이 펌프는 2단 펌프와는 달리 대형과 중형, 혹은 대형과 소형의 2개 펌프를 동일축상에 병렬조합해서 한 개의 전동기로 구동하게끔 만들어진 펌프이다. 각 펌프는 각각의 흡입구와 송출구를 가지며, 동일축으로 구동되지만,

단독의 2개 펌프로써 별개의 회로에 기름을 공급할 경우에 사용한다. 또 2개를 병렬조합해서 동일회로에 몇 가지 요구유량을 공급하는 데에 이용하기도 한다. 그림 4·52는 2압 베인펌프의 종류를 기호로 표시하여 놓았다.

그림 4·53은 복합 베인펌프의 대표적인 종류를 기호로 소개하여 놓은 그림이다.

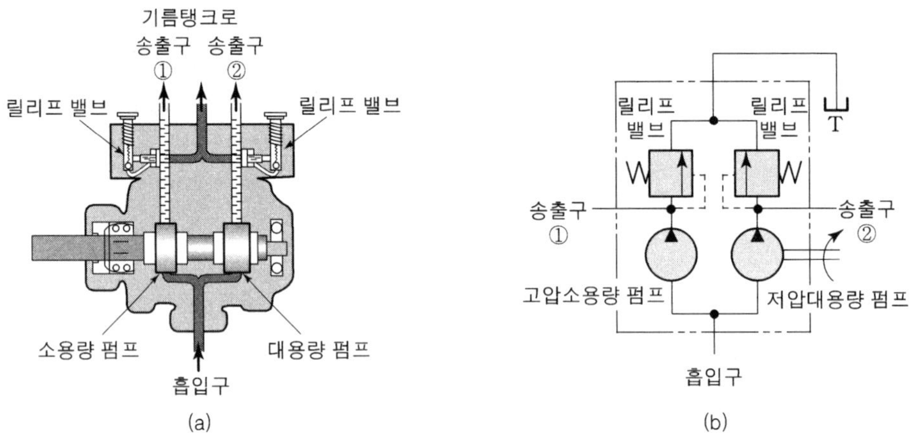

그림 4·51 2압 베인펌프 구조

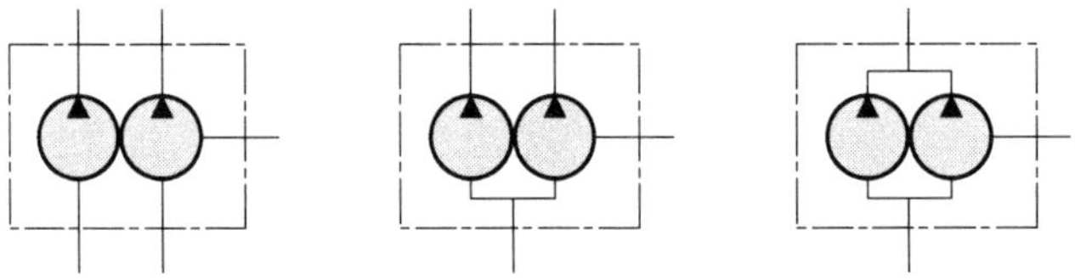

그림 4·52 2압 베인펌프의 기호

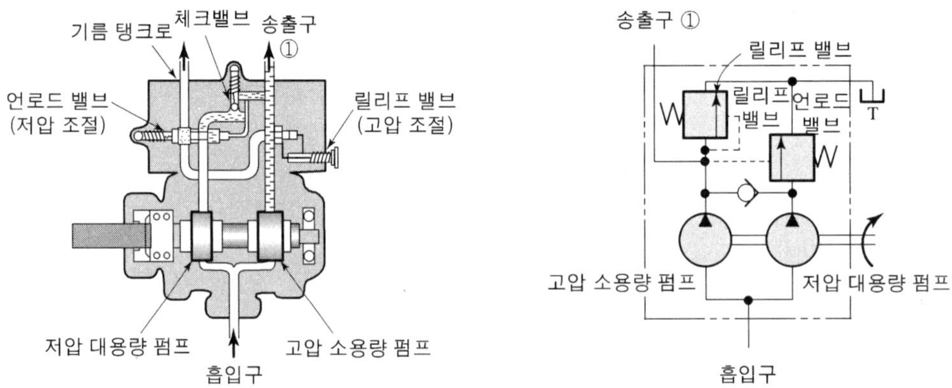

그림 4·53 복합 베인 펌프

Vickers 회사에서는 릴리프밸브로 조합한 펌프를 3형펌프, 두 개의 릴리프밸브를 조합한 것을 6형펌프, 릴리프밸브와 원격조작으로 작동하는 다른 릴리프 밸브를 조합한 것을 16형펌프, 릴리프밸브와 원격조작으로 작동하는 무부하밸브를 조합한 조합펌프를 23형 펌프라 한다.

(2) 캠 링

베인펌프에 있어서 가장 중요한 부품의 하나인 캠링(cam ring)은 베인이 이것과 강력한 힘으로 밀착되면서 고속으로 미끄럼 운동을 하게 되므로 적당히 열처리를 하여 내마멸성이 있는 크롬강을 다시 질화 등 특별한 표면처리를 해서 사용한다.

캠링의 안지름, 폭 및 베인 리프트(vane lift)의 결정은 펌프 성능을 좌우하는 가장 중요한 인자이다. 또 압력평형식 펌프에 있어서 캠링의 대원과 소원을 부드럽게 연결하는 캠곡선의 성질에 따라 성능에 차이가 생기는 경우가 있으므로 캠링의 설계시 주의를 요한다.

(3) 베 인

펌핑작용에 직접 관계되는 베인(vane)은 송출압력과 흡입압력의 정압차를 측면에 교번하중으로 받는 동시에, 캠링에 강력한 힘으로 압접되면서 고속으로 미끄럼 운동을 하게 되므로 설계시 특별한 주의가 요구된다. 보통 고속도강에 적당한 열처리를 하여 로크웰경도(Rockwell hardness)C 60°C 이상으로 하여 사용한다. 베인의 폭 두께와 회전자의 홈과의 끼워 맞춤치수 및 휨에 의한 작동불량을 일으키지 않을 베인의 높이 등은 가장 과중한 운전 상태에서도 안전한 운동이 되게끔 세심한 주의를 하여 결정하여야 한다.

펌프작동의 수력학적 평형방식으로서 베인하단에 송출압력을 도입해서 작동 중 캠링과의 접촉을 강제로 시키는 방법이 채택되어지고 있다. 그러나 140 [kg_f/cm^2] 이상의 압력이 되면 흡입행정 중에 베인을 캠링 쪽으로 밀어 붙이는 힘이 너무 커져서 캠링과 베인의 이상마멸이 문제이다. 이러한 문제를 해결하기 위하여 그림 4·54의 인트라 베인방식(balanced intra-vane)

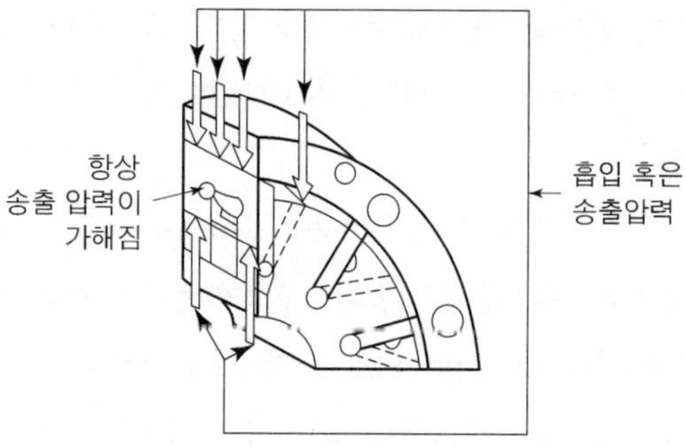

그림 4·54 인트라 베인방식

혹은 그림 4·55의 듀얼 베인(dual vane) 방식을 채택한다. 인트라베인은 베인선단에 테이퍼를 주어 선단에도 흡입압력이나 송출압력이 작용하게끔 하는 한편 베인하단의 일부에는 항상 송출압력을 도모해서 작용토록 하고, 나머지 부분에는 선단과 같은 압력이 가해지게끔 설계하여 베인과 캠링 사이에 적당한 힘으로 가압되게끔 한 베인이다.

듀얼 베인은 그림 4·54과 같이 선단에 테이퍼를 준 두개의 베인을 서로 반대로 겹치게 하여 한 회전자 홈에 끼워놓고 베인과 베인 사이에는 선단과 하단을 관통하는 홈이 파여져 있다. 베인하단에 송출압력이 도입되면 베인 선단과 하단은 같은 압력이 가압되나 작용면적이 선단보다 하단이 크기 때문에 적당한 힘으로 베인을 캠링에 밀착시킨다.

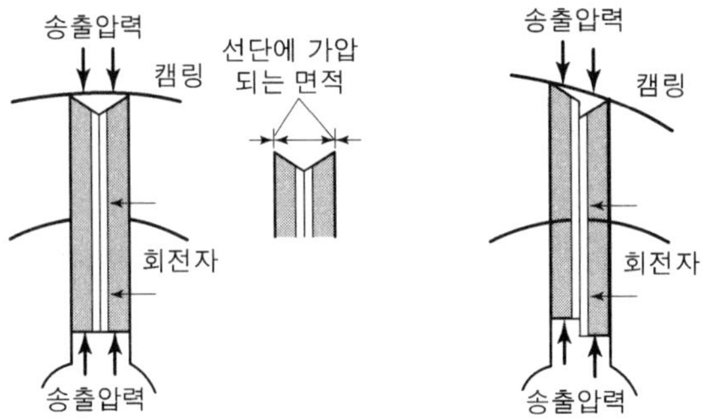

그림 4·55 듀얼 베인 방식

4·6 플런저펌프

4·6·1 플런저펌프의 일반

JIC(Joint Industry Conference : 미국산업단체규격)에서 규정하고 있는 피스톤(piston)과 플런저(plunger)의 구별은, "작동부의 단면이 연결봉(connecting rod)의 단면보다 큰 것은 피스톤이라 하고, 양쪽이 동일한 치수로 된 것을 플런저라 한다. 큰 것은 피스톤이라 하고, 양쪽의 동일한 치수로 된 것을 플런저라 한다" 라고 되어 있다. 그림 4·56의 (a)는 피스톤형, (b)는 플런저형을 나타낸다.

플런저(피스톤)의 왕복운동에 의하여 펌핑작용을 하는 펌프로서 고압, 초고압 펌프에 적합하다. 플런저펌프는 플런저의 왕복운동방향과 구동회전방향과의 상대관계에 따라 액셜형(axial type)과 레이디얼형(raidial type)으로 크게 나누어진다.

이러한 유형의 펌프 혹은 모터를 로터리(rotary) 펌프라고도 한다. 크랭크식 피스톤 펌프는 피스톤의 운동으로 분류하면 일종의 레이디얼형으로 생각할 수 있으나, 구조상 다른 펌프와

(a) 피스톤형 (b) 플런저형

그림 4·56 피스톤과 플런저

상당한 차이가 있으므로 하나의 독립된 형식으로 분류해서 생각한다.

로터리형 펌프는 왕복운동 부분의 질량이 극히 작거나, 혹은 전혀 왕복운동 부분이 없으므로 고속운전(보통 3000~4000 [rpm], 큰 것은 15,000 [rpm] 이상)이 가능하다. 그러므로 비교적 소형으로 고압고성능의 펌프가 얻어진다. 다수의 플런저를 갖는 펌프를 고속운전하므로 송출유의 파동이 극히 적고, 진동도 적기 때문에 비교적 원활한 운전이 가능하다. 또한 구조상 가변용량형이 쉽게 얻어질 수 있다. 플런저의 지름이 비교적 작고, 행정도 작으며 공작정밀도도 얻기 쉬우므로 높은 용적효율의 펌프를 얻을 수 있다. 그러므로 현재 시판되고 있는 플런저펌프는 송출압력 210~350 [kg_f/cm^2], 송출량 10~500[l/min], 효율 80~90%의 것이 보통이다. 또 크랭크형 피스톤 펌프는 종래에는 저속대형의 것이 많았으나 근래에는 고속회전, 고압, 소송출량의 것이 개발되어 소형, 고효율, 구조가 간단한 특징 때문에 일반 산업용 및 특수용도로 널리 사용되고 있다.

4·6·2 액셜형 플런저펌프

(1) 구조와 특징

플런저가 축심을 중심으로 하는 원주상에 축심과 평행하게 배열된 실린더 블록(cylinder block)에 삽입되어 축심과 구동축과의 경각 혹은 사판 등의 기구에 의하여 왕복운동을 해서 펌핑 작용하는 펌프로서 사축식(bent axis pump)과 사판식(swash plate pump)으로 크게 나눈다.

사축식 펌프는 실린더블록을 회전시키는 구동축과 플런저(피스톤)의 운동을 안내하는 실린더 블록 및 이것과 접해서 고정시킨 밸브판으로 구성된다. 그림 4·58에 고정용량형 액셜 플런저펌프(사축식)의 기본구조를 표시하여 놓았다. 실린더블록은 구동축과 유니버셜 조인트로 연결되어, 구동축과 어떤 각도를 유지하면서 같은 속도로 회전한다. 경전각(구동축과 실린더블록과의 각도)은 15°, 20°, 25° 및 30°가 표준이다.

고정용량형은 경사각이 이들 각도 중 어느 한 각도로 고정되어 있으나, 가변용량형은 경사각을 임의로 조절할 수 있게 만들어져 있다. 플런저는 구동축에 붙어있는 플런저와 연접봉으로

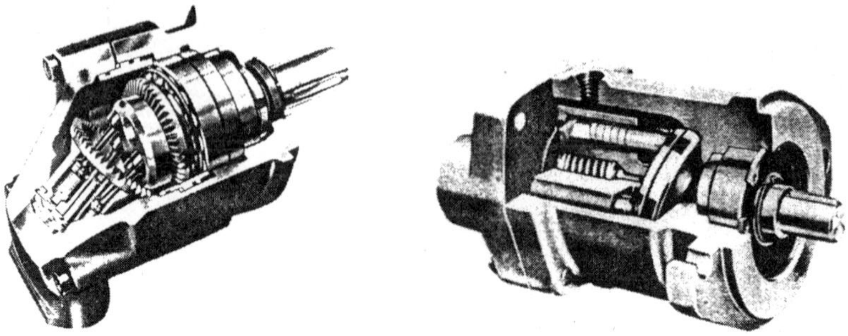

그림 4·57 액셜 플런저펌프

연결되어 회전과 함께 실린더블록 안에서 흡입작용을 하고, 다음 반주기에서는 가까워지면서 송출작용을 한다. 밸브판은 그림 4·58과 같이 동일 원주상에 길쭉하게 흡입구와 송출구가 뚫려 있어 실린더블록의 구멍은 플런저가 밸브판으로부터 멀어지는 동안은 밸브판의 흡입구와, 가까워지는 동안은 송출구와 통하게 되어 있다. 사축식 고정용량 플런저펌프는 효율이 높으며 항공기에 널리 이용되고 있다. 펌프의 무게는 크기에 따라 1~20 [kg_f], 송출량은 1~150 [l/min], 회전속도는 2500~10,000 [rpm]으로 운전된다.

사판식 액셜형 플런저펌프는 사판을 고정하고 실린더블록을 회전시키는 것과 실린더블록을 고정하고 사판을 구동축과 함께 회전시키는 것이 있다. 전자를 고정사판식, 후자를 회전사판식이라 부른다. 사판식 플런저펌프도 사축식과 같이 실린더블록에 밀착되어 있는 밸브판의 흡입구와 송출구에 각각 반주기씩 연결되어 펌핑작용을 한다. 사판식 가변용량형 펌프는 사판의 경사를 변화시켜 플런저의 행정을 조정하여 송출량을 변화시키게끔 만들어져 있다.

그림 4·59에 사축식과 사판식의 용량변화 원리를 그려놓았다.

액셜 플런저펌프는 레이디얼 플런저펌프에 비하여 소형이나, 내부구조가 복잡하다. 종래에는 비교적 저압대용량 펌프로 이용되어 왔으나, 최근에는 고속고압의 것이 제작되어지고 있다. 사축식의 특징으로는 구조상 플런저가 실린더 측벽에 작용하는 횡력이 적고, 가변용량제어기구의 조작모멘트가 비교적 작다는 점이다. 사판식의 경우는 연접봉 혹은 유니버설 조인트 등의 재료강도 문제를 세심하게 다루지 않아도 좋다는 점, 그리고 부품수를 적게 만들 수 있다는 점 등 여러 가지 구조적 특징을 갖는다. 회전사판식의 경우는 실린더 블록이 회전하지 않으므로 실린더와 플런저의 강도설계가 쉽다. 회전체에 볼 베어링과 같은 굴림 베어링을 이용할 수 있으므로 금속간의 활동부분이 적어 고속고압에 적합하다. 회전사판식 펌프는 보통 3600 [rpm], 400~600 [kg_f/cm^2] 정도에 미치는 성능을 낼 수 있으나 용량이 작은 것이 흠이다. 최대의 것이라 할지라도 100 [cc/rev] 정도이다.

사판이 회전하므로 평형을 취하는 데에 세심한 주의가 필요하다. 무엇보다도 회전사판식 펌프의 최대 결점은 밸브기구가 펌프체크밸브 구조이므로 밸브판 구조인 사축, 고정사판식과는 달리 동일 구조를 가지고 유압모터의 기능을 가질 수 없다는 점이다.

액셜 플런저펌프는 그 구조에 의하여 각각 다음과 같이 분류한다.

(1) 플런저에 왕복운동을 주는 기구에 의한 분류

① 경사축식(bent axis type 그림 4·58(a))

② 경사판식(swash plate type 그림 4·58(b))

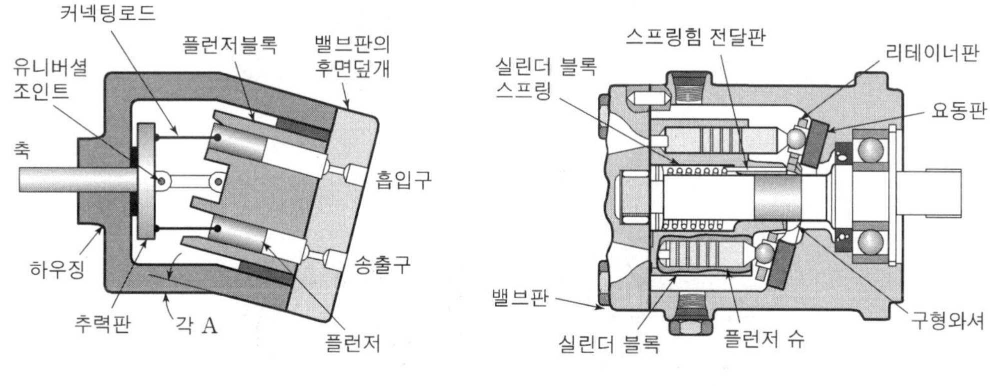

(a) 사축식 (b) 사판식

그림 4·58 액셜 플런저펌프의 구조

(2) 압축용적의 가변기구의 유무에 의한 분류

① 정용량형(경사각 α가 일정)

② 가변용량형(경사각 α가 가변)

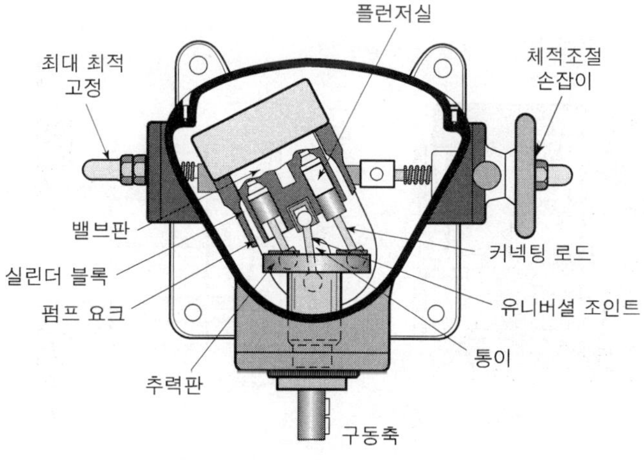

그림 4·59 사축식 가변용량형의 구조

(3) 실린더의 회전 여부에 의한 분류

① 회전 실린더형(그림 4·60)

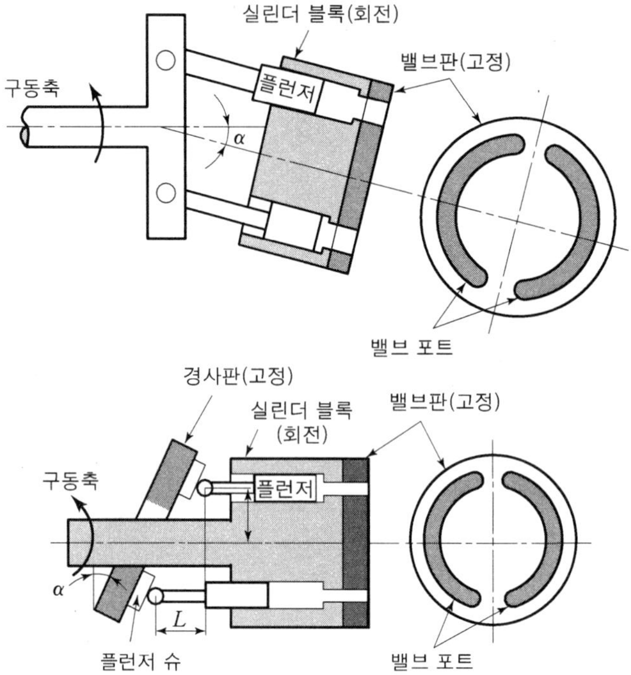

그림 4·60 액셜 플런저 경사각 α 가변 구조

② 고정 실린더형(그림 4·61)

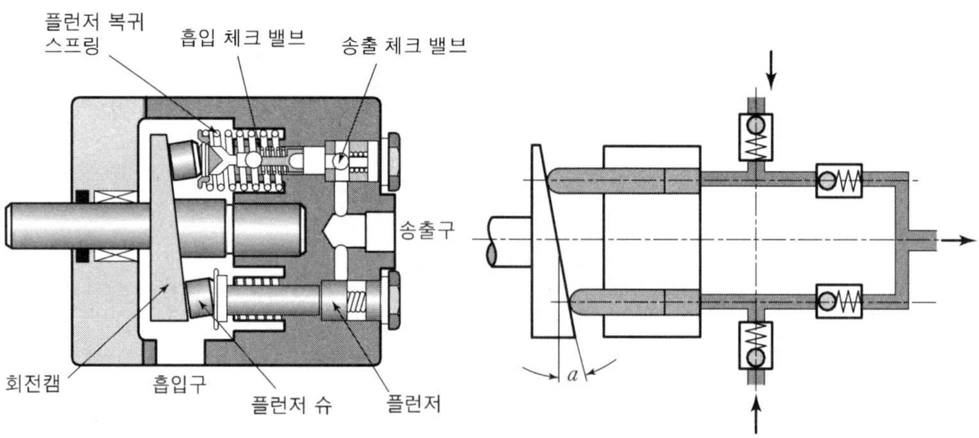

그림 4·61 고정실린더형 액셜 플런저펌프

4·6·3 송출용적

(1) 경사판식

경사판식 플런저펌프(swash plate type axial plunger pump)는 그림 4·62에서 실린더 중심선의 반지름을 R, 경사판의 경사각을 α라고 하면, 플런저 행정 L은

$$L = 2R\tan\alpha \tag{4·67}$$

가 되므로, 플런저 단면적을 A, 플런저수를 Z라고 하면 압축용적은 다음 식이 된다.

$$V_{th} = ZAL = 2ZAR\tan\alpha \tag{4·68}$$

그림 4·62와 같이, 플런저이 하사점으로부터 각 θ만큼 회전하는 사이에 플런저가 축방향으로 x만큼 이동했다면

$$x = \frac{L}{2} - R\cos\theta\tan\alpha = \frac{L}{2}(1-\cos\theta) \tag{4·69}$$

이 된다. 따라서, 실린더블록의 각속도를 ω라고 하면, 윗식으로부터 플런저 속도 v는 다음 식으로 된다.

$$v = \frac{dx}{dt} = \frac{L\omega}{2}\sin\theta \tag{4·70}$$

송출행정 중의 플런저 수를 Z_0라고 하면, 펌프의 순간 송출량 Q_t는 식 (4·70)으로부터

$$Q_t = \sum_{i=1}^{Z_0} Av_i = \frac{AL\omega}{2}\sum_{i=1}^{Z_0}\sin\theta_i \tag{4·71}$$

이 된다. 윗식은 일반적으로 다음과 같이 변형된다.

$$Q_t = \frac{\dfrac{AL\omega}{2}\sin\dfrac{Z_0\pi}{Z}\sin\left(\theta + \dfrac{Z_0-1}{Z}\pi\right)}{\sin\dfrac{\pi}{Z}} \tag{4·72}$$

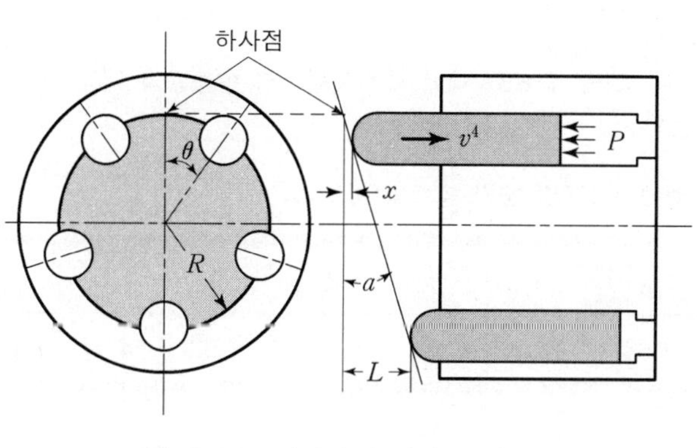

그림 4·62 경사판식 액셜 플런저펌프

플런저 수가 짝수일 때는 $Z_0 = Z/2$가 되므로 앞의 식은

$$Q_t = \frac{\dfrac{AL\omega}{2}\cos\left(\theta - \dfrac{\pi}{2Z}\right)}{\sin\dfrac{\pi}{2Z}} \tag{4·73}$$

이 된다. 플런저 수가 홀수일 때는 $Z_0 = (Z \pm 1)/2$ 이 되므로 식 (4·67)은 다음 식이 된다.

$$Q_t = \frac{\dfrac{AL\omega}{4}\cos\left(\theta - \dfrac{\pi}{2Z}\right)}{\sin\dfrac{\pi}{Z}} \tag{4·74}$$

이들의 순간 송출량은 그림 4·63과 같고, Z가 짝수일 때에는 1회전 중에 Z회 맥동하는 데 비해서, Z가 홀수일 때는 $2Z$회 맥동한다. 순간 송출량의 맥동률 ε을 식 (4·42)와 같이 정의하면 Z가 짝수일 때

$$\varepsilon = \frac{\pi}{Z} \tan\frac{\pi}{2Z} \tag{4·75}$$

가 되고, Z가 홀수일 때에는 다음 식이 된다.

$$\varepsilon = \frac{\pi}{2Z} \tan\frac{\pi}{2Z} \tag{4·76}$$

윗식에 의해서 Z를 계산하면 표 4·5와 같다.

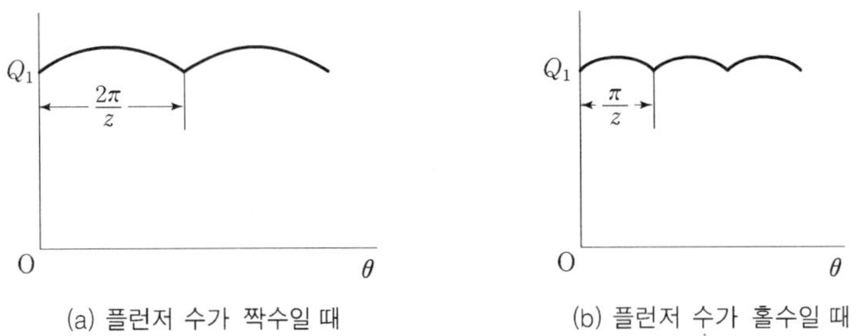

(a) 플런저 수가 짝수일 때 (b) 플런저 수가 홀수일 때

그림 4·63 액셜 플런저펌프의 송출량의 맥동

표 4·6 액셜 플런저펌프의 순간 송출량의 맥동률

Z	5	6	7	8	9	10	11	12
ε [%]	4.98	14.0	2.53	7.81	1.53	4.97	1.02	3.45

표에 의하면 Z가 클수록 ε가 작아지지만 Z가 홀수일 때는 짝수일 때에 비하여 상당히 ε이 작다는 것을 알 수 있다. 따라서 일반적으로 플런저수는 홀수를 채용하고 있다. 그러나 상기의 계산에서는 기름의 압축성을 고려하지 않고, 단순히 펌프의 기하학적 구조로부터 계산되고 있는데, 실제로는 기름의 압축성에 의해 플런저의 사점 부근에서의 순간토출량은 상당히 달라진다.

(2) 경사축식

경사축식 플런저펌프(bent axis type axial plunger pump)는 그림 4·58(a)와 같은 경사축식의 경우, 연결봉(connecting rod)의 경사를 무시하면 플런저 행정은

$$L = 2R\sin\alpha \tag{4·77}$$

가 되므로 송출용적은 다음 식과 같다.

$$V_{th} = ZAL = 2ZAR\sin\alpha \tag{4·78}$$

순간 송출량의 맥동상태는 경사판식일 때와 같다.

4·6·4 밸브면의 압력평형

그림 4·64에서 회전하는 실린더블록과 정지되어 있는 밸브판(valve plate)은 항상 적당한 면압으로 접촉되고, 양자 사이에 적당한 유막이 존재할 필요가 있다.

대개 실린더블록과 밸브판 사이의 유막 등의 압력에 의해서 양자를 분리시키려는 힘 F가 존재한다. 그것에 대해서 송출 행정 중의 실린더 내의 압력은 실린더 블록을 밸브면으로 밀어내는 힘 W를 일으킨다. $F > W$라고 하면, 양면이 분리되지만 또 F가 W에 비해서 지나치게 작아지면 밸브면의 접촉압력이 커지게 되어 소결(sintering)될 염려가 있다. 그림 4·64에

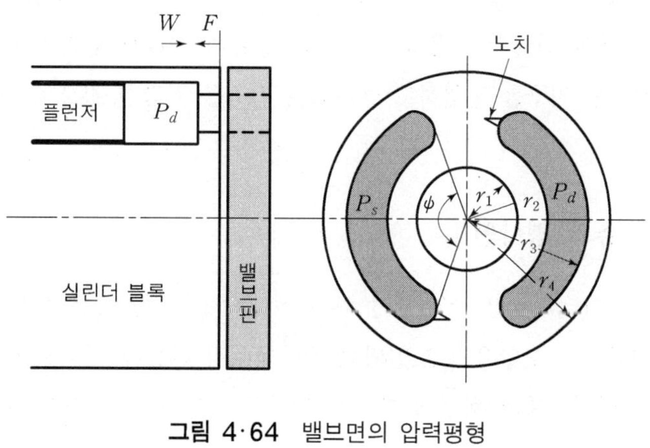

그림 4·64 밸브면의 압력평형

서의 송출포트 부분의 압력 P_d에 의한 분리력 F_0는

$$F_0 = \frac{1}{2}({r_3}^2 - {r_2}^2)\ \phi P_d \tag{4·79}$$

이 되고, 송출포트 내측 랜드(land)부 ($r_1 \sim r_2$)의 유막의 압력에 의한 분리력 F_1은 랜드의 유막의 평균 압력을 $P_d/2$로 하여

$$F_1 = \frac{1}{2}({r_2}^2 - {r_1}^2)\ \phi \frac{P_d}{2} \tag{4·80}$$

이 된다. 같은 식으로 하여 송출 포트 외측랜드부($r_3 \sim r_4$)의 유막의 압력에 의한 분리격 F_2는 다음 식과 같다.

$$F_2 = \frac{1}{2}({r_4}^2 - {r_3}^2)\ \phi \frac{P_d}{2} \tag{4·81}$$

따라서, $Ps \fallingdotseq 0$으로 했을 때 실린더블록과 밸브판을 분리시키려고 하는 힘의 합계 F는 다음과 같다.

$$F = F_0 + F_1 + F_2 = \frac{\phi}{4}\ ({r_4}^2 + {r_3}^2 - {r_2}^2 - {r_1}^2)\, P_d \tag{4·82}$$

또, 송출행정 중의 플런저 수는 평균적으로는 $Z/2$이므로, 실린더 내 압력에 의해서 실린더블록을 밸브판으로 밀어내려는 힘의 평균값은

$$W = P_d A \frac{Z}{2} \tag{4·83}$$

이 된다. 실린더블록이 밸브판 표면으로부터 분리하려는 것을 막기 위해서 일반적으로 아래보다도 W쪽을 약간 크게 하고 있다.

$$\beta = \frac{F}{W} \tag{4·84}$$

에 의하여 정의되는 β를 평형계수라 부르고 있다. $W-F$는 랜드부의 금속면에 의해서 지지되는 하중이며, 랜드부의 면압의 허용값은 금속의 종류에 따라서 달라진다.

랜드부에 정압 베어링 기구를 도입하고 밸브면의 간격을 적당한 값으로 제어하는 구조도 고려되고 있다.

4·6·5 플런저 슈와 경사판

플런저의 선단에는 일반적으로 그림 4·65와 같이 슈(shoe)가 만들어져 있다.

슈의 내부에는 실린더의 고압유가 도입되어 정압베어링 작용에 의해서 슈는 경사판 표면으로부터 부상하고, 실린더블록의 회전에 따라서 경사판 표면을 접동한다. 슈와 경사판 사이의

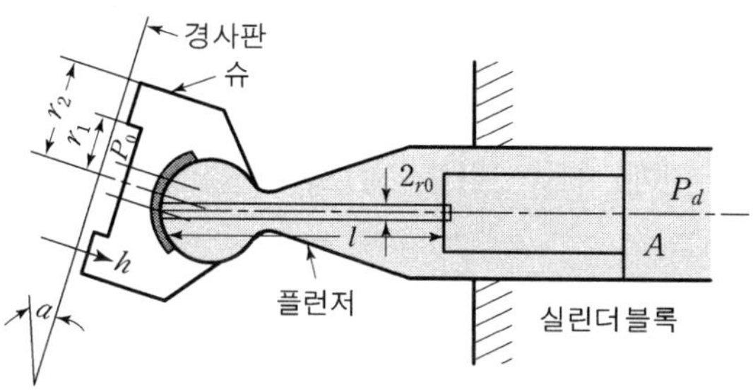

그림 4·65 플런저 슈

간극의 크기는 슈로 압유를 도입하는 도중의 교축(restriction)의 크기에 의해서 결정된다.

정압베어링의 이론에 대해서는 3·7절에서 설명했으나, 이때의 공급압력은 송출압력 P_d이므로 식 (3·41)에서 P_s를 고쳐서 다음 식으로 된다.

$$\frac{P_0}{P_d} = \frac{1}{1 + kh^3/R_c} \tag{4·85}$$

여기서 P_0는 베드도곡면내의 압력, h는 배드틈, k는 계수로서 $k = \pi/6\,\mu\log(r_2/r_1)$, μ는 기름의 점성계수, R_c는 조리개의 저항으로 $R_c = \pi r_0{}^4/8\mu l\mathrm{Cm}$(cm: poiseulle의 수정계수)이다. 슈와 경사판 사이의 기름의 압력에 의해서 슈를 경사판으로부터 분리하는 힘 F와 실린더내의 압력 P_d에 의해서 슈를 경사판으로 밀어붙이는 힘 W가 평형된다. 플런저의 면적을 A라고 하면,

$$W = P_d A \sec\alpha \tag{4·86}$$

이 된다. 실제로는 이 밖에 플런저와 실린더 사이의 마찰력도 작용한다. 또 식 (3·44)에 의해서 $F = A_e P_0$가 되므로 $F = W$라고 하면 다음 식이 얻어진다.

$$\frac{P_0}{P_d} = \frac{A}{A_e}\sec\alpha \tag{4·87}$$

식 (4·83), 식 (4·84)으로부터 다음 식이 얻어진다.

$$\frac{h^3}{R_c} = \frac{1}{k}\left(\frac{A_e}{A}\cos\alpha - 1\right) \tag{4·88}$$

따라서, 교축의 저항 R_c를 주게 되면 슈와 경사판 사이의 간극이 결정된다. 반대로 간극 h가 주어지면 그때에 필요한 교축저항 R_c가 결정된다.

간극 h를 크게 하면 누설량이 많아지고, 또 h를 너무 작게 하면 슈와 경사판 사이의 마찰손실이 많아진다. 누설에 의한 손실 동력과 마찰에 의한 손실동력의 합계를 최소가 되도록 간

극을 결정할 수도 있다. 그러나, 만약 간극이 지나치게 커져서 누설이 과대해지면 유압펌프 또는 유압모터로서 정상적인 기능을 발휘할 수가 없으므로 실제의 설계에서는 밀어붙이는 힘 W 보다도 분리력 F를 약간 작게 하고 밀어붙이는 힘의 일부를 슈의 접동면의 금속접촉부의 면압으로 부담시킬 때가 많다.

4·6·6 폐 입

그림 4·66에서 플런저가 하사점에서 흡입행정으로부터 송출행정으로 바뀌는 순간, 즉 실린더블록이 회전하여 실린더의 입구 포트가 밸브판의 흡입 포트부에서 토출 포트부로 바뀌어질 때, 실린더 내의 흡입압력 P_s에서 송출압력 P_d로 스텝(step) 상태로 상승하려고 한다.

그러나 그 순간에는 먼저 밸브판의 송출 포트 부의 고압(P_d) 유가 흡입압력 상태로 있는 실린더 내로 역류되어서 서지(surge)압이 발생한다.

또 플런저의 상사점에서 실린더내의 압력이 송출압력에서 흡입압력으로 바뀔 때에도 실린더 내의 고압유가 밸브판의 흡입 포트로 분출되어 실린더내의 압력이 순간적으로 흡입압력 이하

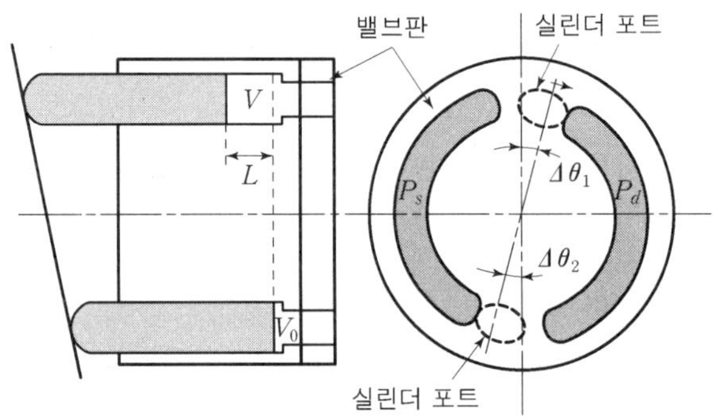

그림 4·66 흡입 행정과 토출 행정의 변환

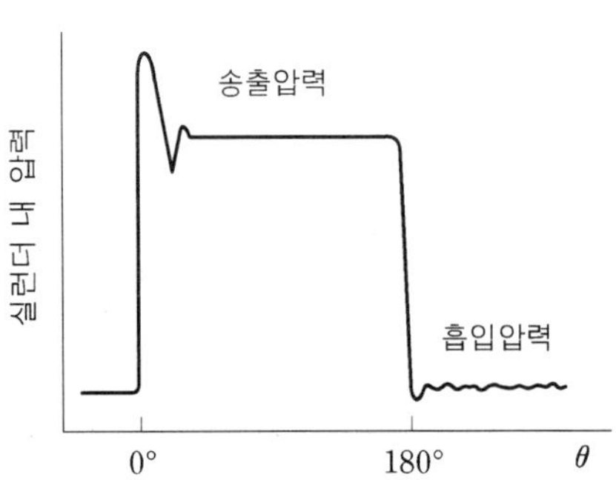

그림 4·67 실린더 내의 압력변화

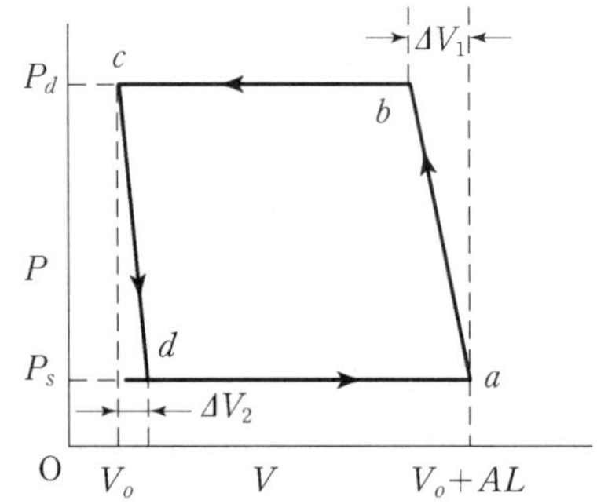

그림 4·68 실린더 내의 용적과 압력관계

로 되는 수가 있다. 이와 같은 실린더내의 압력 변화상태를 측정한 하나의 예가 그림 4·67이다. 그림 6·67과 같은 피크(pick) 압력의 발생은 펌프의 진동, 소음의 요인이 되므로 좋지 않다.

그림 4·68은 플런저 행정과 실린더내의 압력 관계를 나타낸다. 플런저의 하사점, 즉 송출행정의 개시점 a에서 바로 실린더 포트가 밸브판의 송출포트로 열리는 것이 아니고, 일시적으로 실린더 포트가 닫혀진 상태에서 플런저가 전진하고, 실린더 내의 용적이 $\varDelta V_1$ 만큼 미리 압축되어 그 결과로서 $\varDelta P(=P_d-P_s)$만큼 실린더내의 압력이 상승된 순간에 실린더 포트가 밸브판의 송출포트로 열리는 방법이 고려된다. 그와 같은 실린더 내의 압력은 그림 4·67과 같이 흡입압력에서 송출압력까지 부드럽게 상승하도록 한다.

하사점에서 이와 같이 미리 압축되기 위해서는 그림 4·66과 같이 하사점을 지나서 $\varDelta\theta_1$ 만큼 실린더블록이 회전하므로 실린더 포트를 송출포트에서 열리도록 한다. 실린더 회전각 $\varDelta\theta_1$에 상당하는 플런저 변위 $\varDelta x_1$은 식 (4·69)으로부터

$$\varDelta x_1=\frac{L}{2}(1-\cos\varDelta\theta_1) \tag{4·89}$$

이고 그와 같은 때의 예압축량 $\varDelta V_1$은 다음과 같다.

$$\varDelta V_1=A\varDelta x_1=\frac{AL}{2}(1-\cos\varDelta\theta_1) \tag{4·90}$$

상사점에서 실린더 내에 있는 기름의 용적을 V_0라고 하면 하사점에서의 실린더내의 기름의 용적은 V_0+AL이 되므로, 기름의 압축률을 β라고 하면 V_0+AL의 기름의 압력을 $\varDelta P$만큼 높이기 위해 필요한 예압축량은

$$\varDelta V_1=\beta(V_0+AL)\varDelta P \tag{4·91}$$

이다. 윗식의 $\varDelta V_1$을 식 (4·90)의 $\varDelta V_1$과 같게 놓으면 다음 식을 얻을 수 있다.

$$\cos\varDelta\theta_1=1-2\left(1+\frac{V_0}{AL}\right)\beta\varDelta P \tag{4·92}$$

윗식의 $\varDelta\theta_1$ 만큼 밸브판의 송출포트를 변경시킴에 따라서 실린더내의 압력이 흡입압력에서 송출압력으로 원활하게 상승하게 된다.

$V_0 \ll AL$, $\beta=7\times10^{-5}\,[\mathrm{cm^2/kg_f}]$일 경우 $\varDelta\theta_1$을 계산하면 다음과 같다.

$\varDelta P\,[\mathrm{kg_f/cm^2}]$	100	200	300
$\varDelta\theta_1$	9°30″	13°35″	16°40″

플런저의 상사점, 즉 그림 4·68의 흡입행정 개시점 c에서도 실린더 포트를 폐쇄한 그대로 플런저를 이동시킴으로써 실린더내의 기름의 압력을 내리고 그 압력이 P_d에서 P_s로 낮아졌을 때에 흡입포트를 열리게 하면 된다. 그러한 경우 그림 4·65에서와 같이 흡입포트의 개구위치를 다음 식에 의한 $\Delta\theta_2$만큼 변경시키면 된다.

$$\cos\Delta\theta_2 = 1 - 2\ \frac{V_0}{AL}\beta\Delta P \tag{4·93}$$

그러나 식 (4·92), 식 (4·93)에서 알 수 있듯이, $\Delta\theta_1$과 $\Delta\theta_2$는 ΔP의 함수이므로 정격압력에서 운전할 때에는 압력의 변화가 원활하지 않아 소음이 커지게 된다.

따라서 일반적으로 밸브판 포트의 개구 위치를 변경시키는 것만으로는 안 되므로 그림 4·63과 같이, 포트 끝에 노치를 만들어서 이 노치(notch)를 통해서 기름이 흐르게 하여 실린더내의 압력 변화를 원활하게 하고 있다. 그때의 노치의 크기(길이와 단면적)도 계산에 의해서 결정할 수 있다.

4·6·7 플런저와 실린더 사이의 간극

플런저와 실린더 사이의 간극은 온도 상승에 의한 팽창, 부하에 의한 변형, 마찰력, 누설량 등을 고려하여 결정해야 한다. 일반적으로 작은 플런저에서 지름 간극 8~10 [μm], 큰 플런저에서 13~16 [μm]가 좋은 것으로 되어 있다. 경사판식의 지름틈에 대해서는 지름이 0.07~0.1(%)가 좋고 이 범위에서 플런저 속도가 느릴 때는 낮은 값, 플런저 속도가 빠를 때는 높은 값을 잡는 것이 좋다고 되어있다. 말하자면 플런저 행정은 일반적으로 지름의 1.3~2.2배의 범위이다.

4.6.8 유압펌프의 성능

유압펌프의 대표 기종에 대하여 그 성능을 이론적으로 해석하는 방법을 기술하기 위해서 현재 제작되고 있는 각종 펌프 특성의 실례를 열거하고자 한다. 그 종류에는 작동압력, 유량, 회전속도, 토크, 축동력 등의 값에 현저한 수명저하가 생기지 않는 범위에서 연속운전이 가능한 한계치가 있다. 통상 이것을 정격성능이라고 하는데, 짧은 시간내의 운전이면 이것보다 훨씬 더 높은 작동압력이나 회전속도에서 운전이 가능하다. 펌프의 성능으로 이들의 특성치를 알 필요가 있으므로, 현재 시판 제작되어 사용되고 있는 여러 종류의 펌프의 정격성능의 특성을 설명하여 각 기종을 비교하고, 또 펌프의 선정에 도움이 되도록 한다.

(1) 정격성능

그림 4·69는 회전실린더형의 액셜 및 레이디얼 피스톤 펌프의 배제용적 V_{th} 와 정격성능과의 관계를 나타낸 것이다. 일반산업용의 정격회전수(연속최고회전수) n_0는 모터와 관련지어 정해지는 것이 보통이고 액셜형에서는 소형의 것으로 최고 3000 [rpm](예압이 없는 경우 18000 [rpm]) V_{th} 가 200 [cc /rev]이상 대형의 것으로는 1200 [rpm] 이하가 많다.

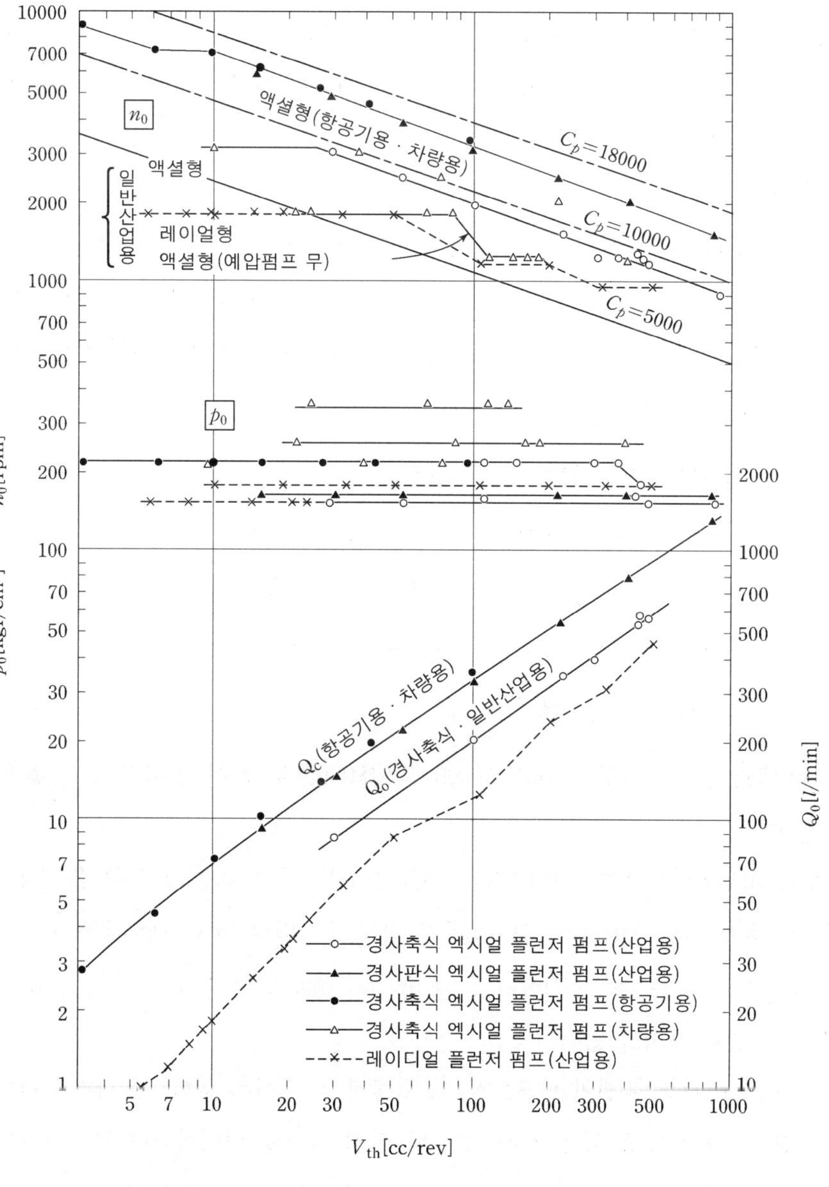

그림 4·69 회전실린더형 피스톤 펌프의 정격성능

레이디얼형은 구조상 일반적으로 액셜형보다 정격회전수가 적고 최고 1800 [rpm]까지이다. 차량용 및 항공기용(액셜형)은 일반 산업용의 2~3배의 고속회전이 가능하므로 동일 유량에서는 상당히 소형으로 된다. 동일한 배제용적에 대해서는 회전속도가 클수록 정격유량이 크다. 정격압력 p_o는 140~210 [kg_f/cm^2]이 보통이나 350[kg_f/cm^2]의 고압의 것도 있고 또 간헐운전에서는 어느 것이나 300~400 [kg_f/cm^2] 을 허용하는 것이 많다.

일반적으로 상사한 여러 개의 펌프에서는 펌프내에 생긴 응력은 작동압력 Δp에 비례하는 것으로 강도상의 제한은 최고압력의 값만으로 규정된다.

한편 운전시 유속 및 접동부의 속도는 $n\,V_{th}{}^{1/3}$ 에 비례되나, 그 밖의 베어링 강도상 및 캐비테이션의 점에서 이 값에 어떤 일정한 제한이 있다고 생각할 수 있다. 따라서 거의 $n\,V_{th}{}^{-1/3}$ 혹은 $Q \propto n\,V_{th} \propto V_{th}{}^{2/3}$ 으로 된다.

그림 4·69에서 나타낸 바와 같이 현재 제작되고 있는 펌프로서 거의 이와 같은 경향을 보이고 있다. 이와 같은 제한을 합리적인 기준으로 나타내는 것은 대단히 곤란하나 이제까지 그 한계를 $n_{\max}\,V_{th\,\max}{}^{1/3} \le C_p$ 로 나타내면 액셜 플런저펌프에 대해서 아래의 값과 같다. (사용단위는 각각 [rpm]및 [cc /rev])

표준품
- 예압펌프없음(산업용) $C_p = 5400$
- 예압펌프 (5[kg_f/cm^2]) (산업용) $C_p = 9100$

고급품
- 예압펌프 (5[kg_f/cm^2]) (산업용) $C_p = 11400$
- 예압펌프 (8[kg_f/cm^2]) (기관차용) $C_p = 14400$
- 항공기용 $C_p = 17800$

그림 4·69에는 참고로 $C_p = 5000$, 10000 및 18000으로 하여 얻어진 $n_{\max}$값을 쇄선으로 나타내고 있다.

일반산업용 고압베인펌프 및 기어펌프의 대표적인 두 세 가지의 정격성능을 그림 4·70에 나타내고 있다. 정격회전수 $n_{\max}$는 기어펌프가 높고 정격압력 p_0는 베인펌프가 약간 높다. 양자의 체적효율은 거의 같으나 정격압력하 1200[rpm]에서의 유량 Q (200cc/rev)는 동일하고 같은 축동력은 별로 차이가 없다.

중량 W(나타낸 값은 플랜지 마운트형)도 그렇게 큰 차이는 없다. 또 W가 단계상으로 변화하고 의 변화를 나타내고 있는 것은 V_{th} 의 어떤 범위를 케이싱이나 로터외경을 동일하게 하여 로터폭의 증감에 따라 용량을 변화시키고 있다. 또 파워스테어링용 등의 특수한 용도의

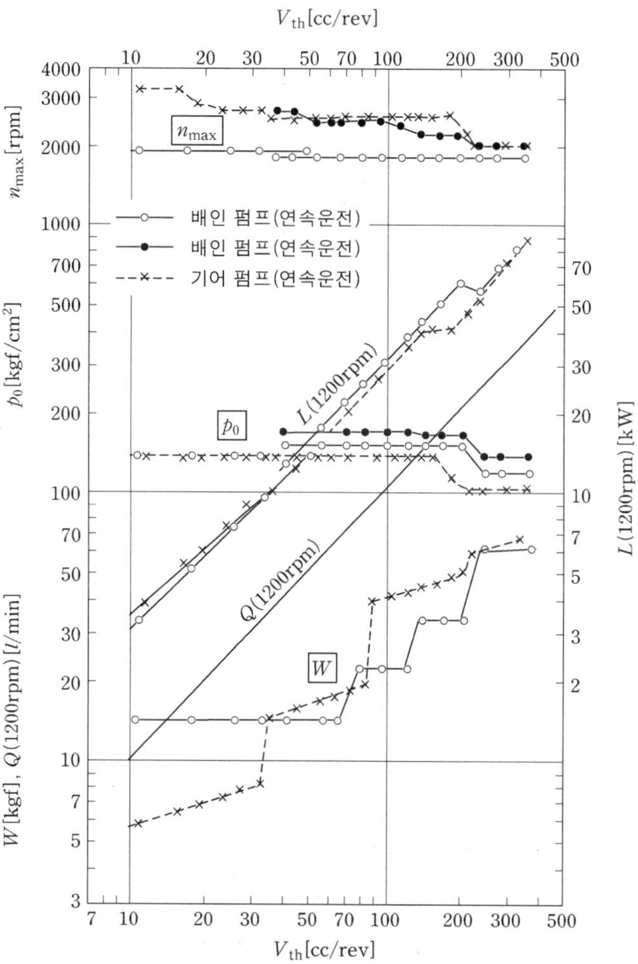

그림 4·70 고압 베인 펌프, 기어 펌프의 정격성능

것에서는 n_{max} 등 그림의 범위 외의 것도 많다.

이상의 결과에서 특히 정격압력 p_0, 정격회전수 n_0 및 중량당의 발생유동력 L_0/W ($= p_0[\mathrm{kg}_f/\mathrm{cm}^2] \times Q[l/\mathrm{min}] / 612\, W[\mathrm{kg}_f]$, 단 여기서 Q : p_0, n_0 에 대한 유량, W : 펌프중량)을 각 펌프 (일반산업용)에 대해서 비교한 것이 그림 4·71이다.

베인 및 기어펌프에 대해서는 그림 4·70의 고압형 이외에 측판고정의 보통형도 포함되어 있다.

액셜 플런저형과 기어형은 최고 회전수가 많고 베인 및 레이디얼 플런저펌프는 고속회전 수가 적다.

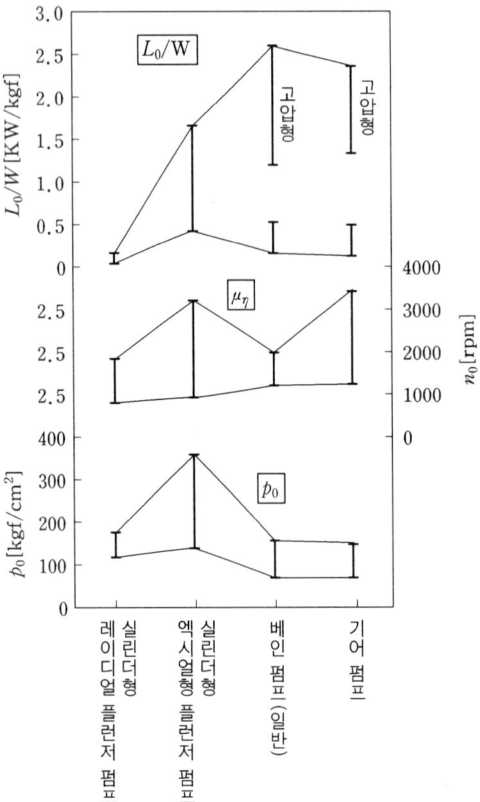

그림 4·71 일반산업용 유압펌프의 정격성의 비교

정격압력은 액셜 플런저형이 다른 3기종보다 상당히 높다. L_0/W는 베인 및 치차형 가운데 고압형의 것이 p_0가 큰 액셜 플런저형에 비해 상당히 크므로 따라서 동일용량의 용도에 대해서는 현저하게 가볍게 된다. 레이디얼 플런저펌프는 다른 3개에 비해서 상당히 중량이 크다.

(2) 특성곡선

펌프의 성능을 표시하는 데는 특성곡선 또는 성능곡선(Characteristic Curve)을 사용한다. 가장 일반적인 유압펌프의 주요한 특성치로는 작동압력 Δp, 회전수 n, 유량 Q, 축동력 L 및 전효율 η 을 들 수 있고, 통상 세로축에 Δp 를 잡아 각 특성치를 나타내는 경우는 많다. 그 밖에 체적효율 η_v 나 토크효율 η_T 를 나타낼 때도 있다. 그런데 작동유의 점도나 온도, 가변용량형에서는 다시 배제체적에 따라 누설유량이나 토크 손실이 상당히 변화하기 때문에 특성도 이들이 달라지면 상당한 변화를 하게 된다.

따라서 우선 특성곡선의 일반적인 경향과 최고효율을 주요한 펌프에 대하여 비교하고, 이어 그 특성을 알아보려고 한다.

경사축식 액셜 피스톤 펌프, 베인 펌프 및 기어 펌프(측판가동형)의 특성곡선의 대표적인 예를 그림 4·72~그림 4·74에 나타내었다. 이 그림에 의하면, 각 펌프의 특성의 경향은 매우 유사한 상태이고, 작동압력 Δp 가 증가함에 따라 유량 Q 는 조금 감소하고, 축동력 L은 직선적으로 증대함을 알 수 있다. 전효율 η 는 압력이 상당히 넓은 범위에 걸쳐 높은 값을 나타내고 있으며, 특히 액셜 피스톤 펌프는 그 값이 높다.

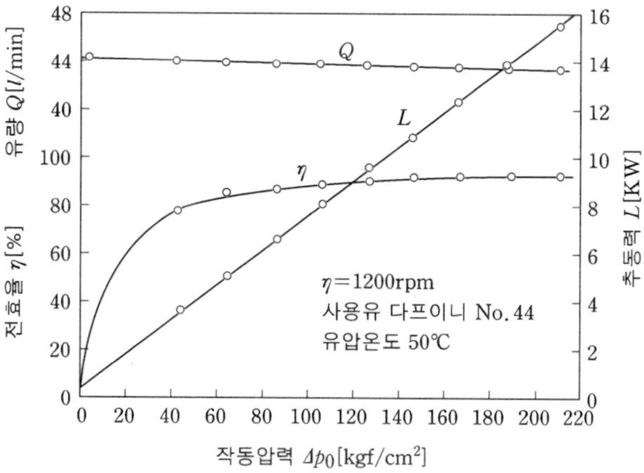

그림 4·72 경사축식 액셜 플런저펌프의 특성곡선

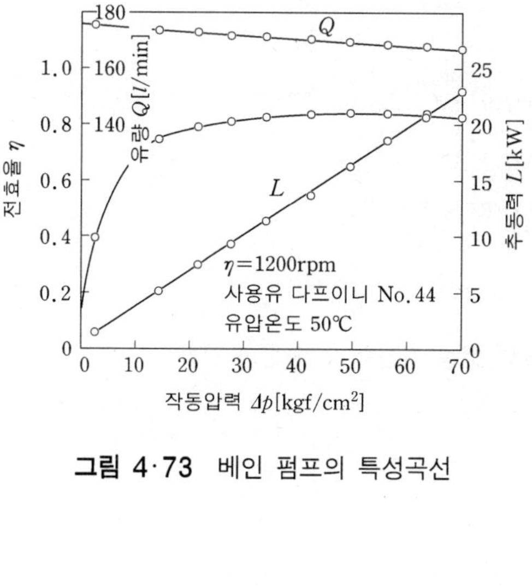

그림 4·73 베인 펌프의 특성곡선

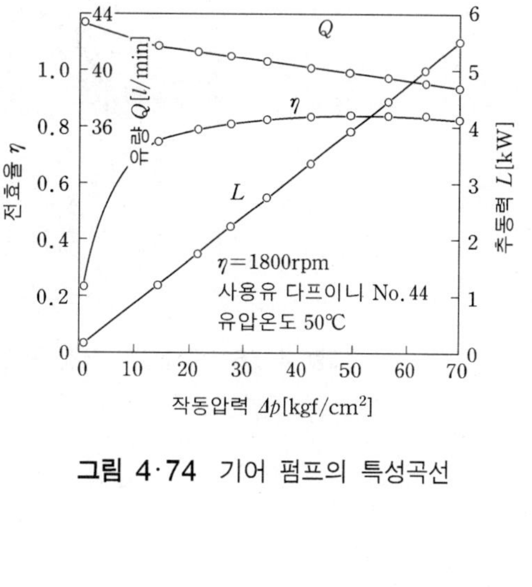

그림 4·74 기어 펌프의 특성곡선

많은 실험의 결과로부터 최고효율 η_{max}을 구하여 정격축동력 L에 대하여 나타낸 것이 그림 4·75이다. 액셜 피스턴 펌프는 90[%]를 넘는 전효율을 가진 것이 상당히 많고, 베인 펌프와 기어 펌프(어느 것이나 최고압력 70[kg_f/cm^2] (측판고정형)는 거의 비슷하게 80[%] 전후의 효율을 가지며, 고압의 베인 및 기어 펌프(최고압력 140[kg_f/cm^2]의 측판가동형)는 피스턴형에 가까운 효율을 갖고 있다. 가변용량형의 베인 펌프는 이것에 비하여 상당히 효율이 낮다.

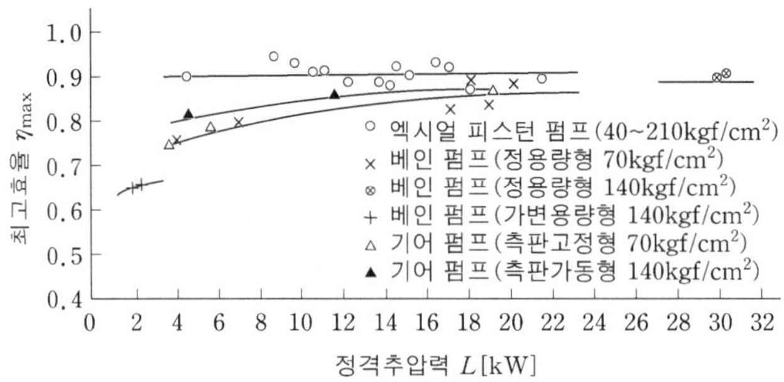

그림 4·75 유압 펌프의 최고효율의 비교

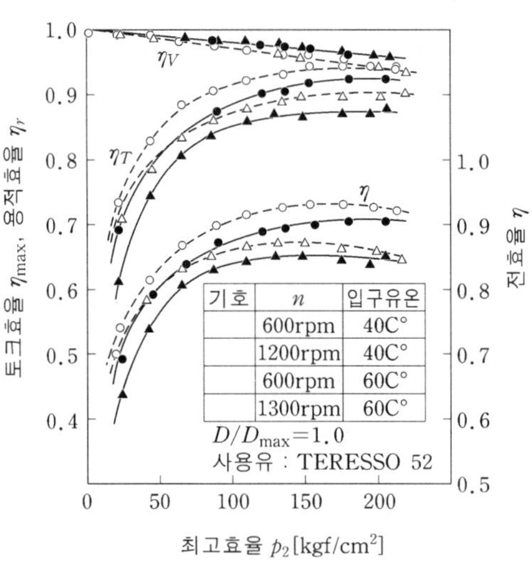

그림 4·76 경사판식 액셜 플런저펌프의 성능(회전수 및 유온의 영향)

4·7 레이디얼 플런저펌프

4·7·1 종류와 구조

레이디얼 플런저펌프는 그 구조에 의해서 다음과 같이 분류할 수가 있다.

(1) 실린더 블록의 회전 유무에 의한 분류

① 회전 실린더형(그림 4·79) (그림 4·80)

② 고정 실린더형(그림 4·77)

(2) 송출용적의 가변기구의 유무에 의한 분류

① 정용량형(그림 4·79)

② 가변용량형(그림 4·80)

레이디얼형 플런저펌프(radial plunger pump)는 플런저가 구동축에 직각으로 방사배열된 펌프를 의미한다. 이 펌프는 고정실린더 식과 회전실린더 식으로 크게 나누어진다. 레이디얼형은 액셜형에 비하여 최대 회전속도가 낮고, 단위 송출량당의 중량도 크나, 고압이 용이하게 얻어질 수 있고, 용적효율이 높으며 안정한 운전상태를 얻기가 용이하다는 특징을 갖는다.

고정실린더 식의 원리도를 그림 4·77에 표시하여 놓았다.

플런저는 구동축과 함께 회전하는 편심캠의 중심에 대하여 방사상(보통 5.7 혹은 9개)으로 배열되고 있고, 편심캠에 의하여 구동된다.

각 플런저의 입구에는 역지밸브가 붙어 있어 플런저의 흡입, 송출행정에 대응해서 역지밸브가 작용하여 유압유를 한쪽 방향으로만 흐르게 한다. 플런저는 스프링의 힘이나 보조펌프의 유압을 흡입시켜 가압시켜 편심캠의 표면에 밀착되어서 왕복운동하게끔 설계되어 있다. 이 펌프는 플런저가

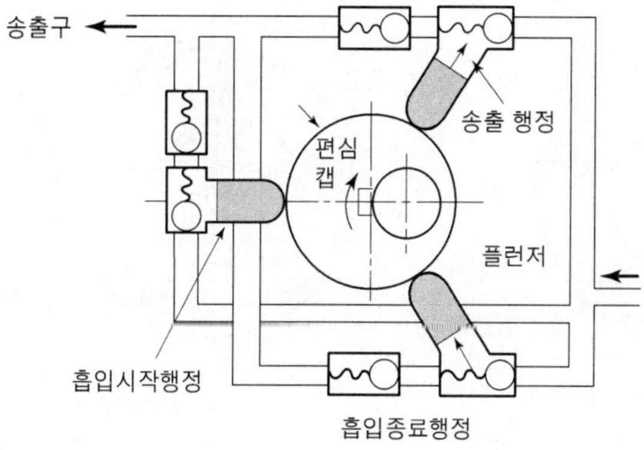

그림 4·77 고정실린더식의 원리도

회전을 하지 않으므로 비교적 고압하에서도 무리가 적은 작동이 가능하다. 캠의 편심량을 조절하여 송출량을 변화시킬 수 있으나 구조상 가변용량형으로 하기가 어렵다.

회전실린더 식은 플런저를 내장한 실린더 블록이 흡입, 송출 밸브작용을 하는 고정핀틀(pintle, 중공구동축 지지구)을 중심으로 회전하면서, 한편 슬라이딩 슈 혹은 롤러(sliding shoes or roller)에 붙어 있는 플런저는 실린더 블록과 편심되어 있는 외륜에 접촉되면서 실린더블록 안에서 방사방향으로 왕복운동을 하는 방식이다. 핀틀에는 흡입구와 송출구가 뚫려 있고 이들 통로는 펌프하우싱에 뚫려있는 흡입 단자와 송출단자에 연결되어 있다.

실린더블록의 회전으로 플런저가 왕복운동을 하면, 흡입행정에 있는 플런저는 핀틀의 흡입구와 송출행정에 있는 플런저는 핀틀의 송출구와 통하게끔 되어 있다.

그림 4·78은 고정용량형 레이디얼 플런저펌프이며, 그림 4·79는 회전실린더형 레이디얼 플런저펌프이다.

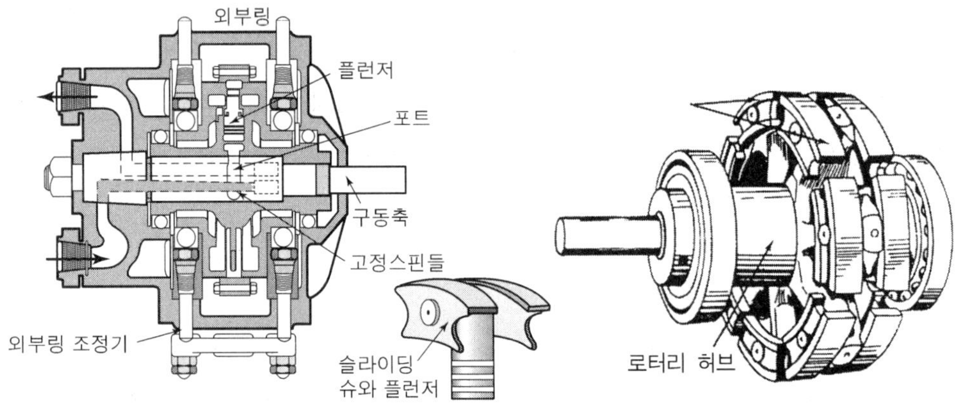

그림 4·78 고정용량형 레이디얼 플런저펌프

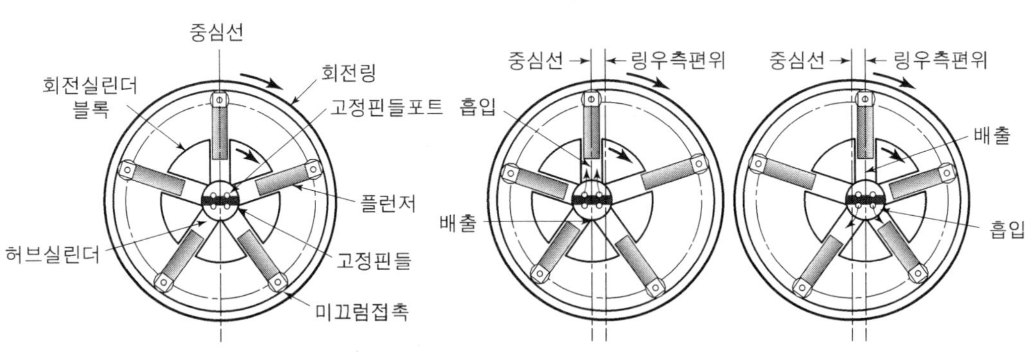

(a) 레이디얼 플런저펌프 구조 (b) 레이디얼 플런저펌프의 작동

그림 4·79 회전실린더형 레이디얼 플런저펌프

가변용량은 외주의 편심량을 조절할 수 있는 구조로 되어 있다. 편심량의 조절은 유압, 기계 혹은 전기적으로 행한다. 이 펌프의 특징은 캠 링(외주)을 반대로 이동시켜 편심 방향을 반대로 하면 구동 방향의 변화 없이도 작동유의 송출방향을 반대로 할 수 있다는 것이다. 그림 4·79에 이 관계를 도시하여 놓았다. 이 형식의 펌프는 핀들의 유압에 의한 불평형력이 작용하므로 송출최고 압력에 제약을 받는다.

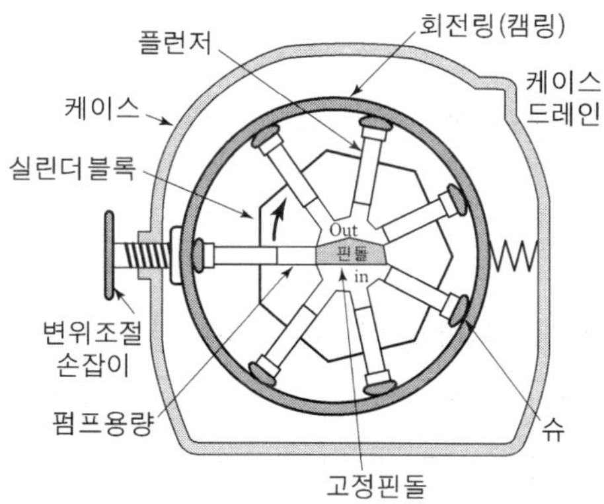

그림 4·80 가변용량형 레이디얼 플런저펌프

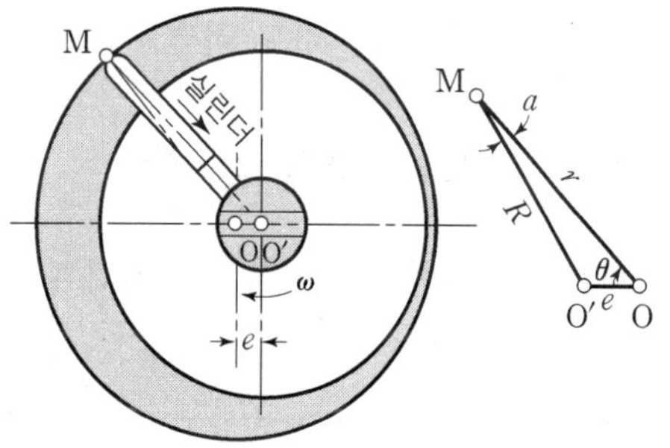

그림 4·81 가변용량형 레이디얼 플런저펌프

4·7·2 송출용적

그림 4·81에서 로터(rotor)의 편심량을 e라고 하면, 플런저행정 L은

$$L = 2e \tag{4·94}$$

된다. 따라서 플런저 단면적 A, 플런수를 Z라 하면 배제용적은 다음 식과 같이 된다. $V_{th} = ZAL = 2ZAe$ 그림 4·81의 삼각형 MOO′에 있어서 실린더 반경 R이라 하면 다음의 관계가 성립한다.

$$\sin\alpha = \frac{e}{R}\sin\theta$$

$$\therefore\ \cos\alpha = \sqrt{1-\sin^2\alpha} = \sqrt{1-\left(\frac{e}{R}\right)^2\sin^2\theta} \tag{4·95}$$

일반적으로 $e/R \ll 1$이 되므로 윗식은 다음과 같이 근사화된다.

$$\therefore\ \cos\alpha \fallingdotseq 1 - \frac{1}{4}\left(\frac{e}{R}\right)^2(1-\cos 2\theta) \tag{4·96}$$

따라서 그림 4·81으로부터 다음 식을 얻을 수 있다.

$$\gamma = e\cos\theta + R\cos\alpha \fallingdotseq e\cos\theta + R\left\{1 - \frac{1}{4}\left(\frac{e}{R}\right)^2 (1-\cos 2\theta)\right\} \qquad (4\cdot97)$$

여기서 플런저가 내측으로 향하는 속도는

$$v \fallingdotseq -\frac{d\gamma}{dt} = \frac{L\omega}{2}\sin\theta\left(1 + \frac{L}{2R}\cos\theta\right) \qquad (4\cdot98)$$

이 되므로 송출행정 중의 플런저 수를 Z_0라고 하면 순간 송출량은 다음 식과 같다.

$$Q_t = \sum_{i=1}^{Z_0} A\, v_i \qquad (4\cdot99)$$

따라서 $L/2R \ll 1$이라고 하면, 윗식은 액셜 플런저펌프의 식 (4·72)와 일치한다.

4·7·3 성능·특징 및 용도

회전 실린더형 레이디얼 플런저펌프는 액셜 플런저펌프에 비해 실린더의 회전에 의한 원심력 효과로 흡입 성능이 비교적 높고, 또 원통형 핀틀 밸브는 액셜형에서 사용되는 밸브판에 비해 먼지의 혼입에 의한 손상에 대해서 약간 강하며, 액셜형보다 내구성은 좋다.

그러나 플런저의 운동이 반지름 방향이고, 게다가 플런저에 걸리는 횡분력으로 플런저의 스트로크량이 플런저 지름의 0.8~1.0 이상 취하는 것이 곤란하여, 이 때문에 특히 대용량의 것에서는 액셜형에 비해 용적·중량이 상당히 커지는 결점이 있으며, 구조도 복잡한 것이 많다. 핀틀에 작용하는 불평형력 및 플런저에 작용하는 횡분력 때문에 최고 압력도 억제되므로, 소형의 것에서는 350 [kg_f/cm^2]를 발생할 수도 있는 것도 있으나, 보통 최고 압력은 210~250 [kg_f/cm^2]의 것이 많다.

그림 4·82는 현재 시판되고 있는 몇 개의 레이디얼 플런저펌프의 정격 압력 p_0, 최고 압력 p_{max} 정격 회전 수 n 및 정격 유량 Q를 배제 용적 d에 대하여 표시한 것이다. 액셜형에 비해 최고 압력 및 회전 속도가 약간 낮다.

회전 실린더형 레이디얼 플런저펌프는 헬 쇼우 펌프로서 알려졌던 개발 당초부터 중고압 영역의 작동하에서의 내구력이 우수한 점에서, 선박용 조타기에 사용되어 왔으며, 유압프레스, 플라스틱 성형기, 인발·압연 기계, 다이캐스트머신, 알루미늄이나 구리 등의 압출기, 기타 각종 공작 기계 등에 광범위하게 사용되어 왔으나, 최근에는 그 활용이 줄었다. 회전 실린더형의 배제 용적의 제어 및 펌프 사용상의 주의·취급법 등은 액셜형과 대략 같다.

고정 실린더형은 회전 실린더형에 비해 구조가 약간 간단하고, 또 플런저에 횡분력이 작용하지 않으므로 고압 작동에 적합하나, 구조적으로 가변 용량형으로 하는 것이 곤란하다. 또 그대로의 구조로 유압 모터로서 작동할 수가 없다. 최고 압력은 그림 4·82에 표시한 바와 같이

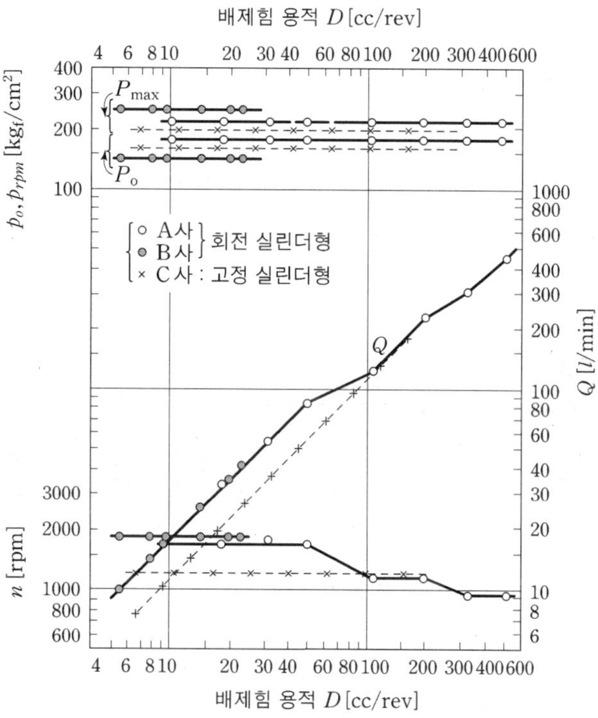

그림 4·82 레이디얼 플런저펌프의 정격 성능

보통 200 [kg_f/cm^2] 정도이나, 구미에서는 500 [kg_f/cm^2] 이상의 고압의 것도 생산되고 있다. 체크 밸브의 응답 속도 및 캠의 추성의 점에서, 회전 속도는 회전 실린더형에 비해 약간 낮아 1200 [rpm] 이하가 보통이다.

용도로는 비교적 고압 영역이 많고, 특히 금속 가공, 분말 야금, 탈수 탈유 등 각종 프레스에 많이 사용된다.

4·8 나사펌프

4·8·1 개 요

나사펌프(screw pump)라 불리우는 것에는 피송물의 점성이나 관성을 이용한 나사형 점성 펌프와 와류 펌프에 속하는 것도 있으나, 일반적으로는 축이 나사면을 형성하고 있어, 그것이 회전함으로써 축 방향으로 액체를 밀어내는 회전 펌프의 총칭이다. 이것에는 각종 형식이 있으나, 축의 개수에 따라서 1축 나사펌프, 2축 나사펌프, 3축 나사펌프로 분류하는 것이 일반적이다.

(1) 1축 나사펌프

1축 나사펌프의 대표적인 것으로서 모노식 펌프(그림 4·83)가 있으며, 1개의 1줄 나사 축이 2줄 나사의 슬리브 중을 편심하면서 회전하는 형식의 것이다.

이 펌프의 특징은 구조가 간단한 점과 액체 중에 고형물 입자가 함유되어 있어도 되는 점이다. 용량은 1~2000[l/min]의 것이 제작되고 있으나, 최고 압력은 10[kg_f/cm^2] 정도이며, 주로 각종 액체의 이송 펌프로 사용된다.

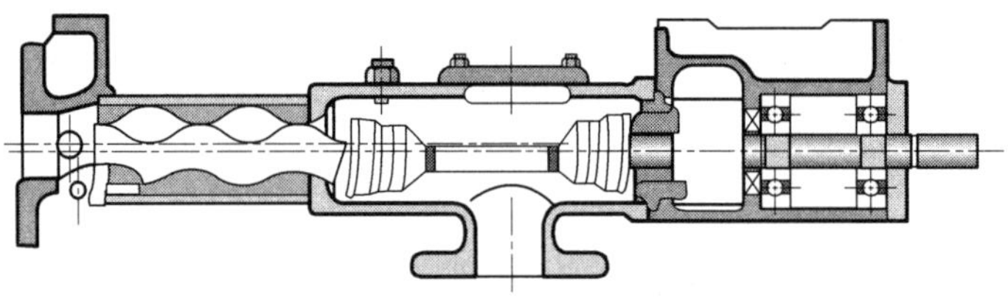

그림 4·83 모노식 펌프

(2) 2축 나사펌프

2축 나사펌프에는 리드의 방향만 다르고 그 밖의 것은 전혀 같은 형상인 2개의 축을 조합한 퀸비식 펌프(그림 4·84)와 나사 형상은 다르나 맞물렸을 때에 이웃하는 나사 홈을 완전히 독립시킬 수 있는 이모(IMO)식 2축 펌프가 있다.

오늘날 많이 사용되고 있는 것은 퀸비식 펌프이며, 1~10,000[l/min]의 용량의 것이 제작되고 있다. 그러나 이 펌프는 토출쪽과 흡입쪽 사이의 누설로를 완전히 없애는 것이 기하학적으로 불가능하며, 그 때문에 소용량의 펌프에서 30[kg_f/cm^2], 대용량의 펌프에서 15[kg_f/cm^2]가

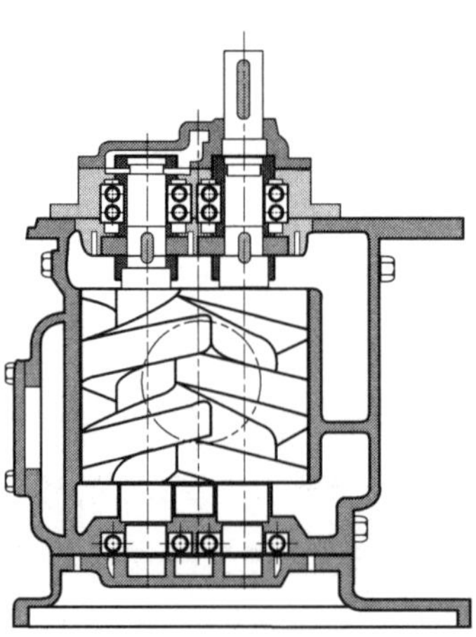

그림 4·84 퀸비식 펌프

실용상의 한계로 되어 있다.

이 펌프의 특징은 가공이 용이한 점, 외부 베어링 구조의 펌프 제작이 용이한 점이며, 각종 액체의 이송 펌프 또는 저압용 유압 펌프로 사용된다.

(3) 3축 나사펌프

3축 나사펌프로는 이모식 3축 펌프(그림 4·85)가 많이 알려져 있다. 이 펌프는 스웨덴의 IMO사에서 발명·제작한 것으로, 2줄 나사의 주동축과 같은 2줄 나사의 2개의 종동축으로 이루어졌으며, 이들 축은 완전한 맞물림이 되어 나사 펌프로는 가장 우수한 것이다. 또 현재 제작되고 있는 나사 펌프의 태반은 이 이모식 3축 펌프에 속한다.

용량은 1~16,000[l/min]의 것이 제작되고 있고, 각종 액체의 이송 펌프, 연료분사 펌프 또는 윤활유 펌프 등으로 광범위하게 사용되고 있다. 또 최근에는 유압 펌프로 사용되는 일도 많고, 고압화의 기술도 진보되어 최고 압력 250[kg_f/cm^2]의 것까지 실용화되어 있다. 또한 유압 펌프는 이 이모식 3축 펌프가 주류로 되어 있다.

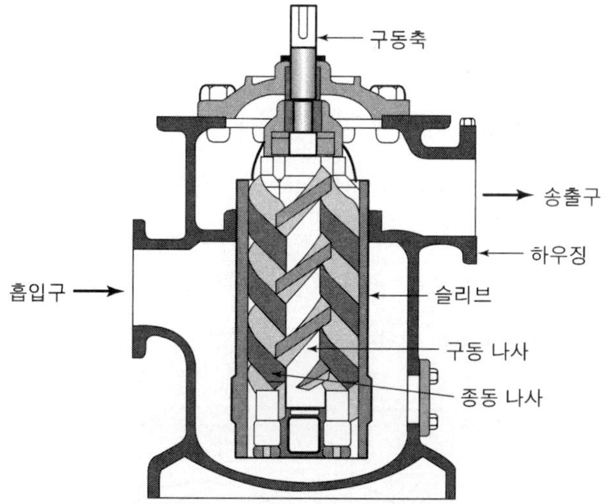

그림 4·85 이모식 3축 펌프의 구조

4·8·2 구조 및 작동 원리

이모식 3축 펌프의 구조를 그림 4·85에 표시한다. 볼록한 형상의 나사면을 가진 구동축과 이것과 대칭으로 설치된 오목한 형상의 나사면을 가진 두 개의 종동축이 맞물려, 이들이 슬리브안에 조밀하게 수용되어 있다. 구동기에 의하여 주동축에 회전이 주어지면, 3개의 축은 원활하게 맞물리면서 슬리브 안에서 회전하여, 각 축의 나사면과 슬리브에 의해 형성되는 밀봉실은 액체를 시일하고, 축의 회전과 함께 흡입 쪽에서 토출 쪽으로 그 위치를 이동시켜 액체를 내보낸다. 이와 같이 내보내진 액체는 연속적으로 토출되고, 더구나 밀봉실의 원주 방향 움직임이 없으므로, 액체의 운동은 축에 평행이고, 축은 마치 엔드레스 플런저와 같은 작용을 한다.

4·8·3 송출 용적

나사펌프의 송출량 $Q[l/\text{min}]$은 다음 식으로 구할 수 있다.

$$Q = \text{APN}\eta_v[l/\text{min}] \tag{4·100}$$

여기서 A : 송출면적[m^2] P : Screw pith [m], N : 분당회전수[rpm], η_v : 용적효율

4·8·4 성 능

이모식 3축 펌프의 누설량 Q_L 및 마찰 손실 마력 N_f는 다음 식으로 나타낼 수 있다.

$$Q_L = k\sqrt{P/E} \tag{4·101}$$

$$N_f = aN\sqrt{E} + b\frac{P}{EN} \tag{4·102}$$

(k, a, b는 펌프 형식에 따른 상수)

여기서, P는 펌프 압력, E는 액체 점도(Engler), N은 회전수이다.

윗식에서 분명한 바와 같이, 누설량은 저압 또는 고점도로 사용할수록 적고, 또 회전수에 관계없으므로 고속 회전에 사용함으로써 용적 효율은 향상한다. 이 고속 회전은 나사 펌프가 왕복 운동 부분을 갖지 않고, 회전부 지름도 작은 것에서 얻어지는 장점이 있다.

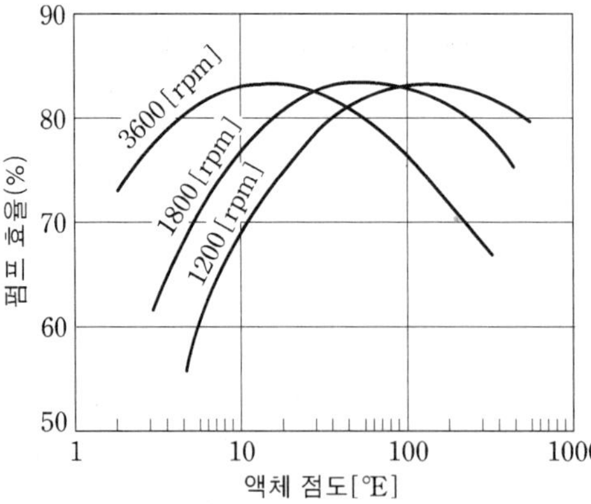

그림 4·86 정격 압력에서의 펌프 성능

또 마찰 손실 마력은 점성 저항의 항과 접동부의 마찰 저항의 항으로 대별되나, 고속 또는 고점도에서 사용할수록 전자가, 고압 또는 저점도에서 사용할수록 후자가 커진다.

일반적으로 펌프 성능 곡선을 그림 4·86에 표시하나 저점도 영역에서는 고속 회전으로, 고점도 영역에서는 저속 회전으로 사용하는 것이 바람직하다.

4·8·5 나사펌프의 특징

(1) 맥 동

이모식 3축 펌프의 토출 압력 맥동은 매우 작아, 그 값은 실용상 거의 무시할 수 있다. 맥동의 주기는 2줄 나사이기 때문에 회전수의 두 배이고, 맥동의 전진폭은 기름의 상태(공기 혼입량)에 따라서 다소 차이가 있으나, 토출 압력의 약 2~3%이다.

(2) 소 음

이모식 3축 펌프는 액체를 내보내는 과정에서 폐입 현상이 없고, 펌프 내에서의 액체의 압력 상승도 매우 완만하므로, 유체적인 충격에 의한 소음은 전혀 발생하지 않는다. 또 회전체는 회전축에 대칭인 위치에 배치되어서 정적으로도 동적으로도 밸런스가 더해졌고, 기계적인 진동의 원인이 되는 기계 소음도 발생하지 않아, 펌프의 소음은 다른 유압 기기에 비해 현저히 낮다. 펌프 체의 소음은 대략 60~65 [dB](A레벨)이고, 그 주파수 피크도 500 [Hz] 이하이기 때문에 귀에 거슬리는 음질은 아니다.

(3) 흡입 능력

이모식 3축 펌프는 그 구조상 펌프 흡입부의 유속 및 슬리브 내로 액체를 흡입한 때 유선의 변화를 작게 억제할 수 있으므로 펌프 내부의 압력 손실은 매우 작다.

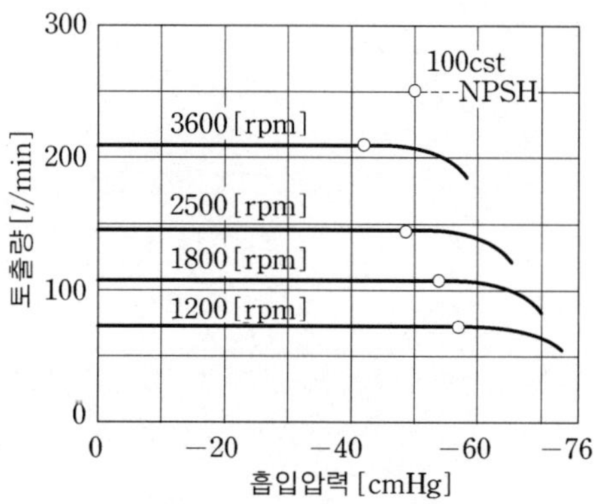

그림 4·87 흡입 능력

그림 4·87에 흡입 능력의 일례를 표시하는데, 다른 펌프에서 볼 수 없는 우수한 흡입 능력이 있고, 부스트 펌프를 필요로 하지 않는 이점이 있다.

(4) 내구성

이모식 3축 펌프에서는 종동축은 송출 압력에 의해 주동축과 종동축 사이에 동력 전달은 이루어지지 않으므로, 기어 펌프나 다른 나사 펌프 등과 같이 톱니면 사이의 접촉 압력이 고압으로 될수록 증대해서 톱니면을 손상시킬 우려는 없다. 또 종동축과 슬리브 사이 등의 미끄럼 베어링 부분은 유체 윤활 영역에서 사용되도록 계획되어 있으므로, 매우 우수한 내구성을 지니고 있다.

연습문제

1. 유압펌프에서 $C_s=0.8\times10^{-8}$, $C_d=0.2\times10^{6}$, $C_f=0.01$이었을 때, 총합효율을 최대로 하는 $\Delta P/\mu_m$의 값과 그때의 최대총합 효율 $\eta_{\max}$를 구하여라.

2. 저소음의 유압펌프에서 유체동력이 15[kW]와 30[kW]일 때의 소음을 계산하여라.

3. 송출압력 140[kg/cm^2], 유량 15[l/min], 총효율 80%의 유압펌프의 축동력[kW]를 구하여라.

4. 압출용적 40[cm^3/rev], 송출압력 210[kg$_f$/cm^2], 토크효율 90%의 유압펌프의 축 토크를 구하여라. 다음에 회전수 1200[rpm]일 때의 축동력[kW]를 계산하여라.

5. 외접기어 펌프에서 모듈 5[mm], 잇수 14, 이폭 50[mm], 공구압력각 20°인 경우의 압축용적[cm^3/rev]와 유량파동률 [%]를 구하여라.

6. 평형형 베인펌프의 캠곡선을 3차식 $r=a\theta^3+b\theta^2+c\theta+d$인 경우 $\theta=0$에서 $r=R_1$, $v(=dr/dt)=0$, $\theta=\theta(=2\pi/Z)$에서, $r=R_2$, $v=0$로 하여 a a, b, c, d를 정하고, 이 캠 곡선의 문제점을 고찰하여라.

7. 경사판식 액셜 플런저펌프에서, 송출량의 맥동률을 작게 하기 위해서 플런저 수를 홀수로 하였을 경우, 플런저가 경사판을 미는 힘 F의 합력이 맥동하고 펌프의 진동, 소음의 원인이 되는 수도 있다. 이 힘이 맥동 상태를 도시하고 맥동률의 식을 구하여라.

8. 액셜 플런저와 레이디얼 플런저펌프의 장·단점을 비교하여라.

9. 각종 유압펌프의 종류와 각각의 특성을 열거하여라.

10. 나사펌프의 특성을 논하여라.

5장 유압제어밸브

5·1 유압밸브

유압제어밸브(hydraulic control valve)란 유압펌프에 의하여 압력에너지로 된 작동유가 기계적 운동을 하도록 작동유의 압력, 유량, 방향 등을 조정하고 제어하는 등의 기능을 하는 유압기기를 말한다. 밸브는 기능에 따라 크게 유량제어 밸브(flow control valve), 압력제어 밸브(pressure contvol valve), 방향제어 밸브(directional contvol valve), 논리턴밸브(non-return valve), 차단밸브(shut-off valve) 등으로 분류되고 이들 밸브를 기능에 따라 조합하면 여러 가지 특징을 갖는 유압계통을 구성할 수 있다. 그러므로 유압제어밸브는 유압장치를 구성하는 요소 중 가장 다양하고 중요한 기기이다.

압력제어밸브(pressure control valve)는 회로압력의 제한, 과부하동작 조작의 순서 동작, 외부부하와의 평형작동 등을 하는 밸브이다. 밸브의 작동은 직동식과 파일럿(pilot) 작동식이 있다. 파일럿을 밸브로부터 먼 곳에서 작동시키면 원격제어가 가능하다.

압력제어 밸브의 종류로서 릴리프 밸브(relief valve), 감압밸브(reducing valve), 시퀀스 밸브(sequence valve), 카운터밸런스밸브(counter balance valve), 언로드밸브(unloading valve) 압력스위치(pressure switch) 등이 있다.

유량제어밸브(flow control valve)는 유압장치 내에서 유량을 조절하는 밸브로서 보상형이 있고 보통은 유압모터나 유압 실린더의 속도를 제어하는 데 사용한다.

가변용량펌프는 1회전당의 송출량을 적당히 변화시킴으로써 유량을 제어한다. 이 방식은 동력효율이 좋다는 이점이 있으나, 펌프의 구조가 복잡해서 조작사이클 중 일정유량을 필요로 하는 시간이 긴 회로에서는 도리어 가격이 높아져 불리하다. 이런 경우에는 고정용량형 펌프를 사용하고 속도를 정밀하게 제어하기 위하여 유량제어밸브를 사용하는 편이 좋다. 큰 부하변동이 있는 회로에서는 압력보상형 유동제어밸브를 사용하는 것이 좋다. 만일 무보상형밸브를 사용하면 압력변동에 따라 유량이 크게 변한다.

유량제어밸브를 대별하면 스로틀밸브(throttling valve), 체크밸브가 내장된 스로틀밸브, 유량 조정밸브(flow control valve) 등이 있다.

방향제어밸브는 일반적으로 작동의 방향을 제어하는 밸브를 말하며 작동상 또는 구조상 여러 가지로 나눌 수 있다.

작동상으로 분류하면 역류를 막는 역지작용, 분류작용, 왕복작용, 유동방향의 절환작용 등으로 나눌 수 있다.

구조상으로 분류하면 강구(ball)나 플런저를 좌면(seat)에 붙였다 떼었다 하는 포핏형(poppet type), 스풀(spool)을 회전시키는 회전 스풀형(rotary spool type), 슬리브 속에 스풀을 삽입해서 전방향으로 이동시키는 미끄럼 스풀형(slide spool type) 등이 있다.

기능면에서 방향제어밸브의 종류는 방향제어밸브(directional control valve)에는 수동전환밸브, 기계조작 전환밸브, 파일럿조작전환밸브, 전자밸브 등이 있다. 논리턴밸브(non return valve)는 어느 한쪽 방향으로만 공기나 기름을 유동하게 하는 밸브이며 낮은 쪽의 압력이 제한요소(restrictive component)에 작용하기 때문에 밸브의 밀봉효과(sealing effect)가 좋다. 논리턴밸브는 체크밸브(check valve), 셔틀밸브(shuttle valve), 교축릴리프밸브(throttle relief valve), 급속배기밸브(quick-exhaust valve), 2차압력밸브(two pressure valve) 등이 있으며 차단밸브(shut-off valve)는 공기나 기름을 개폐하는 밸브로 4개의 종류가 일반적으로 많이 쓰인다.

유압장치에서 에너지 전달은 유체에 작용한 압력을 고려하면 출력은 각각을 서로 독립적으로 변화하여 다른 값을 얻을 수 있다. 이들 각각의 변화를 밸브라고 하는 유압부속기기가 사용된다.

다음은 여러 밸브 종류와 기능을 나타낸 구성도이다.

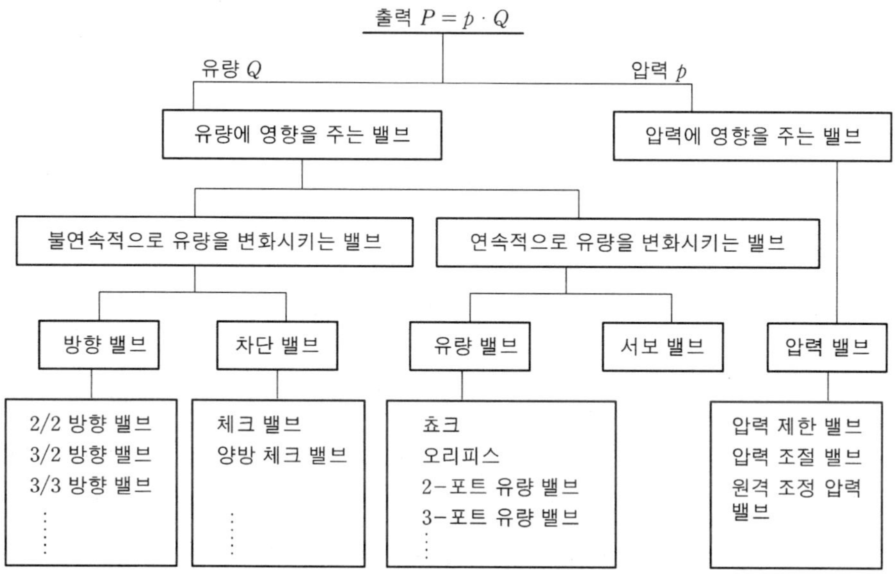

5·2 유압밸브의 역학

5·2·1 포핏밸브

그림 5·1과 같은 포핏밸브(poppet valve)는 유압제어기구에 널리 사용되고 있다. 밸브의 입구압력을 P_1, 출구압력을 P_2, $P_1 - P_2 = \varDelta P$라고 하면 밸브의 개구부에서 기름이 분출되는 속도는 베르누이식에 의해서

$$v = C_v \sqrt{\frac{2}{\rho} \varDelta P} \tag{5·1}$$

이 된다. 윗식에서의 C_v는 속도계수이다.

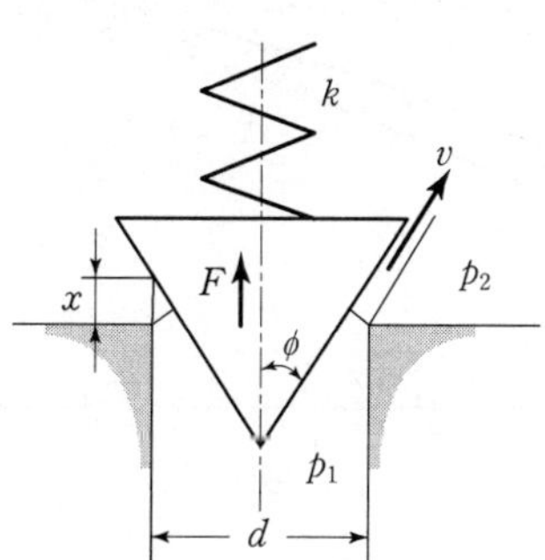

그림 5·1 포핏밸브(외향 흐름)

밸브시트(valve seat)의 지름을 d, 밸브의 반꼭지각을 ϕ, 밸브양정(valve lift)을 x라고 하면 밸브의 개구부의 최소단면적 a는

$$a = \pi x \sin\phi(d - x\sin\phi\cos\phi) \tag{5·2}$$

가 된다. 그런데, 일반적으로 $x \ll d$이므로 윗식은 충분한 근사값을 가지며, 다음과 같이 된다.

$$a = \pi dx \sin\phi \tag{5·3}$$

따라서 유량계수를 C라고 하면, 밸브를 통하는 유량 Q는 다음 식과 같다.

$$Q = C\pi dx \sin\phi\sqrt{\frac{2}{\rho}\Delta P} \tag{5·4}$$

그림 5·1과 같이 밸브시트에서 모서리면을 절단하지 않았을 경우, 유량계수 C는 레이놀즈(Reynolds)수에 의해서 그다지 변화하지 않는다. 그러나 그림 5·2와 같이 밸브시트의 모서리면을 절단하였을 경우는 모서리를 절단해 낸 부분과 포핏 사이의 평행간격 h를 흐를 때 유체 마찰에 의해서 레이놀즈 수가 작아질 때에는 유량계수가 대단히 작아진다.

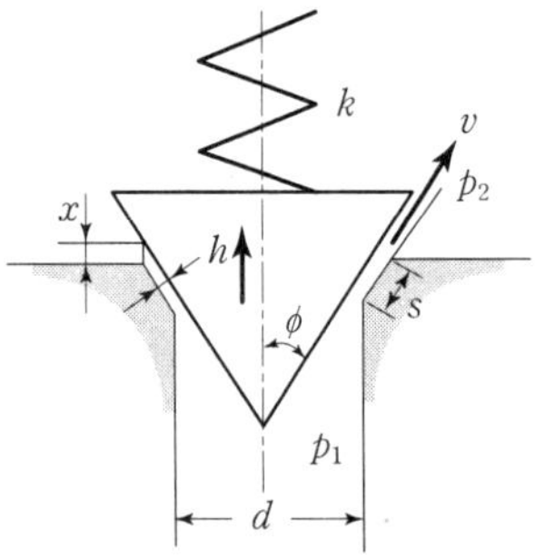

그림 5·2 포핏밸브(밸브 시트에 모서리면을 절단한 경우)

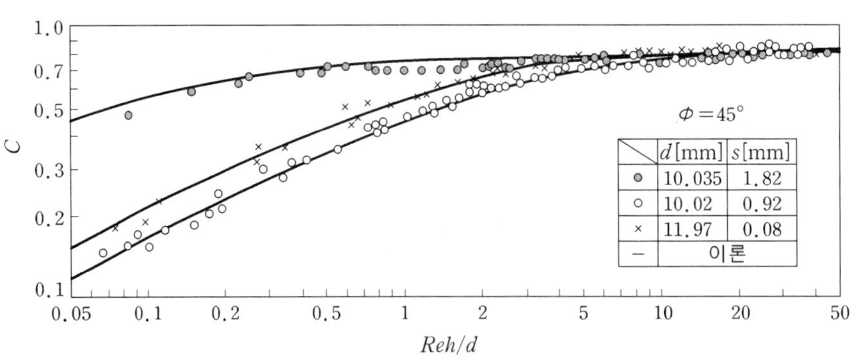

그림 5·3 포핏밸브의 유량계수

레이놀즈수 R_e라고 하면

$$R_e = \frac{Q}{\pi d\nu} = \frac{vh}{\nu}, \quad \left(v = \frac{Q}{\pi dh}\right) \tag{5·5}$$

를 사용하면, C는 $R_e h/d$의 함수가 되어서 모서리 면을 절단한 양 S의 증가에 의해서 C가 저하하는 경향이 있으며, 그 특징은 그림 5·3과 같이 나타내고 있다.

압유에서 밸브에 작용하는 추력을 F라고 하면 밸브가 닫혀있는 상태에서는 그림 5·4(a)와 같이, 밸브 꼭지부 B에서 밸브시트와의 접촉점 C까지 같은 압력 P_1이 작용하게 되므로 추력은 $F_0 = A\Delta P$가 된다. 단, $A = \pi d^2/4, P_2 \fallingdotseq 0$으로 한다.

그림 5·4(b)와 같이, 밸브가 열려져 있을 때에는 밸브표면의 압력은 B점으로부터 교축부 D점까지만 작용한다. 더구나 B에서 D로 접근함에 따라서 유속이 커지기 때문에 베르누이의 식에서 압력이 점점 낮아진다. 그림 5·4(a)와 (b)를 비교하면 바로 알 수 있듯이 밸브의 개구에 따라서 추력 F는 작아진다. 그리고 이 압력분포는 복잡하기 때문에 그것을 적분하여 F를 구하는 것은 곤란하다. 그리고 그림 5·4의 제어용량(control volume)에 주의하여 밸브시트에서의 유속을 v_0로 하고 운동량 법칙을 적용하면, 다음 식이 얻어진다.

$$A\Delta P - F = \rho Q(v\cos\phi - v_0)$$

일반적으로 $v_0 \ll v$이므로 F는 다음 식으로 된다.

$$F = A\Delta P - \rho Q v\cos\phi \tag{5·6}$$

윗식에서 우변의 제 2 항은 밸브개구에 따른 흐름에 의하여 발생하는 힘이므로 이것을 유체력(flow force)이라 하며, 이 힘은 밸브가 닫히는 방향으로 적용한다.

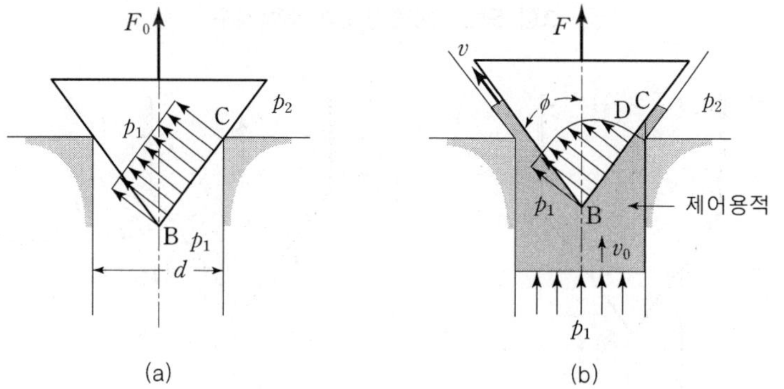

그림 5·4 밸브에 작용하는 압력

식(5·6)에 식(5·1), 식(5·4)를 대입하면

$$F = A\Delta P - \pi C C_v \, dx \, \Delta P \sin 2\phi \tag{5·7}$$

이 된다. 윗 식의 F를 $A\Delta P$로 나누어서 무차원식으로 표시하면, 추력계수 f는 다음 식으로 된다.

$$f = \frac{F}{A\Delta P} = 1 - 4CC_v \frac{x}{d} \sin 2\phi \tag{5·8}$$

그림 5·2와 같이 밸브 시트부에서 모서리면을 떼어냈을 때는 이 떼어낸 부분 간격에서의 압력 때문에 추력 F가 약간 커지게 된다. 그림 5·5는 추력계수를 측정한 일례이며 실험치와 이론치는 거의 일치하고 있다.

그림 5·6과 같은 내향 흐름의 포핏밸브인 경우, 밸브가 닫혀져 있을 때는 같은 그림 5·6(a)와 같이 B에서 C까지 같은 상태의 압력 P_1이 작용하므로 추력은 $F_0 = A_e \Delta P$가 된다. 단, $A_e = \pi({d_0}^2 - d^2)/4$, $P_2 \fallingdotseq 0$로 한다.

그림 5·6(b)와 같이 밸브가 열리면 밸브에는 B에서 D까지 압력이 작용하므로 그림 5·6(a)의 경우보다도 수압면적은 커지게 된다. 그리고 D에 가까워질수록 압력이 저하하므로

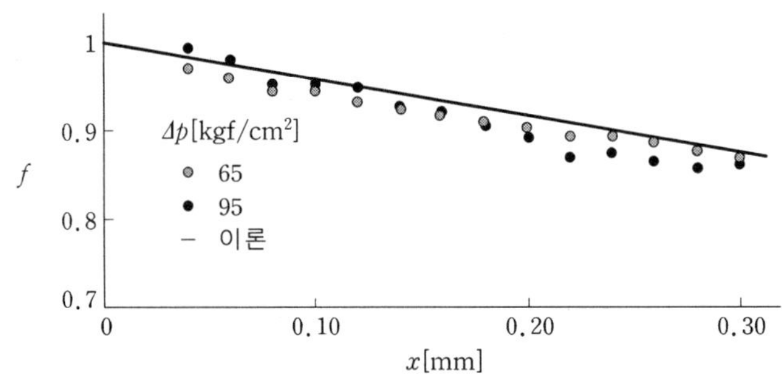

그림 5·5 포핏밸브의 추력계수

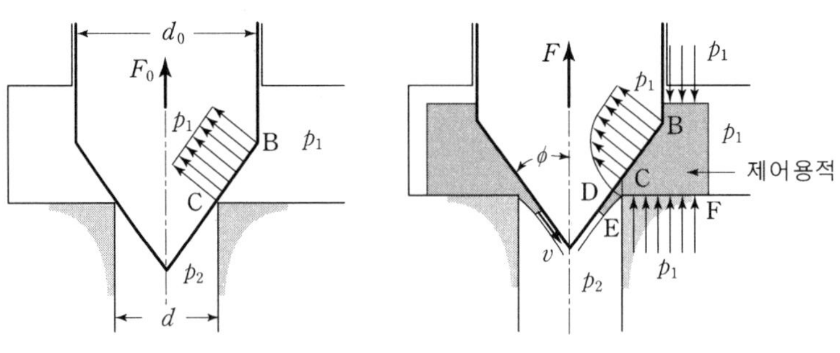

(a) (b)

그림 5·6 포핏밸브(내향 흐름)

추력의 변화는 간단하게 판단할 수 없다.

그림 5·6(b)의 제어용량에 주목하여 운동량 법칙을 적용하면 추력 F는 다음 식으로 된다. ($P_2 \fallingdotseq 0$ 인 경우), 그림에서 E는 흐름의 수축이 끝나는 점이다.

$$F = A_e \Delta P - \rho Q v \cos\phi \qquad (5\cdot 9)$$

윗식에 식(5·1), 식(5·4)를 대입하면 다음 식이 된다.

$$F = A_e \Delta P + \pi C C_v dx \Delta P \sin 2\phi \qquad (5\cdot 10)$$

따라서, 유체력 $\rho Q v \cos\phi$는 밸브가 열리는 방향으로 작용하며, 더구나 밸브양정 x에 비례하여 커진다. 또, 추력계수를 $f = F/A_e \Delta P$에 의해서 정의하면

$$f = \frac{F}{A_e \Delta P} = 1 + \frac{4CC_v}{(d_0/d)^2 - 1}\frac{x}{d}\sin 2\phi \qquad (5\cdot 11)$$

이 된다. 그리고 실제로는 그림 5·6(b)의 밸브 시트 면 EF 위의 압력은 균일한 압력 P_1으로 되고, E점 가까운 곳에서는 압력이 떨어지고 E점에서는 거의 $P_1/2$의 압력이 된다. 따라서, 추력 F는 윗식에 의한 계산값보다도 약간 작아진다.

5·2·2 스풀 밸브(spool valve)

그림 5·7과 같은 스풀형 밸브도 유압제어기구에 널리 사용되고 있다. 밸브의 개구부 유속은 식(5·1)과 같이 다음 식으로 나타낸다.

$$v = C_v\sqrt{\frac{2}{\rho}(P_1 - P_2)} = C_v\sqrt{\frac{2}{\rho}\Delta P} \qquad (5\cdot 12)$$

밸브가 열리기 시작하는 위치로부터 스풀이 x만큼 변위했을 때의 포트부 개구단면적을 $a(x)$라고 하면 밸브를 통하는 유량은 다음 식과 같다.

$$Q = ca(x)\sqrt{\frac{2}{\rho}\Delta P} \qquad (5\cdot 13)$$

밸브 포트 형상이 장방형이고, 그 원주 방향의 폭이 w일 때

$$a(x) = wx \qquad (5\cdot 14)$$

이다. 밸브 스풀에 작용하는 축방향의 추력 F는 운동량의 법칙에 의해서

$$F = \rho Q V \cos\phi \qquad (5\cdot 15)$$

가 된다. 윗식에서의 ϕ는 분류의 흐름방향 각도를 나타낸다. 그림 5·7(a), (b) 어떤 경우에도 F는 밸브가 닫히는 방향으로 작용한다. 이와 같은 분류에 의해서 밸브에 작용하는 힘은

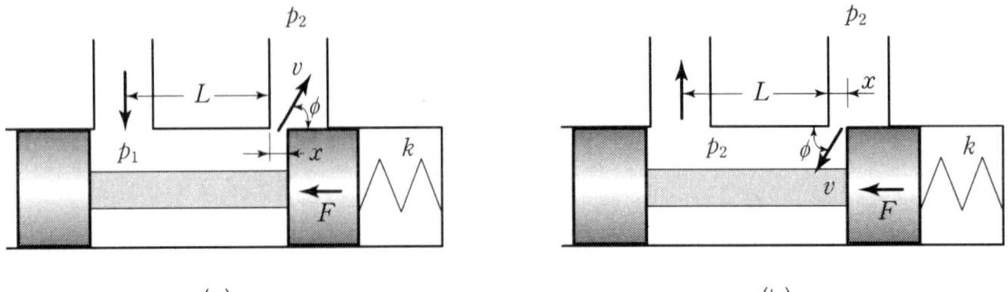

그림 5·7 스풀 밸브

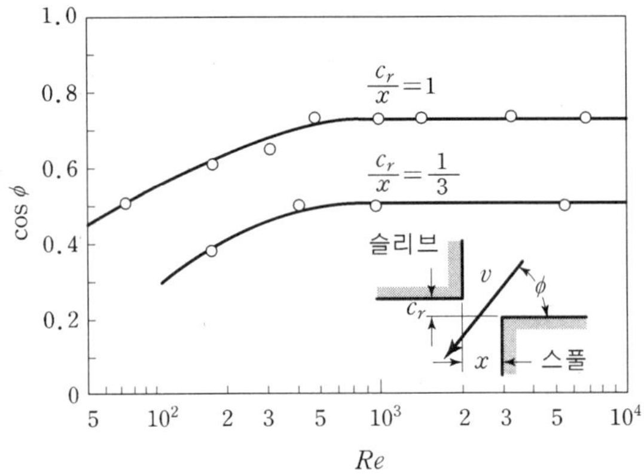

그림 5·8 스풀 밸브 포트에 있어서 기름의 흐름 방향

유체력(flow force)이다. 식(5·15)에 식(5·12) (5·13) (5·14)를 대입하면($P_2 \fallingdotseq 0$ 인 경우)

$$F=2CC_v w \cos\phi \varDelta Px \tag{5·16}$$

이 된다. 윗식에서의 ϕ는 그림 5·8과 같이, 스풀과 슬리브(sleeve)의 반지름 간극 C_r와 레이놀즈수 $R_e(=2vx/\nu)$의 함수인데, $C_r \fallingdotseq 0$에서 R_e가 커질 때에는 $\phi=69°$이다.

하나의 예로서, $C=0.7$, $C_v=1$, $w=1$ [cm], $\phi=69°$, $\varDelta P=100$ [kg$_f$/cm^2], $x=0.1$ [cm]일 때를 생각하면 $F \fallingdotseq 5$ [kg$_f$]가 되어서 대단히 큰 힘이 된다.

고압으로 대유량일 때에는 이 축방향 출력이 상당히 커지게 되며, 밸브의 원활한 제어에 지장을 주게 된다.

이와 같은 유체력을 없애기 위하여 여러 가지의 방법이 고안되고 있다. 그림 5·9(a)와 (b)는 밸브실에 유입할 때와 유출할 때의 분류의 운동량에 의하여 서로 소멸되도록 연구되고 있다. 같은 그림 5·9(c)는 밸브실을 좁게 하여 밸브실 내에서 압력강하를 일으키고, 밸브실 양 벽면에 작용하는 압력에 의한 힘이 유체력과 평행되도록 하고 있다.

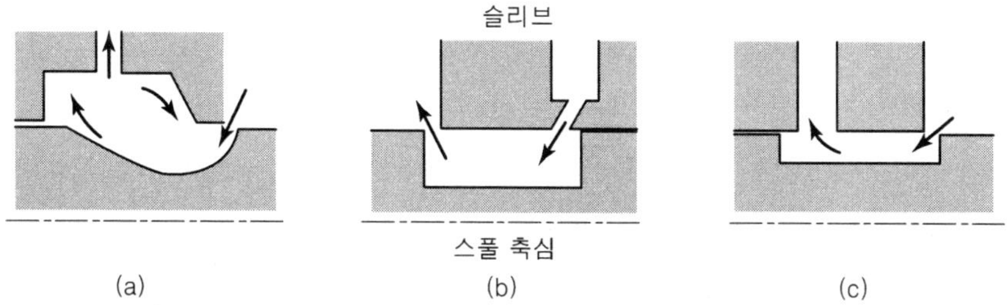

그림 5·9 스풀 밸브의 유체력의 보상 방법

5·3 압력제어밸브

압력제어밸브(pressure control valves)는 유압회로내의 설정압력을 유지, 감압시키거나, 작동체를 순서대로 작동시키는 등 유압회로 내에 압력을 제어하는 밸브를 말한다.

5·3·1 압력제어밸브의 종류

압력제어밸브(pressure control valves)에는 사용목적, 구조, 기능 등으로 분류하면 다음과 같다.

① 릴리프밸브(relief valve) : 회로의 최고압력을 한정하는 밸브로서 회로의 압력을 일정하게 유지시키는 밸브이다. 이 밸브는 유압회로에서 반드시 필요로 한다. 밸브의 관로압이 밸브의 설정압력에 가까워지면 2차측에 압유를 배출하여 관로나 장치를 과도한 압력으로부터 보호하는 밸브이다.

② 시퀀스밸브(sequence valve) : 2개 이상의 분기회로를 갖는 유압회로에서 그 작동순서를 회로의 압력이나 유압실린더의 운동을 규제하는 자동밸브이다.

③ 카운터밸런스밸브(counter balance valve) : 한쪽 방향의 유동에 대해서는 설정된 배압을 부여하지만, 반대방향의 유동은 자유유동을 하는 밸브이다.

④ 무부하밸브(unloading valve) : 유압계통의 압력을 일정범위로 유지시키는 밸브이다. 다시 말하면 계통압력이 설정값에 달하면 유압유를 펌프로부터 기름탱크로 귀환시켜 펌프를 무부하로 하고, 계통압력이 설정값 이하로 저하되면 다시 계통에 압력을 공급한다.

⑤ 감압밸브(pressure reducing valve) : 유량 또는 입구측 압력의 크기에 관계없이 입구측 압력을 설정된 최대 출구측 압력까지 감압시키는 밸브이다.

⑥ 압력스위치(pressure switch) : 유압유의 압력 혹은 압력의 상승, 하강현상을 감지하여

작동하는 스위치이다.

(1) 릴리프밸브

릴리프밸브(relief valve)는 유압회로의 최고압력을 제한하고, 그 일부가 과부하압력으로 되는 것을 방지하며, 유압모터나 조작실린더의 토크나 힘을 제한하는 밸브로서 유압장치의 안전용과 출력의 조정을 겸하고 있다.

릴리프밸브는 그 구조에 따라, 직접조작형 릴리프밸브, 파일럿조작형 릴리프밸브와 평형플런저형 릴리프밸브로 분류된다.

① 직접작동형 릴리프밸브

직접작동형 릴리프밸브는 그림 5·10에 나타낸 바와 같은 구조로서, 압력조정스프링의 힘으로 포핏밸브(poppet valve)를 밸브좌로 밀어붙이고, 압유가 출구쪽으로 흐르는 것을 막고 있다가 유압회로 내의 압력이 상승하여 포핏밸브를 밀어올리는 힘이 스프링의 설정력보다 커지면, 포핏밸브가 움직여 압유는 출구쪽의 드레인을 통하여 기름탱크로 되돌아가서 회로 내의 압력은 빠져 나가게 된다. 회로 내의 압력이 스프링의 힘 이하로 떨어지면, 포핏밸브는 스프링의 가압력으로 원래의 위치에 되돌아가서 밸브좌에 밀착하여 압유의 귀환을 멈추게 한다.

이 작동상태에 있어서, 밸브를 밀어올려 기름이 흐르기 시작할 때의 압력을 크래킹압력(cracking pressure)이라 하고, 밸브가 전개하여 허용최대유량이 흐를 때의 압력을 전량압력(full flow pressure) 또는 설정압력이라 한다.

또 스프링의 휨량은 전량압력일 때 최대가 되므로 이때의 스프링의 가압력은 크래킹압력일 때의 가압력보다 조금 크게 된다. 따라서 전량압력은 크래킹압력보다 높아진다. 이 양자의 압력차를 압력오버라이드(pressure override)라 한다.

압력오버라이드가 커질수록 릴리프 밸브의 성능은 나빠지고, 밸브를 진동시키는 원인이 된다. 즉 포핏 밸브가 압유에 의하여 압상된 순간에 밸브하부의 압력이 급히 저하하여 밸브는 급속히 스프링의 힘으로 밀려 내려오게 된다. 이렇게 되면, 압력이 상승하고 밸브는 다시 압상된다. 이와 같이 연속적으로 밸브가 진동을 일으켜 밸브좌를 심하게 두들기며 소음을 내는 형상(이것을 채터링(chattering)이라 한다)을 일으키기 쉽다.

직접작동형 릴리프 밸브는 구조가 비교적 간단한데 채터링을 일으키기 쉽고 압력조정범위가 작으므로 주로 안전밸브(safty valve)나 저압(거의 $15\,[kg_f/cm^2]$ 정도)용 또는 소용량 파일럿밸브로 사용되고 있다.

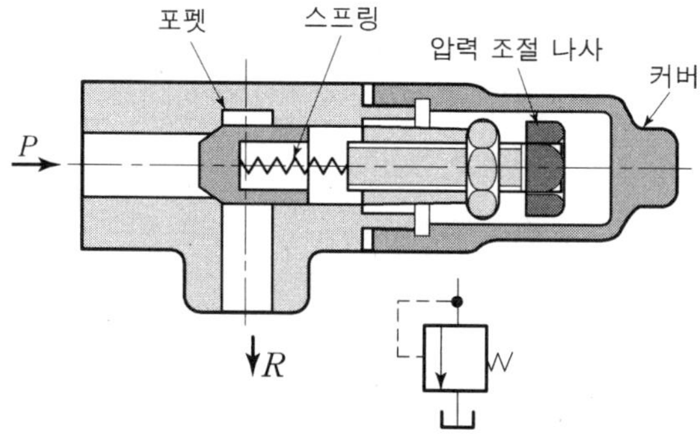

그림 5·10 직동형 릴리프밸브 구조

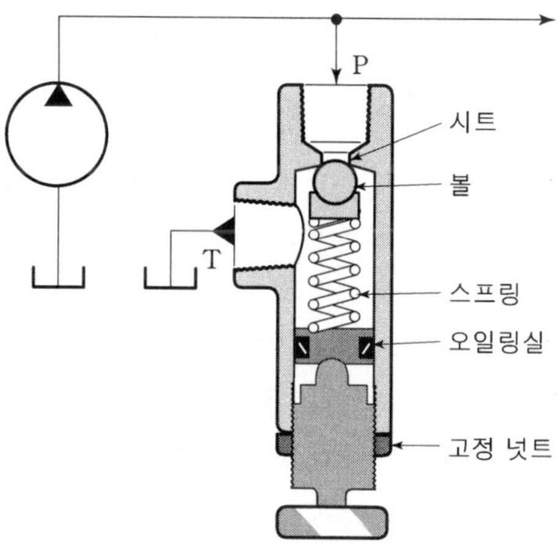

그림 5·11 직동형 릴리프밸브

그림 5·11은 직동형 릴리프밸브가 공급선에 연결되어 있어 조절 핸들을 조절하여 공급선에 필요한 압력 고정시키고 작동시에 설정압력이 초과되면 스프링이 받치고 있는 볼에 작용하여 포트가 열려 초과된 압력작동유가 기름탱크로 귀환하고 이때 설정압력에 도달하면 밸브포트가 닫혀 설정압력을 작동체에 공급하는 작동밸브가 직동형 릴리프 밸브이다.

그림 5·12는 직접작동형 릴리프 밸브와 파일럿 조작형 릴리프 밸브와의 압력오버라이드 특성을 나타낸 것으로서 이것이 클수록 밸브를 더 진동시키는 원인이 된다.

이 그림에서 알 수 있는 바와 같이 파일럿조작형 릴리프 밸브는 압력오버라이드가 작기 때문에 채디링이 일어나기 어렵고 성능도 우수하기 때문에 현재 가장 많이 사용되고 있다. 또 파일럿 밸브를 먼 곳에 두고 밸브본체와 배관으로 접속하면 원격조작이 가능하다.

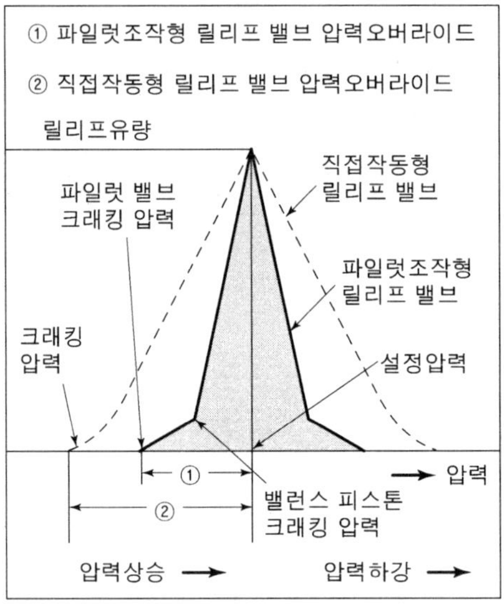

그림 5·12 릴리프밸브의 압력오버라이드 특성

② 파일럿 조작형 릴리프밸브

파일럿(Pilot) 조작형 릴리프밸브는 그림 5·13에 도시한 것과 같은 구조로서 밸브본체의 상부에 밸브의 작동을 제어하는 파일럿 밸브가 설치되어 있다. 밸브본체의 중앙에 있는 밸런스 플런저(balance piston)는 상부양면의 유압작용면적이 거의 같도록 만들어져 있고, 약한 스프링에 의하여 밸브 왼쪽에 밀어붙여져 있다. 밸브의 작동은 상부의 파일럿 밸브에 의하여 이루어지고, 압력의 설정은 압력조정 나사에 의하여 조절된다.

설정압력이 초과되면 스프링이 받치고 있는 주포핏밸브에 오리피스 구멍을 통과하여 릴리프

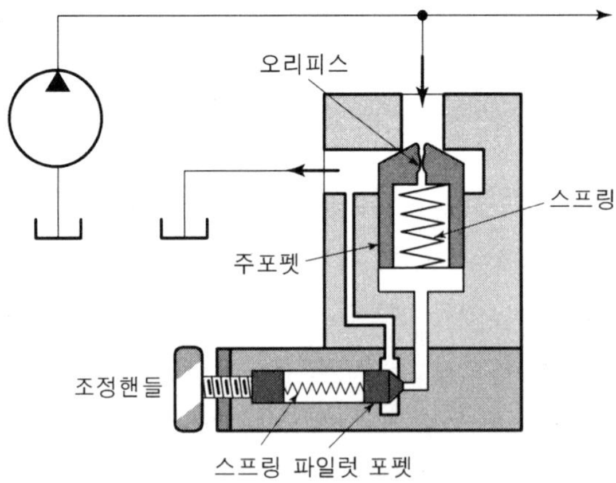

그림 5·13 파일럿 조작형 릴리프밸브

포핏을 밀어 초과 압력이 파일럿관을 통해 압력유가 송출하면 주포핏을 지지하고 있는 압력이 낮아져 포핏이 열리게 되어 초과된 압력유가 기름 탱크로 귀환한다. 이로 인해 설정압력에 도달하면 파일럿 포핏이 원위치로 될 때 설정 압력이 공급된다.

③ 평형플런저형 릴리프밸브

이 밸브는 상하 양면의 수압면적이 같은 평형플런저를 기본으로 해서 구성된 밸브로서, 조절감도가 좋고, 유량변화에 따르는 압력변동이 아주 적다. 그러므로 이 밸브는 압력오버라이드가 극히 적고 채터링이 거의 일어나지 않는다. 그림 5·14에 이 릴리프 밸브의 단면도와 기호를 표시하였다.

평형피스턴형 릴리프밸브(balanced piston type relief valves)는 작동면에서 두 개의 부분으로 나누어 생각할 수 있다. 하나는 평형플런저를 스프링의 힘으로 시트에 밀착시키는 부분을 포함한 본체부분이고, 다른 하나는 유압으로 평형플런저의 작동을 제어하는 파일럿 밸브 역할을 하는 윗 덮개 부분이다. 압력설정은 조정나사로 조절한다. 평형플런저의 상하부(A실과 B실)는 가느다란 유로 H로 연결되어 있고, B실과 W실(벤트실)도 유로(H보다 굵다)로 연결되어 있다. 회로압력이 설정압력 이하일 경우에는 A실, B실, W실의 압력은 모두 회로압력과 같다. A실과 B실의 압력이 같을 때에는 평형플런저 상하면에 작용하는 유압에 의한 힘은 같으므로(가압면적이 같으므로)평형플런저는 플런저 상부의 스프링 힘에 의하여 본체의 시트에 밀착되어 폐위치를 유지하게 된다. 만일 회로압력(A실의 압력)이 설정압력 이상으로 높아지면 유압은 평형플런저에 뚫려 있는 가느다란 유로 H를 통하여 B실의 압력도 증가하고, 동시에 이 압력은 W실로 전파되어 파일럿 스프링의 힘을 이겨 포핏을 밀어 열게 된다. 이때 유압은 파일럿

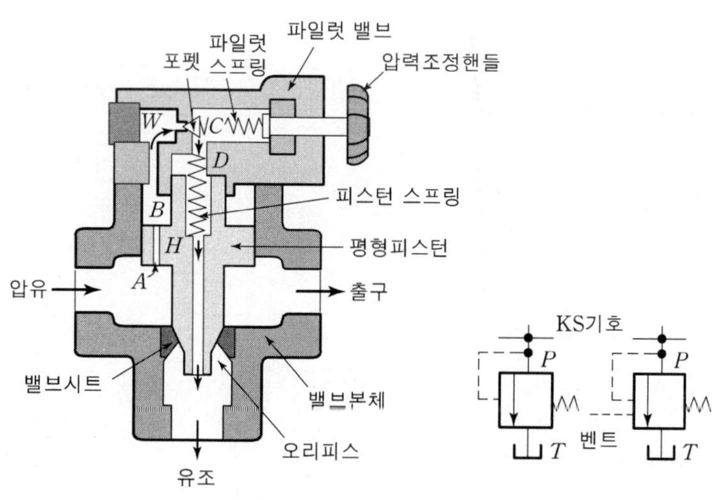

그림 5·14 평형플런저형 릴리프 밸브

밸브실 C를 통해서 D를 지나 유조로 흐른다. 이와 같이 압유가 흐르기 시작하면 A실의 압유는 평형플런저에 뚫려 있는 작은 구멍 H를 통해서 B실로 흐르기 시작하여 평형플런저 상하면 사이에는 H에서 일어나는 손실압력만큼의 압력차가 생겨 B실의 압력은 A실보다 낮아진다. 회로 내의 압력(A실 압력)이 한층 증대되어 A실의 압력에 의해서 플런저를 밀어올리는 힘이 B실의 압력에 의해서 플런저를 밀어내리는 힘과 플런저 스프링의 힘을 합한 힘보다 커지면 플런저를 위로 밀어올리게 되어 유압탱크로 통하는 유로가 열리고 여분의 압유가 유압탱크로 환류된다. 이때 압력상승의 원인이 되는 회로내 유체저항이 변하지 않으면 플런저의 개구위치도 변하지 않고, 그 위치에서 정지상태로 머무른다. 회로압력이 낮아지면 파일럿 밸브의 포펫이 닫히면서 평형플런저 상하압력이 같아지므로 플런저 스프링의 힘으로 평형플런저가 내려가 환류유로를 막는다. 이와 같은 동작이 회로압력에 따라 되풀이되면서 회로압력을 일정한 압력으로 유지시킨다.

교축의 저항에 의해서 메인밸브의 상하면에 압력차가 발생하여 메인 밸브가 열리고 회로유량이 빠지게 되어서 그 이상의 압력상승을 방지한다. 그림 5·15와 같이 직동형 릴리프 밸브에 비하여 압력 오버라이드가 대단히 작아지는 점이 장점이다.

그림 5·16은 릴리프밸브에 의하여 회로압력을 제어하는 상태로 보이고 있다(기호는 KS에 의함).

④ 릴리프밸브의 고장현상과 대책

ⓐ 압력이 너무 높거나 낮은 경우

· 밸런스 피스톤이 고장

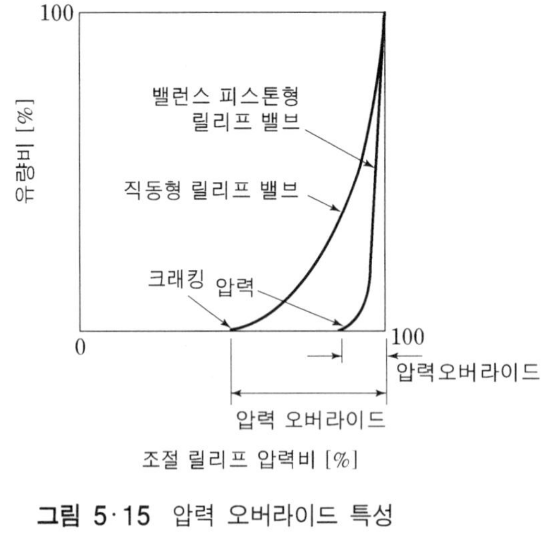

그림 5·15 압력 오버라이드 특성

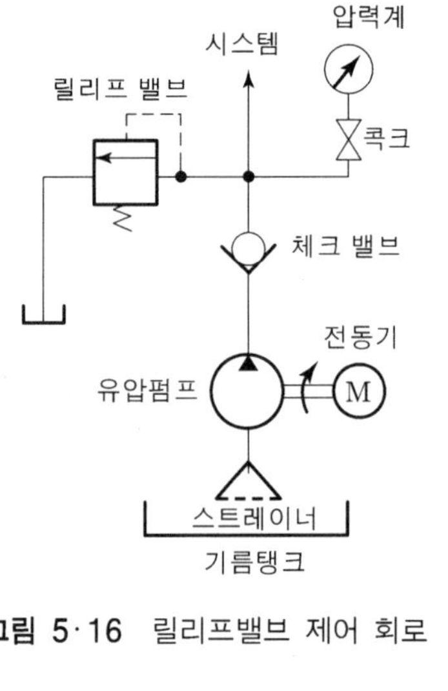

그림 5·16 릴리프밸브 제어 회로

· 스프링이 약한 경우
· 압력계가 잘못된 경우와 설정이 잘못된 경우

ⓑ 압력계의 압력이 변동되는 경우

· 피스톤에 이물질이나 피스톤이 고장난 경우
· 밸브 사이에 이물질이 끼어 있는 경우
· 작동유가 오염된 경우
· 조정나사가 풀린 경우
· 탱크내에 압력이 차 있는 경우

(2) 감압밸브

감압밸브(reducing valve)는 유압회로의 일부를 릴리프 밸브의 설정압력 이하로 감압하고 싶을 때에 사용된다. 이 밸브는 상시 개방상태로 되어 있어서 입구의 1차쪽의 주회로에서 출구의 2차쪽의 감압회로로 압유가 흐른다. 2차쪽의 압력이 감압밸브의 설정압력보다 높아지면, 밸브가 작동하여 압유의 유로가 닫히도록 작용한다.

감압밸브에는 릴리프 밸브와 같이 직접작동형과 파일럿조작형이 있다.

① 직접작동형 감압밸브

그림 5·17은 직접작동형 감압밸브의 구조를 나타낸다. 밸브의 중앙에 있는 스풀은 압력조정 스프링으로 밀려 상시 개방상태로 있고, 1차쪽에서 2차쪽으로 흐르고 있다. 2차쪽의 압력이 높아지면 스풀의 하면에 압력이 작용하고, 압력조정 스프링을 이겨내면 스풀을 밀어 올려서 기름의 유로를 좁히고, 유량을 제어함과 동시에 압력손실에 의하여 2차쪽의 압력을 감압하고 있다.

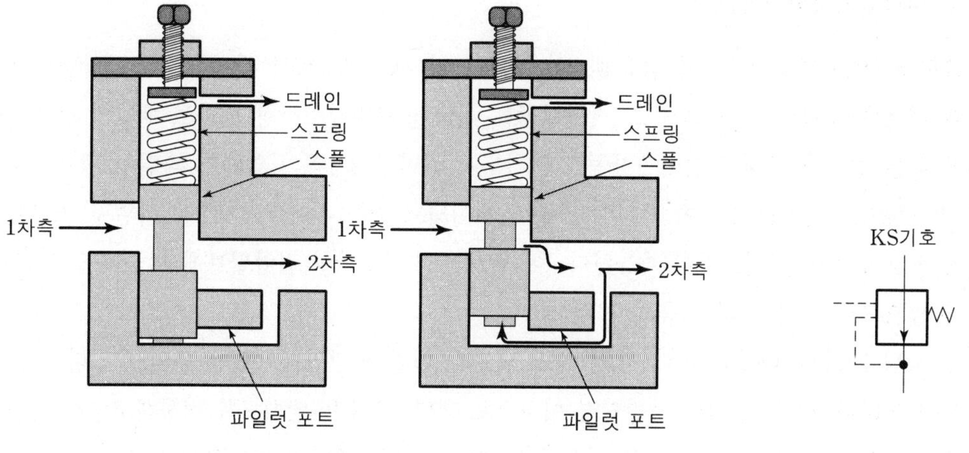

그림 5·17 직접작동형 감압밸브

그림 5·17과 같이 2차쪽의 압력이 압력조정스프링에 의한 설정압력에 이르면, 스풀은 최대로 압상되어 유로를 닫는다. 이때, 2차쪽에서 소량의 기름이 스풀 안에 있는 오리피스 모양의 가는 구멍을 지나 드레인으로 되어 탱크로 흐른다. 이것은 밸브가 닫혔을 때 1차쪽에서 스풀의 요동면을 거쳐 고압유가 누설되더라도 이것을 드레인되어 빠져 나가 2차쪽의 압력을 설정압력 이상으로 높지 않기 때문이다.

직접작동형 감압밸브는 스프링의 치수가 커지기 때문에 압력조정범위는 좁지만 스풀의 응답이 빠르므로 주로 저압용 감압밸브로 쓰인다.

그림 5·18은 감압밸브를 사용한 유압회로의 예이며, 유압실린더 ①에는 유압펌프에서 공급된 압력이 그대로 보내지는 데 대해서 유압실린더 ②에는 감압밸브로 감압된 기름이 보내진다.

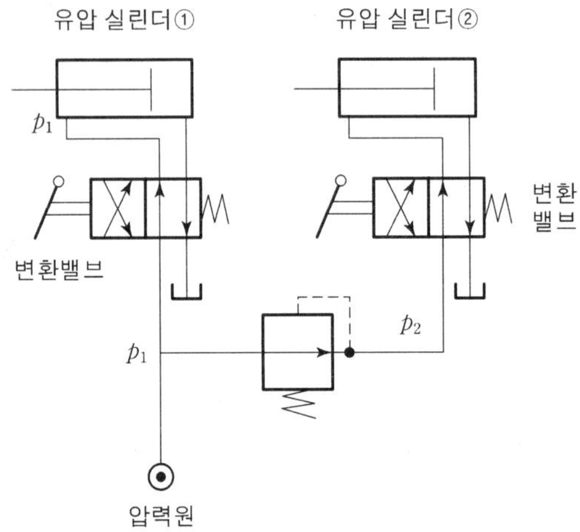

그림 5·18 감압밸브에 의한 감압회로

② 파일럿조작형 감압밸브

그림 5·19는 파일럿조작형 감압밸브의 구조를 나타낸 것으로서 직접작동형 감압밸브와 파일럿 밸브를 조합한 구조이다. 그 작동원리는 전술한 파일럿조작형 릴리프 밸브와 동일하다. 다만 다른 점은 스풀의 양단이 2차쪽에 연결되어 있어서 2차쪽의 압력이 파일럿 밸브의 포핏에 작용하고, 2차쪽의 압력에 의하여 스풀이 제어되고 있는 것이다. 이것은 파일럿 조작형 릴리프 밸브와 같이 원격조작이 가능하다. 이 밸브는 직접조작형 감압밸브에 비하여 압력조정범위가 넓으므로 가장 널리 사용되고 있다.

또 그림 5·20에 나타낸 바와 같이 체크 밸브를 내장한 감압밸브도 사용되고 있다. 이것은 부하에 의하여 2차쪽 압력이 설정압력 이상으로 되면, 스풀은 닫히도록 작동하고, 2차쪽의 압력은 증대하므로 역방향의 흐름을 자유롭게 하여 압력의 증대를 방지하고 있다.

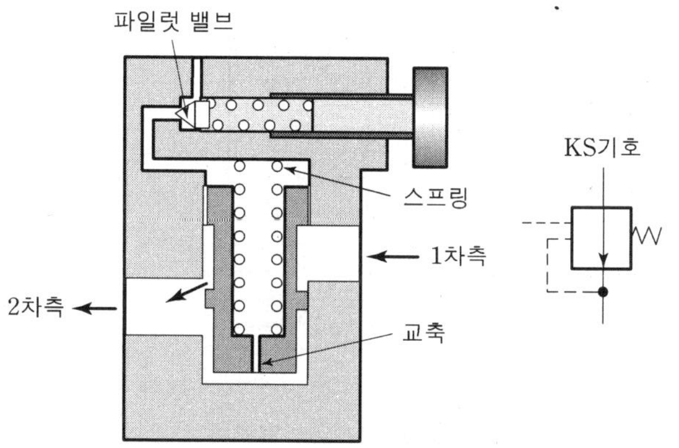

그림 5·19 파일럿 조작형 감압밸브

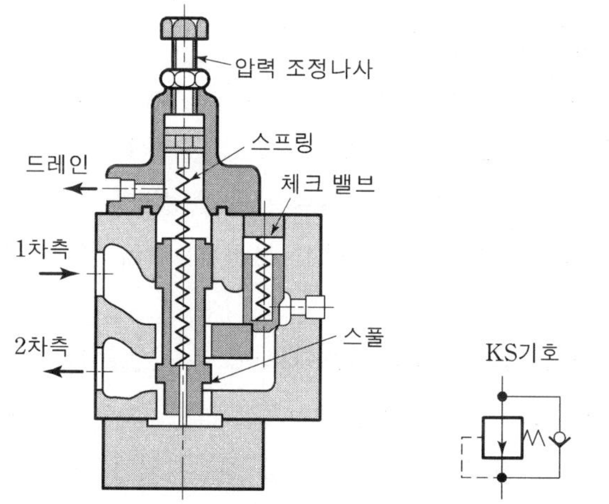

그림 5·20 체크 밸브붙이 조작형 감압밸브

(3) 시퀀스밸브

그림 5·21의 시퀀스밸브(sequence valve)는 순차동작밸브라고도 하고, 유압원의 주회로에서 유압실린더 등이 두 개 이상의 분기회로를 가질 때 각 유압실린더를 일정한 순서로 순차작동시키고자 할 경우에 사용한다.

이 밸브는 주회로로부터 몇 개의 분기회로가 분기되어 있을 때 분기회로의 일부가 작동하더라도 주회로의 압력을 일정하게 유지하면서 조작의 순서를 제어할 때 사용하는 밸브이다. 예를 들면 따로따로 작동하는 2개의 유압실린더가 있을 때 한쪽이 행정을 완료하면 다른 한쪽의 유압실린더가 작동을 시작하게끔 작동순서를 순차적으로 제어하고자 할 때 사용한다. 그러므로 이 밸브는 다음 작동이 행해지는 동안 먼저 작동한 유압실린더를 설정압으로 유지시킬 수가 있다.

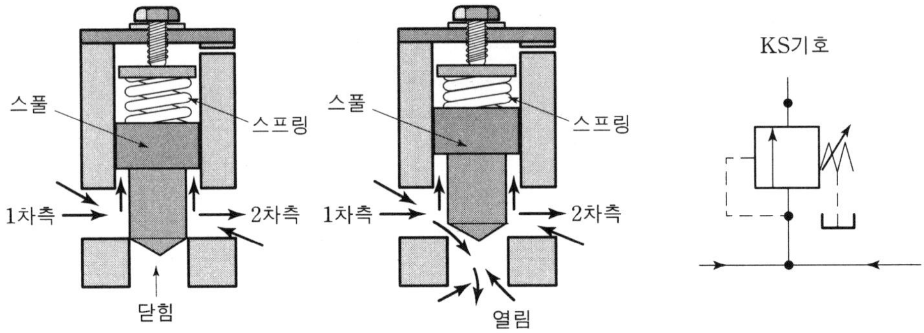

그림 5·21 시퀀스밸브의 구조

시퀀스밸브는 항상 닫혀 있다가 유압실린더가 정지시에 설정압력이 도달하면 밸브가 열려 다음 유압실린더를 작동시키는 순차적인 밸브이다.

그림 5·22는 시퀀스밸브의 구조를 나타낸 것으로서, 스풀은 압력조정스프링에 의하여 아래로 밀리고, 입구의 1차쪽에서 출구의 2차쪽의 유로는 닫혀 있다. 스풀의 하단에 밸브작동용의 플런저가 있고, 이것에 작동하는 파일럿의 압력을 잡는 방법에 따라 그림 5·22(a)와 같이 1차쪽 내부에서 직접 취한 내부파일럿식과 그림 5·22(b)와 같이 원격조작을 하기 위한 외부파일럿식이 있다.

주요한 구조는 무부하밸브와 같으나 드레인회로가 외부드레인이다. 드레인 포트는 직접 유압탱크에 연결하여 사용한다. 만일 내부 드레인으로 하면 2차압이 스풀에 작용하여 스풀의 작동을 방해하기 때문이다. 그림 5·22(a)는 밸브를 작동시키는 파일럿압력을 1차압회로로부터

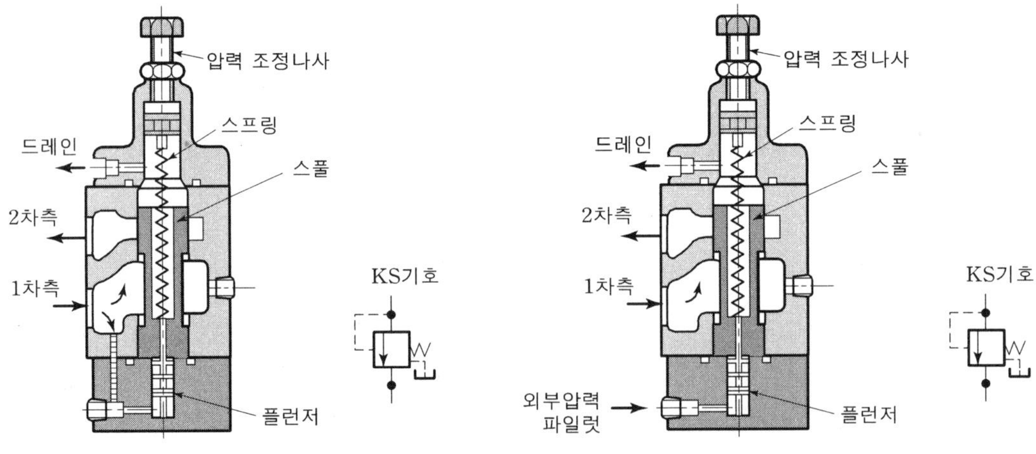

(a) 내부파일럿식 (b) 외부파일럿식

그림 5·22 시퀀스밸브

직접 취한 내부파일럿형이고, 그림 5·22(b)는 파일럿압력을 외부회로로부터 취한 외부파일럿형이다. 외부 파일럿형은 원격제어가 가능하다. 시퀀스 밸브도 작동식 릴리프밸브와 같이 설정압은 밸브 내의 스풀을 밀고 있는 스프링의 변형량으로 조절한다.

그림 5·22(a)에 있어서 1차압입구로부터 흘러 들어온 압유는 파일럿유로를 통하여 스풀 하단까지 유입되어 파일럿 압력으로 작용한다. 밸브를 흐르는 유압력이 스프링의 설정압 이하이면 스풀을 밀어올리려는 힘이 스프링의 힘보다 적어 스풀은 스프링의 힘에 의하여 밀어내는 상태에서 2차압출구를 닫는다. 1차압회로의 압력에 의하여 스풀을 밀어올리는 힘이 설정압력에 대응하는 스프링 힘보다 커지면 스풀은 압상되어 2차압출구를 열어 순차동작을 하게 된다. 이 밸브는 2차압회로로부터 1차압회로의 역류는 저지되므로 시퀀스작동은 1차압회로로부터 2차압회로로 흐를 때에만 작동이 가능하다.

그림 5·22(b)의 외부파일럿형의 작동은 내부파일럿형과 같으나, 다만 파일럿압을 외부회로에서 취하는 것이 다르다.

그림 5·23에 내부파일럿형 시퀀스 밸브의 사용 예를 나타내어 놓았다. 그림에서 실린더 a가 위로 올라가는 동안은 회로압력은 부하 W를 올리는 데 필요한 압력만이 걸린다. 시퀀스밸브의 설정값을 이 압력에서 열리지 않게끔 설정하면 실린더 b는 a가 작동하는 동안 작동하지 않는다. 실린더 a의 행정이 끝나 플런저가 상단으로 올라가면 회로압력은 증가한다. 회로압력이 시퀀스 밸브의 설정압력보다 높아지면 밸브가 열려 실린더 b가 작동하여 플런저는 좌측으로 이동한다.

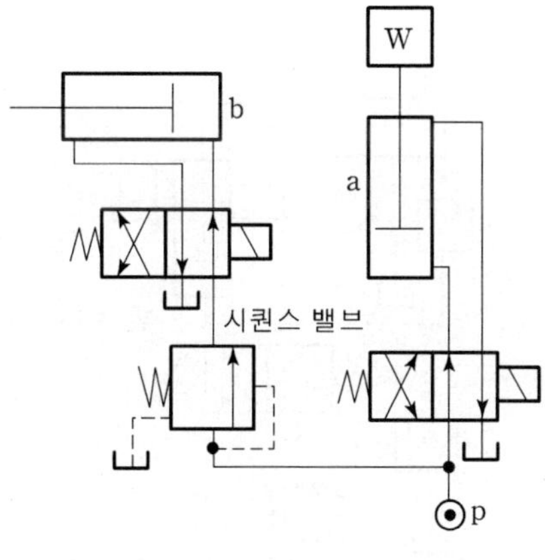

그림 5·23 시퀀스밸브의 사용 예

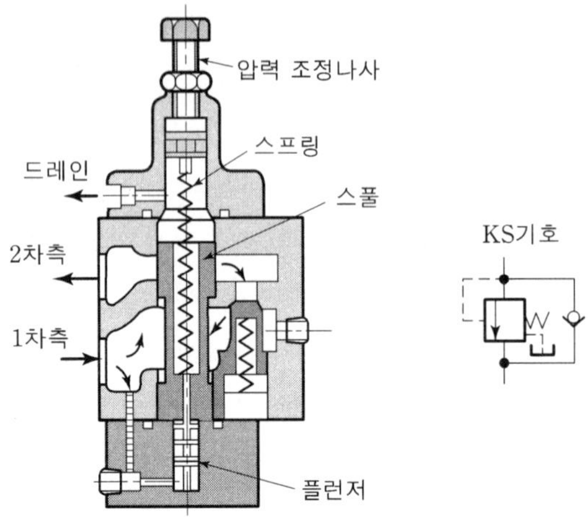

그림 5·24 체크밸브붙이 시퀀스밸브

그림 5·24는 체크밸브붙이 시퀀스밸브(sequence valve with reverse flow bypass or sequence valve with check valve)의 구조와 기호를 표시한 그림이다.

이 밸브는 앞에서 설명한 시퀀스밸브 안에 체크밸브(check valve)를 결합해서 내장한 밸브로서, 시퀀스밸브가 작동을 하면서 2차압회로로부터 1차압회로로 3역류를 허용하는 밸브이다.

그림 5·25는 이 밸브를 사용한 회로의 한 예이다. 실린더의 작동은 그림에 표기한 숫자의 순서에 따라 운동한다. 방향절환밸브를 절환하면 양 실린더는 동시에 후퇴한다. 이때 실린더 b로부터 귀환되는 압유는 체크밸브를 통해서 환류된다.

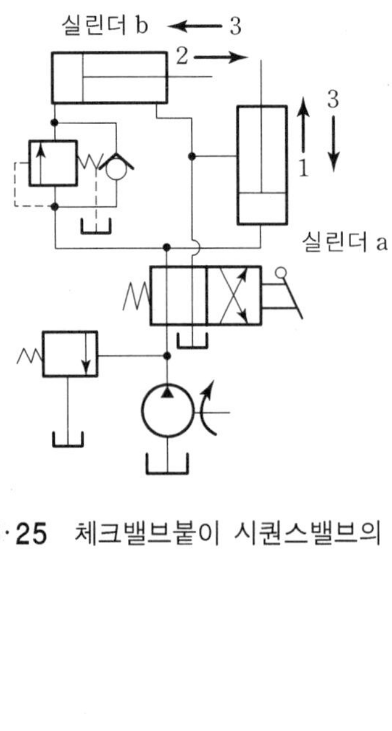

그림 5·25 체크밸브붙이 시퀀스밸브의 사용 예

그림 5·26은 시퀀스 밸브를 사용한 유압회로의 한 예이며, 유압실린더 ①이 동작이 끝나면서부터 시퀀스밸브가 열리고 다음에 유압 실린더 ②가 움직이기 시작한다.

그림 5·27은 직접작동형 시퀀스 밸브와 파일럿 조작형 시퀀스 밸브와의 오버라이드 특성을 나타낸 것이다. 시퀀스 밸브로서 많이 사용되는 것은 외부파일럿형, 체크밸브붙이 및 파일럿 조작형 시퀀스 밸브이다.

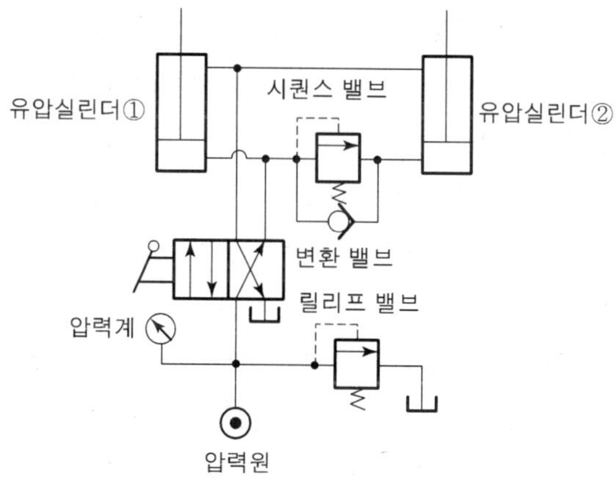

그림 5·26 시퀀스밸브에 의한 시퀀스 회로

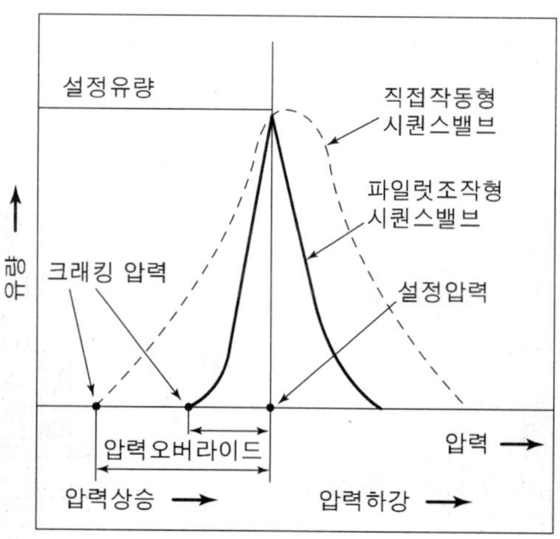

그림 5·27 시퀀스밸브의 압력오버라이드 특성

(4) 카운터밸런스밸브

카운터밸런스밸브(counter balance valve)는 유압회로의 한 방향의 흐름에 대해서는 설정된 배압을 생기게 하고, 다른 방향의 흐름은 자유로 흐르도록 한 밸브로서 이것에는 반드시 체크 밸브가 내장되어 있다.

이를테면 수직방향으로 작동하는 유압실린더에 있어서 상승행정일 때에는 압유를 자유로 흐르게 하고, 유압실린더가 하강할 때에는 중력에 의하여 자유낙하하는 것을 방지하기 위하여 유압실린더의 귀환측의 유압유에 배압을 주어 낙하속도를 제어하고 있다.

이 밸브는 회로의 일부에 배압을 발생시키고자 할 때 사용하는 밸브이다. 이 밸브는 조작 중 부하가 급속하게 제거될 경우, 예를 들면 드릴작업이 끝나는 순간 부하저항이 급히 감소하는 경우, 드릴의 돌출을 막기 위하여 실린더에 배압을 주고자 할 때, 또는 연직방향으로 작동하는 램(ram)이 중력에 의하여 낙하하는 것을 방지하고자 할 경우에 사용한다.

그림 5·28은 카운터 밸런스의 구조와 기호를 도시한 그림이다. 그림 5·28(a)는 내부파일럿형(직동형), 그림 5·28(b)는 외부파일럿형(원격제어형)이다. 스풀 하부에 가해지는 파일럿압력에 의하여 스풀이 압상되는 힘이 조정스프링에 의해 설정압력보다 작을 때는 1차압회로와 2차압회로는 차단되나, 파일럿압력이 설정압력 이상이 되면 스풀은 압상되어 1차압회로의 압유가 2차압회로에 흘러 들어간다. 2차압회로로부터 1차압회로에의 역류는 설정압력 이상이 되면 스풀은 압상되어 1차압회로의 압유가 2차압회로에 흘려 들어간다. 2차압회로로부터 1차압회로에의 역류는 설정압에 관계없이 좌측에 있는 역지밸브를 통하여 흐른다. 이 밸브와 역류측로형 시퀀스밸브의 상이점은 드레인이 내부드레인이라는 점이 다르다.

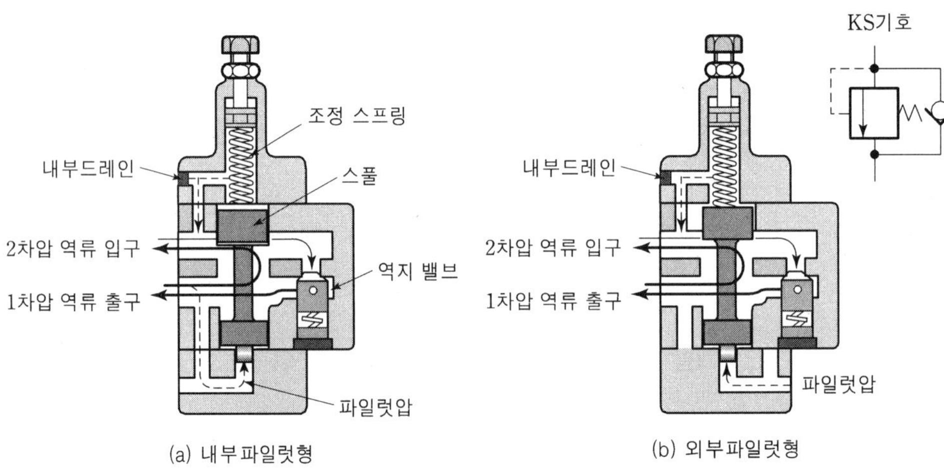

그림 5·28 카운터밸런스밸브의 구조와 기호

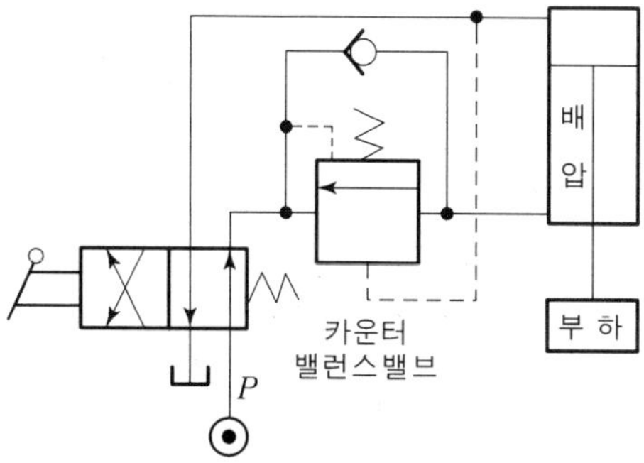

그림 5·29 카운터밸런스밸브의 사용 예

그림 5·29는 카운터밸런스밸브의 사용 예이다. 그림 5·28(a)는 플런저, 즉 부하를 상승시키고자 할 때에는 압유를 방향변환밸브, 카운터밸런스밸브의 역지밸브를 통하여 실린더 하부에 유입시킨다. 유압실린더 상부에 있었던 유압유는 방향변환밸브를 지나 유압탱크에 환류된다. 밸브의 설정압력을 부하의 자중에 의하여 생기는 배압보다 크게 설정하면 플런저의 하강을 억제할 수가 있다. 그림 5·28(b)는 파일럿압을 외부로부터 취한 회로의 예이다.

(5) 언로드밸브

유압회로에서는 항상 유압펌프의 송출압력이 필요로 하는 것은 아니고, 회로내의 압력이 설정압에 이르렀을 때 이 압력을 떨어뜨리지 않고 펌프송출량을 그대로 기름탱크로 되돌리기 위하여 언로드밸브(unloading valve)가 사용된다. 이것은 보통 고압, 소용량의 유압펌프와 저압, 대용량의 유압펌프를 조합하여 사용할 때에 쓰이고, 유압회로의 압력이 설정압력에 도달하였을 때 언로드밸브가 열리며, 저압펌프를 무부하로하여 기름탱크로 되돌리고, 동력의 절감과 유압의 상승을 방지하는 역할을 한다.

유압회로에서는 작동 중 항상 펌프의 전송출량을 필요로 하지 않는 경우가 있다. 불필요한 압유를 릴리프밸브로 유압탱크에 환류시키면 회로의 효율, 성능상 좋지 않다. 이와 같은 경우 무부하밸브를 사용하여 펌프를 무부하운전시켜 동력의 절감과 유온상승을 막을 수 있다. 이 밸브는 그림 5·30과 같이 통상 고압 소유량, 저압 대유량 펌프를 조합운전할 때, 작동압이 규정압력 이상으로 달했을 때 저압펌프를 무부하운전시켜 동력절감을 시도하고자 할 때 사용한다.

그림 5·31은 언로드밸브의 탱크포트(tank port)가 열리고 유압펌프에서 보내진 기름은 어떠한 저항도 받지 않고 그대로 탱크로 되돌아가므로 유압펌프는 무부하의 상태로 회전하게 된다.

그림 5·31에 무부하밸브의 구조와 기호를 표시하여 놓았다. 1차압입구와 2차압출구는 통상 차단되어 있으나 파일럿압력이 스풀 하부에 가해져서 스풀을 밀어 올리면 2차압출구가 열려

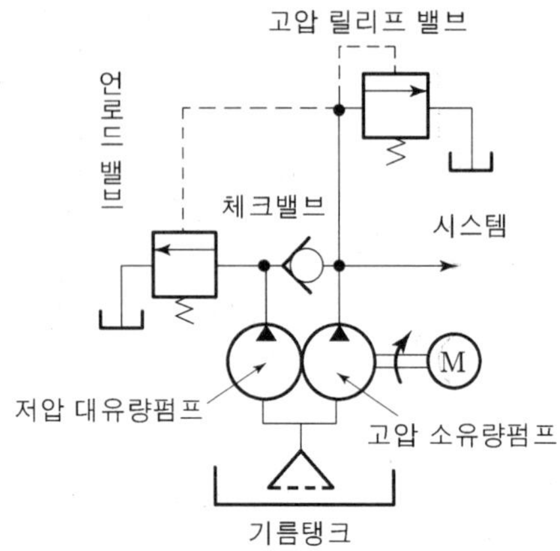

그림 5·30 무부하밸브의 사용 예

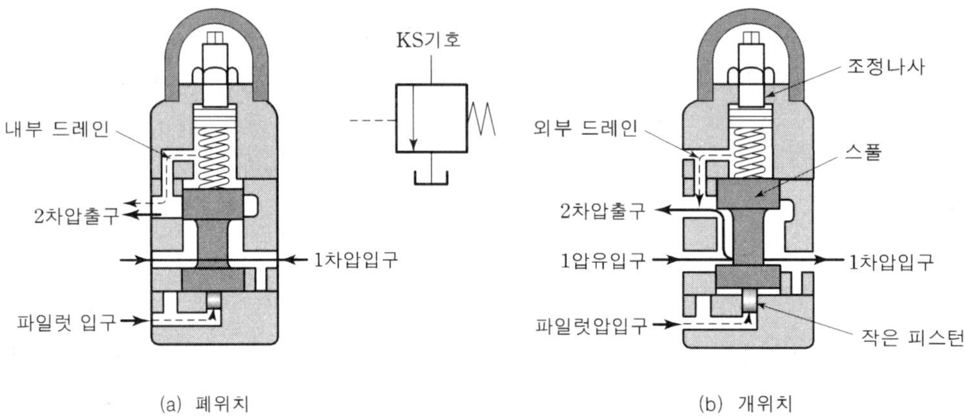

그림 5·31 무부하밸브의 구조와 기호

압유가 2차압출구로 유출되고 펌프는 무부하로 운전된다. 무부하시의 1차압입구의 최저압력은 밸브의 설정값과는 무관하다. 밸브가 열리기 시작할 때의 압력과 전개시의 압력과의 차를 가급적 적게 하지 않으면 신호압력(파일럿압)이 서서히 상승할 때 무부하압이 높아지므로 주의를 요한다.

(6) 기타의 압력제어밸브

① 압력스위치

압력스위치(pressure switch)는 유체의 압력이 규정치에 도달할 때 전기 접점을 개폐하는 기기를 말하며 유압원의 압력이 저하되어 기계의 작동상 이상이 발생될 우려가 있을 때에 작동회로에 인터로크(interlock)를 걸어 정지시키거나 경보신호를 울리거나 어느 일정 이상 압력으로 상승되었을 때 다음 공정의 입력신호 발생장치 등에 주로 이용되고 있다.

압력 스위치의 구조는 압력을 받는 수압부, 전기적 ON-OFF 신호를 발생하는 접점부 및 압력을 설정하는 설정부로 구성되어 있으며, 압력부에서 압력을 감지하여 설정치와 비교한 후 설정치 이상 또는 이하로 될 때 수압부의 변위로 직접 또는 레버에 의해 마이크로 스위치를 작동시켜 전기 접점의 개폐로 전기적 신호를 발생한다.

압력 스위치는 유압신호를 전기신호로 변환시키는 일정의 절환스위치이다. 이 스위치는 전동기의 기동, 정지, 솔레노이드 조작밸브의 개폐 등의 목적에 사용한다. 이 스위치는 구조상으로 분류하면 다음과 같다.

① 소형 플런저와 스프링과의 평형을 이용하는 압력 스위치(Plunger type pressure switch)
② 부르돈관(Bourdon tube)을 사용한 압력 스위치(Bourdon tube pressure switch)
③ 벨로우스(bellows)를 사용하는 압력 스위치(Bellows type pressure switch)
④ 다이아프램(diaphragm)을 이용하는 압력 스위치(Diaphragm type pressure switch)

등이 널리 사용된다.

플런저형 압력 스위치는 수압부에 플런저와 저항 스프링을 조합한 것으로 그 구조는 그림 5·32와 같다.

변위는 매우 크지만, 플런저의 접동부에 누설 방지용 실이 있어야 하므로 마찰이 커서 정밀도는 좋지 않다. 주로 고압의 유압용으로 10 ~1,000 [kg_f/cm^2] 정도의 압력에 이용된다.

그림 5·33의 브르돈관형 압력 스위치는 압력계에 사용되는 브르돈관을 압력 스위치에 응용한 것으로 정도가 높고 내구성이 우수하지만, 설정 압력 범위를 초과하여 고압이 걸리는 경우

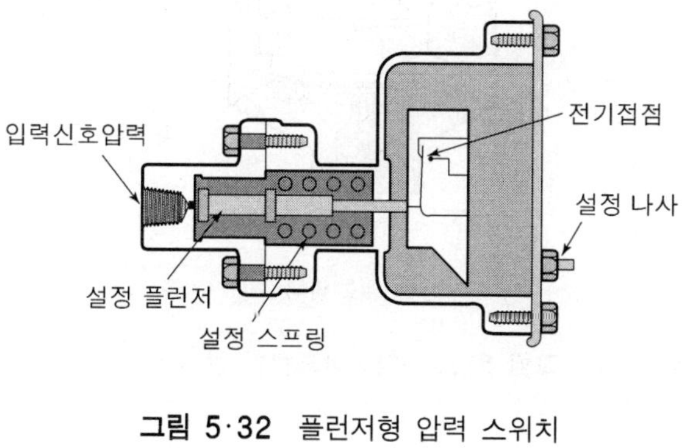

그림 5·32 플런저형 압력 스위치

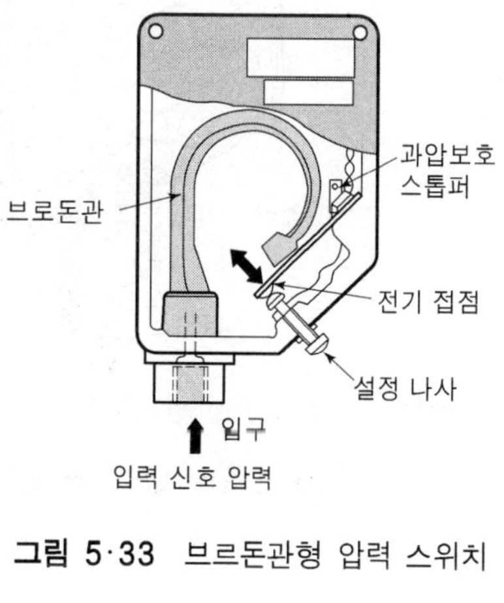

그림 5·33 브르돈관형 압력 스위치

에는 브르돈관에 왜곡이 발생하는 단점이 있다. 브르돈관의 자유단에 직접 전기스위치를 붙이든가 혹은 관단의 변위를 확대기구와 급속복원기구에 의하여 수은 스위치를 이용해서 정도를 1~2%전후로 한 것도 있다. 브르돈관은 인청동, 베리움동, 스텐레스강으로 만들어진다. 압력스위치로는 10~800 [kg_f/cm^2] 정도의 압력 범위에 이용되어지며, 공기 압력용으로는 그다지 사용되지 않는다.

벨로스형 압력 스위치는 수압부에 벨로스를 이용한 것으로 그 구조는 그림 5·34과 같다.

입력신호 압력이 벨로스에 들어가면 주설정 스프링의 압축력과 벨로스 발생력이 평형될 때까지 레버가 반시계 방향으로 움직이며, 마이크로 스위치는 레버에 의해 작동된다. 벨로스 재질은 인청동, 배리움동, 스텐레스강 등이 사용되며, 주로 10~20 [kg_f/cm^2] 정도의 압력에 사용된다. 벨로스를 2중으로 하여 내구성을 증가시킨 것은 40 [kg_f/cm^2] 정도까지 사용되어진다. 벨로스식은 히스테리시스가 비교적 크다.

그림 5·35의 다이아프램형 압력 스위치는 가동부분에 마찰이 없으므로, 히스테리시스가 적고 구조에 따라서는 다이아프램의 변위를 직접 전기 접점의 개폐에 사용되므로 고정도의 안정된 성능이 얻어진다. 마이크로 스위치를 직접 누르는 형식은 마이크로 스위치 자신의 개폐동작 틈새에 상당하는 입력신호 압력의 폭인 차압이 작으므로 5 [kg_f/cm^2] 정도의 공압용으로 많이 이용된다. 압력스위치는 작동유의 오염, 회로의 진동, 서지압, 유동의 파동 관로중의 공기의 잔류 등에 의해 나쁜 영향을 받기 쉬우므로 취급에 세심한 주의를 요한다.

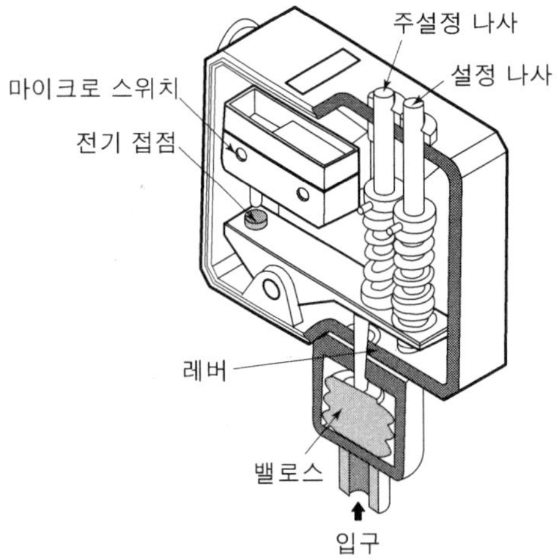

그림 5·34 벨로스형 압력 스위치

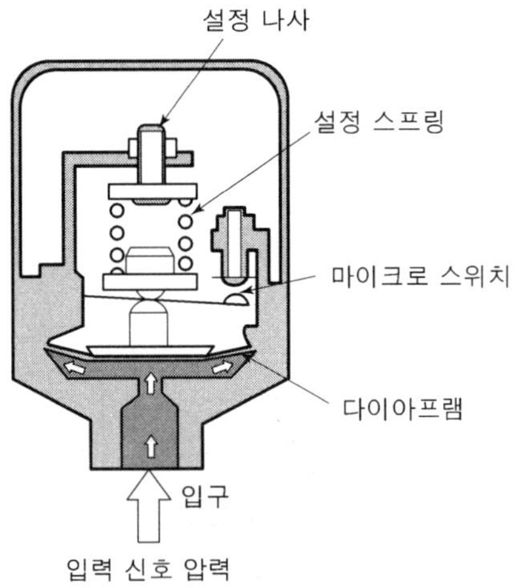

그림 5·35 다이아프램형 압력 스위치

② 유체퓨즈

유체퓨즈(fluid fuse)는 전기퓨즈(electrical fuse)와 같이 회로압이 설정압력을 넘으면 격막이 유체압에 의하여 파열되어 압유를 유압탱크에 귀환시킴과 동시에 승압을 막아 기기를 보호하는 역할을 한다. 설정압력은 격막재료의 강도로 조절한다. 그러므로 여러 가지 격막을 만들어 놓고 교환을 손쉽게 할 수 있게 해서 소정의 격막을 끼워 사용한다. 유체퓨즈는 과대한 압력상승으로부터 기기를 보호하는 다른 압력제어밸브들보다도 급격한 압력변화에 대해서 응답이 빨라 신뢰성이 높다. 그러나 기기를 교환하는 번거로움 때문에 사용빈도가 적은 곳에 사용하면 좋은 효과를 얻을 수 있다.

5·4 유량제어밸브

유량제어밸브(flow control valve)는 유압회로의 유압유의 유량을 제어하기 위하여 사용되는 밸브이다. 가변용량형 유압펌프는 펌프 자체로 송출량을 변화시킬 수 있는데 정용량형 유압펌프는 부하가 변동하더라도 송출량은 거의 변화하지 않는다. 이때, 유량제어밸브를 사용하여 유압유의 유량을 제어하고, 유압모터의 속도라든가 유압실린더의 이동속도를 임의로 또 무단계로 조정할 수가 있다. 기능상 유량제어밸브는 조리개, 압력보상붙이, 압력온도보상붙이, 유량조정밸브, 분류밸브 등으로 분류된다.

5·4·1 유량제어밸브의 종류

유량제어밸브는 압유의 유량을 조절하여 조작단의 운동속도를 제어하기 위하여 사용된다. 특히 회로 내의 유압실린더 등의 속도를 제어할 목적으로 사용하는 밸브를 속도제어밸브라고 말하는 경우도 있다. 밸브의 개도, 유량, 압력차 사이에는 서로 함수관계가 있다. 개도를 일정하게 할 때 유량과 압력차 사이에는 어떤 일정한 관계가 성립한다. 압력차가 일정할 때에는 개도와 유량 사이에 어떤 일정한 관계가 성립한다. 전자의 밸브는 교축밸브, 즉 무보상유량밸브에 대응한다. 니들밸브(needle valve), 글로브밸브(globe valve), 게이트밸브(gate valve)가 이에 속하는 밸브이다. 후자에 속하는 밸브는 항상 압력차를 일정하게 유지시키는 장치를 붙임으로써 설정된 일정유량을 규제할 수 있으므로 이것을 압력보상형 유량제어밸브라고 말한다. 배압 또는 부하에 의하여 생기는 차압 및 유압유의 온도변화에 관계없이 관로내의 유량을 설정한 값으로 제어하는 밸브를 압력-온도보상형 유량제어밸브라 말한다.

이것 이외에 단일유압원으로부터 두 개의 유압관로로 분류시킬 때 각각의 관로의 압력에 무관하고 일정비율로 유량을 분할시키는 밸브를 분류밸브라 말한다. 한쪽 방향으로 흐르는 유량은 제어하나 반대방향의 흐름은 자유유동으로 하는 밸브를 역류측로형 제어밸브라 말한다. 이것 이외에 특수한 사용목적에 따라 적당한 캠기구로 플런저를 이동시켜 유량을 조절하는 감속밸브(deceleration valve), 공작기계 테이블의 행정단에서의 진동방지 등에 사용하는 복합밸브 등이 있다.

(1) 교축밸브

교축밸브(restricting valves)는 통로단면을 변화시켜 유량을 조절하는 밸브로서 압력보상이 없는 밸브이다. 그러므로 이 밸브를 무보상류량 제어밸브라고도 말한다. 교축밸브로서 일반적으로 요구되는 특성은 유압유의 점성에 영향을 받지 않을 것, 제어유량은 선형적으로 제어가 가능할 것, 조정범위가 크고 또 미세조정이 가능할 것 등이다. 실제로는 교축부의 형상에 의한 유동형태에 따라 특성에 각각의 특징이 있으므로, 그 사용목적에 호응해서 각종 형상의 것이 선정되어진다.

그림 5·37과 같이 니들형 밸브(needle type valve)의 교축작용에 의해서 유량을 제어하는 것을 드로틀 밸브(throttle valve)라고 한다.

일반적으로 밸브의 개구면적을 a, 유량계수를 C, 밸브전후의 압력을 P_1, P_2라고 하면 유량은

$$Q = Ca\sqrt{\frac{2}{\rho}(P_1 - P_2)} \tag{5·17}$$

이다. 따라서, 밸브의 개구면적 a를 조절함으로써 유량 Q는 제어된다. 그러나 Q는 P_1, P_2의 함수이므로 Q를 정확하게 제어하는 데는 $P_1 - P_2$를 일정하게 유지하면서 a를 조절할 필요가 있다.

다음에 유압용 각종 밸브에 사용되고 있는 전형적인 교축부의 개구면적과 손실계수 K의 값을 표시하고자 한다. 교축부에서의 압력손실을 Δp라 하고 평균속도가 V이면 $\Delta p = K(\rho V_2/2)$ 혹은 $\Delta p/\gamma = h = K(V_2/2g)$이다. 또 x는 밸브의 리프트(lift), A_p는 밸브의 유입구 면적, A_x는 리프트 x에 대한 개구면적이다.

① 플레이트밸브(plate valve)(그림 5·36)

개구면적 : $A_x = 2\pi Rx$

주연길이 : $L_m \doteqdot 4\pi R$

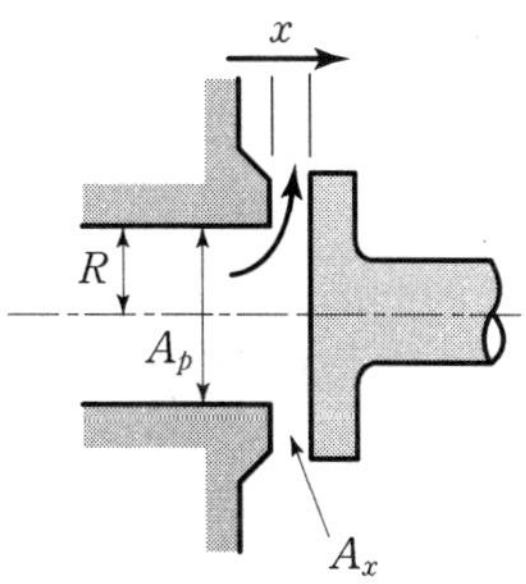

그림 5·36 플레이트밸브

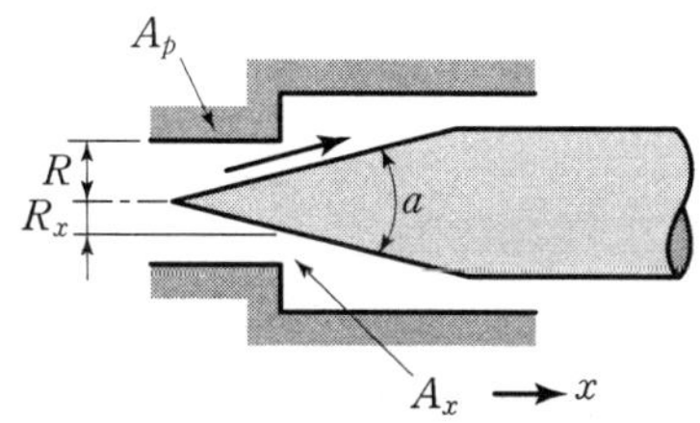

그림 5·37 니들밸브

손실계수 : $K=1.3+0.2(A_p/A_x)2$

② **니들밸브**(needle valve)(**그림 5·37**)

개구면적 : $A_x=2\pi Rx\tan(\alpha/2)-x^2\tan^2(\alpha/2)$

주연길이 : $L_m \doteqdot 2\pi[2R-x\tan(\alpha/2)]$

손실계수 : $K=0.5+0.15(A_p/A_x)2$

③ **볼밸브**(ball valve)(**그림 5·38**)

개구면적 : $A_x \doteqdot 1.5\pi Rx$

주연길이 : $L_m \doteqdot 4\pi R$

손실계수 : $K=0.5+0.15(A_p/A_x)2$

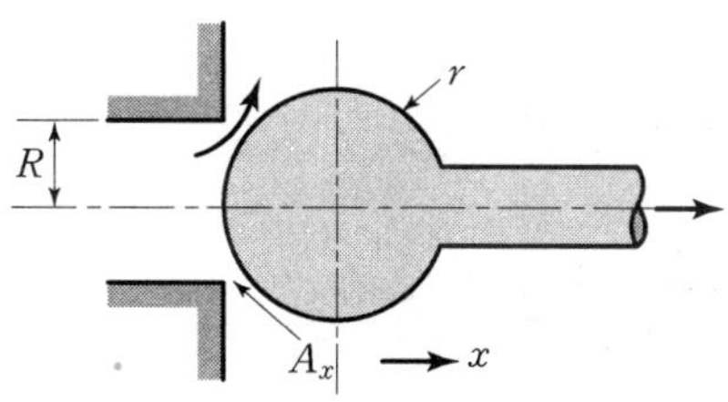

그림 5·38 볼밸브

④ **포트밸브**(port valve)(**그림 5·39**)

그림 5·39에 표시한 각종 형식의 밸브가 현재 사용되고 있다. 이들 밸브에 대한 A_x, L_m은 표 5·1에 표시하여 놓았다. 또 밸브의 K값은 각 형식 모두 대략 그림 5·42의 값을 갖는다. 교축밸브의 전후압력을 각각 p_1(1차측 압력), p_2(2차측 압력)라 하면 밸브를 통과하는 유량 Q는 다음 식으로 표시된다.

$$Q=C_d A_x\sqrt{\frac{2g(p_1-p_2)}{\gamma}} \tag{5·18}$$

여기서 A_x : 개구면적

C_d : 유량계수

γ : 유압유의 비중량

이다.

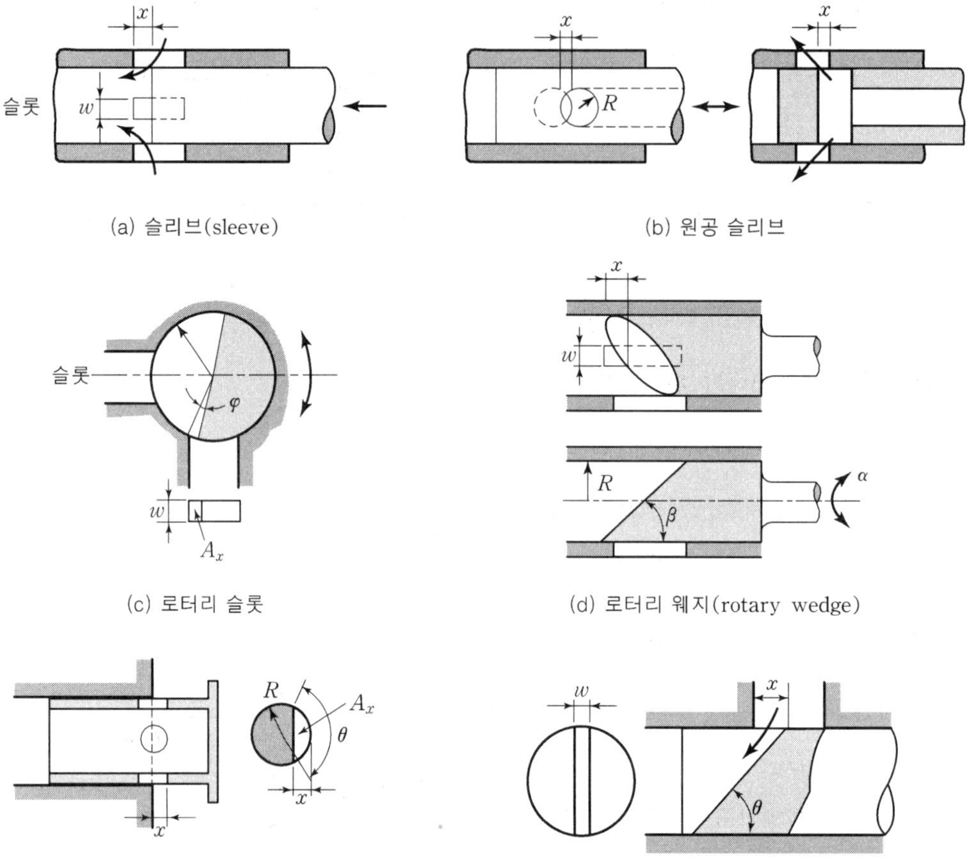

(a) 슬리브(sleeve)

(b) 원공 슬리브

(c) 로터리 슬롯

(d) 로터리 웨지(rotary wedge)

(e) 램 슬롯

(f) 부분 오리피스

그림 5·39 포트밸브

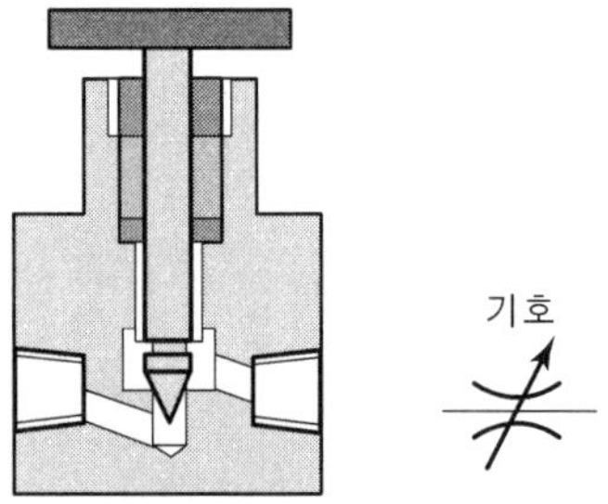

그림 5·40 니들형 유량제어밸브

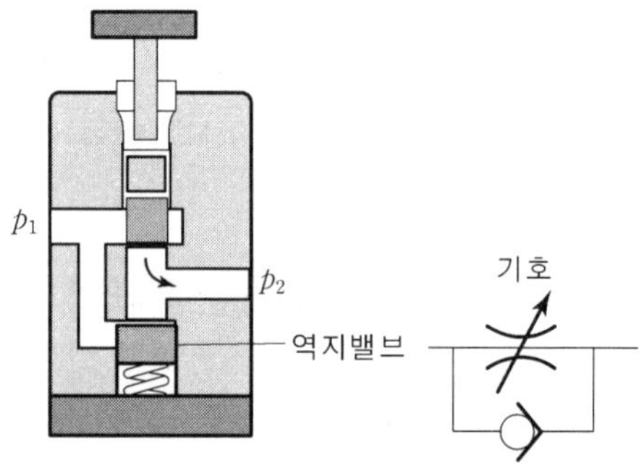

그림 5·41 역류측로형 무보상유량제어밸브

교축밸브의 유량제어밸브를 그림 5·40과 그림 5·41에 소개하였다. 그림 5·41은 역지밸브를 조합시켜 한쪽 방향의 흐름은 제어하나 반대방향의 흐름은 자유유동이 얻어지는 유량제어밸브이다. 이들 밸브는 부하가 비교적 안정되어 있거나, 속도제어에 대한 요구가 극히 정밀하지 않을 때 충분히 그 목적을 달성할 수가 있다. 그림 5·42는 니들 밸브를 조정나사로 상하 이동시켜 개구면적을 변화시켜 유량을 제어한 예이다.

표 5·1 교축밸브의 개구면적과 주연길이

형 식	A_x	L_m
(a) 슬리브	Nwx	$2N(w+x)$
(b) 원공 슬리브	$2[R^2\cos^{-1}(1-x/2R)-(R-x/2)]\times\sqrt{2Rx/2-(x/2)^2}$	$2R\theta$
(c) 로터리 슬롯	$Rw\varphi$	$2(R\varphi+w)$
(d) 로터리 웨지	$w(1-\cos\alpha)R\cos\beta$	$2(x-w)$
(e) 램 슬로트	$wx\sin\theta$	$2(w+x\sin\theta)$
(f) 부분오리피스	$NR^2(\cos^{-1}(1-x/2R)-(R-x)\sqrt{2Rx-x^2}$	$R(\theta+2\sin\theta/2)$

단, $x=R\cot\beta(1-\cos\alpha)$

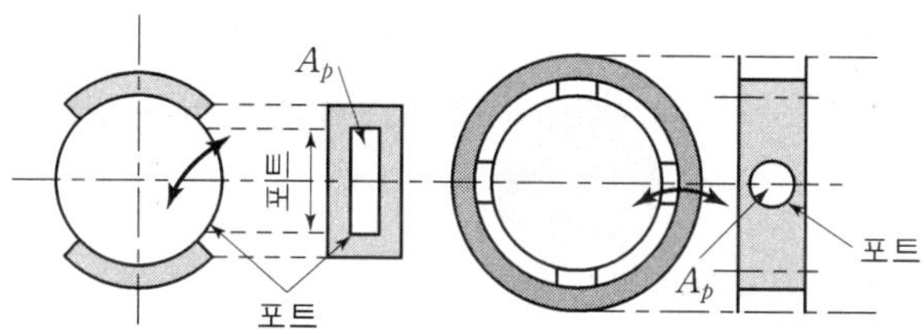

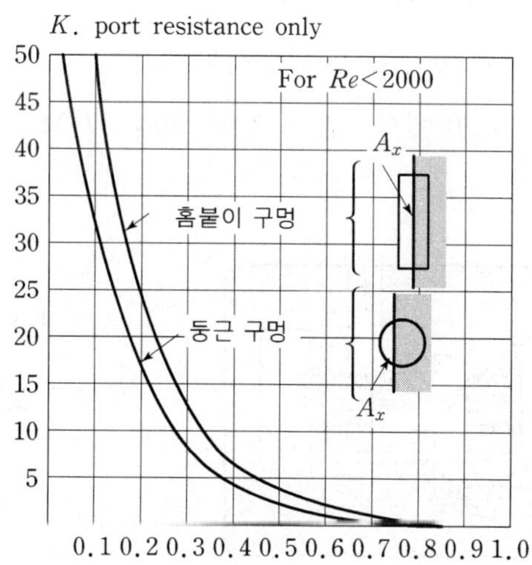

그림 5·42 포트밸브의 손실계수 k

(2) 압력보상형 유량제어밸브

압력보상형 밸브의 교축 앞과 뒤의 압력차 P_1-P_2를 일정하게 유지하고 교축면적 a를 조절함으로써 유량을 적당한 설정 값으로 유지하는 것을 압력보상형 유량조정밸브(pressure compensated flow control valve)라고 한다.

그림 5·43은 유량조정밸브의 원리도이며, 공급압력 P_s가 변화되고 그것에 따라서 교축앞의 압력 P_1이 변했을 때 스풀이 변위하여 스풀 개구부의 저항이 변화하므로 P_1은 항상 일정하게 유지된다. 또 교축 뒤의 압력 P_2가 변화하였을 때도 스풀이 이동하므로 P_2의 변화량과 같은 크기로 P_1도 변화하여 P_1-P_2를 항상 일정하게 유지하고 있다. 따라서 식(5·17)에서 유량 Q는 교축부의 개구면적 a에 비례한다. 면적 a가 교축밸브의 회전각에 비례하도록 해두면, 교축의 회전각에 비례하여 유량이 변화하게 된다.

그림 5·43에서 스풀 입구의 포트가 x만큼 열렸을 때의 개구면적을 $a'(x)$, 유량계수를 C'라고 하면 유량 Q는

$$Q=C'a'(x)\sqrt{\frac{2}{\rho}(P_s-P_1)} \tag{5·19}$$

이 된다. 스풀단면의 수압면적을 A, 포트부의 유속을 v, v의 방향을 ϕ, $x=0$일 때의 스프링 처짐을 x_0, 스프링상수를 k라고 하면, 스풀에 작용하는 힘의 평형으로부터 다음 식이 얻어진다.

$$A(P_1-P_2)+\rho Qv\cos\phi=k(x_0-x) \tag{5·20}$$

그런데, $v=\sqrt{2(P_s-P_1)/\rho}$이고 Q는 식(5·19)이므로 윗식은

$$A(P_1-P_2)+2C'a'(x)\cos\phi(P_s-P_1)=k(x_0-x) \tag{5·21}$$

이 된다. 식(5·18), (5·19), (5·20)에서 (P_s-P_1)과 (P_1-P_2)를 소거하면 다음 식을 얻을 수 있다.

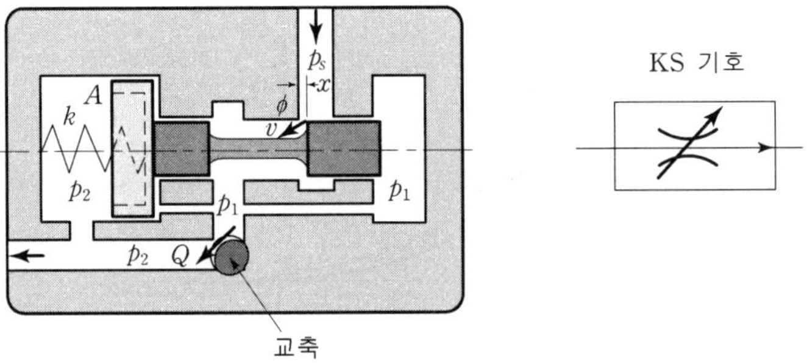

그림 5·43 압력보상형 유량조정밸브

$$Q = C_a \sqrt{\frac{2kx_0}{\rho A}} \cdot \left[\frac{1 - x/x_0}{1 + \frac{2C^2 a^2}{AC'a'(x)} \cos\phi} \right]^{1/2} \tag{5·22}$$

윗식에 의하면

$$\left. \begin{aligned} &\frac{x}{x_0} \ll 1 \\ &\frac{2C^2 a^2}{AC'a'(x)} \cos\phi \ll 1 \end{aligned} \right\} \tag{5·23}$$

일 때에는

$$Q \fallingdotseq Ca \sqrt{\frac{2kx_0}{\rho A}} \tag{5·24}$$

이 된다. 따라서 유량은 압력 P_s 또는 스풀변위 x에 의해서 영향을 받지 않고 교축의 개구면적 a에 비례해서 Q가 변화한다. 그림 5·44는 유량조정밸브 특성의 예이며, 공급압력의 영향은 거의 보상되고 있음을 알 수 있다. 유량조정밸브를 유압회로에 설치함으로써 부하의 속도를 제어할 수가 있다.

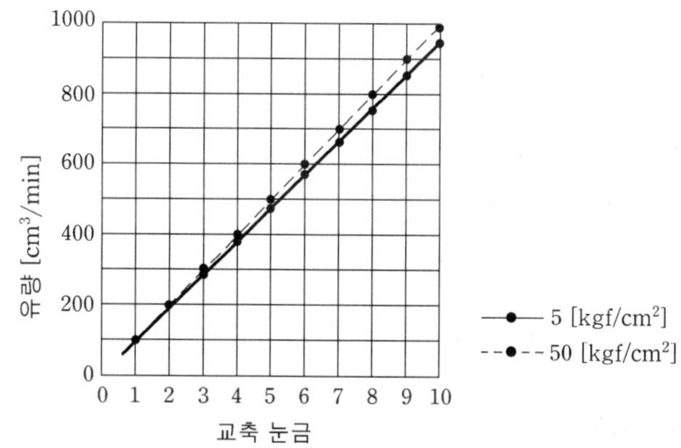

그림 5·44 유량조정밸브의 특성

(3) 유량제어밸브의 사용회로

유량제어밸브를 써서 유압실린더 또는 유압모터의 속도를 제어하는 기본적인 방법에는 그 장치의 위치에 따라 미터인(meter in), 블리드 오프(bleed off), 미터 아웃(meter out)의 세 종류가 있다.

① 미터 인 회로

미터 인 회로(meter in circuit)는 그림 5·45에 나타낸 바와 같이, 유량제어밸브를 실린더의

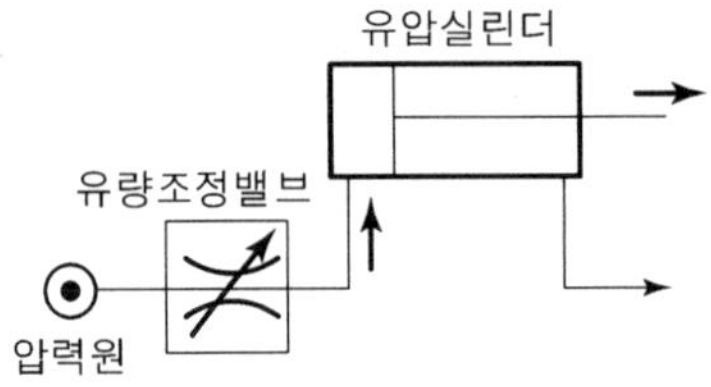

그림 5·45 미터 인 회로

입구쪽에 달아 유입하는 유량을 조정함으로써 실린더의 속도를 제어한다. 이때 펌프는 항상 실린더의 소요유량 이상의 압유를 송출하고 있지 않으면 안 된다. 이런 관계로, 속도 제어에 필요한 유압 이외의 기름은 릴리프밸브를 통하여 기름탱크로 되돌려진다. 송출압을 유지하고 또 펌프에 불필요한 동력손실이 없도록 하기 위하여 릴리프밸브의 설정압력은 부하의 변동에 필요한 압력보다도 조금 높게 설정하는 것이 바람직하다.

미터 인 회로는 작동중 부하가 플런저의 움직임에 대하여 양의 저항을 주려고 하는 경우에 이용된다. 이를 테면, 연삭반, 밀링 머신의 테이블 이송 등에 적합하다.

이 회로의 작용효율 η_{MI}는 다음 식으로 표시된다.

$$\eta_{MI}=\frac{(Q-Q_R)p_2}{p_1 Q}$$

여기서 Q는 펌프의 송출량

Q_R는 릴리프밸브에서의 유출량

p_1은 릴리프밸브의 설정압력

p_2는 실린더의 입구압력이다.

② 블리드 오프 회로

블리드 오프 회로(bleed off circuit)는 그림 5·46에 나타낸 바와 같이 실린더와 병렬로 유량제어밸브를 설치하고, 그 출구를 기름탱크로 접속하여 펌프의 송출량 중 적당한 양만 탱크로

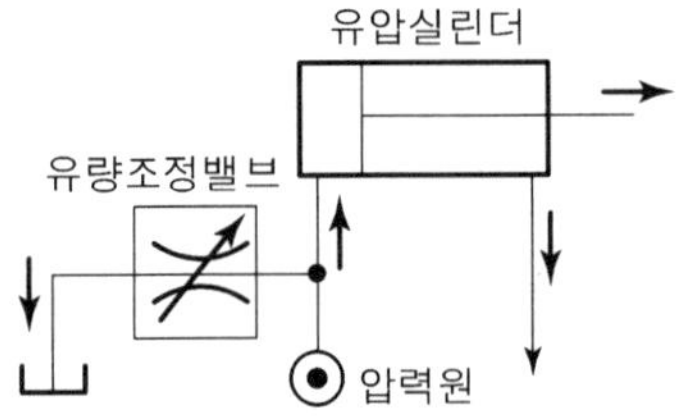

그림 5·46 블리드 오프 회로

되돌리고, 나머지 압유를 실린더에 공급하기 때문에 실린더의 속도제어에 필요한 유량을 간접으로 제어하는 것이 된다.

이 회로에서는 릴리프밸브에 의하여 과잉압력을 줄일 필요는 없고, 펌프송출압력은 부하저항에 이겨낼 정도로 상승할 뿐이므로 열의 발생이 적고 작용효율은 좋다. 다만 부하변동이 격렬한 경우에는 실린더에 유입하는 압유의 양이 변화하여 정확한 유량제어가 곤란하다. 이로 인하여 비교적 부하변동이 적은 불로칭 머신, 호닝 머신, 연삭반의 테이블 왕복이송 등에 사용되고 있다.

이 회로의 작용효율 η_{BO}는 펌프의 송출압력과 실린더의 부하압력이 같다고 보면, 다음 식으로 표시된다.

$$\eta_{BO}=\frac{Q-Q_f}{Q}$$

여기서 Q는 펌프의 송출량, Q_f는 유량제어밸브를 지나는 유량이다.

③ 미터 아웃 회로

미터 아웃 회로(meter out circuit)는 그림 5·47에 나타낸 바와 같이 유량제어밸브를 실린더의 출구쪽에 달아서 귀환유의 유량을 제어함으로써 실린더를 제어한다. 따라서 실린더는 항상 유압이 작용하고 있기 때문에 급격한 부하변동에 대해서도 플런저 로드가 튕겨 나오는 것을 방지하고, 실린더가 당겨 들어가는 것과 같은 음방향의 부하에 대해서도 속도를 유지할 수 있다. 이 회로는 드릴링, 리이머, 터어닝, 나사절삭, 보링머신, 밀링머신, 소잉(sawing)머신 등의 테이블 이송에 사용된다. 이 회로에서도 미터 인 회로와 같이 불필요한 압유는 릴리프 밸브를 통하여 기름탱크로 빠져 나가게 하므로 동력손실은 크고, 유온은 상승한다.

이 회로의 작용효율 η_{MO}는 다음 식으로 표시된다.

$$\eta_{MO}=\frac{(p_1-p_2)(Q-Q_R)}{p_1Q}$$

여기서 p_1은 펌프의 송출압력

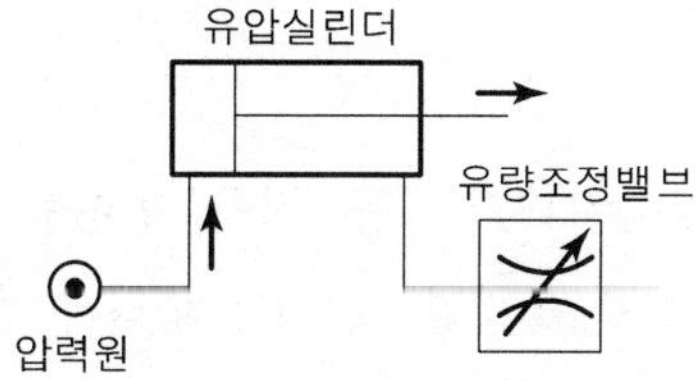

그림 5·47 미터 아웃 회로

p_2는 실린더의 유압

Q는 펌프의 송출량

Q_R은 릴리프밸브에서의 유출량

이다.

(4) 감속밸브

유압 액추에이터를 그 행정 끝부분의 근처에서 감속시키기 위해서 캠 조작 등에 의해 밸브의 개구면적을 천천히 작게 하여 유량을 감소시키는 것을 감속밸브(deceleration valve)라고 한다. 그림 5·48은 감속밸브의 원리도이며, 유압액추에이터 또는 부하와 함께 작동캠에 의해서 스풀이 아래로 눌리면 스풀의 테이퍼부에 의해서 밸브의 개구면적이 천천히 작아지고 그것에 따라서 통과유량이 점차로 감소하게 됨으로써 유압 액추에이터는 감속하게 된다. 그림 5·49는 감속밸브를 사용한 유압회로의 예이며, 유압실린더의 좌우 어느 방향의 행정에서도 플런저가 소정의 위치에 도달하면 캠이 감속밸브에 접촉하여, 그 이후의 부하속도를 감소시킨다.

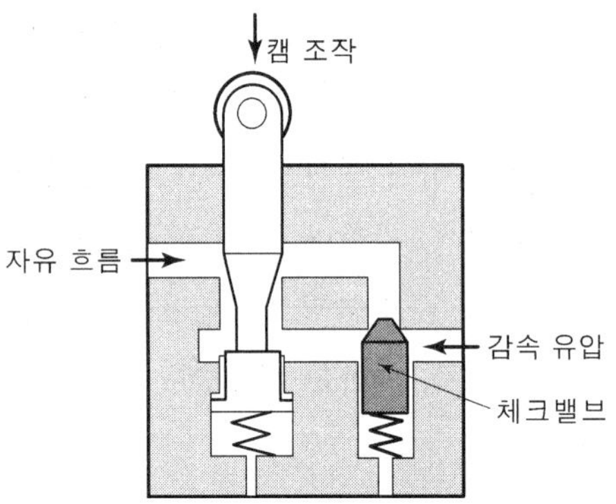

그림 5·48 감속밸브

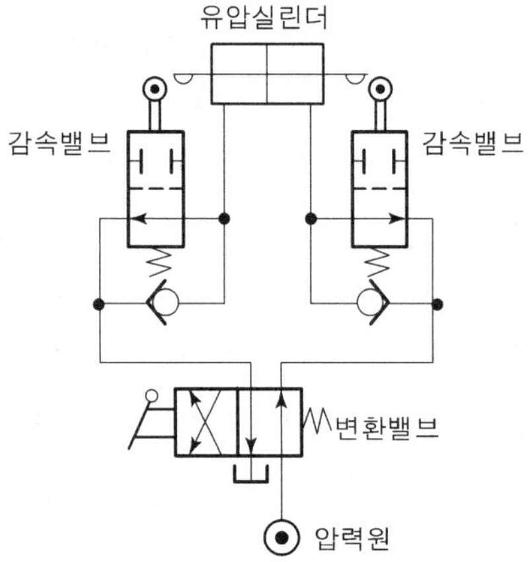

그림 5·49 감속밸브에 의한 감속 회로

5·5 방향제어밸브

방향제어밸브는 유압실린더, 유압모터의 시동, 정지, 방향의 변환 및 가속, 감속 등 넓은 의미에서 운동속도를 제어하는 밸브를 총칭한 것으로, 물리적 성질이나 작동면으로 분류할 때 여러 가지 종류가 있다. 예를 들면 밸브의 구조면에서 볼 때, 볼(ball)이나 피스턴을 시트에 붙였다 떼었다 하는 포펫형(poppet type), 스풀(spool)을 축 주위로 회전하는 회전스풀형

(rotary spool type), 슬리브 안에 스풀을 삽입해서 축방향으로 스풀을 운동시켜 방향을 제어하는 미끄럼스풀형(slide spool type) 등이 있다.

이것 이외에 한 방향으로만 유동을 허용하는 역지밸브(check valve), 적당한 캠구조로 플런저를 구속운동시켜 유량을 증감 또는 개폐를 하는 감속밸브, 출구가 고압측 입구에 자동적으로 접속되고 저압측 입구를 막아 고압측 압유만을 통과시키는 셔틀밸브(shuttle valve) 등이 있고, 이들의 기능은 다음과 같이 분류된다.

① 방향변환밸브 : 유압실린더, 유압모터의 운전방향을 변환 또는 정지시키는 밸브로서 다만 변환밸브라고도 한다.

② 체크 밸브(check valve) : 한쪽 방향으로만 압유의 흐름을 허용하고, 반대 방향으로는 흐름을 저지하는 밸브이다.

③ 디셀러레이션 밸브(deceleration valve) : 유압실린더, 유압모터의 가속, 감속 및 정지를 하게 하는 밸브로서 감속밸브라고도 한다.

또 밸브의 구조면에서 분류하면 다음과 같이 된다.

① 시트밸브(seat valve) : 이것은 그림 5·50에 나타낸 바와 같이 구나 원추형의 포펫을 밸브 시트에 붙여서 통로를 폐쇄하는 밸브로서 체크 밸브가 이에 속한다.

② 포트 밸브(port valve):이것은 몇 개의 접속구를 변환하는 방식의 밸브로서, 그림 5·51 (a)에 나타내는 바와 같이 스풀을 축의 둘레로 회전시키는 로터리 밸브(rotary valve)와 그림 (b)에 나타낸 것과 같이 스풀을 축의 방향으로 미끄러지게 하는 슬라이드 스풀밸브(slide spool valve)가 있다.

그림 5·51(a)는 로터리 스풀형으로 로터의 원주상에서 압력의 밸런스가 잡혀 있지 않기 때문에 높은 압력에서는 축압이 커지고, 로터의 회전 변환이 곤란하여 일반적으로 고압에서 사용은 적합하지 않다.

그림 5·51(b)는 슬라이드 스풀형으로 압력의 밸런스가 잡히고, 스풀에 가해지는 유압의 영향이 적기 때문에 변환이 용이하고, 사용압력도 높으며, 대유량의 것이 있다. 다만 밸브와 본체와의 틈이 문제점인데, 기름의 누설에 영향을 미치므로 정밀한 작동을 요한다.

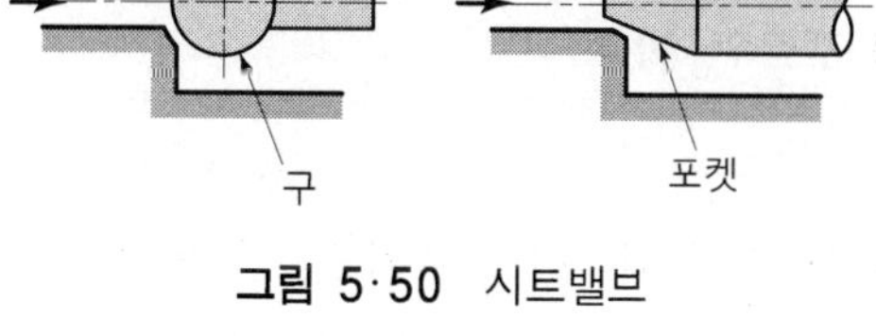

그림 5·50 시트밸브

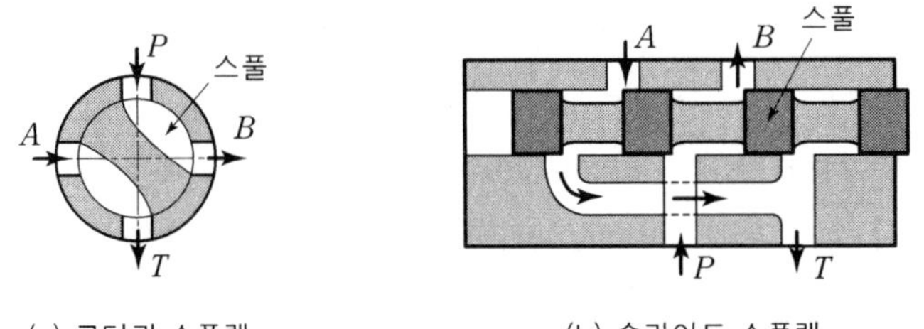

그림 5·51 포트 밸브

5·5·1 방향변환밸브

(1) 방향변환밸브의 형식

절환밸브에 사용되는 밸브의 기본구조는 포펫밸브식, 로터리밸브식, 스풀밸브식으로 크게 나눌 수 있다.

포핏 형식은 밸브의 추력을 평형시키는 방법이 곤란하고, 조작의 자동화가 어려우므로 고압용 유압방향변환밸브로는 널리 사용되지 않는다. 그러나 밸브부에서의 내부누설이 적고, 조작이 확실하다는 점에서 유압용변환밸브에 많이 사용된다. 또 점성이 적고, 윤활성이 나쁜 항착화성 유압유를 사용하는 경우와 같이 특수목적에 대해서는 그 특징이 높이 평가되고 있다.

로터리 형식은 일반적으로 회전축에 직각되는 방향으로 측압이 걸리고, 로터에 많은 압유통로를 뚫어야 하기 때문에 밸브본체가 비교적 대형이 된다. 그러므로 고압, 대용량의 것은 불리하다. 보통 35 [kg_f/cm^2] 이하의 정격압력용의 것이 많다. 이 형식의 밸브는 구조가 비교적 간단하고 조작이 쉬우면서도 확실하므로 원격제어용 파일럿 밸브로 사용되는 경우가 많다. 이 경우는 소유량형의 밸브를 필요로 하므로 70 [kg_f/cm^2] 정도까지 사용되고 있다.

스풀형식은 변환밸브로서 가장 널리 사용되어지고 있다. 이 형식의 밸브는 스풀 축방향의 정적 추력평형이 얻어지는 것은 물론, 스풀 원주 둘레에 가느다란 홈을 파 놓음으로서 측압평형도 쉽게 설계할 수 있다는 점, 각종 조작방식을 쉽게 적용시킬 수 있다는 점 등의 특징이 있다. 그러나 밸브 실린더 안을 스풀이 활동하여야 하므로 약 10~20 [μ]의 간격을 필요로 한다. 그러므로 이 간격을 통하여 약간의 누설이 따르게 된다는 점이 결점이다. 유압유속에 혼입되어 있는 이물 때문에 활동면에 홈이 생겨 누유가 발생한다든가, 일부폐쇄현상이 생긴다. 이것 이외에 여러 가지 원인에 의하여 생기는 유체고착현상 등이 문제가 있다.

(2) 변환밸브의 위치수와 포트수, 방수

① 위치수

밸브 내에서 유로를 만들어 주기 위하여 밸브기구가 작동되어야 할 위치를 밸브의 위치라 말하고, 규제된 밸브의 작동위치의 수를 절환밸브의 위치수(number of position)라 말한다. 방향절환밸브에서 이용되고 있는 위치수는 1위치, 2위치, 3위치의 것이 있고 3위치의 것이 가장 많이 사용되고 있다. 밸브에 조작입력이 가해지지 않을 때의 위치를 중앙위치 혹은 상시위치(normal position)라 말하고 조작입력을 가해서 위치를 변화시킨 후 입력을 제거하면 스스로 원위치(중립위치)로 되돌아오는 밸브를 스프링복원형(spring off set type)이라 말한다.

3위치변환밸브는 중앙위치가 중립위치이고, 좌우의 양위치를 양단위치(extreme position)라 말한다. 조작입력이 가해지지 않을 때 스프링의 힘으로 중립위치에 되돌아오는 밸브를 스프링 중립형이라 말한다. 양단 위치는 정, 역의 유로를 만드는 것이 보통이다. 중립위치에서의 유로형은 사용목적에 따라 표 5·2과 같이 여러 가지의 포트수와 위치수를 표시한 것이다.

② 포트수와 방수

변환밸브에 있어서 밸브와 주관로(파일럿과 드레인 포트는 제외)와의 접속구 수를 포트수(number of port) 혹은 접속수(number of connection)라 한다. 포트수는 유로변환의 형을 한정한다. 일반적으로 2포트 밸브는 유로의 개, 폐만을 한정할 경우, 3포트 밸브는 1개의 유입압유를 2개의 방향으로 변환하는 경우나 2개의 유입압유 중 하나만을 택해서 유로를 만들고자 할 경우에 사용한다. 4포트 밸브는 가장 널리 사용되는 형으로서, 4개의 포트 2위치가 조합되어 밸브 내에서 한 개의 유로가 만들어진다. 이 포트의 조합에 따라 조작단의 운동을 정, 역 혹은 정지 등의 변환을 행할 수가 있다.

변환밸브의 위치(number of position)는 밸브 내에서 생기는 유로수(3위치 밸브에서 중립위치는 제외)의 합계를 말한다.

액추에이터의 시동, 정지와 함께 운동방향의 변환을 하기 위하여, 유압 액추에이터의 기름이 흐름방향을 제어하는 것을 변환밸브라고 한다.

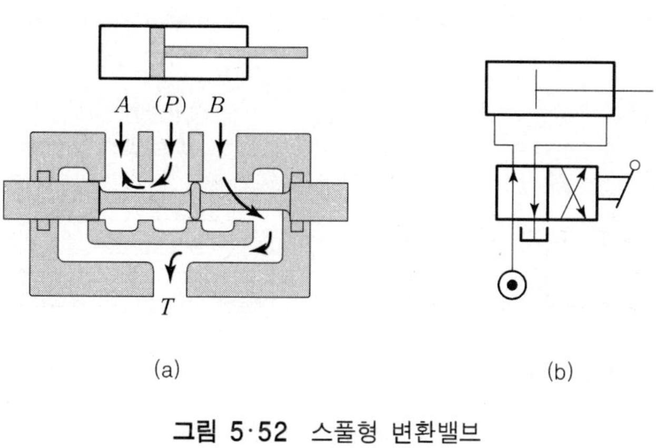

그림 5·52 스풀형 변환밸브

그림 5·53(a)는 스풀형 변환밸브이며, 예를 들면 스풀을 좌측으로 움직이면 포트 P는 액추에이터 포트 A로 통하고 유압실린더의 좌측으로 압유가 이송되어 플런저는 우측으로 움직이며, 유압실린더의 우측에서 나온 기름은 B포트로부터 탱크 포트 T을 통하여 탱크로 되돌아간다.

변환밸브는 포트의 수와 변환위치의 수에 따라서 표 5·2와 같이 분류된다.

표 5·2 변환밸브의 종류(포트수, 위치수에 의한 분류)

분 류		기호 표시	설 명
포트의 수 (접속수)	2포트	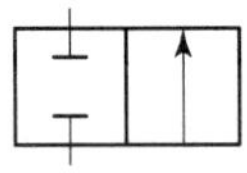	2개의 작동유 접속구를 갖는 밸브
	3포트	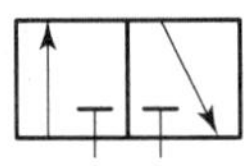	3개의 작동유 접속구를 갖는 밸브
포트의 수 (접속수)	4포트	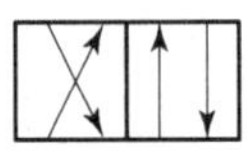	4개의 작동유 접속구를 갖는 밸브
	다포트	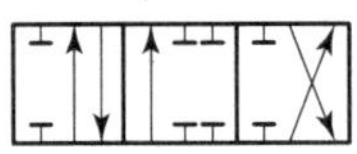	5개 이상의 작동유 접속구를 갖는 밸브
위치의 수	2위치	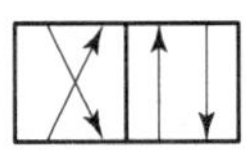	2개의 작동유 개구위치를 갖는 밸브
	3위치	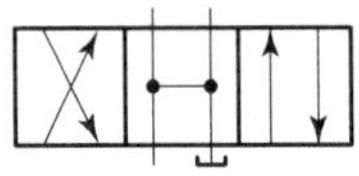	3개의 작동유 개구위치를 갖는 밸브
	다위치	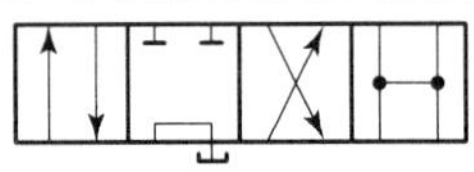	4개 이상의 작동유 개구위치를 갖는 밸브

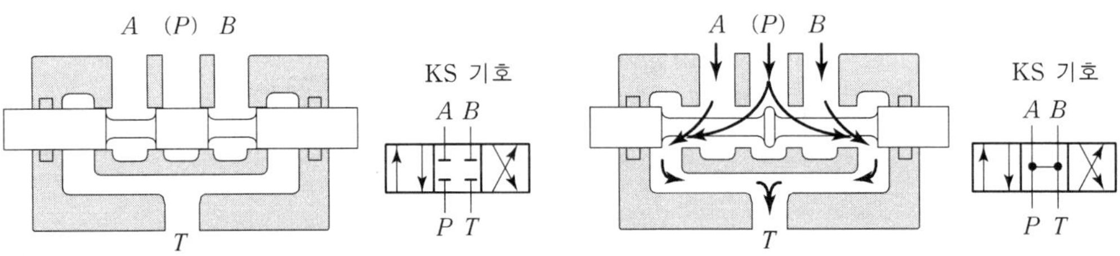

(a) 클로즈 센터 (b) 오픈 센터

그림 5·53 스풀형 변환 밸브

그림 5·53의 3위치밸브인 경우, 같은 그림 5·53(a)와 같이 스풀 랜드의 폭보다도 클 때에는 중립위치에서 각 포트 P, A, B, T가 서로 차단된 상태가 되는데 이것을 클로즈 센터(closed center)형이라고 한다. 그에 반해서 같은 그림 5·53(b)와 같이 스풀폭이 포트폭보다도 작을 때는 중립 위치에서 4개의 포트가 서로 통하며, 이것을 오픈센터(open center)형이라고 한다.

5·5·2 변환조작 방식

방향절환밸브의 변환조작방식은 수동조작(인력조작), 기계적 조작, 솔레노이드조작(전자방식, solenoid), 파일럿 조작, 솔레노이드제어 파일럿 조작방식 유압에 의한 조작 방식 등이 사용되고 있다. 이들 조작방식을 기호로 표시하면 표 5·3과 같다.

표 5·3 스풀의 작동 방식

분 류	기 호 표 시	설 명
수동(입력)	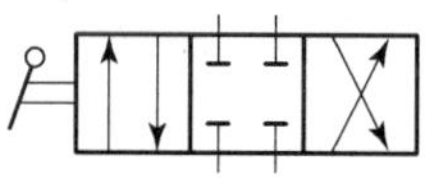	사람의 힘에 의해서 조작되는 밸브
기계(캠)	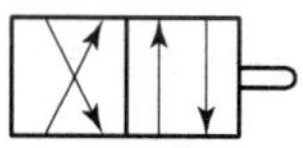	캠, 롤러 등 기계에 의해서 조작되는 밸브
파일럿압 (유압)	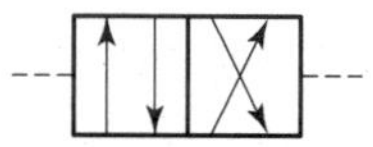	파일럿 유압의 힘에 의해서 작동하는 밸브
전자	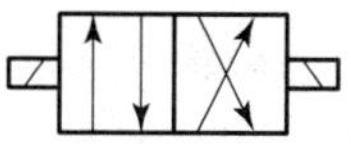	전자의 힘에 의해서 작동하는 밸브
전자-유압	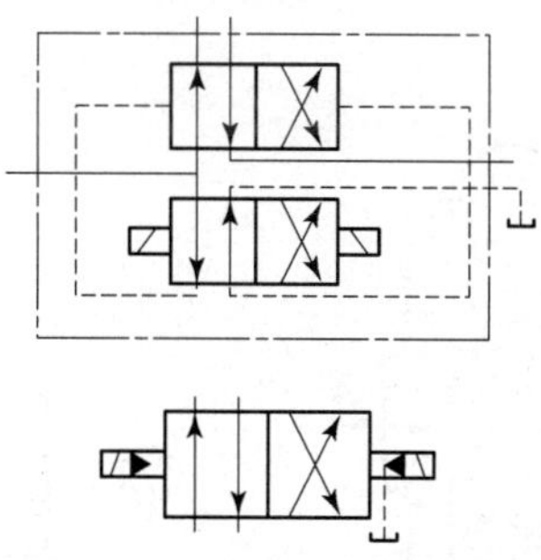	전자의 힘에 의해서 조작되고 파일럿 압력의 방향에 의해서 주 스풀이 작동하는 밸브

(1) 수동 조작밸브

수동 조작밸브(manual acting valves)에는 일반적으로 수동레버형(manual lever type),

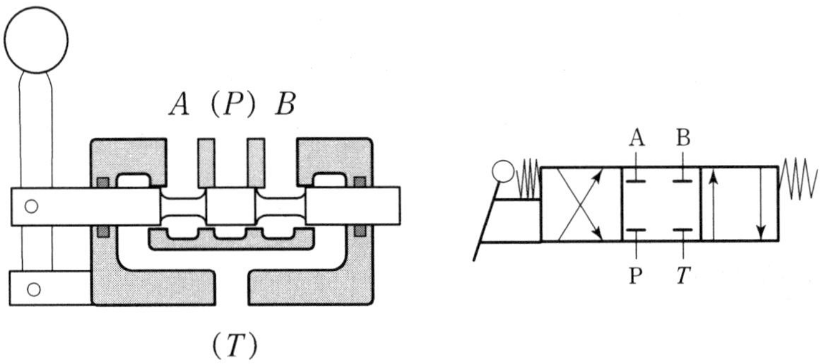

그림 5·54 수동 레버형 밸브

푸쉬버튼형(push button type), 페달작동형(pedal acting type) 등이 있으며 그림 5·54와 같이 사람이 레버, 페달 등의 조작에 의하여 스풀을 움직이고, 밸브 내의 유로를 변환하는 밸브로서 조작기구는 간단하고 고장이 적으며, 값도 싼 등의 이점이 있는데 복잡한 유압회로의 제어나 자동운전에는 적합하지 않다. 스프링형식에는 스프링 오프셋형, 스프링 센터형이 많고, 디텐트형이나 노우 스프링형도 있다.

(2) 기계 작동밸브

기계 조작밸브(mechanical acting valves)에는 레버 조작형(lever acting type)과 캠롤러 조작형(cam roller acting type) 등이 있으며 이것은 그림 5·55와 같이 직동식의 기계조작변환밸브를 나타낸 것으로서 스풀 선단에 롤러를 달고, 캠에 의하여 롤러를 밀어넣어 변환을 하게 하여 떨어지면 스프링에 의하여 원위치로 되돌아간다. 회전식에서는 이를 테면 왕복운동을 하는 테이블에 멈춤쇠를 달고, 이 멈춤쇠에 의하여 레버를 좌우로 움직여서 로터를 회전시켜 변환을 한다. 스프링형식은 스프링 센터형, 스프링 오프셋형이 많다.

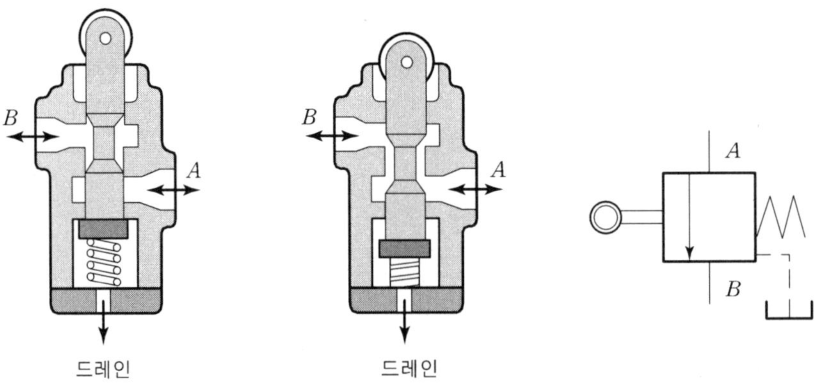

그림 5·55 캠롤러형 밸브

(3) 유압 조작밸브

유압 조작밸브(hydraulic acting valves)에는 스풀의 양단면에 작동유의 파일럿 압력을 공급하여 스풀의 위치 변위로 작동되는 밸브와 스풀 한 단면에 스프링이 설치되어 있고 한 단면에 파일럿 압력을 공급하여 작동되는 밸브가 있으며 그림 5·56과 같이 이것은 파일럿압력에 의하여 스풀의 변환을 하게 하는 밸브로서, 스프링 센터형 3위치 밸브의 구조를 나타낸 것이다. 작동은 두 개의 파일럿 접속구의 어느 한 쪽에서 압유가 들어가서 파일럿압력이 가해졌을 때 다른 쪽은 기름탱크로 빠져 나가도록 되어 있고, 스풀은 이동하여 유로를 변환한다. 파일럿압을 빼면, 스프링에 의하여 스풀은 중립위치로 귀환한다. 2위치 밸브에서는 반드시 어느 쪽에 파일럿압력을 가하여 변환하는 밸브 파일럿접속구가 한쪽만으로서 파일럿압력이 빠졌을 때 스프링의 힘으로 원위치에 되돌아가는 스프링 오프셋형 등이 있다.

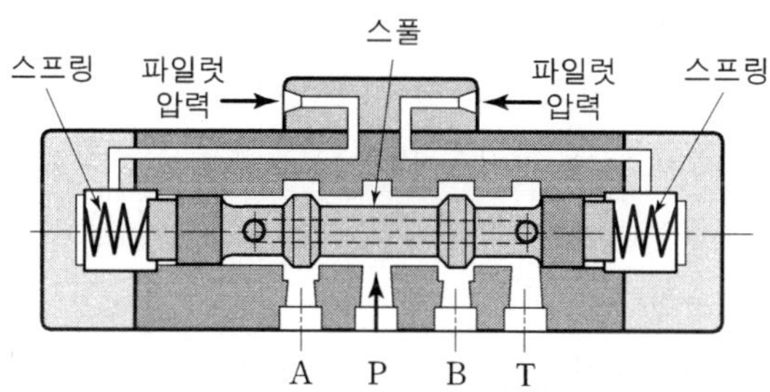

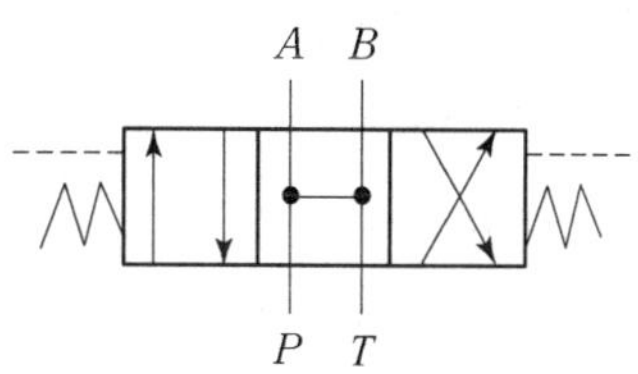

그림 5·56 유압조작식밸브

(4) 전자 조작밸브

전자 조작 밸브(solenoid acting valves)에는 전자력을 이용한 조작밸브로서 일반적으로 스풀에 붙어 있는 철심에 솔레노이드(solenoid)를 양철심에 설치되어 있는 양솔레노이드형이 있고 한쪽 철심에 설치되어 있는 단동솔레노이드형이 있으며 그림 5·57과 같이 이것은 스풀의 양쪽 또는 한쪽에 솔레노이드를 달고, 여기에 전류를 흐르게 한다든지 차단시킨다. 그러면 솔레노이드는 전자력을 발생 또는 소멸시킨다. 이 전자력의 변화를 이용하여 스풀의 변환을 하게 하는 것이다.

솔레노이드(solenoid)는 전자전압에 의하여 교류, 직류용으로 나누고, 교류 전원용의 것은 100[V], 200[V]를 사용하고, 직류전원용의 것은 12[V], 24[V]가 사용되고 있다.

전자변환밸브는 전기신호에 의하여 변환조작을 하는 것으로서, 자동운전, 원격조작 또는 비상정지 등이 쉽게 된다. 변환시간이 빠르고 정확하므로 현재 가장 많이 사용되고 있다. 다만 이것은 솔레노이드의 흡인력을 이용하고 있으므로 너무 많은 유량의 것에는 곤란하고, 보통 압력 210[kg_f/cm^2], 최대유량 80[l/min] 정도까지의 변환에 사용되고 있다.

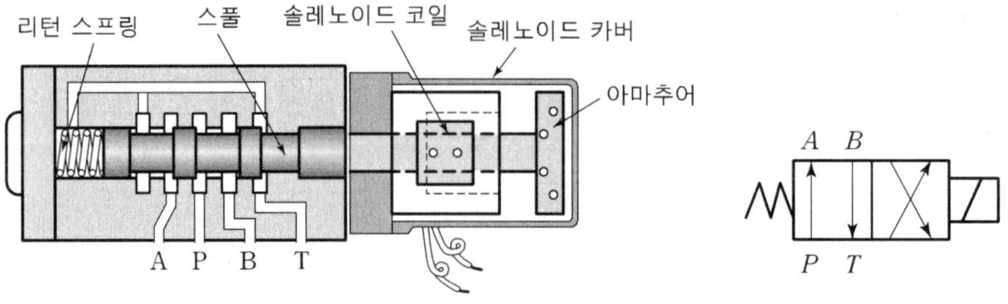

그림 5·57 전자 조작식 밸브

그림 5·57은 스프링 오프셋형 전자변환밸브의 구조와 기호를 나타낸 것이다.

(5) 공기압 조작밸브

공기압 조작밸브(pneumatic acting valves)는 스풀의 양단면에 파일럿 공기압을 공급하여 스풀 위치의 변위로 조작되는 밸브와 스풀 양단면에는 스프링을 설치하고 한 단면에 파일럿 공기압에 의해 작동되는 밸브 등이 있으며 그림 5·58과 같이 이것은 유압을 이용하여 스풀을 변환하는 방식의 밸브로서, 전기적인 원격조작은 불꽃에 의한 폭발 등의 위험이 있고, 안전상 전자변환 밸브를 사용할 수 없는 경우에 사용한다.

이 작동은 전자변환밸브의 솔레노이드 대신에 공기압으로 조작되는 실린더 플런저를 장비하여 플런저를 작동시켜서 스풀의 변환을 한다. 공기압으로서는 보통 5 [kg_f/cm^2] 정도로서 충분히 조작된다.

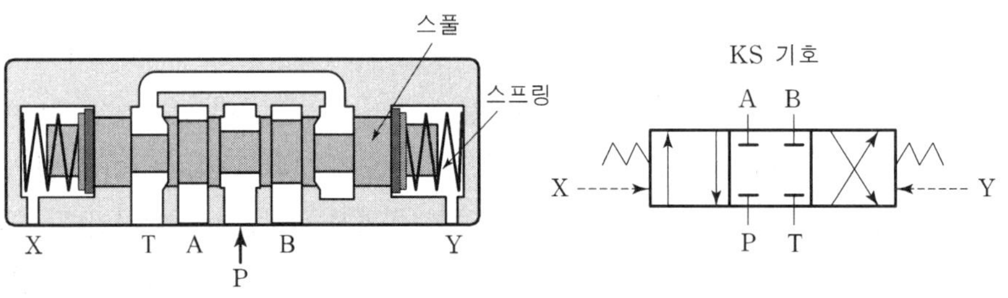

그림 5·58 공기 조작식 밸브

(6) 전자유압 조작밸브

전자유압 조작밸브(solenoid hydraulic acting valves)는 복동 솔레노이드 밸브와 유압작동밸브를 조합한 밸브이다. 이 밸브는 주로 4포트 3위치 밸브에 적용된다. 이 밸브는 전자력이 작동하면 스풀 양단면에 파일럿 유압이 공급되므로 작동되는 밸브이다. 전자력에 조작되는 밸브를 슬레이브 밸브(slave valve)라 하고 파일럿 압력에 의해 작동되는 메인 밸브를 마스터

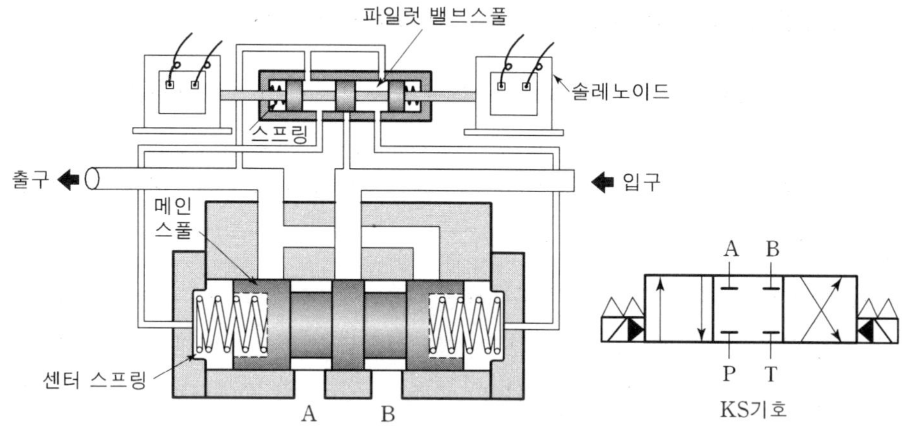

그림 5·59 전자유압 조작식 밸브

밸브(master valve)라 한다.

그림 5·59는 내부파일럿방식의 4포트 3위치 전자－유압 변환밸브를 나타낸 것으로서 이것은 파일럿 스풀을 솔레노이드로 좌우로 움직여 압유의 흐름 방향을 바꾸고, 스풀 밸브의 주 스풀을 좌우로 작동시킨다. 파일럿 압유로서는 3.5 [kg_f/cm^2] 이상의 압력이 필요하다.

5·5·3 안내밸브

그림 5·60과 같이 슬리브에 설치된 포트의 열림을 스풀의 이동에 의해서 변화하도록 함으로써 액추에이터에 이송되는 기름의 유량과 방향을 제어하는 것을 4포트 안내밸브(guide valve)라 한다. 따라서 구조는 변환밸브와 유사하지만 기름의 흐름 방향뿐만이 아니라 그 유량도 제어함으로써 부하의 운동방향 이외에 그 속도의 제어도 가능하다.

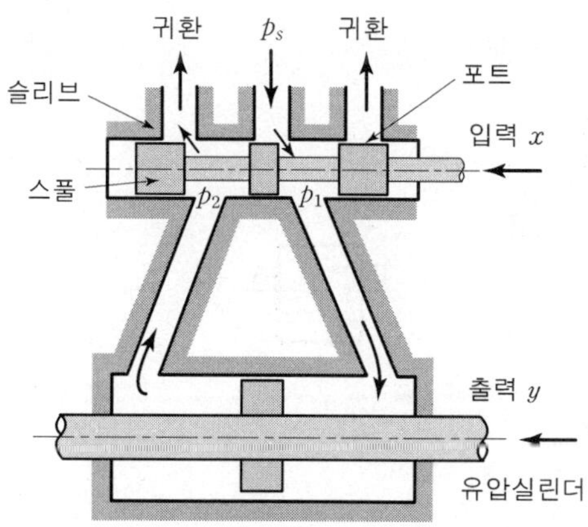

그림 5·60 4포트 안내 밸브에 의한 유압 실린더의 제어

5·5·4 2포트 2위치 밸브(2port 2position valves)

이 밸브는 그림 5·61에 표시한 바와 같이 1개의 유로를 단순히 개폐작용만 하는 절환밸브이다. 밀폐부분에 압유가 누입되면 국부적으로 승압되어 측압이 걸리는 것을 막기 위하여 드레인 포트를 유조에 연결시켜 사용한다. 이 밸브는 통상개와 통상폐의 형식이 있고, 비교적 저압 (35 [kg_f /cm^2] 이하), 소유량에 사용한다.

2방향 제어 밸브를 변환 동작에 따라 분류하면 다음 종류가 있다. 2방향 제어 밸브의 기본적인 구조는 공급압력의 입구포트와 출구포트 2개의 접속구를 가진 것이다. 그러므로 변환 기능은 셧오프 밸브와 같다. 이 2방향 제어밸브의 구조는 스풀방식 제어밸브는 셧오프 밸브와 달라서 구조와 동작 방식에 따라 공급압의 흐름을 바꿀 수 있다. 2방향 제어밸브의 변환기능에 의한 종류는 수동식(레버, 패달), 전자식, 기계식(캠 롤러, 나사기구), 파일럿 압력을 사용하는 것 등이 있다. 2방향 제어 밸브의 작동은 이미 설명한 바와 같이 축방향으로 밸브를 이동시켜 유로를 개폐하는 것이며, 제어기기로서의 기능에서 그 동작은 다음과 같이 나눌 수 있다. 2방향 제어밸브의 기능은 상시 닫힘(normally closed : NC)상태에서 사용하는 것과 상시 열림(normally open : NO)상태에서 사용되는 것이 있다. 이 2방향 제어밸브의 기능은 유압제어에 있어 기본이라고 생각할 수 있으며, 유압 제어 회로의 동작을 이해하기 위해서도 그 기능과 구조를 알아야 한다.

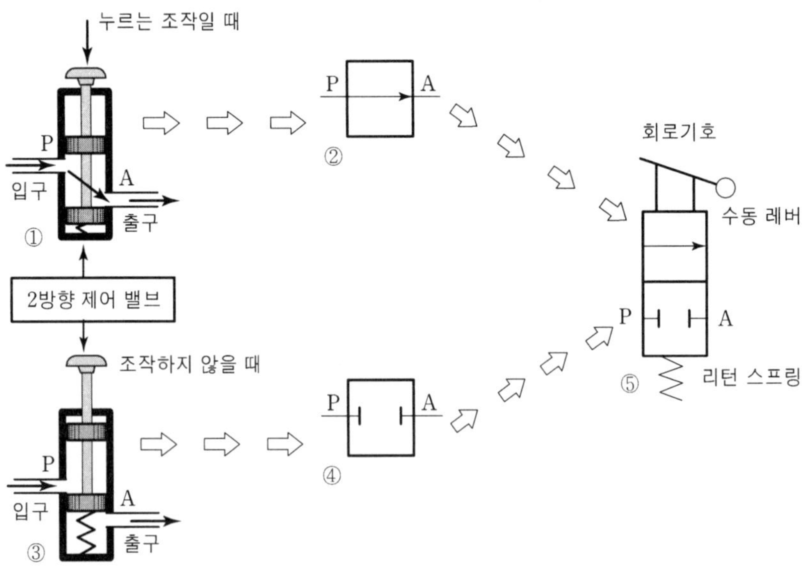

그림 5·61 2방향 제어밸브의 상시 폐(閉)의 변환 위치

그림 5·61은 상시 닫힘 2방향 제어밸브의 변환 동작을 나타낸 것이다. 여기서는 수동으로 2방향 제어 밸브를 조작하고 조작이 끝나면 복귀 스프링에 의해 스풀이 원위치로 돌아간다. 그림 5·61과 같이 핸들 조작에 의해 유로가 열려 있는 상태로 하는 방식을 상시 열림(開)이라 부른다. 이것과는 반대로 그림 5·62와 같이 핸들 조작으로 유로가 닫힌 위치로 하는 것을 상시 닫힘(閉)이라 부른다.

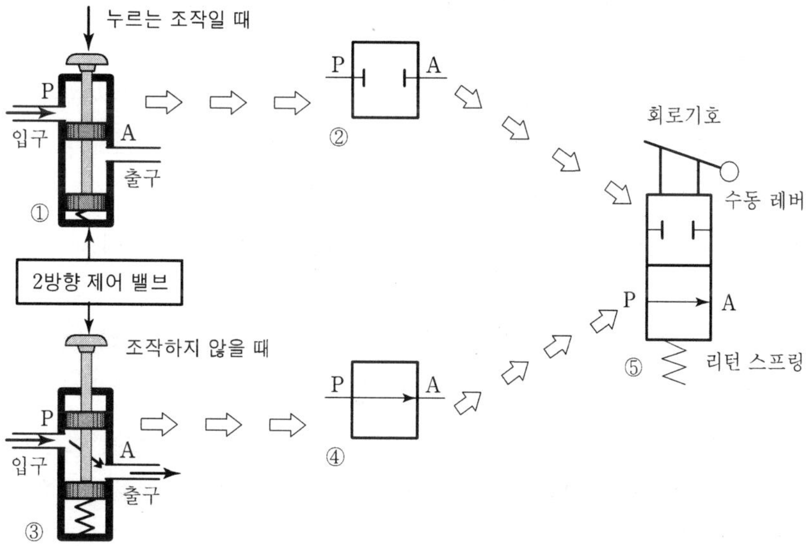

그림 5·62 2방향 제어밸브의 상시 개(開)의 변환 위치

5·5·5 2방향 자동 제어밸브

수동으로 레버 등을 조작하여 유로를 변환하는 방법은 유압 회로에서는 기본적인 조작으로 널리 쓰이고 있으나, 이것을 자동 조작하는 방법으로는 전자조작이 필요한 경우가 많다. 이를 위해 포핏 방식 2방향 제어밸브가 개발되었으며, 2방향 솔레노이드밸브(2way solenoid actuated valve)라 불리운다. 그 구조를 그림 5·63에 나타내었다.

방향 제어밸브는 밸브의 모양에 따라 다음과 같은 종류가 있으며, 조작 방법에 적합한 밸브를 실제로 사용하고 있다. 그 구조와 조작 방법에 따라 여러 가지 명칭 분류가 있으므로 방향 제어 밸브의 선택에 있어 주의가 필요하다. 방향제어밸브의 밸브모양에 의한 작동의 종류로 일반적으로 분류하면 스풀밸브와 로터리밸브는 수동 및 기계조작 방법과 포핏밸브와 스풀밸브는 전자방식 등으로 대부분 작동된다.

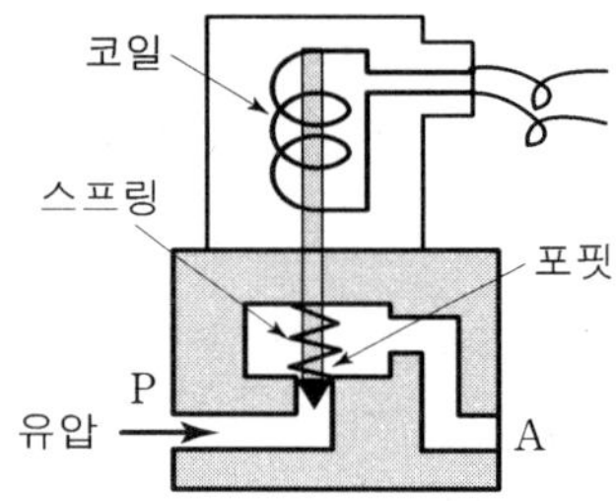

그림 5·63 2방향 솔레노이드 밸브의 구조

전자방식으로 유로를 변환하는 방법은 당연히 자동 조작하기 위해 사용하는 것이며, 그 변환 동작을 직접 전자력으로 포핏을 흡인하여 작동하는 직동형도 있다. 그러나 전자방식에서는 전자력의 세기를 유로 안의 유압의 유량과 압력에 맞출 필요가 있다.

이 때문에 전자방식 제어밸브를 파일럿밸브로 사용하는 경우가 많다. 이 파일럿밸브의 기능에 대해서는 달리 설명하지만, 어쨌든 전자방식 제어밸브는 전자밸브라 부르며, 전기 신호로 조작할 수 있으므로 유압, 유압 방식의 자동화 기기로 보급되어 있는 제어 기기이다. 이 전자밸브를 파일럿밸브로 사용하면 더 고압이고 대용량의 제어밸브를 조작할 수 있다.

유압 회로에서 솔레노이드는 편리한 자동화 방법이다. 이와 같은 유압과 전기의 콤비네이션을 유・전 기능이라고도 할 수 있다. 다만 전자밸브를 파일럿밸브로 사용하지 않고, 전자력을 강력하게 하여 사용할 수도 있으나, 이것은 전력 소비량이 커지는 동시에 전기 장치를 대형으로 해야 하고, 포핏의 충격음이 커지기 때문에 좋지 않다.

5·5·6 전자식 2방향 파일럿 압력 제어밸브

전자밸브의 용도의 하나는 파일럿 밸브로 사용할 수 있다는 것이다. 이 파일럿 방식의 중요한 기능은 유압 제어 회로에서 큰 유량을 제어할 수 있다는 것과 유압의 원격 조작을 할 수 있기 때문에 불가결한 것이다.

파일럿 효과라는 용어를 쓰고 있는데, 이것을 알기 쉽게 설명하기 위해 여기서는 2방향 전자 밸브의 대표적인 사용법과 기능부터 설명한다. 예를 들면 그림 5·64(a), (b)는 마스터밸브(주 제어밸브)의 변환용 포핏을 소형의 전자식 2방향 제어 밸브로 변환하는 방식의 구조와 기능을 나타낸 것이다. 이와 같이 전자밸브를 파일럿으로 사용하여 고압 대유량 제어용 포핏식 제어밸브를 제어할 수 있을 때 파일럿 효과가 있다고 한다.

여기서는 소형 전자식 2방향 제어밸브가 그림과 같이 주제어밸브의 제어용 유압의 흐름을 변환시키고 있다. 물론 이 소형 전자밸브는 약간의 전력으로 조작하고 표준형 리밋 스위치와

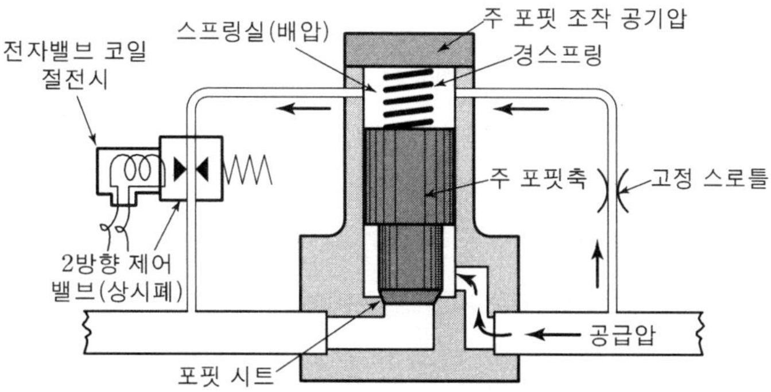

(a) 솔레노이드가 절전한 때의 마스터 밸브가 닫힌 상태

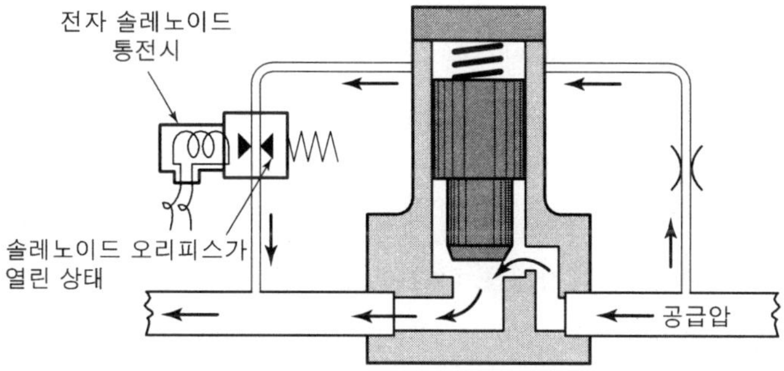

(b) 솔레노이드가 통전한 때의 마스터 밸브가 열린 상태

그림 5·64 파일럿식 포핏형 솔레노이드 제어 밸브

결합하여 사용한다. 이와 같은 파일럿 조작 방식은 이용 가치가 매우 많기 때문에 여러 가지 파일럿 방식이 고안되어 있다.

이 파일럿 방식을 응용하면, 전자식 2방향 제어밸브에 흐르는 유압의 압력을 0.07 [kg_f/cm^2]에서 0.35 [kg_f/cm^2]의 저압으로 하여 70 [kg_f/cm^2], 210 [kg_f/cm^2], 350 [kg_f/cm^2]에서 700 [kg_f/cm^2]까지의 고압 범위에 있는 포핏식 주유압 회로를 변환할 수 있다. 그림에서 전자 밸브와 주제어 밸브가 따로 그려져 있으나 일반적으로 일체 구조로 되어 있다. 이 결합에 의한 제어 장치의 동작을 설명한다.

포핏식 주제어 밸브는 유압의 배기회로에 결합되어 입구쪽의 압력이 미리 설정한 압력보다 높아지면 회로를 여는 동작에 의해 유압을 배기하는 목적에 사용된다. 여기서 그림 5·64(a)와 같이 입구쪽 압력이 설정값보다 낮으면 이 압력을 검출하는 리밋 스위치는 작동하지 않으므로 전자 밸브의 코일에는 전류가 흐르지 않는다. 이 전자밸브는 상시폐형(閉型)이기 때문에 2방향 제어밸브는 유로를 닫는 상태로 하고 있으므로 주제어 밸브의 포핏의 배압쪽(스프링실쪽)

에는 압력쪽과 같은 압력이 작용한다. 이 압력에 의한 힘은 포핏의 아래쪽에서 작용하는 힘보다 크기 때문에 포핏을 밀어내려 유압 회로는 닫혀 있다. 입력쪽의 유압이 설정값보다 높아지면 리밋 스위치가 작동하여 전류가 흘러 전자밸브를 조작한다. 이에 따라 2방향 제어 밸브는 유로를 열기 때문에 유압이 흐르면 고정 교축(스로틀) 때문에 배압은 내려가서 포핏은 반대로 위로 밀려 올라간다. 이 동작에는 고정 교축이 크게 영향을 준다. 그렇게 하여 그림 5·64(b)와 같이 주유압 회로가 통로 상태로 되어 입구쪽에서 출구쪽으로 유압이 흘러 배출된다.

5·5·7 3포트 2위치 밸브

3포트 2위치 밸브(3port 2position valves)는 3방향 제어밸브도 앞에 설명한 2방향 제어밸브와 마찬가지로 상시폐(normally closed)의 형식이 있으며, 스프링으로 복귀하는 구조로 되어 있다.

이 방향 제어밸브의 기능은 그림 5·65와 같이 스풀의 조작으로 유압의 흐름 방향을 변환할 수 있다. 따라서 방향 제어밸브의 기호 표시는 레버 등으로 스풀을 조작한 상태와 조작하지 않은 상태에서의 접속구 사이의 흐름 상태를 나타낸 것이다.

4방향 제어밸브, 5방향 제어밸브는 고도의 기능을 가진 제어밸브이므로 뒤에 설명하지만, 2방향 제어밸브나 3방향 제어밸브를 사용해도 일반 용도를 충족시킬 수 있다.

그러나 4방향 제어밸브나 5방향 제어밸브를 사용하면 더 간단한 유압 회로로 방향 제어를 할 수 있다. 따라서 4방향 제어밸브나 5방향 제어밸브는 다양한 제어 기능을 가진 장치에 이용하는 경우가 많다. 그리고 4방향 제어밸브와 5방향 제어밸브는 복동 실린더의 구동에 이용하는 것이 주이며, 일반 유압 제어 회로를 조립하는 경우에는 3방향 제어밸브가 주요 기기로 활용하고 있다.

그러므로 유압 제어 회로의 기본을 알기 위해서는 먼저 2방향 제어밸브와 3방향 제어밸브를 사용하는 것이 편리하다. 예를 들면 가장 간단한 용도로는 주밸브를 닫았을 때, 수분을 외부로 배출하는 방법으로서 3방향 제어밸브를 사용하고 있다.

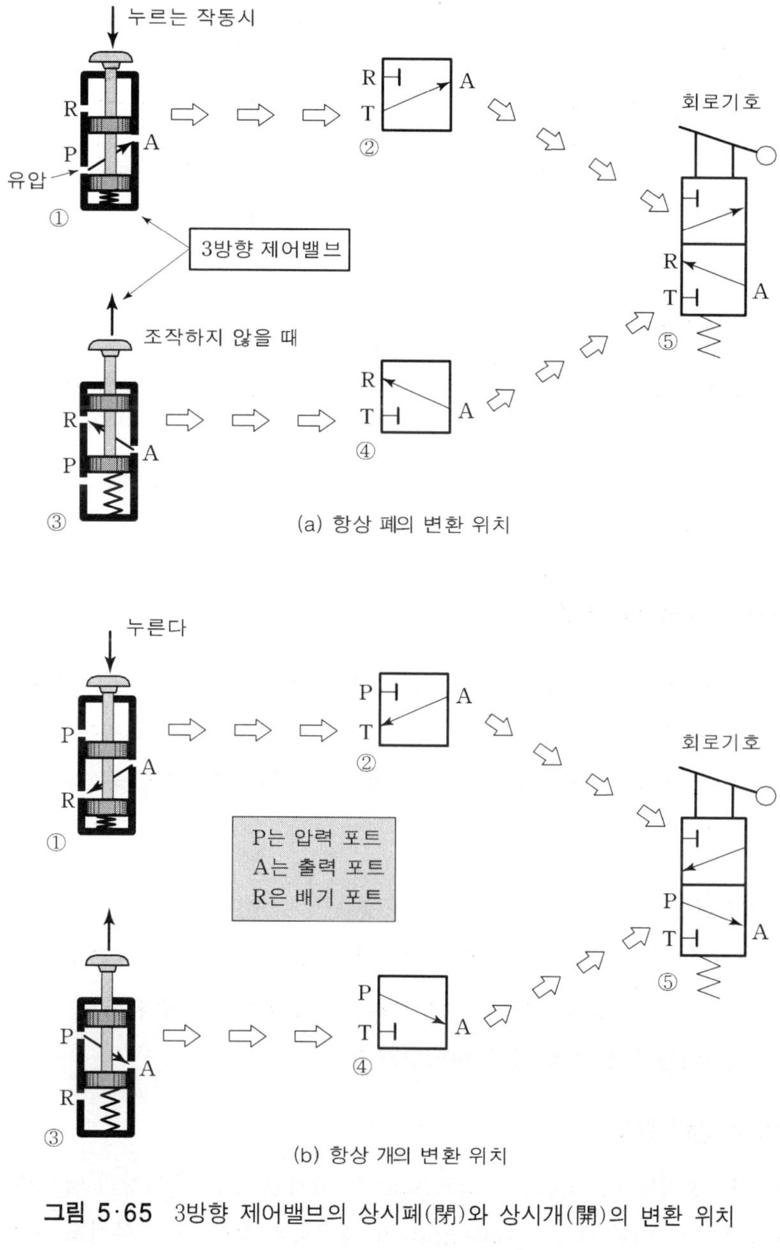

그림 5·65 3방향 제어밸브의 상시폐(閉)와 상시개(開)의 변환 위치

이와 같은 간단한 이용 방법을 비롯하여 가장 사용례가 많은 실용례로는 그림 5·66과 같이 스프링 복귀식 단동 실린더의 조작에 전자식 3방향 제어밸브를 사용하는 경우이다. 여기서는 공급압력으로 실린더 로드를 원위치로 복귀시키고 있다. 압력의 공급은 전자석에 통전하여 밸브를 작동시켜 실린더에 도통회로를 형성하여 한다. 이 조작에서는 공기 압원(源)쪽의 접속

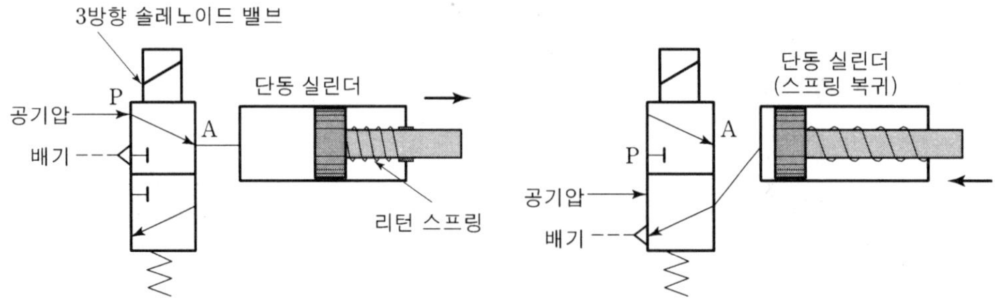

(a) 솔레노이드 통전시 실린더 전진 (b) 솔레노이드 절전시 실린더 복귀

그림 5·66 솔레노이드 3방향 제어밸브를 사용한 단동 실린더의 제어

구는 공급(입구쪽 포트)과 정지로 변환하고 실린더쪽 접속구는 배기구에 연결되어 압입된 공기가 배기되어 실린더는 복귀된다.

5·5·8 4포트 3위치 밸브

4포트 3위치 밸브(4port 3position valves)는 직동스풀 밸브로서 스풀의 절환위치가 3개이다. 그중 좌우 양단 위치는 2위치 밸브와 동일한 기능을 가지나 중립위치에서 밸브 특유의 유로를 형성시켜 여러 가지 기능을 갖는 밸브로 된다. 중립위치의 형식 중 기본적인 것은 그림 5·67과 같다.

(1) 오픈 센터 형식

오픈 센터 형식(open center type)은 중립위치에서 모든 포트가 서로 통하게 되어 있다. 그러므로 펌프 송출유는 유조로 환류되어 무부하운전이 된다. 또 절환시 충격도 적고 절환성능이 좋으나, 실린더를 확실하게 정지시킬 수가 없다.

(2) 세미 오픈 센터 형식

세미 오픈 센터 형식(semi open center type)의 밸브는 오픈 센터형의 밸브를 절환시 충격을 완충시킬 목적으로 스풀 랜드(spool land)에 테이퍼를 붙여 포트 사이를 교축시킨 밸브이다. 그러므로 대유량의 경우에 완충용으로 사용한다.

(3) 실린더 클로즈 센터 형식

실린더 클로즈 센터 형식(cylinder closed center type)은 센터에서 P포트와 R포트 및 실린더 B실이 서로 열려 있어 일종에 공급동력은 무부하 운전하고 있으나 A실의 실린더 포트가 닫혀 있어 실린더가 고정되는 센터위치 기능이다.

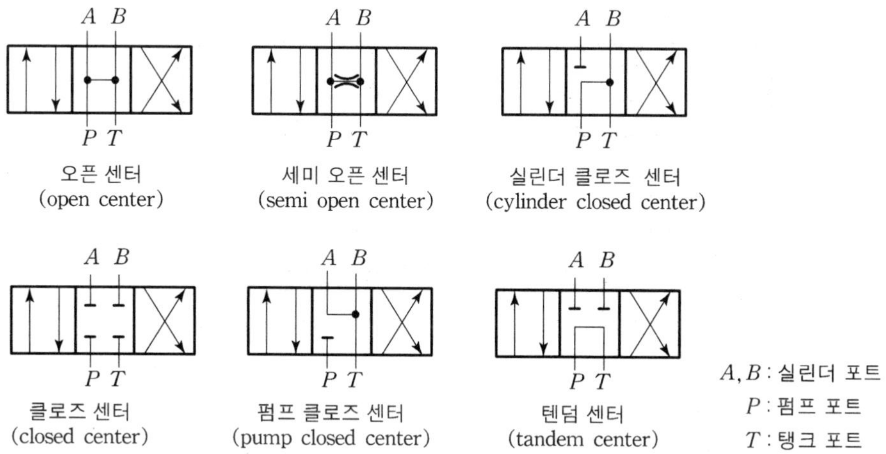

그림 5·67 센터위치의 유로형식

(4) 클로즈 센터 형식

클로즈 센터 형식(closed center type) 밸브는 중립위치에서 모든 포트를 막는 형식이다. 그러므로 이 밸브를 사용하면 실린더를 임의 위치에서 고정시킬 수가 있다. 그러나 밸브의 절환을 급격하게 작동하면 서지압력이 발생되므로 주의를 요한다.

(5) 펌프 클로우즈 센터 형식

펌프 클로우즈 센터 형식(pump closed center type)은 중립위치에서 P포트가 막히고 다른 포트들은 서로 통하게끔 되어 있는 밸브이다. 이 형식의 밸브는 3위치 파일럿 조작밸브의 파일럿 밸브로 많이 쓰인다. 이 밸브를 파일럿 밸브로 사용하면 주절환밸브의 파일럿작동이 원활하다.

(6) 탠덤 센터 형식

탠덤 센터 형식(tandem center type)이 형식은 센터 바이패스형(center bypass type)이라고도 말한다. 중립위치에서 A, B포트가 모두 닫히고 실린더는 임의위치에서 고정된다. 또 P포트와 T포트가 서로 통하게 되므로 펌프를 무부하운전시킬 수 있다.

5·5·9 4포트 2위치 밸브

그림 5·68은 수동식 4포트2위치 밸브(4port 2position valve)가 복동실린더를 왕복운동 시키는 구조이다. 밸브의 손잡이를 좌측으로 위치하면 공급압유 P가 B포트를 통해 피스톤로드쪽으로 공급하여 피스톤이 후진되고 밸브의 손잡이를 우측으로 하면 공급압유는 A포트를 통해 공급되고

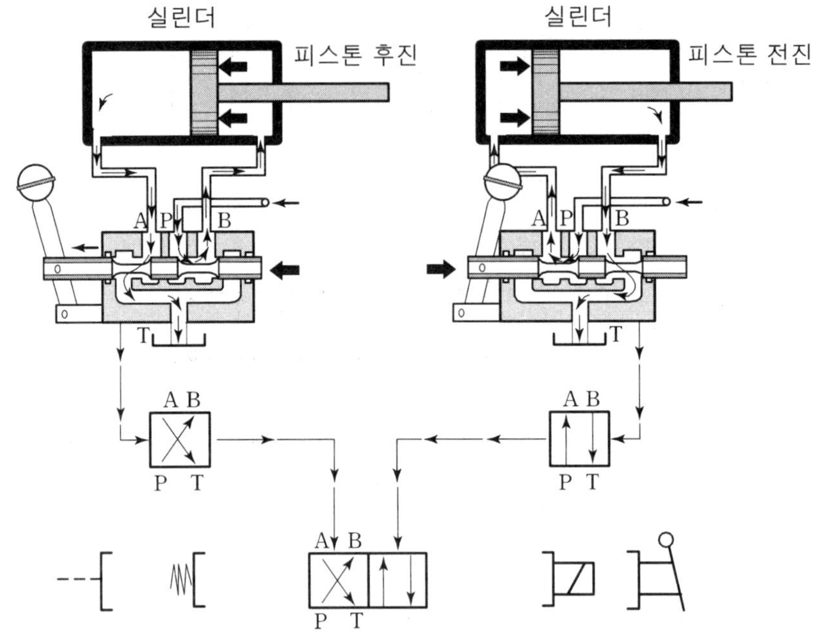

그림 5·68 4포트 2위치 밸브

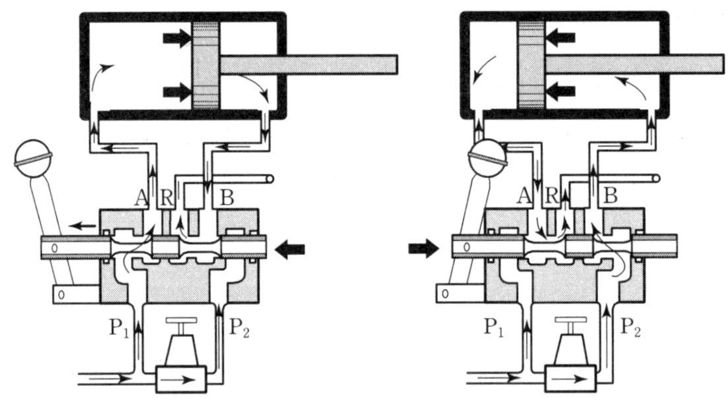

그림 5·69 5포트 2위치 밸브

피스톤쪽 압유는 B포트를 통해 오일탱크로 귀환하면서 피스톤은 전진하면서 일(Work)을 한다.

5포트 2위치 밸브는 복동실린더나 모터(moter)에 쓰이는 밸브로서 4포트의 그림 5·68과는 달리 5개의 포트 수대로 5개 방향을 갖고 있다. 2개의 포트는 서로 다른 P_1, P_2의 압력을 공급할 수 있는 것이 특성이다. 이 구조는 그림 5·69에 알기 쉽게 표시되었다. 한 개의 작동체가 작동시 두 개의 힘이 요할 때 사용되면 편리하다.

5·6 셧 오프 밸브

유압 회로를 개폐하여 유압의 흐름을 차단, 도통하는 셧 오프 밸브(shut off valve)는 방향 제어의 가장 간단하고 기본적인 동작이다.

가장 일반적인 것은 보통 수동 변환 밸브라 부르는 개폐밸브를 말한다. 다만 이 밸브로는 실린더나 유압 모터의 제어에는 사용할 수 없다. 즉 이 밸브는 유압의 흐름의 통로를 차단하는 데 사용하는 것이며, 수도꼭지와 같은 역할을 하는 것이다. 그러므로 이 밸브는 입구 쪽과 출구 쪽의 두 접속구가 필요할 뿐이다. 그러나 극히 간단한 동작을 하는 변환 밸브도 사용 압력 범위와 모양에 따라 종류가 많다. 또 이 셧 오프 밸브는 흐름을 개폐하는 것만이 아니라 밸브의 구조에 따라서는 유량 제어도 할 수 있다.

이 셧 오프 밸브의 구조는 다음과 같은 종류로 글로브밸브(glove valve), 게이트밸브(gate valve), 볼밸브(ball valve), 니들밸브(needle valve) 등이 있으며 그림 5·70과 같다.

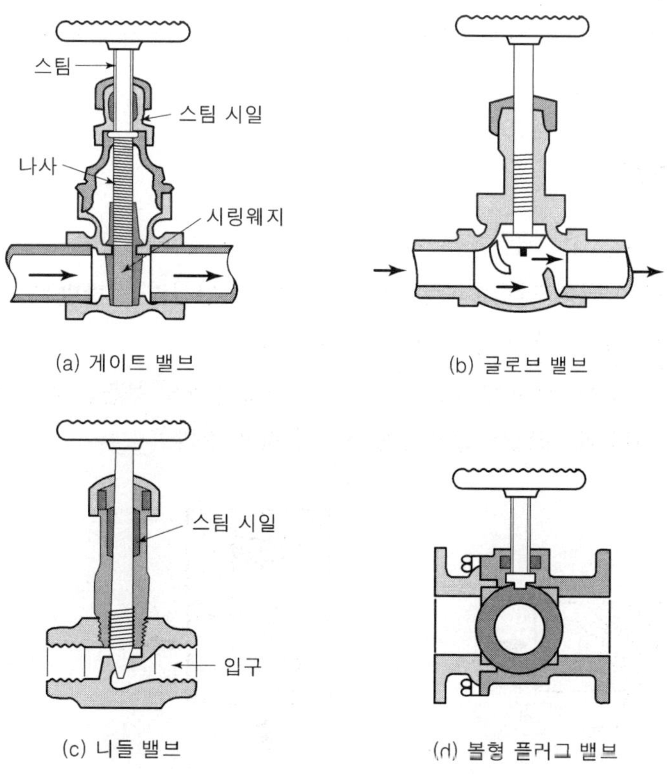

그림 5·70 개폐 밸브(셧 오프 밸브)의 종류

이 개폐 밸브의 유압 회로에서의 기호 표시는 아래 그림과 같이 표시하며 유량 제어 기능을 갖게 하려면 그림과 같이 사용 목적을 기호에 명시해야 한다.

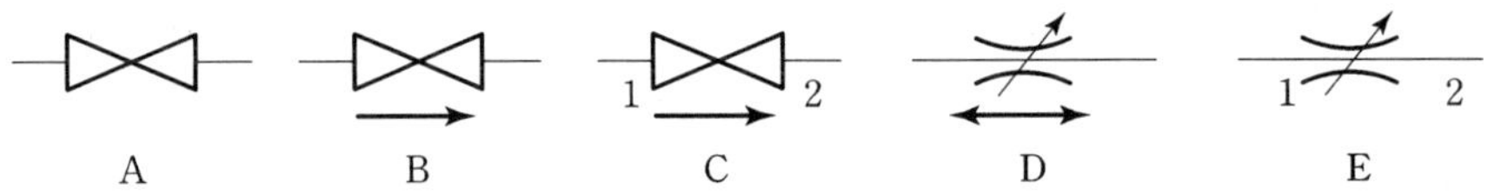

위의 A는 2방향 수동 개폐 밸브, B의 →표는 흐름 방향을 가리킨다. C1, 2는 입구쪽과 출구쪽의 구경 치수를 나타낸다. D와 E의 ↗표는 조절 기능을 나타낸다. D와 E의 ⌒ 는 교축 기능을 나타낸다.

5·7 논-리턴 밸브

논-리턴 밸브(non-return valves)는 어느 한쪽 방향으로만 공기의 흐름을 허용하는 밸브이다. 하류쪽의 압력이 제한요소(restrictive component)에 적용하기 때문에 밸브의 기밀효과(sealing effect)가 좋다.

5·7·1 체크밸브

이 체크밸브(check valve)는 한쪽 방향으로는 유압의 흐름을 완전히 차단시키며 그 반대 방향으로는 가능한한 적은 압력손실로 흐르게 한다. 차단시키는 방법에는 원추(cone), 볼(ball), 판(plate) 또는 격판(diaphragm)이 사용된다.

그림 5·71의 체크밸브는 스프링으로 하중을 받는 체크밸브의 부분은 스프링 장력이 이에 대응하는 압력이 초과될 때 시트를 밀어 유압을 유동하게 한다.

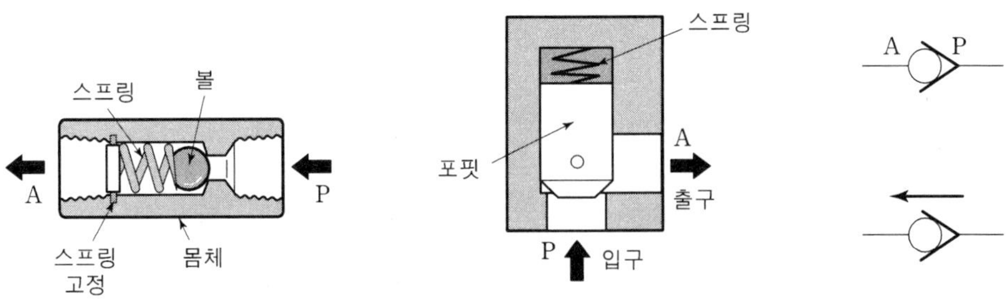

(a) 인라인에 사용하는 체크 밸브 (b) 앵글형 체크 밸브 KS 기호

그림 5·71 체크밸브의 구조와 표시 기호

5·7·2 셔틀밸브

셔틀밸브(shuttle valve)는 양 제어(double control) 밸브 또는 양 체크밸브(double check valve)라고도 한다. 이 논-리턴 밸브는 두 개의 입구 P_1와 P_2를 갖고 있으며 출구는 A 하나이다. 만약 유압이 P_1에 적용하면 볼은 입구 P_2를 차단시켜 유압은 P_1에서 A로 흐르게 되며 압축 공기가 P_2에 작용하게 되면 압유는 P_2에서 A로 흐르게 된다. 그리고 유압의 흐름이 반대로 되면, 즉 실린더나 밸브가 배기가 되면 볼은 압력 조건 때문에 그때의 위치를 유지하게 된다.

그림 5·72는 셔틀밸브를 나타낸 것이다.

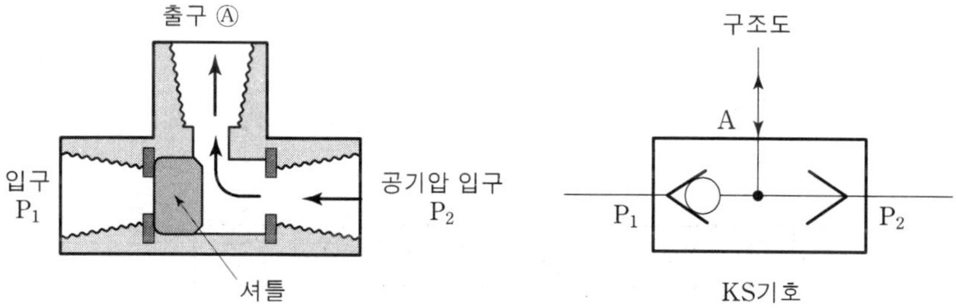

그림 5·72 셔틀밸브(더블체크)

5·8 서보밸브

서보밸브(servo valve)는 서보기구에 의한 피드백 제어가 가능한 전기유압변환기이다. 자동화를 위한 자동제어방법을 대별하면 시퀀스제어(sequential control)와 피드백제어(feed back control)로 구분하는데 서보 밸브는 시퀀스제어의 단점을 보완한 것이 서보기구이며 서보기구는 미약한 전기적 입력신호로 높은 압력의 작동유를 공급할 때 유량과 압력을 양호한 응답속도로 물체의 위치, 방위, 자세 등 목표값을 추종하도록 구성된 제어계를 말한다. 서보밸브는 미약한 10~15[mA] 전기입력으로 작동유 압력 200~300[kg_f/cm^2]의 높은 압력 작동유를 유량과 압력을 제어하는 장점이 있어 항공기, 미사일, 선박, 공작기계, 자동차, 일반산업기계 등의 제어에 널리 사용되고 있다.

5·8·1 서보밸브의 종류

서보밸브는 서보기구의 종류에 따라 많은 종류가 있으며 유압장치에서 일반적으로 가장 많이 사용되는 전기 · 유압서보기구에 의한 유량제어서보 밸브와 유압제어 서보밸브 등이 있으며 유량제어서보 밸브는 위치제어에 적합하고 압력제어 서보밸브는 가속도토크 제어에 적합하다. 서보 밸브는 유압증폭 부분 및 안내밸브의 수에 따라 1단, 2단, 3단 서보 밸브로 구분되고, 유압증폭부, 운동부분의 위치와 안내밸브의 스풀의 위치를 유지시키는 기구에 따라 스프링 평형작동방식, 힘 피드백작동방식, 위치 피드작동방식, 유압평형작동방식 등의 종류가 있다.

5·8·2 서보밸브의 구성

서보밸브의 구성은 유량이나 유압을 신속하고 정확하게 제어하기 위해 서보밸브는 신호변환부, 유압 증폭부, 안내밸브의 3요소로 구성되어 있다.

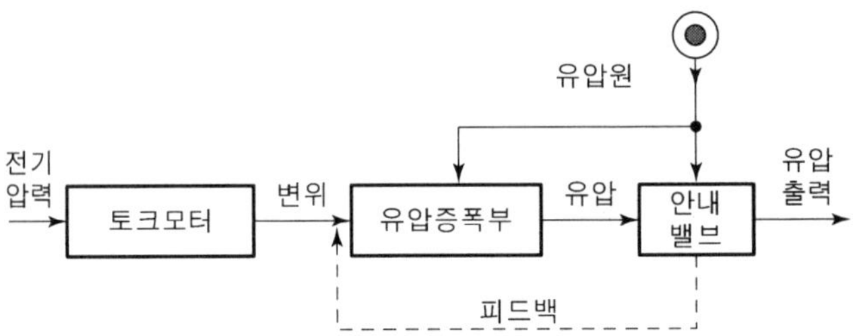

그림 5·73 서보 밸브의 기본구성

(1) 신호 변환부

신호 변환부는 지령 신호인 전기량을 기계적인 변위량으로 변환하는 신호 처리부로 통상 토크 모터가 사용된다. 토크 모터의 구성은 그림 5·74에 나타낸 바와 같이 코일 전류를 아마추어의 미소 변위(角)로 변환하는 것으로 회전 변위식을 토크 모터(torque motor)라 하고, 직선 변위식을 포스 모터(force motor)라 한다. 토크 모터의 구조는 영구 자석과 전자석 및 플래퍼라 불리우는 판 스프링으로 구성되어 있다.

토크모터의 원리는 플래퍼의 상단이 비자성 재료에 끼워져 지지되어 있고, 여기에 두 개의 코일이 감겨져 있어 전기 신호 입력이 가해진다. 두 개의 코일에 흐르는 전류가 같으면 발생되는 기전력은 방향이 반대가 되므로 상쇄되어 자속(磁束)은 발생되지 않는다. 그러나 양 코일에 인가되는 전류의 차가 생기면 그 전류차에 상당하는 자속이 발생한다. 그림 5·74에 나타낸 바와 같이 간극 A 및 B에 있어서는 영구 자석에 의한 자속과 코일에 의한 자속이 불평형이 되고 자극의 전자적(電磁的) 흡인력도 차이가 생긴다. 따라서 플래퍼는 이 흡인력의 차이에 따라 자속이 증가한 틈의 방향으로 움직여 스프링 작용력과 평형하는 위치까지 미소 변위한다. 전자력과 전류차는 비례 관계가 있으므로 변위는 전류차의 입력에 비례한다.

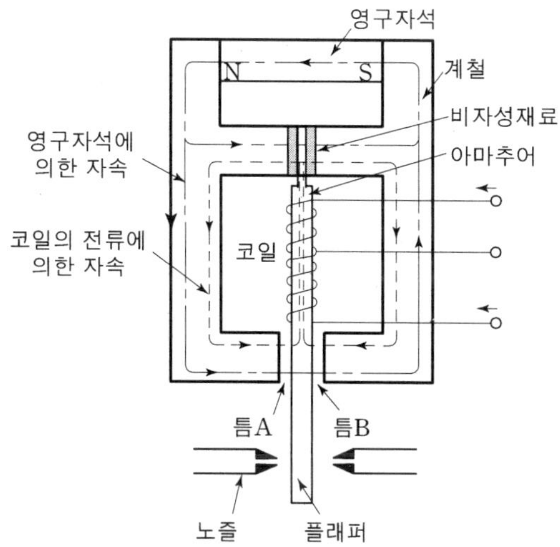

그림 5·74 토크 모터

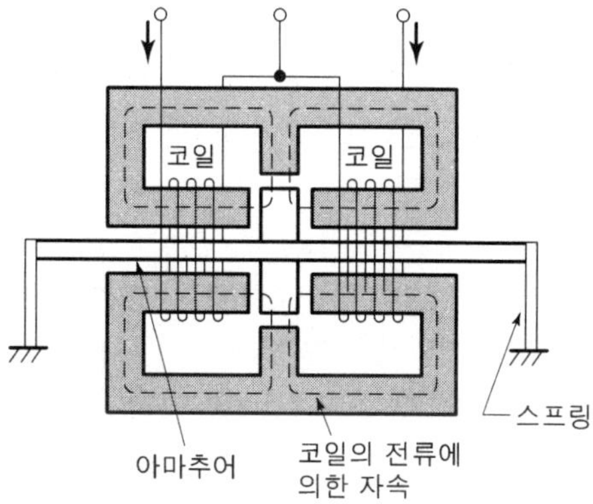

그림 5·75 포스 모터(직선변위형)

포스모터는 직선변위형으로 그림 5·75에 나타낸 바와 같은 구조인데 이것은 2개의 코일에 흐르는 전류에 의한 자속은 그림에 점선으로 나타낸 것과 같이 생기고, 좌우의 자속이 변화하면 전자적 흡인력에 의하여 아마추어가 움직여 판스프링의 스프링 힘과 평형하는 위치까지 변위한다.

(2) 유압 증폭부

유압 증폭부는 신호 변환부에서 발생된 변위를 유압으로 변환하는 부분으로서 일반적으로 노즐 플래퍼 기구가 가장 많이 사용되고 있다.

노즐 플래퍼(nozzle flapper)의 유압 증폭 기구는 그림 5·76에 나타낸 바와 같이 플래퍼를 중심으로 두 개의 노즐이 미세한 틈새를 가지고 설치되어 있고 노즐에는 오리피스를 통해 압유가 유도되도록 되어 있다. 두 개의 노즐에 대해 플래퍼가 중앙 위치에 있을 때에는 양 노즐의 고정 오리피스와 노즐 사이의 유압, 즉 노즐 배압이 평형이 된다. 그러나 플래퍼가 어느 한쪽

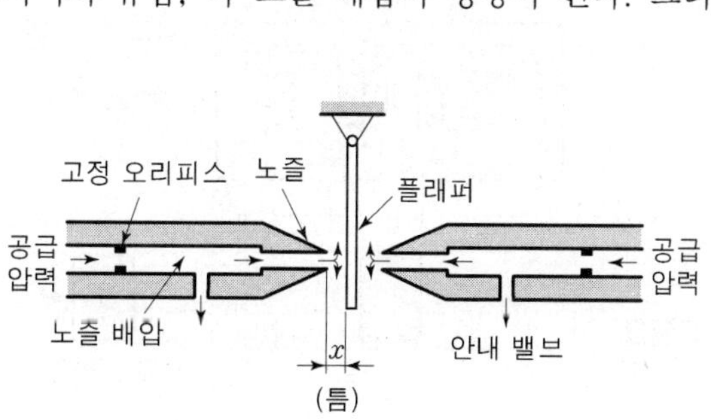

그림 5·76 노즐 플래퍼

으로 변위하면 틈새가 작아진 쪽의 노즐 배압이 상승하고 반대로 틈새가 커진 쪽의 노즐 배압은 떨어진다. 서보 밸브는 이 노즐 배압 신호를 이용하여 다음의 안내 밸브를 제어하는 것이다.

그림 5·77은 노즐 배압 P_N과 틈 x와의 관계를 나타낸 것이다.

노즐의 직경은 보통 0.3~10 [mm] 정도로 매우 작기 때문에 먼지나 이물질에 의한 영향이 매우 크다. 따라서 서보 밸브는 먼지에 대한 충분한 고려가 필요하다.

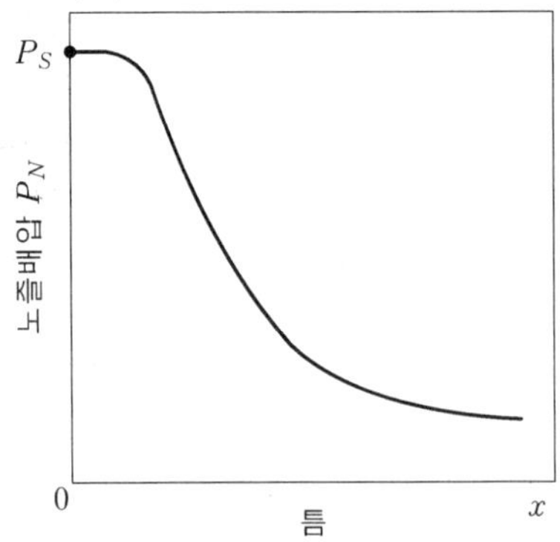

그림 5·77 노즐배압과 틈과의 관계

(3) 안내 밸브부

안내 밸브는 스풀밸브, 플레이트밸브, 로터리밸브 등이 있으며 이것은 노즐 플래퍼에서 생긴 배압에 의하여 동작되고, 안내 밸브의 포트를 통과하여 액추에이터로 흐르는 압유의 유량 또는 압력을 제어하는 역할을 한다. 서보밸브의 안내 밸브로는 포핏형보다 스풀형이 많이 사용된다. 그림 5·78은 서보밸브를 이용한 전기-유압 서보 기구의 예로서 실린더의 목표 위치와

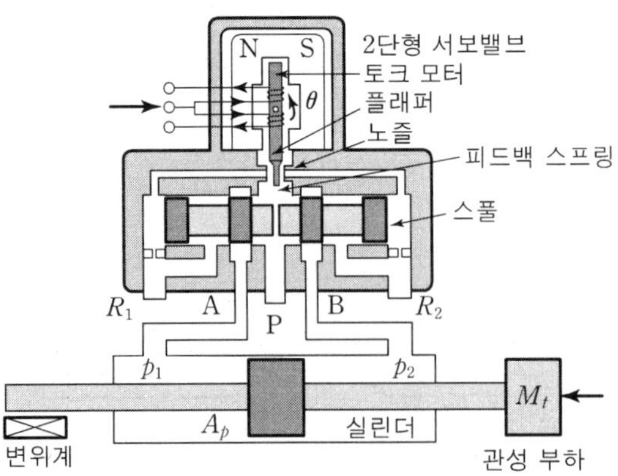

그림 5·78 서보밸브를 이용한 전기-유압 서보 기구

실제 위치와의 오차에 비례하여 스풀을 조작하고 오차가 없으면 밸브는 중립 위치가 되어 실린더는 정지한다. 그림 5·78은 안내 밸브의 구조를 나타낸 것으로서 5개의 포트를 만들고, 그 가운데 두 개의 포트 A, B는 유압실린더에 접속되고, P는 공급유 포트 R_1, R_2는 귀환포트이다. 이 작동을 설명하면 스풀이 중립위치에 있으면 P, R_1, R_2의 세 개의 포트는 닫혀 있다. 지금 노즐 플래퍼의 배압에 차가 생겨서 스풀이 그림 5·78과 같이 오른쪽 방향으로 변위하면, 압유는 $P \to A \to B \to R_2$로 흐르고, 유압 실린더를 오른쪽 방향으로 구동한다. 역으로 스풀이 중립위치보다도 왼쪽 방향으로 변위하면 압유는 $P \to B \to A \to R_1$으로 흐르고, 유압실린더를 왼쪽 방향으로 민다. 유압실린더의 속도는 스풀의 변위량에 비례적으로 변화하므로 스풀의 변위량을 제어함으로써 유압실린더의 속도 및 방향을 자유롭게 제어할 수 있다.

5·8·3 서보밸브의 작동방식

서보밸브는 유량제어 서보밸브(flow control servo valve)와 압력제어 서보밸브(pressure control servo valve)로 나눈다. 서보밸브에서 중요한 것은 입력전류에 비례하는 유압 증폭부의 운동위치와 밸브스풀의 위치를 정위치화하는 것으로서 스풀의 정위치작동방식에 따라 스프링 평형 작동방식, 힘 피드백 작동방식, 위치 피드백 작동방식, 유압 평형 작동방식 등으로 대별할 수 있다.

(1) 스프링 평행방식

이것은 그림 5·79에 나타낸 바와 같이 유압증폭부의 노즐 플래퍼에 의하여 생긴 노즐배압의 변화를 안내밸브의 스풀 양단에 유도하고, 스풀 양단에 단 평행 스프링의 스프링 힘을 밸런스하는 위치까지 스풀을 변위안정시키는 방식이다.

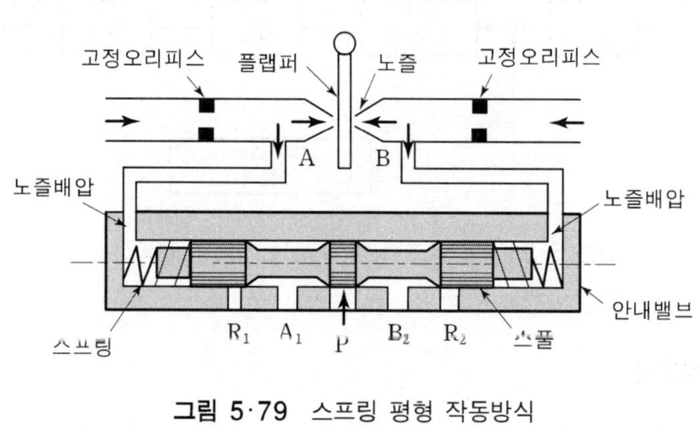

그림 5·79 스프링 평형 작동방식

(2) 힘 피드백방식

이 방식은 그림 5·80에 나타낸 바와 같이 플래퍼와 스풀을 피드백 스프링으로 결합한 구조이다.

지금 토크 모터에 차전류입력이 주어져 플래퍼에 대하여 왼쪽 방향으로 전자적 흡인력이 작용하여 플래퍼가 변위하면 노즐의 배압 P_{N1} 은 증가하고, 노즐 B의 배압 P_{N2}는 감소한다. 따라서 스풀은 오른쪽 방향으로 유압을 받아서 이동한다. 이때 피드백 스프링이 휘어지고 플래퍼를 변위방향 반대방향으로 밀어 보낸다. 그래서 플래퍼가 2개의 노즐의 중립위치로 재차 되돌아온 위치에서 스풀은 정위한다. 즉, 스풀의 변위를 피드백 스프링을 거쳐 힘의 꼴로 플래퍼에 피드백하여, 전자력과 평형시키는 방식으로서 이것을 블록선도로 나타내면 그림 5·81과 같이 된다.

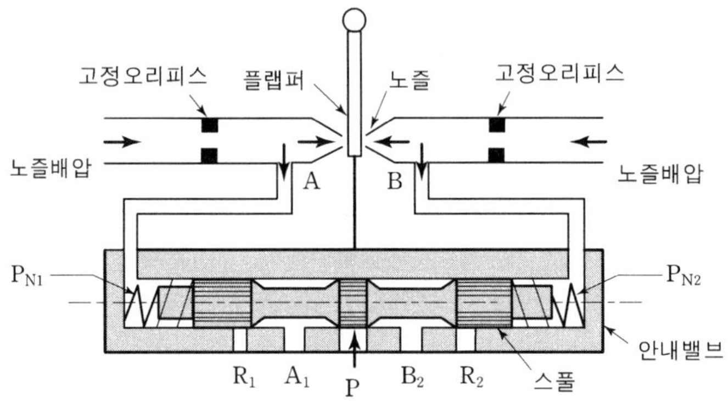

그림 5·80 힘 피드백 작동 방식

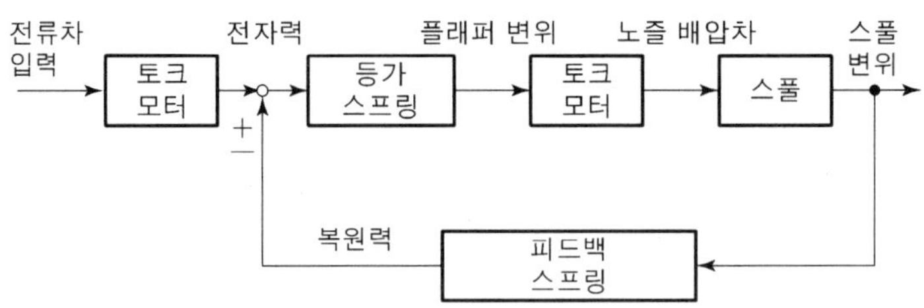

그림 5·81 힘 피드백 방식 서보 밸브의 블록선도

(3) 위치 피드백방식

이것은 그림 5·81에 나타내는 것과 같은 구조로서 스풀의 좌우로 노즐플래퍼를 단 것이다.

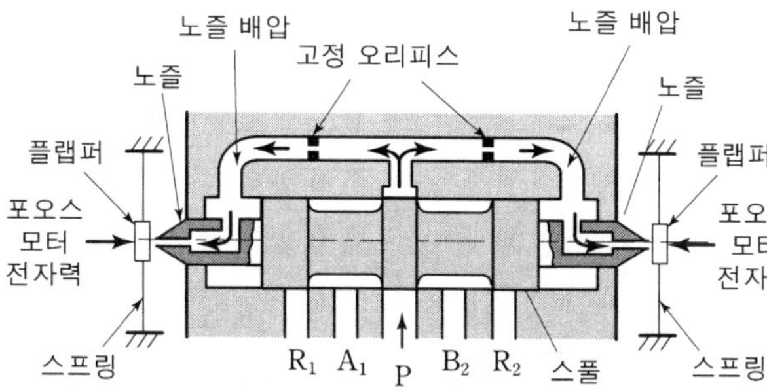

그림 5·82 위치 피드백 작동방식

지금 포스 모터에 차전류입력이 주어져, 좌우의 플래퍼가 전자력으로 오른쪽 방향으로 판스프링을 휘어 변위하면 노즐 A의 배압 P_{N1} 이 증가하고, 노즐 B의 배압 P_{N2} 는 감소한다. 따라서 스풀은 오른쪽 방향으로 유압을 받아 이동한다. 그래서 노즐과 플래퍼와의 틈이 재차 같게 되는 위치까지 왔을 때 노즐배압도 같게 되고, 스풀은 정위한다. 즉 플래퍼의 변위에 추종하고, 스풀을 유압으로 이동정위시키는 방식이다.

그림 5·83은 그 블록선도를 나타낸 것이다.

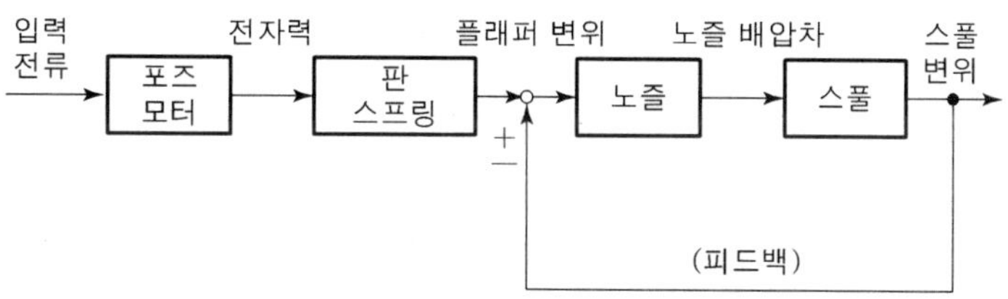

그림 5·83 위치 피드백 방식 서보 밸브의 블록선도

(4) 유압평형방식

그림 5·84에 나타낸 바와 같이 유압평형방식은 노즐 내의 고정 오리피스 대신에 스풀 양단과 밸브본체와의 사이에 제어오리피스가 달려 있는 것이다. 또 스풀에는 노즐배압이 작용하는 배압작용면이 부착되어 있다.

지금 플래퍼가 차전류입력으로 왼쪽으로 변위하면 노즐 A와 노즐 B와의 배압에 차가 생겨 이것이 배압작용면에 미쳐 스풀을 왼쪽으로 이동시킨다. 그러면 제어오리피스의 열림이 배압이 높아진 쪽은 좁아져서 배압을 낮추고, 배압이 낮아진 쪽은 넓어져서 배압을 상승시키게 되며 좌우의 노즐의 배압이 재차 평형되는 위치에서 스풀이 정위하는 방식이다.

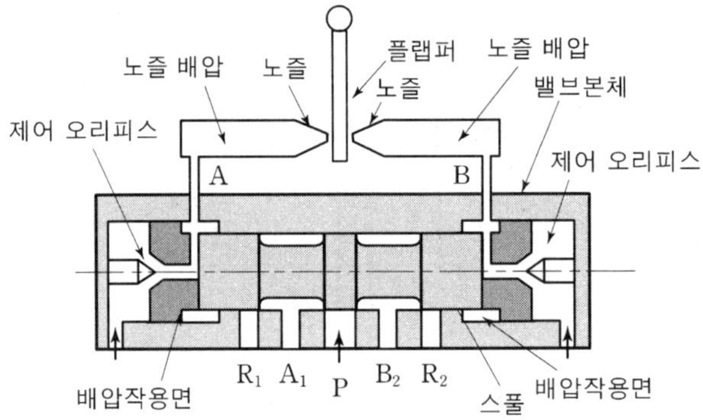

그림 5·84 유압평형 작동방식

(5) 그 밖의 방식

서보 밸브에는 상기한 방식 외에 전기위치 피드백방식, 부하유량 피드백방식 등이 잇다.

전기 피드백방식은 스풀의 위치를 전기적으로 검출하고, 토크 모터 직전의 증폭기에 피드백하여 스풀을 정위시키는 방식이다.

부하유량 피드백방식은 서보밸브출구에서 액튜에이터로 흐르는 부하유량을 유량계로 검출하고, 토크 모터에 피드백하여 출력유량이 전기입력에 비례하도록 직접 제어하는 방식이다.

연습문제

1. 포핏밸브(외향흐름)의 양정 x는 $x = d/4C \cdot Cv \cdot \sin 2\phi$ 보다도 커질 수 없음을 증명하여라. 단, d = 밸브시트지름, C = 유량계수, C_v = 속도계수, ϕ = 밸브의 반 원뿔각이다.

2. 직동형 릴리프밸브(외향흐름)에서 밸브시트 지름 1 [cm], 스프링상수 30 [kg_f/cm], 스프링이 초기처짐(x_0) 2 [cm]일 때 크래킹 압력은 얼마인가?

3. 내향흐름 포핏밸브를 직동형 릴리프밸브로 사용할 때, 고압이 되면 외향흐름에 비하여 불안정하게 되기 쉬운 이유에 대하여 고찰하여라.

4. 스풀밸브의 정상유체력 F를 $F = k_e x$로 놓았을 때 아래의 경우에 대하여 등가스프링상수 k_e를 계산하여라. 단, 유량계수(C) 0.7, 속도계수(C_v) 1, 포트의 원주방향의 폭(ω) 2 [cm], 분류의 각도(ϕ) 69°, 압력차(ΔP) 140 [kg/cm]이다.

5. 시퀀스밸브를 릴리프밸브로서 사용하자면 어떤 이점이 있는가?

6. 압력보상붙이 유량조정밸브의 압력보상기구를 도시 · 설명하여라.

7. 미터 인 회로, 블리드 오프 회로 및 미터 아웃 회로를 설명하고, 각각의 작용효율을 식으로 표시하여라.

8. 4포트 3위치 변환밸브 중립위치에 있어서의 포트와 밸브 내 유로의 접속 관계를 분류하고 기호로 표시하여라.

9. 변환밸브의 조작방식에 대하여 설명하여라.

10. 서보밸브를 정의하고, 그 기본적 구성에 대하여 기술하여라.

11. 서보밸브의 안내밸브에 있어서 스풀을 정위하는 방식에는 어떤 것이 있는가?

12. 스풀밸브에서 부(-)의 감쇠길이(L) 5 [cm], 유량계수 0.7, 포트의 원주 방향폭(ω) 3 [cm], 압력차(ΔP) 100 [kg_f/cm^2], 기름의 비중 0.9일 때 밸브가 안정되기 위해서는 밸브의 점성저항계수 (c_f)가 어느 정도 이상이어야 하는가?

6장 유압 액추에이터

유압펌프에 의하여 공급된 작동유의 압력에너지를 기계적인 일로 변화시키는 장치(조작단)를 유압 액추에이터(oil hydraulic actuator) 또는 유압모터(oil hydraulic motor)라 한다.

유압 액추에이터에는 그 운동의 형식에 따라 직선왕복운동을 하는 유압실린더(oil hydraulic cylinder), 연속회전운동을 하는 유압회전모터(oil hydraulic rotary motor) 및 요동형 액추에이터(rotary actuator or rotary cylinder)로 분류된다.

유압 실린더는 완충장치가 있는 것과 없는 것이 있고 또 단동형(single acting)과 복동형(double acting)이 있다.

유압모터는 기어모터, 베인모터, 플런저모터가 있고 요동모터는 베인형과 플런저형이 있다.

유압 액추에이터의 종류는 표 6·1과 같다.

조작단은 밸브로 유압과 유량을 제어함으로써 무단변속이 가능하고 부하에 대응하는 힘, 방향을 자유로이 변화시킬 수 있다는 점 이외에도 계통의 기능에 맞는 조작단을 선정하여 어느 위치나 설치할 수 있다는 점 등은 설계상 많은 장점을 가지고 있다.

유압실린더는 정격유압 35~210 [kg_f/cm^2], 실린더 내경 30~250 [mm]의 동관실린더형이 표준화되어 있으나 점차적으로 산업기계 등이 유압기기의 공압고속화 경향에 따라 상용유압 140 [kg_f/cm^2] 이상 조작속도 10 [m/ min] 이내의 유압실린더가 제작되고 있다.

회전식 유압모터는 기능상에서는 유압펌프와 정반대이지만 구조는 거의 같기 때문에 펌프와의 차이점과 유압 액추에이터를 대별하면 유압실린더, 유압모터, 요동형 액추에이터 등이므로 이것에 대하여 논하기로 한다.

표 6·1 유압 작동체의 종류

- 유압 작동체
  - 직선왕복운동 작동체 피스톤형 실린더
    - 단동 실린더형
      - 피스톤형 실린더
      - 격판형 실린더
      - 롤링격판형 실린더
    - 복동 실린더형
      - 피스톤형 실린더
      - 램형 실린더
    - 특수 실린더형
      - 양 로드형 실린더
      - 템덤형 실린더
      - 다위치형 실린더
      - 충격형 실린더
      - 다단형 실린더
  - 회전운동 작동체
    - 피스톤형 모터
      - 반경류 모터
      - 축류 모터
    - 베인형 모터
    - 기어 모터
    - 터빈형 모터
  - 반복운동 작동체
    - 피스톤형 요동모터
      - 랙크와 피니언형 요동모터
      - 크랭크형 요동모터
      - 요크형 요동모터
    - 나사형 요동모터
    - 베인형 요동모터

6·1 유압 실린더

6·1·1 유압 실린더의 지지방법 및 구조

유압 실린더(oil hydraulic cylinder)는 직동형 유압모터(oil hydraulic motor) 또는 조작 실린더라고도 하며 압유가 가지고 있는 에너지를 직선왕복운동으로 바꾸어 기계적 일을 하게 하는 것이다. 즉 유압과 유량을 제어하여 추력과 속도를 정한다.

피스톤이나 플런저(plunger)에 유압을 작용시켜서 발생하는 힘을 로터(rotor)에 의해서 만들어 내는 것으로 그림 6·1과 같이 여러 가지 구조가 있다. 가장 많이 사용되는 것은 복동 플런저형이다.

최고 사용 압력은 35~350 [kg_f/cm^2] 정도이며, 최대 추력은 수[kg_f]에서 수천 톤에 미치는 것도 만들어지고 있다. 작동속도는 비교적 느린 것이 많고 대부분이 1 [m/s] 이하에서 사용되고 있다.

플런저나 로드(rod)의 접동부는 패킹(packing)에 의해서 거의 완전하게 시일(seal)되며 기름은 거의 누설되지 않는다. 따라서 입구 포트, 출구 포트를 밸브로 폐쇄시키면 작동행정 도중에 부하가 끊겨서 그대로 정지시킬 수 있다. 플런저나 로드의 접동부에는 니트릴 고무(nitrile rubber), 폴리우레탄 고무(polyuretane rubber), 불소 고무 등의 합성 고무를 주성분으로 한

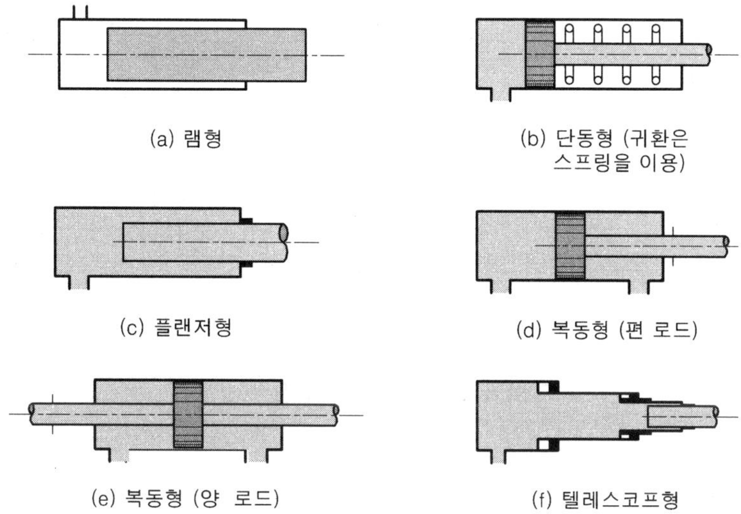

그림 6·1 유압 실린더

패킹이 사용되며, 또 패킹의 형상으로는 U패킹, V패킹, 미끄럼 시일(slide seal), O링(ring) 등 여러 종류가 있다. 사용압력, 사용온도, 작동속도, 작동유의 성질 등에 따라서 패킹의 재질이나 형상이 선정된다.

이와 같이 시일부분에서는 마찰력이 작용하기 때문에 실제로 로드로부터 만들어지는 힘은 이론 추력의 90~95% 정도 된다. 또 이와 같은 마찰력 때문에 작동속도가 1[cm/s] 이하인 저속일 때에는 반동현상이 발생하는 수가 있으며, 고속일 때에는 패킹의 내구성에 문제가 발생한다.

유압실린더는 작동방향에 따라 그림 6·1에 나타내는 바와 같이 단동식과 복동식으로 대별된다. 단동실린더는 유압을 플런저의 한쪽에만 공급하여 한 방향만 힘을 작용시키고, 귀환행정은 보통 스프링, 중력 등을 이용하고 있다. 복동실린더는 유압을 플런저의 양쪽에 교대로 공급하여 양방향으로 힘을 작용시키도록 되어 있다. 그래서 로드를 끼우는 방법에 따라 단로드형과 양로드형으로 나눌 수가 있다.

(1) 실린더의 설치 지지방법

실린더의 장치, 지지방법에 의하여 그림 6·2에 나타내는 바와 같이 나사형(screw type), 푸트형(foot mounting type), 크레비스형(clevis mounting type), 트러니언형(tranion mounting type) 및 플랜지형(flange mounting type) 등으로 분류되고 있다.

① 나사형 실린더

실린더를 지지하기 위해 실린더 몸체 양단에 나사(screw)를 형성시켜 실린더 고정시에 볼트 나트로 체결시키는 방법으로 주로 소형에 설치한다.

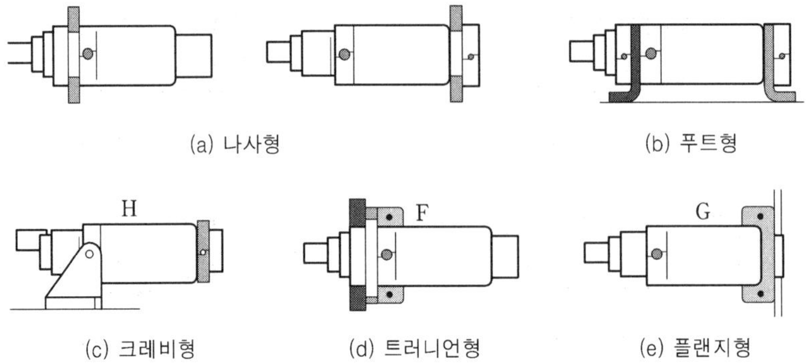

그림 6·2 유압실린더의 지지 형식

② 푸트형 실린더

장치하기 위한 발이 달려 있으며, 항상 실린더 축과 수직방향으로 볼트 등에 의하여 고정되는 형식의 실린더로서 가장 일반적인 것이다.

③ 크레비스형 실린더

플런저 로드의 중심선에 대하여 직각방향으로 핀 구멍이 있는 U자형 금속물질에 의하여 지지되는 고정형 실린더이다. 실린더는 핀을 중심으로 요동한다. 크레비스란 U자형 키(key)를 말한다. 이 형식은 건설기계 등에서 볼 수 있다.

④ 트러니언형 실린더

플런저 로드의 미끄름방향과 직각을 이루는 실린더의 양쪽으로 뻗은 한 쌍의 원통상의 피벗(pivot)으로 지지되는 고정식실린더이다. 실린더는 피벗 핀을 중심으로 하여 요동한다. 덤프트럭의 리프트 실린더의 형식은 대부분 이 형식이다.

⑤ 플랜지형 실린더

붙임플랜지로 고정되는 붙임형식의 실린더이다. 플랜지에는 보통 실린더쪽에 대하여 수직방향으로 설치한다. 플랜지가 실린더의 로드쪽에 있는 것을 로드쪽 플랜지형, 헤드쪽에 있는 것을 헤드쪽 플랜지형이라 한다.

(2) 유압 실린더의 기본적 구조

그림 6·3은 가장 일반적인 타이 로드(tie rod)형 유압 실린더의 구조를 나타낸 것이지만 기본적인 구성 요소는 실린더 튜브, 플런저, 플런저 로드, 헤드 커버, 로드 커버 등이다.

실린더 튜브는 실린더 몸체라고도 말할 수 있는 것으로 고압유가 속에 들어가 플런저가 내부

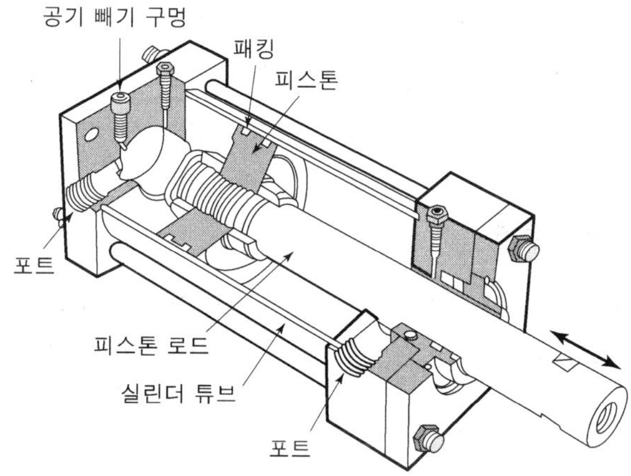

그림 6·3 유압 실린더의 구조

를 반영구적으로 빈번하게 접동하므로 내압성과 내마모성이 있어야 한다. 현재로는 인발 강관이 가장 많이 사용되고 있으나 미하나이트 주철(meehanite cast iron) 기타도 사용된다. 그리고 실린더 튜브에 대해서는 KS는 살두께, 안지름의 마무리 정도 및 진공도 등에 대해서 규정되어 있으나 실린더 내경의 종류에 대해서도 표 6·2와 같이 9종류가 결정되어 있다.

표 6·2 실린더 내경과 로드 외경

실린더 내경	40	50	63	80	100	125	140	160	180
로드 외경	16	20	20	25	32	36	36	40	45

플런저는 주철로 만들어지는 것이 보통이며 패킹(packing)이 있는 것, 없는 것의 두 종류가 있고 그림 6·4에 나타내는 바와 같다. 그림 6·4(a)는 패킹이 없는 플런저로서 래버린스

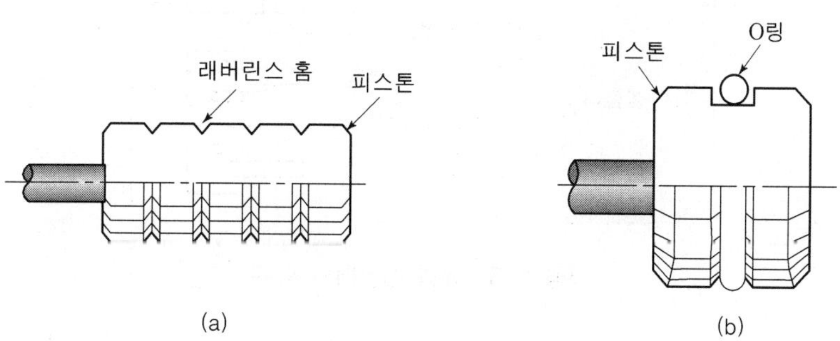

그림 6·4 유압 실린더의 플런저

홈(labyrinth slot)이라고 말하는 역삼각형의 홈이 새겨진 것이지만 약간의 기름 누설과 플런저가 길게 된다는 결점이 있다. 그림 6·4(b)는 패킹에 합성 고무의 O링을 사용한 플런저이지만 그림 6·3에 나타낸 바와 같은 L형이나 V형 등의 패킹을 사용한 것도 있다.

6·1·2 유압 실린더의 분류

유압 실린더는 작동형식, 최고사용압력, 조립방식, 지지방식에 따라 분류할 수 있으나 작동형식에 따르는 분류가 가장 일반적이다. 유압 실린더를 작동형식에 따라 분류하면 그림 6·5와 같다.

(1) 단동형 유압 실린더

단동형 유압실린더(single acting hydraulic cylinder)는 플런저 또는 램의 한 쪽에만 압유를 공급하여 유압으로는 한 쪽 방향의 행정만이 작동되고, 귀환행정은 중력이나 기계적 스프링 혹은 작은 지름의 보조실린더에 의하여 작동되는 실린더이다.

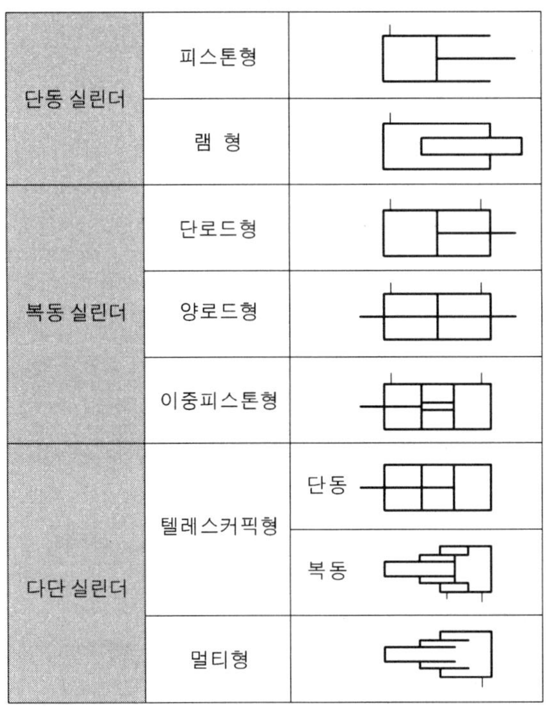

그림 6·5 유압 실린더의 종류

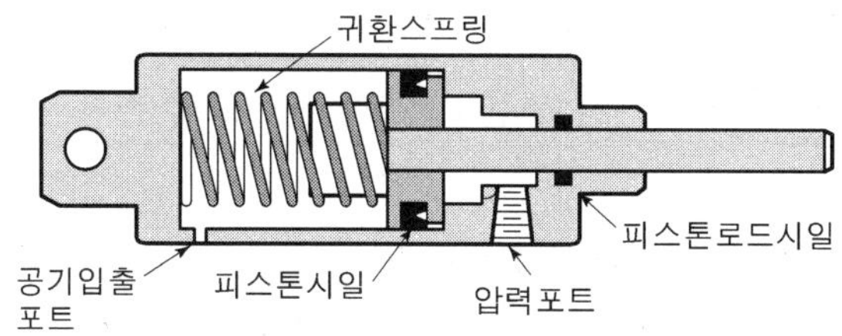

그림 6·6 단동형 램

단동형 램은 그림 6·6과 같이 플런저 로드가 실린더 안에 잠겨 있고 장치로 외부누유를 방지한 실린더이다. 보통 플런저 로드의 단면은 실린더의 1/2보다 크다. 단동형 램의 특징은 내부 누유가 없다는 것이다.

(2) 복동형 유압 실린더

복동형 유압 실린더(double acting hydraulic cylinder)는 플런저 양측에 압유를 교대로 공급하여 계획된 조작력을 왕복행정에서 공히 유압으로 얻는 가장 일반적인 유압실린더이다. 플런저와 로드의 연접방식에 따라 단로드형(single end rod type), 양로드형(double end rod type), 이중플런저형(double piston type)으로 나누어진다. 일반적으로 단로드형이 많으나 이 형식은 유압적으로 불평형을 이루므로, 조작력과 속도를 왕복행정에서 같게 하려면 유압적 평형을 이루는 양로드형을 사용하는 것이 좋다.

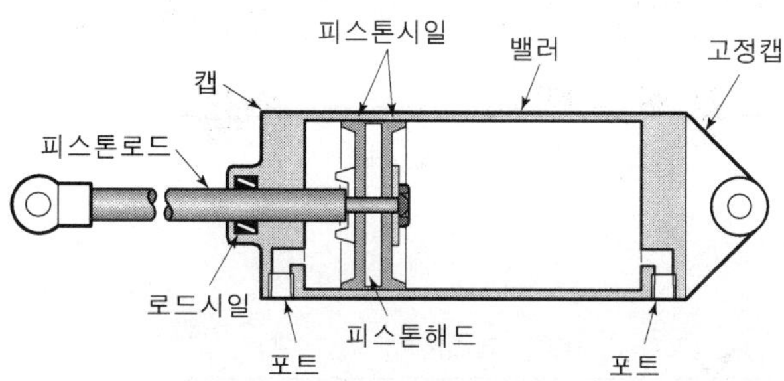

(a) 단로드형

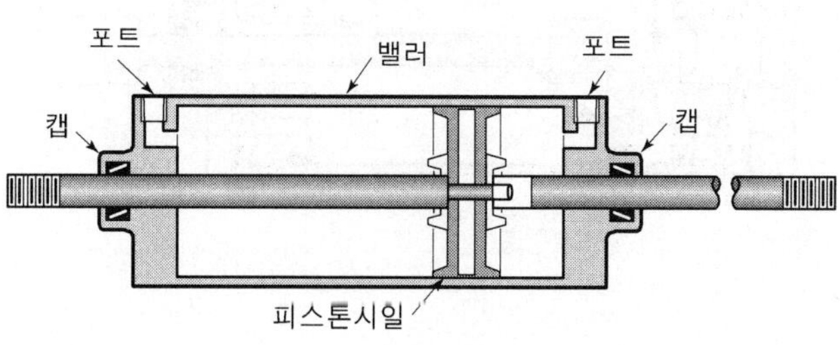

(b) 양로드형

그림 6·7 복동형 실린더

복동형 유압 실린더에도 램이 응용된다. 복동형 램은 앞에서 말한 단동형 램의 선단부에 피스톤 립(piston lip)이 붙어 있어 귀환행정(하강)에서 비교적 빠른 속도로 조작을 확실히 할 수 있다.

그림 6·8은 단로드형 복동실린더의 쿠션장치의 구조 및 작동을 나타낸 것으로서, 플런저의 두부에 쿠션 플런저가 있고, 이것이 커버의 유로에 끼워 맞추어지도록 만들어져 있다.

커버에는 유압 외에 쿠션 밸브 및 체크 밸브를 지나가는 유로가 있다. 그 작동은 플런저가 작용하여 그림 6·8(a)와 같이 쿠션 플런저가 커버의 유로에 들어가지 않는 상태에서는 기름은 이 유로를 지나 기름탱크로 되돌아간다. 다시 플런저가 움직여 그림 6·8(b)와 같이 쿠션 플런저가 유로 안에 들어가서 유로를 막으면 플런저와 커버 사이의 쿠션 실내의 기름은 쿠션 밸브를 지나가는 유로로 흐르고, 스로틀 밸브를 지나서 유출한다. 따라서 쿠션 실내의 유압은 높아져 플런저의 속도를 떨어뜨리게 되어 플런저와 커버와의 충돌을 막을 수가 있다.

플런저를 반대방향으로 움직일 때에는 유압유는 유로로 유입하여 쿠션 플런저에 작용함과 동시에 체크 밸브를 지나 쿠션실로 흘러들어 플런저의 전면적에 유압이 작용한다.

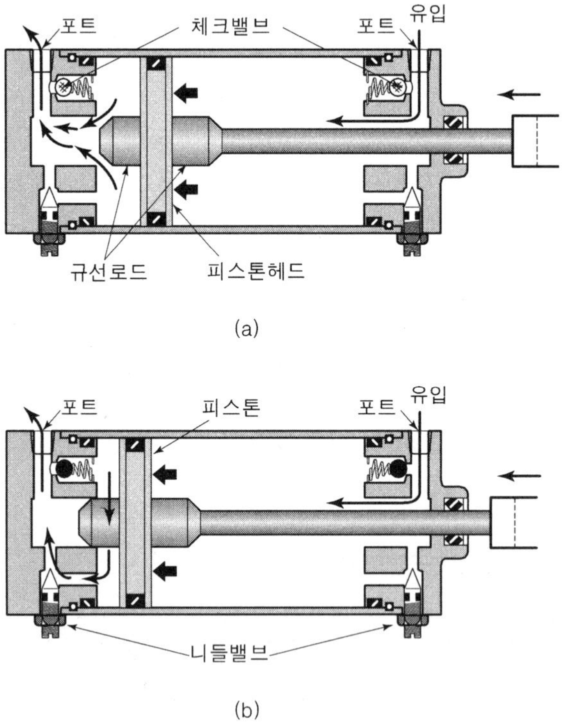

그림 6·8 쿠션 실린더

(3) 다단형 유압 실린더

다단형 유압 실린더(muilti-stage hydraulic cylinder)는 텔레스코프형(telescopic type) 실린더와 멀티형(multi position type) 실린더가 있다. 그림 6·9는 텔레스코프형 실린더의 원리도이다. 그림 6·10에 멀티형의 작동 예를 도시하여 놓았다.

텔레스코프형 실린더는 1조의 유압실린더 내부에 다시 별개의 실린더를 내장하여 압유가 유입하면 순차적으로 실린더가 이동하는 것으로서, 매우 긴 행정을 요하는 엘리베이터나, 부하가 초기에 큰 힘을 필요로 하고 행정이 진행됨에 따라 점점 감소하는(예를 들면 덤프트럭) 형의 부하에 사용된다. 맨 처음에는 가장 면적이 큰 램 A에 압력이 걸려 실린더는 기동한다. 행정이 끝나면 2단째의 램 B, 다시 램 C의 순으로 작동한다. 포트 1개가 귀환행정시 중력에 의하는 실린더를 단동형이라 말하고 양행정 모두 유압에 의하는 실린더를 복동형이라 말한다.

멀티형은 그림 6·10과 같이 한 개의 실린더 안에 몇 개의 플런저를 삽입하고 이들 각 플런저 사이에는 솔레노이드조작 3방향밸브를 사용하여 압유를 송유 또는 배유를 할 수 있게끔 만들어져 있다. 그림 6·10은 단동형 멀티 실린더의 예이다. 각 플런저는 로드측 수압면적이 헤드측 수압면적의 1/2이 되게끔 제작되어 있다.

지금 그림 6·10(a)와 같이 포트 C에 유압을 가하고 포트 A, B를 통하여 배유가 되게끔 솔레노이드 밸브를 조작하면 플런저 로드는 (1)의 위치를 위한다. 또 포트 A, B에 압유를 가하고, 포트 C를 배유구로 하면 그림 6·10(b)와 같이 플런저 로드는 (2)의 위치를 취한다. 포트 B에 압유를 가하고 A, C를 통하여 배유를 하면 그림 6·10(c)와 같은 위치 (3)을 취한다. 이

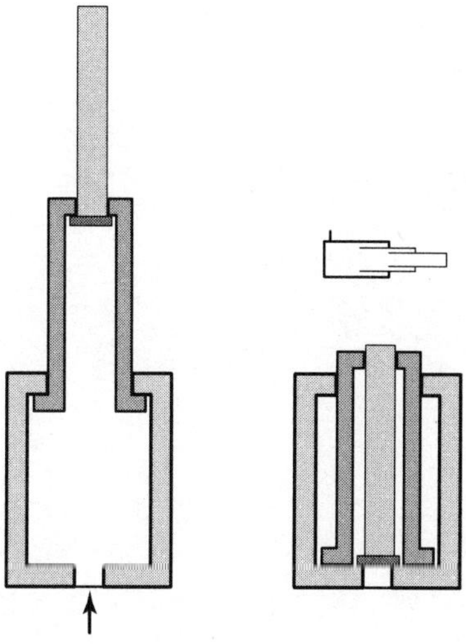

그림 6·9 텔레스코프형 다단 실린더

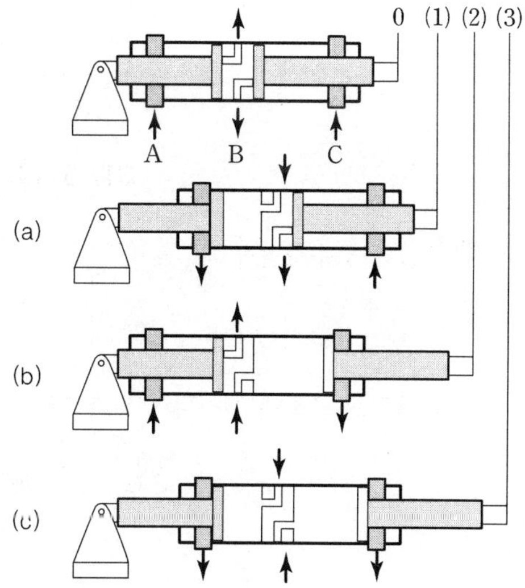

그림 6·10 멀티형 다위치 실린더

와 같이 포트 A, B, C를 적당히 조합시켜 압유를 합유와 배유를 한다면 플런저 로드의 위치를 멀티형으로 확실하게 조작할 수가 있다.

6·1·3 유압 실린더의 평형

유압 실린더에 압유를 송입시켜 부하 W와 평형을 이룰 때 실린더 내에서의 힘의 평형 관계를 생각한다. 압력을 p, 플런저의 수압면적을 A라 하고, 압유의 입구, 출구를 각각 첨자 1, 2로 표시하면 평형상태에서

$$A_1 p_1 - A_2 p_2 = W \tag{6·1}$$

의 관계가 성립한다. 일반적으로 배유측(출구측) 압유는 유조에 연결되어 있으므로 $p_2 = 0$의 경우가 많다. 이 경우 힘의 평형은

$$A_1 p_1 = W \tag{6·2}$$

이다.

예제 1

그림 6·11과 같은 복동 실린더를 사용하여 부하 300 [kg$_f$]과 평형을 유지시키려 한다. 플런저 지름을 60 [mm]라 할 때 릴리프밸브의 압력은 얼마로 조정하면 좋은가?

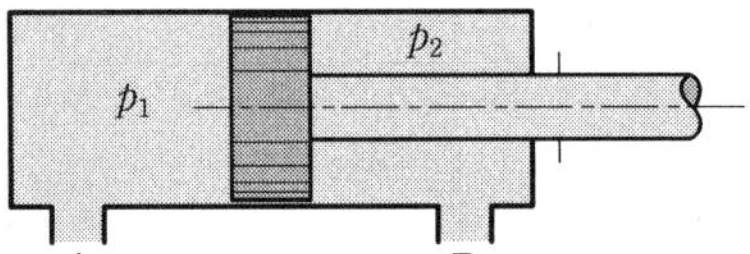

그림 6·11 복동형 실린더

풀이 플런저 수압면적 A_1은

$$A_1 = \left(\frac{\pi}{4}\right)(6)^2 = 28.3\,[\text{cm}^2]$$

배관은 유조에 연결되어 있으므로

$$p_1 = \frac{W}{A_1} = \frac{300}{28.3} = 10.6[\text{kg}_f\ /\text{cm}]$$

예제 2

로드측 포트를 폐쇄하고 플런저측 포트 P_1에 40 [kg/cm²]의 압유를 가압시켰다. 로드측에 발생하는 압력 P_2은 얼마인가? 단, 플런저와 로드의 지름은 각각 50 [mm], 25 [mm]이다.

풀이 플런저측 수압면적

$$A_1 = \left(\frac{\pi}{4}\right)(5)^2 = 19.6\,[\mathrm{cm}^2]$$

로드측 면적

$$A_2 = \left(\frac{\pi}{4}\right)(2.5)^2 = 4.9\,[\mathrm{cm}^2]$$

힘의 평형식으로부터

$$40 \times 19.6 = P_2 \times (19.6 - 4.9)$$

$$\therefore P_2 = 53.3\,[\mathrm{kg_f/cm^2}]$$

즉 플런저의 양쪽 압력은 같지 않고 플런저의 양쪽에 작용하는 힘이 평형을 이룬다. 또 이때 플런저는 기름의 압축성을 고려하지 않고 시일이 완전하면 움직이지 않는다.

6·1·4 성 능

그림 6·12에 나타내는 바와 같은 단로드형 복동실린더를 보기로 하여 유압실린더의 추력, 속도, 동력 등의 성능을 구하여 보자. 여기서 실린더 내경을 D[cm], 로드의 지름을 d[cm], 유압유의 유량을 Q[l/min], 작용압력을 p[$\mathrm{kg_f/cm^2}$]라 한다. 첨자의 1은 전진, 2는 후진의 경우를 나타낸다.

(1) 추 력

추력 F[$\mathrm{kg_f}$]는 부하에 대하여 작용하는 힘으로, 간단히 하기 위하여 귀환유의 압력은 0이라 하고, 플런저가 작동할 때의 마찰저항을 무시하면, 다음의 관계가 성립한다.

$$\left.\begin{aligned} F_1 &= \frac{\pi D^2}{4} \cdot p = A_1 p\,[\mathrm{kg_f}] \\ F_2 &= \frac{\pi(D^2 - d^2)}{4} \cdot p = A_2\, p\,[\mathrm{kg_f}] \end{aligned}\right\} \quad (6\cdot3)$$

실제로는 플런저가 작동할 때의 마찰저항이나 기름의 누설, 귀환유의 배압 등의 영향을 받으므로 유압실린더의 실제의 추력은 감소한다. 플런저의 마찰저항은 패킹의 형상, 재질, 치수

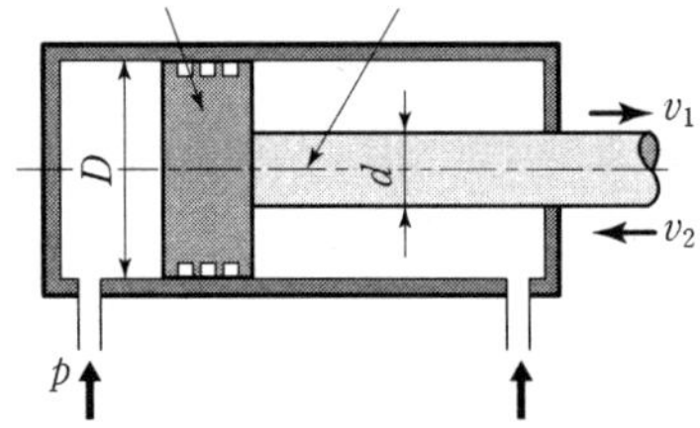

그림 6·12 복동 실린더

등에 따라 다소 달라지는데, 일반적인 경우에는 약 3 [kg_f/cm^2], V형 패킹인 경우에는 약 5 [kg_f/cm^2]로 된다. 다음 식으로 표시되는 하중압력계수(λ)란 값이 있다.

$$\lambda = \frac{W}{Ap} \tag{6·4}$$

여기서 W는 하중 [kg_f], A는 플런저의 유효면적 [cm^2], p는 작동압력 [kg_f/cm^2]이다. 그림 6·13은 λ와 P의 관계를 나타낸 한 보기이다.

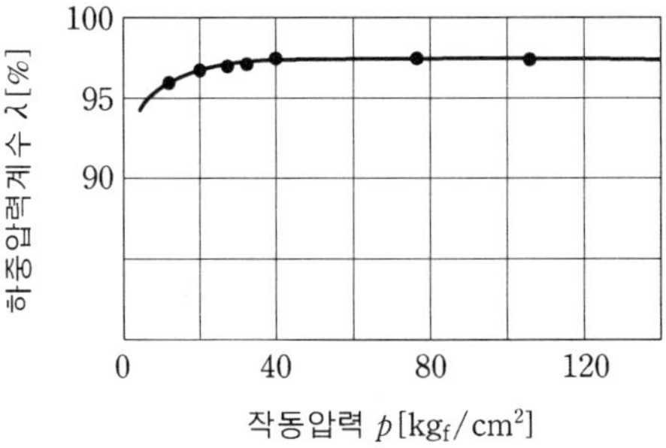

그림 6·13 압력 - 하중압력계수

(2) 속 도

플런저의 속도를 v[m/ min]라 하면, 유압실린더의 속도는 다음 식으로 표시된다.

$$\left.\begin{aligned} v_1 &= \frac{4\times Q}{\pi D^2} = \frac{Q}{A_1}\ [\text{m/min}] \\ v_2 &= \frac{4\times Q}{\pi(D^2-d^2)} = \frac{Q}{A_2}\ [\text{m/min}] \end{aligned}\right\} \tag{6·5}$$

속도는 그 목적으로 하는 일에 따라 정해지게 되는데 이것은 유압펌프의 용량이나 유압제어 밸브의 크기 등을 정하는 데에도 중요한 것이다. 속도는 일반적으로 10 [m/min] 이내이다. 또 5 [m/min]를 넘을 경우에는 쿠션장치를 할 필요가 있다.

(3) 동 력

유압실린더의 추력과 속도가 구해지면 유압실린더를 구동하는 데 필요한 동력 L은

$$L = \frac{Fv}{75 \times 60}\ [\mathrm{PS}],\ \mathrm{L} = \frac{Fv}{102 \times 60}\ [\mathrm{kW}] \qquad (6 \cdot 6)$$

로 표시된다. 따라서 식은 다음과 같이 된다.

$$L = \frac{pQ}{450}\ [\mathrm{PS}],\ \mathrm{L} = \frac{pQ}{612}\ [\mathrm{kW}] \qquad (6 \cdot 7)$$

(4) 행정과 소요시간

행정을 S[cm]라 하면, 플런저가 작동하는 소요시간 t[s]는 플런저속도를 v[m/min]로 할 때 다음 식으로 주어진다.

$$t = \frac{6S}{10v}\ [\mathrm{s}] \qquad (6 \cdot 8)$$

윗식에 식 (6·5)를 대입하면

$$\left.\begin{aligned} t_1 &= \frac{6\pi D^2 S}{400Q} = \frac{6A_1 S}{100Q} = \frac{D^2 S}{21.3Q} \\ t_2 &= \frac{6\pi(D^2 - d^2)S}{400Q} = \frac{6A_2 S}{100Q} = \frac{(D^2 - d^2)s}{21.3Q} \end{aligned}\right\} \qquad (6 \cdot 9)$$

과 같이 된다.

6·1·5 사이클 선도

유압 실린더가 왕복운동할 때 1왕복하는 시간을 사이클 시간(cycle time)이라 하고, 이 사이클시간과 행정 또는 플런저 속도와의 관계를 선도로 나타낸 것을 사이클 선도(cycle diagram)라고 한다.

(1) 행정과 시간과의 사이클 선도

그림 6·14은 단로드형 복동 실린더의 사이클 선도를 나타낸 것으로서 종축에 행정 S[cm], 횡축에 사이클 시간 t[s]를 잡아 선도를 그린 것이다.

그림 6·14에서 플런저는 O점에서 시동하여 각도 α_1에서 시간 t_1만큼 진행하여 행정 S의 높이에 도달하고, 시간 t_r 동안 정지한다. 또 각도 α_2에서 후퇴하고 시간 t_2가 걸려 원래의 위치로 되돌아간다. 따라서 사이클 시간 $T = (t_1 + t_r + t_2)$가 되고, 단위시간당의 왕복횟수는 $n = 1/T$로 된다.

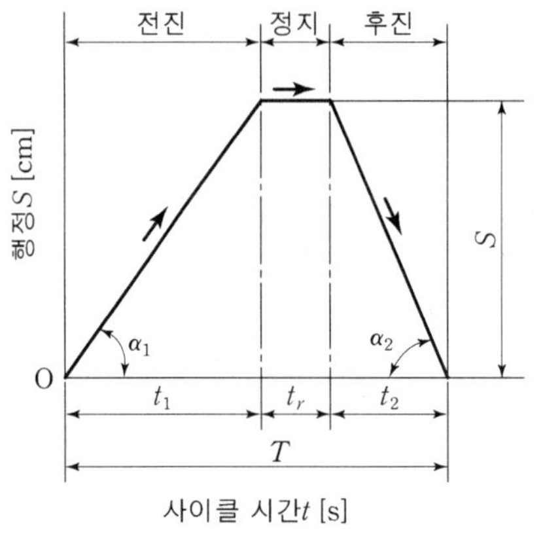

그림 6·14 행정과 시간과의 사이클 선도

또 플런저 속도는 다음과 같이 표시된다.

$$v_1 = \frac{S}{t_1} = \tan\alpha_1, \ \ v_2 = \frac{S}{t_2} = \tan\alpha_2 \tag{6·10}$$

(2) 속도와 시간과의 사이클선도

이것은 그림 6·15에 나타낸 바와 같이 종축에 플런저 속도 v[m/s]를 잡고, 횡축에 시간 t[s]를 잡아 플런저속도와 시간과의 관계를 나타낸 선도이다.

플런저의 운동은 그림 6·15에서 알 수 있는 것과 같이, 속도 0에서 가속되어 일정속도로 되고, 그것이 지속되어 플런저는 정지한다. 여기서 가속 또는 감속되는 시간을 각각 t_a, t_b라 하고, 가속 및 감속되는 부분의 중량을 G[kg_f]라 하면, 가속 및 감속하는 힘 F_a, F_b는 다음

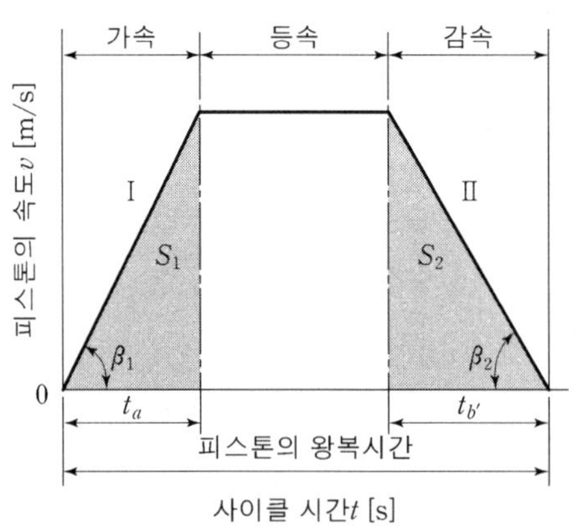

그림 6·15 플런저 속도와 시간과의 사이클 선도

과 같이 된다.

$$\left.\begin{aligned} \text{전진시} : F_a &= \frac{G}{g} a_a \,[\mathrm{kg_f}] \\ \text{후진시} : F_b &= \frac{-G}{g} a_b \,[\mathrm{kg_f}] \end{aligned}\right\} \quad (6\cdot 11)$$

여기서 g는 중력의 가속도, a_a는 전진시 가속될 때의 가속도 $\left[= \frac{v}{t_a}\,[\mathrm{m/s^2}]\right]$, a_b는 후진시 감속될 때의 가속도 $\left[= -\frac{v}{t_b}\,[\mathrm{m/s^2}]\right]$이다.

또 플런저를 등속운동시키는 데 필요한 힘을 F_c라 하면, 이것은 가동에 유효한 힘 F_n, 실린더의 마찰저항 F_r, 테이블의 마찰저항 F_t, 귀환유의 배압저항 F_g 등의 합으로 된다. 즉,

$$F_c = F_n + F_r + F_t + F_g \,[\mathrm{kg_f}] \quad (6\cdot 12)$$

이다. 가동에 유효한 힘 F_n이란, 이를테면 공작기계 등에서 테이블 위의 피가공물을 절삭하는 경우의 절삭저항에 상당한다. 따라서 플런저에 작용하는 힘 F_r는 이상의 힘의 총합이다. 즉

$$F_T = F_c + F_a + F_b \,[\mathrm{kg_f}] \quad (6\cdot 13)$$

이 된다. 여기서 플런저의 유효면적을 $A\,[\mathrm{cm^2}]$라 하면, 식 (6·3)의 관계에서 플런저에 미치는 압력 p는

$$p = \frac{F_T}{A} \,[\mathrm{kg_f/cm^2}] \quad (6\cdot 14)$$

의 크기로 된다.

그러나 실제의 펌프 압력은 펌프의 송출구에서 실린더 입구까지의 압력손실을 더하지 않으면 안 된다. 또 그림 6·14의 S_1 및 S_2는 가속도 및 감속시의 플런저 행정을 나타내는 것으로서 이것은 다음 식에 의하여 계산된다.

$$\left.\begin{aligned} S_1 &= t_a \cdot \frac{v}{2} \,[\mathrm{m}] \\ S_2 &= t_b \cdot \frac{v}{2} \,[\mathrm{m}] \end{aligned}\right\} \quad (6\cdot 15)$$

예제 3

그림 6·16에 나타낸 바와 같이 단로드형 복동실린더로 테이블을 구동할 때, 하기와 같은 시방 및 조건에 있어서 테이블을 전진시키는 데 필요한 압력 $p[\mathrm{kg_f/cm^2}]$ 및 필요유량 $Q[\,l/\mathrm{min}]$를 구하여라. 단, 실린더내경 $D = 150\,[\mathrm{mm}]$, 피스톤 로드경 $d = 85\,[\mathrm{mm}]$,

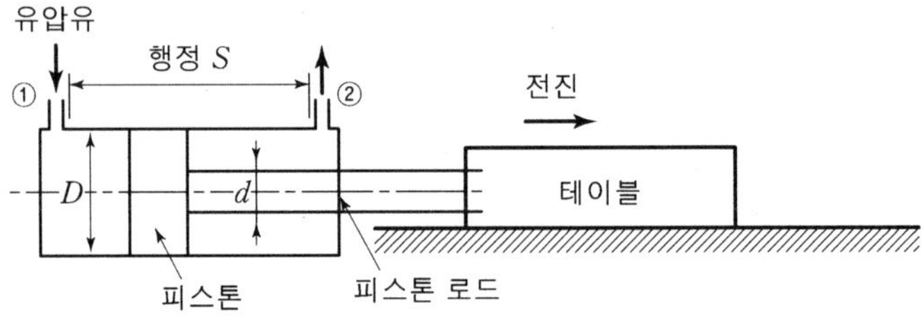

그림 6·16 유압실린더의 테이블 구동

테이블중량 $G = 1$ [t], 피스톤속도 $v = 12$ [m/min], 피스톤가속시간 $t_1 = 0.4$ [s], 테이블의 마찰계수 $\mu = 0.22$, 실린더에서 유압유가 유출되기 위한 피스톤 배압 $p_0 = 5$ [kg$_f$/cm^2], 피스톤행정 $S = 1000$ [mm], 실린더의 작동효율 $\eta = 0.9$이다.

풀이 입구 쪽 ①의 피스톤 유효면적은

$$A_1 = \frac{\pi D^2}{4} = \frac{\pi \times 15^2}{4} = 176.6[\text{cm}^2]$$

출구쪽 ②의 피스톤 유효면적은

$$A_2 = \frac{\pi(D^2 - d^2)}{4} = \frac{\pi \times (15^2 - 8.5^2)}{4} = 119.9[\text{cm}^2]$$

피스톤의 속도는

$$v = 12/60 = 0.2\,[\text{m/s}]$$

피스톤의 가속도는

$$a = \frac{v}{t_1} = \frac{0.2}{0.4} = 0.5\,[\text{m/s}^2]$$

가속하는 힘은

$$F_a = \frac{G}{g}a = \frac{1000 \times 0.5}{9.81} \fallingdotseq 50.97\,[\text{kg}_f]$$

피스톤 단위면적당의 가속하는 압력 p_a는

$$p_a = \frac{F_a}{A_1} = \frac{50.97}{176.6} = 0.26\,[\text{kg}_f/\text{cm}^2]$$

테이블의 마찰계수 $\mu = 0.22$라 하면, 마찰에 의하여 피스톤에 걸리는 마찰저항 F_t 는

$$F_t = \mu G = 0.22 \times 1000 = 220\,[\text{kg}_f]$$

피스톤 단위면적당 압력은

$$p_t = \frac{F_t}{A_1} = \frac{220}{176.6} \fallingdotseq 1.25\,[\text{kg}_f/\text{cm}^2]$$

실린더배압이 피스톤면적 A_2에 걸리는 하중 F_g는

$$F_g = p_g \cdot A_2 = 5 \times 119.9 = 599.5\,[\mathrm{kg_f}]$$

피스톤 A_1 에 걸리는 배압은

$$p_{g1} = \frac{F_g}{A_1} = \frac{599.5}{176.6}\,3.39\,[\mathrm{kg_f/cm^2}]$$

그러므로 실린더에 필요한 압력 p 는 다음과 같이 된다.

$$p = (p_a + p_t + p_{g1})/\eta = (0.29 + 1.25 + 3.99)/0.9$$

$$= 5.48\,[\mathrm{kg_f/cm^2}]$$

그러나 실제의 펌프압은 펌프의 송출구에서 유압실린더의 입구까지의 유체마찰손실에 의한 압력손실을 더한 것이 된다.

또 식 (5·3)으로부터 필요유량은 다음과 같다.

$$Q = \frac{A_1 v}{10} = \frac{176.6 \times 12}{10} = 211.9\,[l/\min]$$

6·2 유압회전모터

유압회전모터는 작동유의 유체 에너지를 받아 축의 연속회전운동을 얻는 기기로서, 원리적으로는 전술한 유압펌프의 역작용을 한다. 즉 유압펌프의 흡입 쪽에 압유를 공급하면 유압모터로 되는데, 효율이 좋지 않으므로 보통은 유압펌프를 그대로 유압모터로 사용하지 않는다. 그래서 유압모터로서 양호한 성능을 얻도록 구조상 여러 가지의 배려가 경주되고 있다. 유압모터는 공급하는 기름의 압력을 제어함으로써 회전속도를 제어할 수가 있고, 가변용량형 모터인 경우에는 1회전당의 배제용적을 조절함으로써 출력축의 토크와 회전속도를 제어할 수 있다.

유압모터에는 기름의 입구 및 출구의 포트(port) 외에 드레인 포트(drain port)가 있고 새어 나오는 기름을 탱크로 되돌려 보내고 있다. 이 드레인 포트는 축의 시일부에 고압이 미치는 것을 방지하고 또 축의 압력에 의한 축방향추력이 작용하는 것을 방지하기 위하여 설치되어 있다. 유압모터는 소형 경량인 데 비하여 큰 토크와 동력을 낼 수 있기 때문에 모든 토크 관성화가 커서 응답성이 좋다. 10 : 1～100 : 1 정도의 비교적 넓은 변속범위가 정 · 역전 양방향에 대하여 구해진다. 다시 펌프를 작동시킴으로써 부하쪽에서 동력을 흡수하는 유압 브레이크로 사용할 수 있다. 이와 같이 제어성이 우수한 것이 유압모터의 최대 이점이다.

이에 반하여 유압모터의 결점으로서는 동력전달효율이 기어식 전달장치에 비하여 낮고, 소

음이 크며 기동시나 저속시에 원활한 운전을 얻기가 힘들다는 점 등이다.

유압모터의 구조형식에는 기어형, 베인형, 플런저형 등 유압펌프로서 사용되고 있는 것 이외에 저속 대토크용 등 특히 유압모터로서 개발된 구조의 것도 있다.

표 6·3에 유압모터의 주된 구조형식의 성능을 나타낸다.

표 6·3 유압모터의 성능

명 칭	분 류	압출용적 [cm^3/rev]	최대압력 [kg$_f$/cm^2]	최대회전수 [rpm]	최대효율 [%]	기동토크비 *[%]
			대형 소형	대형 소형		
기어	외접형	4~500	90~210	900~3500	65~85	70~85
모터	내접형	7~500	70~210	1800~7500	60~80	65~85
평형형	보통베인형	10~220	35~ 70	1200~2200	65~80	75~90
베인모터	특수베인형	20~300	140~175	1800~3000	75~85	75~90
액셜플런저	경사축식	5~920	210~400	1000~6000	88~92	85~85
모터	경사판식	4~500	210~400	1200~4000	85~92	85~95
레이디얼 플런저모터	편심형(회전실린더형)	6~500	140~250	1000~1800	85~92	80~90

* 기동토크비는 운전 토크비에 대한 기동 토크의 비율이다.

6·2·1 유압모터의 효율

(1) 체적효율

유압모터의 1회전당 압출용적을 V_{th}, 매초 회전수를 n이라고 하면, 누설 손실이 없다고 가정할 때에 유압모터에 유입하는 이론유량 Q_{th}는 다음 식이 된다.

$$Q_{th} = V_{th}\, n \tag{6·16}$$

실제로는 유압모터 내부의 접동부의 간격을 통해서 누설 유량이 있다. 따라서 유압 모터에 실제로 공급되는 유량 Q는 식 (6·16)으로 주어지는 이론유량보다도 누설유량 ΔQ만큼 커지게 된다.

$$Q = Q_{th} + \Delta Q \tag{6·17}$$

유압 모터에서 누설의 정도를 표시하기 위해서, 다음 식으로 정의되는 체적효율(volumetic efficiency) η_v가 이용되고 있다.

$$\eta_\nu = \frac{Q_{th}}{Q} = \frac{1}{1+\Delta Q/Q_{th}} \tag{6·18}$$

유압 모터 접동부의 간극에서의 누설 유량 ΔQ는 유압 펌프의 경우와 같이 다음 식으로 표시할 수 있다.

$$\Delta Q = C_s V_{th} \frac{\Delta P}{\mu} \tag{6·19}$$

윗식에서의 C_s는 무차원의 누설계수이다. 윗식을 식 (6·18)에 대입하면 다음 식이 된다.

$$\eta_v = \frac{1}{1 + C_s \Delta p / \mu n} \tag{6·20}$$

따라서 체적효율 η_v는 무차원량 $\Delta p/\mu n$의 함수이다.

누설계수 C_s의 값은 상당히 작고 일반적으로는 η_v는 90% 이상이며, 95% 이상이 되는 것도 드물지 않다. 또 C_s의 값은 압력, 회전수, 기름의 점도 등의 운전 조건에 의해서 거의 변화하지 않는다. 그러나 접동부에 정압베어링 기구를 사용하고 있는 유압 모터일 때에는 운전 조건에 의해서 C_s 값이 다소 변화하는 수가 있다. 또 유압 모터의 출구측에 압력이 작용하고 있을 때의 누설 특성도 약간 달라지는 수가 있다.

기동시나 저속시에는 식 (6·19), 식 (6·20)과 같은 평균값적인 취급보다도 유압 모터의 출력측의 각 위치에 의해서 C_s의 값이 변화하는 것이 중대한 문제가 된다. 정지시의 각 위치에 의해서 C_s의 값이 너무 크게 변화하면 원활한 기동이나 안정된 저속회전을 얻기가 어렵다.

(2) 토크효율

유압모터의 내부에서의 마찰에 의한 손실 토크와 누설에 의한 손실 유량이 존재하지 않을 때에, 유압모터의 출력축이 $d\theta$[rad] 만큼 회전하는 사이에 압유가 유압 모터에 주는 일량과 출력축에서 나오는 일량은 서로 같다.

유압모터의 1[rad] 당의 순간압출용적을 $D(\theta)$라고 하면, 미소각 $d\theta$만큼 회전하는 사이에서의 압유 유입량은 $D(\theta)d\theta$이다. 유압모터에 작용하는 압력차를 Δp라고 하면, $D(\theta)d\theta$ 만큼의 압유가 유압 모터에 주는 일량은

$$\Delta p D(\theta)\, d\theta$$

이다. 한편 그 순간에 출력축에서 얻어지는 이론 토크를 $T_{th}(\theta)$가고 하면, 미소각 $d\theta$만큼 회전하는 사이에 출력축에서 얻어지는 일량은

$$T_{th}(\theta) d\theta$$

이다. 따라서 다음의 에너지 등식이 성립한다.

$$T_{th}(\theta)\, d\theta = \Delta p D(\theta) d\theta$$

$$\therefore \ T_{th}(\theta) = \Delta p \ D(\theta) \tag{6·21}$$

$D(\theta)$의 평균값을 $D(\theta)_{\text{mean}}$라고 하면, 1회전당의 압출 용적 V_{th}와의 관계는

$$V_{th} = \int_0^{2\pi} D(\theta)\,d\theta = 2\pi D(\theta)_{\text{mean}}$$

이다. 따라서 $T_{th}(\theta)$의 평균을 T_{th}라고 하면

$$T_{th} = \Delta p D(\theta)_{\text{mean}} = \frac{\Delta p V_{th}}{2\pi} \tag{6·22}$$

이 된다. 식 (6·22)는 1회전 중에 압유가 유압모터에 주는 일량($\Delta p V_{th}$)과 출력축에서 나오는 일량($2\pi T_{th}$)을 서로 같게 놓음으로써 용이하게 얻을 수 있다.

그러나 유압모터의 구동부에 마찰이 작용하기 때문에 실제로 출력축에서 나오는 토크 T는 식 (6·22)로서 주어진 이론 토크 T_{th}보다도 마찰 손실 토크 ΔT만큼 작아진다.

$$T = T_{th} - \Delta T \tag{6·23}$$

이론 토크도 마찰 손실 토크도 출력축의 회전과 함께 맥동하므로 출력 토크도 회전 중에 변동한다. 기동시나 저속시에는 이와 같은 변동이 문제가 되지만, 어느 정도 이상의 회전 속도일 때에는 거의 문제가 되지 않으므로 이하에서는 T_{th}, ΔT, T의 평균값에 대해서 취급하도록 한다.

유압모터의 마찰에 의한 손실의 정도를 표시하는 양으로 다음 식으로 정의되는 토크효율(torque efficency) η_T가 이용되고 있다.

$$\eta_T = \frac{T}{T_{th}} = 1 - \frac{\Delta T}{T_{th}} \tag{6·24}$$

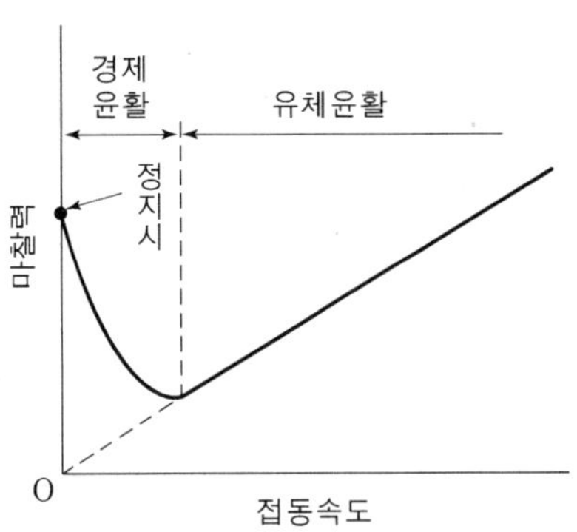

그림 6·17 금속 접동면의 마찰력과 접동 속도의 관계

정격회전속도 부근의 비교적 고속 영역에서는 마찰 손실 토크는 유압 펌프의 경우와 같이 다음 식으로 된다.

$$\Delta T = \frac{V_{th}}{2\pi}(C_d \mu n + C_f \Delta p) \tag{6·25}$$

식 (6·25)를 식 (6·24)에 대입하면 다음 식과 같다.

$$\eta_T = 1 - C_f - C_d \frac{\Delta p}{\mu n} \tag{6·26}$$

따라서 토크효율 η_T도 무차원량 $\Delta p / \mu n$의 함수로 되며, C_f, C_d가 운전 조건에 따라서 변화하지 않는다고 하면 η_T는 $\Delta p / \mu n$가 커질수록 크게 된다.

윤활되어 있는 금속 접동부에서는 일반적으로 그림 6·17과 같이 접동속도가 작아져서 경제윤활의 상태가 되면 접동속도의 저하와 함께 급격히 마찰력이 커지게 된다.

유압 모터 내부의 금속 접동면에서도 같은 상태의 현상이 있으며, 저속회전시에는 회전속도의 저하와 함께 마찰 손실 토크가 커지게 된다. 더구나 이와 같은 저속 영역에서는 식 (6·25)에서의 C_f는 회전속도의 함수로 표시되며, 회전속도의 저하와 함께 C_f가 크게 되도록 표시할 필요가 있다.

기어모터(gear motor)나 베인모터(vane motor)에서는 유압모터에 작용하는 압력차가 같아지게 되면, 출력측에 압력이 작용해도 마찰 손실토크는 거의 변화하지 않는다. 그러나, 플런저 모터에서는 압력차 Δp가 같아도 출구측에 압력이 작용하면 마찰 손실 토크가 상당히 커질 수가 있다.

(3) 전효율

유압모터에서 만들어내는 기계적 동력 L은 다음 식으로 주어진다.

$$L = 2\pi n T \tag{6·27}$$

한편 유압모터에서 공급되는 압유의 동력 L_0은 다음 식과 같다.

$$L_0 = \Delta p Q \tag{6·28}$$

따라서 유압모터의 동력변환효율, 즉 전효율(total efficiency) η는 다음 식이 된다.

$$\eta = \frac{L}{L_0} = \frac{2\pi n T}{\Delta p Q} = \frac{2\pi n T V_{th}}{\Delta p Q V_{th}} = \frac{Q_{th}}{Q} \cdot \frac{T}{T_{th}} = \eta_v \eta_T \tag{6·29}$$

$$\eta = \frac{T}{T_{th}} = \eta_T = \eta_m$$

윗식에 의하면 전효율(총합효율) η는 체적효율 η_v와 토크효율 η_T의 곱이며 토크효율 η_T와 기계효율 η_m와 같다.

따라서 식 (6·20), 식 (6·26)을 윗식에 대입하면 다음 식이 된다.

$$\eta = \frac{1 - C_f - C_d \dfrac{\mu n}{\Delta p}}{1 + \dfrac{C_s \Delta p}{\mu n}} \tag{6·30}$$

식 (6·20), 식 (6·26), 식 (6·30)을 나타내면 그림 6·18과 같다.

일반적으로 η_v는 $\Delta p/\mu n$의 증가와 함께 단조증가, η_{max} 및 그때의 $\Delta p/\mu n$의 값$(\Delta p/\mu_n)$ m는 식 (6·30)으로부터 다음 식과 같이 된다($C_s C_d \ll 1$일 때).

$$\left(\frac{\Delta P}{\mu n}\right)_m = \frac{1}{C_f}\left(\sqrt{\frac{1-C_f}{C_s C_d}} - 1\right) \fallingdotseq \sqrt{\frac{C_s}{C_d}(1-C_f)} \tag{6·31}$$

$$\eta_{max} \fallingdotseq 1 - C_f - 2\sqrt{C_s C_d (1-C_f)} \tag{6·32}$$

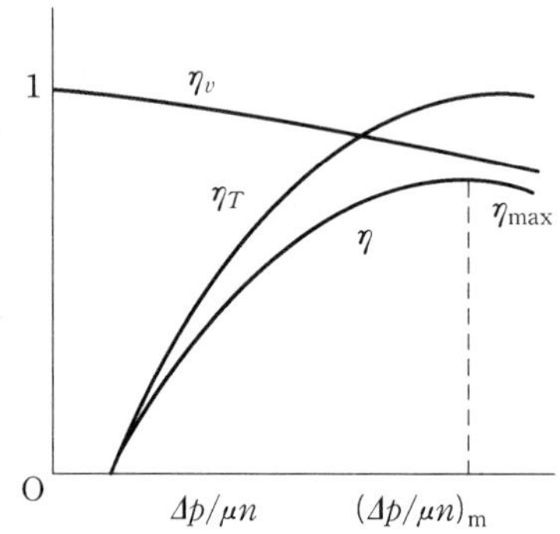

그림 6·18 유압모터의 효율

예제 4

1회전 당 송출용적이 40 [cc/rev]인 유압모터가 있다. 압유의 공급압력을 6800 [Kp$_a$], 공급유량을 250 [l/min]이라 할 때 얻을 수 있는 최대 토크와 회전수를 구하여라. 또 모터의 전효율을 75%라 할 때 출력은 얼마인가? 단, 귀환유압은 0이다.

풀이 얻을 수 있는 최대 토크는 이론토크를 의미한다.

$p = 6,800,000\,[\mathrm{N/m^2}]$

$V_D = 40\,[\mathrm{cc/rev}] = 4 \times 10^{-5}\,[\mathrm{m^3/rev}]$

이들 값을 식 (6·22)에 대입하면 최대토크는

$$T_{max} = T_{th} = \frac{pV_D}{2\pi} = \frac{(6,800,000\,[\mathrm{N/m^3}])(4\times10^{-5}[\mathrm{m^3/rev}])}{2\pi} = 43.67\,[\mathrm{N\cdot m}]$$

얻을 수 있는 최대회전수란 누압이 전혀 없을 때이다. 즉, 이론회전수이다.

$$N_0 = \frac{Q}{V_D} = \frac{25 \times 10^{-3}\,[\mathrm{m^3/min}]}{4 \times 10^{-5}\,[\mathrm{m^3/rev}]} = 625\ [\mathrm{rev/min}](\mathrm{rpm})$$

손실이 전혀 없을 때의 동력, 즉 압유가 유입할 때 공급되는 동력은

$$L_m = pQ = (6800000\,[\mathrm{N/m^2}])\left(\frac{25 \times 10^{-3}}{60}[\mathrm{m^3/sec}]\right) = 2858\ [\mathrm{N \cdot m/sec\,(W)}]$$

혹은

$$L_m = 2\pi n T_{th} = (2\pi)(625/60\,[\mathrm{rps}])(43.67\,[\mathrm{N \cdot m}]) = 2858\,[\mathrm{N \cdot m/sec\,(W)}]$$

따라서 실제출력(축동력)은

$$L_s = \eta L_m = (0.75)(2858) = 2144\,[\mathrm{N \cdot m/sec}]$$

$$= 2.1\,[\mathrm{kW}] = \frac{2144}{735} = 2.92\,[\mathrm{p \cdot s}]$$

6·2·2 기어모터(gear motor)

기어모터의 구조는 기어펌프와 거의 같지만 모터에는 보통 드레인 포트(drain port)가 만들어져 있다. 그림 6·19의 외접형 기어 모터의 경우 물림에 관여하지 않는 이홈(tooth space)내에서는 기름의 압력에 의해서 2개의 이가 서로 밀어붙이는 만큼의 유효한 토크는 발생하지 않는다. 그러나 물림에 관여하고 있는 이홈 내에서는 물린 점 C를 경계로 하여, 이홈 양측의 압력분포가 다르기 때문에 기어를 회전시키려는 토크가 발생한다.

내접형 기어모터도 사용되고 있는데 특히 외측의 내기어를 고정시키고 기어를 공전시키는 형식의 것은 모터 자신이 감속기어의 역할도 겸하게 되므로 저속회전이 가능하며, 소형으로

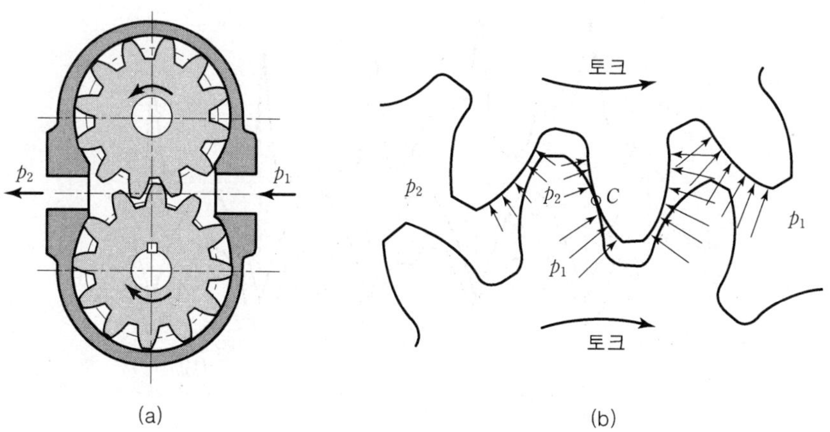

그림 6·19 외접형 기어 모터

큰 토크를 낼 수 있다. 기어모터의 장점은 구조가 간단하고 염가이며, 기름 중의 이물질에 의한 고장이 발생하지 않으며 과혹한 운전조건에 비교적 잘 견뎌낸다는 점이다.

한편 결점으로는 누설유량이 많고, 토크 변동이 크다는 점이라 할 수 있다. 베어링하중이 크기 때문에 수명이 다소 짧은 것도 결점이다. 기어모터의 순간 이론토크 $T_{th}(\theta)$는 식 (6·21)로 나타내지만 순간압출 용적이 회전과 함께 맥동하기 때문에 $T_{th}(\theta)$도 그것에 대응하여 맥동한다. 순간압출용적의 맥동은 기어펌프의 경우와 같기 때문에 기어모터의 순간 이론토크의 맥동은 기어펌프의 순간압출용적(순간유량)의 맥동과 모두 같다. 평균 이론 토크는 식 (6·22)에 주어진 것과 같이

$$T_{th}=\frac{\Delta p V_{th}}{2\pi}$$

이므로, 1회전당의 압출용적 V_{th}(기어펌프의 경우와 같다)가 이해된다면 T_{th}도 용이하게 계산된다.

그림 6·20은 외접형 기어 모터의 기동시 토크 T_s 및 누설량 ΔQ가 출력축의 회전각 θ와 함께 변화하는 상태를 조사한 것이며, 1회전 중에 잇수 Z와 동일한 횟수만큼 맥동하고 있다. 그림 중의 $T_{th}(\theta)$는 순간이론 토크인데 마찰손실 토크가 존재하기 때문에 기동 토크 T_s는 $T_{th}(\theta)$보다도 작아진다. 그림 6·20에 의하면 토크가 떨어지는 각 위치에서 누설유량 ΔQ가 크게 되어 있지만, 이것은 고압측과 저압측에 만들어져 있는 여유홈이 폐입구부를 통하여서 단락되었기 때문이다.

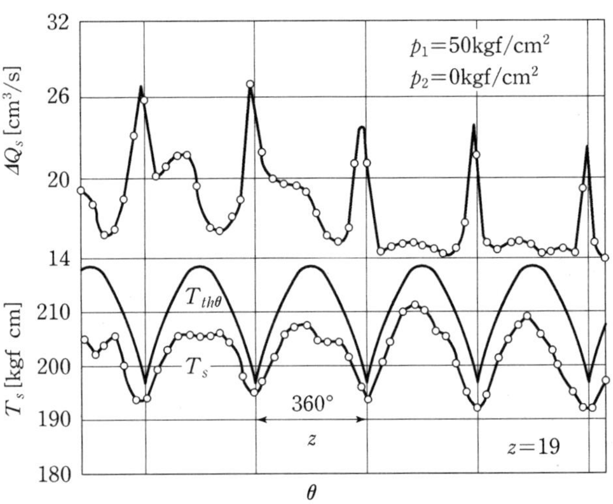

그림 6·20 외접형 기어모터의 기동 토크 T_s, 누설 유량 ΔQ와 출력축의 회전각 θ와의 관계

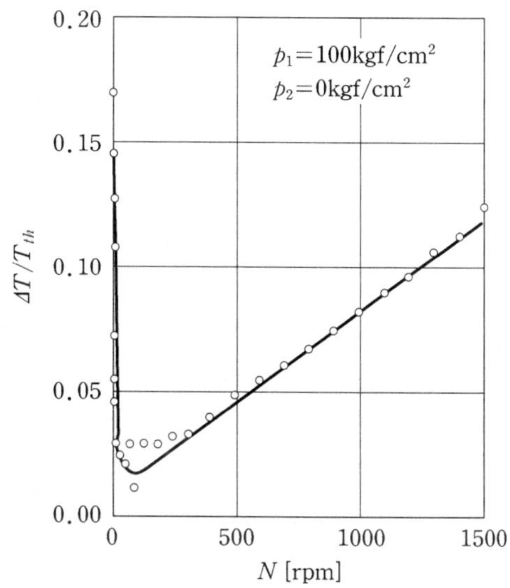

그림 6·21 기어모터의 마찰 손실 토크와 회전 속도와의 관계

그림 6·21은 회전속도 N과 함께 마찰 손실 토크가 변화하는 상태를 조사한 예이다. 마찰 손실 토크는 사동시에 크며, 회전속도의 증가와 함께 한 번 감소한다. 그러나 그 후에 다시 회전속도가 커지게 되면 마찰 손실 토크는 직선적으로 증가하며, 전형적인 점성마찰의 특성이 된다. 기동시 및 저속시에는 일반적으로 가동측판형보다도 고정측판형 쪽이 마찰 손실 토크가 작고 토크효율이 높다.

예제 5

기어 모터의 소요유량이 50[cm^3/rev]으로 유압유 공급압력이 100[kg$_f$/cm^3], 유량이 150[l/min]일 때, 이 모터의 이론토크, 회전수 및 출력을 구하여라. 단, 모터의 전효율은 75[%]이다.

풀이 이론 토크는 식(6·22)에 의하여

$$T_{th} = \frac{\Delta p V_{th}}{2\pi} = \frac{100\times 50}{2\pi} = 7.96\,[\mathrm{kg_f/m}]$$

이론회전수는

$$n_{th} = \frac{Q}{V_{th}} = \frac{150\times 10^3}{50} = 3000\,[\mathrm{rpm}]$$

실제의 출력은 식 (6·29)에 의하여

$$L = \eta\cdot L_{th} = \eta\cdot\frac{2\pi\cdot n_{th}\cdot T_{th}}{450\times 10^2} = 0.75\times\frac{2\pi\times 3000\times 796}{4500\times 10^3}$$
$$= 25[\mathrm{PS}]$$

6·2·3 베인모터

베인펌프와 거의 같은 구조이지만 베인모터(vane motor)로 사용되고 있다.

그림 6·22과 같이 로터(rotor)로부터 나오고 있는 베인의 표면에 기름의 압력이 작용하여 토크가 발생한다. 베인의 내측 끝면에는 스프링 힘과 고압측의 기름의 압력이 작용하며, 베인 선단과 캠링의 접촉을 계속 유지하고 있다.

그림 6·22에서 입구압력을 p_1, 출구측 압력을 p_2, 베인의 폭을 b, 로터 중심에서 베인의 임의점까지의 반지름을 r이라고 하면 대원호와 소원호에 접속되어 있는 베인의 양측에 작용하는 압력 p_1, p_2에 의한 이론 토크 T_{th}는 다음 식으로 된다.

$$T_{th} = 2b\int_{R_0}^{R_1} \Delta p\, r\, dr - 2b\int_{R_0}^{R_1} \Delta p\, r\, dr = b(R_2{}^2 - R_1{}^2)\Delta p \qquad (6\cdot33)$$

윗식에서 $\Delta p = P_1 - P_2$이다. 베인의 두께를 t라고 하면 베인의 내측 끝면에 작용하는 압력 p_1에 의해서 베인을 외측으로 밀어내는 힘은 $bt\Delta p$($p_2 \fallingdotseq 0$이라 한다)이다. 베인과 반지름이 이루는 각을 α라고 하면 베인의 행정은 $(R_2 - R_1)\sec\alpha$이므로 로터가 1회전하는 사이에 힘 $bt\Delta p$에 저항하여 베인을 로터 가운데로 밀어넣는 데 필요한 일량 $2\pi\Delta T_b$는

$$2Z\, bt\Delta p\ (R_2 - R_1)\sec\alpha$$

이다. 이 일에 필요한 토크를 ΔT_b라고 하면 다음의 에너지 등식이 성립한다.

$$2\pi\Delta T_b = 2Z\, b\, t\Delta p(R_2 - R_1)\sec\alpha$$

$$\Delta T_b = \frac{Zbt}{\pi}(R_2 - R_1)\sec\alpha\Delta p \qquad (6\cdot34)$$

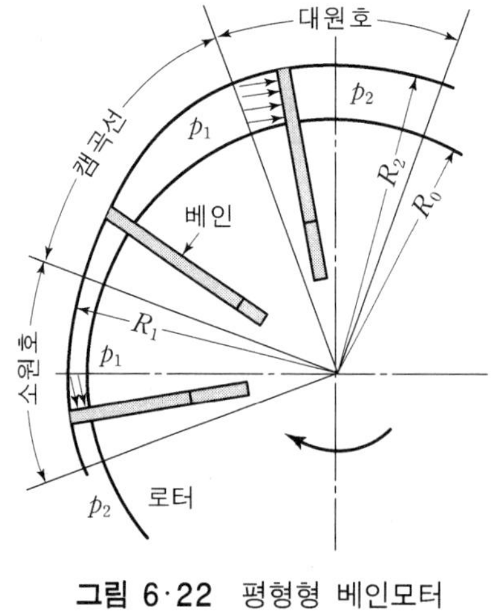

그림 6·22 평형형 베인모터

식 (6·33), 식 (6·34)로부터 출력측에서 얻어지는 이론토크 T_{th}는 다음 식과 같다.

$$T_{th}=T_{th0}-\Delta T_b=b\left\{R_2^{\ 2}-R_1^{\ 2}-\frac{Z}{\pi}(R_2-R_1)t\sec\alpha\right\}\Delta p \tag{6·35}$$

윗식을 식 (6·52)와 비교하면

$$T_{th}=\frac{\Delta pV_{th}}{2\pi}$$

가 되며, 식 (6·22)와도 일치한다.

큰 토크를 얻기 위해서 그림 6·23과 같이 1회전 중에 베인이 3왕복하는 형식도 있다. 베인모터의 장점은 구조가 비교적 간단하며 토크 변동이 작고 또 베인 선단이나 캠링면이 마모하여도 베인과 캠링의 접촉이 유지되므로 누설이 거의 증가하지 않는다.

결점으로는 베인과 함께 캠링과의 마찰이 크고 기동시나 저속시의 토크효율이 낮은 점이다.

그림 6·24와 같은 베인모터의 가동 토크에 대하여 생각해 보자. 베인은 그 내측 끝면에 작용하는 압력 p_1에 의해서 캠링내면으로 밀어넣는데, 베인선단의 압력에 대해서는 입구 포트부에 있는 베인선단의 압력은 p_1, 대원호의 소원호부에 있는 베인은 $(p_1+p_2)/2$, 출구 포트부의 베인은 p_2이다. 상기의 각 부분에 있는 베인의 수는 모두 같으므로 베인의 양 끝면의 평균압력차는 $\Delta p/2$로 되며, 이 압력차에 의해서 베인을 캠링으로 밀어내는 힘은 $bt\Delta p/2$이다. 또 스프링 힘에 의해서 베인을 미는 힘의 평균을 F_s라고 하면 베인을 캠링으로 밀어붙이는 힘의 평균값은

$$F=\frac{bt\Delta p}{2}+F_s \tag{6·36}$$

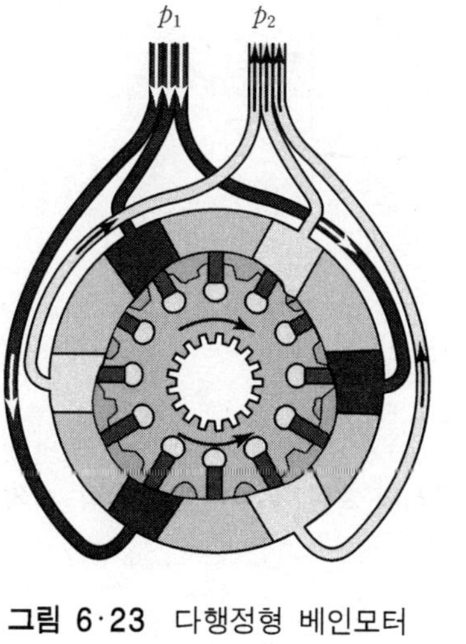

그림 6·23 다행정형 베인모터

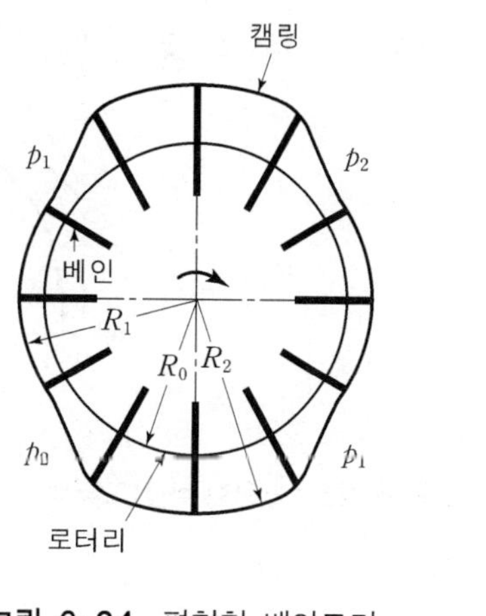

그림 6·24 평형형 베인모터

가 된다. 베인과 캠링 사이의 마찰계수를 λ, 캠링내면의 평균반지름을 $(R=R_1+R_2)/2$라고 하면, 베인선단의 마찰에 의한 손실 토크는 다음 식으로 된다.

$$\Delta T=\lambda ZFR=\lambda ZR\left(\frac{bt\Delta p}{2}+F_s\right) \tag{6·37}$$

따라서 기동 토크 T_s와 기동시의 토크효율 η_{Ts}는 다음 식과 같다.

$$T_s=T_{th}-\Delta T=\frac{\Delta p V_{th}}{2\pi}-\lambda ZR\left(\frac{bt\Delta p}{2}+F_s\right) \tag{6·38}$$

$$\eta_{Ts}=\frac{T_s}{T_{th}}=1-\frac{\pi\lambda ZR}{V_{th}}\left(bt+\frac{2F_s}{\Delta p}\right) \tag{6·39}$$

식 (6·38), 식 (6·39)에 의한 계산값과 실험값을 비교한 예가 그림 6·25이다. 실제로는 로터 홈과 베인 사이의 마찰이 있으므로 계산값보다 실험값쪽이 다소 낮게 되어 있다.

그림 6·25에 의하면 기동 토크효율이 상당히 낮은데 이것을 높이기 위해서는 베인의 압력평형(반지름방향)을 개선하거나, 베인과 캠링 사이의 마찰계수가 작은 재료를 사용할 필요가 있다. 또, 베인선단의 접동마찰을 없애기 위해서 로터리식 베인을 채용한 구조의 베인모터도 사용되고 있다. 그림 6·26은 그림 6·25와 같은 구조의 베인모터에 대해서 회전 속도와 마찰손실 토크 ΔT의 관계를 조사한 예이다. 단, ΔT는 이론 토크 T_{th}로 나누어서 무차원화하고

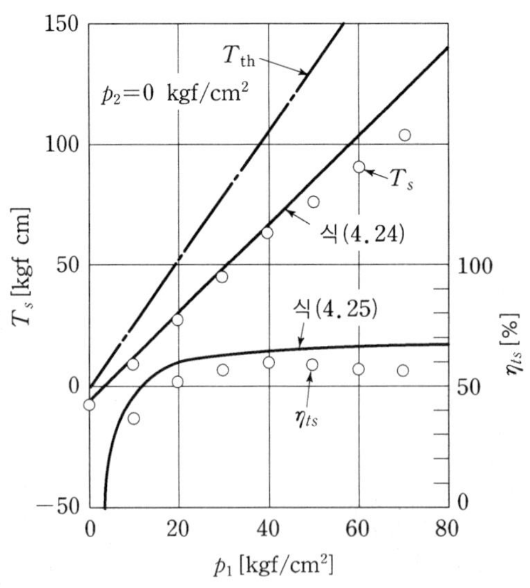

그림 6·25 평형형 베인모터의 기도 토크 T_s, 기동시의 효율 η_{Ts}와 입구 압력 p_1의 관계

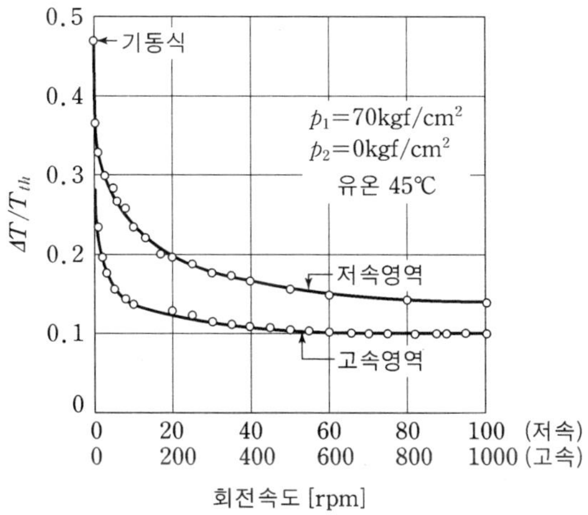

그림 6·26 평형형 베인 모터의 마찰손실 토크와 회전 속도의 관계

있다. 그림 6·26에 의하면 수백 [rpm]의 회전속도가 되어도 마찰 손실 토크가 회전속도의 증가와 함께 감소하고 있다. 이것은 베인과 캠링 사이의 면압이 크기 때문에 비교적 고속이 되어도 경제윤활의 상태가 남아 있기 때문이다.

6·2·4 액셜 플런저모터

액셜 플런저모터(axial plunger motor)의 구조는 액셜 플런저 펌프로 사용될 때와 거의 같다. 단, 역지밸브를 사용한 구조는 모터로 사용할 수는 없으며, 모터로서 사용하는 데도 밸브판과 실린더 블록의 접동부에서 유류의 정류가 행해지는 구조이다.

그림 6·27은 경사판식 액셜 플런저모터의 작동원리도이다. 유압에 의해서 플런저가 밀리는 힘 F_1과 경사판으로부터 플런저가 받는 F_2(경사판 표면에 수직)의 합력 F_3에 의해서 플런저 및 실린더 블록을 회전시키려고 하는 토크가 발생한다. 유압모터의 입구압력을 p_1, 출구압

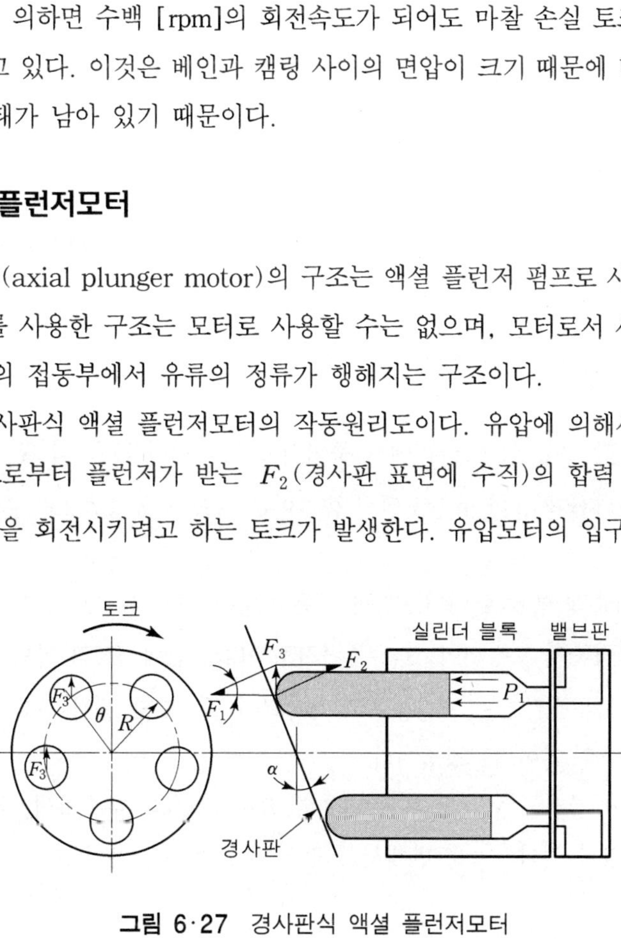

그림 6·27 경사판식 액셜 플런저모터

력을 p_2, 플런저 단면적을 A라고 하면 압유가 플런저를 미는 힘 F_1은 $F_1 = \Delta pA$이다. 단, $\Delta p = p_1 - p_2 (p_2 \fallingdotseq 0)$이다. 경사판의 경사각을 α라고 하면

$$F_3 = F_1 \tan\alpha = \Delta p A \tan\alpha \tag{6·40}$$

이 된다.

실린더의 피치원의 반지름을 R로 하고, 그림 6·27의 각 θ의 위치에 있는 플런저에 주목하면, 힘 F_3에 의한 토크는

$$T_1 = F_3 R \sin\theta = \Delta pAR \tan\alpha \sin\theta \tag{6·41}$$

이 된다. 따라서 그 순간에 작동행정 중의 플런저 수를 Z_0라고 하면 출력축에서 얻어지는 순간이론 토크 $T_{th}(\theta)$는

$$T_{th}(\theta) = \Delta pAR \tan\alpha \sum_{i=1}^{Z_0} \sin\theta_i \tag{6·42}$$

이 된다.

플런저 행정을 L이라고 하면 $L = 2R\tan\alpha$이므로 식 (6·42)는 다음과 같이 변형된다.

$$T_{th}(\theta) = \frac{\Delta pAR}{2} \sum_{i=1}^{Z_0} \sin\theta_i \tag{6·43}$$

또, 유압모터의 순간유량을 Q_t, 각속도를 ω라고 하면, 다음의 에너지 등식이 성립한다.

$$T_{th}(\theta)\omega = \Delta p Q_t$$

$$\therefore\ T_{th}(\theta) = \frac{\Delta p Q_t}{\omega} \tag{6·44}$$

Q_t는 펌프 때와 같으며, 식 (4·71)에서 주어지므로 식 (4·71)을 식 (6·44)에 대입하면 식 (6·43)이 얻어진다. 따라서, 이 유압모터의 순간이론 토크도 유압펌프의 순간이론유량과 모두 같은 맥동을 한다.

그림 6·28은 경사축식 액셜 플런저모터의 작동원리도 이다. 유압모터에 의해서 플런저가 밀어내는 힘 F_1과 출력축에 고정되어 있는 플런저로부터의 반력 F_2의 합력 F_3에 의해서 토크가 발생한다. 플런저와 플런저는 연결봉으로 접속되어 있으므로 플런저와 실린더 사이의 면압과 함께 마찰력이 작은 점이 큰 장점이다.

액셜 플런저모터의 장점은 누설이 적은 것으로 저속안정성이 우수하며, 회전속도 범위가 넓고 효율이 높아 수명이 길다. 그에 반해서 결점은 구조가 복잡하여 고가인 점이다.

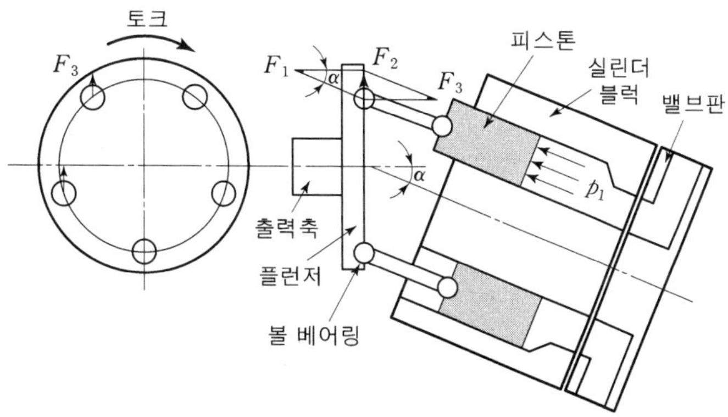

그림 6·28 경사축식 액셜 플런저 모터의 원리도

또한 경사판식과 경사축식의 장점과 단점을 비교하면 다음과 같다.

(1) 경사판식의 장점

① 경사축식에 비하여 구조가 간단하며 값이 싸다.

② 소형경량이다.

③ 고압, 고속에서의 연속운전에 적합하다.

④ 출력축을 관통시킬 수가 있으므로 보급용의 펌프 등을 설치하기 쉽다.

(2) 경사판식의 단점

① 플런저와 실린더 사이의 면압이 크며, 기동특성이 좋지 않다.

② 기동특성이 출구측에 압력이 작용할 때 특히 나쁘다.

③ 기름 중의 물질에 의한 고장이 비교적 일어나기 쉽다.

④ 경사축식보다 효율이 조금 낮다.

(3) 경사축식의 장점

① 경사판식보다도 밸브판부의 유압평형을 정확하게 잡을 수가 있으므로 신뢰성이 높다.

② 기름 중의 물질에 의한 고장이 비교적 일어나지 않는다.

③ 기동특성이 양호하다.

④ 기름 중의 물질에 의한 고장이 비교적 일어나지 않는다.

(4) 경사축식의 단점

① 구조적으로 대형이 되고, 특히 가변용량형일 때에 크게 된다.

② 제조원가가 높다.

③ 출력축을 관통시킬 수가 없다.

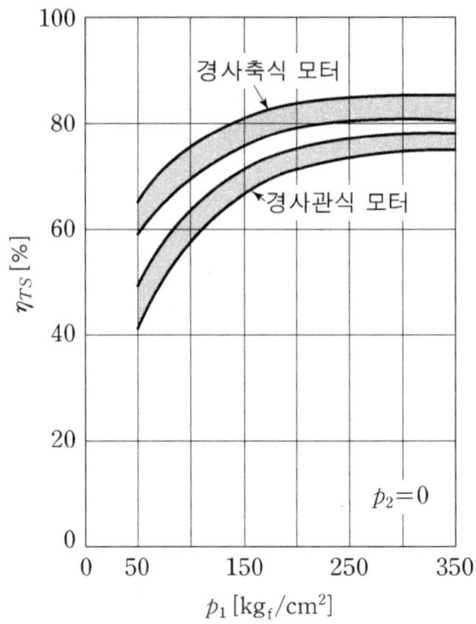

그림 6·29 경사축식 모터와 경사판식 모터의 기동토크 효율의 비교

그림 6·29는 경사판식과 경사축식의 기동 토크 효율 η_{Ts}의 비교이다. 경사판식의 경우는 플런저와 실린더 사이의 면압이 크기 때문에 기동시의 마찰저항이 크며, 경사축식에 비하면 η_{Ts}의 값이 낮게 되어 있다.

출구측에 압력이 작용할 때에는 특히 η_{Ts}의 저하가 현저하다. 최근 플런저와 실린더의 여러 가지 형상의 경우에 대해서 그 마찰력을 측정하고 있다. 액셜 플런저모터의 마찰손실 토크는 기동시에 가장 크고, 회전속도의 증가와 함께 한번 감소하며 그 후에 다시 증가한다. 고속영역에서의 특성은 그림 6·21과 그림 6·26의 중간적인 것이다.

6·2·5 레이디얼 플런저모터

레이디얼 플런저모터(radial plunger motor)는 플런저와 실린더가 방사상으로 배치되어 있어서 압출용적을 크게 하기 쉬운 구조로 되어 있다. 여러 종류의 구조형식이 있는데 그 대표적인 것이 크랭크(crank)식과 캠 플레이트(camplate)식이다.

그림 6·30과 6·31은 크랭크식이며, 실린더, 플런저, 연결봉(connecting rod)이 크랭크축 주위에 방사상으로 배열되어 있다. 플런저 수가 5개로 된 것이 많다. 플런저 슈(piston shoe)와 편심캠 사이에는 큰 하중이 작용하므로 연결봉 내부를 통해서 실린더 내의 압유를 접동부에 연결하여 정압베어링 작용에 의해서 하중의 일부를 지지하는 형식도 만들어지고 있다. 그러나 이때 누설유량이 많아지기 때문에 부하가 걸린 채로 정지할 수 있으므로 정압베어링을

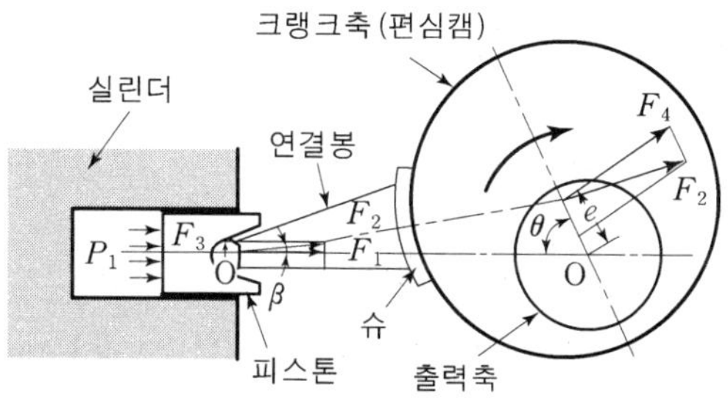

그림 6·30 크랭크식 레이디얼 플런저모터

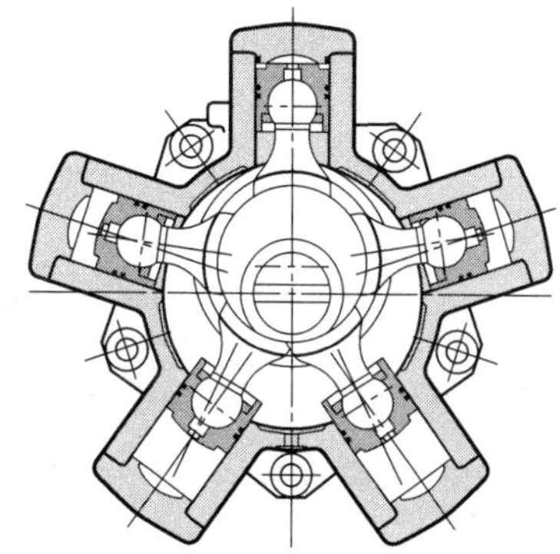

그림 6·31 크랭크식 레이디얼 플런저모터

사용하지 않고 미끄럼 베어링으로 지지하는 형식도 만들어지고 있다.

그림 6·30에서 플런저 단면적을 A라고 하면 압유가 플런저를 미는 힘 F_1은

$$F_1 = \Delta p A$$

이다. 실린더벽에서 플런저의 반력 F_3와 F_1의 합력 F_2는 연결봉의 방향과 일치한다. 또, 힘 F_2를 편심 캠의 중심 O'로 이동하고, F_2의 $\overline{OO'}$에 직각인 성분을 F_4라고 한다.

F_3 또는 F_4에 의해서 출력축의 중심 O의 주위에서 얻어지는 토크 T_1은

$$T_1 = F_3 \cdot \overline{OO'} = F_4 \cdot \overline{OO'} \tag{6·45}$$

그런데

$$F_3 = F_1 \tan\beta = \Delta p A \tan\beta \tag{6·46}$$

이며 $\overline{O'O''} = R$, $\overline{OO'} = e$로 놓으면

$$\overline{O'O''} = R\cos\beta + e\cos\theta \tag{6·47}$$

이 된다. 또 $R\sin\beta = e\sin\theta$이므로 $\overline{OO''}$는 다음 식이 된다.

$$\overline{OO''} = e(\cot\beta\sin\theta + \cos\theta) \tag{6·48}$$

식 (6·46), 식 (6·48)을 식 (6·45)에 대입하면 다음 식이 된다.

$$T_1 = \Delta p A e(\sin\theta + \cos\theta\tan\beta) \tag{6·49}$$

β는 대단히 작은 각도이므로

$$\tan\beta \fallingdotseq \sin\beta = \frac{e}{R}\sin\theta$$

라고 하면, 식 (6·49)는 다음 식으로 변형된다.

$$T_1 \fallingdotseq \Delta p A e\left(\sin\theta + \frac{e}{2R}\sin 2\theta\right) \tag{6·50}$$

작동행정중의 플런저 수를 Z_0라고 하면, 출력측의 순간 이론 토크 $T_{th}(\theta)$는 다음 식이 된다.

$$T_{th}(\theta) \fallingdotseq \Delta p A e \sum_{i=1}^{Z_0}\left(\sin\theta_i + \frac{e}{2R}\sin 2\theta_i\right) \tag{6·51}$$

윗식의 우변 제2항을 생략하면 액셜 플런저 모터일 때의 식 (6·43)과 모두 일치한다($L=2e$).
그림 6·32와 그림 6·33은 캠 플레이트(cam plate)식 레이디얼 플런저모터(radial piston motor)이며, 방사상으로 배치되어 있는 플런저의 외측에 캠 플레이트가 설치되어 있다. 출력축이 1회전하는 사이에 플런저가 여러 번 왕복하는 다행정식이 일반적이다.

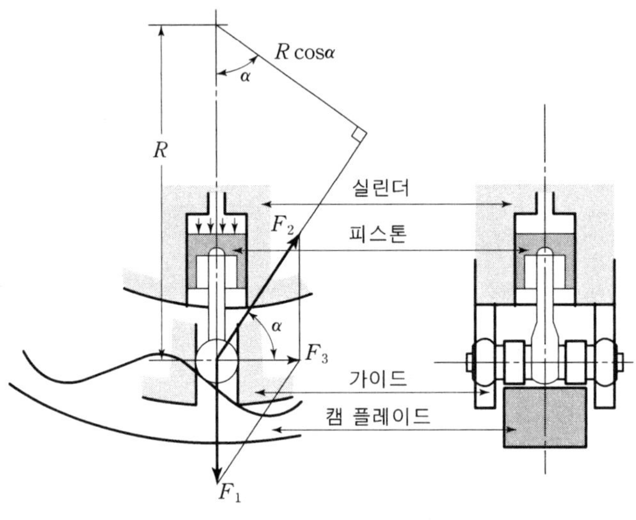

그림 6·32 캠 플레이트식 레이디얼 플런저모터

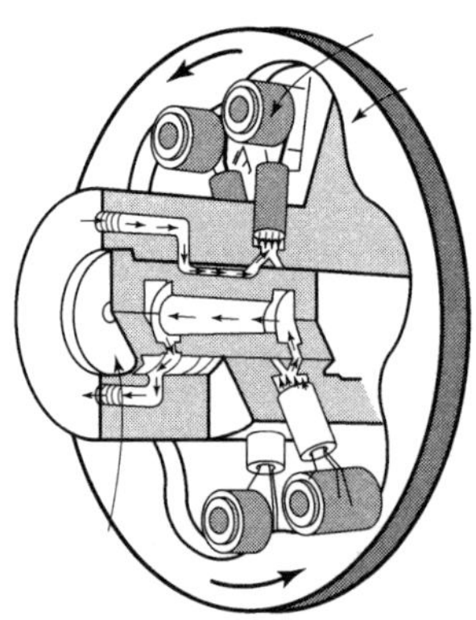

그림 6·33 캠 플레이트식 레이디얼 플런저모터

캠 플레이트가 회전하는 것과 실린더블록이 회전하는 것이 있다. 그림 6·32에서 실린더내의 유압에 의해서 플런저가 밀리는 힘 F_1과 캠 플레이트로부터의 반력 F_2(캠면에 수직)의 합력 $F_3(=F_2\cos\alpha)$에 의해서 실린더블록을 회전시키려고 하는 토크 $F_3R(=F_2R\cos\alpha)$가 발생한다. 실린더블록이 고정되어 있어서 캠 플레이트가 역방향으로 회전하게 된다. 캠 곡선의 형은 모두 플런저에 의해서 발생하는 토크의 합계가 항상 일정하게 되도록 만들어지고 있다. 크랭크식, 캠 플레이트식의 어느 경우에도 회전과 같은 크기로 움직이는 분배밸브에 의해서 팽창행정중의 실린더에 압유가 공급되고 있다.

레이디얼 플런저모터는 그 구조상 배제용적을 크게 하는 것이 가능하며 저속 대토크용으로 사용되고 있다. 이와 같이 배제용적을 크게 해서 대토크를 얻는 방법 외에 압출용적이 작은 고속형의 유압모터에 기어식 감속기를 붙여서 최종적으로 대토크를 얻는 방법도 채용되고 있다. 이 두 가지 방법은 다음과 같은 장점을 갖고 있다.

(1) 저속 대토크 모터의 장점

① 설치하는 자세, 부하와의 결합, 배치 등의 점에서 아주 좋다.
② 고속회전 부분이 없으므로 소음이 적고 수명도 좋다.
③ 부품수가 적으므로 고장이 적다.

(2) 감속기가 붙은 고속모터와 장점

① 저속 대토크 모터에 비하면 소형경량이다.
② 고속 모터는 유압펌프와 공통부품이 많기 때문에 양산화할 수 있고 값이 싸고 교환도 용이하다.
③ 감속비를 자유로 선택할 수 있으므로 부하와의 적합성이 우수하다.
④ 브레이크가 소형으로 견딘다.
⑤ 저속시의 운전이 저속 대토크 모터보다 원활하다.

6·3 요동형 액추에이터

요동형 액추에이터(rotary actuator)에 압유를 보내면 출력축에 토크가 발생하여 회전하는데 유압모터와 같이 연속적인 회전은 하지 않으며, 어떤 각도만큼 회전하면 회전이 멈추며 또 압유를 보내는 방향을 역으로 하면 반대방향으로 회전한다. 요동형 액추에이터는 비교적 큰 토크를

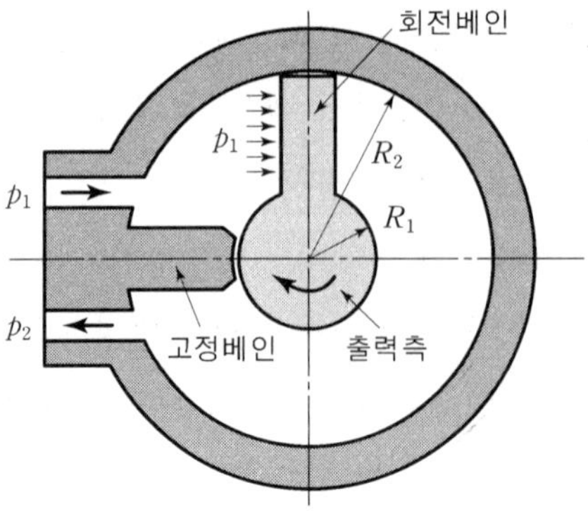

그림 6·34 싱글 베인형 요동형 액추에이터

낼 수가 있고, 여러 종류의 기계의 요동 운동부분이나 링크기구의 대우 부분에 사용되고 있지만 유압실린더나 유압모터에 비하면 이용이 대단히 적다.

그림 6·34의 베인 요동형 액추에이터에 대하여 생각하면 출력축에서 얻어지는 이론토크 T_{th}는 다음 식과 같다.

$$T_{th} = b\int_{R_1}^{R_2} \Delta p R\,dR = \frac{b}{2}(R_2{}^2 - R_1{}^2)\,\Delta p \tag{6·52}$$

윗식에서 R_1, R_2는 회전베인의 기초부 및 선단의 반지름, R은 베인의 임의의 점까지의 반지름, b는 로터의 폭이다. 그림 6·35(b), (c)와 같이 회전베인을 2매 또는 3매로 하면 출력토크는 식 (6·52)의 두 배 또는 세 배가 되지만, 회전각 범위는 대단히 작아진다. 그러나, 이와 같은 구조에서는 기름의 압력에 의해서 출력축에 작용하는 하중은 거의 평형이다.

베인 요동형 액추에이터는 베인의 선단과 측면의 시일(seal)에 기술적인 난점이 있다.

그림 6·35는 여러 종류의 피스톤 요동형 액추에이터이며, 유압에 의해서 움직이는 피스톤의 직선운동을 기구적으로 회전운동에 의해 변환시킨다.

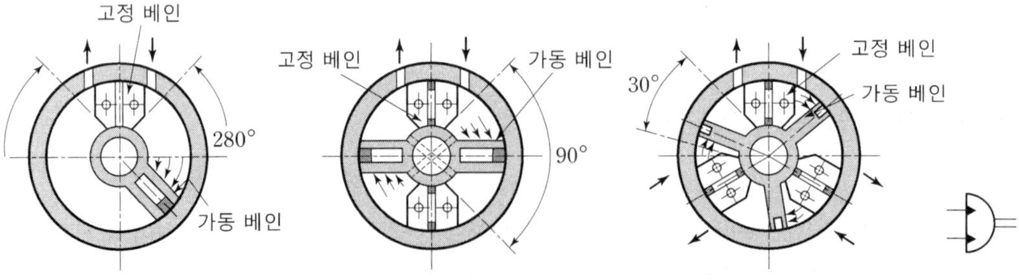

(a) 싱글베인형 (b) 더블베인형 (c) 트리플베인형 (d) 기호

그림 6·35 베인 요동형 액추에이터

표 6·4 요동형 액추에이터의 성능

작동형식		최대사용압력 $[kg_f/cm^2]$	최대출력 범위 〔kgm_f〕	작동범위	작동속도	비 고
베인형	싱글베인형	21~210	0.4~3500	280° 이내	이하가 많다 100[deg/s] 이하가 많다. 배관중의 유속 제한, 펌프의 토출량에 따라 한정된다. 피동물의 회전 속도 및 질량이 클 때는 외 스토퍼를 필요로 한다.	토크효율은 싱글베인형에서 80~90%, 더블베인형에서 90~95%, 베인시일의 양부는 성능에 큰 영향을 준다.
	더블베인형		37~8300	100° 이내		
피스톤형	피스톤랙형	70~150랙, 피니언, 체인 등의 강도, 또는 베어링의 드러스트 하중에 의해 제한된다.	용도에 따라 다르지만 4000 〔kgm〕 정도에서 제작된다.	조합에 따라 자유, 360° 이상도 가능 90° 이하가 많음		토크효율은 80% 이하가 보통이다. 용적효율은 100%에 가까운 것이 많다.
	플런저, 헬리컬 스프라이형					
	플런저 체인형					
	플런저 링형					

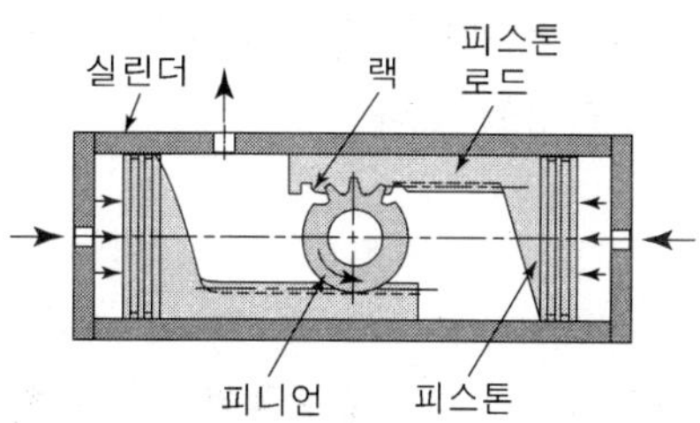

(a) 피스톤 랙형

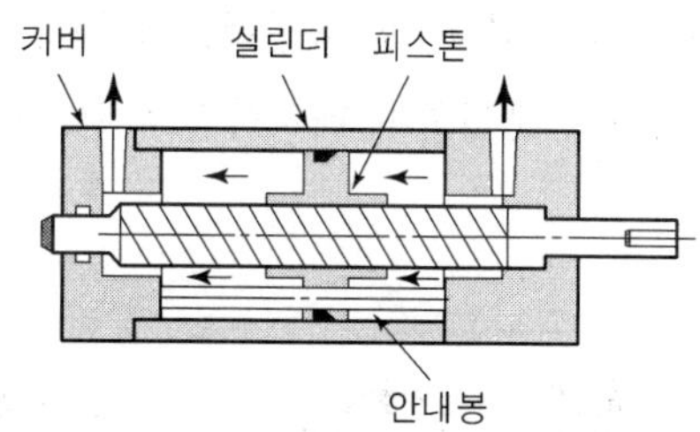

(b) 피스톤 헬리컬 스플라인형

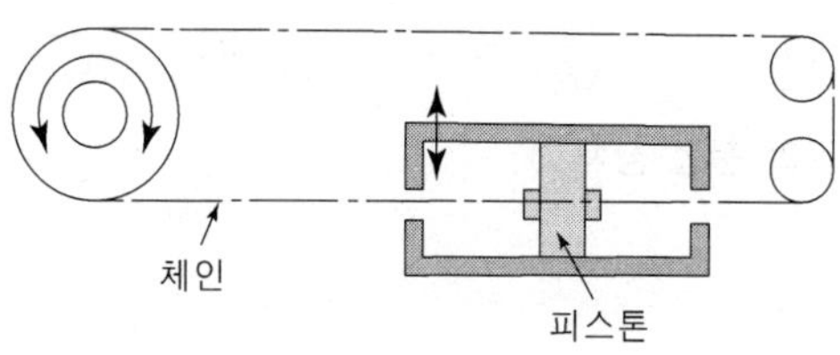

(c) 피스턴 체인형

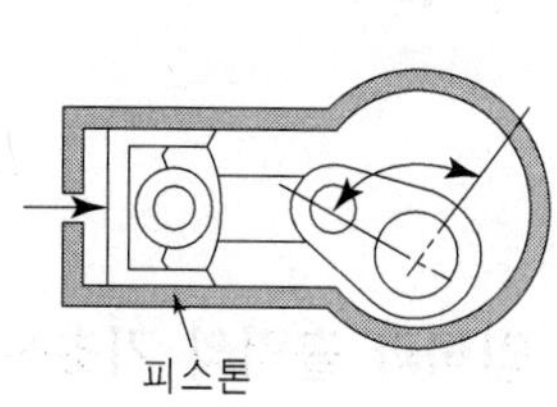

(d) 피스턴 링형

그림 6·36 피스톤형 요동형 액추에이터

회전각 범위를 360° 이상으로 하는 것도 가능하며 시일(seal)의 정도 문제가 없지만 구조는 베인형보다도 복잡하다.

6·4 전동장치

유압펌프와 유압모터를 조합시키는 계에서 유압펌프 또는 유압모터의 어느 쪽의 압출용적을 가변구조로 하였을 경우, 그 배제용적을 조절하는 데 따라서 펌프 입력축과 모터 출력축의 회전 속도비를 연속적으로 변화시킬 수 있다.

이 경우 동시에 입력축과 출력축의 토크비도 연속적으로 변화한다. 이와 같이 유압 동력을 매개로 해서 입력축과 출력축의 속도비와 함께 토크비를 연속적으로 변화시키는 장치를 유압 전동장치(hydrostatic power transmission)라고 한다.

그림 6·37과 같이 유압펌프를 가변용량형으로 하는 경우 그림 6·37(a)와 유압모터를 가변용량형으로 하는 경우 그림 6·37(b)가 있고, 때로는 양자를 가변 용량형으로 할 경우 그림 6·37(c)가 있는데 각각 다른 특성을 가지고 있다. 그 밖에도 유압펌프와 유압모터의 양자를 정용량형으로 하는 것도 있지만, 이 경우에는 바이패스(bypass) 회로를 설치하여 펌프의 배출량의 일부를 빼냄으로써 속도비를 변하게 하는 것으로 동력전동효율이 아주 낮아진다.

유압 펌프와 유압 모터의 종류로는 기어형(gear type), 베인형(vane type), 플런저형(plunger type)의 어느 것이라도 좋으나, 플런저형이 가장 많이(특히 가변용량형일 경우에는) 이용되고 있다. 또 유압펌프와 유압모터의 배치에는 양자를 일체로 조립하는 구조의 일체형과 양자를 분리하여 배치시키고 관로로 연결하는 분리형도 있다.

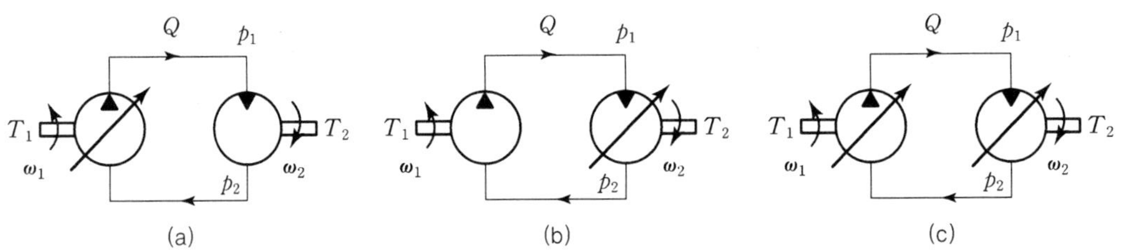

그림 6·37 유압 전동 장치

6·4·1 입력과 출력의 기초식

유압전동방치의 특성을 표시하기 위해 기호를 표 6·5와 같이 정한다.

회로를 순환하는 작동유의 유량 Q는 다음 식으로 된다.

$$Q = V_1 n_1 \eta_{v_1} = \frac{V_2 n_2}{\eta_{v_2}} \tag{6·53}$$

따라서 출력축과 입력축의 속도비 e는

표 6·5

	펌 프	모 터
압축용적 [cm^3/rev]	V_1	V_2
회전속도 [rev/s]	n_1	n_2
축토크 [kg_f/cm]	L_1	L_2
용적효율 [kg_fcm/s]	η_{v1}	η_{v2}
토크효율	η_{T1}	η_{T2}
총효율	η_1	η_2

$$e = \frac{n_2}{n_1} = \frac{V_1}{V_2}\,\eta_{v_1}\eta_{v_2} \qquad (6\cdot54)$$

가 되므로 속도비 e는 배제 용적의 비 V_2/V_1에 반비례한다. 펌프의 압출 용적 V_1을 영 부근에서 순차적으로 크게 함에 따라 모터를 $n_2=0$에서 기동시킬 수 있다. 또 펌프의 토출 방향이 가역형일 경우, 출력축은 정역 양방향으로 회전한다. 유압펌프 및 유압 모터의 압력차를 $\varDelta P$라고 하면(접속관로에서의 압력손실을 무시하였을 때) 입력축과 출력축의 토크 T_1, T_2는 각각 다음 식이 된다.

$$T_1 = \frac{\varDelta P V_1}{2\pi\eta_{T_1}} \qquad (6\cdot55)$$

$$T_2 = \frac{\varDelta P V_2}{2\pi}\,\eta_{T_2} \qquad (6\cdot56)$$

따라서 출력축과 입력축과의 토크비 t는

$$t = \frac{T_2}{T_1} = \frac{V_2}{V_1} = \eta_{T_1}\,\eta_{T_2} \qquad (6\cdot57)$$

가 되므로, 토크비 t는 배제용적의 비에 비례한다. 저속 대토크 모터는 V_2가 대단히 크기 때문에 토크비를 아주 크게 할 수 있다.

회로의 압력차 $\varDelta P$는 부하 토크의 크기와 모터의 배제 용적 V_2에 응해서 발생한다. 출력으로부터 얻어지는 토크의 최대값은 사용하고 있는 펌프, 모터에서 허용되는 최대 압력의 크기에 의하여 제한된다.

입력축과 출력축의 축동력 L_1, L_2는 각각 다음 식과 같다.

$$L_1 = \frac{\varDelta PQ}{\eta_1} = 2\pi n_1\,T_1 \qquad (6\cdot58)$$

$$L_2 = \Delta PQ\eta_2 = 2\pi n_2 T_2 \tag{6·59}$$

따라서 유압 전동 장치의 총효율 η는 다음 식이 된다.

$$\eta = \frac{L_2}{L_1} = \frac{2\pi n_2 T_2}{2\pi n_1 T_1} = e\,t = \eta_1\,\eta_2 \tag{6·60}$$

η_1, η_2의 최대값은 0.9정도인데 전체 효율의 최대값은 80% 전후가 된다.

기름 보급용이나 가변 용량 기구를 움직이는 서보용으로 보조 플런저를 내장시킨 것에서는 그 부분에서 소비되는 동력이 있으므로 총효율은 윗식에 의한 값보다도 약간 낮아진다.

6·4·2 가변용량형 펌프와 정용량형 모터

그림 6·36(a)와 같이 가변용량형 펌프와 정용량형 모터로 구성되는 유압 전동장치에서는 펌프의 압출 용적 V_1을 변화시킴으로써 속도비 e와 함께 토크비 t를 연속적으로 변화시킬 수 있다. V_1의 최대값을 $V_{1\max}$라고 하면, e의 최대값 $l_{\max}$은

$$l_{\max} = \frac{V_{1\max}}{V_2} \tag{6·61}$$

이므로 속도비 e와 토크비 t는 다음 식이 된다.

$$e = \frac{V_1}{V_{1\max}}\, e_{\max}\, \eta_{V_1}\, \eta_{V_2} \tag{6·62}$$

$$t = \frac{V_{1\max}}{V_1}\, \frac{1}{e_{\max}}\, \eta_{T_1}\, \eta_{T_2} \tag{6·63}$$

그림 6·38은 n_1을 일정하게 하고, $\eta_1 = \eta_2 = 1$ 이라고 하였을 때에 속도비 e의 변화에 대한 전동 특성을 나타낸다. 이 방식의 유압전동장치는 많은 용도에 합치되는 전특성을 갖기 때문에 가장 널리 이용되고 있다.

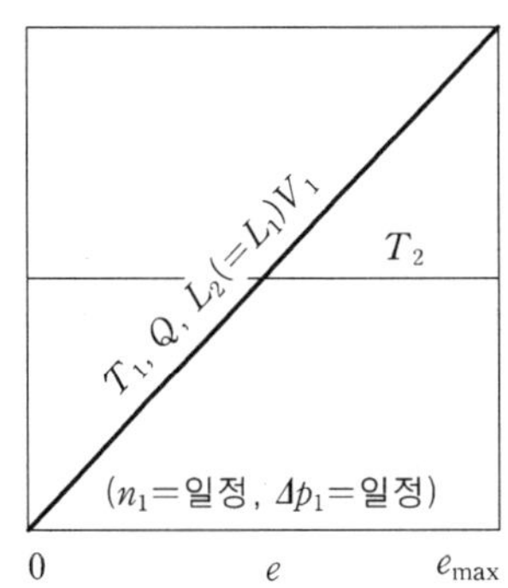

그림 6·38 가변 용량 펌프와 정용량 모터의 조합

6·4·3 정용량형 펌프와 가변용량형 모터

그림 6·37(b)와 같이 정용량형 펌프와 가변 용량형 모터로 구성되는 유압전동 장치에서는 유압 모터의 압출 용적 V_2를 변화시킴에 따라서 속도비 e와 함께 토크비 t를 연속적으로 변화시킬 수 있다.

모터의 압출 용적의 최대값을 $V_{2\max}$, e의 최소값을 $e_{\min}$라고 하면

$$e_{\max} = \frac{V_1}{V_{2\max}} \tag{6·64}$$

이므로 속도비 e와 토크비 t는 다음 식이 된다.

$$e = \frac{V_{2\max}}{V_2} e_{\min} \eta_{V_1} \eta_{V_2} \tag{6·65}$$

$$t = \frac{V_2}{V_{2\max}} \frac{1}{e_{\min}} \eta_{T_1} \eta_{T_2} \tag{6·66}$$

그림 6·39은 n_1을 일정하게 하고, $\eta_1 = \eta_2 = 1$이라고 하였을 때에 속도비 e의 변화에 대한 전동 특성을 나타낸 것이다.

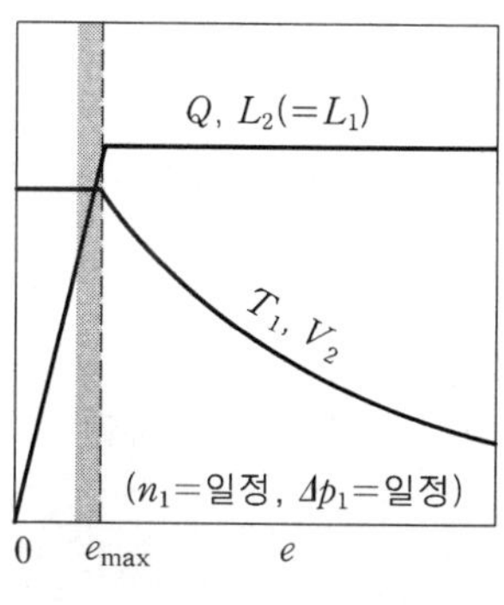

그림 6·39 정용량형 펌프와 가변 용량형 모터의 조합

6·4·4 가변용량형 펌프와 가변용량형 모터

그림 6·37(c)과 같이 펌프와 모터 양자를 가변 용량형으로 하는 유압전동 장치에서는 광범위한 변속이 가능하며, 전동특성도 융통성이 있으나, 고가인 것이 결점이다.

일반적으로 이 전동 장치에서는 그림 6·40과 같이 저속도비의 범위에서는 모터 압축 용적 V_2를 최대로 하고 펌프 배제 용적 V_1을 바꾸어서 속도비를 변화시킨다. 따라서 전동특성은 저속도비의 범위에서는 그림 6·38의 경우와 같은 상태가 되고, 고속도비의 범위에서는 그림 6·40의 경우와 같이 된다. 그림 6·40은 그 전동의 특성을 나타내고 있다.

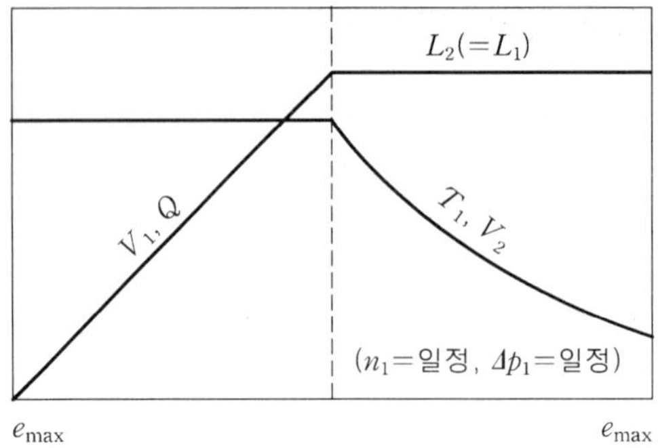

그림 6·40 가변 용량 펌프와 가변 용량 모터의 조합

6·4·5 유압전동장치의 특성

유압전동장치 이외에 기어식과 같이 토크 변환장치(torque converter)가 있는데 각각 일장 일단이 있으며, 그 장점이 발휘되는 응용 분야에서 사용되고 있다. 유압전동 장치의 장점과 단점은 다음과 같다.

(1) 유압전동장치의 장점

① 광범위한 무단변속이 가능하다.
② 정역전의 변화에 클러치나 기어를 필요로 하지 않는다.
③ 원동기의 회전수가 일정하여도 출력측의 회전수를 조절할 수 있다.
④ 변속의 자동화가 용이하다.
⑤ 출력측의 장치 부착 상태나 위치를 자유로 선택할 수 있다.

(2) 유압전동장치의 단점

① 전달동력을 크게 하려면 장치 전체가 커진다.
② 전달효율이 기어식에 비하여 낮다.

유압전동장치의 전달 효율을 개선하기 위해서 유압전동장치와 기어식 전동장치를 조합시킨 방식이 고안되고 있다. 이것은 동력분할 방식이라고도 하고 있으며, 전달 동력을 가능한한 기어로 전달하고 변속에 필요한 동력만을 유압으로 전달하는 방식이다. 그림 6·41은 그 원리도이며, 유성기어(sun and planet gear) 부분에서 기계적으로 전달되는 동력과 유압에 의해서 전달되는 동력을 합하여 출력축에 전달하고 있다. 변속 범위를 작게 하는 정도에 따라 기계적으로 전달되는 동력의 비율이 커지므로, 전동장치 전체의 전달효율이 좋아진다.

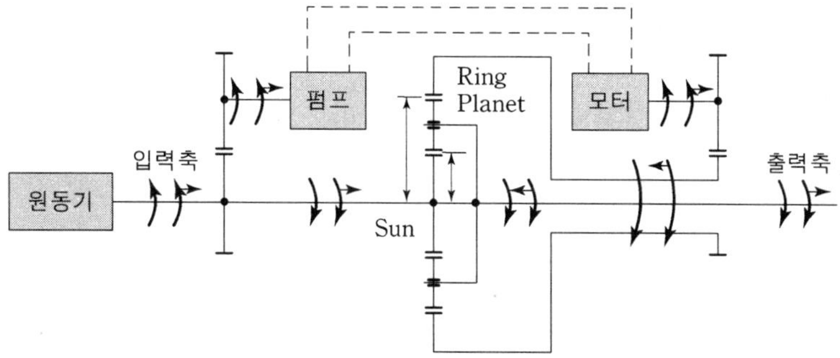

그림 6·41 유압-기계식 전동 장치

연습문제

1. 토크효율 90%의 유압모터에서 압력 210[kg_f/cm^2], 부하토크 25[$kg_f \cdot m$]일 때, 유압모터의 압출용적을 얼마로 하여야 되는가? 또한 기동 토크 효율이 70%이면 기동시에 필요한 압력은 얼마인가?

2. 압력 175[kg_f/cm^2]의 압유를 매분 12[l]씩 유압모터에 공급했을 때 출력 토크가 4[$kg_f \cdot m$], 회전수 700[rpm]을 얻었다. 이 유압모터의 총효율을 구하여라.

3. 기어모터(외접)에서 모듈 4[mm], 잇수 15, 이폭 50[mm], 공구압력차 20°인 경우 공급압력 210[kg_f/cm^2]일 때에 얻어지는 이론토크를 구하여라. 또, 이 토크의 파동률을 계산하여라.

4. 베인모터의 회전속도를 올리지 않으면 베인의 선단이 캠링내면에서 떨어지는 수가 있는데 그 원인에 대하여 고찰하여라(캠곡선이 2차식일 때).

5. 액셜 플런저모터에서 경사축식보다도 경사판식이 기동토크 효율 η_{Ts}가 낮은 이유를 설명하여라. 또 작용압력 $\Delta p(=p_1-p_2)$가 일정한데도 출구압력 p_2가 작용할 때에는 η_{Ts}가 저하하는 원인에 대해서도 설명하여라.

6. 압축용적 40[cm^3/rev]의 유압모터에 모터 입구와 함께 공급관로 내의 기름의 체적 1,000[cm^3], 기름의 압축률 7×10^{-5}[cm^2/kg_f], 부하의 관성모멘트 2[$kg_f \cdot cm \cdot s^2$]일 때, 이 계의 고유각주파수를 구하여라.

7. 유압 전동 장치에서 부하 토크 7 [kg_f · m]로부터 부하의 회전 속도를 300~1200 [rpm]의 범위에서 변경시키는 데는 유압 모터(정용량)의 압출 용적과 유압펌프(가변 용량)의 최대 압출 용적을 얼마로 하면 되는가? 단, 펌프축의 회전속도는, 회로압력은 140 [kg_f/cm^2], 유압 펌프와 유압 모터의 용적효율은 모두 92%, 유압 모터의 토크 효율은 90%라고 한다.

8. 유압전동 장치에서 부하의 최소 회전 속도 3000 [rpm]일 때의 부하 토크가 15 [kg_f · m]이며, 회전 속도의 증가에 역비례하여 부하 토크가 감소하는 경우, 유압 모터(가변 용량)의 최대 압출 용적과 유압 펌프(정용량)의 압출 용적을 얼마로 하면 되는가? 또, 펌프축의 토크와 동력 [kW]은 얼마인가? 단, 펌프축의 회전속도는 1500 [rpm], 회전 압력은 175 [kg_f/cm^2], 유압펌프와 유압모터의 용적 효율은 모두 94%, 토크 효율은 모두 92%이다.

9. 유압전동 장치에서 기름의 압출법을 무시하였을 때에 펌프의 압출 용적의 변화 $x(= V_1 / V_{1\max})$를 입력으로 하고, 모터의 회전 속도 n_2를 출력으로 하는 전달 함수를 구하여라.

10. 유압모터의 종류와 각각의 특징을 논하여라.

11. 유압전동장치의 특성을 간단히 논하시오.

7장
유압장치의 부속기기

유압장치를 구성하는 주요한 기기인 유압펌프, 유압액추에이터, 유압제어밸브에 대하여 설명하였는데 이들의 기기는 그 기능을 충분히 발휘시키기 위하여 축압기, 여과기, 유냉각기, 기름탱크 등의 부속기기를 설비하고 있다. 이들은 관, 관이음 등 배관에 의하여 연결되어 유압회로를 이루고 있다. 이 일련의 유기적인 구성을 유압장치라 한다. 이 장에서는 유압부속기기에 대하여 설명하기로 한다.

7·1 축압기

7·1·1 축압기의 특성

축압기(accumulator)는 용기 내에 고압유를 압입한 것으로서 유압유의 에너지를 일시적으로 축적하는 역할을 한다. 그 구조는 간단하고, 용도도 광범위하며 유압장치의 계획에 절대로 없어서는 안 될 중요한 것의 하나이다.

(1) 에너지 보조원

축압기는 유압 장치의 보조기기로서 소량의 압력에너지를 저장하는 기능을 갖고 있다. 따라서 에너지 보조원 용기이다.

에너지를 축적하였다가 간헐적 또는 순간적으로 운동이 요구될 때 펌프에서 발생되는 압력으로서 순간적인 압력상승이 어렵기 때문에 이 축압기의 압력을 이용한다. 펌프 대신으로 유압에너지원으로서 단독으로 이용하기도 한다.

(2) 대유량의 순간적 공급

짧은 시간에 높은 압력을 필요로 할 때 대용량펌프 대신에 미리 용기 내에 압입한 고압유를 저부하쪽으로 방출하여 순간적 또는 간헐적으로 대부하를 구동한다.

(3) 서지압 흡수

부하의 변동이나 밸브의 개폐를 급하게 하면 회로 내 서지압이 발생되는데 이 압력은 불필요한 고압으로서 회로상에 기기를 손상시킬 염려가 있다. 이러한 서지압을 흡수하는 역할을 한다. 또한 펌프의 파동압을 제거시키는 역할도 한다.

(4) 유량의 보조원

펌프가 토출하는 유량보다도 순간적으로 많은 유량이 요구되는 작동에서는 그 부족한 유량을 축압기에서 보충해주는 역할을 한다. 그밖에 누설로 인한 손실유량이나 온도변화에 따른 체적 변화의 보상용으로 사용된다.

(5) 압력을 일정하게 유지시킬 경우

유압펌프를 정지시킨 채 회로상의 일정한 소정의 압력을 유지하기 원할 때 사용된다.

7·1·2 축압기의 종류

축압기는 고압유를 축적하는 방법으로서 중량에 의한 것, 스프링에 의한 것, 공기나 질소가스 등의 기체의 압축성을 이용한 것 등이 있다. 또 구조상 블래더형(bladder type), 다이어프램형(diaphragm type), 플런저형(plunger type) 등이 있는데 일반산업용으로서는 블래더형이 많이 쓰이고 있다. 또한 축압기는 고압유를 축적시키는 방법으로서 크게 비분리형 축압기(nonseparator type accumulator)와 분리형 축압기(separator type accumulator) 두 가지로 대열할 수 있다.

축압기의 종류로서는 스프링형, 중추형, 가스압축형, 다이어프램형, 플런저형, 블레더형 등이 있다.

(1) 스프링가압형 축압기

스프링가압형 축압기(spring type mechanical accumulator)는 일반적으로 소형이며 저압용으로 비교적 염가인 그림 7·1은 스프링형 어큐뮬레이터의 내부 구조를 나타내는 그림이며, 중앙 부근에 격막을 두고 위쪽의 방에 스프링과 가스를 봉입하여 아래쪽에서 들어오는

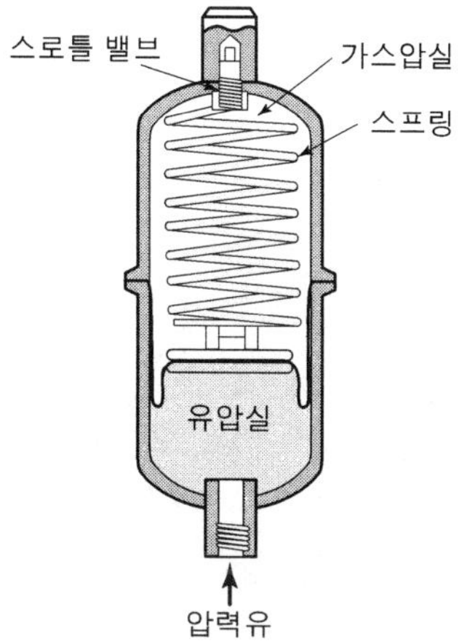

그림 7·1 스프링형 어큐뮬레이터

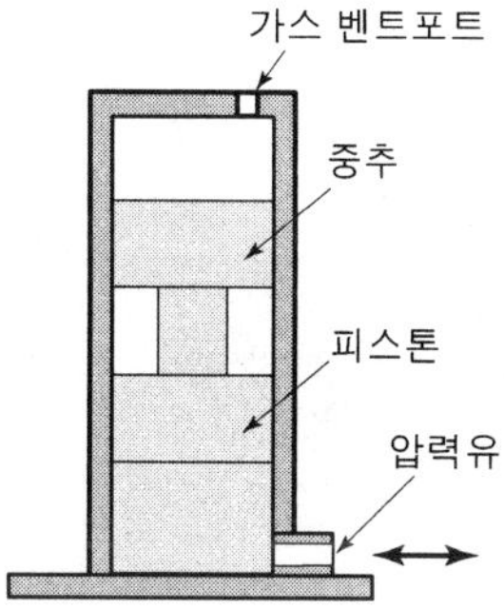

그림 7·2 중추형 어큐뮬레이터

작동유에 압력을 걸게 하고 있다.

이 스프링에도 가스가 없는 저압용, 격막의 대신에 플런저 형식으로 되어 있는 것 등 메이커에 따라서 구조가 다르다.

(2) 중추형 축압기

중추형 축압기(weight type accumulator)는 일정압의 공급이 가능하고, 대형이며, 기름누설 이유가 구조상 있으나 크게 염려되지는 않으며, 중추형의 원리는 그림 7·2와 같고 추와 유압실 내의 작동유압력이 평형하여 압력에너지를 축적하게 되어 있다.

이 형식은 압력유를 방출할 경우, 처음부터 끝까지 그 압력이 일정하다는 이점을 가지고 있으나 약간 응답성이 나쁘다는 결점이 있어 맥동이나 충격의 방지에는 부적당하다.

구조는 간단하지만 형태가 크게 되는 동시에 설치 장소를 넓게 취하기 때문에 고가로 된다는 결점도 있다.

(3) 가스 압축형 축압기

이 형식은 그림 7·3에 나타낸 바와 같이 작동유에 공기 또는 질소 가스 등의 기체가 직접 접촉하고 있는 것으로서 그 구조는 매우 간단하고 대용량용의 어큐뮬레이터에 적합하다. 그러나 유면에 기체가 직접 접촉하고 있으므로 기름 속에 기체가 혼입하기 쉽고 그 때문에 트러블이 발생한다는 결점을 고려하여야 한다. 또한 가격이 염가이고 대형에 적합하다.

(4) 다이어프램형 축압기

다이어프램형 축압기(diaphram type accumulator)는 용기의 형상도 구형으로 되어 있는 것

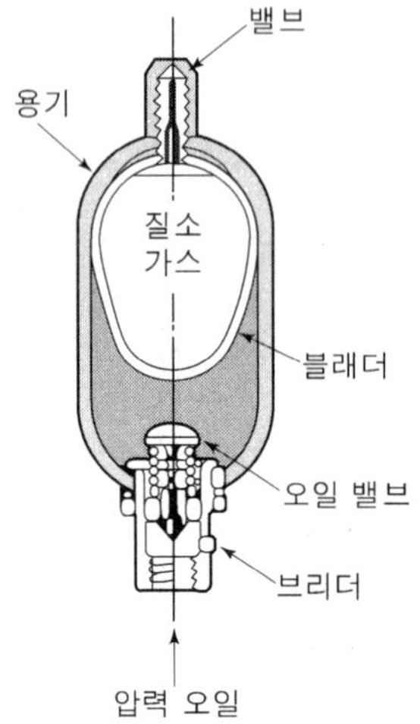

그림 7·3 가스 압축형 어큐뮬레이터

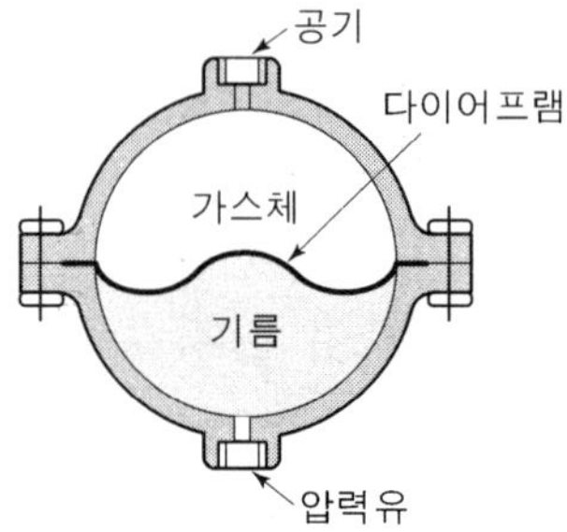

그림 7·4 다이어프램형 어큐뮬레이터

이 보통이고, 소형이며, 고압용으로 사용되고 있다.

이 형식은 앞 항에 나타낸 공기 압축형의 개량 형식이라고도 말할 수 있는 것으로 그림 7·4에 나타내는 바와 같이 다이어프램(diaphram ; 격막)을 중앙에 두고서 기체와 기름의 직접 접촉을 방지한 것으로 되어 있다.

(5) 플런저 축압기

플런저 축압기(plunger type accumulator)는 그림 7·5에 나타낸 바와 같이, 실린더 내에 플런저를 끼워 맞추어 기체실과 유실을 구분하고 있는 구조로 되어 있다.

플런저형은 형상이 간단하고 튼튼한데 실린더내면은 고정도로 가공되고, 알맞은 패킹에 의하여 시일을 완전하게 하기 때문에 일반적으로 값이 비싸다. 또 플런저 부분의 마찰저항과 기름의 누설 등에 문제가 있다.

사용온도는 블래더형에 비하여 범위가 넓고, 저온시(−50 [°C] 이상), 고온시(+120 [°C] 이하)에도 사용된다.

(6) 블래더형 축압기

블래더형 축압기(bladder type accumulator)는 대형제작이 용이하다. 블래더(bladder)라는 것은 고무 주머니를 말하며 강철제의 용기에 기체를 봉입한 고무 주머니를 넣는 것이다. 기체는 주로 질소 가스가 사용된다. 이 형식은 응답성도 좋고, 그 관성력도 적고 또한 소형이기 때문에 비교적 많이 사용되고 있다.

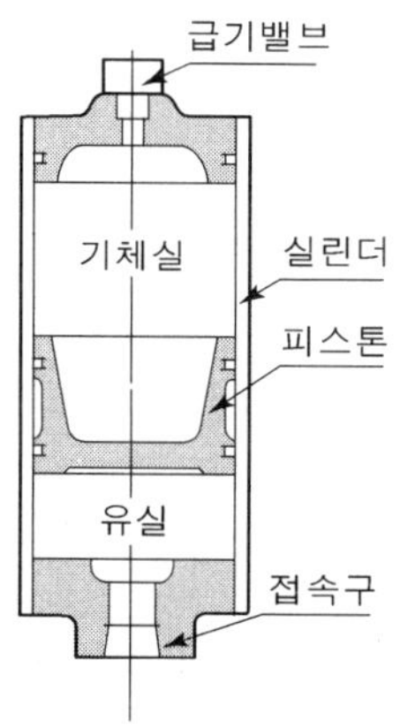

그림 7·5 플런저형 어큐뮬레이터

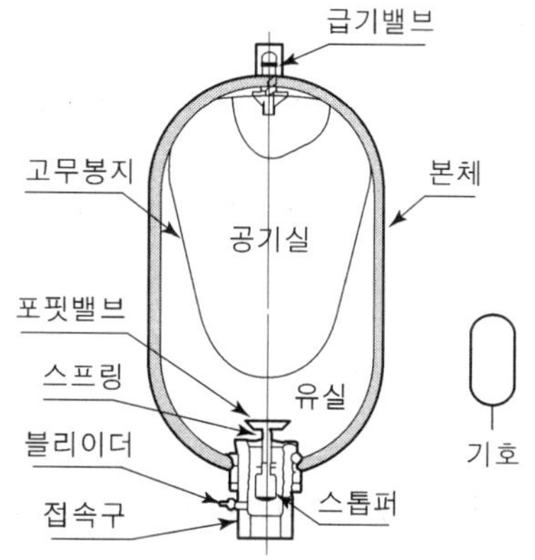

그림 7·6 블래더형 어큐뮬레이터

블래더형 축압기는 그림 7·6에 나타내는 바와 같은 구조로서 기체는 탄성이 풍부한 특수합성고무 봉지에 급기밸브를 끼워 외부에서 봉입되고, 하부의 기름의 출입구에는 포켓 밸브가 있어서 고무 봉지가 팽창함에 따라 닫히며, 고무 봉지가 용기 내에서 튕겨 나오지 않도록 보호하고 있다.

표 7·1에 각 형식의 특징을 나타낸다.

표 7·1 유압기의 형식별 특징

형식	압력의 적응성	용량의 제한	압력의 제한	가스의 누설	온도 범위
블래더형	양호	60[l] 정도까지	420 [kg_f/cm^2] 까지	거의 없음	−10～+70°C
다이어프램형	양호	1[l] 정도까지	70 [kg_f/cm^2] 까지	거의 없음	−10～+70°C
피스턴형	그지다 좋지 않음	있음	210 [kg_f/cm^2] 까지	다소 있음	−50～+120°C

7·1·3 축압기의 용적

에너시 보조원으로 사용할 경우에 축압기는 보일(Boyle)의 기체법칙에 기초를 두고 작동되고 있다. 기체의 체적과 압력의 기본 관계식은 다음과 같다.

$$P_1 V_1{}^k = P_2 V_2{}^k \tag{7·1}$$

여기서 P_1 : 최초의 기체의 절대압력 $[kg_f/cm^2]$

P_2 : 최종의 기체의 절대압력 $[kg_f/cm^2]$

V_1 : 최초의 기체 체적 $[cm^3]$

V_2 : 최종의 기체 체적 $[cm^3]$

k : 비열비(C_p/C_v)

기체의 상태는 등온변화(Isothermal change)와 단열변화(adiabatic change)에 의하여 변화한다. 기체가 서서히 압축하거나 팽창하여 열의 교환이 충분히 이루어지는 경우를 등온변화로 본다. 이때 비열비는 $k=1$ 이다. 기체가 급하게 압축 혹은 팽창하여 열의 전달이 이루어지지 않는 경우를 단열 변화로 본다. 이때 비열비는 공기나 질소(N_2)인 경우 $k=1.4$ 이다.

즉, 등온변화인 경우 : $P_1V_1=P_2V_2$ (7·2)

단열변화인 경우 : $P_1{V_1}^{1.4}=P_2{V_2}^{1.4}$ (7·3)

고무장식이나 다이어프램식 축압기는 합성고무로 기체와 작동유를 분리시키고 있기 때문에 열전달의 효과가 적고 기체의 압축과 팽창이 빨리 이루어지므로 단열 변화과정이 일어난다고 본다. 그러나 변화과정이 서서히 이루어져서 열의 전달이 충분히 이루어지는 경우는 등온변화로 볼 수 있다.

축압기의 용량을 계산하려면 사용 목적에 따라 여러 가지 방법이 있다. 그러나 어느 것이나 실용치이므로 실제로 용량을 결정할 때는 계산결과보다 조금 크게 선택하는 것이 안전하다.

에너지 보조원으로 사용되는 축압기의 용량을 계산하는 방법은 다음과 같다.

그림 7·7은 축압기 내의 기체의 압축과 팽창을 표시한 것이다. 그림 7·7(a)는 기체를 봉입한

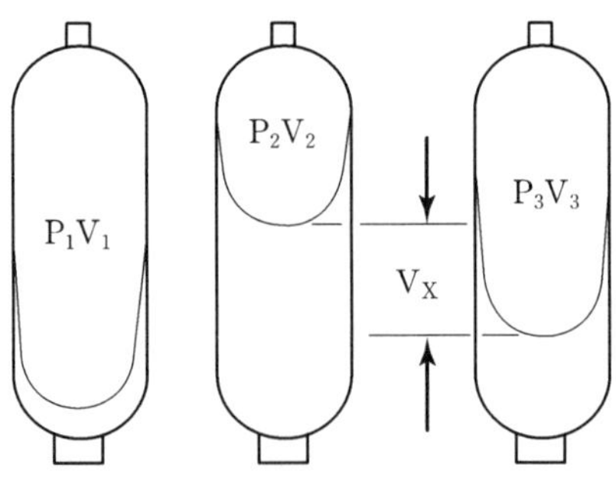

(a) 축압전상태 (b) 축압시 (c) 축압사용상태

그림 7·7 기체의 압축과 팽창

압력과 체적을 나타내고, 그림 7·7(b)는 유압의 최고작동압력이 유입되어 기체의 체적이 압축되고 압력은 작동유의 최고압력과 같아진다는 것을 나타내고, 그림 7·7(c)는 압유가 유출된 후의 기체의 압력과 체적을 표시한 것이다.

축압기의 용량은 기체를 처음 봉입시킨 체적 V_1 [cm^3]으로 표시한다. V_1을 구하는 식은 등온변화인 경우와 단열변화인 경우 다르다.

$$\text{등온변화인 경우: } V_1 = \frac{V_x \left(\dfrac{P_3}{P_1}\right)}{1 - \left(\dfrac{P_3}{P_2}\right)}$$

$$\text{단열변화인 경우: } V_1 = \frac{V_x \left(\dfrac{P_3}{P_1}\right)^{1/k}}{1 - \left(\dfrac{P_3}{P_2}\right)^{1/k}}$$

여기서 V_1 : 최초의 봉입된 기체의 체적 [cm^3]

V_2 : 유압회로의 최고압력이 작용했을 때 압축된 기체의 체적 [cm^3]

V_3 : 회로의 최저압력일때 팽창된 기체의 체적 [cm^3]

V_x : 축압기로부터 유출된 유량 [cm^3] $V_x = V_3 - V_2$

P_1 : 최초의 봉입된 기체의 절대압력 [kg$_f$/cm^2] $P_1 \leqq P_3$

P_2 : 기체 V_2일 때 기체의 절대압력 [kg$_f$/cm^2] 시스템압력과 같다.

P_3 : 기체 V_3일 때 기체의 절대압력 [kg$_f$/cm^2]

7·1·4 축압기 설치시 주의사항

축압기는 고압용기이므로 설치나 취급할 때 특히 다음 사항에 주의하여야 한다.

① 점검 보수에 편리하고 접근하기 쉬운 곳에 설치할 것.

② 축압기와 회로배관 사이에는 차단 밸브를 설치하여 회로압이 봉입 가스압력보다 낮은 경우에는 밸브로 차단시켜 놓을 것. 이 밸브를 사용하여 축압기로부터의 방출량을 조정할 수도 있다.

③ 펌프와 축압기와의 사이에는 체크밸브를 설치하여 압유가 펌프 쪽으로 역류되지 않도록 할 것.

④ 맥동, 충격완충용은 가급적 충격발생장소에 가깝게 장착하고, 입구를 아래쪽으로 향하게

끔 하는 것을 원칙으로 할 것.

⑤ 진동이 심한 곳에서는 충분한 지지기구로 완전히 고정시킬 것.

⑥ 관로에 장착한 축압기는 그 입구 면적과 유압력의 곱에 상당하는 불평형력이 작용하므로 지지기구로 단단히 지지할 것.

⑦ 축압기에 용접, 가공, 구멍뚫기 등은 절대로 피할 것.

⑧ 기체의 예압력은 밸브가 열려 유속이 최대로 되었을 때의 밸브에 걸리는 정압과 같게 되는 것이 적정압력이다. 배관 중에 많은 밸브가 있어 그 개폐빈도가 많을 경우에는 가스 예압력은 평균배관압력의 60%정도로 하는 것이 좋다.

⑨ 가스 봉입시, 우선 축압기 안에 소량의 압유를 넣고 가스를 압입하여 압입한 가스압으로 블래더가 팽창하였을 때 흠이 나지 않도록 유의할 것.

⑩ 봉입가스압은 약 6개월 마다 점검하여, 항상 소정의 예압력을 유지하도록 할 것.

⑪ 운반, 설치, 제거시에는 반드시 봉입한 가스를 빼고 작업할 것.

예제 1

유압시스템의 최대압력이 $210\,[\mathrm{kg_f/m^2}]$인 유압회로가 있다. 최저작동압력이 $100\,[\mathrm{kg_f/m^2}]$에서 $5l$의 유량을 유출시키기 위한 축압기의 용량을 등온변화일 때와 단열변화일 때 각각 계산하여라. 질소가스의 최초봉입압력은 $70\,[\mathrm{kg_f/m^2}]$이다.

풀이 (1) 등온변화인 경우 : $V_1 = \dfrac{V_x\left(\dfrac{P_3}{P_1}\right)}{1-\left(\dfrac{P_3}{P_2}\right)} = \dfrac{5000\left(\dfrac{100}{70}\right)}{1-\left(\dfrac{100}{210}\right)} = 20,447\ [\mathrm{cm^3}]$

(2) 단열변화인 경우 : $V_1 = \dfrac{V_x\left(\dfrac{P_3}{P_1}\right)^{1/n}}{1-\left(\dfrac{P_3}{P_2}\right)^{1/n}} = \dfrac{5000\left(\dfrac{100}{70}\right)^{1/1.4}}{1-\left(\dfrac{100}{210}\right)^{1/1.4}} = 20,963\ [\mathrm{cm^3}]$

예제 2

사용펌프의 송출압력을 $140[\mathrm{kg_f/cm^2}]$이라 하고, 사용회수가 0.5[회/분]일 때 유압프레스에 있어서 가압력 50[t], 램의 행정 10[cm], 속도 4[cm/s]였다. 축압기를 사용할 때와 사용하지 않을 때의 소요동력을 구하라. 단, 축압기를 사용시 압력은 $100[\mathrm{kg_f/cm^2}]$이다.

풀이 (1) 축압기를 사용하지 않을 때

램의 단면적은

$$A = \frac{F}{P} = \frac{50000}{140} = 357\,[\mathrm{cm}^2]$$

유량은 연속의 식에 의하여

$$Q = V \times A = 4 \times 357 = 1430[\mathrm{cm}^3/s] = 85.8[l/\mathrm{min}]$$

따라서 펌프동력은

$$L_p = \frac{P \times Q}{450} = \frac{140 \times 85.5}{450} = 26.7\,[\mathrm{PS}]$$

(2) 축압기를 사용할 경우

작동압력은 $100[\mathrm{kg_f/cm^2}]$이므로, 램의 단면적은

$$A = \frac{F}{P} = \frac{50000}{100} = 500\,[\mathrm{cm}^2]$$

소요유량은

$$Q = V \times A = 4 \times 500 = 2000[\mathrm{cm}^3/\mathrm{s}] = 120[l/\mathrm{min}]$$

소요유량을 전부 축압기에서 공급한다고 하면 행정 10[cm]에 요하는 시간은 2.5[s]이고, 이 시간 동안 축압기에서 공급하면 되며, 축압기은 5[l]로서 충분하다. 축압기에 공급하여야 할 기름의 유량은 2분간에 5[l]이며, $Q = 2.5[l/\mathrm{min}]$로 된다.
따라서 소요동력은

$$L_p = \frac{140 \times 2.5}{450} = 0.78\,[\mathrm{PS}]$$

7·2 증압기

증압기(hydraulic booster)는 유압펌프나 기름탱크 등으로 구성되어 있는 유압 발생 유닛에서 보내오는 저압 대용량의 작동유를 또는 대량의 압축공기를 고압 소용량의 작동유로 변환시키기 위한 기기이며 부스터(booster)라고 불리우고 있다. 저압대유량의 동력을 고압소유량의 동력으로 변환하는 유압 기기를 증압기(booster 혹은 intensifier)라 한다. 유압 시스템에서 어느 일부의 압력만을 고압으로 할 때 고압 펌프 대신에 이용하면 경제적인 면에서 유리하다.

증압기는 기능상 단동 증압기(single action booster)와 복동 증압기(double action booster)로 분류하고 전자는 일방향으로 작동할 때만 증압기능을 발휘하고 후자는 좌우왕복행정 모두 증압 기능을 발휘하는 것을 말한다. 증압기는 유압 실린더의 로드엔드(rod end) 측을 램(ram)형의 실린더로 되어 있다. 따라서 1차측(저압)과 2차측(고압)의 압력비는 내부의 램 면적비에 역비례하므로 1차측에 저압유를 유입하면 2차측은 그것에 따라 고압이 발생한다.

7·2·1 증압기의 구조와 원리

(1) 기름 대 기름형 증압기의 구조와 원리

그림 7·8이 부스터의 원리를 나타낸 것이다. 즉 큰 직경인 방의 플런저 운동에 의해 플런저 수압 면적과 플런저 로드 수압 면적이 비율에 따라서 증압된 발생 압력 P_1이 결정된다. 지금 만일 마찰이나 누설 등에 의한 손실을 무시하였다고 하면 증압률은 다음 식으로 된다.

$$P_1 = \frac{A_0}{A_1} P_0$$

여기서 P_0 : 공급 압력, P_1 : 증압된 압력

A_0 : 대구경 플런저의 단면적, A_1 : 소구경 플런저의 단면적

이상과 같이 증압기에 의해 작동유를 고압으로 하여 사용하면 고가의 고압 펌프를 사용하지 않아도 간단히 고압유가 얻어진다. 소량의 기름만을 고압으로 하고 있으므로 열의 발생이 적게 된다는 등의 이점이 있다. 장소가 좁아서 작은 기기 밖에 사용할 수 없고 게다가 강력한 힘을 필요로 할 경우, 예를 들면 소형의 프레스 기계 등에서 비교적 강력한 가공을 행하려고 하는 경우 등에 응용하면 편리하다.

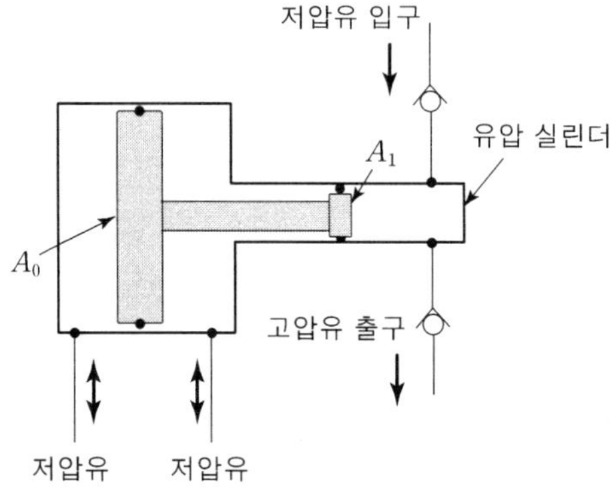

그림 7·8 부스터의 원리

(2) 공기압형 대 기름압형 증압기

원리는 완전히 동일하며 앞 그림에 있어서 큰 직경 유압 실린더가 공기압 실린더로 바뀐 것뿐이다. 단, 공기 대 기름형인 경우는 기름대 기름형인 경우에 비하여 배율이 훨씬 큰 것이 보통이며 양자의 실린더 안지름이 30～50배의 비율로 되어 있는 경우도 드물지 않다.

부스터의 외관이지만 왼쪽의 작은 부분이 유압 실린더이고 오른쪽의 북 모양인 공기압 실린

더에 비해 훨씬 작게 되어 있다. 이 공기 대 기름형 부스터에는 전원이나 유압 유닛이 들어가 있지 않다. 일반적으로 사용되고 있는 압축공기가 있으면 어느 곳에서도 사용할 수 있다는 편리함이 있고 또한 조작이 간단하기 때문에 특히 고압을 필요로 하지 않는 경우에는 이 타입이 많이 사용되고 있다.

7·3 여과기

여러 가지 이물질이나 공기중의 먼지, 제조 중에 끼여드는 금속편, 기타 여러 가지 이유로 작동유가 오염(contamination)될 가능성이 있다. 이러한 이물질은 유압기기의 파손 내지 유압시스템의 작동불량을 일으키는 요인이 된다. 이러한 유중의 이물을 없애고 청정한 작동유로 만드는 기기를 여과기(filter)라 한다.

여과기에는 크게 세 종류로 분류하는데 보통 펌프 흡입측에 설치하여 작동유 중의 이물을 분리시키는 것을 스트레이너(strainer) 혹은 석숀필터(suction filter)라 하고 펌프에 토출측이나 회로의 귀환측에 설치하여 여과작용을 시키는 것을 필터(filter)라고 부른다. 유조(tank) 속에 있는 금속파편을 제거하는 목적으로 사용되는 자석봉(magnetic plug)도 일종의 여과기이다. 오염물(contaminant)에 의하여 대개 75% 정도 유압장치가 고장을 일으킨다고 보고되고 있다. 따라서 필터(filter)에 의한 작동유의 오염관리는 매우 중요하다.

근년 유압 회로의 고압화에 수반하여 유압기기의 접동부 간격이 작아지게 되어 필터에 의한 기름의 여과는 대단히 중요하게 되고 있다.

표 7·2는 유압펌프와 스풀 밸브에서의 접동부 간격의 예이다.

표 7·2 유압 기기에서의 간극

종 류		간극 [μm]
기어펌프(가동측판)	측면 간극	1/2 ~ 5
	잇봉우리 간극	1/2 ~ 5
베인펌프	베인 선단	1/2 ~ 1
	베인 측면	5 ~ 13
피스톤펌프	플런저와 실린더	5 ~ 40
	밸브판과 실린더 블록	1/2 ~ 5
스풀밸브(제어밸브)	스풀과 슬라이브	1 ~ 23
스풀밸브(서보밸브)	스풀과 슬라이브	1 ~ 4

일반적으로 접동부 간격과 같은 정도 크기의 슬러지(sludge)가 유압 기기의 마모에 가장 유해하다고 알려져 있다.

필터에는 유압펌프의 흡입측에 부착하는 탱크용 필터와 같이 관 계통에 사용되는 관로용 필터가 있다. 필터의 여과입도는 KS로 표 7·3과 같이 정하고 있다.

표 7·3 필터의 여과입도

종 류	여과입도 [μm]			
탱크용 필터	44,	75,	105,	149
관로용 필터	5,	10,	20,	44

7·3·1 여과기의 기능과 종류

(1) 오염물의 발생원인

① 제조 중에 조립과정에서 찌꺼기가 들어가는 경우도 있고 단조, 용접, 열처리 과정에서 산화물찌꺼기나 주물 중에 모래가 기름에 끼여든 것은 완전히 제거하기가 힘들다.

② 외부로부터 혼입되는 경우로는 공기중의 먼지의 침입, 작동유 급유할 때 통이나 급유장치에 의한 오염, 보수나 수리를 위해 유압장치를 해체해 놓았을 때 외부로 들어가는 이물질이 있다.

③ 작동중에 발생되는 경우로는 펌프로부터 마찰에 의하여 금속가루가 생기고 나사나 기계적 연결부의 진동이나 마찰로 역시 금속가루가 생긴다.

④ 작동유의 노화에 의한 것으로는 작동유를 장기간 사용 중에 고온고압하에서 산화생성물이 생겨서 오염된다.

(2) 오염으로 인한 유압시스템에서 미치는 영향

① 유압펌프에서는 베인펌프의 베인, 기어펌프의 기어, 플런저펌프의 플런저의 접동부 마모를 빠르게 하여 작동을 노화시킨다. 플런저펌프 등에서는 먼지의 크기가 5[μ] 이하에서 100cc당 3000~6000개 이하로 하도록 규정되어 있다.

② 압력제어밸브에서도 역시 접동부의 마모를 빠르게 하고 시트(seat)부나 오리피스(orifice)부의 작동을 불량하게 하거나 채터링(chattering) 현상을 발생시킨다.

③ 방향제어밸브에서도 접동부를 마모시키거나 록(lock) 현상을 일으켜 솔레노이드(solenoid)를 손상시킨다.

④ 유량제어밸브에서는 오리피스의 마모를 빠르게 하거나 오리피스를 막아서 작동이 되지

않는다.

⑤ 유압실린더에서는 O링이나 U링 등의 손상을 주어 누설이 원인이 된다.

7·3·2 스트레이너

그림 7·9에 나타낸 바와 같이 스트레이너(strainer)는 유압펌프의 흡입쪽에 부착되고 기름탱크에서 펌프 및 회로에 불순물이 들어오지 않도록 여과작용을 한다.

스트레이너는 흡입저항이 작은 것이 바람직하고, 보통 100~200메슈(눈의 크기 0.15~0.07mm)의 철망이 사용된다. 여과한 찌꺼기에 따라 스트레이너의 일부가 눈이 막히고 흡입저항이 증대하므로 여과능력은 펌프흡입량에 대하여 충분한 여유를 둘 필요가 있다. 보통 펌프송출량의 두 배 이상인 여과량이 사용된다.

스트레이너의 부착위치는 기름탱크의 저면에서 조금 위에 두는 것이 좋고 침전하고 있는 이물을 흡입하지 않도록 하며, 유중에서 쉽게 빼내어 점검할 수 있도록 고려할 필요가 있다.

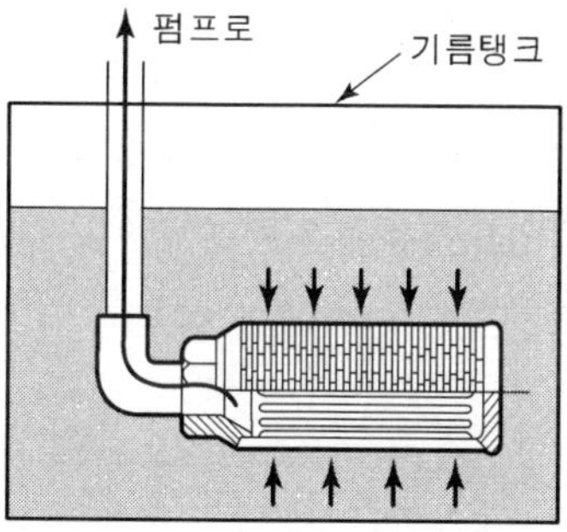

그림 7·9 스트레이너의 구조

7·3·3 오일필터

오일필터(oil filter)는 배관도중 또는 귀환회로, 바이패스회로에 부착되고, 미세한 불순물의 여과작용의 역할을 하는 여과기이다.

그림 7·10은 관로용 오일필터의 구조를 나타낸 것으로서 기체 내에 여과작용을 하는 필터엘리먼트를 내장하고, 상부에 릴리프밸브를 병용하여 입구와 출구와의 사이에 과대한 압력이 가해졌을 때에는 여과하지 않고, 릴리프밸브에서 압유를 그대로 지나가도록 하고 있다.

필터의 형식에는 여과작용의 면에서 보면 표면식, 적층식, 다공체식, 흡착식 및 자기식 등이 있고 각각 다음과 같은 특징을 가지고 있다.

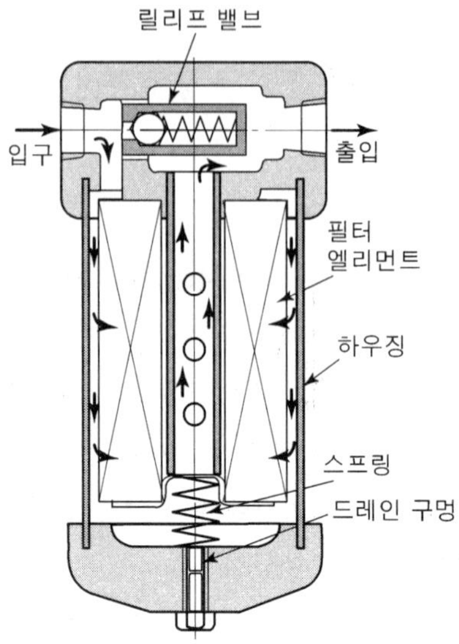

그림 7·10 관로용 오일 필터

(1) 표면식 필터

그림 7·11과 같이 이것은 2~20 [μ]의 균일다공질의 종이나 직물에 석탄산수지를 스며들게 하여 고온에서 성형한 것을 엘리먼트로 사용한 것으로서 여과면적을 크게 한다. 이것은 소형이고, 청정이 간단하며, 과대유량이나 맥동충격에 대해서도 파괴가 잘 안 되는 등의 장점이 있다. 여과용량이 작기 때문에 일반적으로 바이패스 회로에 사용하는 데 적합하다.

(2) 적층식 필터

그림 7·12와 같이 엷은 여과면을 다수 겹쳐 쌓아서 사용하는 필터로서 엘리먼트에는 철망, 종이,

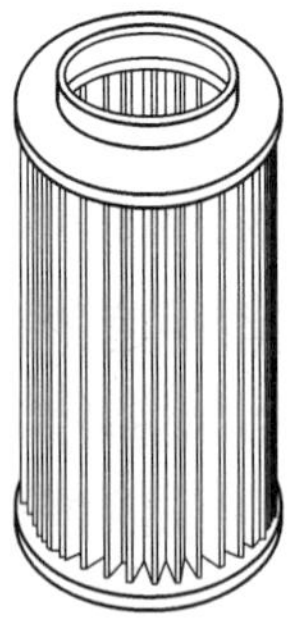

그림 7·11 표면식 필터의 여과엘리멘트

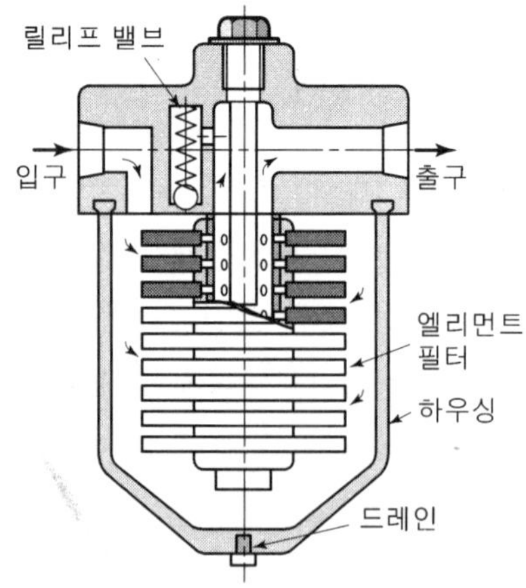

그림 7·12 적층식 필터

금속 등의 원판이나 실을 감은 것 등이 사용된다. 용적은 크지만 다량의 불순물을 여과할 수가 있고, 압력 손실이 적으며 또한 값이 싸다. 일반적으로 고압용으로 사용되고, 1~100 [μ] 정도의 불순물을 여과할 수 있다.

(3) 다공체식 필터

이 필터는 스테인레스, 청동 등의 미입자를 다공질로 소결한 것을 엘리먼트로 한 것으로서 여과능력은 입자의 크기와 압축에 의하여 결정된다. 일반적으로 눈의 크기는 2~200 [μ] 정도이다. 이 필터는 용적은 크게 되나 찌꺼기의 흡수용량이 크고, 여과유량은 대소 각종 가능하며, 엘리먼트의 세정에 의한 재생도 가능하다.

(4) 흡착식 필터

이 필터는 활성백토, 알미나 또는 보크사이트(bauxite)를 흡착제로 하여 사용한 필터로서 유압유 속에 용입되어 있는 고무질, 아교질 등의 산화주성분을 흡착하여 여과하는 작용을 한다. 흡착표면적은 매우 크지만 압력손실이 크고, 유압유 속에 첨가제까지도 흡착해 버릴 염려가 있다.

(5) 자기식 필터

이것은 영구자석을 이용하여 유압유 속에 혼입한 철분 등의 자성체불순물을 여과하는 데 사용된다. 그러나 다른 불순물을 완전히 여과하지 못하기 때문에 다른 필터와 병용할 필요가 있다.

이상과 같은 각종의 필터를 사용하였을 경우 엘리먼트에 의한 압력손실이 생긴다. 이 압력손실은 될 수 있는 대로 적은 것이 바람직하고, 펌프의 흡입쪽에서는 압력손실이 0.1 [kg_f/cm^2] 이하, 송출쪽에서는 0.5 [kg_f/cm^2] 정도까지 허용된다. 또 동일 필터에서는 기름의 유량이나 점도가 커지면 압력손실이 증대하고, 불순물의 집적 정도에 따라서도 다르기 때문에 주의를 요한다.

7·4 유냉각기

냉각기(cooler)는 유압회로에 있어서 유압펌프로부터 수송되는 작동유가 유압실린더나 유압모우터로 일을 할 때까지는 유압펌프에 있어서의 동력손실, 릴리프 밸브나 감압밸브 또는 조리개 등의 감압손실, 배관 중의 저항손실 등 여러 가지 손실이 있고, 이들 손실은 열에너지로 되어 유온을 상승시킨다. 이 결과 산화에 의한 유압유의 노화, 점도저하에 따른 윤활성의 감소나 유압기기의 내부유누의 증대, 패킹류의 성능노화 등 많은 영향을 미친다. 이 때문에 회로 중에 유냉각기(oil cooler)를 붙여 유온의 상승을 방지하고, 작동유를 40~50 [°C]의 적정유온으로 유지하도록 한다.

유냉각기의 설치장소는 열발생원의 위치에 따라 정하는 것이 바람직한데 일반적으로 릴리프 밸브의 배유포트의 관로, 또는 유압회로의 귀환쪽에 장치되고, 전용펌프에 의하여 유냉각기를 위한 유압회로를 설비할 때도 있다.

유냉각기의 냉각방법은 일반적으로 수냉식이 많이 사용되고, 공냉식도 일부 쓰이고 있다. 수냉식은 냉각수를 보내는 냉각관을 비치하고, 냉각관의 둘레를 작동유가 순환하면서 통과하고, 이 사이에 기름의 열을 냉각수가 흡수한다.

공냉식은 자동차의 방열기(radiator)와 같은 구조로서 냉각관 속을 작동유가 흐르는 동안에 팬(fan)에 의하여 공기를 보내어 기름의 열을 발산시킨다. 공냉식은 냉각수를 얻기 힘드는 장소나 물을 사용하기가 적당치 않은 장소 등에 사용된다.

이들의 유냉각기를 사용하는 경우에는 부하나 유량의 변동에 따른 발생열량의 변화가 생겨 과냉각이 되는 경우가 있다. 따라서 유온을 적정범위 내로 유지하도록 유온의 변화에 따라 냉각수의 유량을 자동적으로 조절하는 유온조절장치를 장비하고 있다. 일반적으로는 유온을 전기신호로 바꾸기 위하여 더머스탯(thermostat)과 접점붙이 온도계가 사용되고, 열전대(thermocouple)와 온도조절계를 병용한 것도 있다.

7·4·1 냉각기의 온도와 구조

(1) 작동유의 온도상승

유압원의 구동에 필요한 동력과 유압 액추에이터의 출력동력의 차는 손실 동력이 되고 그 대부분은 작동유의 온도 상승에 소비되므로 운전 중에 유온이 대단히 상승한다. 유온의 범위는 일반적으로 다음과 같은 정도이다.

위험저온도	0~16 [°C]
통상시동온도	16~30 [°C]
통상작업온도	30~70 [°C]
한계작업온도	70~80 [°C]
위험고온도	80~120 [°C]

유압펌프의 축동력을 L [kW], 유압장치전체(펌프, 관로, 밸브, 액추에이터)의 효율을 η라 고 하면 손실 동력 $\varDelta L$ [kW]은

$$\varDelta L = L(1-\eta) \qquad (7\cdot4)$$

이다. 따라서 발생열량 Q는 다음과 같다.

$$Q = 860\,\Delta L = 860L(1-\eta)\ [\text{kcal/h}] \tag{7·5}$$

유압회로 내에 있는 작동유의 양이 W[kg$_f$]이고, 비열(정압)이 C_p[kcal/kg$_f$ · °C]라고 하면, 1시간마다의 유온상승 $\Delta\theta$[°C]는

$$\Delta\theta = \frac{Q}{C_p W} \tag{7·6}$$

이 된다. 가령 $L=10$ [kW], $\eta=0.5$, $W=200$ [kg], $C_p=0.4$ [kcal/kg · °C]이라고 하면 $\Delta\theta \fallingdotseq 54$ [°C/h]가 된다.

특히 릴리프밸브(relief valve)를 통과하는 기름의 압력 에너지는 모두 이용되지 않고 전부 손실이 되며 유온을 상승시키게 되므로 주의를 요한다.

(2) 작동유의 냉각기

유압 회로 내의 작동유가 상승하면 기름의 점도저하에 따라서 유압기기의 성능의 변화, 수명의 저하, 작동유의 노화 등이 발생하므로, 과도의 유온 상승을 방지하기 위해 냉각기(cooler)가 많이 이용된다. 냉각기에는 수냉식 다관식 및 평판식과 공냉식의 종류가 있다.

그림 7·13은 다관수냉식 냉각기의 예이며 관내를 냉각수가 흐르며 기름이 그 주위를 흐르는 사이에 냉각된다.

일반적으로 60 [°C] 이상이 되면 오일의 산화에 의한 변질이 촉진되어 오일의 수명이 단축되므로, 70 [°C]가 한계로 생각되고 있다. 열의 발생이 적을 경우에는 오일 탱크의 표면이나 파이프 표면 등을 거쳐 열을 발산시킬 수 있으나, 발열량이 많은 경우에는 강제적으로 냉각할 필요가 있다. 이러한 역할을 하는 것이 오일 냉각기이다.

오일 냉각기로는 주로 그림 7·13에 나타낸 것과 같은 쉘 앤드 튜브(shell and tube)식의 오일 냉각기가 많이 사용되고 있다. 이것은 튜브 바깥쪽에 작동 오일이, 튜브 안쪽에 냉각수가 흐르게 되어 있으며, 열전도율이 비교적 높고, 또 유동에 의한 손실도 적어 현재 많이 사용되고

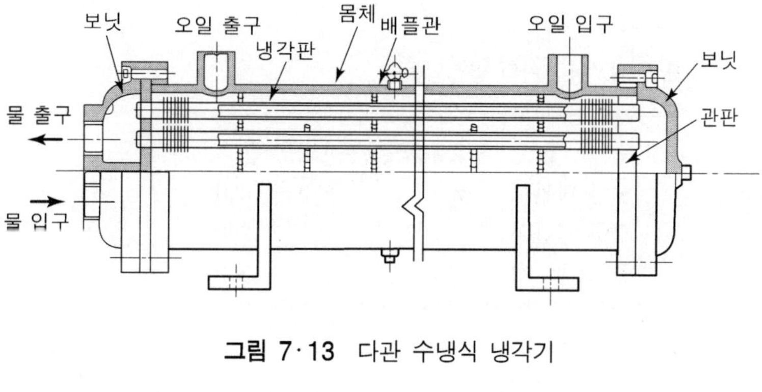

그림 7·13 다관 수냉식 냉각기

있다. 냉각 튜브로는 핀 튜브를 사용하여 열전도율을 높이도록 한 것과 물이 없는 곳에서 공기를 사용하여 냉각하도록 한 것이 있다.

오일 냉각기는 회로의 되돌아오는 쪽에 설치하며, 내압은 제조자에 따라 다소 다르나, 대략 5~10 [kg_f/cm^2]이다. 또, 냉각기의 안전을 위해 바이패스 회로를 설치한 것도 있다.

(3) 냉각기의 소요 전열면적

냉각기를 통과하는 기름의 유량을 W_0 [kg_f/h], 기름의 비열을 C_p [kcal/kg_f · °C], 냉각기 입구의 유온을 θ_1 [°C], 출구 유온을 θ_2 [°C]라고 한다. 또 물의 유량을 W_t [kg_f/h], 물의 비열을 C_p [kcal/kg_f · °C], 입구 수온을 θ_1 [°C], 출구 수온을 θ_2 [°C]라고 하면, 냉각기에서의 열이동량 Q, 즉 단위시간에 기름으로부터 빼앗아 가는 열량과, 단위 시간에 물이 얻는 열량은 서로 같아서 다음 식으로 주어진다.

$$Q = C_p W_0 (\theta_1 - \theta_2) = C_1 W_t (\theta_2 - \theta_1)$$

작동유와 물의 산술평균 온도차 $\varDelta\theta_m$는

$$\varDelta\theta_m = \left(\frac{\theta_1 + \theta_2}{2}\right)_0 - \left(\frac{\theta_1 + \theta_2}{2}\right)_t \tag{7·7}$$

인데, 대수평균 온도차는

$$\varDelta\theta_m = \frac{(\theta_1 - \theta_2)_0 - (\theta_1 + \theta_2)_t}{\log\left\{\dfrac{(\theta_1 - \theta_2)_0}{(\theta_1 + \theta_2)_t}\right\}} \tag{7·8}$$

가 된다. 온도차가 적을 때는 식 (7·7)과 식 (7·8)의 차는 적으므로 식 (7·7)로 해도 된다.

소요 전열면적 A는

$$A = \frac{Q}{\varDelta\theta_m K}$$

에 의해서 계산된다. 윗식에서의 K는 열전달율이며 표 7·4에 보이는 정도의 값이다.

표 7·4 냉각기의 열전달율

종 류	열전달율 [kcal/m^2 · h · °C]
수냉 다관식	270 ~ 350
수냉 평판식	725 ~ 1200
공 냉 식	100 ~ 200

7·5 기름탱크

기름탱크(oil tank, Reservoir)는 동력전달에 필요한 작동유 저장하는 기능이다. 공기압 장치에서는 공기를 한번 쓰고 그대로 대기로 방출해 버리지만 유압 장치에서는 회로를 순환해 온 기름을 회수하고 그것을 재차 사용한다. 작동유는 배관이나 기기류를 순환하고 있는 동안에 철분(鐵分)이나 먼지를 휩쓸리게 하여 되돌리거나, 크고 작은 거품이나 수분도 운반한다. 또한 온도 등도 기름의 성질에 악영향이 나타날수록 상승해 가는 것도 있다.

이와 같이 오염되거나 온도 상승의 상태에서 되돌아 온 작동유를 그대로 재차 보낼 수는 없다. 이런 일을 하면 작동유는 점점 오염되거나 성질이 열화하여 여러 가지 고장이 나타난다.

따라서, 기름탱크라는 것은 단지 작동유를 저장하는 것만으로는 불충분하고 되돌아온 기름을 단시간에 정상화할 필요가 있다. 그 때문에 탱크의 크기를 비롯하여 구조적으로 여러 가지 연구가 필요하다.

기름탱크는 대개 단순히 기름만을 축적하는 것이 아니고 다음과 같은 기능을 가지고 있다.

7·5·1 기름탱크의 기능 및 용량

(1) 기름탱크의 기능

① 유압장치에 필요한 작동유를 축적한다. 일반적으로는 유압 펌프의 3~5분 간의 배출량에 상당하는 유량을 축적하는데 차량 관계에서는 상당히 적다.

② 작동유를 냉각시킨다. 기름탱크의 벽면에서 방열하므로 저압의 유압회로에서는 특별히 냉각기를 부착하지 않을 수 없다.

③ 작동유 중의 기포를 부상시킨다. 유압장치에서 귀환관을 따라서 기름탱크로 귀환한 작동유 중에는 미세한 기포가 혼입되어 있을 때가 많다. 기름탱크에서 기포를 부상하게 하고, 또는 흡입구 근처에 철망을 쳐서 기포를 제거하기도 한다.

④ 작동유 가운데의 이물을 제거한다. 귀환관에서 기름탱크로 귀환한 기름에는 슬러지 기타의 오염물이 혼입되어 있는데 기름탱크 내에서 그것을 침전시키며, 즉 흡입관 입구에 탱크용 필터를 부착하여 오염물을 제거하는 것이 많다.

기름탱크의 구조는 그림 7·14와 같이 중앙부에 방해판을 넣고 귀환구에서 기름탱크로 돌아온 기름은 탱크 외벽의 내면에 연하여 방해판을 돌아 흡입구로 향하여 흐른다. 그 사이에 벽을 통하여 방열이 이루어지며 기포가 부상하고 오염물이 침전하기 쉽도록 되어 있다.

기포가 부상할 때의 저항은 스토크스의 법칙에 따르므로 기포의 반지름을 r_0, 부상속도를 v

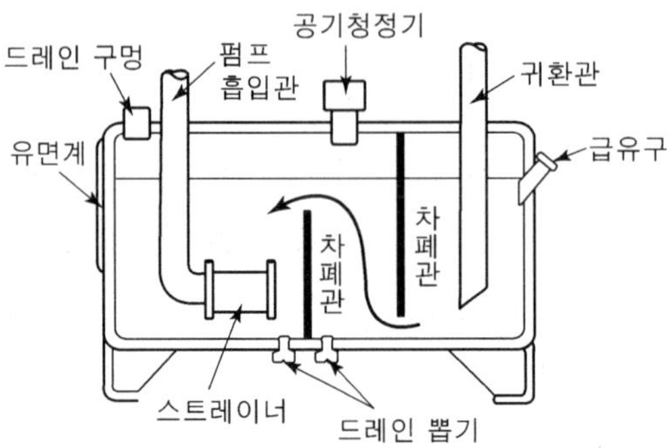

그림 7·14 기름탱크

라고 하면, 저항은 $6\pi\mu r_0 v$이다. 한편 기름의 비중량을 γ라고 하면 부력은 $\left(\frac{4}{3}\right)\pi r_0{}^3\gamma$ 이므로, 정상 속도에서는 다음의 힘이 평형식이 성립한다.

$$6\pi\mu r_0 v = \left(\frac{4}{3}\right)\pi r_0{}^3\gamma$$

$$\therefore\ v = \frac{2}{9}\ \frac{g r_0{}^2}{\nu}$$

예를 들면 $r_0 = 0.5$ [mm], $\nu = 0.4$ [cm²/s]일 때는 $v = 1.4$ [cm/s]가 되고 v는 대단히 작다는 것을 알 수 있다.

기름탱크의 전열 면적을 A [m²], 외벽의 열전달율을 K [kcal/m² · h · °C], 작동유와 대기의 온도차를 $\varDelta\theta_m$ [°C]라고 하면, 기름탱크에서의 방열량 Q [kcal/h]는

$$Q = A K \varDelta \theta_m$$

가 된다. K는 표 7·5에 보이는 정도의 값이다.

표 7·5 기름탱크의 열전달률

기름탱크의 환경	K [kcal/m² · h · °C]
밀폐되어 공기의 순환이 좋지 않을 때	10
개방된 장소에 설치되었을 때	13 ~ 15
자연 통풍이 있을 때	20

(2) 기름탱크의 크기

그림 7·12에서 귀환관을 통하여 되돌아온 기름을 될 수 있는 한 장시간 탱크 내에 머물게 할수록 청정화가 행해지므로 큰 탱크에 다량의 기름을 넣어 두는 것이 바람직하지만 스페이스

나 코스트의 점에서 무제한이라고는 할 수 없다. 일반적으로는 접속된 펌프 매분 토출량의 3~5배 정도로 결정된다.

(3) 흡입구와 귀환구의 위치

흡입구와 귀환구는 될 수 있는 한 떨어진 위치에 설치하고 귀환기름이 스트레이너(strainer), 흡입구에 들어가지 않게 차폐판(baffle plate)을 설치하는 것이 일반적이다. 차폐판의 배치법에도 여러 가지의 방법이 있지만 철분이나 오염물이 잘 침전하는 연구가 필요하다. 그리고 그림에 나타낸 바와 같이 수분이나 먼지를 때때로 제거하기 위해 탱크의 가장 낮은 위치에 드레인 뽑기(drain-bleeder)를 설치하는 것이 필요하다.

(4) 펌프 흡입구와 스트레이너

펌프 흡입구에는 반드시 스트레이너(기름여과기)를 붙여야 하는데, 우선 스트레이너의 통과 용량이 펌프 흡입량의 두 배 정도가 되지 않으면 안 된다. 더구나 때때로 메시 막힘을 청정화할 필요가 있으므로 간단히 끌어올려 밑면보다 50 [mm] 정도 위, 유면 아래 50 [mm] 정도의 여유가 상하에 필요하다. 그렇지 않으면 먼지를 흡입하거나 반대로 공기를 흡입한다.

7·6 배 관

유압장치에 있어서 배관(piping 혹은 tubing)은 펌프와 밸브 및 작동기를 연결하고 유체동력을 전달하는 역할을 한다. 유압장치는 일반적으로 고압을 이용하므로 관이음 부분에서 기름의 누설이 생기기 쉬우므로 관과 관접속부(joint)의 적절한 선택이 필요하다. 부적당한 배관은 동력손실을 크게 하고 누설의 문제가 발생하므로 재질, 부품의 선택과 시공에 대해서 주의해야 한다.

7·6·1 관의 종류

유압장치에 사용되는 관에는 강관(steel pipe), 스테인리스관(stainless tube), 알미늄관(aluminium tube) 및 고무 호스(rubber hose)가 있다. 그 밖에 동관(copper tube)이 있는데 동관은 작동유의 산화를 촉진하는 작용이 있기 때문에 석유계 작동유에는 사용하지 못하게 되어 있다. 내식성이 문제가 되고 항공기와 같은 중요한 곳에는 스테인리스관을 많이 사용한다.

금속관에는 강관, 스테인리스관, 알미늄관, 동관 등이 있고, 주로 강관이 사용된다. 그리고 일반적으로 저압(10 [kg_f/cm^2] 정도), 중압(100 [kg_f/cm^2] 정도 이하), 고압(100 [kg_f/cm^2]

정도 이상)의 각 압력단계로 나누어지며 KS에 규정되어 있다.

동관은 일반적으로 파일럿용 배관, 압력계용 배관 또는 충격이 적은 배관 및 드레인용 배관과 같은 저압회로에 주로 사용한다.

(1) 강 관

강관(steel pipe)을 크게 나누면 파이프(pipe)와 튜브(tube)로 나눈다. 파이프나 튜브를 모두 관이라 번역하고 있으나 영국에서는 그 뜻을 구별하여 사용하고 있다. 파이프(pipe)는 일반적으로 유체를 수송하는 목적으로 사용되는 관을 말하며 관단에 관용 테이퍼나사(PT나사)를 절삭하고 직관을 접속하여 사용한다. 외경은 PT나사의 규격에 의한 두께는 사용압력에 따라 스케줄(schedule) 번호에 의해 결정되며 그 치수 허용차가 비교적 크고 또 표면의 마무리 정도가 거친 관을 파이프라 부르고 속칭 스케줄관 또는 가스관이라고 부른다.

튜브(tube)는 외경기준으로 치수가 결정되고 그 제작정도가 높고 내외면도 깨끗하며 굽힘(bending)이 쉽고 플레어(flare)식이나 플레어리스(flareless)식 연결 방법으로 접속시킬 수 있는 관을 말한다. 주로 항공기용 배관 고압 유압 시스템, 보일러, 열교환기 등에 사용한다.

표 7·6 배관용 강관

규 격 명	기 호	인장강도(최소값) [kg_f/mm^2]	강복점(최소값) [kg_f/mm^2]	적 용
배관용 탄소강강관	SPP	30	—	통칭 가스관 10 [kg_f/mm^2]정도의 저압배관
압력배관용 탄소강강관	SPPS 35 SPPS 38 SPPS 42	35 38 42	18 22 25	온도 350 [°C] 이하 100 [kg_f/mm^2] 정도의 중압배관
고압배관용 탄소강강관	SPPS 35 SPPS 38 SPPS 42 SPPS 49	35 38 42 49	18 22 25 28	온도 350 [°C] 이하 100~1000 [kg_f/mm^2] 정도의 고압배관
배관용 스테인레스강관	SUS 27TP* SUS 32TP*	52 52	(21) (21)	내식용 배관에 사용된다.

주 *는 JIS규격, KS에는 미정임

(2) 고무 호스

고무 호스(hose)는 내압성, 내유성, 내열성이 있으며 저압, 중압, 고압의 것이 있다. 고무 호스는 굽힘이 쉬워서 취급이 용이하므로 동관으로 배관이 불리한 곳에 사용한다. 유압장치의 진동, 소음방지 대책으로 많이 사용한다. 그밖에 움직이는 배관과 고정배관의 연결에도 사용한다.

고무 호스의 사용압력이란 파열압에 대한 안전계수를 고려한 것으로 KSB6371 규격에 의하면 반경 50 [mm] 정도까지는 안전계수 4로 규정하고 있다. 고무 호스는 내면고무층, 편상 강선층(1~3층) 및 외면보호층으로 구성되어 있다. 그림 7·15는 유압용 고무 호스의 구조와 배관방법을 표시한 것이다.

고무 호스는 보통 합성고무로 만든 플랙시블 관으로서 금속관으로서는 배관이 곤란한 곳이라든가 연결부의 상대위치가 변하는 곳 또는 진동의 영향을 방지하고자 하는 곳 등에 사용된다. 이것에는 저압용(30~50 [kg_f/cm^2] 정도), 중압용(50~100 [kg_f/cm^2]), 고압용(100 [kg_f/cm^2] 이상)의 세 종류가 있다.

저압용 호스는 합성고무의 외측을 명주실이나 나이론 등으로 짠 것에 의하여 피복되어 있고, 고압용 호스는 명주실과 강선으로 짠 것을 피복하여 보강하고 있다.

고무 호스의 연속사용온도는 −40~+90 [°C] 정도의 범위가 한계이나, 특수한 것은 150 [°C]의 고온에 견딜 수 있는 것도 있다. 고무 호스의 사용압력은 파열압에 대하여 안전계수를 고려한 값인데, KSB6371에서는 안전계수를 5 이상으로 하도록 정하고 있다.

표 7·7 유압 호스의 상용압력

호스의 호칭지름 [mm]	상용압력 [kg_f/mm^2]		
	편상강선층 2층	편상강선층 2층	편상강선층 3층
5	165	250	300
6	155	230	275
8	140	210	250
9	125	185	225
12	110	165	200
15	85	125	150
19	75	110	135
25	60	85	100
32	50	70	85
28	40	60	70
50	35	50	60

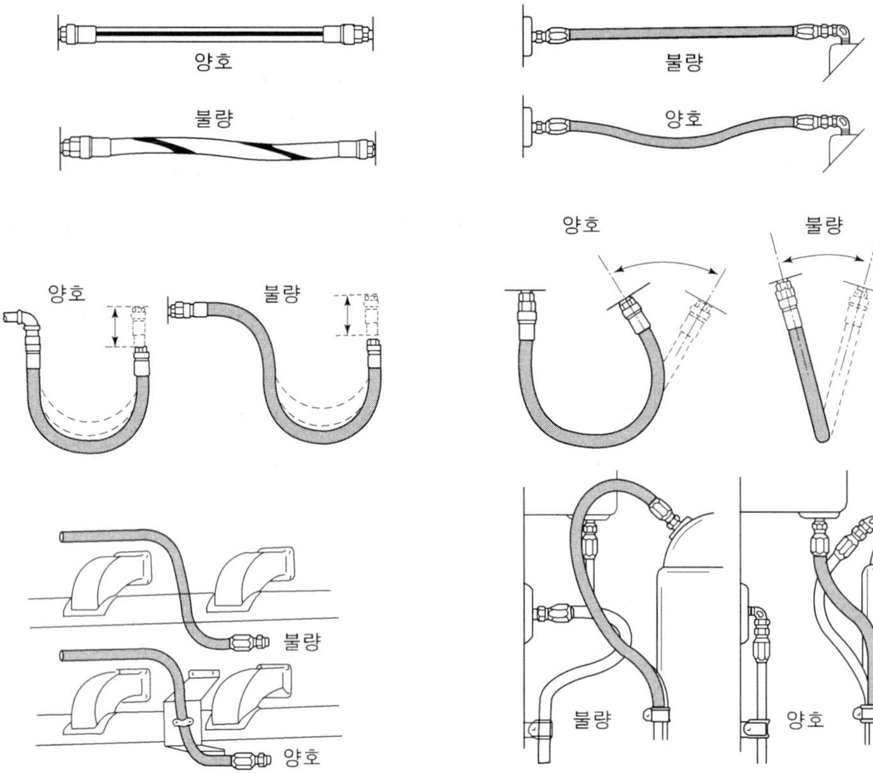

그림 7·15 고무 호스의 사용법

또 고무 호스를 접속할 경우 그림 7·15에 나타내는 바와 같이 극단으로 비튼다든지, 굽힐 경우에, 만곡반지름을 고무 호스를 규정된 최소만곡반지름보다 작지 않도록 주의하지 않으면 안 된다.

작동유를 연결하는 관로에는 파이프(pipe), 튜브(tube) 및 호스(hose)가 있다.

파이프와 튜브는 어느 것이나 강관이 많이 이용되는데 파이프는 그 바깥지름을 호칭 치수(PT 나사의 규격)로 표시하고 튜브는 바깥지름의 실치수로 표시하고 있다. 또 파이프 배관은 나사 끼움식, 용접식의 관이음이 이용되고, 튜브 배관에는 플레어식(flared type) 및 플레어레스식(flareless type) 관이음이 사용되며 비교적 두께가 얇다.

작동유 유량에 따라서 관내 지름을 결정하고 사용 압력에 따라서 관의 두께를 결정한다. 안지름을 작게 하면 유속이 과대하게 되어 압력 손실이 커지며, 또 안지름을 크게 하면 관의 중량과 가격이 증가한다. 관내경은 일반적으로 관내 유속이 압력배관에서 3~4 [m/s] 흡입관에서 0.6~1.5 [m/s]가 되도록 정하고 있다. 파이프와 튜브 관의 두께 t는

$$t = \frac{pd}{2\sigma} \tag{7·9}$$

에 의해서 계산한다. p는 상용압력, d는 관외경, $\sigma=\sigma B/s$, σB는 관재료의 인장강도, s는 안전율이며, 충격, 진동이 작을 때는 4, 보통에서 6, 심할 때는 8로 한다.

호스는 굽힘성, 진동 흡수성, 소음성 및 연결시의 조정의 용이성 등 때문에 널리 편리하게 사용되고 있다. 호스는 내관(고무, 플리스틱), 보강관(면섬유, 합성섬유, 강면) 및 외피층(우레탄 고무, 염화비닐, 강면 편조층)으로 되며 200 [kg_f/cm^2] 이상의 고압용도 만들어지고 있다.

(3) 스테인레스 강관(stainless steel tube)

스테인레스강은 고온 및 내식성용의 배관으로 사용된다. 이 관도 열처리를 하여 굽힘이나 다른 관과 연결하는 데 쉽게 접속할 수 있도록 가공되어 있다. 이런 재료의 JIS 규정을 표 7·8에 명시하였다.

표 7·8 배관용 스테인레스 강관

스테인리스 강관의 명칭	JIS 기호	인장강도(최소치) [kg_f/mm^2]	강복점(최소치) [kg_f/mm^2]	적 용
배관용 스테인리스 강관	G3459SU27TP	52	(21)	내식용 배관으로 사용된다.
	SU28TP	49	(18)	
	SU29TP	52	(21)	
	SU32TP	52	(21)	
	SU33TP	49	(18)	
	SU41TP	52	(21)	
	SU42TP	52	(21)	
	SU43TP	52	(21)	

주 : 강복점중의 ( )내 숫자는 특히 주문자의 지정이 없을 때는 이것에 의한다.

7·6·2 관이음

(1) 관이음 구비조건

관이음(pipe joint) 수는 유압장치의 각 요소를 연결시켜주는 유압기기의 일종이다. 유압장치로부터 발생되는 진동 혹은 밸브 변환할 때 발생되는 충격파 등에 의하여 관이음이 이완되거나 파손되어 유압장치의 기능을 상실하는 경우가 있다. 이러한 점을 고려하여 관 이음류의 재료 선택과 형상 선정은 잘 고려되어야 한다. 유압장치용 관이음으로서 아래와 같은 구비 조건을 갖추어야 한다.

① 조립분해가 쉽고 재현성이 있어야 한다.
② 특수 공구를 필요치 않아야 한다.
③ 통로 넓이에 심한 변화를 미치지 않아야 한다.
④ 외경과 길이가 소형이라야 한다.
⑤ 충격, 진동에 강하고 쉽게 이완되지 않아야 한다.

(2) 관이음 종류

관의 접속 부분에 사용하는 관이음에 대해서는 필요한 강도를 갖추어야 하는 것 외에, 진동·충격압을 받아도 기름이 누설이 없어야 하며 다음과 같은 종류가 있다.

① 나사 끼움식(screwed type) 관이음 : 관의 끝부분에 만든 나사에 의해서 기기 또는 이음에 나사 끼움한 구조이다.
② 용접식(welded type) 관이음 : 용접에 의한 이음이며, 유밀성이 확실하여 고압용으로 쓰이고 있다.
③ 플랜지식(flanged type) 관이음 : 관 플랜지를 사용한 이음이다.
④ 플레어식(flared type) 관이음 : 관 끝을 그림 7·16과 같이 둥근 상태로 벌린 구조이다.
⑤ 플레어리스식(flareless type) 관이음 : 관 끝을 벌리지 않은 상태로의 관이음이며, 그림 7·17은 그 한 종류로 끼움식 관이음이며, 너트의 조임새에 의하여 슬리브가 관내주면에 끼워맞춤한 구조이다.

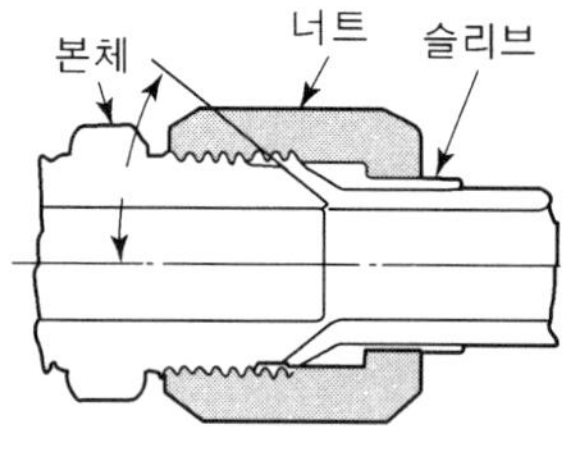

그림 7·16 플레어식 관이음

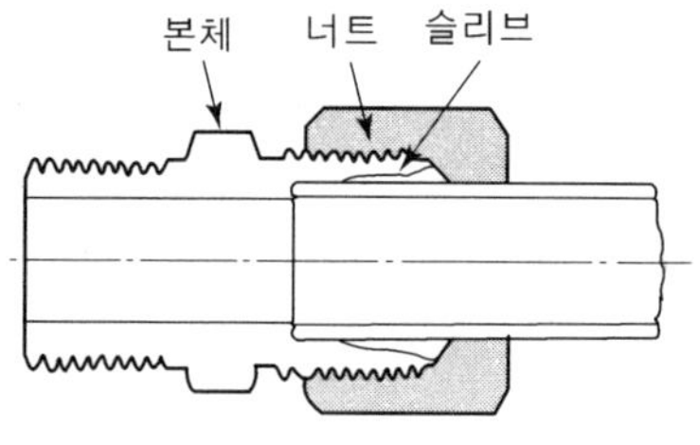

그림 7·17 플레어리스식 관이음

(3) 관이음 방법

① 나사이음

나사이음(screw joint)은 유압 70 [kg_f/cm^2] 이하의 유압관로, 귀환관로, 드레인관로, 흡입관로 등 저압용으로 사용된다. 접속개소에는 관용 테이퍼 나사, 관용 평행나사를 깎고, 관의 선단에 낸 나사부를 끼워서 접속한다. 보통, 유누를 방지하기 위하여, 나사부에 적당한 시일제를 칠하든지, 테프론 시트를 감은 뒤 끼운다든지, 또는 용융한 납을 나사부에 부착시켜 나사를 끼움으로써 유밀성을 확실하게 한다.

② 용접형 이음

용접형 이음(welded joint)은 관을 커플링(coupling)이나 유니언(union)에 끼워 용접접속하는 이음이다. 용접작업이 완전하면, 유밀성이 확실하므로, 고압용, 대관경의 관로용으로 쓰인다. 다만, 이 이음의 경우에는 관의 두께에 적당한 용접살이 있어야 하고, 또 분해, 보수의 점에서도 불편이다.

③ 플랜지형 이음

플랜지형 이음(flange joint)은 관단을 플랜지에 끼워 용접하고, 두 개의 플랜지를 볼트로 결합하는 이음으로서, 고압, 저압에 관계없이 대관경의 관로용으로 확실한 작업이 되고, 분해, 보수의 점에서도 편리하다.

④ 플레어형 이음

플레어형 이음(flare joint)은 관의 선단부를 원추형의 펀치(punch)로 나팔형으로 넓혀(이것을 플레어형 : flare type이라 한다), 이것을 이음본체의 원추면에 슬리브와 너트에 의하여 체결함으로써 유밀성을 확실하게 하고 있다. 플레어의 개각 θ는 37°와 45°의 두 종류가 있다. 관은 플레어를 만들기 위하여 연질이고 엷은 살 두께인 것이 필요하므로, 그 사용압력의 범위에 한계가 있다. 보통 동관, 알루미늄관 등의 이음에 적합하다.

⑤ 크롯치형 이음

크롯치형 이음(crotch joint)은 플레어리스 이음(flareless joint)이라고도 하고, 본체, 슬리브 및 너트의 세 부품으로 구성된다. 슬리브의 선단은 표면경도가 비교적 높고, 그 내부는 약인성을 가진 컷팅 끝부분으로 만들어진다.

접속하는 방법은 슬리브를 끼운 관을 본체에 밀어 넣고, 너트를 죄어가면 끝부분 외주가 테어퍼면에 압착되어 관의 외주에 먹혀 들어가고, 슬리브 중앙은 만곡하여 강력한 스프링작용의 역할을 한다. 이로 한하여 관의 고착성과 유밀성이 좋고, 진동이나 충격에 의한 너트의 풀림이 방지된다. 또 나사 내기, 용접, 플레어 작업을 할 필요가 없고, 작탈이 간단히 된다.

이와 같은 많은 이점이 있기 때문에, 최근에는 매우 광범하게 많이 사용되고 있다.

7·7 시 일

유압장치에 있어서 고압이 될수록 기기의 접합부나 이음 부분으로부터 기름이 새기 쉽다. 또 외부에서 기기내로 이물이 침입하는 경우도 있다. 이런 것들을 방지하는 기구를 총칭하여 시일(seal) 또는 밀봉장치(sealing device)라 한다. 그리고 고정부분에 쓰이는 시일을 가스켓(gasket), 운동부분에 쓰이는 시일을 패킹(packing)이라 한다.

7·7·1 시일의 구비조건

유압장치에 사용되는 시일에 요구되는 조건이 있다.

(1) 시일의 구비조건

① 양호한 유연성 : 압축복원성이 좋고 압축변형이 작을 것

② 내유성 : 유중에 있어서의 체적변화나 노화가 적고, 내약품성이 양호할 것

③ 내열, 내한성 : 고온시에 있어서의 노화, 저온시에 있어서의 탄성저하가 적을 것

④ 기계적 강도 : 장시간의 사용에 견디는 내구성 및 내마모성이 풍부할 것

시일재료의 종류는 지극히 많고, 종래 사용되어 왔던 일반적인 시일재료로서는 삼(麻), 목면, 석면, 가죽, 천연고무 등이 있는데 최근의 고압, 고온, 특수한 작동유 등의 조건에는 거의 단독으로는 사용되지 못하고, 합성고무, 합성수지와 혼용되고 있다. 현재 가장 많이 사용되고 있는 것은 합성고무, 합성수지를 성형가공한 것이다. 그 밖에 연강, 스테인리스강 등의 금속류나 세라믹, 카본 등도 사용되고 있다. 시일의 재료나 형식은 유압유의 압력, 온도, 종류, 기기의 사용조건 등을 고려하여 적절한 것을 선정해야 한다.

다음에 현재 가스켓, 패킹에 쓰이고 있는 주요한 시일에 대하여 설명한다.

7·7·2 시일의 종류

(1) O링

O링(O-ring)은 원형단면의 원환이 성형된 매우 간단한 구조로서, 재질은 니트릴 고무가 표준이다. 시일성능은 앞에서 기술한 조건을 거의 만족하고, 끼움부분의 구조도 간단하기 때문에, 가스켓, 패킹에 가장 널리 사용되고 있다.

(2) 성형 패킹

성형 패킹(forming packing)은 합성고무나 합성수지 속에 배(布)를 혼합하고, 단면 모양

으로 압축성형한 패킹으로서 단면의 모양에 따라 V형, U형, L형, J형 등이 있다. 일반적으로 V형 패킹이 널리 사용되고 있다. 이들은 압력에 따라 몇 장이라도 겹쳐 사용할 수가 있고, 한 장이 파손되더라도 남은 패킹으로 충분히 시일의 기능을 발휘한다. 성형 패킹은 주로 왕복운동용에 사용되는데 그 재질 및 형상은 기기의 사용조건에 따라 선정을 한다.

(3) 기계식 시일

기계식 시일(mechanical seal)은 회전축을 가진 유압기기에 있어서 축 둘레의 유누를 방지하는 시일이다. 회전축과 직각인 면에서 접동접속하는 고정부와 회전부로 되어 있고, 그 접촉을 스프링으로 유연하게 유지하는 기구로 되어 있다. 이 접동접촉하는 면의 상태의 가부에 따라 축봉 효과에 차이가 생긴다. 접동재로서는 보통 카본 그라파이트, 세라믹, 그라파이트를 넣은 테프론 등을 사용하고, 상대재로서는 표면경화한 각종의 금속재료를 사용한다.

(4) 오일 시일

오일 시일(oil seal)은 유압펌프의 회전축용, 변환밸브의 왕복축용 등 그다지 압력이 걸리지 않는 부분(4~5 [$kg_f g/cm^2$] 이하)에 시일로서 널리 사용되고, 재료는 주로 합성고무가 사용된다.

7·8 계기류

7·8·1 압력계

압력은 절대압력, 게이지 압력, 차압으로 나누어진다. 절대압력은 완전 진공을 0으로 한 것으로 학술용으로 널리 사용되고 게이지 압력(gage pressure)은 대기압을 0으로 한 것으로 공업용으로 사용되고 있다. 압력계를 선정할 때에는 측정압력의 종류와 크기, 측정정도, 용도 및 환경에 맞는 계기를 선정해야 한다. 압력계의 사용범위는 정격압력의 25%에서 70%범위 내의 압력으로 보아야 하기 때문에 그 범위에 해당되는 계기를 선정해야 한다.

유압 시스템에서 압력 측정에는 일반적으로 부르돈 관(bordon tube)식 압력계와 스트레인 게이지(strain gage)식 압력계를 많이 사용한다.

(1) 부르돈관식 압력계

가상 흔히 사용되는 압력계이다. 압력의 상태에 따라 보통형, 내열성, 내진형, 동압형, 내열동압형으로 나누어진다. 압력의 진동, 파동이 있을 경우에는 압력계 입구에 댐퍼(damper)를 설치하여 파동을 흡수시켜 파손을 방지한다. 그림 7·18은 부르돈관이 압력을 받았을 때 어떻게

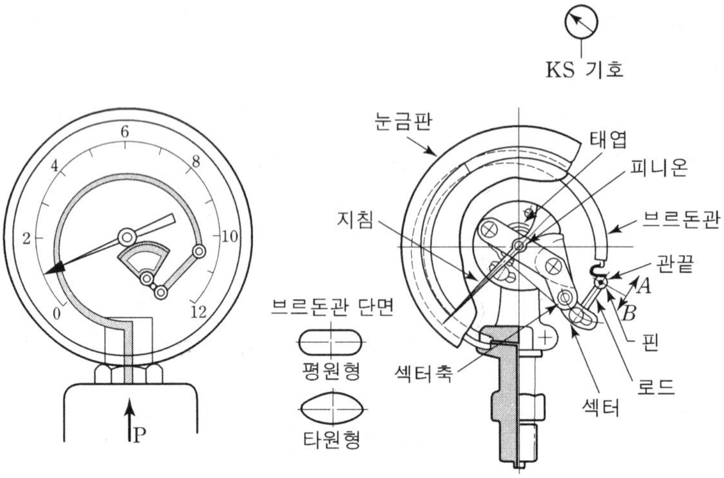

그림 7·18 부르돈관식 압력계

변형하는가를 나타내고 부르돈 관식 압력계의 형상을 표시한 것이다.

그림 7·18에서 부르돈관에 압력이 가해지면 부르돈관은 그때의 관 내외의 압력차에 따라 단면은 진원으로 되고 굴곡은 직선으로 복귀하려고 한다. 관단에 연결된 핀이 A방향(+) B방향(−)으로 탄성변위를 일으킨다. 변위량은 확대기구에 의하여 확대되어 지침의 회전각도로 바뀌어져 눈금판 위에 압력치를 지시하게 된다.

부르돈관의 재료는 저압용에는 인청동, 황동, 니켈청동 등이 쓰이지만 고압용으로는 니켈동이 사용된다. 사용범위는 -760 [mmHg] ~ 3000 [kg_f/cm^2]이며 대기압보다 높은 압력용의 보통 압력계와 대기압 이하의 진공계를 합한 연성계도 있다.

(2) 스트레인 게이지식 압력계

이 압력계는 전기적 저항선 스트레인 게이지(strain gage)를 이용하여 수압부가 압력에 의하여 변형하면 스트레인 게이지의 저항이 변하므로 이 전기적 저항치와 압력과의 관계를 유도하여 압력을 측정하는 계기이다. 가동부분이 없고 측정 정도가 높으며 원격 측정자동 기록이 가능하므로 실험장치에 많이 사용한다. 이 압력계를 이용하려면 미소한 저항치를 증폭하기 위한 브리지(bridge)회로가 필요하고 전원이 필요하며 수치를 읽든지 기록해야 할 장비가 있어야 하는 것이 불편하다. 이런 형의 압력계와 같이 압력의 신호를 전기적인 신호로 변화시켜주는 것을 압력 트란스듀서(pressure transducer)라고 한다. 압력의 동적 거동을 기록하기 위해서는 이런 형의 압력계를 사용한다. 압력의 사용 범위는 저항선의 재료에 따라 다르다. 예를 들면 망가닌 선(0.05 [mm] 직경)은 1300 [kg_f/cm^2]까지 정확히 직선성(Linear)이 있고 2300 [kg_f/cm^2]까지 1%범위 내에서 직선성이 있으므로 사용 범위는 광범하다고 볼 수 있다.

7·8·2 유량계(flow meter)

(1) 면적식 유량계

그림 7·19는 유량을 전기적으로 지시시키려면 부자재의 변위를 차동변압기에 의해 전기량으로 변환하여, 일정한 교축 전후의 압력차를 측정함으로써 유속을 알 수 있는 대신 일정한 압력차를 유지하게끔 교축의 면적을 바꾸어서 유량을 측정할 수 있다. 이러한 방법을 이용한 계기를 면적식 유량계(variable area meter)라 한다. 이런 방식의 계기로는 부자(float)식, 플런저식, 게이트(gate)식이 있다. 어느 것도 부자, 플런저 혹은 게이트의 변위로 유량을 읽는 것이지만 직접 눈금을 읽는 방법 이외에 전기적인 변화기를 써서 전기적 신호로 지시 혹은 기록할 수 있는 것도 있다.

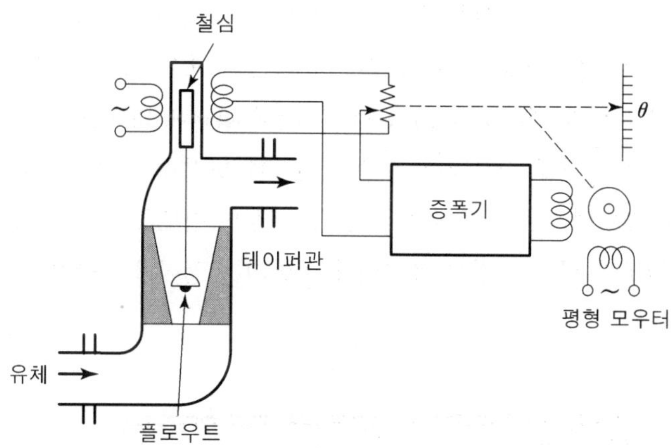

그림 7·20 용적식 유량계

(2) 용적식 유량계(volume meter)

이 유량계를 일명 적산체적계라고 한다. 어떤 단면을 어떤 시간 내 통과한 유체의 전체적을 전산체적이라고 하는데 이것을 유체의 흐름 도중에서 측정하는 것을 적산체적계라 한다. 적산체적계에는 유량계에 적산 기구를 부착한 형식과 직접 체적을 측정하는 것이 있다. 액체와 기체용이 있는데 구조는 다르다.

그림 7·20은 용적식 유량계로 이 유량계는 맞물려 있는 한 쌍의 타원형 치차를 이용하여 체적을 직접 측정하는 오벌 기어(oval bear)형 유량계의 원리를 설명한 것이다. 유체가 화살표 방향으로 유입되면 유입측 압력 P_1은 유출측압력 P_2 보다 크다. 이 압력차에 의하여 오벌 기어(oval gear)는 화살표 방향으로 회전하게 되는데 1회전할 때 유출되는 양을 알고 있으면 총 회전수에 대해 전체 유량을 알 수 있다.

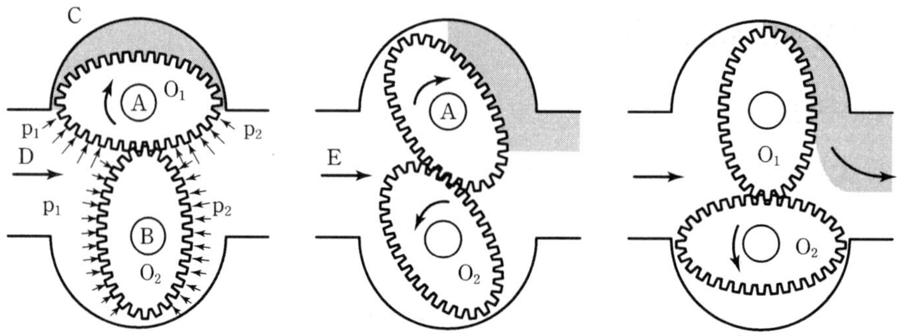

그림 7·20 용적식 유량계

(3) 터빈식 유량계(turbine flowmeter)

그림 7·21과 같이 유로 중에 축류 터번의 임펠러를 놓고 유로내의 평균유속에 의하여 임펠러의 회전수가 변화하는 것을 이용하며 회전수를 측정함으로써 유속, 즉 유량을 구하는 것이다. 유체 중에 설치된 터빈(turbine) 혹은 로터(rotor)가 유체의 힘에 의해 비례해서 회전하고 터빈과 연결된 자석과 픽업코일(pick up coil)에 의해 회전에 비례한 수의 톱니 모양의 파형출력이 나온다. 이 출력파형을 계산해서 유량을 지시한 방식의 유량계이다.

점도가 낮은 액체의 계량에는 ±0.25%에서 0.5%로 높은 정도를 지니고 있으나 점도가 높은 액체에 대해서는 정도가 낮다는 점이 용적식과 상반되는 점이다. 유체의 고저 온도하에서의 측정도 가능하다.

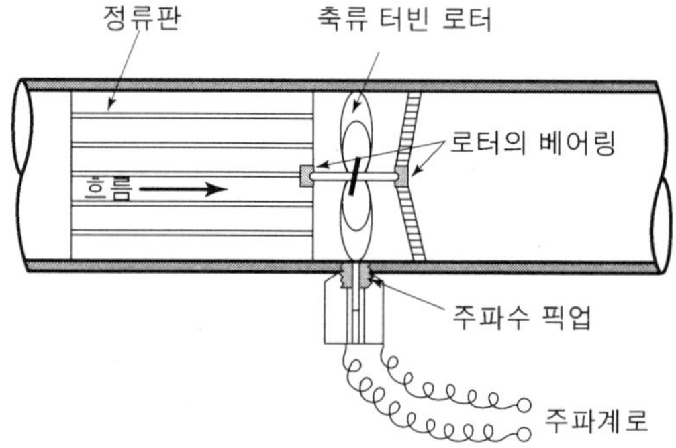

그림 7·21 터빈식 유량계

(4) 액면계(level gage)

탱크내의 작동유의 액면의 위치를 측정하는 계기인데 액위측정 방법에는 직접식과 간접식이 있다. 직접식에는 직접관측법과 부자(float)에 의한 방법이 있고 간접식에는 압력측정을 이용한 방법, 음향을 이용한 방법이 있다. 유압 탱크용 액면계는 직접관측용인 게이지글라스(gage glass)를 사용한다.

연습문제

1. 어큐물레이터에서 유효 토출량(ΔV) 200 [cm^3]을 얻는 데는 봉입압(p_0) 100 [kg_f/cm^2]의 질소를 얼마만큼의 용적 폐입하면 되는가? 또 가스의 최고압력(p_1) 110 [kg_f/cm^2], 최저압력(p_2) 90 [kg_f/cm^2]로 하고 폴리트로피 변화(polytropi change)의 지수 η을 1. 2라고 한다.

2. 유압 펌프의 축동력 $L=10$ [kW], 유압회로 전체의 효율 $\eta=60$[%], 대기온도 20 [°C] 기름탱크의 전열면적 $A=3$ [m^2]일 때 탱크 내의 유온은 얼마까지 올라가는가? 단 탱크는 개방된 장소에 놓여 있다.

3. 고무 호스의 선정과 사용상의 주의사항을 설명하여라.

4. 유압필터가 필요한 이유를 기술하고 기기에 미치는 영향을 고찰하여라.

5. 각종 측압기의 특징을 열거하고 선정의 기본의 되는 것을 설명하여라.

6. 실린더형 축압기의 장점을 말하여라.

7. 각종 축압기의 특징을 열거하고, 그 선정의 기본을 밝혀라.

8. 블래더형 축압기의 사용 예가 많은 이유를 고찰하여라.

9. 실린더형 축압기의 장점과 단점을 열거하여라.

10. 필터에는 어떤 종류의 것이 사용되고 있는지를 조사하여라.

11. 유압필터의 필요한 이유를 말하고, 그 기기에 미치는 영향을 고찰하여라.

12. 기름탱크에 있어서 고려하지 않으면 안 될 점을 기술하여라.

13. 관이음(조인트)의 종류를 들고, 그 대안을 설명하여라.

14. 시일에 요구되는 조건에 대하여 열거하여라.

8장 유압기본회로

8·1 유압회로

기기장치를 이용하여 어떤 기계적 운동이나 일 등의 기능을 달성하기 위하여 유압기기를 계획된 목적에 알맞도록 유기적으로 조합한 것을 유압장치라 하며, 이것을 단면도, 회화식(繪畵式) 및 기호로 간단하게 도면화한 것을 유압회로도라 한다. 유압회로에는 기호표시방법을 주로 사용(응용)하고 있다.

사용하는 유압기기의 성능이 아무리 우수하다고 하더라도 그 조합이 적합하지 않으면 유압장치로서의 성능을 기대할 수 없는 것이다. 이들 회로 가운데 가장 적절한 회로의 선정은 매우 중요한 일이다. 이 선정에 있어서 첫째로 생각해야 할 것은 회로중의 에너지 전달과정(傳達過程)에 있어서 어느 회로가 에너지 손실이 가장 적고 효율이 좋은가 또는 조작성, 내구성, 경제성, 예방보전 등의 면에서 종합적으로 충분히 검토하여야 한다.

유압기기가 조립되어 있는 유압회로(oil hydraulic circuit)는 그 사용 목적에 따라 다종다양하며 복잡한 것처럼 보이나, 이들의 회로를 분석해 가면 몇 개의 기본적인 회로와 보조적인 회로와의 조합으로 되어 있는 것이다. 이들의 기본회로는 압력제어회로, 속도제어회로, 방향제어회로, 유압모터제어회로로 대별되고 간단히 보조회로가 첨가되어 조립회로가 구성되고 있다.

유압회로를 설명하는 수단으로 단면회로도, 회화식회로도, 기호회로가 있다. 단면회로도는 기기와 관로의 단면도를 가지고 압유가 흐르는 회로를 알기 쉽게 나타낸 회로도로, 기기의 작동을 설명하는 데 편리하다. 회화식 회로도는 기기의 외형도를 배치한 회로도로 과거에는 견적도, 승인도 등 상용에 널리 사용되었다. 기호 회로도는 기기의 기능을 규약화한 기호를 사용하여 표현한

회로도로 가장 널리 사용되고 있다. 기호는 ISO(International Standardization Organization) 방식이 널리 채용되고 있다. 이 책에서는 KS(Korea Standard)와 ISO 방식을 함께 채용하기로 한다. 종래에는 주로 JIC에 의한 유압기호방식이 사용되어 왔으나, 각 국에 따라 달리하여 유압기호방식이 쓰이고 있다.

1967년에 ISO(International Standardization for Organization : 국제표준화기구) 규격이 제정되고, 우리나라에서도 ISO 규격에 준하여 1973년 12월 27일 KS(Korean Industrial Standards) 규격의 KS B 0054[유압 · 공기압 도면기호]가 제정한다.

이들의 기본회로는 압력제어회로, 속도제어회로, 방향제어회로, 유압모터 제어회로로 대별되고, 보조적인 회로에는 쇼크흡수회로, 발열방지회로, 안전화회로, 축압기 또는 필러회로 등이 있다.

8·1·1 유압회로의 구성

유압회로를 어떻게 설계하면 좋은가 그리고 어떻게 사용하면 되는가 하는 것은 어려운 문제이다. 유압장치를 설계하기 위해서는, 먼저 유압기기의 종류, 구조, 작동, 성능, 유지방법 및 유압기본회로 등을 잘 알고 이해하지 않으면 안 된다. 다음으로 기계장치가 요구하는 작동이나 성능을 잘 이해하고, 그 작동조건을 분석하여 유압회로의 압력, 유량, 작동시간 등을 설정, 변환밸브나 유량조정밸브의 조작방식 및 그 순서, 압력제어밸브와 액추에이터와의 출력관계 등을 명확하게 한다. 그리고 다시 기계장치의 안전성 및 보수, 관리 등의 면에서 검토하고, 장치의 목적에 적합한 유압회로를 작성하지 않으면 안 된다.

이 단원에서는 주로 기본과 응용유압회로를 제시 하였다.

(1) 부하의 상태

유압회로를 계획하는 전제조건으로서 기계장치가 하여야 할 일, 즉 부하(load)가 어떠한 성질의 것인가를 분명히 해 둘 필요가 있다.

부하에는 양의 부하, 음의 부하, 관성, 점도, 스프링, 마찰부하 등의 종류가 있다. 양부하는 유압실린더의 플런저가 움직이는 방향과 반대방향으로 가해지는 힘이며, 유압실린더로 하중을 움직일 때 하중은 양부하이다.

음부하는 플런저가 움직이는 방향과 부하의 방향이 같은 경우를 말한다.

관성부하는 물체가 가속 또는 감속될 때에 생기는 저항이고, 점성부하는 점성에 의한 유체저항이다. 스프링부하는 부하의 변위에 비례한 크기의 힘을 생기게 하는 것이고, 마찰부하는 마찰저항에 의한 것이다.

하중과 베드 및 플런저와 실린더내 벽과의 마찰저항이 마찰부하이다. 또 관성부하는 하중 및 플런저가 정지에서 등속운동이 될 때까지의 가속저항 및 등속운동에서 정지까지의 감속저항이다. 다음에 부하의 크기, 부하의 변화, 작동의 순서, 일의 빠르기, 사이클 타임 등을 조사하여 전술한 바와 같은 사이클선도를 그리면 유압회로를 계획할 때에 편리하다.

(2) 회로압력과의 펌프

유압장치를 계획할 때에 유압회로의 최고사용압력의 설정은 그 유량과의 관련에 있어서 가장 중요한 것이다.

회로압력(pressure circuit)은 유압이 쓰이는 기계의 용도에 따라 대략 다음과 같은 값을 가진다. 공작기계에 있어서는 보통 20~70 [kg_f/cm^2]의 범위에 있고 대형인 것에는 120 [kg_f/cm^2] 정도까지 사용된다. 프레스(press)에서는 50~350 [kg_f/cm^2]가 그 사용범위인데, 200 [kg_f/cm^2] 정도의 고압이 적당하다고 생각된다. 건설기계에서는 50~350 [kg_f/cm^2]의 사용범위인데, 보통 50~120 [kg_f/cm^2]의 범위가 많이 사용되고 있다.

따라서 유압펌프를 선정할 때, 먼저 회로압력의 알맞은 형식과 크기를 검토하고 정용량형 또는 가변용량형의 어느 것을 쓸 것인가에 따라 회로가 달라지며 다시 가변용량형의 제어방식에 따라서도 회로가 변한다. 또 급유펌프의 대수, 복합펌프의 조합방식에 의해서도 회로가 변하므로 종합적인 판단 아래 유압펌프의 채용여부를 검토하해야 한다.

(3) 유압회로도

유압회로를 나타내는 방법인 회로도(graphical diagram)에는 유압기기나 관로의 단면도를 그린 단면회로도와 유압기기의 외형도를 배치한 회화식 회로도가 있는데 일반적으로 널리 쓰이는 것은 기호 회로도이다. 종래에는 주로 JIC에 의한 유압기호방식이 사용되었으나 각 나라에 따라 가지각색으로 달랐다.

8·2 압력제어회로

압력제어회로(pressure control circuit)는 유압펌프의 토출압력을 일정하게 유지하거나, 최고압력을 제어하고, 또한 회로중의 압력으로 유압액추에이터의 작동순서를 제한하거나 일정한 배압을 액추에이터에 부여하는 등 압력제어 밸브를 중심으로 하여 회로 내의 압력을 여러 가지로 제어하는 회로이다.

회로의 기능에 의하여 분류하면 조정, 감압, 언로드 시퀀스, 카운트 밸런스, 축압, 증압 등의 회로방식으로 구분된다.

8·2·1 조압회로

조압회로는 릴리프밸브를 사용하는 회로로서 설정한 압력유지, 작동하지 않을 때, 공급압력을 가변시킬 때 공급압력을 가변시킬 때 등의 조정하는 역할을 한다.

(1) 압력설정회로

그림 8·1에 제시하는 위치에 릴리프밸브를 사용하는 유압펌프 토출압력을 릴리프밸브의 설정압력 이상이 되지 않도록 제한하는 회로이다.

그림 8·2의 압력설정회로는 일반적으로 정용량형 펌프의 과부하 방지를 목적으로, 펌프의 송출측에 릴리프밸브를 설치하여 압력을 유지하거나 감압하기 위해 이용된다.

아래 회로도에서 릴리프밸브 ①은 압력을 조정하여 안전밸브 역할을 하는 것으로 유량조절밸브 ②나 ③에서 규제되는 유량보다 펌프송출량이 많으면 릴리프밸브 ①을 통해 여분의 유량이 탱크로 복귀되고, 또한 실린더가 행정 끝단에 정지하여 유량이 필요치 않을 때는 전량이 탱크로 복귀된다. 이와 같이 릴리프밸브는 압력설정은 물론 정지하고 있는 액추에이터에 외력이 가해져 고압으로 되는 경우나, 액추에이터의 주위 온도가 높아 기름의 팽창에 의해 파손 위험이 있는 경우에는 안전밸브의 역할까지 한다.

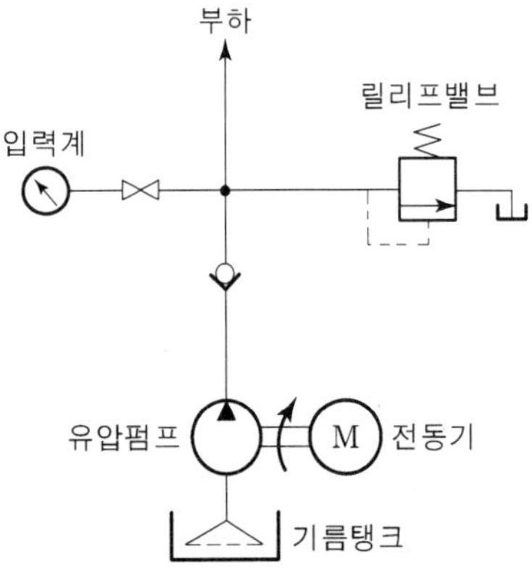

그림 8·1 압력설정회로

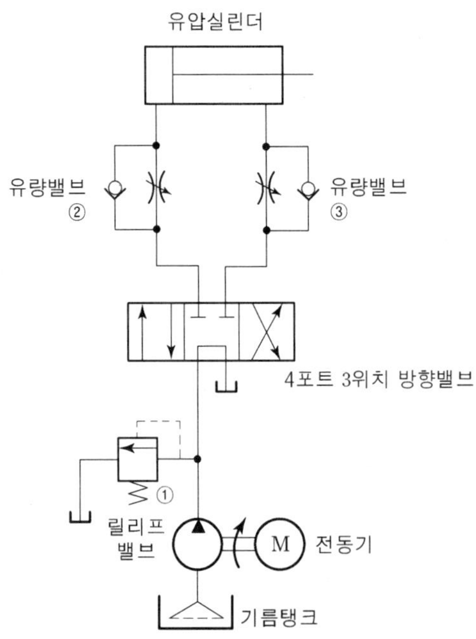

그림 8·2 압력설정회로

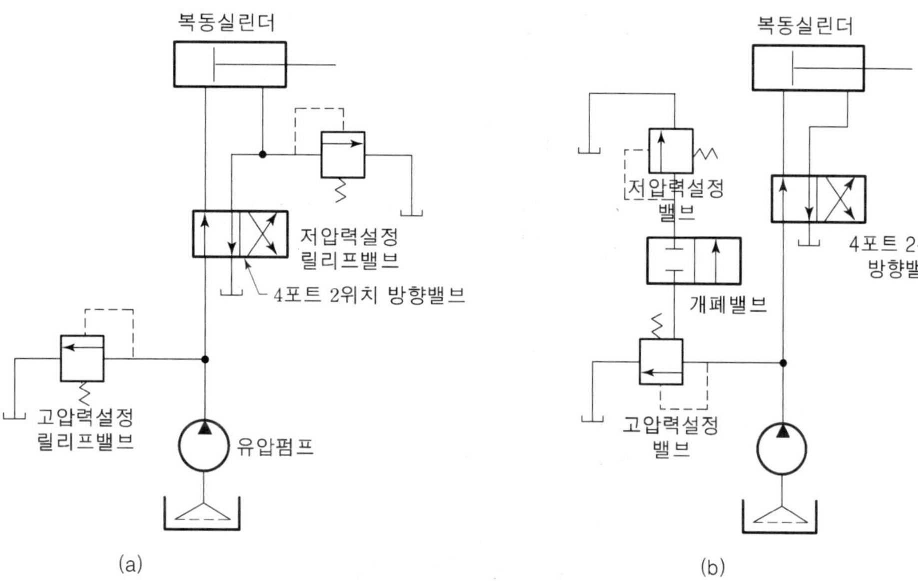

그림 8·3 2압력 설정 회로

그림 8·3은 2압력 설정 회로로 펌프의 송출압력을 고압·저압으로 변화시킬 필요가 있는 경우에 이용되는 회로로서 다음과 같은 경우에 응용된다.

① 부하가 액추에이터 이동 도중에 변화하는 경우

② 액추에이터가 왕복운동할 때 출력이 서로 다른 경우

③ 1개의 동력원에 여러 개의 출력이 다른 회로가 있는 경우

아래 회로도 (a)는 릴리프밸브 2개를 이용하여 실린더의 전진운동과 후진운동시 출력을 다르게 할 때 이용되는 회로예이다. 또한 회로도 (b)는 벤트회로를 이용한 2압회로로 밸런스 플런저형 릴리프밸브의 벤트회로에 방향제어밸브를 삽입하고 리모트 컨트롤용 릴리프밸브를 설치하여 2압을 얻는 방법이다.

그림 8·4와 같이 출력압력조정회로는 두 개 이상의 액추에이터를 1개의 유압원으로 제어할 때, 그 출력이 상호 다른 경우에는 아래회로와 같이 구성할 수 있다. 아래 회로에서 펌프의 토출압력은 릴리프밸브 ①의 설정압으로 조정되어 있어 실린더 B는 고압으로 작동된다. 한편 실린더 A는 릴리프밸브 ①의 설정압인 고압에 의해 작동되며, 실린더 B를 고압으로 작동시키려면 실린더 A를 전진시킨 후 조작하면 가능하다.

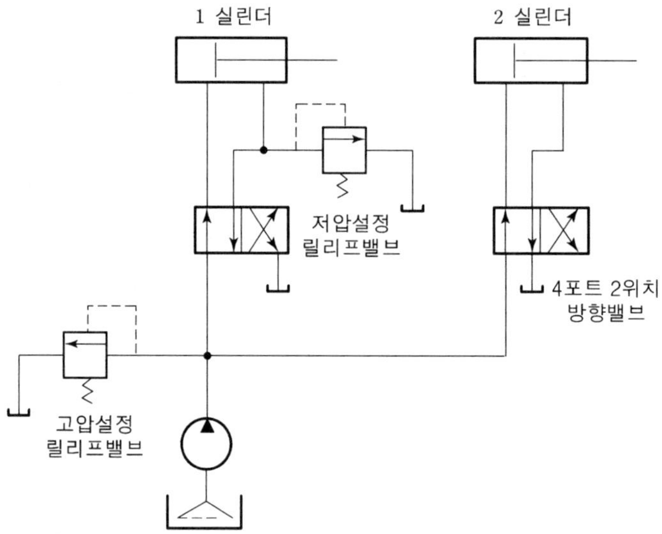

그림 8·4 출력압력조정회로

(2) 최대압력제한회로

그림 8·5는 프레스회로의 한 예로, 이것은 릴리프밸브를 두 개 설치하여 프레스의 손상을 막아주고 동력의 손실이 없도록 하여 주기 위한 회로이다. 즉 상승행정 때 저압 릴리프밸브를 사용하면 플런저가 상승완료한 곳에서 플런저가 강하하지 않도록 하기 위한 것이고 하강 행정에서는 고압 릴리프밸브를 사용하여 플런저의 최고조작력을 제어하고 있다.

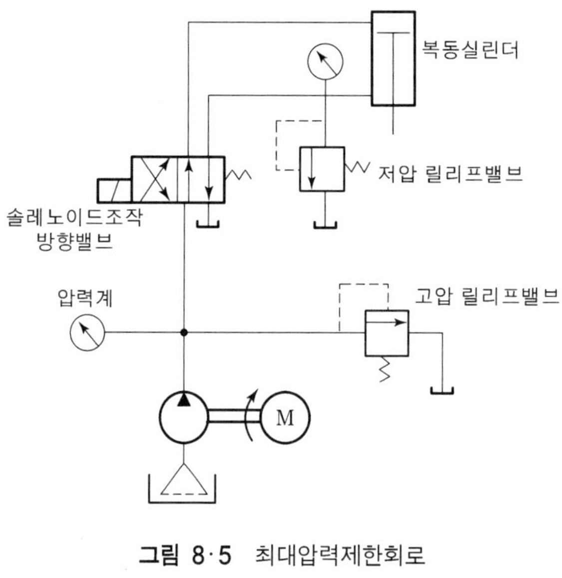

그림 8·5 최대압력제한회로

(3) 압력원격조작회로

릴리프밸브의 설정압력은 조작의 도중에서 회로의 설정압력을 바꾸거나 조정을 원격 조작하고자 할 때 사용하는 방법이다.

대형 릴리프밸브 1개로 3단계의 압력을 자동적으로 변환할 수 있으므로 경제적이다. 그림 8·6에 있어서 솔레노이드 조작 3포트 2위치 변환밸브를 그대로 사용할 때는 회로의 압력은 대형 릴리프밸브에 의하여 설정압력 100 [kg_f/cm^2]으로 작동된다.

솔레노이드 밸브를 압력변화시키면 대형 릴리프밸브 벤트압력이 60 [kg_f/cm^2] 또는 40 [kg_f/cm^2]의 파일럿 밸브에 유동하는가에 따라서 대형 릴리프밸브의 조절압력이 60 [kg_f/cm^2]이나 40 [kg_f/cm^2]으로 된다. 이 파일럿 밸브의 변환은 파일럿 조작 4포트 2위치 변환밸브이다.

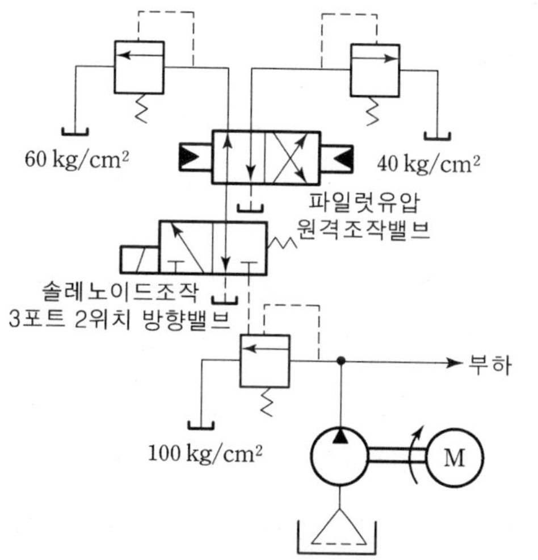

그림 8·6 압력원격조작회로

(4) 고저 2 압력회로

유압실린더의 양 행정에 서로 다른 2개의 압력을 공급하는 데는 그림 8·7에서 제시하는 바와 같은 회로로 하면 유익하다. 회로에서 실린더의 피스톤측과 로드측에 각각 다른 압력을 공급할 수가 있다. 고압 저압의 릴리프 밸브로 각각의 펌프를 제어하고, 2개의 수동 4포트 밸브로 조작한다. 그림에 표시된 유로는 실린더의 귀환행로를 나타낸 것으로 저압펌프의 압력이 실린더에 기압되고 있다. 고압펌프의 압유는 아래에 있는 4포트 밸브를 통하여 탱크에 교류된다. 위에 있는 4포트 밸브를 변환하면 저압펌프의 압유로 피스톤을 하강시킨다. 하강 도중에 아래 밸브를 변환시키면 고압펌프의 압유가 피스톤에 작용한다.

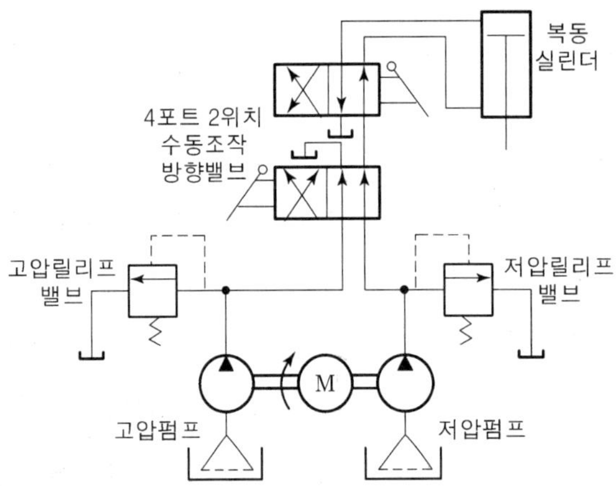

그림 8·7 고저압 2 압력회로

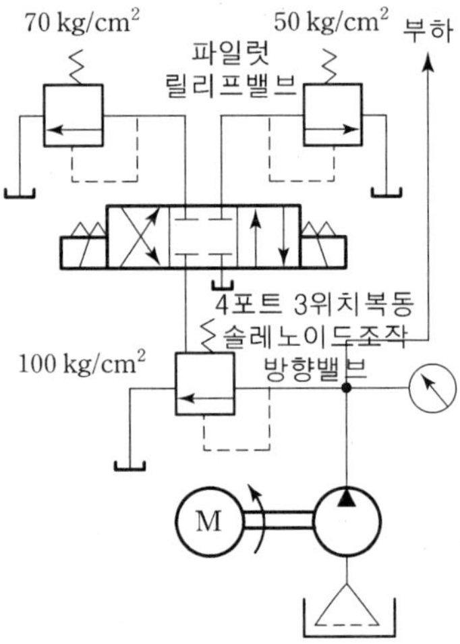

그림 8·8 압력 다단변환회로

(5) 최고압력 다단 변환회로

4포트 3위치 솔레노이드 변환밸브를 이용하여 조작도중에 회로의 압력을 두 종류 또는 그 이상의 설정압력으로 다단변환하는 회로의 한 보기를 그림 8·8을 나타내었다. 그림 8·8에서 릴리프밸브의 벤트 회로는 전자변환밸브를 지나 파일럿 릴리프밸브 70 [kg_f/cm^2] 및 50 [kg_f/cm^2]에 접속되고 기름탱크로 귀환한다. 지금 릴리프밸브의 설정압력을 각각 100 [kg_f/cm^2], 70 [kg_f/cm^2], 50 [kg_f/cm^2]이라 하자. 변환밸브가 중립위치에 있을 경우에는 회로의 압력은 릴리프밸브 100 [kg_f/cm^2]로 설정되어 있다. 솔레노이트 우측을 작동시켜 유로를 변환하면 릴리프밸브 100 [kg_f/cm^2]의 벤트회로는 파일럿 릴리프밸브 70 [kg_f/cm^2]에 접속되고 회로압력은 70 [kg_f/cm^2]으로 설정된다. 역으로 솔레노이트 좌측을 작동시키면 벤트회로는 파일럿 릴리프밸브 50 [kg_f/cm^2]에 접속되고 회로압락은 50 [kg_f/cm^2]으로 설정된다.

8·2·2 감압회로

이것은 감압원이 하나밖에 없는 회로로서, 주조작회로의 압력이 지나치게 높아진다든지, 부하에 따라 변화한다든지 할 경우에 감압밸브를 써서 주조작회로압(1차압)의 변화에 개의치 않고 회로의 일부를 그것보다 낮은 2차압으로 유지하는 회로이다.

그림 8·9는 감압밸브를 사용한 2압회로를 나타낸 것으로서 유압실린더 (D)의 전진압력은 릴리프밸브 (A)에 따라 설정되는데, 전자변환밸브 (C)에 의하여 유로가 변환되고, 유압실린더가 후퇴하는 경우에는 감압밸브 (B)에 의하여 압력이 설정된다.

그림 8·10은 감압밸브 ①을 사용한 전형적인 유압회로이다. ②의 실린더의 플랜저력은 ④

의 릴리프밸브의 설정압력에 의하여 결정되며 ③의 실린더의 플랜저력은 ①의 감압밸브의 설정 2차압에 의하여 주회로압에 관계 없이 임의로 정할 수가 있다. 물론 주회로압력이 ①의 밸브의 2차설정압보다도 낮게 될 염려가 있는 경우는 적당한 보상회로를 생각할 필요가 있다. 감압밸브에 의한 2개 압력회로는 2개 이상의 실린더가 있는 유압계통에서 한 개의 실린더가 유압회로의 설계압력보다 낮은 압력이 필요할 경우에는 감압밸브를 사용한다. 그림 8·11에

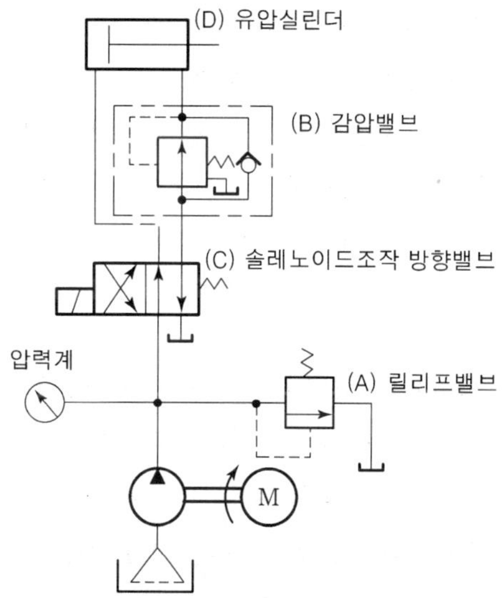

그림 8·9 감압밸브를 사용한 2압회로

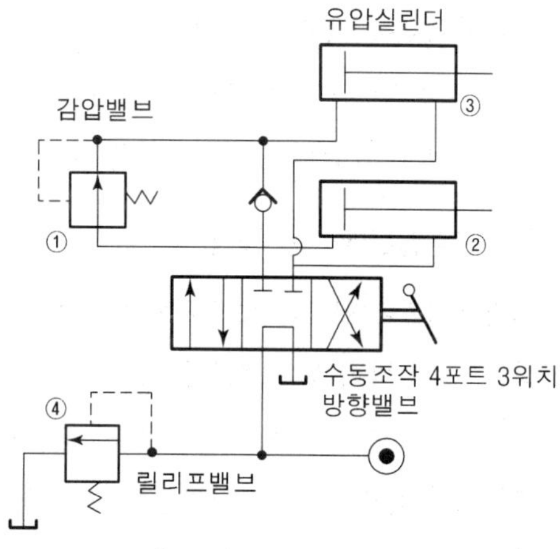

그림 8·10 감압밸브를 사용한 2압회로

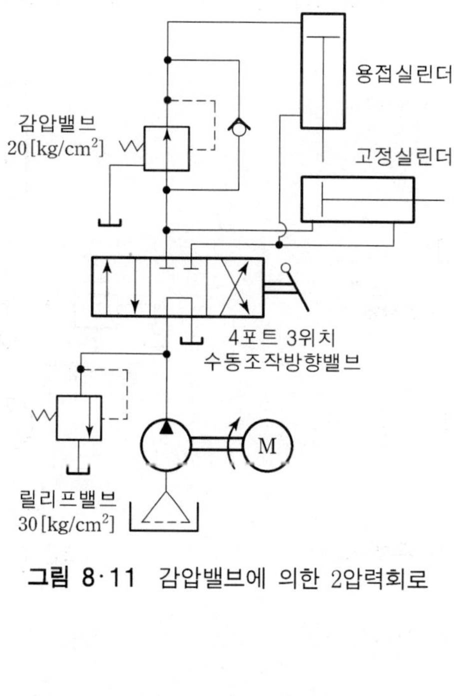

그림 8·11 감압밸브에 의한 2압력회로

표시한 회로는 점용접기에 응용한 회로이다. 유압구동의 점용접기에서 양호한 용접을 하려면 누르는 압력을 적당히 제어할 필요가 있다. 그림 8·11에서 고정실린더의 고정압력은 릴리프밸브의 설정압력으로 용접실린더의 접압압력은 감압밸브의 설정압력으로 조절한다. 감압밸브의 설정압력은 릴리프밸브의 설정압력보다 낮은 범위에서 조정된다.

8·2·3 무부하회로(unloading hydraulic circuit)

반복작업 중에 일을 하지 않는 동안 압유를 필요로 하지 않을 때 펌프 송출량을 저압으로 기름탱크에 되돌려 보내고 유압펌프를 무부하운전시키는 회로가 언로드 회로이다.

무부하회로를 사용하는 펌프구동력의 손실을 막을 수 있고, 유압장치의 가열을 방지하며 펌프의 수명을 연장시킴은 물론 효율이 좋게 안전작업을 할 수 있다. 또 작동유의 온도상승을 막을 수 있어 작동유의 노화, 작동장치의 성능저하 및 손상을 감소시킬 수 있다.

(1) 변환밸브에 의한 회로

그림 8·12의 회로는 중립위치가 탠덤 센터(tandem center)형(일명 center bypass형이라고도 함)인 3위치 변환밸브를 사용하여 비교적 간단히 무부하시킬 수 있는 회로이다. 이 회로에 사용하는 변환밸브는 고압, 대유량, 예를 들면 압력 35[kg_f/cm^2], 유량 40[l/min] 이상에서 변환하면 관로에 서지압이 발생되므로 주의를 요한다. 이것을 방지하려면 스풀 랜드에 구배를 주는 것이 효과적이다. 이 회로는 비교적 저압, 소유량에서 사용하는 것이 좋다. 조작단위의 수가 여러 개 있을 경우에는 각 조작단을 동작하는 변환밸브의 탱크측 포트에 다음밸브의 압력 포트를 순차 직렬로 연결하고, 최종단의 탱크측 포트와 유압탱크를 연결하여 무부하

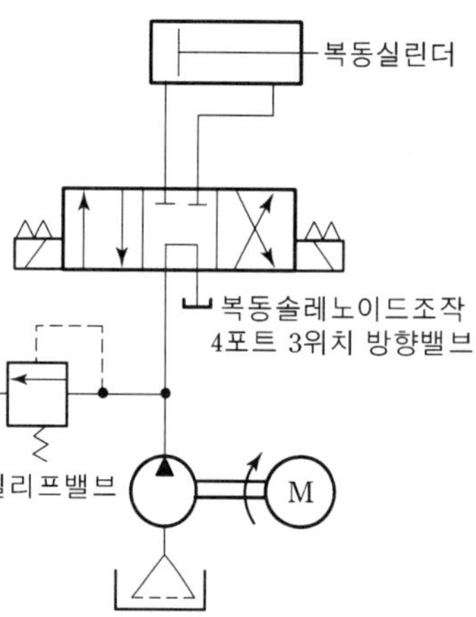

그림 8·12 변환밸브에 의한 무부하회로

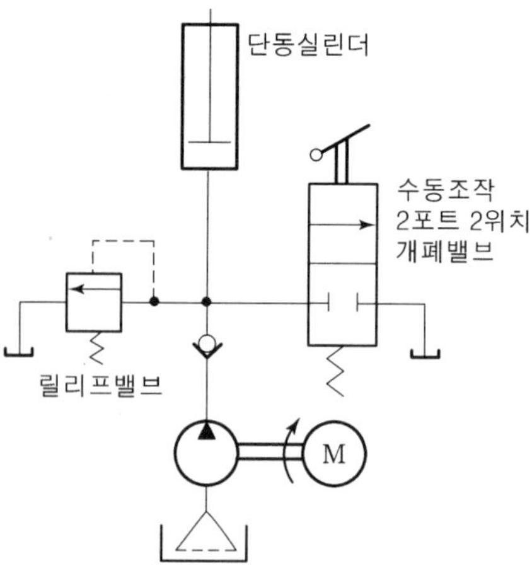

그림 8·13 단락회로

시킨다. 임의의 조작단을 작동시키려면 해당하는 밸브를 작동시키면 된다.

(2) 단락회로(short circuit)

그림 8·13의 회로는 2포트 2위치 변환밸브를 사용하여 펌프송출량의 전량을 저압 그대로 탱크에 귀환시키는 회로이다. 이 회로는 구성이 간단하고 회로에 압력이 전혀 필요하지 않을 때 편리하다.

(3) 축압기에 의한 무부하회로

이 회로는 바이스 회로(vice circuit)에 응용된다. 그림 8·14(a)에서 실린더로 물건을 눌러 고정시키고자 할 때, 펌프로부터 실린더에 압유를 도입시킨다. 동시에 압유는 축압기에도 흡입되어 축압된다. 이 회로압력이 2포트 2위치 개폐밸브의 설정압력에 달하면 밸브가 열려 펌프로부터 송출되는 압유는 개폐밸브를 통하여 탱크에 귀환된다. 펌프와 축압기 사이에 역지밸브가 있으므로 회로압력이 쉽게 강하됨이 없이 바이스작동을 함과 동시에 개폐밸브를 열어 펌프는 무부하 운전이 된다. 만일 누유가 되면 축압기로부터 압유가 보급되고, 다시 회로압력이 강하하면 개폐밸브가 닫혀 펌프로부터 압유가 바이스회로에 보내어진다.

그림 8·14(b)는 상술한 전조작을 유압으로 하기 위하여 파일럿 조작 개폐밸브를 계의 최고압으로 설정한 릴리프밸브로 제어하고 있는 예이다. 이 경우 무부하에서 부하 상태로 되는 때의 유압을 분명하게 규정할 수는 없다.

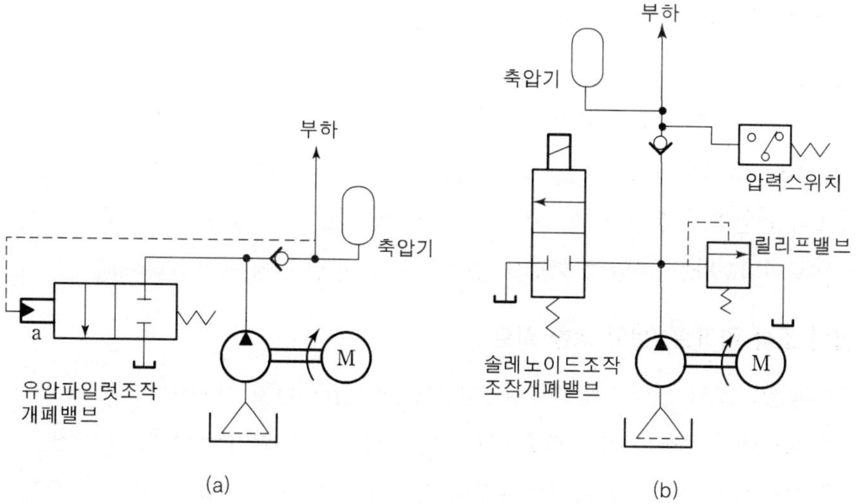

그림 8·14 축압기에 의한 무부하회로

(4) Hi-Lo 회로

프레스나 공작기계에서 급속행정을 위하여 응용되는 회로이다. 많은 회로에서 실린더 플런저를 급속히 전진시키려면 저압대용량의 펌프를 필요로 한다. 또, 실린더에서 프레서력, 체부력,

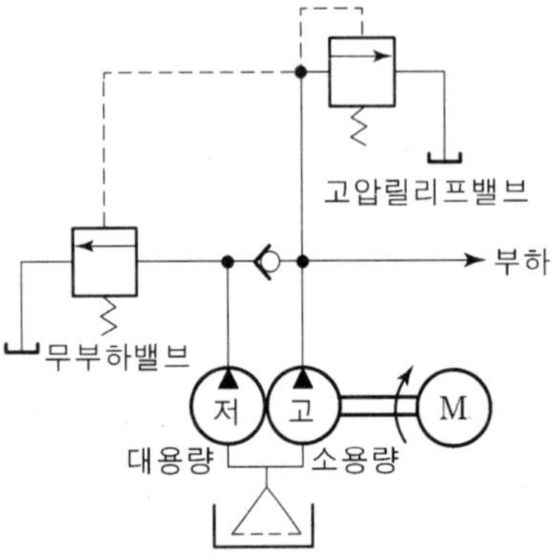

그림 8·15 Hi-Lo 회로

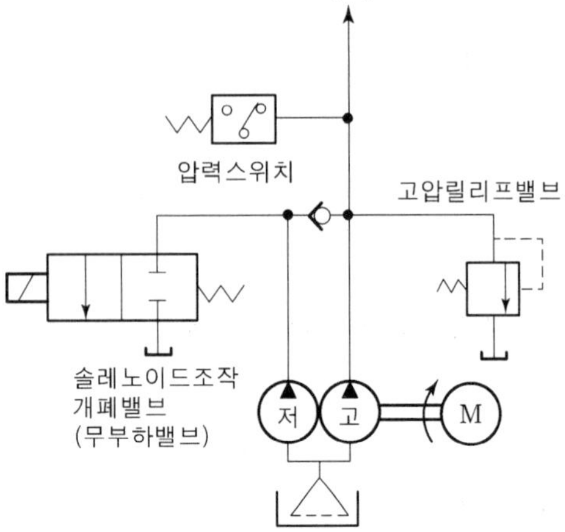

그림 8·16 압력스위치와 전자밸브에 의한 회로

절삭이송을 얻고자 할 때에는 고압소용량의 펌프를 필요로 한다.

이와 같은 경우에는 고압소용량, 저압대용량의 펌프를 사용한 회로가 적절하다. 급속이송시(行程)에는 양펌프의 송출량이 실린더에 전부 유입된다. 급속이송이 끝나 실린더가 작업을 시작하면 회로압력이 상승하므로 저압대용량 펌프는 무부하밸브에 의하여 자동적으로 무부하 운전되고, 고압소용량 펌프만이 작동한다(그림 8·15).

(5) 압력스위치와 전자밸브에 의한 회로

이 회로는 압력스위치를 사용하여 전기적 신호에 따라 전자밸브를 변화시키는 방법이다. 회로압이 저압일 때는 고압, 저압, 양펌프의 압유가 실린더 회로에 유입된다. 회로압이 압력스위치의 설정압력에 달하면 전기적 신호에 의해서 전자밸브를 변환시켜 저압밸브를 무부하시키고, 고압펌프의 유압만이 실린더 회로로 송입된다. 이 회로는 앞절의 Hi-Lo 회로와 똑같은 기능을 갖는 회로이다. 다만 파일럿 회로를 전기적으로 바꾼 것에 불과하다(그림 8·16).

(6) 파일럿 조작 릴리프밸브에 의한 회로

이 회로는 파일럿 조작 릴리프밸브의 벤트회로(vent circuit)를 이용하여, 주회로가 설정압력에 달했을 때 펌프를 무부하로 하는 회로이다. 그림 8·17(a)는 릴리프밸브의 벤트 포트를 2포트 솔레노이드밸브에 접속시켜 놓았다. 펌프로부터 송출되는 압유는 부하와 축압기에 유입되고, 부하체의 하중에 의하여 회로압이 압력스위치의 설정압력에 달하면 압력스위치에서 전기적 신호를 발생시켜 전자밸브를 폐로부터 변환시킨다. 펌프로부터 송출되는 압유는 릴리프밸브를 거쳐 탱크에 귀환되는 펌프는 무부하 운전된다. 이때 축압기와 역지밸브는 회로압의 저하를 막는다.

그림 8·17(a)는 시퀀스밸브와 파일럿 조작 변환밸브를 이용하여 펌프를 무부하 운전시키는

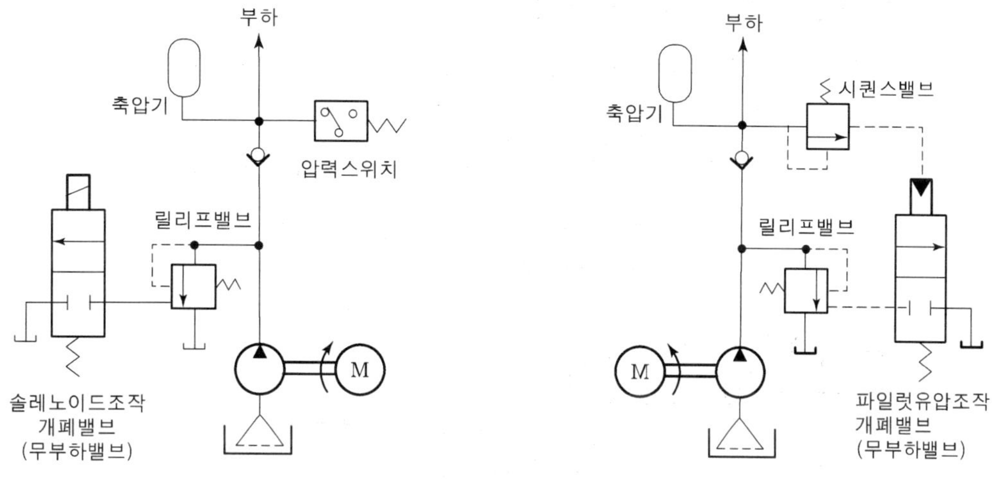

그림 8·17 파일럿조작 릴리프밸브를 사용한 회로

회로이다. 회로압력이 시퀀스밸브의 설정압력에 달하면 시퀀스밸브가 열려 시퀀스밸브를 통과한 압유는 변환밸브의 파일럿을 작동시켜 밸브를 폐로부터 개로 변화시킨다. (b)에서와 같이 벤트회로가 열리므로 펌프는 무부하 운전된다. 만일 주회로의 압력이 설정압력 이하로 강하하면 변환밸브가 닫혀 다시 회로압력이 상승한다.

(7) 압력보상 가변용량형 펌프에 의한 회로

펌프의 송출압에 따라 송출량을 보상하는 가변용량형 펌프를 사용하면, 펌프의 동력을 경감시키는 회로이다. 그림 8·18처럼 방향변환 밸브로서 클로즈 센터형을 사용하면 이 밸브가 중립위치에 있을 때 펌프는 밸브의 누유에 상당하는 양만큼 보충하면 되므로 최소 송출상태가 되어 동력소비를 절약할 수가 있다.

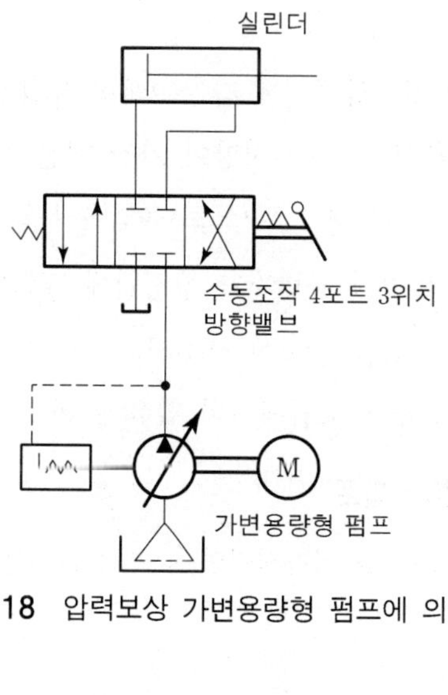

그림 8·18 압력보상 가변용량형 펌프에 의한 회로

(8) 다수의 유압실린더를 무부하시키는 회로

2개 이상의 실린더에 1개의 펌프로부터 압유를 공급할 경우에는 그림 8·19와 같이 4방향밸브와 함께 작동하는 3위치 1방향밸브를 직렬로 연결시켜, 4방향밸브가 중립위치로 올 때 펌프가 무부하로 되게끔 하면 좋다. 이 회로는 한 개의 유압실린더만을 무부하로 할 수는 없다.

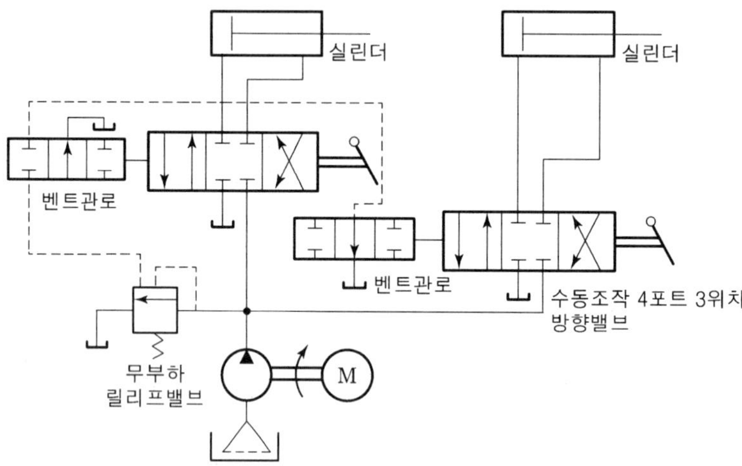

그림 8·19 다수의 유압실린더를 무부하로 하는 회로

8·2·4 시퀀스회로

시퀀스회로(sequence circuit)는 동일한 유압원을 이용하여 여러 가지 유압작동체의 조작이 순차적으로 이루어지도록 자동적으로 작동시키는 회로로서 유압장치의 자동화를 만드는 기본회로이다.

(1) 자동조작 회로

그림 8·20에 나타난 회로는 동일수압면적을 갖는 2개의 유압실린더로 서로 다른 부하를 동작시키고자 할 때 사용한다. 압유의 흐름은 저항이 가장 작은 통로를 흐르므로, 우선 부하가 가벼운 쪽의 유압실린더 ①을 동작시킨다. 그러므로 유압은 부하 50 [kg_f]을 동작시키기 위하여 흐른다. 이 부하동작이 끝나 실린더 플런저가 행정단에 달하면, 다음에 100 [kg_f]의 무거운 부하 실린더 ②를 동작시킬 수 있을 압력이 상승된다. 이 경우 저압대형 펌프는 무부하 밸브에 의하여 무부하 운전되고, 소용량 고압펌프의 압유에 의하여 대부하 플런저가 작동한다.

(2) 솔레노이드 조작 유압 실린더 회로

그림 8·21에 있어서 솔레노이드 ⓐ를 여자시키면 로크 실린더(lock cylinder)의 로드는 우향

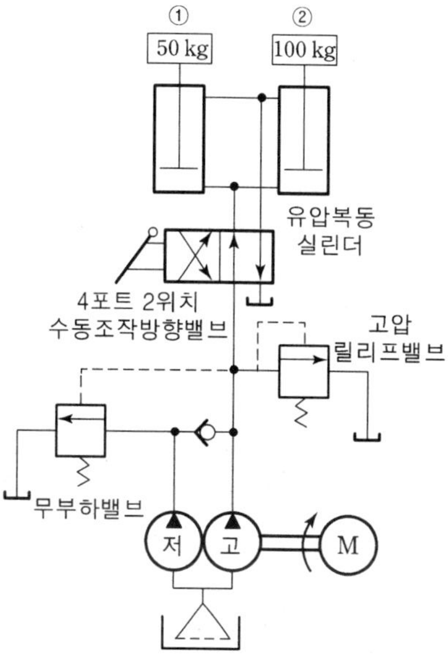

그림 8·20 자동조작회로

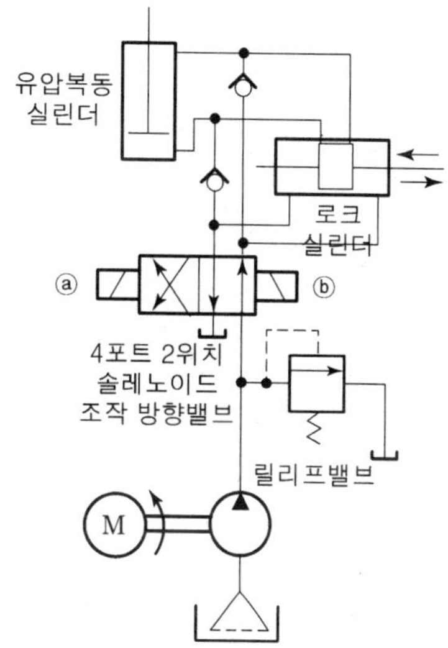

그림 8·21 솔레노이드 조작회로

으로 이동되면서 포트 A가 열러 압유는 포트 A를 통하여 테이블 실린더로 유입되면서 로드를 상방향으로 이송시킨다. 다음에 솔레노이드 ⓐ의 전류를 끊고, 솔레노이드 ⓑ를 여자시키면 로크실린더의 로드는 실린더의 상측에 유입되어 로드를 하방으로 복귀시키어 한 사이클의 조작을 완료한다.

(3) 시퀀스밸브에 의한 시퀀스회로

이 회로는 드릴링머신에 응용되고 있는 회로로서 피가공물의 고착, 드릴작업 완료 후의 드릴상승, 피가공물의 이완작업 순으로 작동할 수 있는 회로이다. 그림 8·22에서 2위치 4포인트 밸브를 조작하면 먼저 1의 운동을 한다. 실린더의 행정단에 달하면 압력이 상승되어서 시퀀스 밸브가 열려 2의 운동이 자동적으로 연결되다. 2위치 4포트를 반대 위치로 조작하면 드릴용 실린더가 3의 운동을 하고, 행정단에 도달하면 압력이 상승되어 아래에 있는 시퀀스밸브가 열려 4의 운동이 순차적으로 작동된다.

(4) 캠 조작 시퀀스 회로

이 회로는 사출기 등에 응용하는 회로이다. 그림 8·23에서 4방밸브 ③을 그림과 같은 위치에 놓으면 유압은 승강 실린더 ④의 로드를 상방으로 밀어 올린다. 승강 실린더의 로드가 어느 높이까지 상승하면, 캠 조작 4방밸브 ⑥의 캠을 작동시켜 사출 실린더를 우측으로 밀어낸다.

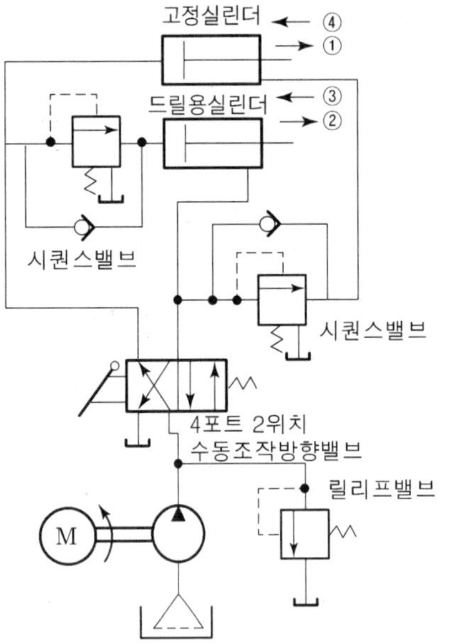

그림 8·22 시퀀스밸브 조작회로

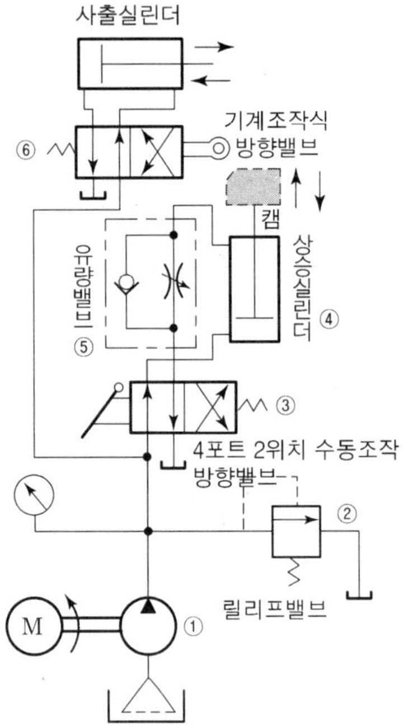

그림 8·23 캠 조작 시퀀스회로

다음에 4방밸브 ③을 반대 위치로 조작하면 승강실린더 ④는 하강하고, 캠 조작 4방밸브 ⑥의 캠을 원위치로 복귀시켜, 사출 실린더 로드를 좌향으로 복귀시킨다. 이와 같이 하여 승강실린더와 사출실린더의 이송과 귀환 사이의 시간을 단축시킬 수 있다.

(5) 왕복 자동 회로

파일럿 조작회로를 사용하여 작업대의 왕복운동을 자동적으로 되풀이 할 수가 있다. 이러한 경우 클램프라든가, 지정된 조작을 시키는데 동일유압원을 사용하는 곳에서는 시퀀스밸브를 사용하면 좋다. 수동조작 4방밸브를 조작하여 그림과 반대위치에 놓으면(그림 8·24) 압유는 클램프 실린더를 우향으로 이송되게끔 유입한다. 클램프 실린더의 로드가 공작물을 고착시키면 회로압이 상승하여 시퀀스밸브가 열려 압유는 파일럿 조작 4방밸브를 통하여 왕복동 실린더의 전진행정과 후퇴행정의 끝에서 캠은 캠조작 파일럿밸브를 눌러 캠조작 밸브를 변환시키므로 파일럿 조작 4방밸브를 반대방향으로 움직이게 하여 왕복동 실린더를 반전시킨다. 이 왕복동작은 수동조작 4방밸브를 원위치로 귀환시킬 때까지 계속된다. 그림 8·25는 시퀀스 밸브 ②를 통하여 파일럿 조작 4방밸브 ③에 파일럿 압을 도입시킨 것이 그림 8·24와 다르다. 회로를 이와 같이 구성하면 파일럿 조작 4방밸브의 작동을 확실히 할 수가 있다.

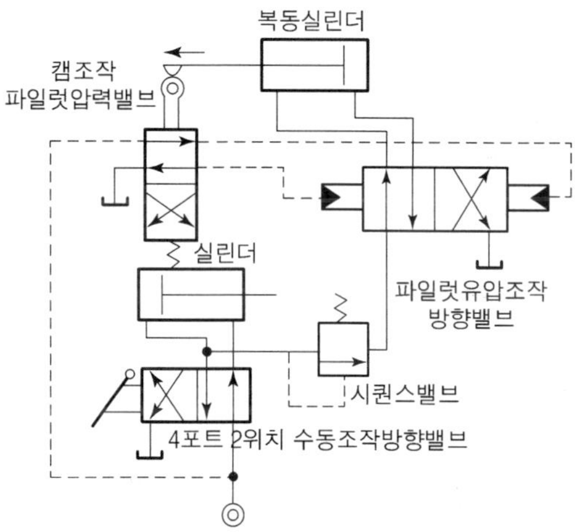

그림 8·24 왕복자동 회로

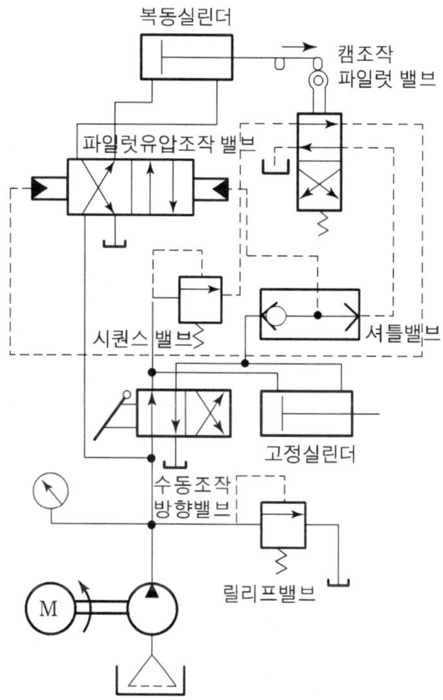

그림 8·25 왕복자동 회로

8·2·5 카운터 밸런스 회로(counter balance circuit)

카운트 밸런스 회로는 수직 램이나 플런저 로드가 자동에 의하여 떨어지는 것을 방지하거나 유압실린더를 사용한 구멍가공기계 등에서 가공이 끝나고 무부하로 되는 경우에 플런저 로드가 더 전진하지 않도록 일정한 유압저항을 주도록 부하가 급격히 감소되더라도 램이나 플런저가 급진되지 않도록 제어하는 회로를 카운트 밸런스 회로(균형회로)라 한다. 이 회로는 일정한 배압을 유지시켜 성형기계의 램이 중력에 의하여 자유낙하하는 것을 방지하는 데 유효하다.

(1) 자중낙하 방지회로

자중낙하 방지회로는 그림 8·26에 제시하는 바와 같이 플런저 로드가 자중에 의하여 낙하하는 경우 플런저 로드측 회로에 카운트 밸런스 밸브를 설치해 두면 유압저항(배압)이 주어져 자중에 의한 자연낙하를 방지할 수 있으며 규정속도로 낙하시킬 수 있다. 역지 밸브를 통하여 유압실린더에 유입시키면 플런저 로드를 상승시킬 수 있다.

큰 중량의 프레스에 있어서 카운트 밸런스 밸브의 파일럿(로드) 관로가 막히거나 손상하거나 하면 고압력이 발생한다. 이 위험을 방지하는 방법으로 유압 실린더와 카운트 밸런스 밸브 사이에 유압퓨즈를 삽입한 것이 그림 8·27의 회로이다. 그림 8·28과 같이 카운트 밸런스

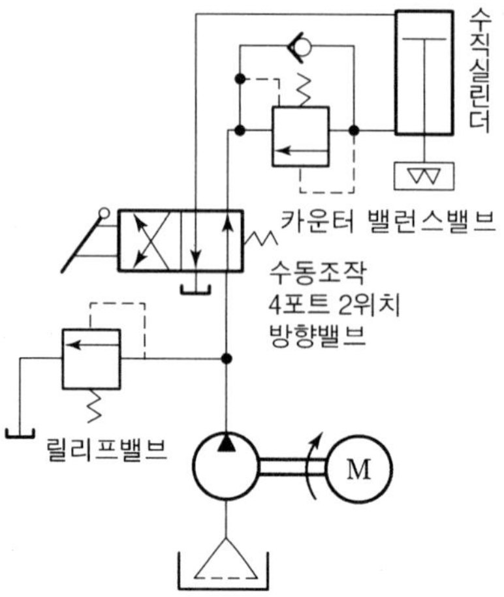

그림 8·26 자중낙하 방지회로

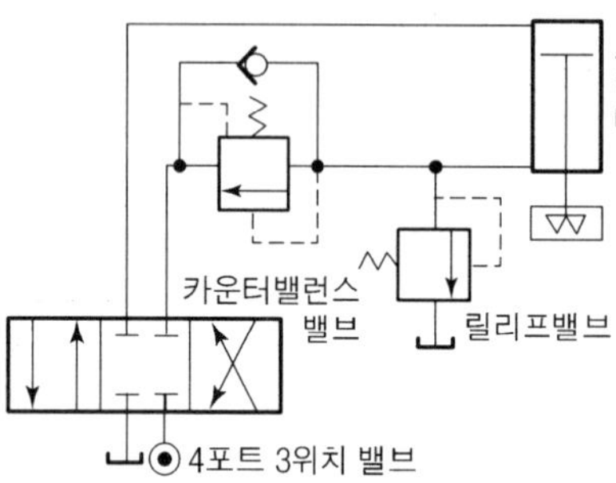

그림 8·27 자중낙하 방지회로

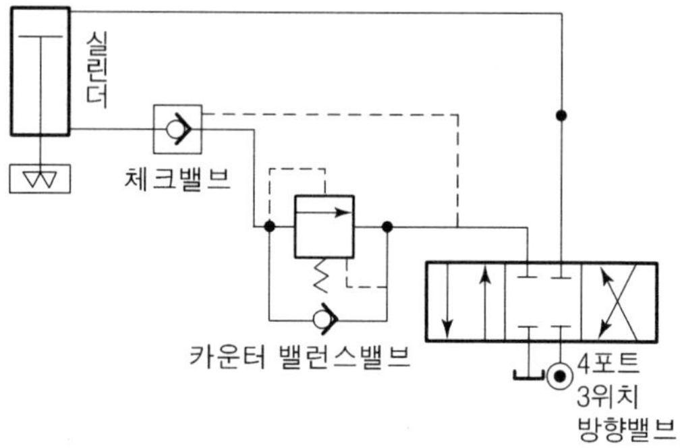

그림 8·28 자중낙하 방지회로

밸브에 직렬로 파일럿 조작 역지 밸브를 설치하면 플런저의 상면이 가압되기까지 플런저의 하방향의 드리프트(drift)를 방지한다.

(2) 속도조정 보조회로

속도조정 보조회로는 플런저 로드측 회로에 카운트 밸런스 밸브를 설치하여 플런저속도를 제어하고 있는 이 회로는 구멍가공 등의 가공 후 플런저에 무부하로 된 경우의 급진을 방지할 수 있는 회로이다.

이 회로는 그림 8·29에 제시하였다. 이 회로는 정확한 속도제어를 할 수 없으나 원활한 속도제어를 할 수 있고 효율도 비교적 좋다.

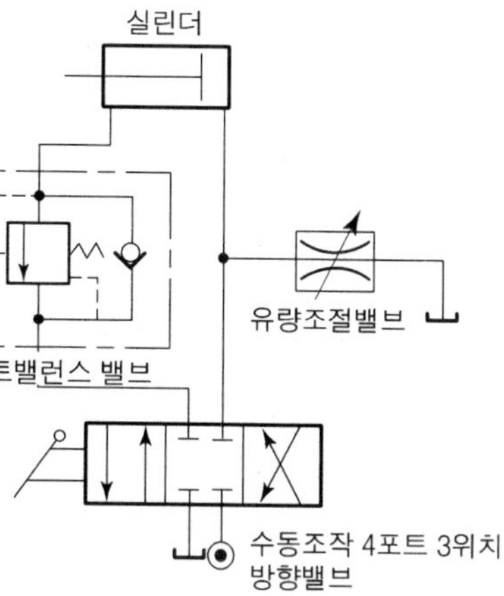

그림 8·29 속도조정 보조회로

8·2·6 축압기 회로

유압회로에 축압기를 사용하면 압력유지, 서지압력의 흡수 또는 유압의 에너지를 축적하여, 동력을 절약, 사이클시간을 단축할 수 있다. 이들의 회로를 축압기 회로라 한다.

(1) 안전장치회로

유압 실린더로 절삭가공의 위치를 조정하는 경우 동력공급이 정지하였을 때, 또는 작업실패가 발생하였을 때 공구를 안전한 위치로 되돌아오게 할 필요가 있다. 이를 위하여 축압기를 사용하여 사고가 발생하였을 경우 유압 실린더를 원위치로 되돌아오게 한다. 그림 8·30에서 공구를 전진시킬 경우, 축압기는 압력스위치의 설정압력까지 축압된다. 이어 압력스위치에 의하여 솔레노이드 조작 개폐밸브를 작동시켜 펌프를 무부하시킨다. 만일 전력의 공급이 끊기더라도 솔레노이드 조작 2위치 3포트 밸브가 실린더의 유압을 유조에 접속되게끔 작동되어, 축압기에 의하여 유압 실린더를 원위치로 귀환시킨다.

(2) 압력유지 회로

동력원, 역지밸브, 수동조작 4방밸브, 압력스위치, 유압실린더, 축압기로 구성된 압력유지의 기본회로를 그림 8·31에 소개하였다. 유압력이 설정압력 보다 낮아질 경우 펌프가 작동하게끔 되어 있으므로 동력을 절약할 수 있고, 압유의 가열을 막을 수 있다.

지금 압유가 유압실린더의 플런저측에 유입되면 플런저는 우측으로 이송되어 공작물을 고정시킨다. 이때 실린더 내의 압력은 점차 증내되고, 한편 축압기에 압유가 축압된다. 회로압력이 압력스위치의 설정압력에 도달하면 압력스위치는 OFF로 되어 전동기를 정지시킨다.

4방밸브나 유압 실린더에서 누유가 생기면 누유된 압유를 축압기에서 보충한다. 만일 누유량이

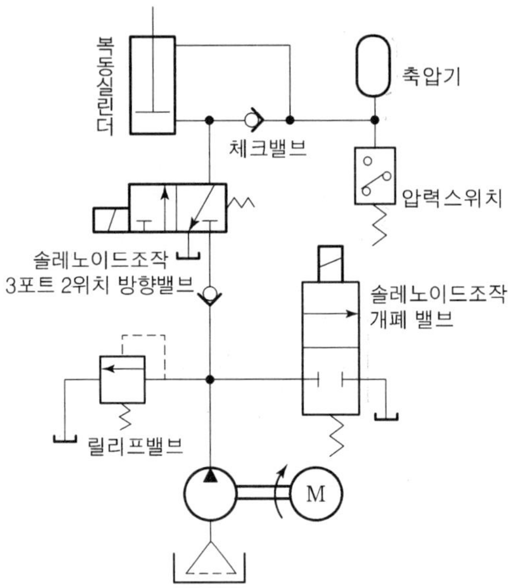

그림 8·30 안전장치 회로

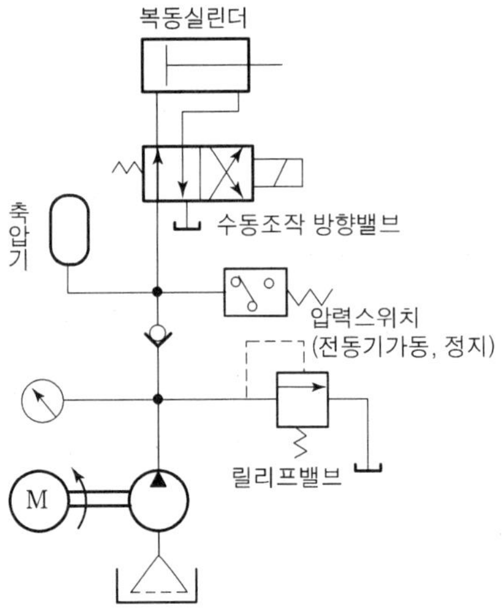

그림 8·31 압력유지의 기본 회로

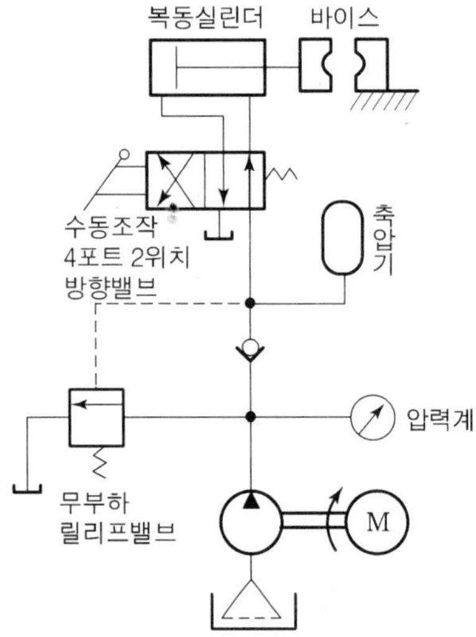

그림 8·32 압력유지회로

많아 축압기의 압력이 설정압력 이하로 내려가면 압력스위치가 ON으로 절환되어 전동기를 기동한다. 압력 유지시간은 축압기의 용량, 4방밸브 및 유압실린더의 누유량에 따라 정해진다.

그림 8·32는 압력스위치 대신 무부하밸브를 사용한 압력유지회로이다. 이 회로는 유압실린더로 바이스 힘을 얻는 회로이므로 바이스회로라고도 한다. 바이스의 고착용으로 축압기를 사용하여 압유의 누유보상을 무부하밸브로 펌프를 무부하시키면 동력을 절약할 수 있다. 바이스

의 고착이 끝나, 펌프로부터의 압유가 축압된 후에는 무부하밸브가 열려 펌프는 무부하 운전되고, 실린더는 축압기의 압력으로 고착력이 유지된다. 만일 누유로 회로압이 무부하 밸브의 설정압력 이하로 떨어지면 무부하밸브가 닫혀 펌프는 축압기에 다시 압유를 축압시킨다.

(3) 사이클시간 단축회로

그림 8·33은 2개의 펌프를 사용한 프레스 등의 회로에서는 축압기를 병설하며 프레스 램이 하강단에 이르러 작업이 시작되면 회로의 유압이 급격히 상승되고, 이로 인하여 압력스위치가 작동되어 전자밸브가 절환되므로 저압대용량 펌프의 압유는 축압기에 축압된다.

한편 고압소용량 펌프는 램을 가압해서 작업을 진행시킨다. 여기서 수동조작 밸브를 절환하면 대소 양펌프와 축압기 내의 압유에 의해서 램을 급속히 상승시켜 사이클 시간을 단축한다.

(4) 동력 절약회로

유압펌프를 구동하는 전동기나 내연기관의 동력을 절약하기 위하여 축압기를 사용하면 유리한 경우가 있다. 그림 8·34는 디젤기관의 시동용으로 쓰이는 축압회로이다. 이러한 경우는 큰 순간동력이 요구되므로 시동용 동력을 축압기로부터 얻고 있다. 축압기는 기관이 운전되는 동안 주펌프에 의하여 축압되어진다. 수동펌프는 축압기에 누유가 있을 경우에 응급축압용으로 설치되어 있다.

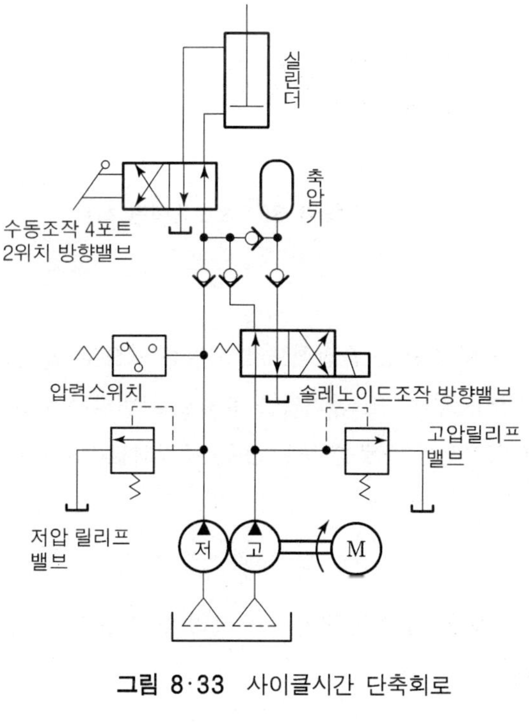

그림 8·33 사이클시간 단축회로

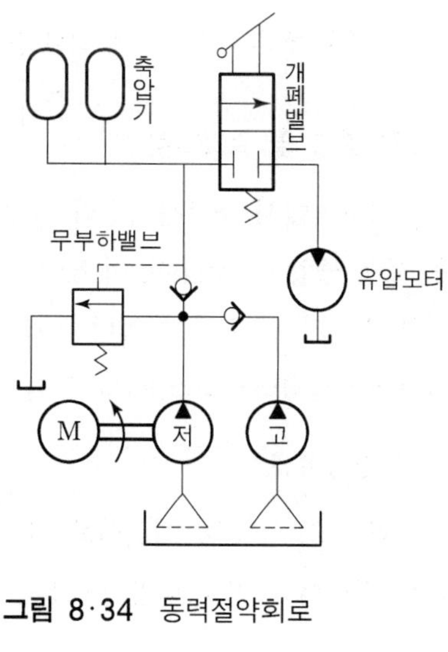

그림 8·34 동력절약회로

(5) 압력완충 회로

클로즈 센터(closed center) 4방밸브로 유로를 변환할 때 생기는 충격압은 릴리프밸브 설정 압력의 수배에 달하는 경우가 생긴다. 이와 같이 급격한 압력변동을 하는 회로부근에 축압기를 설치하면 큰 충격압력을 완화시킬 수 있다. 그림 8·35는 가장 기본적인 회로의 한 예이다. 축압기 대신 고압용 고무 호스를 사용해도 충격완화에 상당한 효과를 본다.

(6) 보조동력원 회로

축압기를 보조동력원으로 사용할 수가 있다. 그림 8·36에서 우선 유압실린더를 수회 왕복운동시켜가면서 축압기에 압유를 축압시켜 놓는다. 유압모터와 유압실린더가 동시에 작동할 때에는 펌프로부터 유압동력을 동시에 받는다. 만일 모터가 정지된 상태에서 유압실린더만을 미소운동을 시키고자 할 때에는, 펌프의 무부하 운전상태에서 축압기의 유압원으로 실린더를 조작한다.

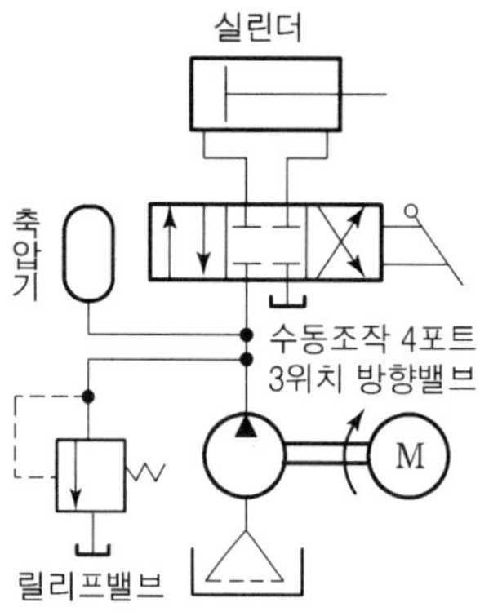

그림 8·35 축압기에 의한 충격 흡수회로

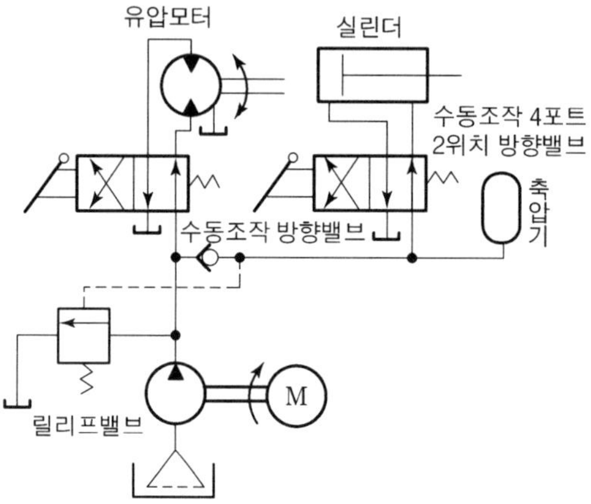

그림 8·36 보조동력원 회로

(7) 증압 및 증강회로

유압장치에서 조작사이클의 일부에 있어서 짧은 행정 또는 순간적으로 고압을 필요로 할 경우 보통 증압기(intensifier or booster)를 사용하고 있다. 또 공기압을 유압으로 변환하여 큰 힘을 얻고자 할 경우도 있다. 이와 같은 경우에 있어서의 회로를 증압 또는 증강회로(booster and intensifier circuit)라 한다.

① 증강회로

그림 8·37은 탠덤 실린더를 사용하여 실린더의 램을 급속히 전진시켜 그리 높지 않은 압력으로 강력한 압력을 얻을 수 있는 증강회로이다.

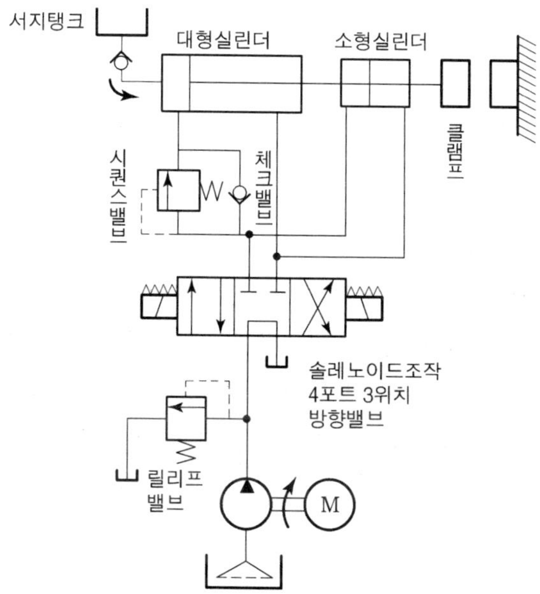

그림 8·37 증강회로

그림 8·37에서 솔레노이드 조작 3위치 4방밸브를 움직여 소형 실린더 내에 압유를 유입시켜 실린더 플런저의 클램프를 작업물에 급속히 접근시킬 수가 있다. 클램프가 작업물에 도달하면 대형 실린더 플런저측의 관로압이 상승하여 시퀀스 밸브가 열리면서 압유는 대형실린더의 플런저를 민다. 이때 클램프가 작업물에 가해지는 힘을 2개의 유압실린더의 수압면적의 화와 압력과의 적으로 되어 클램프력을 증강시킬 수가 있다. 4방밸브를 반대 위치로 움직이면 펌프의 송출유는 실린더의 로드축으로 유입되어 플런저를 복원시킨다.

이 회로를 사용하면 대형 실린더를 사용하여 동일 속도로 조작시키는 데 소용되는 펌프 용량보다 작은 용량의 펌프로 실린더를 조작할 수 있다. 대형 실린더의 플런저가 급속히 이동되는 사이에 대형 실린더의 좌측에 공기가 혼입되는 것을 막기 위하여 그림 8·37과 같이 역지밸브를 사용하여 서지 탱크로부터 압유를 보충할 수 있는 회로를 설치할 필요가 있다.

② 고압 압축회로

단조기계 등과 같이 고압을 필요로 하는 사이클 시간이 짧은 경우라든가 회로의 일부분만 고압이 필요한 경우에 사용되고 있다. 그림 8·38에 있어서 4포트 변환밸브를 움직여 우측 포트를 열면 유압펌프의 송출유는 파일럿 조작 체크밸브를 통하여 플런저를 밀어내린다. 이때 증압기는 일단 뒤로 가나 규정의 압력이 되면 정지한다. 플런저 로드가 공작물에 접촉하면 공급유압이 상승하고 시퀀스밸브가 열린다. 그리고 감압밸브의 설정압력의 3배로 증압하고 있는 증압기를 통하여 플런저 상부에 고압유로 가압한다. 4포트 변환밸브를 중앙 위치에 놓으면 플런저가 중력에 의하여 강하하는 것을 방지할 수 있다. 만일 유압실린더가 과대한 외력을 받거나 열팽창을 받는 경우에는 증압기와 실린더 사이에 안전밸브를 설치할 필요가 있다.

③ 증압회로

유압장치에서, 조작사이클의 일부에 있어서 짧은 행정 또는 순간적으로 고압을 필요로 할 경우, 보통 증압기(intensifier or booster)를 사용하고 있다. 또 공기압을 유압으로 변환하여 큰 힘을 얻고자 할 경우도 있다. 이와 같은 경우에 있어서의 회로를 증압회로라 한다.

그림 8·39는 증압기 (A)의 피스턴면적비에 따른 증압을 하게 하는 회로를 나타낸 것으로서, 시퀀스 밸브 (B)의 설정압력까지는 펌프송출량으로 실린더 (C)의 급속이송을 하고 부하를 받아서 시퀀스 밸브가 열리면, 축압기는 고압압송을 시작한다. 이 회로는 고압압송이 연속적으로 가능하고, 사이클시간이 긴 경우라든가, 증압된 필요유압이 큰 경우에 사용된다.

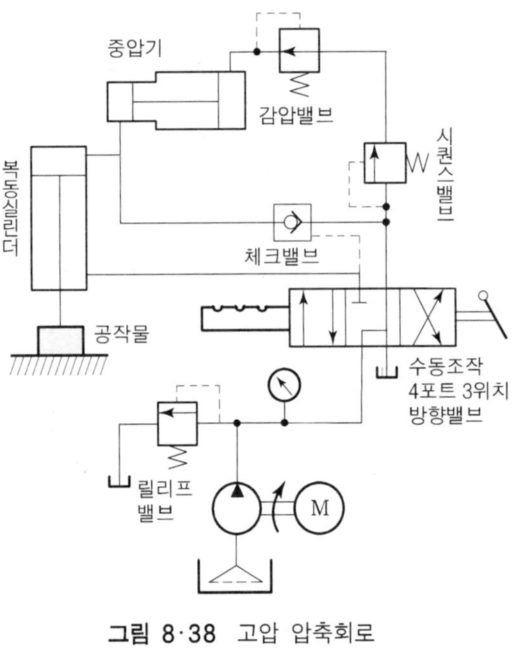

그림 8·38 고압 압축회로

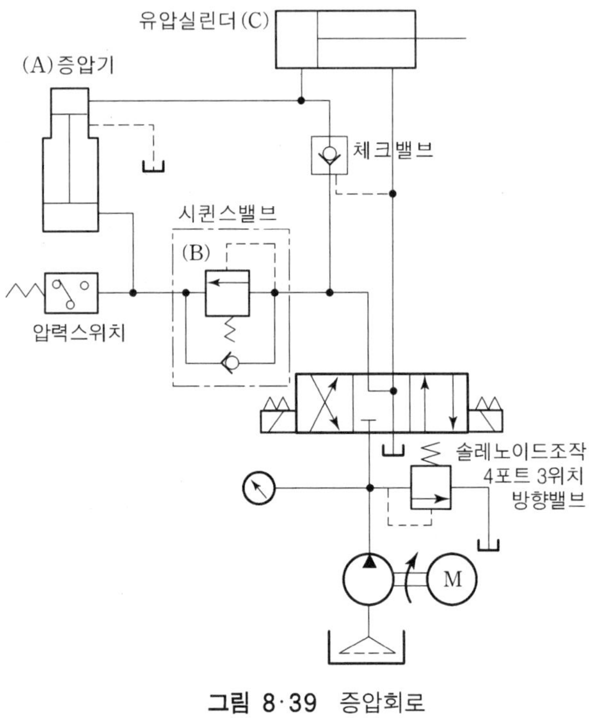

그림 8·39 증압회로

④ 공기압-유압의 증압회로

이 회로는 공기압-유압의 증압기를 사용하여 공기압보다 높은 압력을 얻은 회로이다. 그림에서 수동조작 2위치 밸브의 위치를 1의 위치로 하면 공기압을 위에 있는 공기-압유 혼입탱크에 유입되어 탱크 내의 압유를 밀어 실린더에 압유를 보낸다. 실린더(세 개의 실린더)의 램이

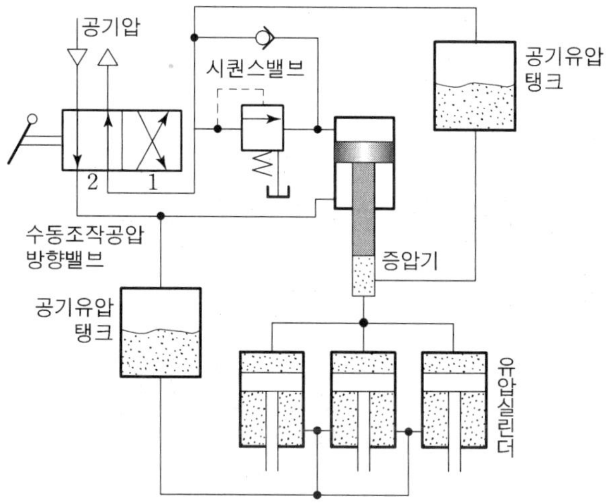

그림 8·40 공기압-유압 증압회로

하강하여 공작물에 닿으면 공압은 상승되어 시퀀스밸브를 열고, 증압기의 플런저 상부를 가압한다. 이때 증압기의 플런저가 하강되어 플런저 하측의 압유는 고압으로 되어 플런저를 세게 민다. 2위치 밸브의 위치를 2로 하면 아래쪽에 있는 공기-압유 혼입탱크의 압유가 실린더의 로드쪽에 유입되어 실린더를 후퇴(상승)시키면서 공기압은 증압기의 하부에 유입되어 증압기의 플런저 위치를 복원시킨다.

⑤ 내압 시험회로

그림 8·41은 증압기를 관의 내압시험장치에 이용하는 회로이다. 그림에서 솔레노이드 ⓐ, ⓑ를 여자시키면 압유는 유조로부터 원심펌프를 지나 4포트 절환밸브 ①을 통하여 피시험물로 유입된다. 피시험물에 압유를 충만시킨 후에 ⓐ, ⓑ의 솔레노이드를 끊으면 원심펌프의 송출유는 유조에 바이패스 된다.

다음에 솔레노이드 ⓔ를 여자시키면 유압펌프의 송출유는 50 [kg/cm^2]를 증압기의 우측으로 유입되어, 증압기 좌측에 있는 압유를 500 [kg/cm^2]으로 증압시킨다. 증압된 압유는 역지밸브를 통하여 피시험물로 유입되면서 가압한다. 시험종료 후 솔레노이드 ⓓ, ⓒ를 여자시키면 유압펌프의 송출유는 증압기의 램을 우방향으로 귀환시킨다. 다음에 솔레노이드 ⓐ를 여자시키면 피시험물의 압유는 유조로 배출된다. 솔레노이드 조작 4포트 변환밸브 ②에 쵸크(choke)를 사용한 세미 오픈 센터(semi open center)형을 사용한 것은 증압기를 복귀 상태로 유지하기 위함이다.

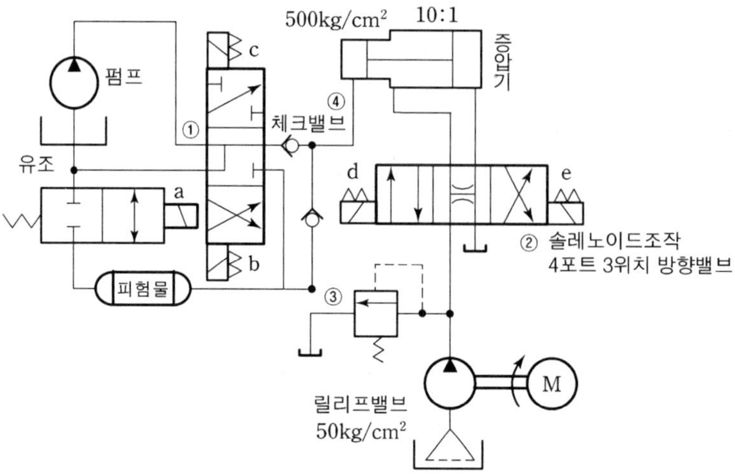

그림 8·41 내압 시험회로

(8) 공기압-유압 혼합회로

공기압을 이용하면 사이클 시간은 단축할 수 있으나, 유압을 사용하였을 때처럼 정확한 제어는 할수 없으므로 공기압과 유압을 적절히 조합해서 사용하면 소규모의 설비에서 좋은 성능의 회로를 얻을 수 있다.

① 속도제어회로

이 회로는 공기압을 탱크 안에서 유압으로 바꾸어, 이 유압유를 실린더에 유입시킨다(그림 8·42). 회로도 중에 있는 캠조작 유량제어 밸브에 의하여 이 유압유의 유량을 조절하여 플런저 속도를 제어한다.

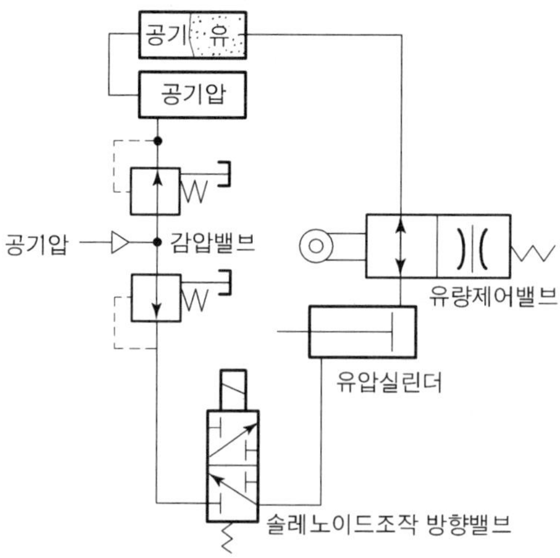

그림 8·42 공기압-유압 속도제어회로

② 임의 정지회로

공기만을 사용하면 실린더를 임의 위치에서 정확하게 정지시킬 수가 없으나 그림 8·43과 같이 공압-유압 병용회로로 하면 쉽게 정확한 위치에서 정지시킬 수가 있다. 오픈 센터형 4포트 밸브를 위치 1로 하면 2개의 공압 파일럿이 작동되어 2개의 공압 파일럿 조작 2위치 밸브가 열린다. 그러므로 유압실린더의 플런저는 우측으로 이동한다. 4포트 밸브를 중립으로 하면 공압 파일럿 조작 밸브가 닫혀 실린더는 그 위치에서 정지한다. 4포트 밸브를 위치 2로 하면 각 공압 파일럿 조작밸브가 다시 열려 실린더 플런저는 왼쪽으로 이동한다.

③ 사이클링 속도의 증속회로

유압 실린더의 사이클링 속도를 빨리 그리고 원활하게 시키려면 파일럿압으로서 공기압을 사용한 공압 파일럿 조작 유압 4방 밸브를 사용하면 좋다.

그림 8·44에서 유압 실린더를 자동적으로 왕복운동 시키려면 리밋 스위치를 사용하여 각 행정단에 도달하였을 때 리밋 스위치로 솔레노이드 조작 공압 4방 밸브를 작동시켜 역전행정을 시키면 된다. 다시 말하면 리밋 스위치에 의하여 솔레노이드 조작 4방 밸브를 조작시켜 공압 파일럿 조작 유압 4방 밸브의 파일럿 공기압을 교대로 바꾸어 유압 4방 밸브를 반전시키는 조작을 되풀이한다.

이 방법에 의하여 반전시키는 편이 유압에 의한 파일럿 조작보다도 원활한 작동을 한다. 또 커다란 유압 4방 밸브를 직접 솔레노이드로 조작시킨다는 것은 고가이고 신뢰성도 낮다. 파일럿압으로서 공기압이 쉽게 얻어질 수 있는 경우는 이 방법이 좋다.

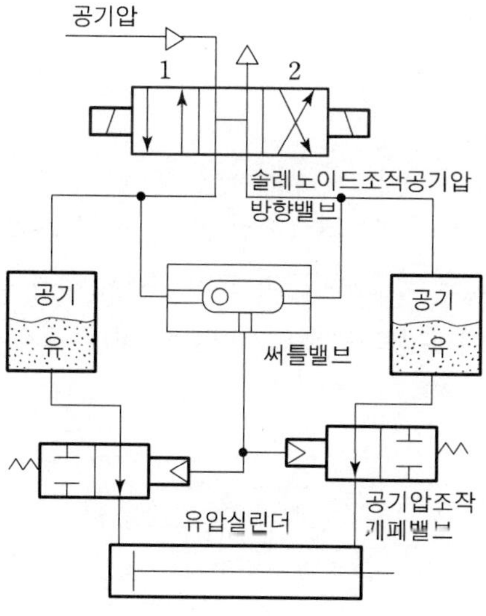

그림 8·43 공기압 - 유압 주의정지회로

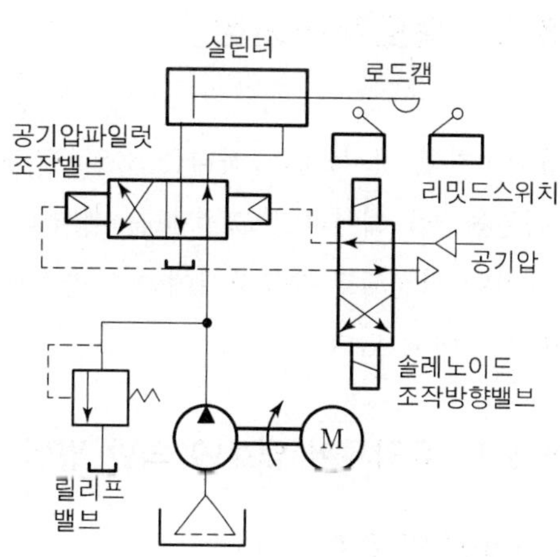

그림 8·44 사이클 속도의 증속회로

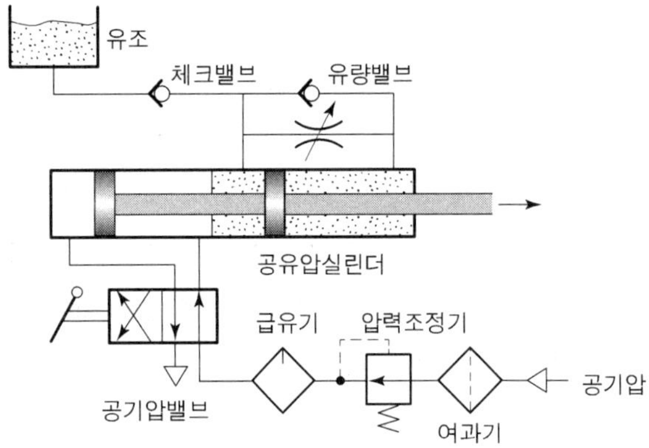

그림 8·45 정확한 속도제어회로

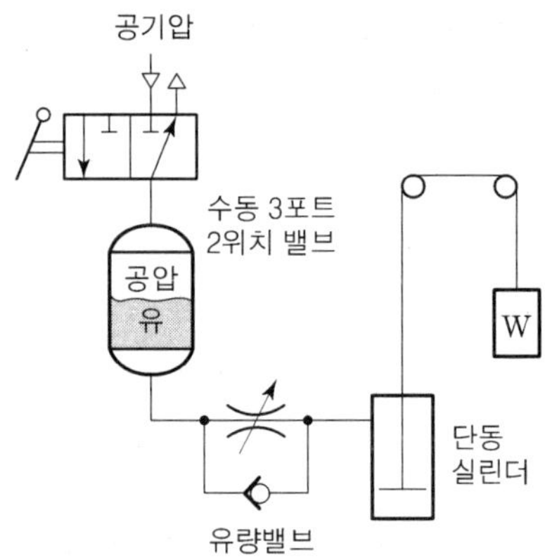

그림 8·46 중량에 의한 실린더의 작동회로

그림 8·45에서 공기압과 유압으로 작동하는 조작실린더는 공통의 플런저 로드를 갖는다. 수동조작 4방 밸브를 조작하여 공기압을 조작실린더에 도입하면 플런저는 어느 한쪽 방향으로 이동한다. 이때 플런저의 속도제어는 폐유압회로 내에 유량 제어밸브를 설치하여 유량을 조절함으로써 속도제어를 행한다. 이 유압회로 내에는 압유가 들어있는 유조에 의하여 항상 압유를 충만시킨다. 조작력을 필요로 할 경우에는 공기압을 높인다. 압유는 단지 속도제어에만 이용된다. 이 방법에 의하면, 전부를 유압식으로 하는 것보다 일반적으로 안가인 이 점이 있다.

그린 8·46은 노의 문을 개폐하는 회로로 공기수동전환 밸브를 전환시켜 탱크에 공기압을 송입 시키면 문을 올리고 탱크공기를 빼면 문은 중량에 의해 닫힌다. 문의 개폐속도는 유량제어밸브의 압유의 유량을 제어함으로써 조절한다.

8·3 속도제어회로

유압장치의 큰 특징의 하나는 유압 실린더, 유압모터의 직선 또는 회전속도를 무단계이고 또 흡입유량을 제어하면 그 속도를 제어할 수 있다. 속도는 액추에이터의 크기, 유량, 부하 등에 의하여 결정되고 속도제어에는 일반적으로 유량제어가 사용되는데, 그 이외에 여러 가지의 방법이 쓰이고 있다.

8·3·1 유량제어 밸브에 의한 방법

(1) 미터 인 회로

미터 인 회로(meter in circuit)는 유량제어밸브를 실린더 입구측에 설치한 회로로서 유압

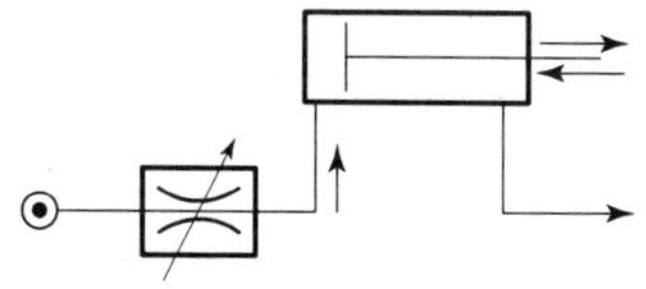

그림 8·47 미터 인 회로의 기본형

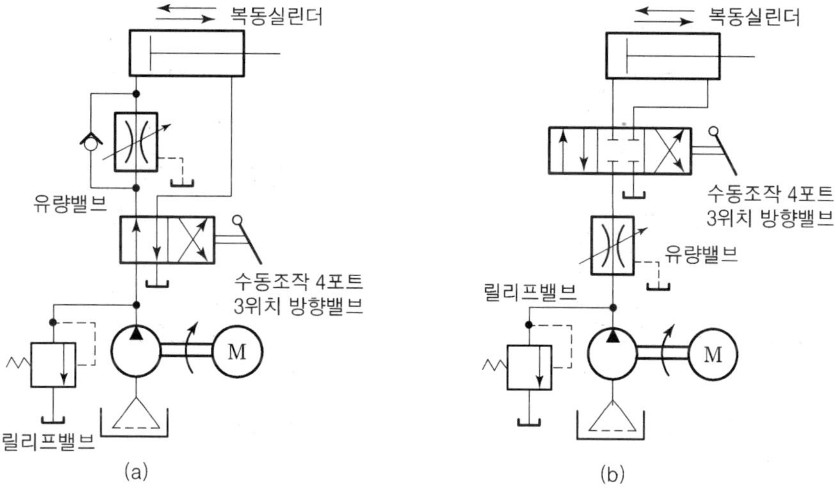

그림 8·48 미터 인 회로

실린더에 유입하는 유량을 제어하는 방식을 부하방향의 하중이 걸리지 않는 경우, 즉 플런저의 움직임에 대하여 정의 저항을 주는 경우에 적합하다.

그림 8·47은 미터 인 회로의 기본이다. 그림 8·47의 미터 인 회로는 저항변화의 영향을 전혀 받지 않고 정확한 속도제어를 할 수 있으나 릴리프밸브를 언제나 작동시켜야 하고 회로효율이 좋지 않으며 미소유량 제어도 곤란하다.

그림 8·48(a)는 실린더의 입구측에 유량제어밸브와 역지밸브를 붙여 단로드 실린더의 전진행정만을 제어하고 후진행정에서 플런저 측으로부터 귀환되는 압유는 역지밸브를 통하여 자유로이 흐를 수 있게끔 한 회로이다. 그림 8·48(b)는 단로드 실린더의 전후진 양행정을 제어하기 위하여 실린더와 유량제어 밸브 사이에 방향절환 밸브를 끼워 넣은 회로이다.

(2) 미터 아웃 회로(meter out circuit)

미터 아웃 회로는 유압실린더에서 나오는 유량을 제어하는 방식으로서 실린더 로드측에는 언제나 배압이 걸린다. 이 배압은 유압실린더 부하에 따라서도 변한다. 이 회로는 급격한 부하변동에 대하여도 실린더의 이탈됨을 방지하고 (−)방향의 부하에 대해서도 속도제어를 할 수 있다. 또 미소유량제어에도 사용되나 회로 효율은 좋지 않다.

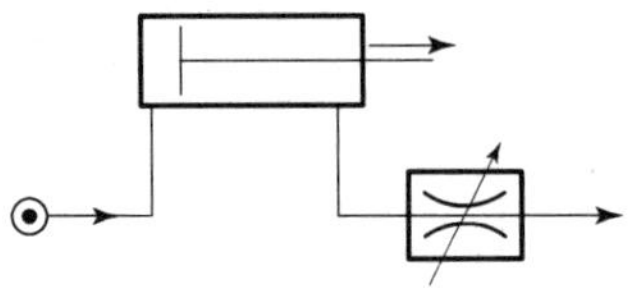

그림 8·49 미터 아웃 회로의 기본형

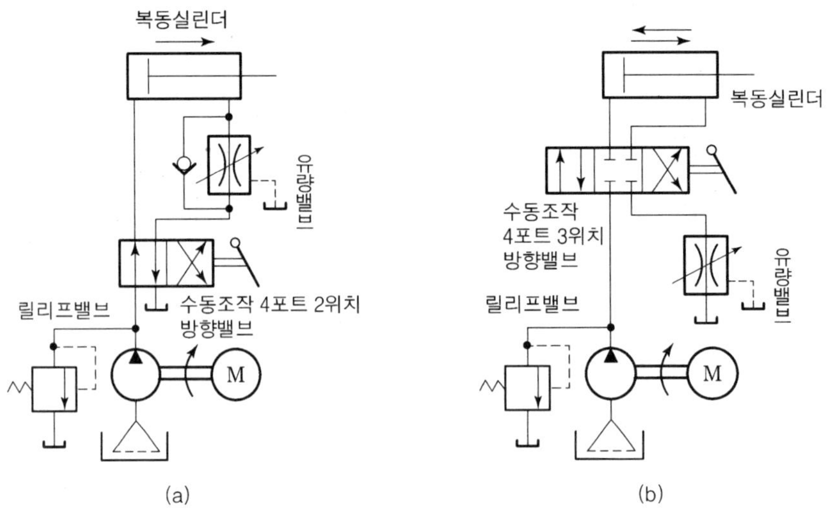

그림 8·50 미터아웃 회로

그림 8·49는 미터 아웃 회로의 기본이다.

그림 8·50(a)는 실린더의 출구측에 유량제어밸브와 역지밸브를 그림과 같이 연결시켜 단로드 실린더의 전진행정만을 제어한 회로이고, 그림 8·50(b)는 왕복행정을 제어한 회로이다.

(3) 블리드 오프 회로(bleed off circuit)

이 회로는 그림 8·51과 같이 실린더 입구측의 분기회로에 유량제어밸브를 설치하여, 실린더

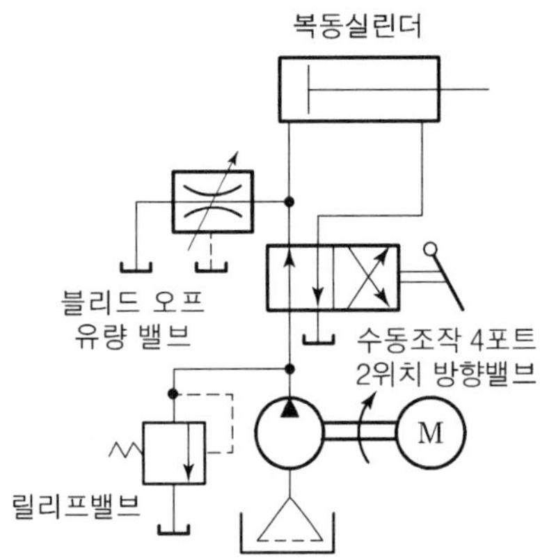

그림 8·51 블리드 오프 회로

입구측의 불필요한 압유를 배출시켜 작동효율을 증진시킨 회로이다. 이 회로는 실린더에 유입하는 유량이 부하에 따라 변하므로 미터 인, 미터 아웃 회로처럼 플런저 이송을 정확하게 조절하기란 어렵다.

8·3·2 두 개 속도 제어회로

두 개 속도 제어회로 유압실린더의 구조를 이용하여 지속이송의 2속도를 주는 회로이다. 그림 8·52에 제시한 그림과 같이 플런저가 위쪽에 있을 때 솔레노이드 조작 3포트 2위치 변환밸브를 작동시키면 플런저는 중력으로 강하하기 시작하고 플런저로드의 선단이 소경실린더에 들어가면 대경실린더에 나오는 기름이 저속 유량제어 밸브만을 통하여 흐르므로 플런저의 강하속도가 늦어진다.

8·3·3 차동회로

그림 8·53에서 절환밸브를 조작하면 플런저의 수압면적차에 의하여 플런저는 전진한다. 이때 수압면적이 넓은 플런저 측에는 펌프의 송출량과 로드측에서 귀환하는 압유가 합류해서 유입되므로 플런저 속도는 빨라진다. 플런저 속도는 플런저 수압면적차에 따라 정해진다. 만일 플런저측과 로드측의 수압면적이 2 : 1이면, 전진속도는 2배로 빨라진다. 그러나 플런저를 미는 유압은 로드 단면적에 해당하는 면에만 유효하게 작용되므로 가압력은 약해진다. 이 회로는 소형프레스에 간혹 사용된다.

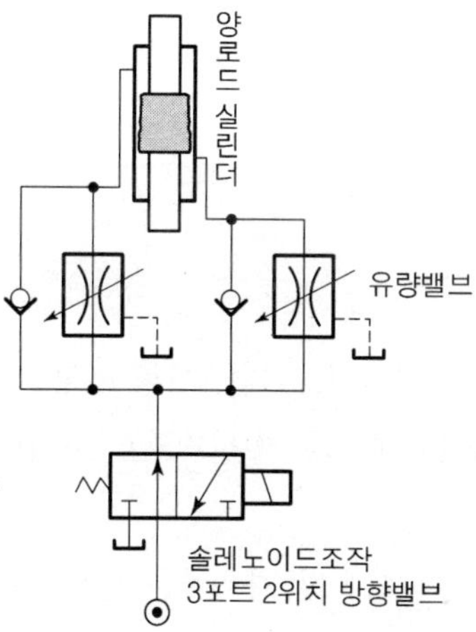

그림 8·52 2속도 제어회로

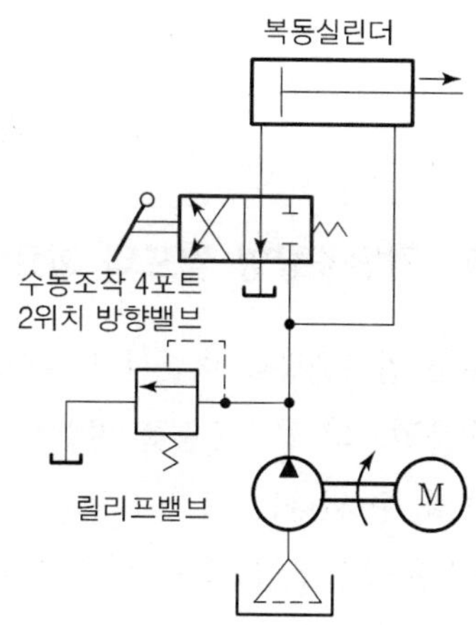

그림 8·53 차동 회로

8·3·4 유보충 회로

유압프레스와 같이 자동낙하에 의하여 급속하게 강하하는 경우에 사용된다. 그림 8·54에 있어서 램의 상승이 끝나면 캠 조작개폐 밸브가 작동하여 유압펌프를 무부하로 한다. 이때 체크밸브 ①은 램을 지지하고 있는 유압이 펌프쪽에 흐르지 않도록 하고 있다. 유압 실린더 내부의 저항이나 밸브, 배관의 유로저항에 의하여 그 속도를 일정하게 유지하는 것은 곤란하다. 유보충밸브는 가압상태로부터 복귀상태로 변환할 때의 충격을 흡수시키는 역할을 하고 있다. 여기에서 유보충 밸브의 내부저항은 작게 해야 한다.

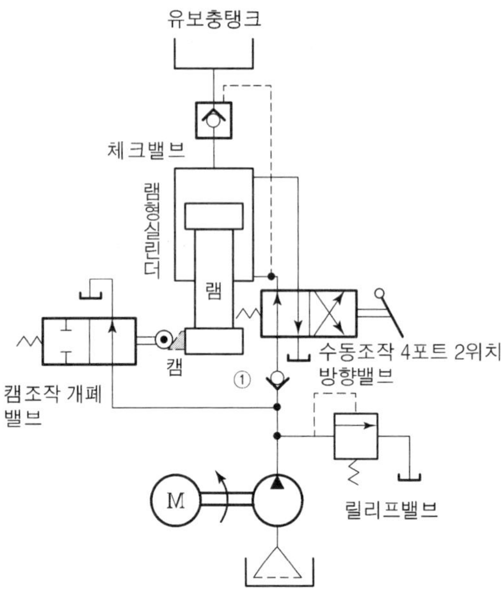

그림 8·54 유보충 회로

8·3·5 가변용량형 펌프의 회로

이 회로는 펌프용량을 변환시켜 실린더의 속도를 제어하는 회로이다. 그림 8·55는 압력보상형 가변송출펌프의 설정용량을 변화시켜 속도를 제어하는 예이다. 일반적으로 고가이나, 운전효율을 높일 수 있다는 이점이 있다.

가변송출량 펌프로서 압력보상형을 사용하면, 실린더가 이송될 경우에는 펌프 송출량이 커지고, 정지시 혹은 정착작업시 송출압(부하압)이 높아지면 자동적으로 송출량을 감소시켜 압력을 일정하게 유지한다. 따라서 유압실린더가 움직이고 있을 때에는 송출량이 크고 정상작업이 시작되면 송출량이 감소되게끔 작동되어 운전효율이 높다.

8·3·6 감속회로

고속으로 동작하고 있는 유압실린더를 그 양단에서 저속으로 감속하여 원활하게 정지시키고 싶은 때에는 그림 8·56에 제시하는 바와 같은 캠 조작 감속밸브를 사용하는 것이 좋다.

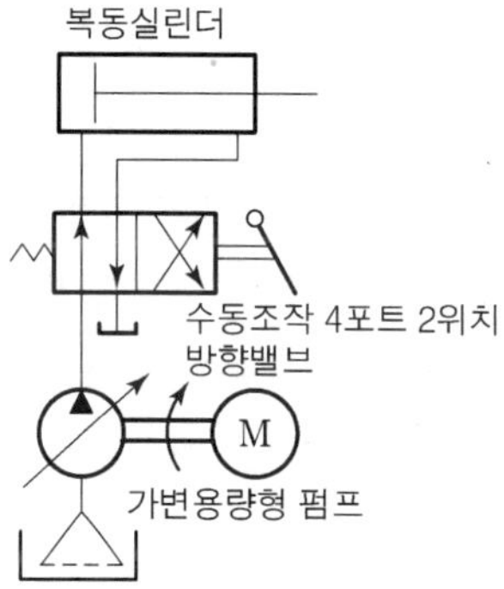

그림 8·55 가변용량형 펌프를 사용한 속도제어 회로

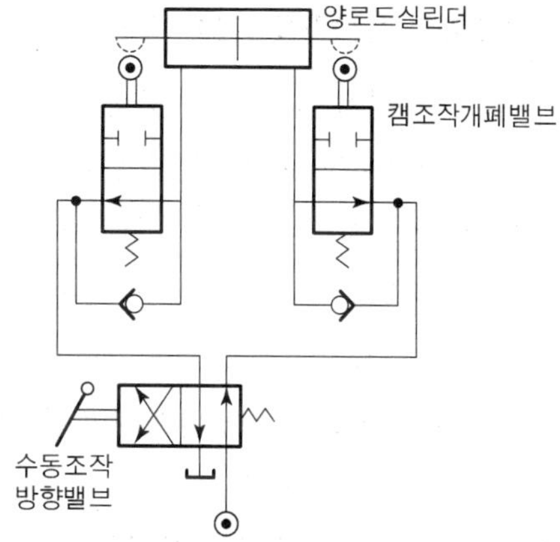

그림 8·56 감속회로

8·3·7 동조 회로

같은 크기의 2개의 유압실린더에 같은 양의 압유를 유입시키면 이들 실린더는 동기운동을 할 것으로 생각되나, 실제로는 유압실린더의 치수, 누유량, 마찰 등이 완전히 일치하지 않기 때문에 완전한 동기 운동이란 불가능한 일이다. 또 같은 양의 압유를 2개의 실린더에 공급한다는 것도 어려운 일이다. 다음에 표시하는 회로들은 이 동기 운동의 차이를 최소로 줄이는 회로를 몇 가지 소개한다.

(1) 실린더의 직렬결합에 의한 동조

같은 치수의 복동 실린더를 그림 8·57과 같이 직렬 배관하면 이론적으로 정확히 양실린더를 동조시킬 수 있다. 그러나 실제로는 압유의 누유, 압유속의 공기혼입, 유온의 변화 등으로 동조에 오차가 발생한다. 이 오차의 누적은 동조를 곤란하게 한다.

이 오차의 누적을 보정할 수 있는 회로가 그림 8·58이다. 수동조작 3위치 밸브를 조작하여 실린더 ①이 먼저 귀환(상방행정)되었다고 하면 행정 종단에서 리밋 스위치 a를 작동시켜, 솔레노이드 밸브 A를 조작해서 파일럿조작 역시밸브 c를 연다. 이와 같이 하여 유압실린더 ②의 잉여유를 유조에 배출시킨다. 만일 유압실린더 ②가 먼저 귀환행정(상방행정)에 도달되면 리미트 스위치 b를 작동시켜 솔레노이드 밸브 B를 조작, 유압실린더 ①의 하부에 압유를 송입시켜 귀환을 촉진시킨다.

유압 실린더의 내부누유는 작동에 악영향을 미치게 되므로 특히 주의를 요한다. 플런저가 마모되면 신품으로 교환하여야 하며 누유방지를 위해 개스킷이나 충진물로 처치해서는 안 된다. 또 회로에 공기가 혼입되면 동조불량은 물론 고장의 원인이 되므로 주의를 요한다.

(2) 2개의 유량조절밸브에 의한 동조

2개의 실린더에 유입 또는 유출하는 압유 유압을 별개의 유량제어밸브를 사용하여 각각 용량을 제어함으로써 실린더의 운동을 동조시킬 수 있다.

그림 8·58은 독립적으로 조정할 수 있게끔 미터 아웃 유량제어 밸브를 유량분배밸브로 사용하여 각 실린더의 작동을 동조시키는 회로이다. 유량제어 밸브의 눈금과 실제 유량 사이에는 반드시 일치하지 않으므로 동기조정에는 기술을 요한다. 또 유누설이나 마찰저하의 차이 등의 영향을 많이 받으므로 정밀하게 속도를 동기시킨다는 관점에서 볼 때 그리 좋은 방법은 못된다.

특히 부하가 일정하지 않을 경우(균등하지 않을 경우)에는 압력보상형 유량제어 밸브를 사용하여야 한다. 그러나 압력보상형 유량제어 밸브를 병렬로 연결 사용하면 상호간섭이 일어나므로 어느 정도의 오차 동작은 막을 수 없다. 이러한 회로에서는 펌프 송출량에 여유를 가져야 하므로 열의 발생을 피할 길이 없다. 유압실린더에 공급되는 유압동력은 펌프 송출량과 릴리프밸브의 설정압에 의하여 결정되므로 부하의 변화에는 무관하다.

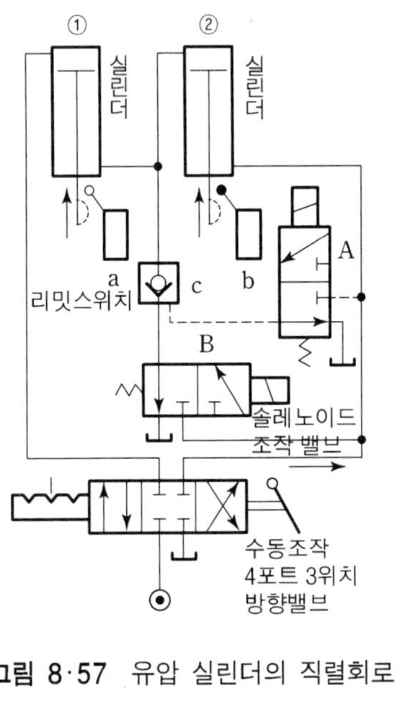

그림 8·57 유압 실린더의 직렬회로

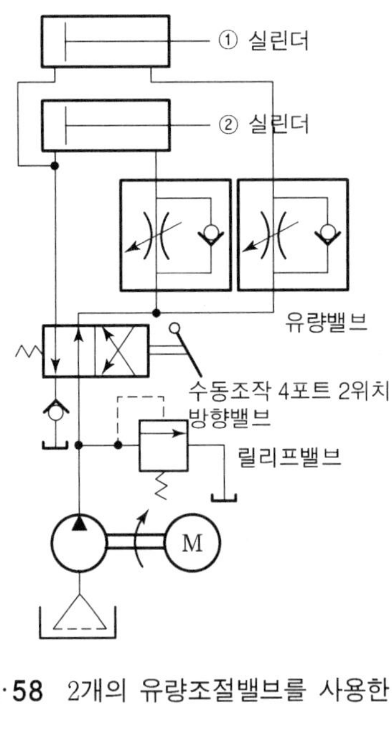

그림 8·58 2개의 유량조절밸브를 사용한 회로

(3) 2개의 펌프를 사용한 동조

용량이 동일한 동일형의 두 개의 펌프를 동일축에 연결하여 동일 회전수로 회전시켜 동조시키려는 회로이다. 이 경우 각 실린더에 걸리는 하중의 상위, 패킹의 마찰저항 차, 누유, 펌프 특성의 상위 등이 동조에 영향을 크게 미친다(그림 8·59).

(4) 2개의 유압모터에 의한 동조

같은 형식의 2개의 유압모터를 기계적으로 연동시켜 유량을 등분배시킴으로써 두 개의 실린더를 동조시킬 수 있다. 그림 8·60에서 두 개의 유압모터는 기계적으로 운동되고 있으므로 동일속도로 회전한다. 다시 말하면 두 개의 유압 모터는 동일한 형식이므로 동일유량을 배출한다. 이와 같은 유량분배장치는 양방향의 운동에 대해서도 원활히 작동한다.

속도의 동기에 영향을 주는 주요인은 제작상의 공차에 따르는 유압모터의 배제용적의 상위, 양실린더에 가해지는 부하 크기의 차이 때문에 생기는 누유의 상위, 마찰의 변화 등이 있으나, 이 회로는 다른 동기회로에 비해서 비교적 정확하게 동기시킬 수 있다.

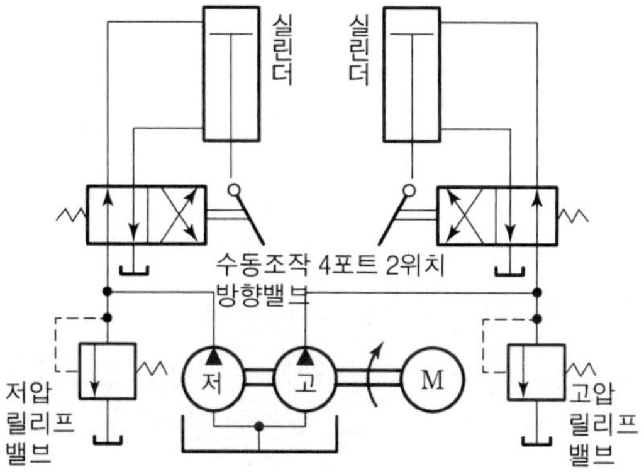

그림 8·59 2개의 펌프에 의한 동조회로

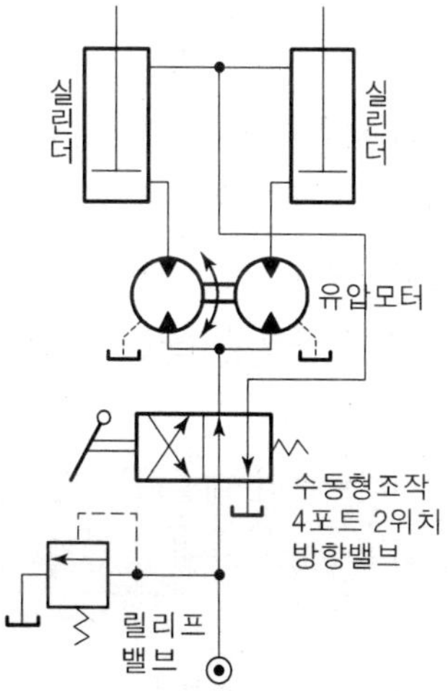

그림 8·60 유압모터에 의한 동조

8·4 방향제어회로

방향제어회로는 일반적으로 압유의 흐름방향을 제어하여 조작단의 운동방향을 제어하는 회로로서 보통은 실린더 플런저를 임의 위치에서 고정하는 로킹회로, 자동운전, 안전장치, 압력

스위치나 리밋스위치 등을 사용하여 방향조절 밸브 등을 조작하는 회로를 말한다.

8·4·1 로킹회로(locking circuit)

실린더 행정 중 임의위치에서 혹은 행정단에서 실린더를 고정시켜 놓을 필요가 있을 때라 할지라도, 부하가 클 때 또는 장치 내의 압력저하에 의하여 실린더 플런저가 이동되는 경우가 발생한다. 이 플런저의 이동을 방지하는 회로를 로킹회로(locking circuit)라 말한다.

그림 8·61은 임의위치에서 실린더 플런저를 로크시키는 회로의 한 예이다. 탠덤센터 3위치 4방밸브를 중립 위치에서 유압실린더를 로크시키고, 펌프를 무부하로 할 수 있다. 그러나 플런저 로드에 큰 외력이 가해지면 4방 밸브로부터의 내부 누유 때문에 완전 로크가 어려운 단점이 있다.

그림 8·62는 역지밸브를 사용하여 로크의 불안성을 보충한 회로이다. 그림 8·65는 프레스 등과 같이 그대로 놓아두면 자중에 의하여 램이 하강하는 것을 막는 데 사용한다. 플런저 로드는 펌프송출압력에 의하여 행정상단에서 정지되나 역지밸브를 사용함으로 해서 확실히 로크시킬 수가 있다.

만일 역지밸브가 없으면 외부부하가 회로압력에 의하여 로크시키는 힘보다 크면 릴리프밸브로부터 압유가 배출되어 플런저 로드가 하강해 버릴 염려가 있다. 또 만일 같은 펌프로 다른 실린더를 작동시키고자 할 때 회로압이 떨어지면 로크가 불가능하게 되는 원인이 된다.

단압기계나 압연기계 등과 같이 큰 외력에 대항해서 정지 위치를 확실히 유지하려면 그림 8·63과 같이 파일럿 조작 역지밸브를 사용한다. 이 역지밸브는 고압에 대하여 확실히 시일(seal) 시킬 수가 있다. 또 이 역지밸브는 크래킹압력(cracking pressure)이 낮은 것을 사용하여 유압실린더로부터 배출하는 압유를 쉽게 통과할 수 있게끔 하여야 한다.

그림 8·63(b)는 유압 실린더가 로크된 후에 온도에 의하여 내부 압유가 팽창될 염려가 있을

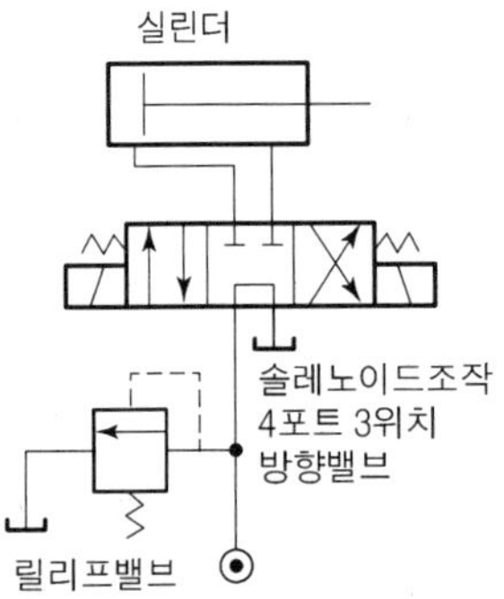

그림 8·61 임의위치 로크회로

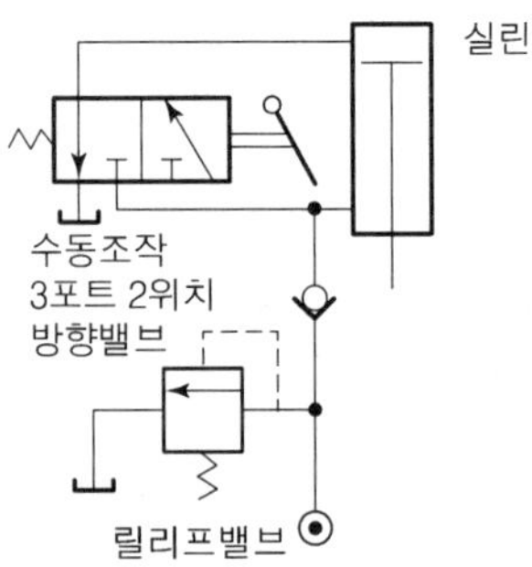

그림 8·62 체크밸브에 의한 로크회로

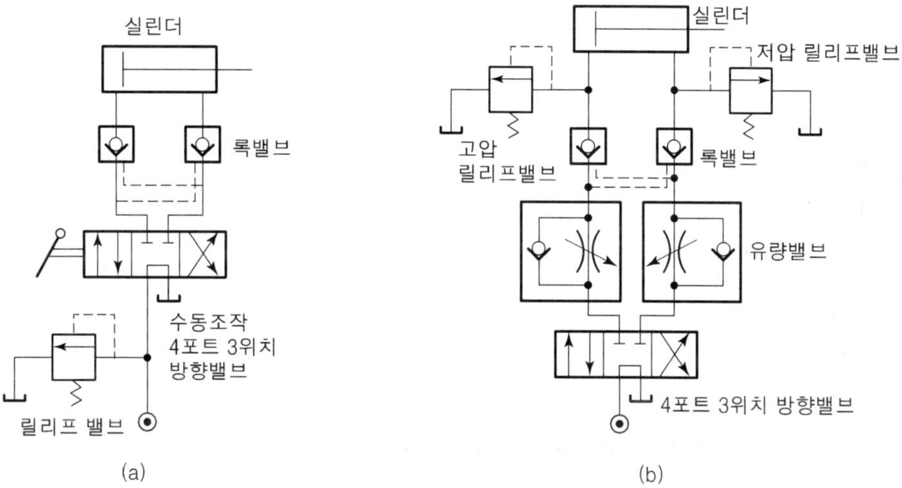

그림 8·63 확실하게 로크시키는 회로

경우 보호대책으로서 릴리프밸브를 그림과 같은 위치에 설치하여 놓은 회로이다. 역지밸브를 내장한 유량제어밸브는 역지밸브의 파일럿압을 보증하기 위하여 붙여 놓았다.

8·4·2 자동운전회로(auto-operation circuit)

실린더의 플런저로드 끝부분에 설치한 캠에 의해 리밋스위치(limit switch)나 압력스위치 등을 작동시켜 자동운전조작을 하는 회로이다. 그림 8·64는 조작기계의 테이블 왕복운동에

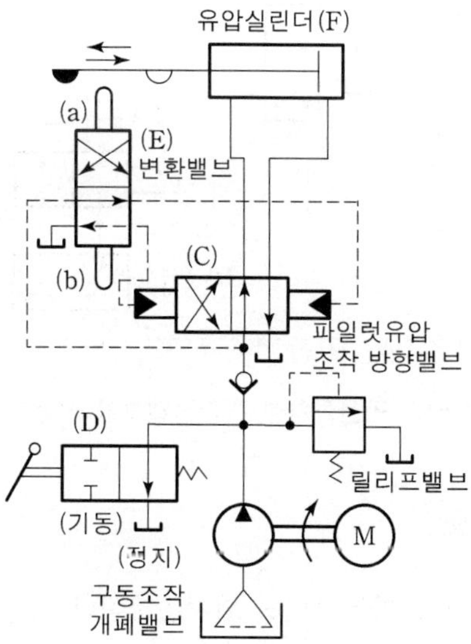

그림 8·64 자동운전회로

사용되는 자동운전회로이다. 그림 8·64에서 수동변환밸브(D)를 닫으면 펌프에서의 압유는 4포트 변환밸브 (C)를 지나 실린더(F)로 유입되어 플런저로드는 좌측으로 움직이게 된다. 플런저로드 끝에 실린더 가깝게 부착된 혹에 의하여 캠조작형 방향변환밸브 (E)를 작동시킨다. 이 밸브가 전환되면 밸브 (C)에 들어가는 파일럿압력이 변화되어 (C)의 유로가 변환되어 플런저는 다시 우측방향으로 움직인다. 플런저가 최우단에 가까워지면 플런저로드 좌측 끝에 부착된 혹이 밸브 (E)를 작동시킨다. 이에 따라 밸브 (C)가 다시 변환되어 유로가 변환되므로 플런저는 다시 좌측 방향으로 움직인다. 이러한 동작이 수동변환밸브를 정지위치에 놓을 때 계속 자동적으로 운전하게 된다.

8·4·3 안전장치회로(faill-safe circuit)

정전이나 사고가 생긴 경우 운전자와 기계를 안전하게 보호하기 위한 회로이다. 그림 8·65는 과부하가 걸렸을 때 기계를 정지시키는 안전장치회로이다. 그림에서 실린더에 과부하(Over load)가 걸리면 실린더 내부에 압력이 상승한다. 이 상승된 압력이 안전밸브(SV_1)를 작동시키게 된다. 안전밸브(SV_1)이 열리면 파일럿압력(점선으로 표시되어 있는 것)이 방향변환밸브(DV_2)를 작동시켜서 이것을 열게 하면 밸브(DV_1)에 걸려있는 파일럿 압력이 탱크로 빠지면서 밸브(DV_1)가 변환하게 된다. 이때 유로가 변환되어 플런저의 운동방향이 달라진다. 밸브(DV_3)는 수동으로 응급조치할 수 있도록 회로에 부착되어 있다.

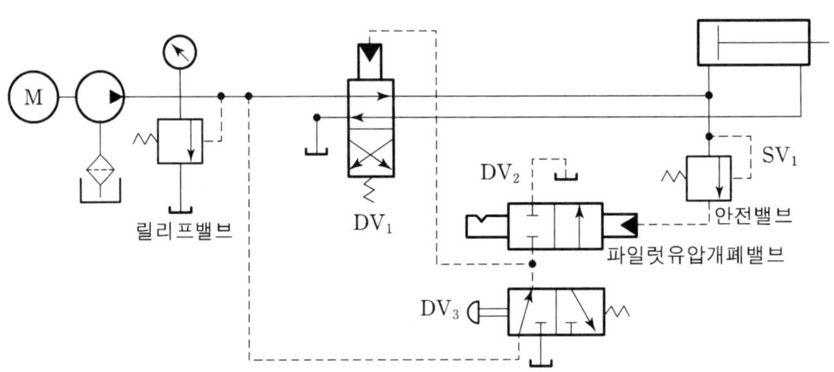

그림 8·65 안전장치회로(안전밸브를 사용한 경우)

8·4·4 파일럿 조작 회로

파일럿 압력을 사용하여 밸브를 작동시키면 원격조작이나 자동운전 조작을 쉽게, 그리고 값이 싼 회로를 만들 수가 있다. 파일럿 조작원으로서 공기압을 사용하면 전기적 제어가 위험한 장소에서도 안전하게 조작할 수가 있다. 파일럿압의 대부분은 별개의 회로로부터 유압원을 취하고 있으나, 이때 주회로를 무부하시키더라도 파일럿압은 유지되게끔 하여야 한다.

그림 8·66은 자동운전회로의 예이다. 그림 8·66(a)는 그라인링 머신 등의 왕복운동을 시킬 경우에 사용된다. 그림에서 개폐밸브를 막으면 펌프송출유는 파일럿조작 4방 밸브를 통하여 유압실린더의 로드측으로 유입된다. 플런저가 좌행 행정이 완료된 지점에서 캠을 누르면 파일럿 유압의 유로가 변하여 파일럿조작 4방밸브의 유로를 절환한다. 이와 같은 플런저의 왕복운동은 개폐밸브를 열어 펌프를 무부하시킬 때까지 계속한다.

그림 8·66(b)는 한 개의 유압원으로 2조 이상의 유압실린더를 독립적으로 자동운전시키고자 할 때 사용하면 좋다.

일반적으로 유압실린더에 큰 질량이 걸려 있을 때에는 파일럿압유를 교축시키던가, 또는 파일럿조작 4방밸브의 스풀랜드에의 교축이 되게끔 제작하여, 밸브 절환시의 충격을 완화시키는 방법을 강구하는 것이 중요하다.

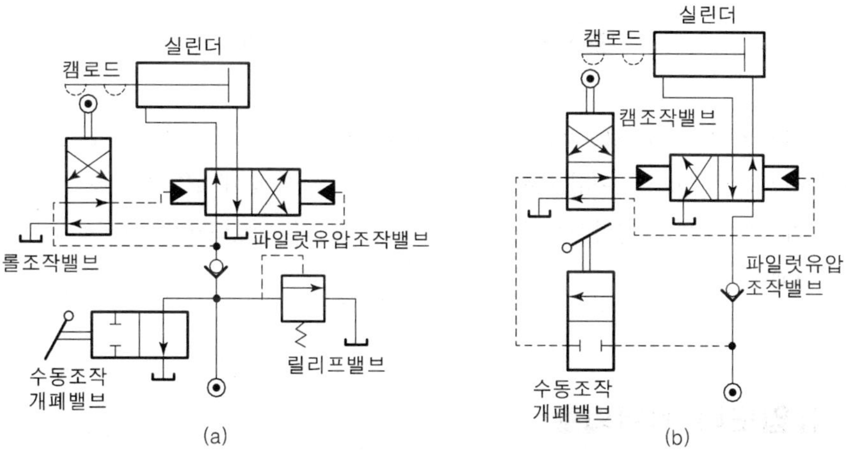

그림 8·66 자동운전 회로

8·4·5 전기유압 서보회로

전기유압 서보밸브가 전기적 입력신호를 받아, 이것을 유압신호로 변화시키고 다시 이것을 증폭시킨다.

그림 8·67의 노즐 플래퍼 밸브에 서보 증폭기를 통한 전기신호가 가해지면 플래퍼의 위치가 변하여 노즐로부터 유출되는 유량이 제어된다. 유량제어에 따라 스풀의 한쪽에 가해지는 압력이 조절되므로 스풀의 위치가 입력신호에 대응해서 결정되어 서보밸브가 실린더의 운동을 제어

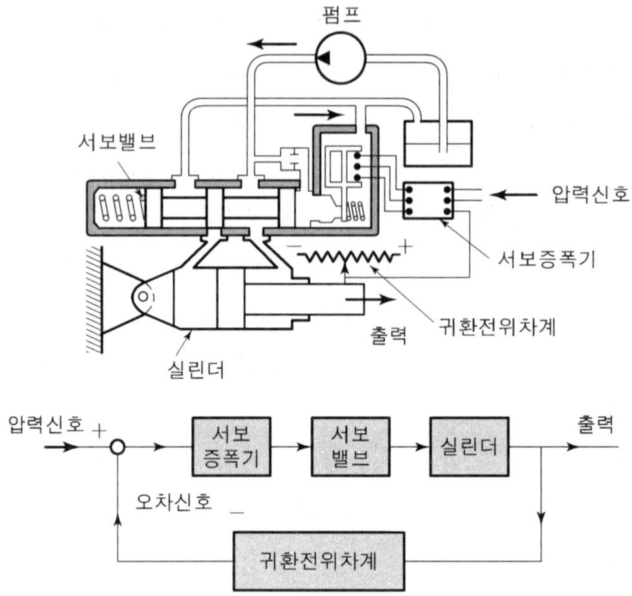

그림 8·67 서보밸브를 이용한 기본회로

한다. 한편 귀환전위차계(feedback potentiometer)는 실린더 로드의 위치를 검출하여 전기신호로 변환시켜 입력신호에 귀환(feedback)시킨다. 입력신호와 귀환신호를 비교하여 그 차인 오차신호가 서보증폭의 입력신호가 되어 증폭된 신호가 서보밸브를 작동시켜 입력과 출력의 오차가 없게끔 작동한다.

8·5 유압모터 제어회로

유압모터를 사용하는 회로에서는 일반적으로 공급압력을 제어하면 출력 토크를 제어할 수 있으며 공급유량을 제어하면 유압모터의 회전속도를 제어할 수가 있다. 또한 가변용량형 유압모터를 사용하면 일정마력으로 구동할 수가 있다.

8·5·1 정토크의 구동회로

가변용량 펌프의 송출압력을 일정히 하고 정변위유압 모터를 구동하면 정토크구동이 얻어진다. 그림 8·68의 위치에서는 유압모터는 정지되고 있는 상태이나, 솔레노이드를 여자하면 소형펌프의 송출유는 파일럿조작 2방밸브에 작용하여 가변송출펌프의 송출유를 차단하여 유압모터를 회전시킨다. 유압모터의 부하가 과대해지면, 압력스위치를 작동시켜 솔레노이드의 여자를

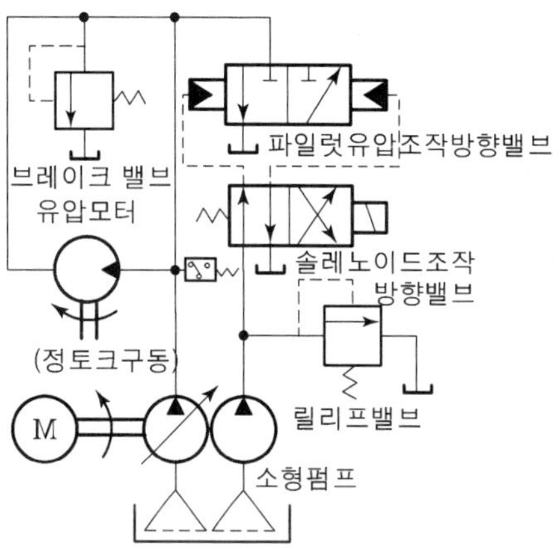

그림 8·68 정토크 구동회로

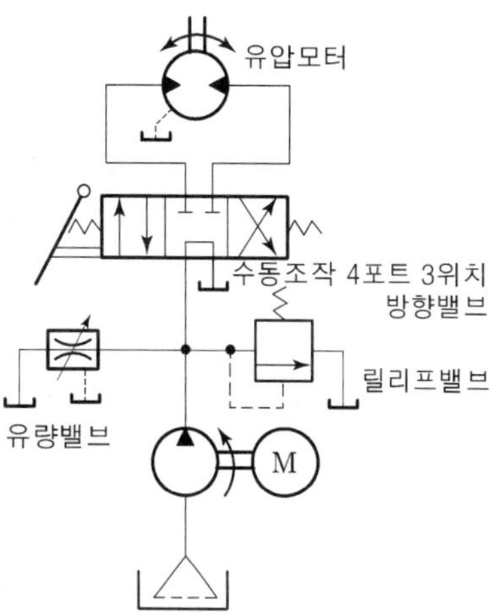

그림 8·69 정토크 구동회로

풀어 가변펌프의 송출유를 유조에 배유시키면서 펌프는 무부하 운전된다. 동시에 유압모터는 브레이크밸브에 의하여 제동 정지된다. 이 회로는 유압모터축의 최대토크를 전속도 범위에 걸쳐 일정히 할 수 있으므로 인쇄기계, 제지기계, 고무나 직물기계 등의 구동에 적합한다.

그림 8·69는 블리드 업 회로에 유량제어밸브를 사용한 정용량펌프와 정변위유압 모터를 가지고 정토크구동시키는 회로이다. 이 방법은 가변용량펌프를 사용한 회로보다도 설비비는 염가이나, 효율은 좋지 않다. 이 회로는 트럭의 시멘트 교반기를 구동시키기 위하여 사용되고 있는 예로서 동력은 트럭엔진으로부터 취하고 있다. 이 경우 유압모터의 속도변화는 펌프를 구동하고 있는 엔진의 속도를 변화시켜 얻는다. 엔진속도가 일정한 경우에는 블리드 업 밸브에 의하여 유압모터의 속도를 변화시킨다.

8·5·2 정출력 구동회로

펌프의 송출압력과 송출유량을 일정히 하고 가변위유압모터의 변위량을 변화시켜 유압모터 속도를 변화시키면 정마력구동이 얻어진다. 그림 8·70은 정마력구동이다. 제동정지를 시키기 위하여 브레이크 밸브와 솔레노이트 조작 2포트 2방밸브를 구비하고 있다. 감아올리는 구동장치에서는 롤의 지름이 증대하더라도 장력을 항상 일정하게 유지시켜야 할 경우가 생긴다. 이러한 경우에는 롤의 지름의 커짐에 따라 회전속도를 반비례하여 늦추어야 한다. 일정압력으로 운전하고 있는 정용량펌프와 가변위 유압모터를 조합시키면 이러한 요구를 충족시킬 수 있다.

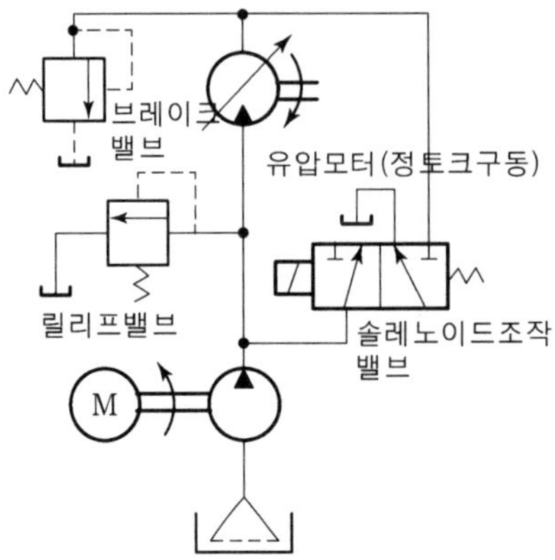

그림 8·70 정출력구동회로

8·5·3 유압모터의 병렬회로

병렬회로에는 병렬배치 미터 인 회로와 병렬배치 미터아웃회로가 있다. 그림 8·71은 병렬배치 미터인 회로이다. 이 회로는 각 유압모터를 독립으로 구동, 정지, 속도제어가 되는 이점이 있다. 특히 각각의 모터에 걸리는 부하가 같은 경우에 유리하다. 또 유압모터가 정지 혹은 회전속도가 변하더라도 다른 모터 속도에 크게 영향을 주지 않는다.

속도는 미터 인 회로에서 제어한다. 부하에 차가 있으면, 부하가 작은 모터 쪽으로 압유가 흐르게 되므로 압력보상 유량제어밸브를 사용하여야 한다. 병렬배치회로는 관계의 압력을 높임으로써, 유압모터의 구동토크를 증대시킬 수가 있다. 펌프는 비교적 저압으로 충분하고 저속의 부하에 적합한 회로이다. 그림 8·72는 병렬배치 미터아웃회로이다. 이 회로는 각 유압모터의

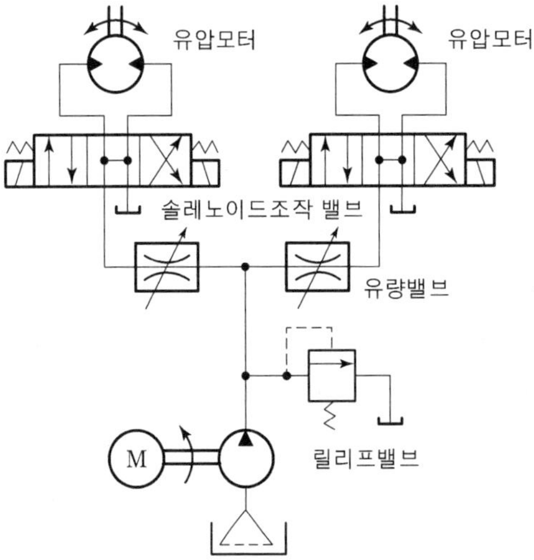

그림 8·71 병렬배치 미터 인 회로

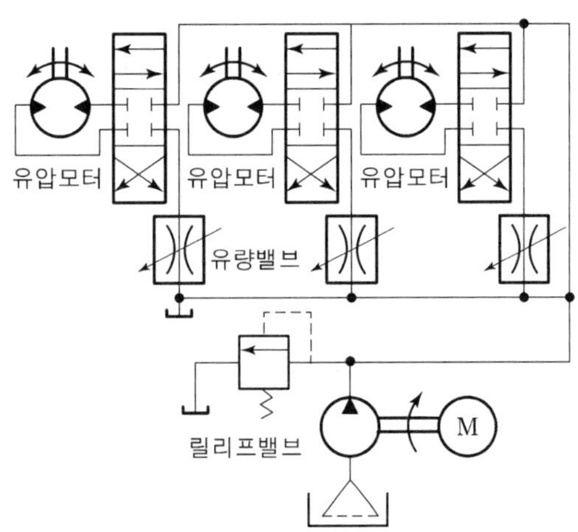

그림 8·72 병렬배치 미터 아웃 회로

속도를 미터 아웃 회로로 제어하고 있는 점이 그림 8·71과 다르다. 그러므로 각 유압모터의 부하변동에 따라, 다른 유압모터의 회전속도에 영향을 주기 쉽다.

8·5·4 유압모터의 직렬 회로

2개 이상의 유압모터를 직렬로 배치하면 펌프의 용량을 작게 할 수가 있고, 또 유량분배장치도 생략할 수 있다. 회로의 일부 관 지름은 병렬배치의 경우보다 작아지고, 압력관과 귀환관은 각 한 개의 관으로 충분하다. 펌프 송출압력은 각 유압모터의 압력강하의 화가 되므로 높아진다.

그림 8·73은 2개의 유압모터를 직렬로 배치시킨 회로이다. 각 유압모터의 최대토크는 각각의 릴리프밸브로 조절할 수 있다. 유압모터 (a)의 속도는 유량제어밸브를 블리드 업 회로에 설치하여 제어한다. 유압모터 (b)의 속도는 미터아웃 회로로 제어한다. 또 유압모터 (b)의 회전방향은 4방밸브로 절환시킨다. 이 4방밸브에는 개폐밸브를 직결시켜, 릴리프밸브의 벤트관로를 개폐할 수 있게끔 하였다. 지금 4방밸브를 중앙위치에 위치시켜 유압모터를 정지시키면 릴리프밸브의 벤트회로가 개폐회로에 의하여 열리게 되어, 유압모터 (a)로부터 배출되는 압유는 자유류로 되어 유조에 배출된다.

그림 8·74와 같은 직렬회로에서는 병렬회로와 같이 독립적으로 운전정지는 되지 않으나, 운전중의 각 유압모터의 회전수는 부하토크에 차가 있더라도 변동하지 않는 이점이 있다. 단, 유

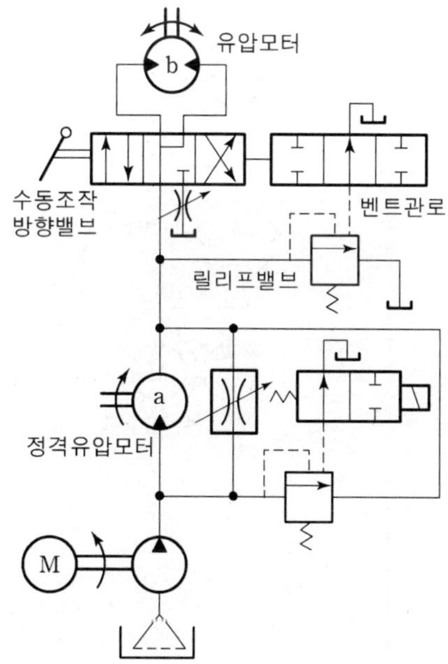

그림 8·73 직렬배치 회로

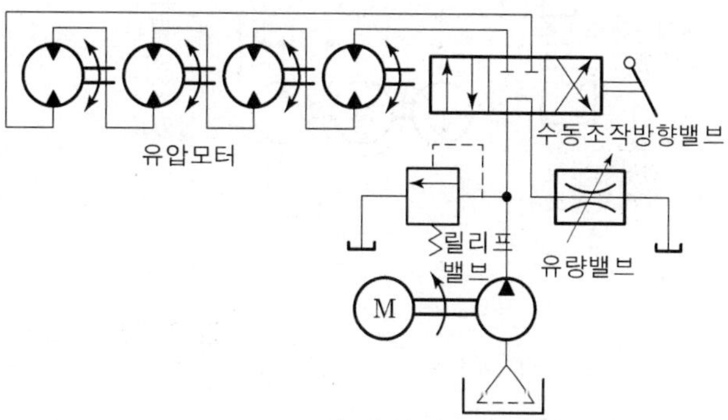

그림 8·74 직렬배치 회로

압모터의 배출량이 다르면 회전수는 각각 반비례하는 속도로 된다. 펌프의 송출량이 분할되지 않고, 직렬로 흐르게 되므로 고속구동이 쉽다. 이 회로는 고속 저토크의 부하에 적합하다.

8·5·5 유보충회로

펌프와 유압모터를 개회로로 하여 연결할 때 유보충회로가 필요하게 된다. 개회로로부터 누설되는 압유를 보충하려면 역지밸브로 구성되어 있는 유보충 밸브를 사용한다. 제어작용 중에도 압유는 이 밸브를 통하여 유압모터의 입구측에 유입된다. 펌프와 유압모터를 페회로로 연결하였을 경우 소형의 정용량형 펌프에 의하여 압유를 과급시키면 효율이 좋아진다. 과급용 펌프가 없을 경우에는 유조로부터 직접 유압을 흡입시켜 보충시킨다.

그림 8·75 (a)는 정용량, 가변용량 펌프를 사용한 유보충회로이다. 4포트 밸브는 유압모터를 역전시키기 위하여 사용하였다. 역지밸브와 릴리프밸브로 이루어지는 망상회로는 어느 쪽에서나 제동과 유보충이 되도록 구성되어 있다. 그림 8·75 (b)는 가변용량형펌프를 사용한 경우를 표시한 회로도이다. 이 회로의 유보충회로는 간단하나, 브레이크 압력은 양회전 공히 같으므로 독립적으로 조정할 수는 없다.

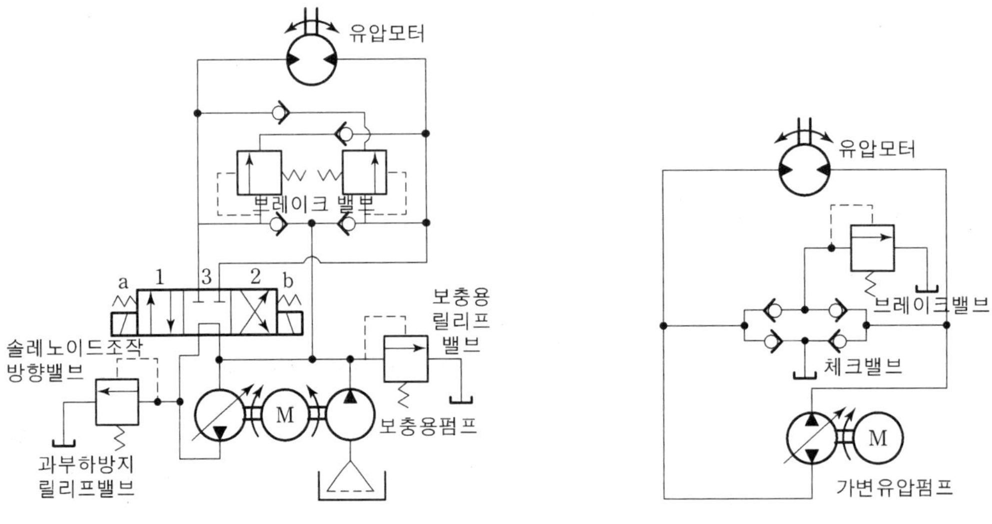

(a) (b)

그림 8·75 유보충회로

8·5·6 텐덤형 배치회로

이 회로는 각 유압모터가 직렬로 연결되어 있으므로 단독으로 정·역전, 정지를 할 수 있으

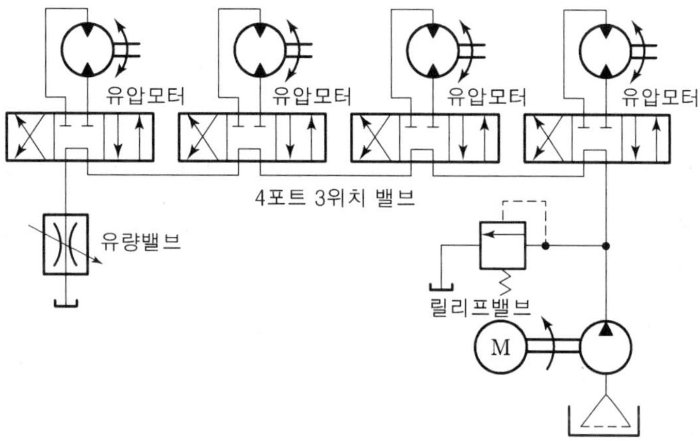

그림 8·76 텐덤형 배치회로

며 두 개 이상의 유압모터를 운전시킬 때 각 유압모터의 속도를 동일하게 할 수 있다. 이 경우 각 유압모터의 압력강하의 합이 유압펌프의 송출압이 되므로 고압구동은 무리이다. 즉 저속, 저토크 구동에 적합하다(그림 8·76).

8·5·7 브레이크회로

시동시의 서지압력 방지나, 정지시키고자 할 경우에 유압적으로 제동을 부여하는 회로를 브레이크 회로라 말한다.

그림 8·77은 릴리프밸브를 사용한 브레이크 회로이다. 유압모터에 공급하는 압유를 끊는다 하더라도, 유압모터는 그 관성과 유압모터에 연결되는 부하의 관성때문에 급정지가 어렵고 얼마간 회전을 지속한다. 이때 유압모터는 펌프작용을 하게 되므로 모터 입구 포트는 공기가 흡입되지 않도록 배관시 주의를 요한다.

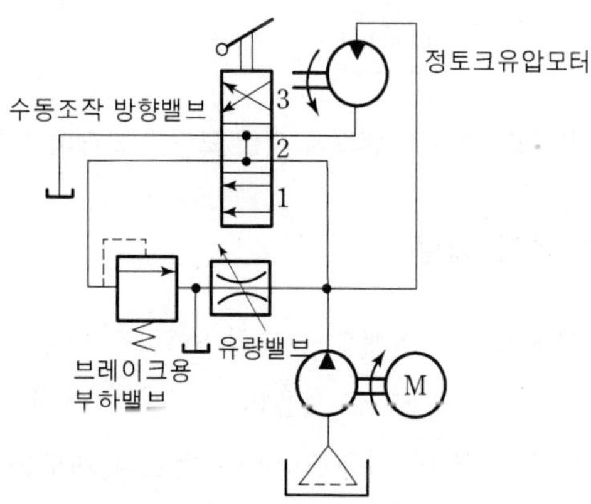

그림 8·77 릴리프밸브에 의한 유압모터의 브레이크 회로

이 회로에서는 4포트 3위치 밸브의 위치에 따라, 유압모터는 구동, 공전정지, 제동정지가 된다. 그림 8·77은 릴리프밸브에 의한 브레이크 회로이다. 수동조작 4포트 밸브를 (1)의 위치에 놓으면, 펌프송출유는 유압모터를 구동한다. 밸브를 (2)의 위치로 하면, 유압모터의 입구, 출구측은 공히 대기압으로 되어, 유압모터 자신과 부하의 관성에 의하여 회전하면서 서서히 공전정지한다. (3)의 위치에 놓으면 펌프는 무부하로 되고 유압모터는 릴리프밸브의 저항에 의하여 제동정지한다.

그림 8·78은 차동시퀀스밸브를 회로에 이용한 브레이크 회로이다. 이 회로는 모터 출구측에 차동시퀀스밸브를 설치하여 부의 부하가 걸리더라도 제동 작용을 하게끔 하는 회로이다. 그림 8·78에서 4포트밸브를 (1)의 위치에 놓았을 때 모터에 정부하가 걸려있는 상태에서도 펌프의 송출압에 의하여 차동시퀀스밸브가 열려 유압모터의 입구측 압력이 저하되어 차동시퀀스밸브를 교축시킨다. 이때 모터의 출구압력이 증대되어, 이 배압으로 인하여 제동이 걸리면서 회전한다. 4포트밸브를 (2)의 위치에 놓으면 펌프는 무부하되어, 유압모터 입구는 대기압으로 되고 출구는 브레이크밸브(차동 시퀀스밸브)에 의하여 교축되므로 제동 정지된다. 차동 시퀀스밸브 대신에 그림 8·78(b)와 같이 시퀀스밸브에 2개의 역지밸브에 조합해서 사용할 수 있다.

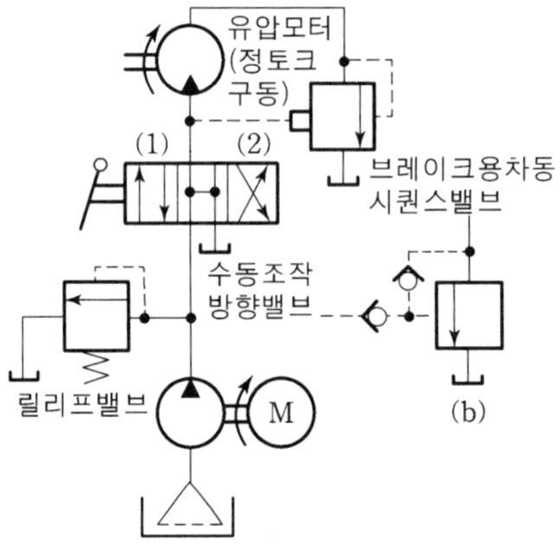

그림 8·78 시퀀스 밸브에 의한 모터의 브레이크 회로

8·5·8 서보밸브 위치제어 회로

서보밸브를 사용한 위치제어회로의 실례로서 그림 8·79에 제시하는 것과 같은 전 유조작기가 있다. 이것은 프로세서 제어의 조작부로 사용되는 것이며 그림 8·79는 그 계통도이다. 그림 8·79에 있어서 계산제어부로부터 이 전유조작기에 밸브의 개도를 지령하는 입력신호(전압)가 들어가면 서보 증폭기에 의하여 서보밸브에 증폭되어 들어간다.

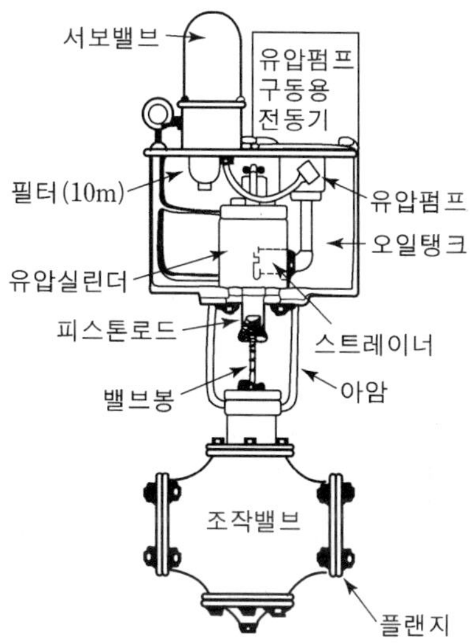

그림 8·79 전유 작기의 구조

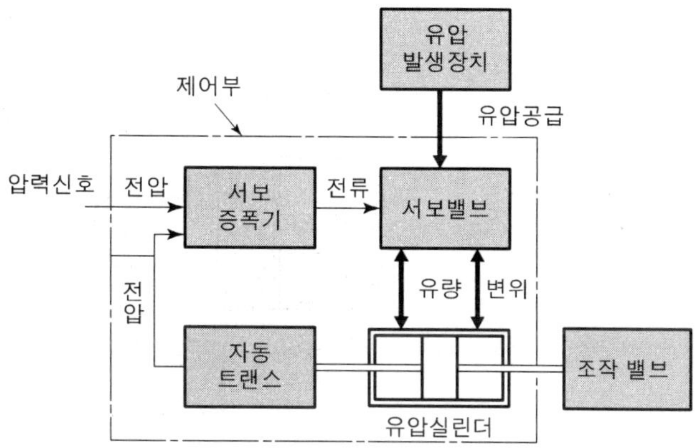

그림 8·80 전유조작기의 계통도

서보밸브는 그 신호에 비례하는 유량을 유압실린더에 보내고 플런저를 구동시킨다.

이 플런저 봉의 1단에 조작밸브의 밸브봉을 연결해두면 조작밸브의 개폐를 계산제어부로부터의 입력신호에 비례시킬 수 있다. 만약 밸브의 개도와 입력신호와의 사이에 오차가 생기면 차동 트랜스로 검출하여 지령된 밸브개도로 되기까지 플런저의 수정조작이 이루어지므로 정밀한 밸브개도제어를 할 수 있다.

서보밸브의 응답특성은 매우 좋으므로 이것에 유압실린더를 직결시키면 고속, 고정밀도의 추종동작을 시킬 수 있다. 그러므로 그림 8·81에 제시하는 바와 같은 공작기계의 모방장치나 그림 8·82와 같은 압연기의 두께 제어에 사용되고 있다.

그림 8·83은 봉강을 일정한 길이로 자동적으로 절단하는 장치이다. 그림 8·83에 있어서 봉

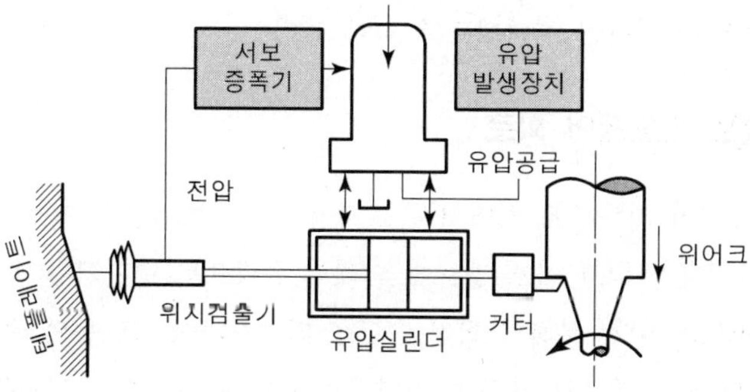

그림 8·81 공작기계의 모방장치

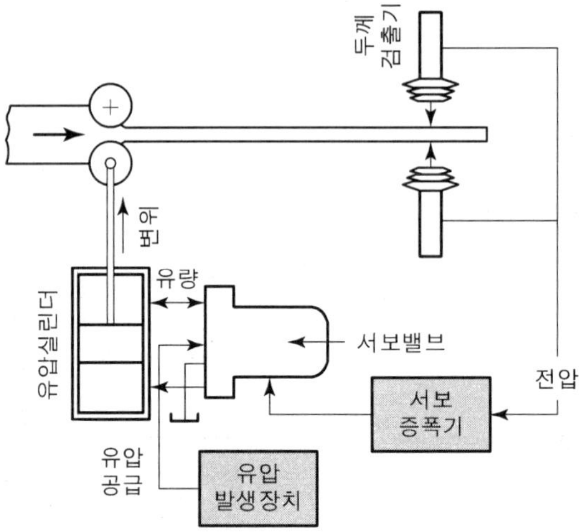

그림 8·82 압연기의 두께제어

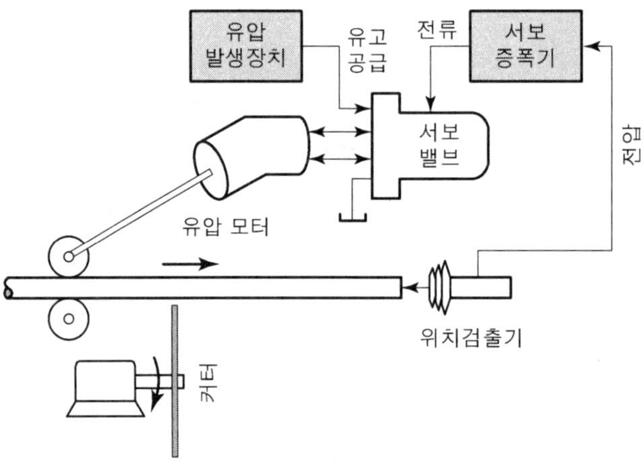

그림 8·83 정치수 절단장치

강의 단면이 위치 검출기로부터 일정한 거리로 되기까지 봉강은 유압모터에 의해서 보내지고 설정된 거리에 달하면 정지하여 절단되도록 되어 있다.

8·5·9 서보밸브 속도제어 회로

그림 8·84의 속도제어 계통도에 있어서 속도지령, 즉 압력전압은 서보 증폭기로 증폭되어 서보 밸브에의 압력전류가 되고 서보 밸브에 의해서 유량으로 변환되며 유압모터를 지령신호의 방향으로 회전시키고 있다. 부하의 회전 속도는 터코제네레이터 등의 속도검출기에 의하여 지령신호로 피드백된다. 그러므로 부하는 지령신호에 비례하는 속도로 구동된다.

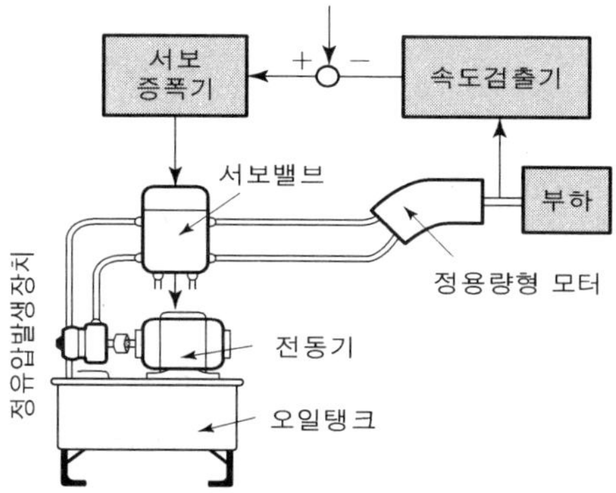

그림 8·84 유압모터의 속도제어 계통도

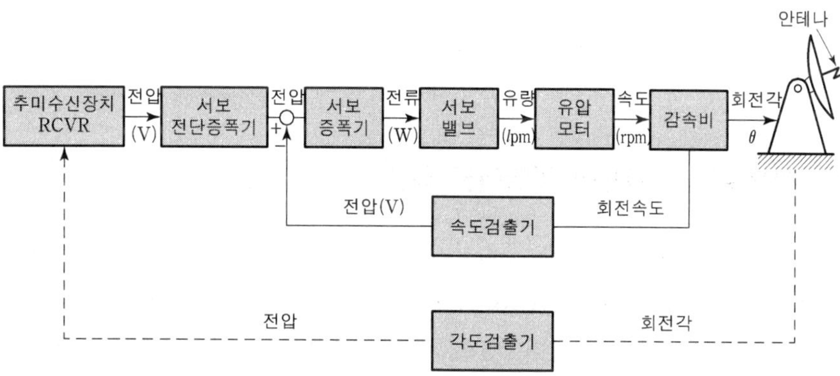

그림 8·85 22 [mϕ] 안테나 구동부의 주요구성 블록선도

그림 8·85는 우주통신 송수신 대형안테나의 서보기구 계통도이다. 이 안테나의 방위축 가동부는 80 [t · m · sec^2]의 관성모멘트로서 1 : 500이라는 넓은 속도 범위에 걸쳐 1/200도 이하라는 고정밀도로 원활하게 추종시키고 있다.

그림 8·86은 교류발전기의 회전수 속도제어의 예이다. 주엔진의 회전수 변동이 심하여 교류발전기를 직렬, 구동할 수 없는 경우 가변송출펌프와 정변위 유압모터를 사용하여 발전기의 회전수를 일정하게 유지하도록 하는 회로이다. 즉 회전수 설정압력과 회전수 검출기(터코제네레이터) 출력과를 비교한 오차 신호가 서보밸브에 의하여 입력신호로 되어 유압펌프의 송출유량을 제어하여 일정한 회전수로 하고 있다.

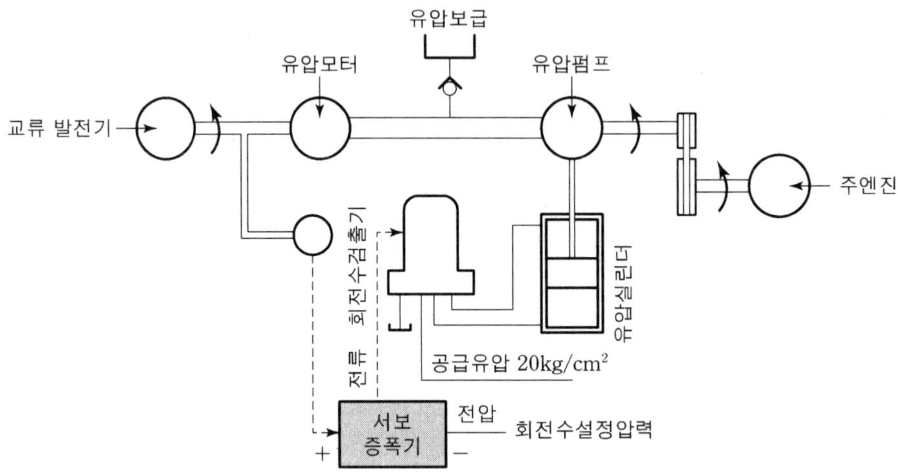

그림 8·86 교류발전기의 회전수 속도제어

8·5·10 서보밸브 수치제어 밀링머신 회로

가공물의 밀링가공 과정을 자기테이프라든가 천공테이프에 기록하고 그것을 재생하여 수치제어 밀링머신의 지령신호로 하고 그림 8·87에 제시하는 것과 같은 서보밸브회로에 주면 밀링머신은 자동적으로 가공물을 가공한다. 밀링머신의 테이블이송 스핀들헤드 및 컬럼이송 기구는 높은 정밀도가 요구되므로 서보 밸브를 사용한 전기유압 서보기구는 그 특징을 충분히 발휘시킬 수 있다.

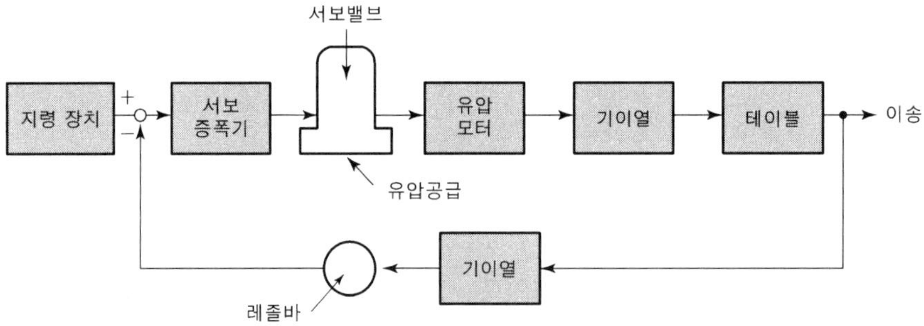

그림 8·87 수치제어 밀링머신의 블록선도

8·6 논리회로

유압제어밸브를 변환시키거나 전류를 인가하여 스위치를 ON · OFF시키는 경우에 있어서 유압이나 전류와 같이 목적물을 제어하는 능력을 가지고 있는 것을 신호라 하고, 이 제어 능력을 가진 신호가 입력된 상태를 1 또는 H수준으로 표시하고, 신호가 제어 능력을 상실한 상태를 0 또는 L수준으로 표현한다면 신호의 의미가 간단명료해진다.

이와 같이 1수준과 0수준이라고 하는 두 개의 신호로 표현하는 상태를 2값 신호 표현이라고 한다. 논리 회로란 이 1수준이나 0수준의 신호 상태를 조합하여 확실한 출력 상태를 얻는 회로이다. 2값 신호는 이상과 같이 확실히 다른 두 개의 신호로서 유압이 높거나 낮은 상태, 실린더를 조작하는 힘이 있거나 없는 상태도 2값 신호가 되고 1과 0으로 표현하는 것도 가능하다.

논리 회로에는 다섯 가지의 기본 회로가 있으면 이해를 돕기 위해 램프의 점등 회로를 예로 들어 구체적으로 설명하기로 한다.

기본적 논리 회로란 AND, OR, NOT, NADN, NOR의 다섯 가지 회로로서 그 내용은 다음과 같다. 그림 8·88 (a)는 입력 스위치 A, B, C가 직렬로 연결된 회로이고, 2값 신호로 스위치의 ON 상태를 1, OFF 상태를 0, 램프 L의 점등을 출력 1이라 하고, 램프의 소등상태를 출력 0이라 하면 스위치가 전부 1일 때만 램프 L은 1이고, 세 개의 스위치 중 어느 하나라도 0이면 램프 L은 0 상태가 된다. 이것은 논리 회로의 AND 회로이다. 이 상태를 이해하기 쉽게 표로 나타내면 그림 8·88 (b)와 같이 되며 이것을 진리표라고 한다. 진리표의 읽는 방법은 "A가 0, B가 0, C가 0일 때 D는 0"이라는 표현으로 가로로 읽는다.

따라서 진리표에서 알 수 있듯이 AND 회로는 모든 입력이 1일 때만 출력이 1이고 세 개의 입력 중 전부 또는 어느 하나라도 0이면 출력이 0이 되는 회로임을 알 수 있다.

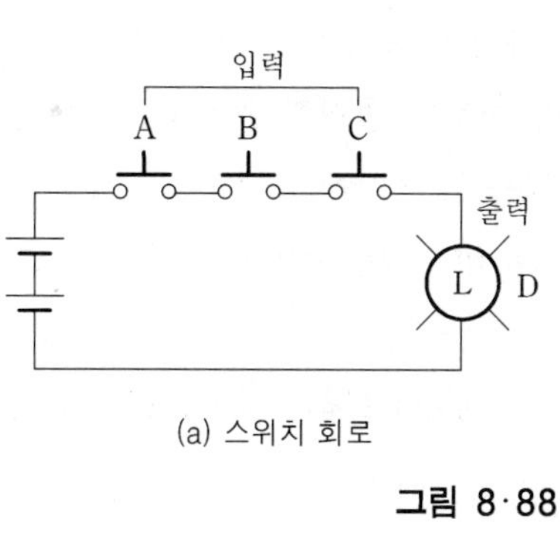

(a) 스위치 회로

입력			출력
A	B	C	D
0	0	0	0
1	0	0	0
0	1	0	0
0	0	1	0
1	1	0	0
1	0	1	0
0	1	1	0
1	1	1	1

(b) 진리표

그림 8·88 AND회로

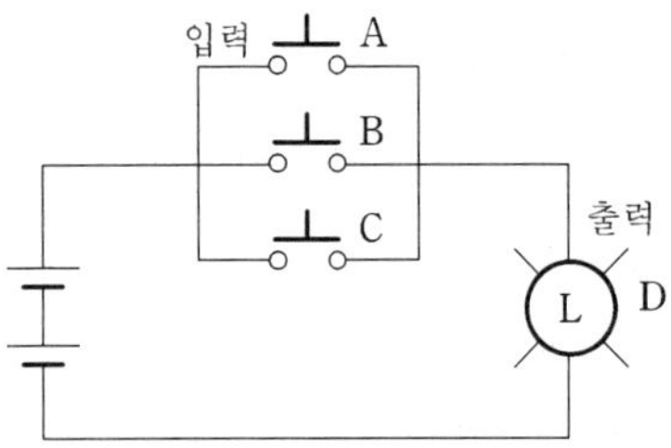

(a) 스위치 회로

입력			출력
A	B	C	D
0	0	0	0
1	0	0	1
0	1	0	1
0	0	1	1
1	1	0	1
1	0	1	1
0	1	1	1
1	1	1	1

(b) 진리표

그림 8·89 OR 회로

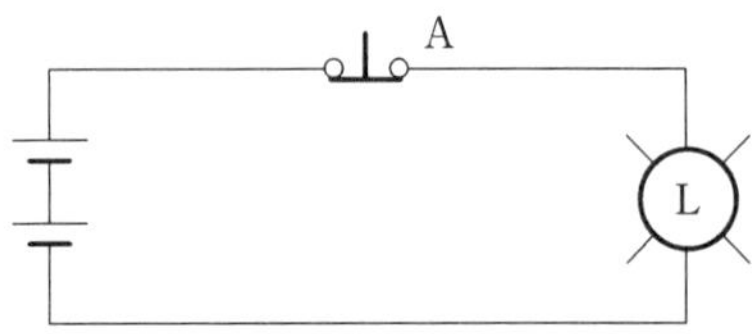

(a) 스위치 회로

입력	출력
A	D
0	1
1	0

(b) 진리표

그림 8·90 NOT 회로

그림 8·89 (a)는 세 개의 입력 스위치를 병렬로 연결한 OR 회로이다. 진리표는 그림 8·89 (b)와 같으며 세 개의 입력 중 어느 하나라도 ON되면 출력 D는 점등된다. 출력을 0으로 하기 위해서는 모든 스위치가 0이 되어야 한다.

그림 8·90은 NOT 회로로서 스위치 A가 초기에 ON된 상태이므로 A에 신호가 없으면 램프가 ON되고 스위치를 누르면 전류가 끊겨 램프가 OFF된다. 즉 입력이 1이면 출력이 0으로 되는 부정 회로로서 진리표는 그림 8·90 (b)와 같다.

NAND 회로는 AND 회로 부정으로 표 8·1에 나타낸 진리표와 같이 AND 회로의 반대이다. 즉 모든 입력이 1일 때만 출력이 0이고 그 외의 경우는 출력이 1이 되는 회로를 말한다.

또한 NOR 회로는 OR 회로의 부정으로 진리표는 표 8·2와 같고 OR 회로의 진리표와 비교해 보면 알 수 있듯이 정반대이다. 즉 모든 입력이 0일 때만 출력이 1이 되고 그 외의 경우는 0이 되는 회로이다.

지금까지는 스위칭 논리의 개념으로 살펴보았으므로 다음에는 공압논리 회로에 대해 알아보기로 한다.

표 8·1 NAND 회로의 진리표

입 력			출 력
A	B	C	D
0	0	0	1
1	0	0	1
0	1	0	1
0	0	1	1
1	1	0	1
1	0	1	1
0	1	1	1
1	1	1	0

표 8·2 NOR 회로의 진리표

입 력			출 력
A	B	C	D
0	0	0	1
1	0	0	0
0	1	0	0
0	0	1	0
1	1	0	0
1	0	1	0
0	1	1	0
1	1	1	0

(1) AND 회로

2개의 입력신호에 대한 출력이 논리적(AND)연산관계로 성립하는 회로를 2입력신호의 AND 회로라 한다.

그림 8·91에 이 회로예와 진리표를 제시한다.

그림 8·91 (a)의 ①에서 입력 A가 OFF, 즉 '0', 입력 B도 '0'인 때에 출력 C는 압력원에서의 유압이 공급되지 않음으로써 '0'의 상태이며 A, B의 어느 한 쪽이 '0'의 상태에 있어도 출력 C는 '0'로 된다. A, B가 공히 ON, 즉 '1'인 때에만 압력원에서의 유압이 흘러들며 출력 C는 '1'의 상태로 된다.

그림 8·91 (a)의 ②는 입력신호 A, B가 공기신호의 경우에 노말 클로즈형 3포트절환변 1개로 AND기능을 갖는 회로를 구성할 수 있다는 것을 보이고 있다. 또 이 입력 A에 관해서는 수동, 기계, 전기 및 유압의 어느 것의 제어방식도 선정될 수 있는 데 비해, 입력 B에 관해서는 유압에 한한다.

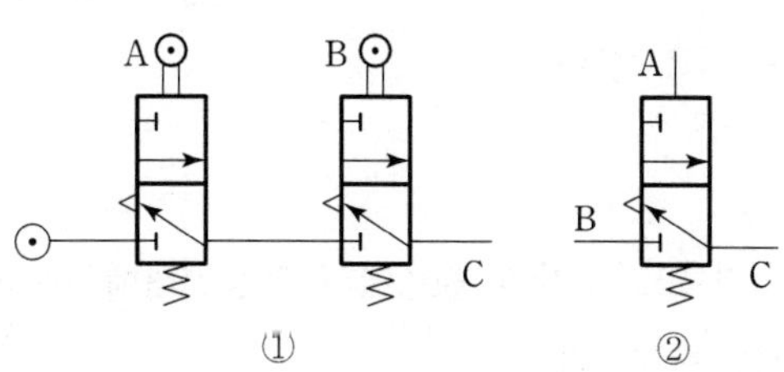

(a) 회로

A·B = C

입력신호		출력
A	B	C
0	0	0
0	1	0
1	0	0
1	1	1

(b) 진리표

그림 8·91 AND 회로

그림 8·91 (a)의 AND 회로에서는 A, B의 어느 것에 대해서도 수동, 기계, 전기 및 유압 제어방식을 마음대로 선정할 수 있다. AND 회로는 안전확인을 위한 인터로크신호, 스타트시의 구속조건 설정, 또는 시퀀스 제어의 연산회로 등에 널리 쓰이는 기초적인 회로로 3입력신호 이상의 AND 회로에 관해서도 이 회로를 순차적으로 조합하면 설정된다.

(2) OR 회로

2개의 입력신호에 대한 출력이 논리화(OR)연산의 관계가 성립하는 회로를 2 입력신호의 OR 회로라 한다. 그림 8·92에 이 회로예와 진리치표를 보인다.

①에서 입력 A, 또는 입력 B의 어느 한쪽 또는 양쪽이 ON, 즉 '1'인 때에 출력 C는 압력원에서의 공기가 흘러들어 '1'로 된다. A, B의 양쪽이 OFF, 즉 '0'인 때에만 출력 C는 '0'의 상태로 된다.

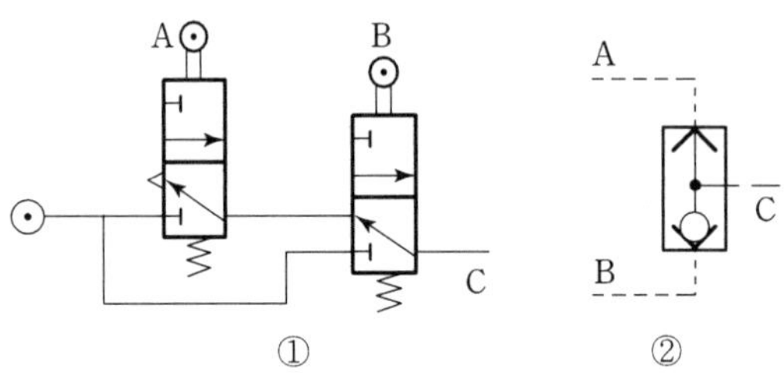

(a) 회로

A+B=C

입력신호		출력
A	B	C
0	0	0
0	1	1
1	0	1
1	1	1

(b) 진리표

그림 8·92 OR 회로

②는 입력신호 A, B가 공히 공기신호의 경우에 셔틀변 1개로 OR기능을 갖는 회로가 구성될 수 있는 것을 보이고 있다.

그림 8·92 (a)의 OR회로에서는 A, B의 어느 것에 대해서도 수동, 기계, 전기 및 공기압 제어방식을 마음대로 선정할 수 있다. OR 회로는 제어회로 중에 자동조작과 수동조작을 병용시킬 때, 원격장소에서 같은 목적의 지령을 낼 때, 또는 시퀀스 제어에서 리셋 신호 등을 삽입할 수 있는 회로를 설정할 때에 널리 쓰이는 기초적인 회로이다. 3 입력신호 이상의 OR 회로에 대해서도 이 회로를 순차로 조합하여 설정할 수 있다.

(3) NOT 회로

NOT 회로는 1개의 입력포트와 1개의 출력포트를 가진 밸브에서 정상상태에서는 출력이 존재하지만 신호가 입력되면 출력이 차단되는 회로이다.

진리표는 NOT회로의 진리표로서 입력신호 A가 0일 때 출력신호 B가 1이며, 입력신호 A가

1이면 출력신호 b는 0으로 된다.

그림 8·93은 정상상태 열림형 3포트 밸브를 사용한 NOT회로이다. 신호 A가 0일 때 출력 B는 항상 1이며, 신호 A가 1이면 3포트 밸브는 위치 절환되어 출력 B가 0으로 되는 회로이다.

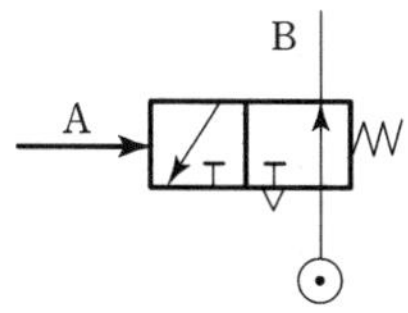

(a) 회로

입력	출력
A	B
0	1
1	0

(b) 진리표

그림 8·93 NOT 회로

(4) NOR 회로

NOR 회로는 NOT 회로의 입력포트가 1개인 데 반해, 2개 이상의 입력포트를 가진 것으로 모든 입력포트에 신호가 없을 때만 출력이 나오는 회로이다.

진리표는 NOR 회로의 진리표로서 입력신호 A, B가 0일 때 출력신호 C가 1이며 입력신호 A, B 모두 또는 어느 한쪽 신호라도 1일 때는 출력신호 C가 0으로 된다.

그림 8·94 (a),(b)는 NOR 회로의 예로서, 그림 8·92의 OR회로와 그림 8·93의 NOT 회로를 조합한 회로이다.

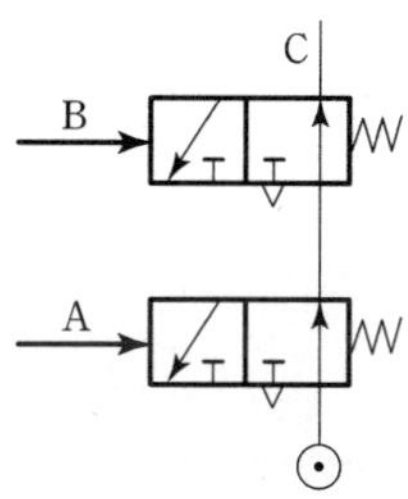

(a) 회로

입력		출력
A	B	C
0	0	1
0	1	0
1	0	0
1	1	0

(b) 진리표

그림 8·94 NOR 회로

(5) NAND 회로

NAND 회로는 AND 회로의 출력을 반대로 한 것으로서, 정상상태에서는 출력이 존재하지만 모든 입력신호가 입력될 때 출력이 소멸되는 회로이다.

진리표는 NAND 회로의 진리표이고, 그림 8·95는 정상상태 닫힘형 3포트 밸브 2개와 정상상태 열림형 3포트 밸브 1개를 사용한 NAND 회로이다. 이것은 그림 8·91의 AND 회로와 그림 8·95 NOT 회로를 조합한 것이다.

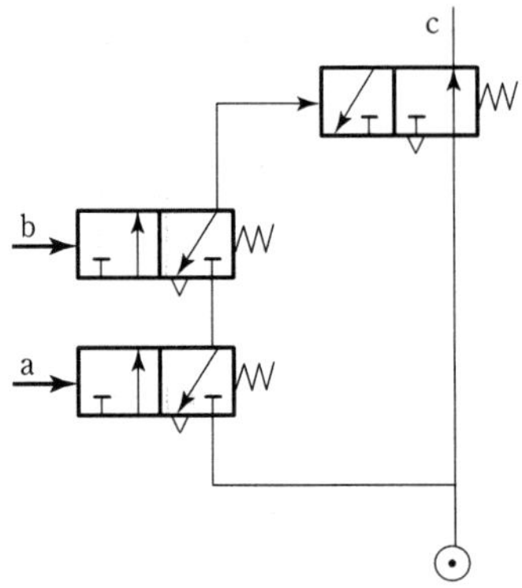

(a) 회로

입력		출력
A	B	C
0	0	1
0	1	1
1	0	1
1	1	0

(b) 진리표

그림 8·95 NAND 회로

연습문제

1. 유압회로의 기본구성을 사용목적에 따라 분류하고, 이것에 사용되는 유압요소기기의 전형적인 예를 들어보아라.

2. 유압실린더에 가해지는 부하에는 어떤 것이 있는가?

3. 펌프의 동력절약을 위한 회로를 기술하고 그 작용을 설명하여라.

4. 유압회로를 작성할 때 관계가 깊은 사항을 열거하여라.

5. 축압기를 회로에 설치하였을 경우의 영향을 고찰하여라.

6. 유압회로 내의 압력을 설정하는 기본회로를 그려라.

7. 유량조정밸브에 의한 속도제어회로에서 3개의 기본회로에 관한 특징을 비교 검토하여라.

8. 두 개의 유압실린더를 순차 작동시키는 기본회로를 그려라.

9. 차동실린더회로를 사용하였을 경우 작동특성을 설명하고 또 유압실린더의 출력과 속도의 관계식을 유도하여라.

10. 로킹회로를 열거하고 그 기능, 정도에 관해서 고찰하여라.

11. 유압펌프를 무부하 운전시키자면, 어떤 회로로 하면 되는지 기본회로를 그려라.

12. 축압기를 회로에 사용할 경우 어떤 역할을 하는지를 논하여라.

13. 논리회로에 적용되는 다섯 가지를 들고 각 기능에 대하여 논하여라.

부록

한국공업규격

유압용어 (제정 1975-10-07)

1. 적용범위

이 규격은 항공기용을 제외한 각종 기계의 유압작동 계통 및 그 구성 부품의 명칭, 형식, 현상, 특성 등에 사용되는 주요한 용어 및 뜻에 관하여 규정한다. 또한, 참고로 대응 영어를 표시한다.

2. 분 류

유압용어는 다음 다섯으로 분류하여 구분한다.

① 기본 용어
② 유압펌프에 관한 용어
③ 유압모터 및 유압실린더에 관한 용어
④ 유압제어밸브에 관한 용어
⑤ 부속기기 및 기타 기기에 관한 용어

3. 번호, 용어 및 뜻

번호, 용어 및 뜻은 다음과 같다.

● 비 고

① 용어의 일부는 큰 괄호 〔 〕를 붙였을 경우에는 큰 괄호 속의 용어를 포함시킨 용어와 큰 괄호 속의 용어를 생략한 용어의 두 가지가 있음을 표시한다.
② 두 개 이상의 용어를 병기하였을 경우에는 그의 순위에 따라 우선적으로 사용한다.
③ 뜻 난의 *표시는 그 용어의 뜻이 유압에 한정됨을 표시한다.

유압 용어 (KS B 0019－1986)

(1) 기본 용어

번호	용 어	뜻	대응 영어(참고)
101	혼입 공기	액체 속에 아주 작은 기포 상태로 섞어져 있는 공기	Entrained air, aeration
102	공기 혼입	액체에 공기가 아주 작은 기포 상태로 섞여지는 현상 또는 섞여져 있는 상태	aeration
103	캐비테이션	*유동하고 있는 액체의 압력이 국부적으로 저하되어, 포화 증기압 또는 공기 분리압에 달하여 증기를 발생시키거나 또는 용해 공기 등이 분리되어 기포를 일으키는 현상, 이것들이 흐르면서 터지게 되면 국부적으로 초고압이 생겨, 소음 등을 발생시키는 경우가 많다.	cavitaion
104	채터링	*릴리프밸브 등으로 밸브시트를 두들겨서 비교적 높은 음을 발생시키는 일종의 자력 진동 현상.	chattering ; chatter ; singing
105	점핑	*유량제어밸브(압력 보상붙이)에서 유체가 흐르기 시작할 때 등, 유량이 과도적으로 설정값을 넘어서는 현상.	jumping
106	유체 고착 현상	스풀밸브 등으로 내부 흐름의 불균일 등에 따라서, 축에 대한 압력 분포의 평형이 깨어져서 스풀밸브 몸체(또는 슬리브)에 강하게 밀려 고착되어, 그 작동이 불가능하게 되는 현상.	hydraulic lock
107	디더	스풀밸브 등으로 마찰 및 고착 현상 등의 영향을 감소시켜서, 그 특성을 개선시키기 위하여 가하는 비교적 높은 주파수의 진동.	dither
108	유압 평형	기름의 압력에 의하여 힘의 평형을 맞추는 것.	hydraulic balance
109	디컴프레션	프레스 등으로 유압 실린더의 압력을 천천히 빼어 기계 손상의 원인이 되는 회로의 충격을 작게 하는 것.	decompression
110	랩	미끄럼 밸브의 랜드부와 포트부 사이의 겹친 상태 또는 그 양.	lap
111	제로 랩	미끄럼 밸브 등으로 밸브가 중립점에 있을 때, 포트는 닫혀 있고 밸브가 조금이라도 변위되면 포트가 열려 유체가 흐르게 되어 겹친 상태.	zero lap
112	오버 랩	미끄럼 밸브 등으로 밸브가 중립점으로부터 약간 변위하여 처음으로 포트가 열려 유체가 흐르도록 되어 있는 겹친 상태.	over lap ; positive lap
113	언더 랩	미끄럼 밸브 등에서 밸브가 중립점에 있을 때 이미 포트가 열려 있는 유체가 흐르도록 되어 있는 겹친 상태.	under lap ; negative lap
114	유량	단위 시간에 이동하는 유체의 체적.	flow, rate of flow

* 표시는 그 용어의 뜻이 유압에 한정됨을 표시한다.

번호	용 어	뜻	대응 영어(참고)
115	토출량	일반적으로 펌프가 단위 시간에 토출시키는 액체의 체적.	delivery ; rate of flow ; flow rate ; discharge ; discharge rate
116	행적 체적	용적식 펌프 또는 모터의 1회전마다에 배제시키는 기하학적 체적.	displacement
117	드레인	기기의 통로나, 관로에서 탱크나 매니폴드 등으로 돌아오는 액체 또는 액체가 돌아오는 현상.	drain
118	누설	정상 상태로는 흐름을 폐지시킨 장소 또는 흐르는 것이 좋지 않은 장소를 통하는 비교적 적은 양의 흐름.	leakage
119	제어 흐름	제어된 흐름.	controlled flow
120	자유 흐름	제어되지 않은 흐름.	free flow
121	규제 흐름	유량이 미리 설정된 값으로 제어된 흐름. 다만, 펌프의 토출 이외의 것에 사용한다.	metered flow
122	흐름의 형태	*밸브의 임의의 위치에서 각 포트를 접속시키는 유체 흐름 경로의 모양.	flow pattern
123	인터플로	밸브의 변환 도중에서 과도적으로 생기는 밸브 포트 사이의 흐름.	interflow
124	컷오프	펌프 출구측 압력이 설정 압력에 가깝게 되었을 때 가변 토출량 제어가 작용하여 유량을 감소시키는 것.	cut-off
125	풀 컷오프	펌프의 컷오프 상태에서 유량이 0(영)이 되는 것.	full cut-off
126	압력 강하	흐름에 따라는 유체압의 감소.	pressure drop
127	배압	유압회로의 귀로쪽 또는, 압력 작동면의 배후에 작용하는 압력.	back pressure
128	압력의 맥동	장상적인 작동 조건에서 발생하는 토출 압력의 변동, 과도적인 압력 변동은 제외한다.	pressure pulsation
129	서지 압력	*과도적으로 상승한 압력의 최대값.	surge pressure
130	크래킹 압력	체크밸브 또는 릴리프밸브 등으로 압력이 상승하여 밸브가 열리기 시작하고, 어떤 일정한 흐름의 양이 확인되는 압력.	cracking pressure
131	리시트 압력	체크밸브 또는 릴리프밸브 등으로 밸브의 입구쪽 압력이 강하하여 밸브가 닫히기 시작하여 밸브의 누설량이 어떤 규정된 양까지 감소되었을 때의 압력.	reseat presssure
132	최소 작동 압력	기구가 작동하기 위한 최소의 압력.	minimum operation pressure
133	온 유량 최대 압력	펌프가 임의의 일정 회전 속도로 회전하고 있을 때, 가변 토출량 제어가 작동하기 전(컷오프 개시 직전)의 토출 압력.	maximum full flow pressure
134	컷인	언로드밸브 등으로 펌프에 부하를 가하는 것. 그 한계 압력을 컷인 압력(cut-in pressure ; reloading pressure)이라 한다.	cut-in ; reloading

번호	용 어	뜻	대응 영어(참고)
135	컷아웃	언로드밸브 등에서 펌프를 무부하로 하는 것. 그 한계 압력을 컷아웃 압력(cut-out pressure ; unloading pressure)이라 한다.	cut-out ; unloading
136	정격 압력	*연속하여 사용할 수 있는 최고 압력.	rated pressure
137	파괴 시험 압력	*파괴되지 않고 견디어야 하는 시험 압력.	burst pressure
138	실파괴 압력	*실제로 파괴되는 압력.	actual burst pressure
139	보증 내압력	정격 압력으로 복귀시켰을 때 성능의 저하를 가져오지 않고 견디어야 하는 압력. 이 압력은 정해진 조건에서의 값이다.	proof pressure
140	정격 유량	일정한 조건하에서 정해진 보증 유량.	rated flow
141	정격 회전 속도	*정격 압력으로 연속해서 운전될 수 있는 최고 회전 속도.	rated speed
142	정격 속도	*정격 압력으로 연속해서 운전될 수 있는 최고 속도.	rated speed
143	유체 동력	유체가 갖는 동력. 유압으로는 실용상 유량과 압력의 곱으로 표시한다.	fluid power ; hydraulic power ; hydraulic horse power
144	유압회로	각종 유압 기기 등의 요소에 따라서 조립된 유압 장치의 기능 구성.	oil hydraulic circuit
145	회로도	기호를 사용하여 회로를 표시한 선도.	graphical diagram ; schematic diagram
146	인력 방지	인력에 의하여 조작하는 방식.	manual control
147	수동 방식	인력 방식의 일종으로 수동에 의하여 조작하는 방식.	manual control ; hand control
148	파일럿 방식	파일럿밸브 등에 의하여 유도된 압력에 따른 제어 방식.	pilot control
149	미터인 방식	액추에이터의 입구쪽 관로에서 유량을 교축시켜 작동 속도를 조절하는 방식.	meter-in system
150	미터아웃 방식	액추에이터의 출구쪽 관로에서 유량을 교축시켜 작동 속도를 조절하는 방식.	meter-out system
151	블리드오프 방식	액추에이터로 흐르는 유량의 일부를 탱크로 분기함으로서 작동 속도를 조절하는 방식.	bleed-off system
152	전기-유압 방식	유압 조작에 솔레노이드 등의 전기적 요소를 조합시킨 방식.	electro-hydraulic system
153	관로	작동 유체를 연결하여 주는 역할을 하는 관 또는 그 계통.	line
154	주관로	흡입 관로, 압력 관로 및 귀환 관로를 포함하는 주요 관로.	main line
155	바이패스 관로	필요에 따라 유체의 일부 또는 전량을 분기시키는 관로.	by-path ; by-pass line

번호	용 어	뜻	대응 영어(참고)
156	드레인 관로	드레인 귀환 관로 또는 탱크 등으로 연결하는 관로.	drain line
157	통기 관로	대기로 언제나 개방되어 있는 관로.	vent line
158	통로	*구성 부품의 내부를 관통하거나, 또는 그의 내부에 있는 유체를 연결하는 기계 가공이나, 주물 뽑기의 유체를 인도하는 연락로.	passage
159	포트	작동 유체 통로의 열린 부분.	port
160	벤트포트	대기로 개방되어 있는 뽑기 구멍.	vent-port
161	통로구	대기로 개방되어 있는 구멍.	breather ; bleeder
162	공기 뽑기	유압회로 중에 폐쇄되어 있는 공기를 뽑기 위한 니들밸브 또는 가는 관 등.	air-bleeder
163	조임	흐름의 단면적을 감소시켜, 관로 또는 유체 통로 내에 저항을 갖게 하는 기구. 초크 조임과 오리피스 조임이 있다.	restriction ; restrictor
164	초크	면적을 감소시킨 통로로서, 그의 길이가 단면 치수에 비해서 비교적 긴 경우의 흐름 조임. 이 경우에 압력 강하는 유체 점도에 따라서 크게 영향을 받지 않는다.	choke
165	오리피스	면적을 감소시킨 통로로서, 그 길이가 단면 치수에 비해서 비교적 짧은 경우의 흐름 조임. 이 경우에 압력 강하는 유체 점도에 따라 크게 영향을 받지 않는다.	orifice
166	피스톤	*실린더만을 왕복 운동하면서 유체 압력과 힘을 주고 받음을 실시하기 위한 지름에 비해서 길이가 긴 기계 부품. 보통 연결봉 또는 피스톤 봉과 같이 사용된다.	piston
167	플런저	*실린더 안을 왕복 운동하면서 유체 압력과 힘을 주고 받음을 실시하기 위한 지름에 비해서 길이가 긴 기계 부품. 보통 연결봉 등을 붙이지 않고 사용된다.	plunger
168	램	유압 실린더, 어큐뮬레이터 등에 이용되는 플런저.	ram
169	슬리브	속이 빈 원통형의 구성 부품으로 피스톤 스풀 등을 안내하는 하우징의 안쪽 붙임.	sleeve
170	슬라이드	*미끄럼면에 접촉되어 이동하여, 유로를 개폐하는 구성 부품.	slide
171	스풀	원통형 미끄럼면에 접촉되어 이동하여, 유로를 개폐하는 구성 부품.	spool
172	개스킷	정지 부분에서 사용되는 유체의 누설 방지 부품.	gasket
173	개스킷 접속	개스킷을 사용하여 기구를 접속시키는 방법.	gasket mounting
174	패킹	미끄럼면에서 사용되는 유체의 누설 방지 부품.	packing

(2) 유압펌프에 관련되는 용어

번호	용 어	뜻	대응 영어(참고)
201	유압펌프	유압회로에 사용되는 펌프.	oil hydraulic pump
202	용접식 펌프	케이싱과 이것에 내접하는 가동부재 등의 사이에 생기는 밀폐 공간의 이동 또는 변화에 따라서 액체를 흡입쪽에서 토출쪽으로 밀어내는 형식의 펌프.	positive displacement pump
203	터보식 펌프	임펠러를 케이싱 안에서 회전시켜, 액체에 에너지를 주어 액체를 토출시키는 형식의 펌프.	trubo-pump
204	정용량형 펌프	1회전마다의 이론 토출량이 변화되지 않는 펌프.	fixed displacement pump ; fixed delivery pump
205	가변 용량형 펌프	1회전마다의 이론 토출량이 변화되는 펌프.	variable displacement pump ; variable delivery pump
206	기어펌프	케이싱 안에서 물리는 2개 이상의 기어에 의해서 액체를 흡입쪽으로부터 토출쪽으로 밀어내는 형식의 펌프.	gear pump
207	외접 기어펌프	기어가 외접 물림하는 형식의 기어펌프.	external gear pum
208	내접 기어펌프	기어가 내접 물림하는 형식의 기어펌프.	internal gear pump
209	베인펌프	케이싱(캠 링)에 접해 있는 베인을 로터 내에 설치하여 베인 사이에 흡입된 액체를 흡입쪽으로부터 토출쪽으로 밀어내는 형식의 펌프.	vane pump
210	피스톤펌프, 플런저펌프	피스톤 또는 플런저를 경사판, 캠, 크랭크 등으로 왕복 운동시켜서, 액체를 흡입쪽으로부터 토출쪽으로 밀어내는 형식의 펌프.	piston pump ; plunger pump
211	엑시얼 피스톤펌프, 엑시얼 플런저펌프	피스톤 또는 플런저의 왕복 운동 방향이 실린더를 블록 중심축에 대하여 거의 평행인 피스톤펌프(플런저펌프).	axial piston pump ; axial plunger pump
212	경사축식 엑시얼 피스톤펌프, 경사판식 엑시얼 플런저펌프	구동축과 실린더 중심축이 동일 직선상에 있지 않는 형식의 엑시얼 피스톤펌프(엑시얼 플런저펌프).	bent axis type axial piston pump ; bent axis type axial plunger pump ; tilting cylinder block type axial piston pump ; tilting cylinder block type axial plunger pump
213	경사판식 엑시얼 피스톤펌프, 경사판식 엑시얼 플런저펌프	구동축과 실린더 블록 중심축이 동일 직선상에 있는 형식의 엑시얼 피스톤펌프.	swash plate type axial piston pump ; swash plate type axial plunger pump ; cam plate type axial piston pump ; cam plate type axial plunger pump

번호	용 어	뜻	대응 영어(참고)
214	레이디얼 피스톤 펌프, 레이디얼 피스톤펌프	피스톤 또는 플런저의 왕복 운동 방향이 구동축에 거의 직각인 피스톤펌프(플런저 펌프).	radial piston pump ; radial plunger pump
215	나사펌프	케이싱 내에 나사가 달린 로터를 회전시켜, 액체를 흡입쪽에서 토출쪽으로 밀어내는 형식의 펌프.	screw pump
216	복합펌프	동일 케이싱 속에 2개 이상의 펌프 작용 요소를 가지며, 부하의 상태에 따라서 각 요소의 운전을 상호 관련시켜 제어하는 기능을 가지는 펌프.	combination pump
217	더블펌프	동일 축상에 2개 펌프 작용 요소를 가지며, 제각기 독립하여 펌프 작용을 하는 형식의 펌프.	double pump
218	유체 전동 장치	유체를 매개체로 하여 동력을 전달하는 장치.	hydraulic power transimission
219	유압 전동 장치	유체의 압력 에너지를 이용하는 전동 장치. 이것에는 용적식 펌프 및 액추에이터(유압 실린더 또는 용적식 모터)가 사용된다.	hydrostatic power transimission
220	터보식 유체 전동 장치	주로 유체의 운동 에너지를 이용하는 유체 전동 장치, 터보식 펌프 및 터빈이 사용된다.	hydrodynamic power transimission
221	실린더블록	여러 개의 피스톤 또는 플런저가 들어가는 하나로 된 부품.	cylinder block
222	경사판	경사판식 피스톤(또는 플런저)펌프 또는 모터에 사용되어 피스톤(또는 플런저)의 왕복 운동을 규제하기 위한 판.	swash plate ; cam plate
223	캠 링	베인, 레이디얼 피스톤(또는 플런저)펌프 및 모터에 사용되어 베인, 피스톤 또는 플런저의 왕복 운동을 규제하는 안내 링.	cam ring ; guide ring
224	밸브판	베인, 피스톤(또는 플런저)펌프 및 모터에 사용되어 액체의 출입을 규제하는 구멍을 가진 판.	valve plate ; ports plate
225	압력판	기어, 베인펌프 및 모터에 사용되어 고압시의 용적 효율의 저하를 방지하기 위하여 뒷면에 압력을 작용시키는 구조의 측면, 실부재, 밸브판을 겸치는 경우도 있다.	pressure plate
226	분배축	피스톤(또는 플런저)펌프 및 모터에 사용되어 유체의 출입을 규제하는 구멍을 가진 축.	distributor shaft ; pintle
227	스위블 요크, 실린더 케이싱	가변 용량형의 경사축식 피스톤(또는 플런저)펌프 또는 모터에 사용되어 실린더 블록의 펌프 또는 모터 축에 대한 경사각을 규제하는 부품. 그 내부에 액체 통로를 가지고 있다.	swivel yoke ; cylinder casing

(3) 유압모터 및 유압 실린더에 관한 용어

번호	용 어	뜻	대응 영어(참고)
301	유압 액추에이터	유체에 에너지를 사용하여 기계적인 일을 하는 기기.	actuator
302	유압모터	유압회로에 사용되어, 연속 회전 운동이 가능한 액추에이터.	oil hydraulic motor
303	용적식 모터	유체의 유입쪽으로부터 유출쪽으로의 유동에 따라서, 케이싱과 이것에 내접하는 가동부재와의 사이에 생기는 밀폐 공간을 이동 또는 변화시켜, 연속 회전 운동을 하는 액추에이터.	positive displacement motor
304	정용량형 모터	1회전마다의 이론 유입량이 변화되지 않는 유압모터.	fixed displacement motor
305	가변 용량형 모터	1회전마다의 이론 유입량이 변화되는 유압모터.	variable displacement motor
306	기어모터	유압 액체에 따라서 케이싱 속에서 물리는 두 개 이상의 기어가 회전하는 형식의 유압모터.	gear motor
307	베인모터	케이싱(캠 링)에 접해 있는 베인을 모터 속에 설치하여 베인 사이에 유입한 액체에 따라서 모터가 회전하는 형식의 유압모터.	vane motor
308	피스톤모터, 플런저모터	유입 액체의 압력이 피스톤 또는 플런저 끝면에 작용하여, 그 압력에 따라서 경사판, 캠, 크랭크 등을 거쳐 모터 축이 회전하는 형식의 유압모터.	piston motor ; plunger motor
309	요동형 액추에이터	회전 운동의 각도가 360° 이내로 제한되어 있는 형식의 회전형 왕복 운동을 하는 액추에이터.	rotay actuator ; oscillating rotary actuator
310	유압 실린더	실린더의 힘이 유효 단면적 및 차압에 비례하도록 직선 운동을 하는 액추에이터.	cylinder ; (oil) hydraulic cylinder
311	복동 유압 실린더	액체압을 피스톤의 양쪽에 공급하는 것이 가능한 구조의 유압 실린더.	double acting cylinder
312	단동 유압 실린더	액체압을 피스톤의 한쪽면으로만 공급하는 것이 가능한 구조의 유압 실린더.	single acting cylinder
313	단일 로드 유압 실린더	피스톤의 한쪽 측면에만 로드가 있는 유압 실린더.	single rod cylinder
314	양로드 유압 실린더	피스톤의 양쪽에 로드가 있는 유압 실린더	double rod cylinder
315	피스톤형 유압 실린더	피스톤을 주요 부재로 하는 유압 실린더.	piston cylinder
316	램형 유압 실린더	램을 주요 부재로 하는 유압 실린더.	ram cylinder

번호	용 어	뜻	대응 영어(참고)
317	차동 유압 실린더	실린더 양쪽에 유효 면적의 차를 이용하는 유압 실린더.	differential cylinder
318	가변 행정 유압 실린더	행정을 제한하는 가변의 스토퍼를 갖는 유압 실린더.	adjustable stroke cylinder
319	쿠션붙이 유압 실린더	충격을 완충하는 기능을 가진 유압 실린더. 보통 실린더의 유출구에서의 유출 유량을 조여 행정 종단의 움직임을 늦추어서, 충격을 방지시키는 목적으로 행정 종단에 자동 조임 기구를 설치한다.	cushioned cylinder
320	텔레스코프형 유압 실린더	긴 작동 행정을 줄 수 있는 다단 튜브 모양의 로드가 있는 유압 실린더.	telescoping cylinder, telescopic cylinder
321	회전 이음붙이 유압 실린더	회전 이음을 갖추어서 접속 관로에 대하여 상대적으로 회전 운동이 가능한 유압 실린더.	rotating cylinder
322	실린더 힘	피스톤면에 작용하는 이론 유체의 힘.	cylinder force
323	실린더 행정	피스톤 로드의 움직이는 길이 큐션붙이의 경우는, 그 길이를 포함한다.	cylinder stroke
324	실린더 튜브	내부에 압력을 유지하고 원통형의 내면을 형성하는 부분, 피스톤형 실린더의 경우에는, 그 내면을 피스톤의 지나가는 실린더의 원통.	cylinder tube ; cylinder barrel ; barrel
325	서보 액추에이터	제어 계통에 사용되는 서보밸브와 액추에이터의 결합체.	servo actuator
326	서보 실린더	최종 제어 위치가 제어밸브에의 입력 신호 함수가 되도록 추종 기구를 함께 가지고 있는 실린더.	servo cylinder
327	압력 변환기	공급하는 유체압과 다른 출력쪽 유체압을 얻는 기기.	pressure intensifier
328	증압기	입구쪽 압력을 이에 거의 비례하는 높은 출구쪽 압력으로 교환하는 기기.	intensifier ; booster
329	압력 전달기	유체압을 같은 압력의 다른 종류 유체압으로 변환시키는 기기.	air-oil actuator

(4) 유압 제어밸브에 관한 용어

번호	용 어	뜻	대응 영어(참고)
401	밸브	유체 계통에서 흐름의 방향, 압력이나 유량을 제어 또는 규제하는 기기.	valve
402	제어밸브	흐름의 상태를 변경시켜, 압력 또는 유량을 제어하는 밸브의 총칭.	control valve
403	압력제어밸브	압력을 제어하는 밸브의 총칭.	pressure control valve
404	유량제어밸브	유량을 제어하는 밸브의 총칭.	flow control valve
405	방향제어밸브	흐름의 방향을 제어하는 밸브의 총칭.	directional control valve
406	릴리프밸브	회로의 압력이 밸브의 설정값에 달하였을 때 유체의 일부 또는 전량을 빼돌려서 회로 내의 압력을 설정값으로 유지시키는 압력 제어밸브.	relief valvel ; relief pressure control valve
407	일정비 릴리프 밸브	주회로의 압력을 파일럿 압력에 대하여 소정의 비율로 조정(파일럿 조작)하는 릴리프밸브.	proportional pressure relief valve
408	안전밸브	기기나 관 등의 파괴를 방지하기 위하여 회로의 최고 압력을 한정하는 밸브.	safety valve
409	감압밸브	유량 또는 입구쪽 압력에 관계없이 출력쪽 압력을 입구쪽 압력보다 작은 설정 압력으로 조정하는 압력제어밸브.	pressure regulator ; (pressure) reducing valve ; pressure reducing pressure control valve
410	일정비 감압밸브	출구쪽 압력을 입구쪽 압력에 대하여 소정의 비율로 감압시켜 주는 밸브.	proportional pressure regulator ;proportional pressure reducing valve.
411	일정차 감압밸브	출구쪽 압력을 입구쪽 압력에 대하여 소정의 차이만큼 감압시켜 주는 밸브.	differential pressure regulation ; fixed differential reducing valve
412	릴리프붙이 감압밸브	한쪽 방향의 흐름에는 감압밸브로 작동하고, 역방향의 흐름에는, 그 유입쪽의 압력을 감압밸브로서의 설정 압력으로 유지시켜 주는 릴리프밸브로서 작동하는 밸브.	pressure reducing and relieving valve
413	언로드밸브	일정한 조건으로 펌프를 무부하로 하여 주기 위하여 사용되는 밸브. 보기를 들면 계통의 압력이 설정의 값에 달하면 펌프를 무부하로 하고, 또한 계통 압력이 설정값까지 저하되면 다시 계통으로 압력 유체를 공급하는 압력 제어밸브.	unloading pressure control valve ; unloader
414	시퀀스밸브	두 개 이상의 분기 회로를 갖는 회로 내에서 그의 작동 순서를 회로의 압력 등에 따라서 제어하는 밸브.	sequence valve

번호	용 어	뜻	대응 영어(참고)
415	카운터 밸런스 밸브	추의 낙하를 방지하기 위하여 배압을 유지시켜 주는 압력 제어밸브.	conter balance valve
416	유량조정밸브	배압 또는 부압에 따라서 생긴 압력의 변화에 관계없이 유량을 설정된 값으로 유지시켜 주는 유량제어밸브.	pressure compensated flow control valve
417	온도 보상붙이 유량조정밸브	액체의 온도에 관계없이 유량을 설정된 값으로 유지시켜 주는 유량 조종 밸브.	pressure-temperature compensated flow control valve
418	스로틀밸브	조임 작용에 따라서 유량을 규제하는 밸브. 보통 압력 보상이 없는 것을 말한다.	flow metering valve ; restrictor ; throttling valve
419	분류밸브	유압원으로부터 두 개 이상의 유압 관로로 나누어 흐르게 할 때 각각의 관로 압력 크기에 관계없이 일정 비율로 유량을 분할시켜서 흐르게 하는 밸브.	flow dividing valve
420	변환밸브	두 개 이상의 흐름의 형태를 가지며, 2개 이상의 포트가 있는 방향 제어밸브.	directional control valve ; selector
421	교환변환밸브	밸브의 조작 위치에 따라 유량을 연속적으로 변화시켜 주는 변환 밸브.	thortting valve
422	체크밸브	한쪽 방향으로만 유체의 흐름을 가능하도록 하고, 반대 방향으로는 흐름을 저지시키는 밸브.	check valve ; directional control check valve
423	디셀러레이션 밸브	액추에이터를 감속시켜 주기 위하여, 캠 조작 등으로 유량을 서서히 감소시켜 주는 밸브.	deceleration valve
424	프리필밸브	대형 프레스 등의 급속 전진 행정으로서는 탱크에서 유압 실린더로의 흐름을 가능하게 하고, 가압 공정에서는 유압 실린더에서 탱크로의 역류를 방지하고 귀환 공정에서는 자유 흐름이 가능하게 되는 밸브.	prefill valve
425	셔틀밸브	한 개의 출구와 두 개 이상의 입구가 있고, 출구가 최고 압력쪽 입구를 선택하는 기능을 가진 밸브.	shuttle valve
426	서지 감쇠밸브	서지 압력을 감쇠시켜 주는 밸브.	surge damping valve
427	디컴프레션밸브	디컴프레션을 시켜주는 밸브.	decompression valve
428	서보밸브	전기 그 밖의 입력 신호에 따라 유량 또는 압력을 제어하여 주는 밸브.	servo valve
429	스풀밸브	스풀을 사용한 밸브.	spool (type) valve
430	기계조작밸브	캠, 링크 기구 그밖의 기계적 방법으로 조작되는 밸브.	mechanically operated valve
431	캠조작밸브	캠에 따라서 조작되는 밸브.	cam operated valve

번호	용 어	뜻	대응 영어(참고)
432	인력 조작 밸브	인력에 따라서 조작되는 밸브.	manually operated valve
433	수동 조작 밸브	손으로 조작되는 밸브.	manually operated valve ; hand operated valve
434	페달 조작 밸브	발에 따라서 조작되는 밸브.	pedal operated valve
435	전자밸브	전자 조작 밸브 및 전자 파일럿 변환 밸브의 총칭.	solenoid controlled valve
436	전자 조작 밸브	전자력에 따라서 조작되는 밸브.	solenoid operated valve
437	파일럿밸브	다른 밸브 또는 기구 등에서 제어 기구를 조작하기 위하여 보조적으로 사용되는 밸브.	pilot valve
438	파일럿 조작 변환밸브	파일럿으로서 작용시키는 유체 압력에 따라서 조작되는 변환밸브.	pilot operated directional control valve
439	전자 파일럿 조작 변환 밸브	전자 조작이 되고 있는 파일럿밸브가 일체로 조립된 파일럿 변환밸브.	solenoid controlled pilot operated valve
440	파일럿 조작 체크밸브	파일럿으로서 작용되는 유체 압력에 따라서, 그 기능을 변환시키는 것이 가능한 밸브.	pilot operated check valve
441	밸브의 위치	변환밸브로서 흐름의 형태를 결정하는 밸브 기구의 위치.	valve opsition
442	노멀 위치	조작력이 작용되지 않고 있을 때의 밸브 위치. 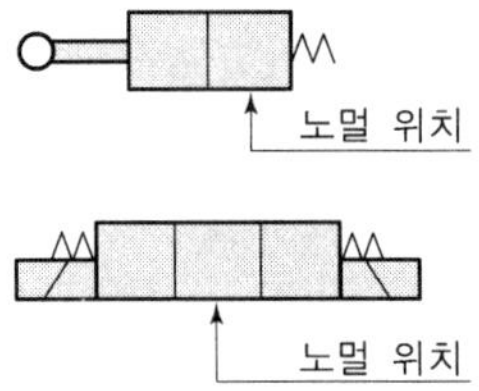 	normal valve position
443	중립 위치	변환 밸브로서 결정된 중앙의 밸브 위치. 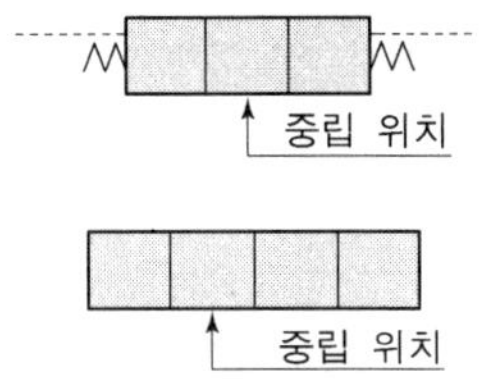 	center valve position
444	오프셋 위치	변환 밸브에서 중심 위치 이외의 밸브 위치. 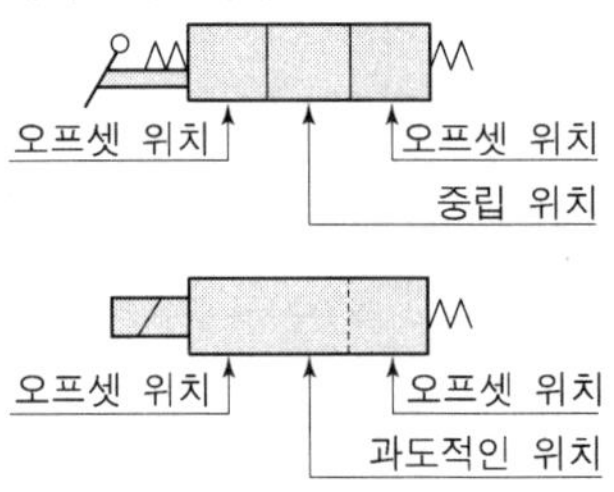 	offset valve position

번호	용 어	뜻	대응 영어(참고)
445	디텐트 위치	변환밸브의 밸브 기구에 작용하는 유지 장치에 따라서 유지되는 밸브의 위치.	detent valve position
446	2위치 밸브	2개의 밸브 위치가 있는 변환 밸브.	two valve position
447	3위치 밸브	3개의 밸브 위치가 있는 변환 밸브.	three valve position
448	노멀 클로즈드 (정상 닫힘)	노멀 위치에서는 압력 포트가 닫혀 있는 형태. 이러한 형태의 밸브를 노멀 클로즈드 밸브 또는 정상 닫힘의 밸브(normally closed valve)라고 한다.	normally closed
449	노멀 오픈 (정상 열림)	노멀 위치에서는 압력 포트가 출구 포트로 통하여 있는 모양. 이 형태의 밸브를 노멀 오픈 밸브 또는 정상 열림 밸브(normally open valve)라고 한다.	normally open
450	클로즈드 센터	변환 밸브의 중립 위치에서 모든 포트가 닫혀 있는 흐름의 형태. 이 형태의 밸브를 클로즈드 센터 밸브(closed center valve)라고 한다. 4포트 3위치 밸브를 예시하면 P포트(압력구), R포트(귀환구), A·B포트(실린더구)가 모두 닫혀 있는 상태. 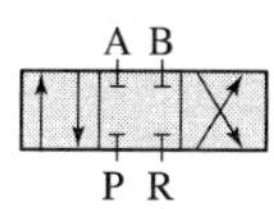	closed center
451	오픈 센터	변환 밸브의 중립 위치에서 모든 포트가 서로 통하고 있는 흐름의 형태. 이 형태의 밸브를 오픈 센터 밸브(open center valve)라고 한다. 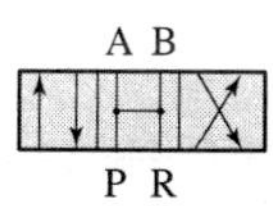	open center
452	스프링 리턴 밸브	스프링의 힘에 의하여 노멀 위치로 귀환하는 형식의 변환 밸브.	spring return valve
453	스프링 센터 밸브	스프링 리턴 밸브의 일종으로서, 노멀 위치가 중립 위치인 3위치 변환 밸브.	spring centered valve
454	스피링 오프셋 밸브	스프링 리턴 밸브의 일종으로서, 노멀 위치가 오프셋 위치에 있는 변환 밸브.	spring offset valve
455	포트수	밸브와 주관로를 접속시키는 포트수.	number of connections ; number of ports
456	2위치 밸브	2개의 포트가 있는 방향 제어밸브.	two port connections valve
457	3위치 밸브	3개의 포트가 있는 방향 제어밸브.	three port connections valve
458	4위치 밸브	4개의 포트가 있는 방향 제어밸브.	four port connections valve
459	랜드부	스풀의 밸브 작동을 하는 미끄럼면.	land

번호	용 어	뜻	대응 영어(참고)
460	BR 접속	변환밸브의 중립 위치에서 B포트는 R포트로 통하고, P포트와 A포트와는 닫혀 있는 흐름의 형태, 이 형태의 밸브를 BR 접속 밸브(BR port connection valve)라고 한다. 그 밖의 형식의 밸브는 각각 상통하는 포트 기호를 열기 위하여 PA(접속) 밸브 등으로 호칭한다. 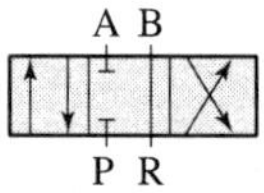	BR port connection

(5) 부속 기기 및 그 밖의 기기에 관한 용어

번호	용 어	뜻	대응 영어(참고)
501	어큐뮬레이터	유체를 에너지원으로 사용하기 위하여 가압 상태로 저축하는 용기.	accumulator
502	블래더형 어큐뮬레이터	가동성의 주머니로서 기체와 액체가 격리되어 있는 어큐뮬레이터.	bladder type hydro-pneumatic accumulator
503	다이어프램형 어큐뮬레이터	가동성의 다이어프램으로서 기체와 액체가 격리되어 있는 어큐뮬레이터.	diaphram type hydro-pneumatic accumulator
504	피스톤형 어큐뮬레이터	실린더 내의 피스톤에 따라서 기체와 액체가 격리되어 있는 어큐뮬레이터.	piston type hydro-pneumatic accumulator
505	직접형 어큐뮬레이터	액체가 압축 기체로 직접 가압되어 있는 어큐뮬레이터.	nonseparator type hydro-pneumatic accumulator
506	스프링형 어큐뮬레이터	액체가 스프링의 힘으로 가압되어 있는 어큐뮬레이터.	spring type hydro-pneumatic accumulator
507	무게형 어큐뮬레이터	액체가 추 등의 무게물에 따라서 중력으로 가압되어 있는 어큐뮬레이터.	weighted type hydro-pneumatic accumlator
508	관 이음	관로의 접속 또는 기기로의 부착을 위하여 유체 통로에 있는 착탈시킬 수 있는 접속 이음쇠의 총칭.	connector ; fitting ; joint
509	플랜지 관 이음	플랜지를 사용한 관 이음.	flange fitting
510	플레어 관 이음	관(튜브)의 끝을 넓히지 않고, 관과 슬리브와의 꼭끼움 또는 마찰에 따라서 관을 유지하는 관 이음.	flareless fitting
512	스위블 이음	방향 조절이 가능한 팔굽 모양의 고정 이음.	swivel fitting

번호	용 어	뜻	대응 영어(참고)
513	돌림 이음 스위블 조인트	압력하에서도 돌림이 가능한 관 이음.	swivel fitting
514	로터리 조인트	상대적으로 회전하는 배관 또는 기기를 서로 접속시키기 위한 관 이음.	rotary joint
515	금속 이음	호스의 접속용 이음으로서 신속하게 착탈이 가능한 것.	quick disconnect coupling
516	셀프실 관 이음	두 이음쇠가 연결되었을 때 자동적으로 열리고, 분리되었을 때 자동적으로 닫히도록 체크밸브가 끝부분에 내장되어 있는 금속 이음.	self-sealing coupling
517	필터	유체에서 고형물을 여과 작용에 따라서 제거하는 장치.	filter ; strainer
518	관로용 필터	압력 관로에 사용하는 필터.	line type filter
519	탱크용 필터	압력 관로 및 통로 관로 이외에 사용하는 필터.	reservoir type filter
520	통기용 필터	대기로의 통기 관로에 부착된 필터.	vent type filter
521	유압유	유압기기 등에 사용되는 기름 또는 액체.	hydraulic fluid ; hydraulic oil
522	작동유	*유압기기 또는 유압 계통에 사용되는 액체.	hydraulic operating fluid ; working fluid
523	난연성 유압유	잘 타지 않는 유압유로서 화재의 위험을 최대한 예방하는 것.	fire-resistant fluid
524	유압 유닛	펌프 구동용 전동기, 탱크 및 릴리프밸브 등으로 구성된 유압원 장치 도는 그 유압원 제어밸브도 포함하여 일체로 구성된 유압 장치.	hydraulic (power) unit ; (hydraulic) power package
525	밸브 스탠드	유압원이란 별도로 밸브, 계기 그 밖의 부속품을 부착하여 일체로 구성된 제어용 스탠드.	valve stand
526	압력 스위치	유체 압력이 소정의 값에 달하였을 때 전기 접점을 개폐시키는 기기.	pressure switch
527	서브플레이트	*관로에의 접속구가 한 면에 집중되어 있는 가스킷 접속식의 제어밸브를 부착시켜 관과 접속시켜 주는 보조판.	subplate
528	기름 탱크	유압회로의 작동유를 저장하는 용기.	oil tank ; resevoir
529	호스 어셈블리	내압성이 있는 호스의 양 끝에 관 이음의 접속 이음쇠를 부착시키는 것.	hose-assembly
530	매니폴드	내부에 배관의 역할을 하는 통로를 형성하여, 외부에 다수의 기구 접속구를 가지고 있는 부착대.	manifold

(2) 용어 색인(가나다순)

용 어	번 호	영 어
ㄱ		
가변 용량형 모터	305	variable displacement motor
가변 용량형 펌프	205	variable displacement pump
가변 행정 유압 실린더	318	adjustable stroke cylinder
가이드 링	223	guide ring
개스킷	172	gasket
개스킷 접촉	173	gasket mounting
감압밸브	409	pressure reducing value
경사축식 엑시얼 플런저펌프	212	bent axis type axial plunger pump
경사축식 엑시얼 피스톤펌프	212	bent axis type axial piston pump
경사판	222	swash plate, cam plate
경사판식 엑시얼 플런저펌프	213	swash plate, axial plunger pump
경사판식 엑시얼 피스톤펌프	213	swash plate type axial piston pump
공기 뽑기	162	air-bleeder
공기 혼입	101	entrained air, aeration
관로	153	line
관로용 필터	518	line type filter
관 이음	508	connector fitting, joint
규제 흐름	121	metered flow
금속 이음	515	quick disconnect coupling
기계 조작 밸브	430	mechanically operated valve
기어모터	306	gear motor
기어펌프	206	gear pump
ㄴ		
나사펌프	215	screw pump
난연성 유압유	523	fire-resistant fluid
내접 기어펌프	208	internal gear pump
누설	118	leakage
노말 위치	442	normal valve position
노말 오픈(정상 열림)	449	normally open
노말 클로즈드(정상 폐쇄)	448	normally closed
ㄷ		
다이어프램형 어큐뮬레이터	503	diaphram type hysro-pntumatic accumulator
단동(유압) 실린더	312	single acting cylinder
단일로 (유압) 실린더	313	single rod cylinder
돌림이음, 스위블 조인트	513	swivel joint
드레인	117	drain

용 어	번 호	영 어
드레인 관로	156	drain line
드로틀 밸브	418	flow metering valve, restrictor, throttling valve
디더	107	dither
디셀러레이션 밸브	423	deceleration valve
디컴프레션	109	decompression
디컴프레션 밸브	427	decompression valve
디텐트 위치	445	detent valve position
ㄹ		
레이디얼 플런즈 펌프	214	radial plunger pump
레이디얼 피스톤 펌프	214	radial piston pump
랜드부	459	land
램	168	ram
램형 유압 실런더	316	ram cylinder
랩	110	lap
로터리 조인트	514	rotary joint
리시트 압력	131	reseat pressure
릴리프 감압밸브	412	pressure reducing and reliefing valve
릴리프밸브	406	relief valve
ㅁ		
매니폴드	530	manifold
미터 아웃 방식	150	meter-out system
미터 인 방식	149	meter-in system
ㅂ		
바이패스 관로	155	by-path, by-pass line
방향 제어밸브	405	directional control valve
배압	127	back pressure
밸브	401	valve
밸브 스탠드	525	stand
밸브의 위치	441	valve position
밸브판	224	valve plate, ports plate, ports valve
변환밸브	420	directional control valve, selector
분류밸브	409	flow dividing valve
분배축	226	distributor shaft, pintle
보증 내압력	139	proof pressure
복동 유압 실린더	311	doubling acting cylinder
복합펌프	216	combination pump
블래더형 어큐뮬레이터	502	bladder type hydro-penumatic accumulator
블리드 오프 방식	151	bleed-off system
BR 접속	460	BR port connection

용어	번호	영어
ㅅ		
4포트 밸브	458	four port connection valve
3위치 밸브	447	three position valve
3포트 밸브	457	three port connection valve
서브 플레이트	527	subplate
서보밸브	428	servo valve
서보 실린더	325	servo cylinder
서보 액추에이터	325	servo actuator
서지 감쇠 밸브	426	surge damping valve
서지 압력	129	surge pressure
셀프시일 이음	516	self-sealing coupling
셔틀밸브	425	shuttle valve
송출 유량	115	delirery, rate of flow, flow rate, discharge, discharge rate
수동 방식	147	manual control, hand control
수동 조작 밸브	433	manually operated valve
스위블 이음	512	swivel fitting
스위블 요크	227	swivel yoke
스위블 조인트	513	swivel joint
스풀	121	spool
스풀밸브	429	spool (type) valve
스프링 리턴 밸브	452	spring return valve
스프링 센터 밸브	453	spring center valve
스프링 오프셋 밸브	454	spring offset valve
슬라이드	170	slide
슬리브	169	sleeve
스프링형 어큐뮬레이터	506	spring type mechanical accumulator
시퀀스밸브	414	sequence valve
실린더 힘	322	cylinder force
실린더 블록	221	cylinder block
실파괴 압력	138	actual burst pressure
실린더 케이싱	227	cylinder casing
실린더 튜브	324	cylinder tube
실린더 행정	323	cylinder stroke
ㅇ		
안전밸브	408	safety valve
압력 강하	126	pressure drop
압력 변환기	327	pressure intensifier
압력 스위치	526	pressure switch
압력 맥동	128	pressure pulsation
압력 전달기	329	air-oil actuator

용 어	번 호	영 어
압력 제어밸브	403	pressure control valve
압력판	225	pressure plate
엑시얼 플런저 펌프	211	axial plunger pump
엑시얼 피스톤펌프	211	axial piston pump
유압 액추에이터	301	actuator
양 로드 유압 실린더	314	double rod cylinder
어큐뮬레이터	501	accumlator
언더 랩	113	under alp, negative lap
언로드밸브	413	unloading pressure control vlave, unloader
오리피스	165	orifice
오프셋 위치	444	offset valve position
오버 랩	112	over lap
온도 보상붙이 유량 조절 밸브	417	pressure-temperature compensated flow control
온 유량 최대 압력	133	maximum full flow-pressure
외접 기어펌프	207	external gear pump
요동형 액추에이터	309	rotary actuator
용적식 모터	303	positive displacement motor
오픈 센터	451	open center
유량	114	flow rate, rate of flow
유량제어밸브	404	flow-control valve
유량 조정 밸브	416	pressure compensated flow control valve
유압유	521	hydraulic fluid, hydraulic oil
유압 유니트	524	hydraulic (power) unit, hydraulic (power) package
유압 펌프	201	oil hydraulic pump
유압모터	302	oil hydraulic motor
유압 실린더	310	cylinder, (oil) hydraulic cylinder
유압 전동장치	219	hydrostatic power transmission
유압 평형	108	hydraulic belance
유압회로	144	oil hydraulic circuit
유체 동력	143	fluid power, hydraulic power, hydraulic horse power
유체 전동장치	218	hydraulic power transmission
2연 펌프	217	double pump
2위치 밸브	446	two position valve
2포트 밸브	456	two port connection valve
인력 방식	146	manual control
인터 플로우	123	inter flow
인력 조직 벨브	432	manually operated valve, hand operated valve
일정비 감압밸브	410	proportional pressure regulator, proportional pressure relief valve
일정비 릴리프밸브	407	proportional pressure relief valve
일정차 감압밸브	411	differential pressure regulator

용어	번호	영어
ㅈ		
자유 흐름	120	free flow
작동유	522	hydraulic operating fluid, working fluid
전기-유압(방)식	152	electro-hydraulic system
전자 밸브	435	solenoid controleed valve
전자 조작 밸브	436	solenoid operated valve
전자 파일럿(조작) 변환 밸브	439	solenoid controlled pilot operated valve
점핑	105	jumping
정격 속도	142	rated speed
정격 압력	136	rated pressure
정격 유량	140	rated flow
정격 회전 속도	141	rated speed
정상 열림(노말 오픈)	449	normally open
정상 폐쇄(노말 클로즈드)	448	normally closed
제로 랩	111	zero lap
제어밸브	402	control valve
제어 흐름	119	controlled flow
조리개	163	restriction, restrictor
조리개 변환 밸브	421	throttling valve
주관로	154	main line
중량형 어큐뮬레이터	507	weighted type mechanical accumulator
중립 위치	443	ceter valvle position
증압기	328	intensifier, booster
직접형 어큐뮬레이터	505	spring type mechanical accumulator
ㅊ		
차동(유압) 실린더	317	differential cylinder
채터링	104	chattering, chatter, singing
체크밸브	422	check valve, directional control check valve
최소 작용 압력	132	minimum operating pressure
쵸크	164	choke
ㅋ		
카운터 밸런스 밸브	415	counter balance valve
캐비테이션	103	cavitation
캠 링	223	cam ring, guide ring
캠 조작 밸브	431	cam operated valve
컷 아웃	135	cut-out
컷 오프	124	cut-off
컷 인	134	cut-in
쿠션 붙이 유압 실린더	319	cushioned cylinder

용 어	번 호	영 어
클로즈드 센터	450	closed center
크래킹 압력	130	cracking pressure
ㅌ		
탱크용 필터	519	reservoir type filter
터보식 유체 전동장치	220	hydrodynamic power transmission
터보식 펌프	203	turbo-pump
텔레스코프형 유압 실린더	320	telescoping cylinder, telescopic cylinder
통기 관로	157	vent line
통기구	161	breather, bleeder
통기용 필터	520	vent type filter
ㅍ		
파괴 압력	137	burst pressure
파일럿 방식	148	pilot control
파일럿밸브	437	pilot valve
파일럿 조작 변환 밸브	438	pilot operated directional control valve
파일럿 조작 체크밸브	440	pilot operated check valve
패킹	174	packing
페달 조작 밸브	434	pedal operated valve
풀 컷 오프	125	full cut-off
포트 수	455	number of ports
프리필 밸브	424	prefill valve
피스톤	166	piston
피스톤 모터	308	piston motor
플런저	167	plunger
플런저 관 이음	509	flange fitting
플런저 모터	308	plunger motor
플런저 펌프	210	plunger pump
플레어 관 이음	510	flared fitting
플레어리스 관 이음	511	flareless fitting
피스톤펌프	210	piston pump
피스톤형 어큐뮬레이터	315	piston cylinder
피스톤형 유압 실린더	504	piston type accumulator
필터	517	filter, strainer
ㅎ		
행정 체적	116	displacement
호스 어셈블리	529	hose-assembly
흔입 공기	101	entrained air, aeration
회로도 이음	145	graphical diagram, schematic diagram
회전 붙이 유압 실런더	321	rotating cylinder
흐름의 형태	122	flow pattern

(3) 영어색인(알파벳순)

영 어	번 호	용 어
A		
accumulator	501	어큐뮬레이터
actual burst pressure	138	실파괴 압력
actuator	301	(유압) 액추에이터
adjustable stroke cylinder	318	가변 행정(유압) 실린더
aeration	101	혼입 공기
aeration	102	공기 혼입
air-bleeder	162	공기 뽑기
air-oil actuator	329	압력 전달기
axial piston pump	211	엑시얼 피스톤 펌프
axial plunger pump	211	엑시얼 플런저 펌프
B		
back pressure	127	배압
barrel	324	실린더 튜브
bent axis type axial piston pump	212	경사축식(엑시얼) 피스톤펌프
bent axis type axial plunger pump	212	경사축식(엑시얼) 플런저 펌프
bladder type hydro-pneumatic accumulator	502	블래더형 어큐뮬레이터
bleeder	161	통기구
bleed-off system	151	블리드 오프 방식
booster	328	증압기
breather	161	통기구
BR port connection	460	BR 접속
burst pressure	137	파괴 시험 압력
by-pass line	155	바이패스 관로
by path	155	바이패스 관로
C		
cam operator valve	431	캠 조작 밸브
cam plate	222	경사판
cam plate type axial piston pump	213	경사판식(엑시얼) 피스톤펌프
cam plate type axial plunger pump	213	경사판식(엑시얼) 플런저 펌프
cam ring	223	캠 링
cvitation	103	캐비테이션
center valve position	443	중립 위치
chatter	104	채터링
chattering	104	채터링
check valve	422	체크밸브
choke	164	쵸크
close center	450	클로즈드 센터

영 어	번 호	용 어
combination pump	216	복합 펌프
connector	508	관 이음
control valve	402	제어밸브
controlled flow	119	제어 흐름
counter balance valve	415	카운터 밸런스 밸브
cracking pressure	130	크랙킹 압(력)
cushion cylinder	319	쿠션 붙이 (유압) 실린더
cut-in	134	컷 인
cut-off	124	컷 오프
cut-out	135	컷 아웃
cylinder	310	유압 실린더
cylinder barrel	324	실린더 튜브
cylinder block	221	실린더 블록
cylinder casing	227	실린더 케이싱
cylinder force	322	실린더 힘
cylinder stroke	323	실린더 행정
cylinder tube	324	실린더 튜브
D		
deceleration valve	423	디셀러레이션 밸브
decompression	109	디컴프레이션
decompression valve	427	디컴프레이션 밸브
delivery	115	송출 유량
detent valve position	445	디텐트 위치
diaphragm type hydro-pneumatic accumlator	503	다이어프램형 어큐뮬레이터
differential cylinder	317	차동(유압) 실린더
differential pressure regulator	411	일정차 감압밸브
directional control check valve	422	체크밸브
directional control valve	405	방향 제어밸브
directional control valve	420	변환 밸브
discharge	115	송출 유량
discharge rate	115	송출 유량
displacement	116	형정 체적
distributor shaft	226	분배 축
dither	107	디더
double acting cylinder	311	복동 (유압) 실린더
double pump	217	2연 펌프
double rod cylinder	314	양로드 (유압) 실린더
drain	117	드레인
drain line	156	드레인 관로

영 어	번 호	용 어
E		
electro-hydraulic system	152	전기-유압(방)식
entrained air	101	혼입 공기
external gear pump	207	외접기어펌프
F		
filter	517	필터
fire-resistant fluid	523	난연성 (유압)유
fitting	508	관 이음
fixed delivery pump	204	일정 용량 펌프
fixed differential reducing valve	411	일정차 감압밸브
fixed displacement motor	304	일정 용량형 모터
fixed displacement pump	204	일정 용량형 펌프
flange fitting	509	플랜지 관 이음
flared fitting	510	플레어 관 이음
flareless fitting	511	플레어리스 관 이음
flow	114	유량
flow control valve	404	유량제어밸브
flow dividing valve	419	분류 밸브
flow metering valve	418	드로틀 밸브
flow pattern	122	흐름의 형태
flow rate	115	송출 유량
fluid power	143	유체동력
four port connection valve	458	4포트 밸브
free flow	120	자유 흐름
full cut-off	125	풀 컷 오프
G		
gasket	172	개스킷
gasket mounting	173	개스킷 접속
graphical diagram	145	회로도
gear motor	306	기어모터
gear pump	206	기어펌프
guide ring	223	캠 링
H		
hand control	147	수동 방식
hand operated valve	433	수동 조작 밸브
hose-assembly	529	호스 어셈블리
hydraulic balance	108	유압 평형
hydraulic fluid	521	유압유

영 어	번 호	용 어
hydraulic horse power	143	유체 동력
hydraulic lock	106	유체 고착 현상
hydraulic oil	521	유압유
hydraulic operating fluid	522	작동유
hydraulic power	143	유체 동력
(hydraulic) power package	524	유압 유니트
hydraulic power transmission	218	유체 전동장치
hydraulic (power) unit	524	유압 유니트
hydrodynamic power transmission	220	터보식 유체 전동장치
hydrostatic power transmission	219	유압 전동장치
I		
intensifier	328	증압기
interflow	123	인터플로우
internal gear pump	208	내접 기어펌프
J		
joint	508	관 이음
jumping	105	점핑
L		
land	459	랜드부
lap	110	랩
leakage	118	누설
line	153	관로
line type filter	518	관로용 필터
M		
main line	154	주관로
manifold	530	매니폴드
manual control	146	인력 방식
manual control	147	수동 방식
manually operated valve	432	인력 조작 밸브
manually operated valve	433	수동 조작 밸브
maximum full flow pressur	133	온유량 최대 압력
mechanically operated valve	430	기계 조작 밸브
meter-in system	149	미터 인 방식
meter-out system	150	미터 아웃 방식
metered flow	121	규제 흐름
minimum operating pressure	132	최소 작동 압력
N		
negative lap	113	네가티브 랩

영 어	번 호	용 어
nonseparator type hydropneumatic accumulator	505	직접형 어큐뮬레이터
normal valve position	422	노말 위치
normally closed	449	노말 클로즈드(상시 폐쇄)
normally open	449	노말 오픈(상시 열림)
number of connection	455	포트 수
number of ports	455	포트 수
O		
offset valve position	444	오프셋 위치
oil hydraulic circuit	144	유압회로
(oil) hydraulic cylinder	310	유압 실린더
oil hydraulic motor	302	유압모터
oil hydraulic pump	201	유압 펌프
oil tank	528	기름 탱크
open center	451	오픈 센터
orifice	165	오리피스
oscillating rotary actuator	309	요동형 액추에이터
over lap	112	오버 랩
P		
packing	174	패킹
passage	158	통로
pedal operated valve	434	페달 조작 밸브
pilot control	148	파일럿 방식
pilot operated check valve	440	파일럿 조작 체크밸브
pilot operated directional control valve	438	파일럿 (조작) 변환 밸브
pilot valve	437	파일럿밸브
pintle	226	분배축
piston	166	피스톤
piston cylinder	315	피스톤형(유압) 실린더
piston motor	308	피스톤 모터
pistorn pump	210	피스톤펌프
piston type hydropneumatic accumulator	504	피스톤형 어큐뮬레이터
plunger	167	플러저
plunger motor	308	플런저 모터
plunger pump	210	플러저 펌프
port	159	포트
ports plate	224	밸브 판
ports valve	224	밸브 판
positive displacement motor	303	용적식 모터
positive displacement pump	202	용적식 펌프

영 어	번 호	용 어
positive lap	112	포지티브 랩
prefill valve	424	프리필 밸브
pressure compensated flow control valve	416	유량 조정 밸브
pressure control valve	403	압력 제어밸브
pressure drop	126	압력 강하
pressure intensifier	327	압력 변환기
pressure plate	225	압력 판
pressure pulsation	128	압력의 맥동
pressure reducing and relieving valve	412	릴리프 붙이 감압밸브
pressure reducing pressure control valve	409	감압밸브
(pressure) reducing valve	409	감압밸브
pressure regulator	409	감압밸브
pressure-temperature compensated flow control valve	417	온도보상붙이 유량조정밸브
pressure switch	526	압력 스위치
proof pressure	139	보증 내압력
proportional pressure reducing valve	410	일정비 감압밸브
proportional pressure regulator	410	일정비 압력 조절 밸브
proportional pressure relief valve	407	일정비 릴리프밸브
Q		
quick disconnect coupling	515	급속 이음
R		
radial piston pump	214	레디얼 피스톤 펌프
radial plunger pump	214	레디얼 플런저펌프
ram	168	램
ram cylinder	316	램형 (유압) 실린더
rate of flow	114	유량
rate of flow	115	송출 유량
rated flow	140	정격 유량
rated pressure	136	정격 압력
rated speed	141	정격 회전 속도
rated speed	142	정격 속도
relief pressure control valve	406	릴리프밸브
relief valve	406	릴리프밸브
reloading	134	컷 인
reseat pressure	131	리시트 압력
reservoir	528	(기름) 탱크
reservoir type filter	519	탱크용 필터
restriction	163	조리개
restrictor	163	조리개

영 어	번 호	용 어
restrictor	418	조리개 밸브
rotary actuator	309	요동형 액추에이터
rotary joint	514	로터리 조인트
rotating cylinder	321	회전(이음붙이) 실린더
S		
safety valve	408	안전밸브
schematic diagram	145	회로도
screw pump	215	나사 펌프
selector	420	변환 밸브
self-sealing coupling	516	셀프시일 이음
sequence valve	414	시퀀스밸브
servo actuator	325	서보 액추에이터
servo cylinder	326	서보 실린더
servo valve	428	서보 밸브
shuttle valve	425	셔틀 밸브
singing	104	채터링
single acting cylinder	312	단동 (유압) 실린더
single rod cylinder	313	단일 로드 (유압) 실린더
sleeve	169	슬리브
slide	170	슬라이드
solenoid controlled pilot operated valve	439	전자 파일럿 (조작) 변환 밸브
solenoid control valve	435	전자 밸브
solenoid operated valve	436	전자 조작 밸브
spool	171	스풀
spool (type) valve	426	스풀밸브
spring centered valve	453	스프링 센터 밸브
spring offset valve	454	스프링 옵셋 밸브
spring return valve	452	스프링 리턴 밸브
spring type mechanical accumulator	506	스프링형 어큐뮬레이터
strainer	517	필터
subplate	527	서브 플레이트
surge damping valve	426	서지 감쇠 밸브
surge pressure	129	서지 압력
swash	222	경사판
swash plate type axial piston pump	213	경사판식 엑시얼 피스톤 펌프
swash plate type axial plunger pump	213	경사판식 엑시얼 플런저 펌프
swivel fitting	512	스위블 이음
swivel joint	513	돌림이음
swivel yoke	227	스위블 요크

영 어	번 호	용 어
T		
telescopic cylinder	320	텔레스코프형 (유압) 실린더
telescoping cylinder	320	텔레스코프형 (유압) 실린더
three port connection valve	457	3포트 밸브
three position valve	447	3위치 밸브
throttling valve	418	조리개 밸브
throttling valve	421	조리개 변환 밸브
tilting cylinder block type axial piston pump	212	경사축식 엑시얼 피스톤 펌프
turbo-pump	203	터보식 펌프
two port connection valve	456	2포트 밸브
two position valve	446	2위치 밸브
U		
dunder lap	113	언더 랩
unloader	413	언로두 밸브
unloading	135	언로드
unloading pressure control valve	413	언로드밸브
V		
valve	501	밸브
valve plate	224	밸브 판
valve position	441	밸브의 위치
valve stand	525	밸브 스탠드
vane motor	307	베인모터
vane pump	209	베인 펌프
variable delivery pump	205	가변 용량형 펌프
variable displacement motor	305	가변 용량형 모터
variable displacement pump	205	가변 용량형 펌프
vent line	157	통기 관로
vent-port	160	벤트 포트
vent type filter	520	통기용 필터
W		
weighted type mechanical accumulator	507	중량형 어큐뮬레이터
working fluid	522	작동유
Z		
zero lap	111	제로 랩

유압 · 공기압 도면기호 (제정 1973-12-27, 확인 1976-08-20)

1. 적용범위

이 규격은 제어용 유체관계 기기 및 장치의 기능을 그림으로 표시하기 위하여 사용하는 기호(이하 기호라 한다)에 대하여 규정한다.

비고 : 이 규격은 배관공사 등에 사용되는 다른 기호를 특별히 규제하는 것은 아니다.

2. 분 류

기호는 기기의 종별, 제어의 방식 등에 따라 다음과 같이 분류한다.

① 기호 표시의 기본
② 관로 및 접속
③ 펌프 및 모터
④ 실린더
⑤ 제어 방식
⑥ 압력 제어밸브
⑦ 유량제어밸브
⑧ 방향 제어밸브
⑨ 체크밸브
⑩ 부속 기기
참고 : 기호의 조합 표시 보기

3. 기 호

기호는 다음의 표에 따른다.

① 기호의 크기는 자유로이 하여도 좋으나 그림을 읽는데 명확하며, 읽기 쉬운 크기로 표시한다.

② 이 규격에 규정되어 있지 않은 기기 또는 회로는 이들의 기호를 조합하여 표시할 수 있다.

(1) 기본 요소

번 호	명 칭	기 호	용 도	비 고
1-1	**선**			
1-1.1	실 선		(1) 주관로 (2) 파일럿밸브에의 공급 관로 (3) 전기 신호선	· 귀환 관로를 포함 · 2-3-1을 부기하여 관로와의 구별을 명확히 한다.
1-1.2	파 선	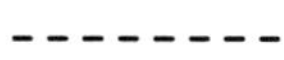	(1) 파일럿 조작 관로 (2) 드레인 관로 (3) 필 터 (4) 밸브의 과도 위치	· 내부 파일럿 · 외부 파일럿
1-1.3	1점 쇄선		포위선	· 2개 이상의 기능을 갖는 유닛을 나타내는 포위선
1-1.4	복 선	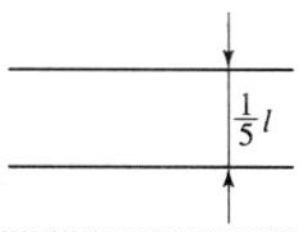	기계적 결합	· 회전축, 레버, 피스톤 로드 등
1-2	**원**			
1-2.1	대 원	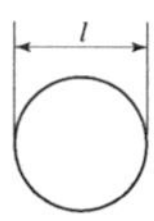	에너지 변환 기기	· 펌프, 압축기, 전동기 등
1-2.2	중간원	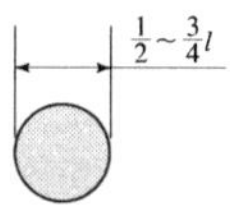	(1) 계측기 (2) 회전 이음	
1-2.3	소 원	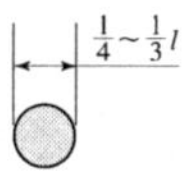	(1) 체크밸브 (2) 링 크 (3) 롤 러	· 롤러 : 중앙에 점을 찍는다. ⊙
1-2.4	점	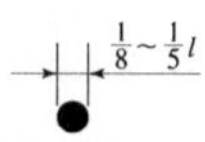	(1) 관로의 접속 (2) 롤러의 축	
1-3	**반 원**	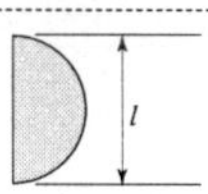	회전 각도가 제한을 받는 펌프 또는 액추에이터	
1-4	**정사각형**			
1-4.1		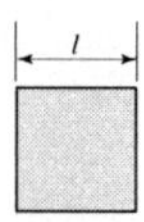	(1) 제어 기기 (2) 전동기 이외의 원동기	· 접속구가 변과 수직으로 교차한다.
1-4.2		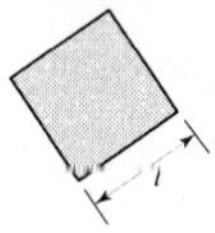	유체 조정 기기	· 접속구가 각을 두고 변과 교차한다.
1-4.3		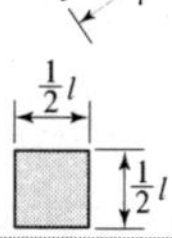	(1) 실린더 내의 쿠션 (2) 어큐뮬레이터 내의 추	· 필터, 드레인 분리기, 주유기, 열교환기 등

번호	명칭	기호	용도	비고
1-5	**직사각형**			
1-5.1		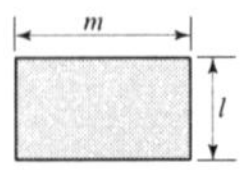	(1) 실린더 (2) 밸 브	· m > l
1-5.2		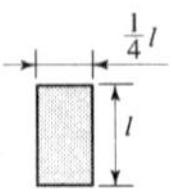	피스톤	
1-5.3		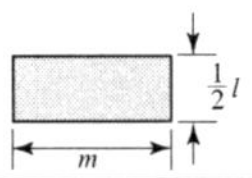	특정의 조작 방법	· l ≦ m ≦ 2l · 〔6〕 조작 방식 참조
1-6	**기 타**			
1-6.1	요형(대)	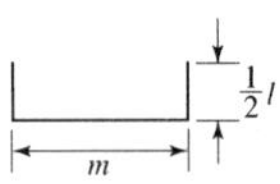	유압유 탱크(통기식)	· m > l
1-6.2	요형(소)	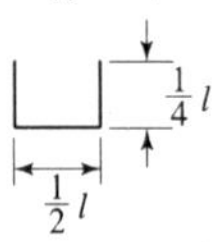	유압유 탱크(통기식)의 국소 표시	
1-6.3	캡슐형	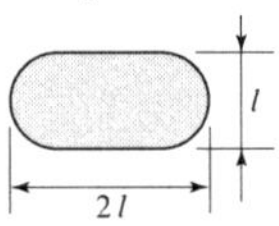	(1) 유압유 탱크(밀폐식) (2) 공기압 탱크 (3) 어큐뮬레이터 (4) 보조 가스 용기	· 접속구는 〔10〕 에너지-용기와 16-2참조

(2) 기능 요소

번 호	명 칭	기 호	용 도	비 고
2-1	**정삼각형**			· 유체 에너지의 방향 · 유체의 종류 · 에너지원의 표시
2-1.1	흑	▶	유 압	
2-1.2	백	▷	공기압 또는 기타의 기체압	· 대기 중에의 배출을 포함
2-2	**화살표 표시**		(1) 직선 운동	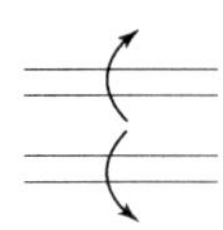
2-2.1	직선 또는 사선	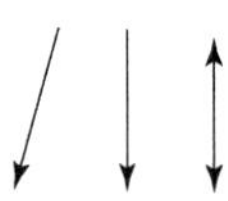	(2) 밸브 내의 유체의 경로와 방향 (3) 열류의 방향	
2-2.2	곡 선	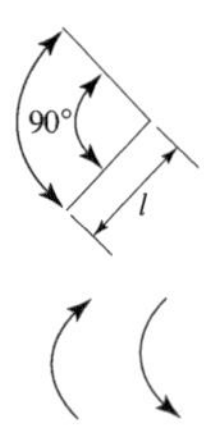	회전 운동	· 화살표는 축의 자유단에서 본 회전 방향을 표시
2-2.3	사 선	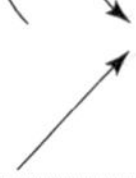	가변 조작 또는 조정 수단	· 적당한 길이로 비스듬히 그린다. · 펌프, 스프링, 가변식 전자 액추에이터

번 호	명 칭	기 호	용 도	비 고
2-3	**기 타**			
2-3.1			전 기	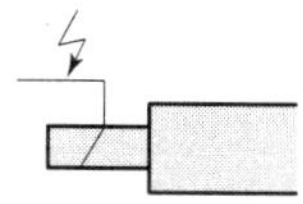
2-3.2			폐로 또는 폐쇄 접속구	폐로 접속구 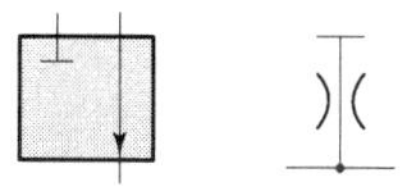
2-3.3			전자 액추에이터	
2-3.4			온도 지시 또는 온도 조절	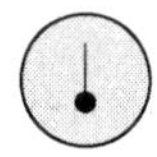
2-3.5			원동기	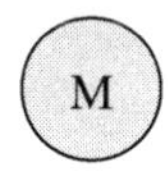
2-3.6			스프링	· 11-3, 11-4 참조. · 산의 수는 자유
2-3.7			교 축	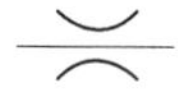
2-3.8		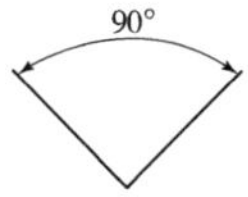	체크밸브 간략 기호의 밸브 시트	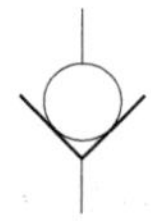

(3) 관 로

번 호	명 칭	기 호	비 고
3-1.1	접 속		
3-1.2	교 차		· 접속하고 있지 않음
3-1.3	처심 관도		· 호스(통상 가동 부분에 접속된다)

(4) 접속구

번 호	명 칭	기 호	비 고
4-1	**공기 구멍**		
4-1.1		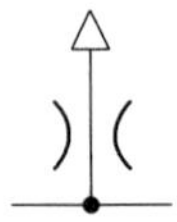	· 연속적으로 공기를 빼는 경우
4-1.2		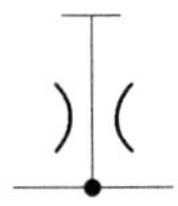	· 어느 시기에 공기를 빼고 나머지 시간은 닫아놓는 경우
4-1.3		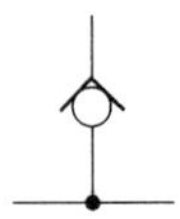	· 필요에 따라 체크 기구를 조작하여 공기를 빼는 경우
4-2	**배기구**		· 공기압 전용
4-2.1			· 접속구가 없는 것
4-2.2			· 접속구가 있는 것
4-3	**급속 이음**		
4-3.1		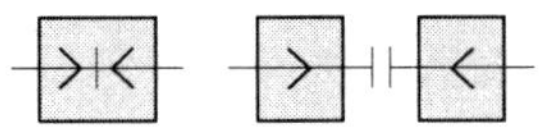	· 체크밸브 없음
4-3.2		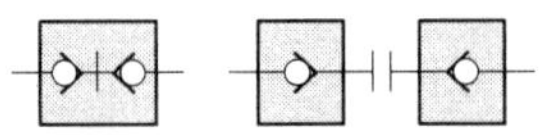 접속 상태 떨어진 상태	· 체크밸브붙이(셀프실 이음)
4-4	**회전 이음**		· 스위블 조인트 및 로터리 조인트
4-4.1	1관로	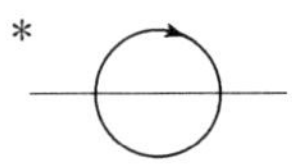	· 1방향 회전
4-4.2	3관로	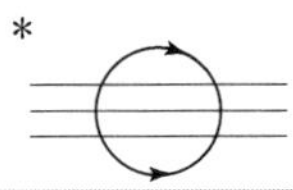	· 2방향 회전

(5) 기계식 구성 부품

번 호	명 칭	기 호	비 고
5-1	로 드	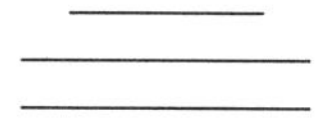	· 2방향 조작 · 화살표의 기입은 임의
5-2	회전축	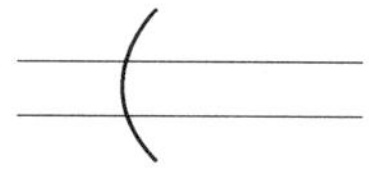	· 2방향 조작 · 화살표의 기입은 임의
5-3	멈춤쇠	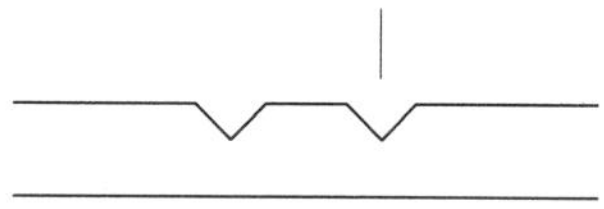	· 2방향 조작 · 고정용 글러브 위에 그린 세로선은 고정구를 나타낸다.
5-4	래 치	※ 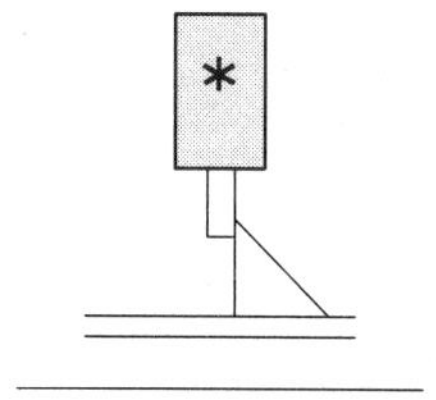	· 1방향 조작 · *해지의 방법을 표시하는 기호
5-5	오버 센터 기구	※ 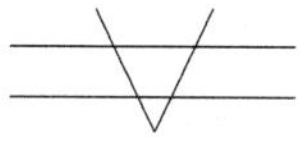	· 2방향 조작

(6) 조작 방식

번 호	명 칭	기 호	비 고
6 - 1	**인력 조작**	※ 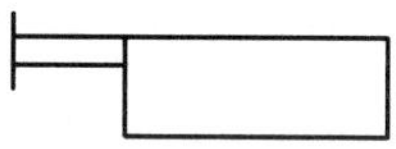	· 조작 방법을 지시하지 않은 경우, 또는 조작 방향의 수를 특별히 지정하지 않은 경우의 일반 기호
6-1.1	누름 버튼	※ 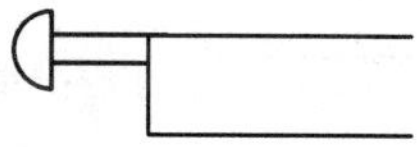	· 1방향 조작
6-1.2	당김 버튼	※ 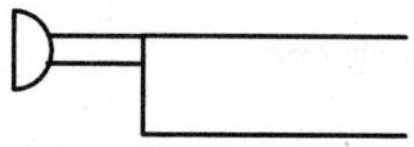	· 1방향 조작
6-1.3	누름-당김 버튼	※ 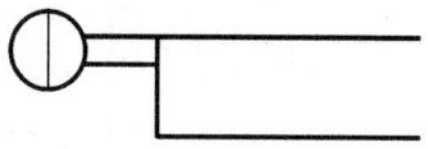	· 2방향 조작
6-1.4	레 버	※ 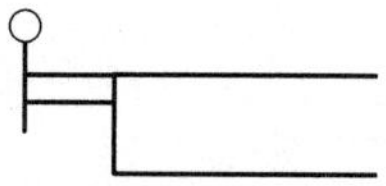	· 2방향 조작(회전 운동을 포함)

번 호	명 칭	기 호	비 고
6-1.5	페 달	※ 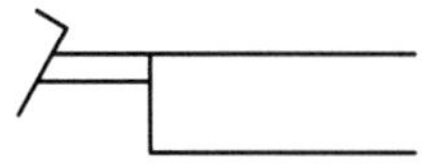	· 1방향 조작(회전 운동을 포함)
6-1.6	2방향 페달	※ 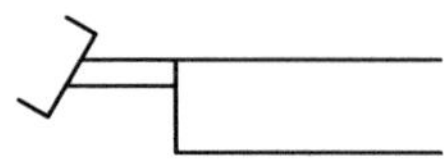	· 2방향 조작(회전 운동을 포함)
6 - 2	**기계 조작**		
6-2.1	플런저	※ 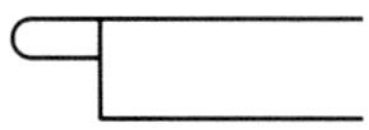	· 1방향 조작
6-2.2	가변 행정 제한 기구	※ 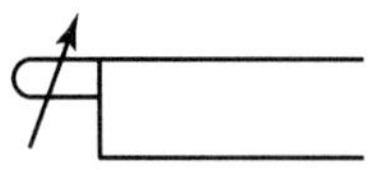	· 2방향 조작
6-2.3	스프링	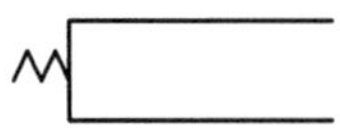	· 1방향 조작
6-2.4	롤 러	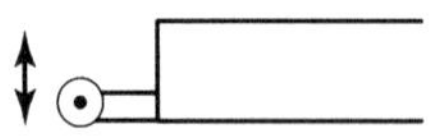	· 2방향 조작 · 화살표 유효 조작 방향을 나타낸다. 기입을 생략하여도 좋다.
6-2.5	편측 작동 롤러	※ 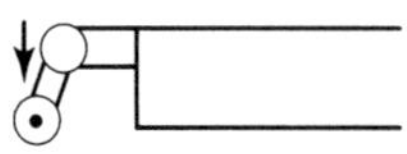	· 1방향 조작
6 - 3	**전기 조작**		
6-3.1	직선형 전기 액추에이터		· 솔레노이드, 토크 모터 등
6-3.1.1	단동 솔레노이드	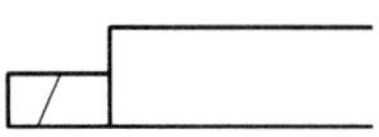	· 1방향 조작 · 사선은 우측으로 비스듬히 그려도 좋다.
6-3.1.2	복동 솔레노이드	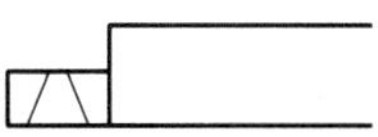	· 2방향 조작 · 사선은 위로 넓어져도 좋다.
6-3.1.3	단동 가변식 전자 액추에이터	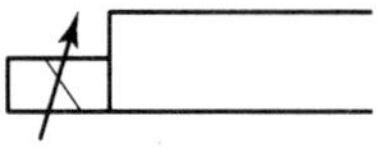	· 1방향 조작 · 비례식 솔레노이드, 포스모터 등
6-3.1.4	복동 가변식 전자 액추에이터	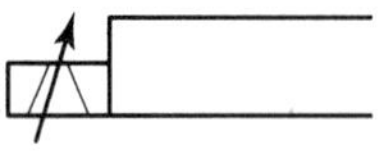	· 2방향 조작 · 토크 모터
6-3.2	회전형 전기 액추에이터	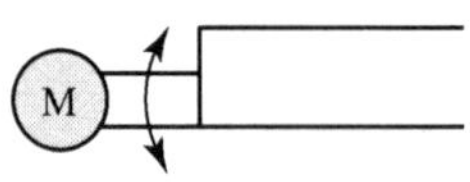	· 2방향 조작 · 전동기
6 - 4	**파일럿 조작**		
6-4.1	직접 파일럿 조작	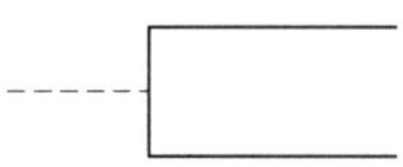	

번 호	명 칭	기 호	비 고
6-4.1.1		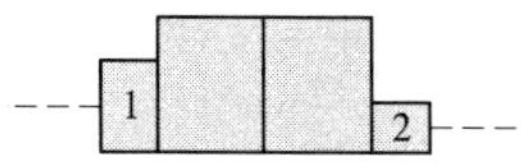	· 수압 면적이 상이한 경우, 필요에 따라, 면적비를 나타내는 숫자를 직사각형 속에 기입한다.
6-4.1.2	내부 파일럿	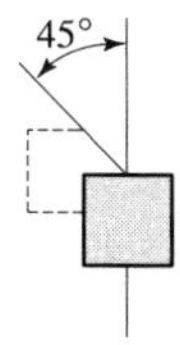	· 조작 유로는 기기의 내부에 있음
6-4.1.3	외부 파일럿	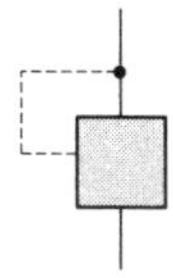	· 조작 유로는 기기의 외부에 있음
6-4.2	간접 파일럿 조작		
6-4.2.1	압력을 가하여 조작하는 방식		
(1)	공기압 파일럿	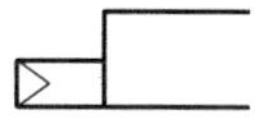	· 내부 파일럿 · 1차 조작 없음
(2)	유압 파일럿	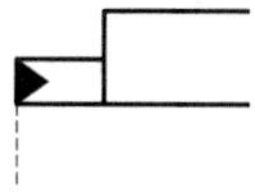	· 외부 파일럿 · 1차 조작 없음
(3)	유압 2단 파일럿	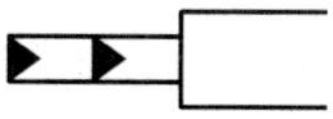	· 내부 파일럿, 내부 드레인 · 1차 조작 없음
(4)	공기압 · 유압 파일럿	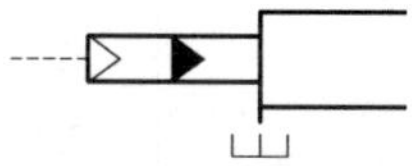	· 외부 공기압 파일럿, 내부 유압 파일럿, 외부 드레인 · 1차 조작 없음
(5)	전자 · 공기압 파일럿	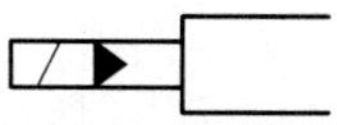	· 단동 솔레노이드에 의한 1차 조작붙이 · 내부 조작 파일럿
(6)	전자 · 유압 파일럿	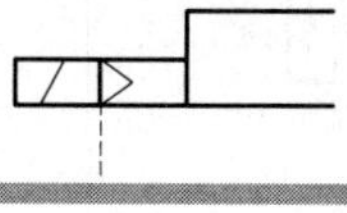	· 단동 솔레노이드에 의한 1차 조작붙이 · 외부 파일럿, 내부 드레인

번 호	명 칭	기 호	비 고
6−4.2.2	압력을 빼내어 조작하는 방식		
(1)	유압 파일럿	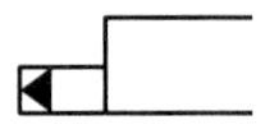	· 내부 파일럿 · 내부 드레인 · 1차 조작 없음
		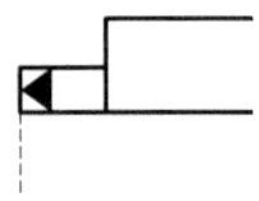	· 내부 파일럿 · 원격 조작용 벤트포트붙이
(2)	전자 · 유압 파일럿	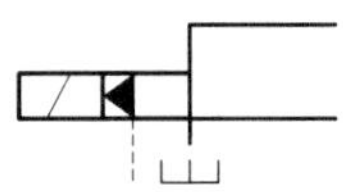	· 단동 솔레노이드에 의한 1차 조작 붙이 · 외부 파일럿, 외부 드레인
(3)	파일럿 작동형 압력 제어밸브	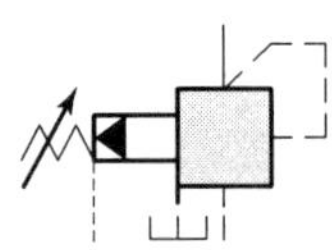	· 압력 조정용 스프링붙이 · 외부 드레인 · 원격 조작용 벤트포트붙이
(4)	파일럿 작동형 비례 전자식 압력 제어밸브	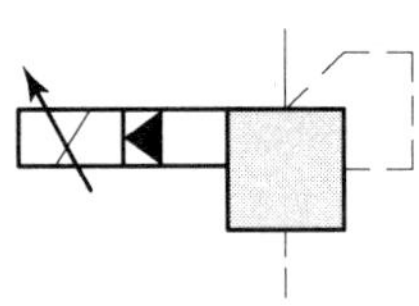	· 단동 비례식 액추에이터 · 내부 드레인
6−5	**피드백**		
6−5.1	전기식 피드백	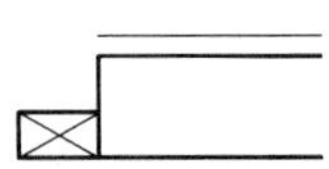	· 일반 기호 · 전위차계, 차동 변압기 등의 위치 검출기
6−5.2	전기식 피드백	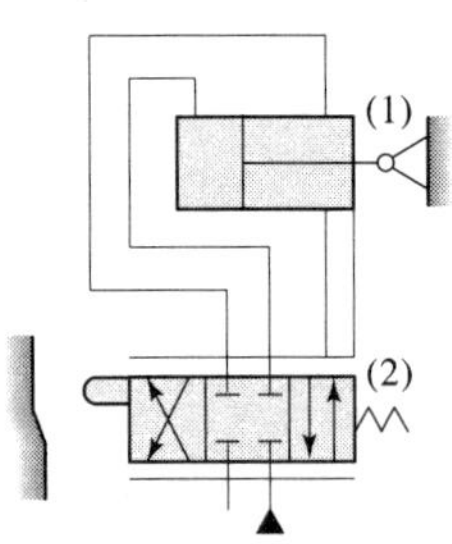	· 제어 대상과 제어 요소의 가동 부분간의 기계적 접속은 1−1.4 및 8.1(8)에 표시 (1) 제어 대상 (2) 제어 요소

(7) 펌프 및 모터

번 호	명 칭	기 호	비 고
7-1	펌프 및 모터	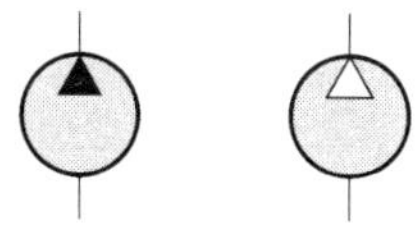 유압 펌프 공기압 모터	· 일반 기호
7-2	유압 펌프	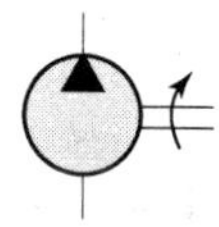	· 1방향 운동 · 정용량형 · 1방향 회전형
7-3	유압모터	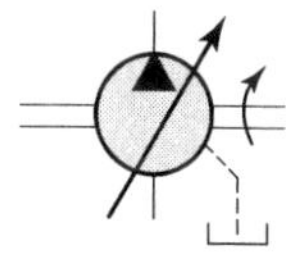	· 1방향 운동 · 가변 용량형 · 조작 기구를 특별히 지정하지 않는 경우 · 외부 드레인 · 1방향 회전형 · 양축형
7-4	공기압 모터	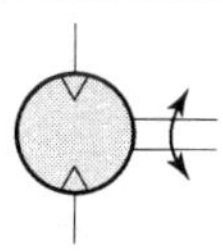	
7-5	정용량형 펌프 및 모터	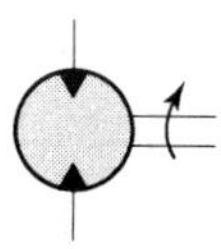	· 1방향 운동 · 정용량형 · 1방향 회전형
7-6	가변 용량형 펌프 및 모터 (인력 조작)	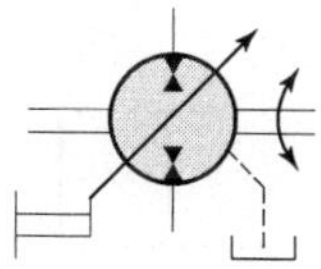	· 2방향 운동 · 가변 용량형 · 외부 드레인 · 2방향 회전형
7 - 7	요동형 액추에이터	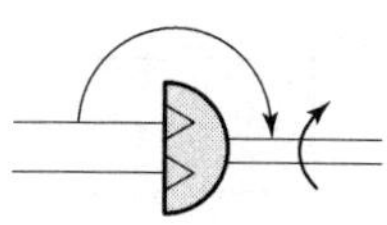	· 공기압 · 정각도 · 2방향 요동형 · 축의 회전 방향과 유동 방향의 관계를 나타내는 화살표의 기입은 임의
7-8	유압 전동 장치	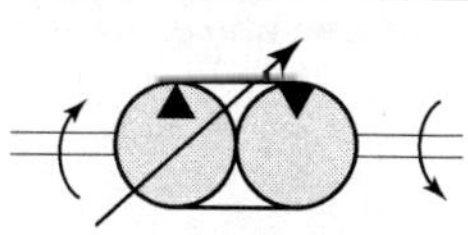	· 1방향 회전형 · 가변 용량형 펌프 · 일체형

번 호	명 칭	기 호	비 고
7-9	가변 용량형 펌프 (압력 보상 제어)	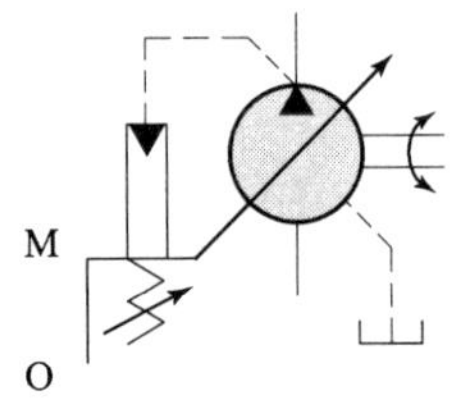	· 1방향 운동 · 압력 조정 가능 · 외부 드레인
7-10	가변 용량형 펌프 및 모터 (파일럿 조작)	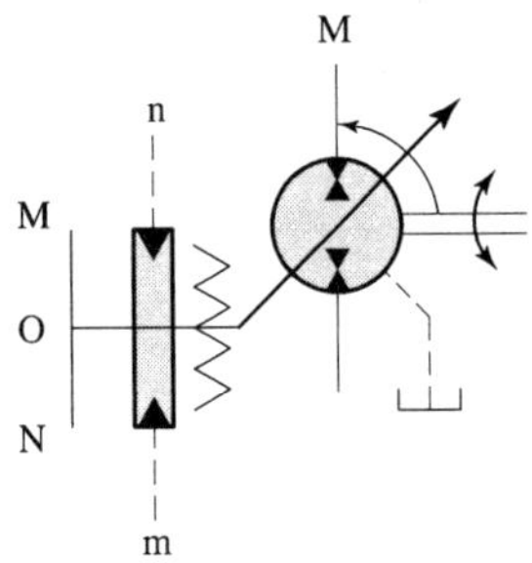	· 2방향 운동 · 1방향 회전형 · 스프링 힘에 의하여 중앙 위치(배제 용적 0)로 되돌아오는 방식 · 파일럿 조작 · 외부 드레인 · 신호 m은 M 방향으로 변휘를 발생시킴.

(8) 실린더

번 호	명 칭	기 호	비 고
8-1	단동 실린더	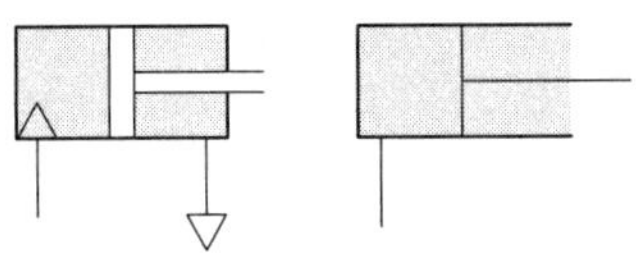 상세 기호 간략 기호	· 공기압 · 압출형 · 편로드형 · 대기 중의 배기 (유압의 경우는 드레인)
8-2	단동 실린더 (스프링붙이)	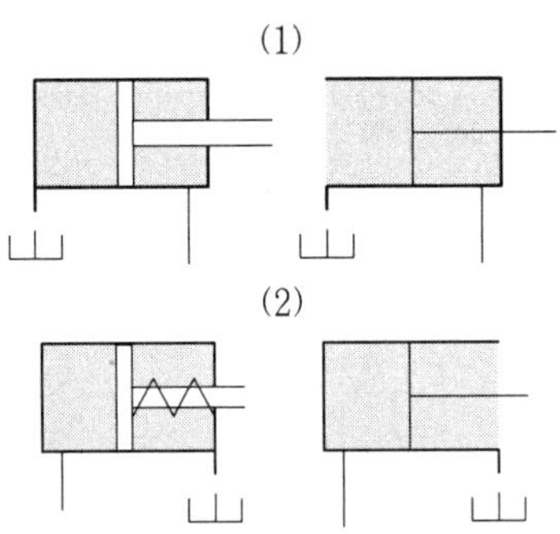	· 유압 · 편로드형 · 드레인측은 유압유 탱크에 개방 (1) 스프링 힘으로 로드 압출 (2) 스프링 힘으로 로드 흡입

번 호	명 칭	기 호	비 고
8-3	복동 실린더	(1) (2) 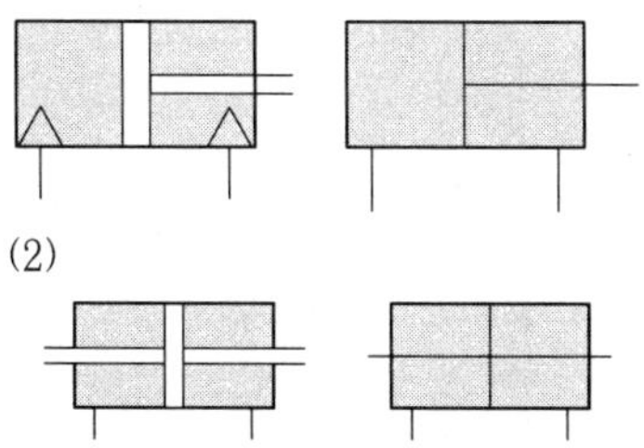	(1) · 편로드 · 공기압 (2) · 양로드 · 공기압
8-4	복동 실린더 (쿠션붙이)	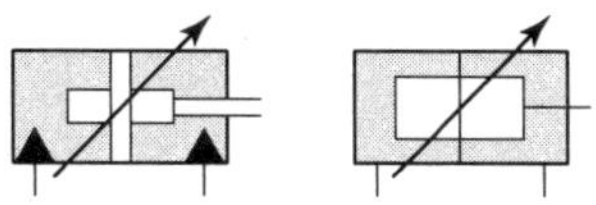	· 유압 · 편로드형 · 양쿠션, 조정형 · 피스톤 면적비 2 : 1
8-5	단동 텔레스코프형 실린더	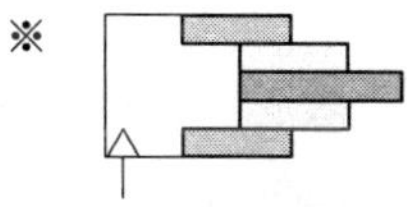	· 공기압
8-6	복동 텔레스코프형 실린더	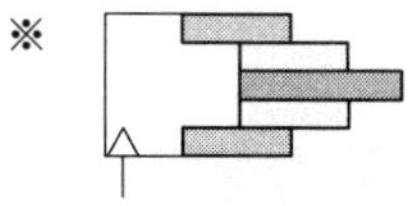	· 유압

(9) 특수 에너지-변환 기기

번 호	명 칭	기 호	비 고
9-1	공기 유압 변환기	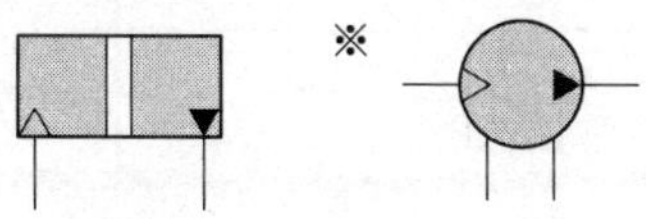 단동형 연속형	
9-2	증압기	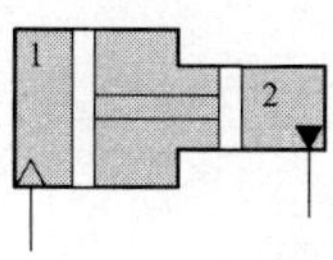 단동형 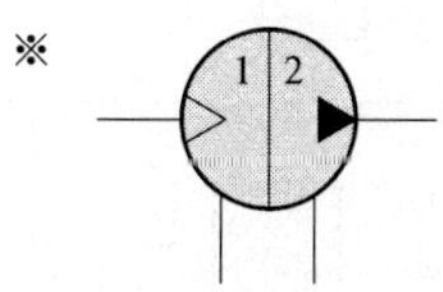 연속형	· 압력비 1 : 2 · 2종 유체용

(10) 에너지-용기

번호	명칭	기호	비고
10-1	어큐뮬레이터		· 일반 기호 · 항상 세로형으로 표시 · 부하의 종류를 지시하지 않는 경우
10-2	어큐뮬레이터	기체식 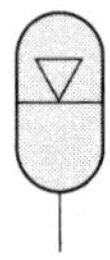 중량식 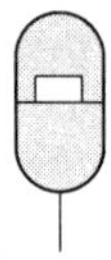 스프링식 	· 부하의 종류를 지시하는 경우
10-3	보조 가스 용기		· 항상 세로형으로 표시 · 어큐뮬레이터와 조합하여 사용하는 보급용 가스 용기
10-4	공기 탱크	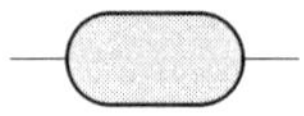	

(11) 동력원

번호	명칭	기호	비고
11-1	유압(동력)원		· 일반 기호
11-2	공기압(동력)원	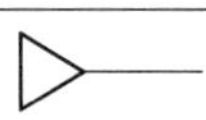	· 일반 기호
11-3	전동기	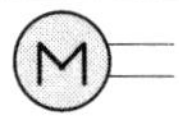	
11-4	원동기	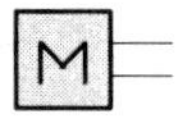	· (전동기를 제외)

(12) 전환 밸브

번호	명칭	기호	비고
12-1	2포트 수동 전환 밸브	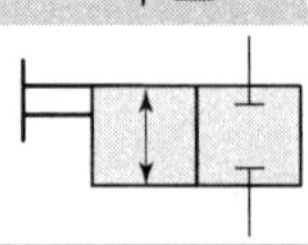	· 2위치 · 폐지 밸브
12-2	3포트 전자 전환 밸브	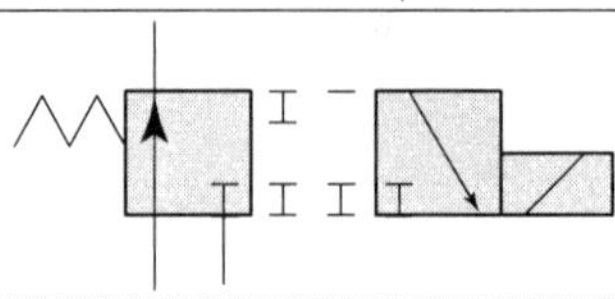	· 2위치 · 1과도 위치 · 전자 조작 스프링 리턴

번 호	명 칭	기 호	비 고
12-3	**5포트 파일럿 전환 밸브**	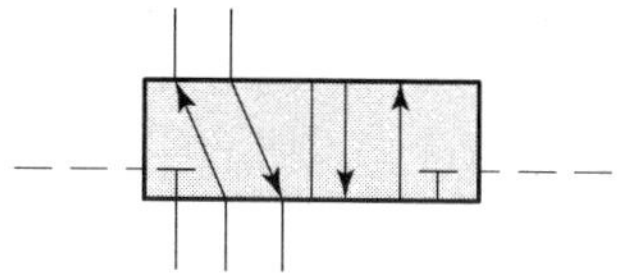	· 2위치 · 2방향 파일럿 조작
12-4	**4포트 전자 파일럿 전환 밸브**	상세 기호 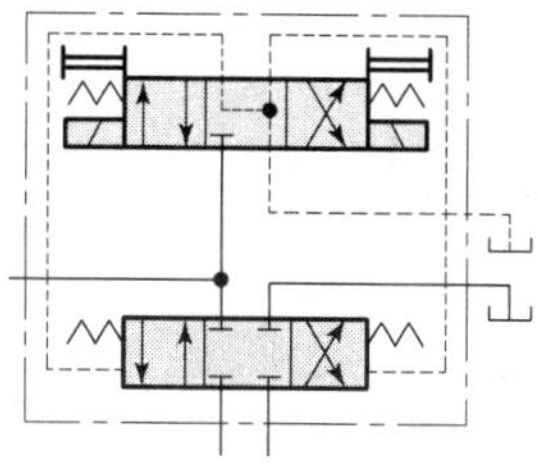 간략 기호 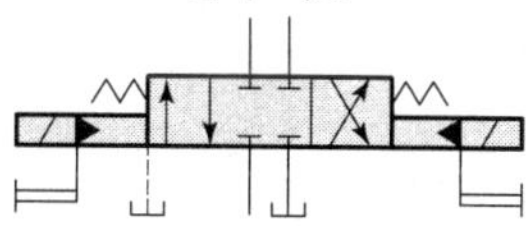	· 주밸브 3위치 스프링 센터 내부 파일럿 · 파일럿밸브 4포트 3포트 스프링 센터 전자 조작(단동 솔레노이드) 수동 오버라이드 조작붙이 외부 드레인
12-5	**4포트 전자 파일럿 전환 밸브**	상세 기호 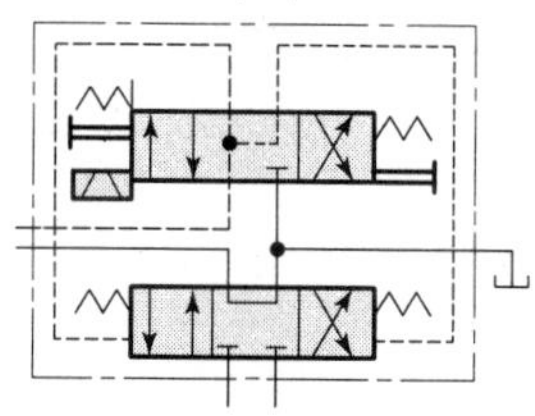 간략 기호 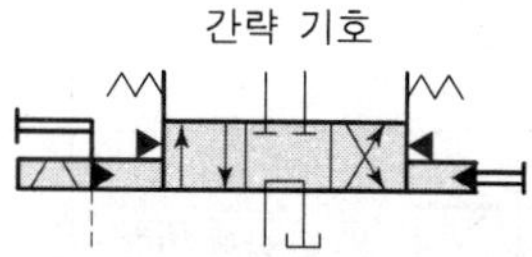	· 주밸브 3위치 프레셔 센터(스프링 센터 겸용) 파일럿압을 제거할 때 작동 위치로 전환된다. · 파일럿밸브 4포트 3포트
12-6	**4포트 교축 전환 밸브**	중앙 위치 언더 랩 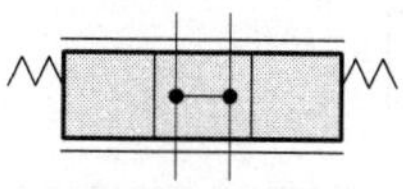 중앙 위치 오버 랩 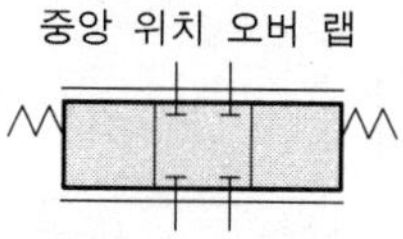	· 3위치 · 스프링 센터 · 무단계 중간 위치
12-7	**서보 밸브**	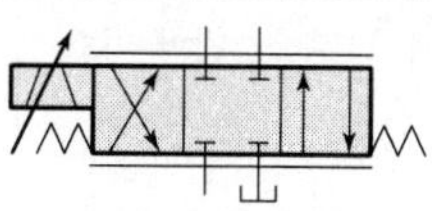	· 대표 보기

(13) 체크밸브, 셔틀 밸브, 배기 밸브

번 호	명 칭	기 호	비 고
13-1	체크밸브	상세 기호 간략 기호 (1) 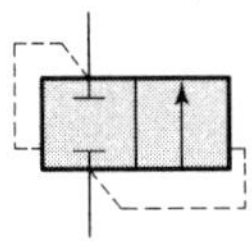  (2) 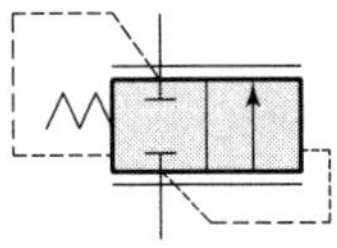 	(1) 스프링 없음 (2) 스프링붙이
13-2	파일럿 조작 체크밸브	상세 기호 간략 기호 (1) 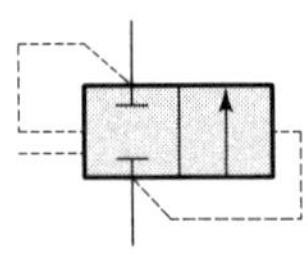 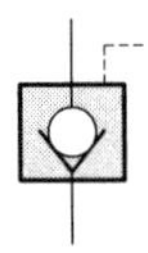 (2) 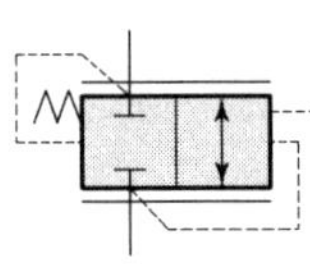 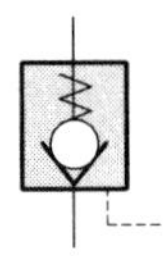	(1) · 파일럿 조작에 의해 밸브 폐쇄 · 스프링 없음 (2) · 파일럿 조작에 의하여 밸브 열림 · 스프링붙이
13-3	고압 우선형 셔틀 밸브	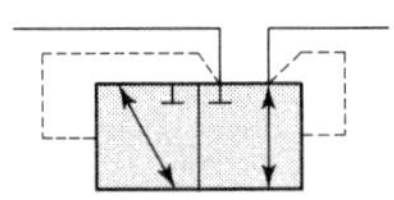 상세 기호 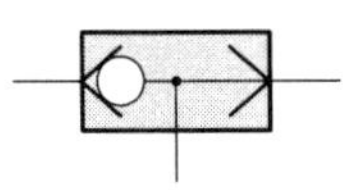 간략 기호	· 고압쪽측의 입구가 출구에 접속되고, 저압쪽측의 입구가 폐쇄된다.
13-4	저압 우선형 셔틀 밸브	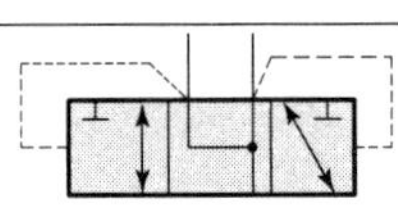 상세 기호 ※ 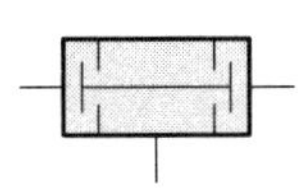 간략 기호	· 저압쪽측의 입구가 저압 우선 출구에 접속되고, 고압쪽측의 입구가 폐쇄된다.
13-5	급속 배기 밸브	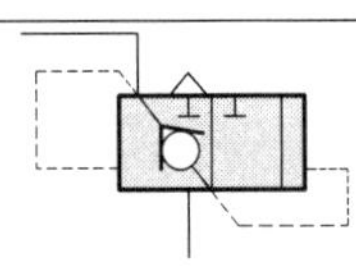 상세 기호 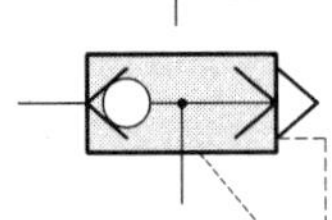 간략 기호	

(14) 압력 제어밸브

번 호	명 칭	기 호	비 고
14 – 1	릴리프밸브	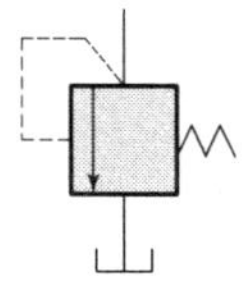	· 직동형 또는 일반 기호
14 – 2	파일럿 작동형 릴리브 밸브	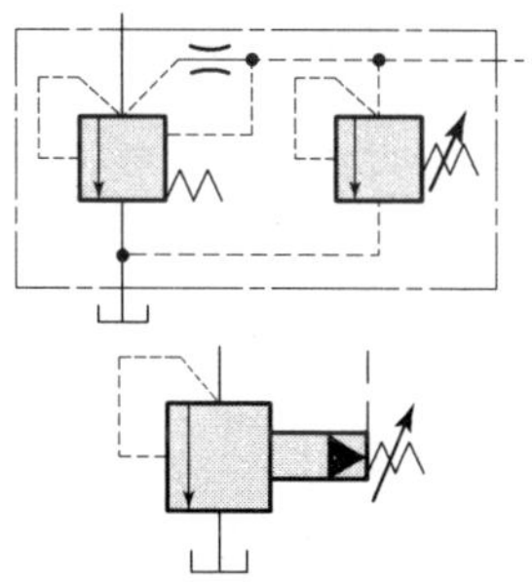	· 원격 조작용 벤트포트붙이
14 – 3	전자 밸브 장착 (파일럿 작동형) 릴리프밸브	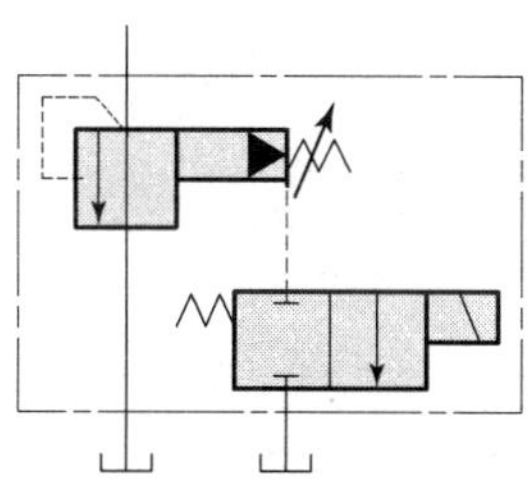	· 전자 밸브의 조작에 의하여 벤트포트가 열려 무부하로 된다.
14 – 4	비례 전자식 릴리프밸브 (파일럿 작동형)	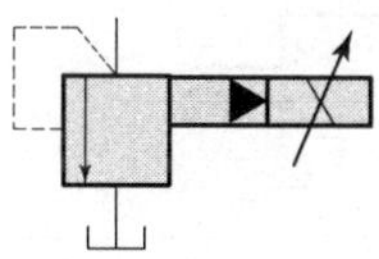	· 대표 보기
14 – 5	감압밸브	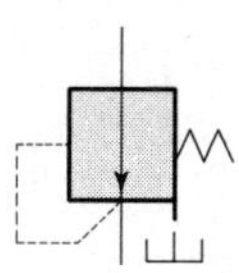	· 직동형 또는 일반 기호
14 – 6	파일럿 작동형 감압밸브	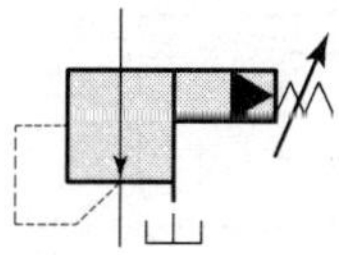	· 외부 드레인

번호	명칭	기호	비고
14-7	릴리프붙이 감압밸브	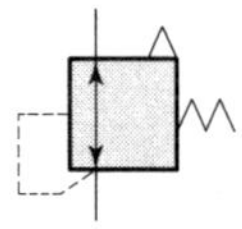	· 공기압용
14-8	비례 전자식 릴리프 감압밸브 (파일럿 작동형)	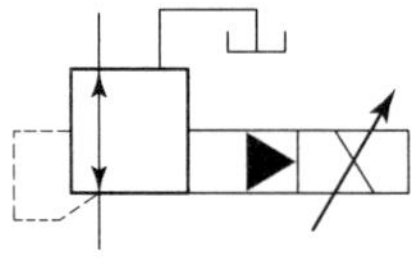	· 유압용 · 대표 보기
14-9	일정 비율 감압밸브	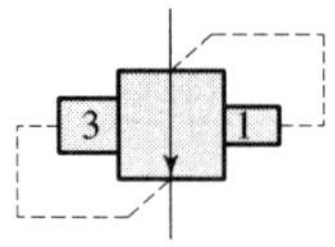	· 감압비 : $\frac{1}{3}$
14-10	시퀀스밸브	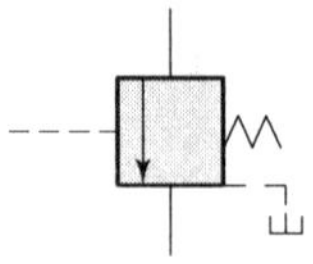	· 직동형 또는 일반 기호 · 외부 파일럿 · 외부 드레인
14-11	시퀀스밸브 (보조 조작 장착)	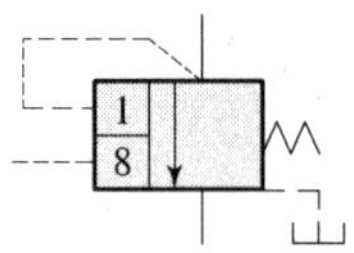	· 직동형 · 내부 파일럿 또는 외부 파일럿 조작에 의하여 밸브가 작동됨 · 파일럿압의 수압 면적비가 1:8인 경우 · 외부 드레인
14-12	파일럿 작동형 시퀀스밸브	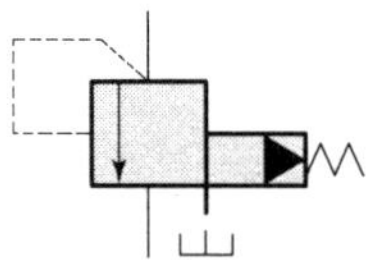	· 내부 파일럿 · 외부 드레인
14-13	무부하 밸브	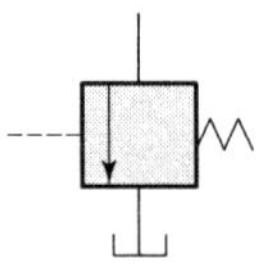	· 직동형 또는 일반 기호 · 내부 드레인
14-14	카운터 밸런스 밸브	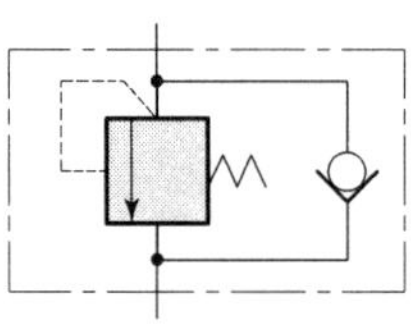	

번 호	명 칭	기 호	비 고
14-15	**무부하 릴리프밸브**	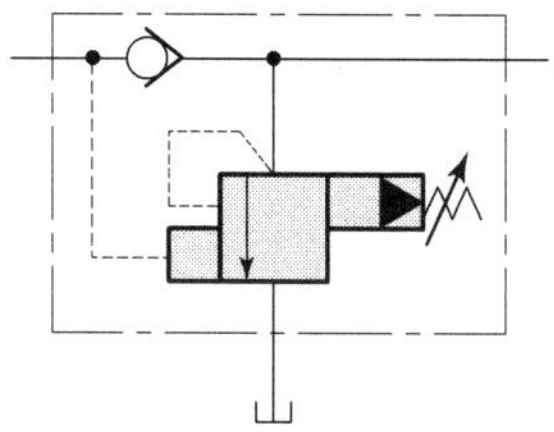	
14-16	**양방향 릴리프밸브**	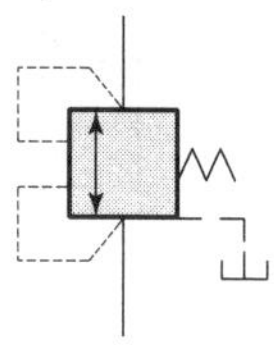	· 직동형 · 외부 드레인
14-17	**브레이크 밸브**	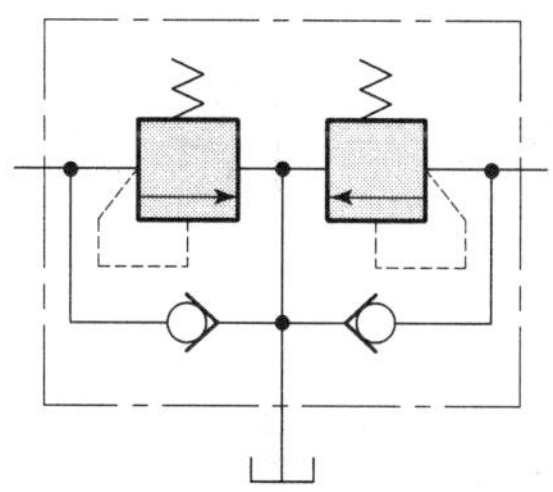	· 대표 보기

(15) 유량제어밸브

번 호	명 칭	기 호	비 고
15 - 1	**교축 밸브**		
15-1.1	가변 교축 밸브	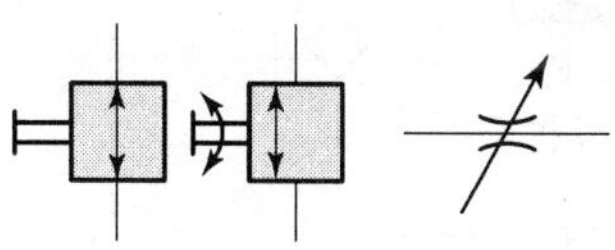	· 간략 기호에서는 조작 방법 및 밸브의 상태가 표시되어 있지 않음 · 통상, 완전히 닫혀진 상태는 없음
15-1.2	스톱 밸브	※ 	
15-1.3	감압밸브 (기계 조작 가변 교축 밸브)	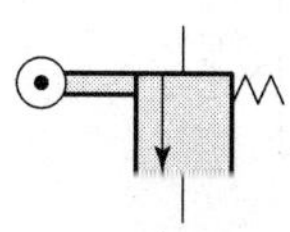	· 롤러에 의한 기계 조작 · 스프링 부하

번 호	명 칭	기 호	비 고
15-1.4	1방향 교축 밸브 속도 제어밸브 (공기압)	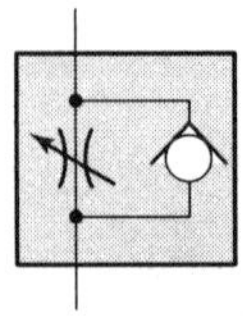	· 가변 교축 장착 · 1방향으로 자유 유동, 반대 방향으로는 제어 유동
15-2	**유량 조정 밸브**		
15-2.1	직렬형 유량 조정 밸브	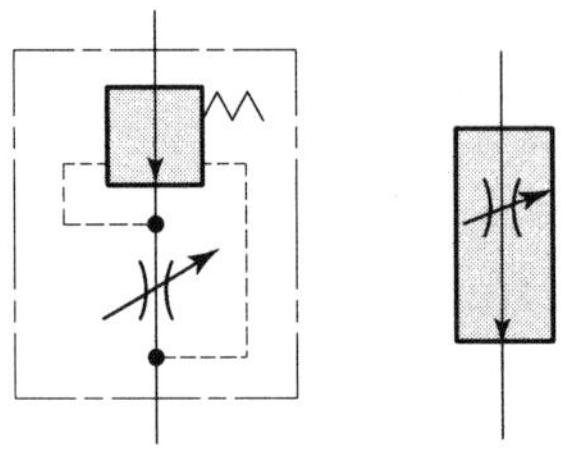	· 간략 기호에서 유로의 화살표는 압력의 보상을 나타낸다.
15-2.2	직렬형 유량 조정 밸브 (온도 보상붙이)	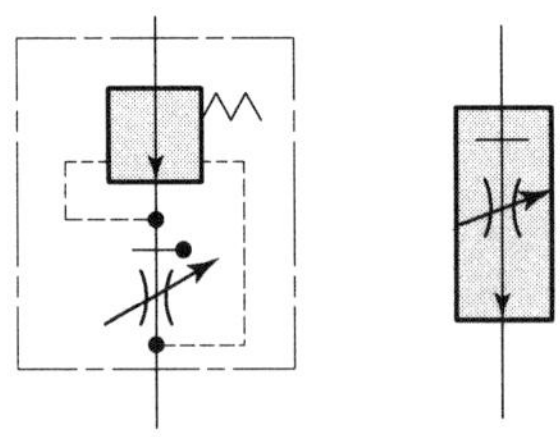	· 온도 보상은 2-3.4에 표시한다. · 간략 기호에서 유로의 화살표는 압력의 보상을 나타낸다.
15-2.3	바이패스형 유량 조정 밸브	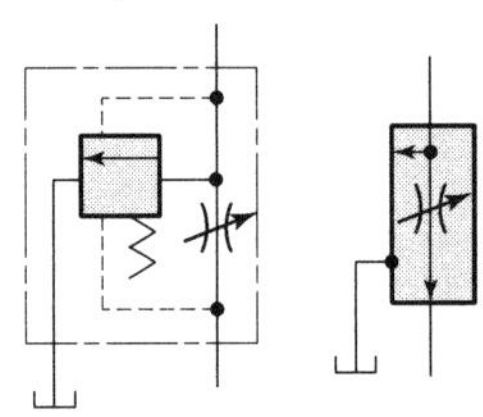	· 간략 기호에서 유로의 화살표는 압력의 보상을 나타낸다.
15-2.4	체크밸브붙이 유량 조정 밸브 (직렬형)	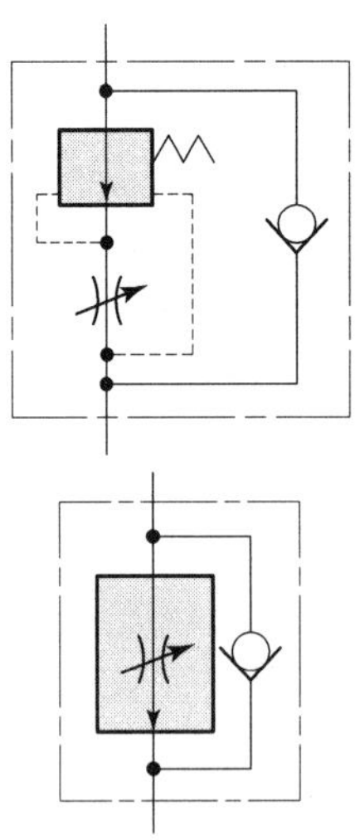	· 간략 기호에서 유로의 화살표는 압력의 보상을 나타낸다.

번 호	명 칭	기 호	비 고
15-2.5	분류 밸브	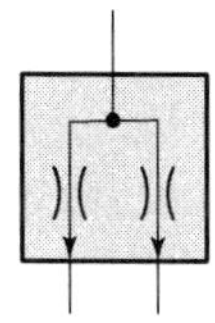	· 화살표는 압력 보상을 나타낸다.
15-2.6	집류 밸브	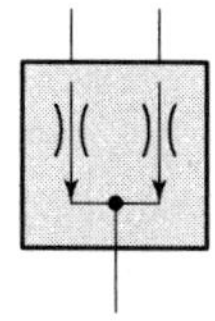	· 화살표는 압력 보상을 나타낸다.

(16) 기름 탱크

번 호	명 칭	기 호	비 고
16-1	**기름 탱크 (통기식)**	(1) 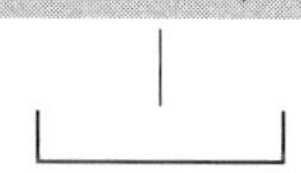 (2) 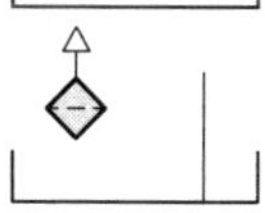 (3) 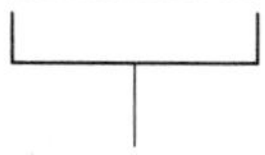 (4) 	(1) 관 끝을 액체 속에 넣지 않는 경우 (2) · 관 끝을 액체 속에 넣는 경우 · 통기용 필터(17-1)가 있는 경우 (3) 관 끝을 밑바닥에 접속하는 경우 (4) 국소 표시 기호
16-2	**기름 탱크 (밀폐식)**	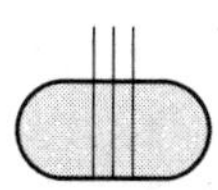	· 3관로의 경우 · 가압 또는 밀폐된 것 · 각관 끝을 액체 속에 집어 넣는다. · 관로는 탱크의 긴 벽에 수직

(17) 유체 조정 기기

번 호	명 칭	기 호	비 고
17-1	**필 터**	(1) 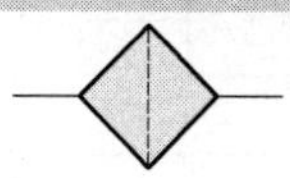 ※ (2) 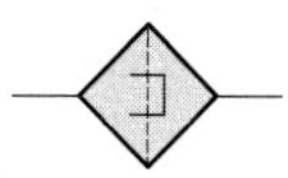 (3) 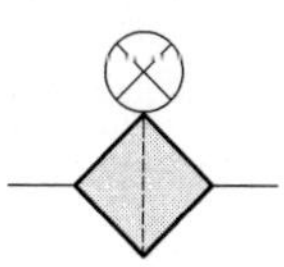	(1) 일반 기호 (2) 자석붙이 (3) 눈막힘 표시기붙이

번 호	명 칭	기 호	비 고
17-2	드레인 배출기	(1) ※ 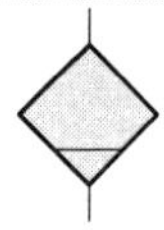 (2) ※ 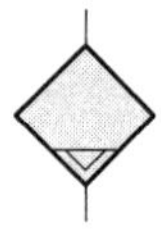	(2) 자동 배출
17-3	드레인 배출기 붙이 필터	(1) 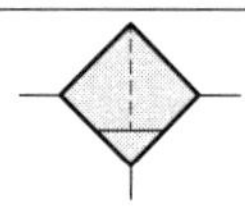 (2) 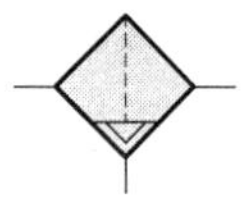	(1) 수동 배출 (2) 자동 배출
17-4	기름 분무 분리기	(1) ※ 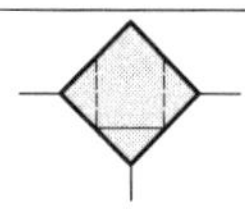 (2) ※ 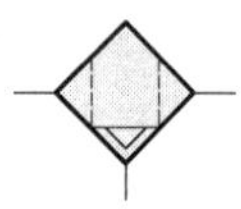	(1) 수동 배출 (2) 자동 배출
17-5	에어 드라이어	※ 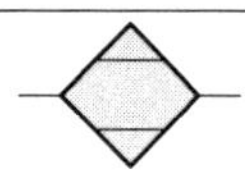	
17-6	루브리케이터	※ 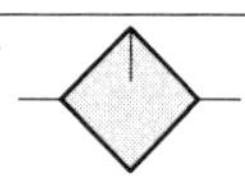	
17-7	공기압 조정 유닛	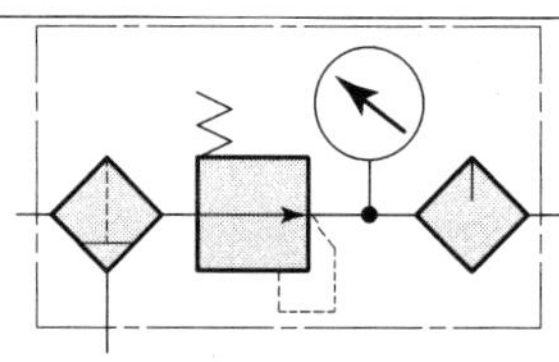 ※ 간략 기호 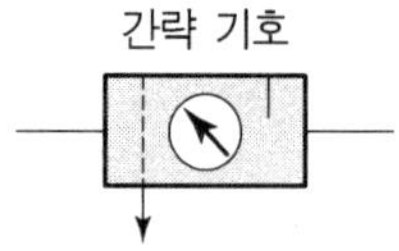	· 수직 화살표는 배출기를 나타낸다.
17-8	열교환기		
17-8.1	냉각기	(1) 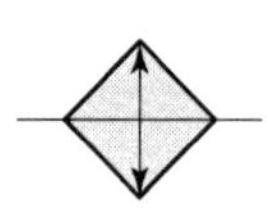 (2) 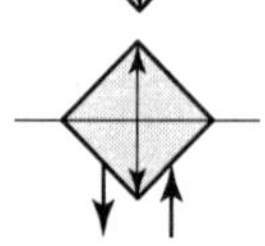	(1) 냉각액용 관로를 표시하지 않는 경우 (2) 냉각액용 관로를 표시하는 경우

번 호	명 칭	기 호	비 고
17−8.2	갸열기	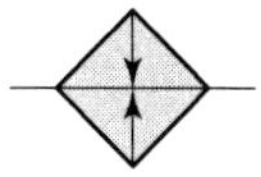	
17−8.3	온도 조절기	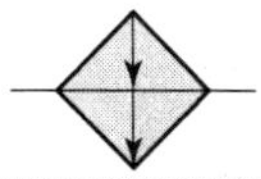	· 가열 냉각

(18) 보조 기기

번 호	명 칭	기 호	비 고
18−1	**압력계측기**		
18−1.1	압력 표시기	※ 	· 계측은 되지 않고 단지 지시만 하는 표시기
18−1.2	압력계	※ 	
18−1.3	차압계	※ 	
18−2	**유면계**	※ 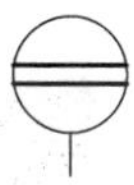	· 평행선은 수평으로 표시
18−3	**온도계**		
18−4	**유량 계측기**		
18−4.1	검류기	※ 	
18−4.2	유량계	※ 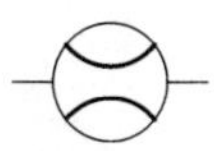	
18−4.3	적산 유량계	※ 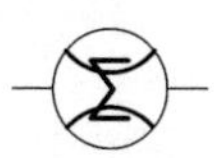	
18−5	**회전 속도**	※ 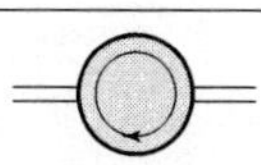	
18−6	**토크계**	※ 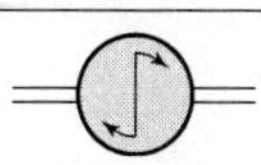	

(19) 기타 기기

번 호	명 칭	기 호	비 고
19-1	압력 스위치	※ 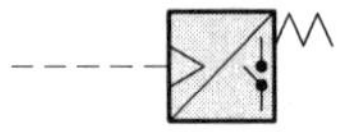	오해의 염려가 없는 경우에는 다음과 같이 표시하여도 좋다. ※ 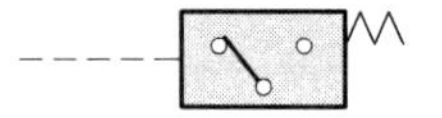
19-2	리밋 스위치	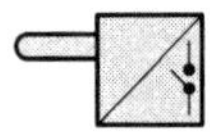	오해의 염려가 없는 경우에는 다음과 같이 표시하여도 좋다. 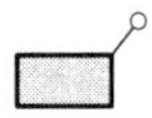
19-3	아날로그 변환기	※ 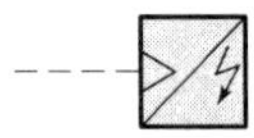	· 공기압
19-4	소음기	※ 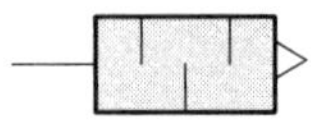	· 공기압
19-5	경음기	※ 	· 공기압용
19-6	마그넷 세퍼레이터	※ 	

찾아보기

아

최신 유압공학

2016년 2월 15일 인쇄
2016년 2월 20일 발행

저 자 ◎ 김문경 · 나기대 · 서이수
유영태 · 홍예선 · 현동수

발행자 ◎ 조 승 식

발행처 ◎ (주) 도서출판 북스힐
서울·강북구 한천로 153길 17

등 록 ◎ 제 22-457 호

TEL (02) 994-0071

FAX (02) 994-0073

E-MAIL bookswin@unitel.co.kr
www.bookshill.com

값 20,000원

잘못된 책은 교환해 드립니다.

ISBN 978-89-5526-185-1